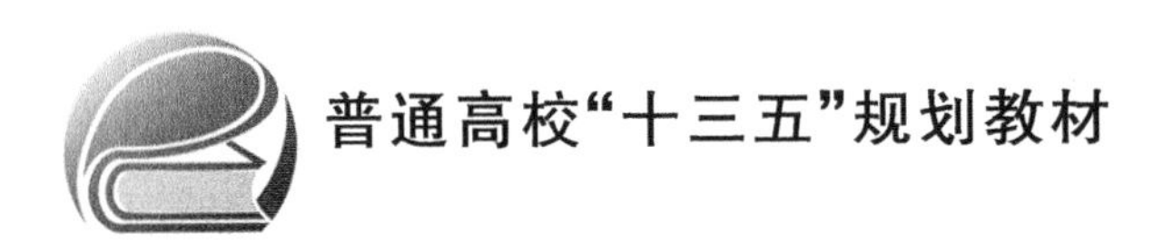

线性系统理论与设计
（第4版）

Linear System Theory and Design（Fourth Edition）

［美］Chi-Tsong Chen　著
高　飞　王　俊　孙进平　译

北京航空航天大学出版社

内 容 简 介

本书对线性系统理论的基础内容作了循序渐进的阐述，内容精炼、重点突出、论证严谨、可读性好，强调基础理论与工程应用的有机结合。全书共9章，内容包括：学科领域的发展简史；系统的概念、原理及描述方法；数学基础；线性系统的运动分析、实现理论及其计算机运算和实际工程实现问题分析；系统的稳定性理论；能控性和能观性分析，揭示认识系统和设计系统的可能性；具有现实意义的最小实现和多项式互质分式理论；基于状态空间模型的控制器-估计器的系统设计方法；基于传递函数矩阵多项式分式的系统综合方法。本书理论证明和验算验证相结合，例题和习题设计新颖，注重对基本问题的深入理解，结合MATLAB程序设计，巩固理论知识并加强工程实用性。

本书可作为高等学校电气自动化专业高年级本科生及非自动化专业（如电子类、机电类、航空类、仪器类及生物信息类等）研究生“线性系统理论”课程的教材和参考书，也可供相关科研人员及工程技术人员参考。

图书在版编目(CIP)数据

线性系统理论与设计 ：第4版 / (美) 陈启宗著 ；高飞，王俊，孙进平译. -- 北京 ：北京航空航天大学出版社，2019.5

书名原文：Linear System Theory and Design

ISBN 978-7-5124-2974-1

Ⅰ. ①线… Ⅱ. ①陈… ②高… ③王… ④孙… Ⅲ. ①线性系统理论－高等学校－教材 Ⅳ. ①O231.1

中国版本图书馆CIP数据核字(2019)第054358号

线性系统理论与设计(第4版)

Linear System Theory and Design (Fourth Edition)

［美］Chi-Tsong Chen 著

高　飞　王　俊　孙进平　译

责任编辑　王　瑛　潘晓丽

*

北京航空航天大学出版社出版发行

北京市海淀区学院路37号(邮编100191)　http://www.buaapress.com.cn

发行部电话：(010)82317024　传真：(010)82328026

读者信箱：emsbook@buaacm.com.cn　邮购电话：(010)82316936

北京九州迅驰传媒文化有限公司印装　各地书店经销

*

开本：710×1 000　1/16　印张：22.5　字数：480千字

2019年5月第4版　2025年1月第3次印刷

ISBN 978-7-5124-2974-1　定价：69.00元

若本书有倒页、脱页、缺页等印装质量问题，请与本社发行部联系调换。联系电话：(010)82317024

英文原名：**LINEAR SYSTEM AND DESIGN，INTERNATIONAL FOURTH EDITION**

北京市版权局著作权合同登记号 图字：01－2018－9059

译者序

线性系统理论是系统与控制科学领域的一门最为基础和重要的课程，其中的概念、方法、原理和结论对于控制工程、仪器科学与工程、机械工程、电气工程、电子工程、通信工程和信号处理等许多学科分支都具有重要作用，并被广泛地应用于国防、航空航天、工业和管理等各个领域。因此，国内外许多高校都把线性系统理论列为最为基础的一门研究生课程。

本书英文版作者陈启宗，是美国纽约州立大学石溪分校电气与计算机工程系的教授，主要从事系统与控制理论和信号处理等方面的教学和科研工作，出版了大量关于数理基础、系统理论、信号处理和控制理论等方面的经典教材。作者有着极为丰富的工程技术领域的教学和科研实践经验，因此本教材特别适合于电子电气工程等相关领域高年级本科生或研究生阅读。

本书的雏形 *Introduction to Linear System Theory* 早在 1970 年就已问世，修订后改名为《线性系统理论与设计》于 1984 年在美国出版，第 3 版于 1999 年由牛津大学出版社出版发行，在全球各大学的电气、控制、通信和信号处理界产生过巨大的影响，作者本人曾在包括中国在内的多所大学和研究机构讲学，该书也是这一领域中最受关注的研究生“线性系统理论”课程的教材和重要参考书之一。

在保持第 3 版的体系结构和推导简洁、注重实际应用等基本特色的前提下，第 4 版借鉴了多年课程改革和课程教学上的成果和经验，吸纳了其他学校专家的反馈意见和建议，并适应了新时代系统理论、控制理论及计算机技术的发展。修订的内容主要包括：新增学科领域的发展简史，删除一些冗余概念和部分不必要的多输入多输出(MIMO)内容，强调计算机求解和实时实现，考虑程序设计案例，补充更新部分习题，重新编排部分内容及证明过程以培养读者的批判思维能力和逻辑推理能力。

本书主要研究线性时不变集总系统的描述和设计方法，讨论了两个本质上独立但又密切联系的主题：状态空间方程和有理传递函数。通过选择合适的结构，求出可实际应用的补偿器(控制器)，具体解决调节器、鲁棒跟踪、扰动抑制、模型匹配和解耦等问题。本书的特点可总结为：注重对基本问题的深入理解，理论证明和验算验证相结合，有助于提高逻辑思维能力；借助典型实例将复杂的概念和理论简单化，理论讲述结合循序渐进的 MATLAB 程序设计实现，兼顾计算机运算和实时处理；新颖的例题和习题，对于理解理论与强调工程实用性大有裨益；适时地给出相关内容的可移植性和推广性，给出相应参考书，便于巩固和自学；针对不同背景、不同目的的阅读人员，给出相应的学习内容、方法及学时建议。

北京航空航天大学电子信息工程学院自 2010 年以来一直以第 3 版作为讲授“线

性系统理论”研究生课程的主要教材。在获得第4版的版权信息后,即着手翻译工作。具体工作由北京航空航天大学的高飞、王俊和孙进平完成,马飞参与了部分文档的整理工作。为了保持与原版图书的一致性,中文版的部分字符及字体保留了英文原版书的写作风格,同时对原版书进行了必要的勘误和修订。鉴于译者的经验和时间上的限制,本书难免存在不妥和错误之处,敬请广大读者批评指正。

在第4版的翻译过程中部分内容参考了第2版的译稿,译者衷心感谢参与第2版翻译的各位同仁,同时感谢北京航空航天大学出版社剧艳婕编辑为版权引进等具体工作所提供的大力支持。期待本书中文版的再次出版,能对从事相关领域工作的研究生、科技工作者有所帮助。

译　者

2019年4月

于北京航空航天大学

前　言

本书可作为电气类、机械类、生物工程类、化工类及航空类高年级本科生或一年级研究生“线性系统理论”课程的教材。由于涵盖了许多设计方法的处理流程，所以本书也可视为实践工程师的有益参考。数学背景应具有线性代数和拉普拉斯变换的应用知识以及微分方程的基础知识。对领略二/三年级所在学科领域如参考文献[10]中“信号与系统”的知识是有益的，但并非必需。

线性系统理论涉及领域宽广。本教材主要研究状态空间方程和有理传递函数描述的线性时不变集总系统，前者属于内部描述，后者属于外部描述。我们研究其在设计中的结构、联系及含义。作为工程领域的参考，本书旨在实现两个目标，其一，利用尽量简便有效的方法导出结果并设计处理流程，因此表述并非面面俱到。譬如，跳过了状态空间方程中的多种多变量伴随型和传递矩阵中的 Smith - McMillan 型。其二，使读者能够利用这些结果以便完成设计。因此，大多数结果的讨论着眼于数值计算。书中所有设计方法的处理流程都可用 MATLAB① 完成。采取定理-证明式编排可培养读者的批判思维能力和逻辑推理能力。

本教材也涉及线性时不变分布系统和线性时变集总系统，我们通过示例说明，书中某些结论并不适用于这类系统。即便如此，本教材也可以为分布、时变或非线性系统的研究提供基础和参考。

本教材第一版名为《线性系统理论引论》，出版于 1970 年；第 2 版改名为《线性系统理论与设计》，出版于 1984 年，且从初版的 431 页扩展为 662 页；第 3 版出版于 1999 年，将第 2 版删减约一半至 332 页，跳过那些只属于学术兴趣或实用性有限的主题，第 3 版同时引入双参数(前馈/反馈)结构，更适合实际应用。

在完成本次修订之前，牛津大学出版社组织了第 3 版的外审。由于两位评阅人的课程中并不涵盖第 7 章和第 9 章的内容，所以他们建议将之删除。确实，这两章的多输入多输出(MIMO)部分是出于完整性的考虑而将其纳入的，不应当被涵盖，这些内容更适合于高级教程。但是，由于单输入单输出(SISO)部分建立了传递函数互质性的概念和状态空间方程中能控能观性的概念之间的联系，并证实了两种描述的等价性，所以建议涵盖这部分内容；同时，传递函数利用较简便的数学导出结果，比状态

① MATLAB 是 Math Works 公司的注册商标，MA，Natick，Prime Park 路 24 号，01760 - 1500。http://www.mathworks.com

空间方程获得的结果更具有普适性。

第4版更新情况

本教材涵盖内容几近成熟,因此,第4版与十多年前发行的前一版的区别主要在于表述方式不同,具体如下所列:

- 第1章　新增学科领域的发展简史。
- 第2章　重新编排,并非立足于线性时变情形,而是从线性时不变集总系统开始论述。讨论四类方程,然后解释关注有理传递函数和状态空间方程的原因。本版删除了图论中的树、环路和链路等概念。
- 第4章　扩充相关内容,讨论状态空间方程的计算机运算和实时处理。新增SISO实现一节。
- 第7章　新增完全表征一节。
- 添加案例补充动机以飨读者。
- 使用R2011a版更新所有MATLAB示例。
- 修正了每章最后的许多带数值习题。

期望该新版更易被广大读者所接受。

本教材讨论了两个本质上独立但又密切联系的主题。第一个主题涉及状态空间方程,需要第3章的所有数学基础,并在第4、5、6和8章中讨论。第二个主题涉及有理传递函数或多项式分式,仅需要第3章3.3节的基础,并在第5、7和9章中讨论。仅研究状态空间方程的一学期课程可以涵盖第1章～第6章和第8章的内容。若一学期课程欲覆盖两个主题,则囊括以下内容应已足够:

- 第1章～第2章;第3.1～3.7节;第4.1～4.5节;第5.1～5.2和5.4节;
- 第6.1～6.4节;第7.1～7.3节;
- 除第8.3.1、8.3.2和8.4.1节之外的第8.1～8.5节;
- 第9.1～9.3.1节和第9.4～9.4.2节。

若内容不够,还可以增加离散时间情形及/或时变情形的相关内容。当然,其他安排也是可以的,解决方案手册可从出版商获得。

在编写该版和前版的过程中,需要感谢很多人。Imin Kao教授和Zhi Chen先生提供了MATLAB方面的帮助,Zongli Lin教授和T. Anantakrishnan先生阅读了整篇书稿并提出了宝贵意见。感激石溪大学工程与应用科学系Yacov Shamash主任的鼓励。该书第3版由Wisconsin大学电气与计算机工程系的B. Ross Barmish教授、Purdue大学Indiana分校的Harold Broberg教授、纽约州立大学Buffalo分校机械与航空工程系的Peyman Givi教授和Iowa State大学电气与计算机工程系的

Mustafa Khammash 教授审阅。他们详实、关键的意见促使我对一些章节进行了重新编排。对他们一并表示感谢。

感谢牛津大学出版社的 Patrick Lynch、Dan Pepper、Claire Sullivan 和 Carolyn DiTullio 为本次修订提供指导。感谢包括 Pamela Hanley、Christine Mahon 和 Deborah Gross 在内的牛津大学出版社工作人员对该项目的鼎力相助。

陈启宗

2012 年 7 月

目　　录

第1章 绪 论

1.1 引 言

物理系统的研究和设计可以采用实验的方法完成。人们将各种信号作用于物理系统并测量其响应，若性能不符合要求，则可以通过调整系统的某些参数或者在其中接入某种补偿器来改善系统特性。这种方法在很大程度上依赖于以往的经验，并通过试凑法实施，现已经成功地应用于许多物理系统的设计中。

若物理系统复杂，或过于昂贵或过于危险而导致其上无法开展实验，则实验法失效，因而在这种情况下，解析法变得不可或缺。物理系统的解析研究包括四个部分：建模、推导数学描述、分析和设计。这里简要介绍其每个部分。

在工程中对物理系统和模型加以区分尤为重要。例如，在任何教材中所研究的电路系统或控制系统均属物理系统的模型，恒值电阻就是一个模型，若外加电压超过某临界值，则会将之烧毁，在解析分析时往往忽略这种功率约束。恒值电感也是一个模型，实际上，电感值随流经其上的电流大小而异。建模至关重要，设计成败与否取决于物理系统的模型是否恰当，且取决于问题的提法和工作范围的差异。同一物理系统可以有不同的模型，例如，工作在高频区和低频区的电子放大器其模型并不相同，在研究宇宙飞船的飞行轨迹时可以将其视为质点，而在研究机动时则须将其视为刚体，当它连接到空间站时甚至将其视为柔性体。为了建立物理系统的恰当模型，对物理系统及其工作范围的透彻理解必不可少。本教材把物理系统的模型简称为"系统"。因此，物理系统是现实世界中存在的设备或若干设备的集合，而系统则是物理系统的模型。

一旦选定物理系统的系统(或模型)，下一步即是应用各种物理定律来推导系统的数学方程描述，例如，基尔霍夫电压定律和电流定律应用于电气系统，牛顿定律应用于机械系统。系统的数学方程描述可以有多种形式，诸如线性方程、非线性方程、积分方程、差分方程、微分方程或其他方程,其取决于具体研究的问题。在描述同一系统时,某种形式的方程可能优于另一种形式。总之,正如一个物理系统可以具有多种不同模型,一个系统也可以具有多种不同的数学方程描述。

有了数学描述,接着要进行的是定量和定性分析。在定量分析中,所关心的是系统对特定输入的响应;在定性分析中,所关心的是诸如稳定性、能控性和能观性等系统的普适特性。由于各种设计方法往往源于定性分析,所以定性分析至关重要。

若系统响应不符合要求,则必须对系统进行修正。在某些情况下,可以通过调整系统的某些参数来完成修正;而在另外一些情况下,则必须引入补偿器。应当注意的是,设计是在物理系统模型的基础上展开的,若模型选择得当,则通过引入所需的参数调整或补偿器,理应能够改善物理系统的性能。若模型选择不当,则可能不会改善物理系统的性能,且该设计无效。选择一个与物理系统足够接近但又足够简单的模型进行解析研究是系统设计中最困难和最重要的问题。

1.2 概 论

系统的研究包括四个部分:建模、推导数学方程、分析和设计。建立物理系统的模型需要特定领域的知识以及某些测量装置。例如,为了建立晶体管的模型,需要量子物理学知识以及某些实验装置;在建立汽车悬架系统的模型时,需要进行实际测试和测量,绝非靠纸和笔就能完成。计算机仿真的确有用,但不能代替实际测量。因此,应当结合具体领域展开建模问题的研究,本教材不能完全涵盖相关内容,书中假定可以获得物理系统模型。

本教材要研究的系统主要限定于线性(L)、时不变(TI)和集总系统。这类具有输入 $u(t)$ 和输出 $y(t)$ 的系统可以通过以下方程描述。

1. 卷 积

$$y(t)=\int_{\tau=0}^{t} g(t-\tau)u(\tau)\mathrm{d}\tau \tag{1.1}$$

其中 $g(t)$ 称为冲击响应。

2. 传递函数

$$\hat{y}(s)=\hat{g}(s)\hat{u}(s) \tag{1.2}$$

其中带 ˆ 的变量表示变量的拉普拉斯变换。函数 $\hat{g}(s)$ 称为传递函数,它是 s 的有理函数,如

$$\hat{g}(s)=\frac{3s^2-2s+5}{s^3+4s^2+2.5s+3}$$

3. 高阶微分方程

如

$$y^{(3)}(t)+4\ddot{y}(t)+2.5\dot{y}(t)+3y(t)=3\ddot{u}(t)-2\dot{u}(t)+5u(t) \tag{1.3}$$

其中 $y^{(3)}(t):=\frac{\mathrm{d}^3y(t)}{\mathrm{d}t^3}$，$\ddot{y}(t):=\frac{\mathrm{d}^2y(t)}{\mathrm{d}t^2}$，$\dot{y}(t):=\frac{\mathrm{d}y(t)}{\mathrm{d}t}$①，该方程为一常系数三阶线性微分方程。

4. 状态空间方程

$$\left.\begin{aligned}\dot{\boldsymbol{x}}(t)&=\boldsymbol{A}\boldsymbol{x}(t)+\boldsymbol{b}u(t)\\ y(t)&=\boldsymbol{c}\boldsymbol{x}(t)+du(t)\end{aligned}\right\} \tag{1.4}$$

其中 $\boldsymbol{x}(t)$为列向量，称之为状态，$\boldsymbol{A}$、$\boldsymbol{b}$、$\boldsymbol{c}$ 和 $\boldsymbol{d}$ 为相容阶数的常数矩阵。

由于所有变量都是时间的函数，所以式(1.1)、式(1.3)和式(1.4)称为“时域”描述，而式(1.2)为“变换域”描述。由于前三个方程仅建立输入 u 和输出 y 之间的关系，所以称之为“输入输出描述”或“外部描述”。由于状态空间方程同时描述了系统的内部变量 $\boldsymbol{x}$，所以称状态空间方程为“内部描述”。可以采用这四类方程来描述同一系统。

本教材从卷积的引入开始讨论，原因在于卷积清晰地展示出线性和时不变性概念的使用。使用卷积可推导出传递函数及某个稳定性条件，然而，诚如在教材中讨论的，分析和设计中并不采用卷积，因此，对卷积的讨论并不详尽。另外，还将解释本教材不研究微分方程的原因。接着，将集中研究作为外部描述的传递函数以及作为内部描述的状态空间方程，讨论其求解、性质和相互关系，并借助二者完成反馈系统的设计。首先讨论单输入单输出(SISO)系统，然后讨论多输入多输出(MIMO)系统。由于大多数物理系统是连续时间系统，所以先从连续时间(CT)情形出发，然后讨论其对应的离散时间(DT)情形。

我们还将浅议由非有理传递函数描述的 LTI 分布系统，以及由时变状态空间方程描述的线性系统和集总系统。结果表明，LTI 集总系统的某些结论可能并不适用于线性时变系统或分布系统，因而对其研究也要复杂得多，非线性系统的研究更是如此，即便如此，本教材也为研究这些复杂系统提供了基础和参考。

发展简史

本教材主要研究有理传递函数和状态空间方程，为此，应当了解其在电气工程课程中的使用历史。Oliver Heaviside(1850—1925)用 p 表示微分，并在 1887 年引入阻抗算子 R、Lp 和$\frac{1}{Cp}$来研究电子电路，此项工作开创了阻抗和传递函数的概念。然而，Heaviside 的运算微积分缺乏反演公式，并且不够完善。大约在 1940 年人们认识到，由 Pierre－Simon Laplace 于 1782 年导出的拉普拉斯变换，涵盖了 Heaviside 的方法。因其具有简便性，拉普拉斯变换和传递函数或系统函数便逐渐渗透到电气

① $A:=B$ 表示根据定义 A 等于 B；$A=:B$ 表示根据定义 B 等于 A

工程课程中。从1960年起,模拟滤波器设计、无源网络综合和电路分析中都使用了传递函数。

为了对蒸汽机中飞球的跳动和机器轴承的摇晃给出合理解释,James Maxwell 于1868年推导出一个三阶线性化微分方程以提出稳定性问题,该项工作标志着数学方法研究控制系统的开端。Henry Nyquist 于1932年给出一种从开环系统判断反馈系统稳定性的图解方法,但是该方法过于复杂,在设计中不便使用。Hendrick Bode 于1940年简化了该方法,利用开环系统的相位裕度和增益裕度来判断稳定性,然而该方法仅适用于一小类开环系统,并且,相位裕度、增益裕度与系统性能之间的关系还不够清晰。W. R. Evans 于1948年导出反馈系统设计的根轨迹法,尽管该方法有通用性,但是所采用的补偿器本质上局限于0次补偿器。上述方法均基于传递函数,并且构成了1970年之前出版的大多数控制系统教材的主体内容。

状态空间方程首次出现于20世纪60年代初的工程文献中,其结构严谨,先给出定义,再导出条件,最终建立定理。此外,其结构对SISO系统和MIMO系统并无差别,可以将SISO系统的所有结果都推广到MIMO系统中。最负盛名的结果是:若状态空间方程能控,则状态反馈可以实现任意的特征值配置;若状态空间方程能观,则可以构造出具有任意期望特征值的状态估计器。截至1980年,许多本科控制类教材中都引入了状态空间方程及其设计方法。

在状态空间法影响的推动下,研究人员在20世纪70年代重新审视了传递函数,把有理函数看作是两个多项式的比,诞生了多项式分式法。如此一来,便可以将SISO系统的结果推广到MIMO系统中。该方法中重要的概念是互质性,在互质的假设条件下,使得极点配置和模型匹配的设计实现成为可能。诚如我们要在教材中证实的,该方法比基于状态空间方程的方法更简单,且结果更具有普适性。尽管如此,由于要在计算机运算及仿真、实时处理和运放电路的实施中使用,所以状态空间方程在系统的研究中不可或缺。因此,有理传递函数和状态空间方程在系统的研究中都具有重要的地位。

第 2 章 系统的数学描述

2.1 引 言

本教材将系统建模为一个黑箱，它具有一个或多个输入端和一个或多个输出端，如图 2.1 所示，若激励或输入作用在输入端，则在输出端可以测量到“唯一”的响应或输出信号。在定义某个系统时，激励和响应、输入和输出或因和果之间的这种唯一关系必不可少。称仅有一个输入端且仅有一个输出端的系统为单输入单输出(SISO)系统，称具有两个或更多个输入端且具有两个或更多个输出端的系统为多输入多输出(MIMO)系统。同理，单输入多输出(SIMO)系统仅有一个输入端且具有两个或更多个输出端，多输入单输出(MISO)系统则具有多个输入端且仅有单个输出端。

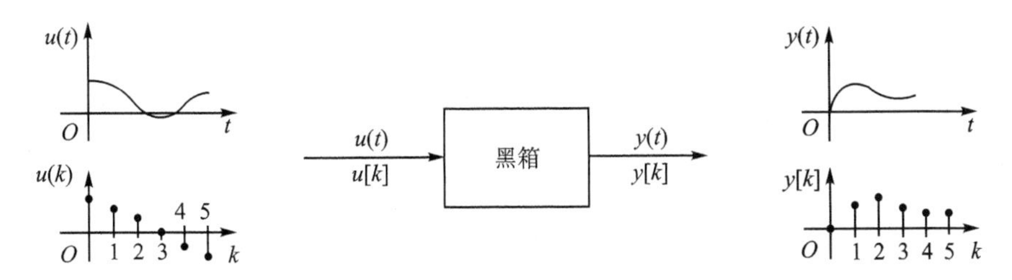

图 2.1 系 统

若某信号在每一时刻都有定义，则称该信号为“连续时间”(CT)信号；若某系统接受 CT 信号的输入并产生 CT 信号的输出，则称该系统为 CT 系统。用小写斜体 $u(t)$来表示单输入信号，用粗体 $\boldsymbol{u}(t)$来表示多输入信号，若系统有 p 个输入端，则 $\boldsymbol{u}(t)$为 $p\times1$ 的向量或表示为 $\boldsymbol{u}=[u_1 \quad u_2 \quad \cdots \quad u_p]^{\mathrm{T}}$，其中符号 T 表示转置。与之类似，用 $y(t)$或 $\boldsymbol{y}(t)$来表示输出。时间 t 的取值范围大多假设在$-\infty\sim\infty$之间。

若某信号仅在离散时间点上有定义，则称该信号为“离散时间”(DT)信号；若某系统接受DT信号的输入并产生DT信号的输出,则称该系统为DT系统。假定系统中所有DT信号均有相同的采样周期 T,分别用 $u[k]:=u(kT)$ 和 $y[k]:=y(kT)$ 表示输入和输出,其中整数 k 的取值范围大多在 $-\infty\sim\infty$ 之间,k 称为"时间下标",kT 表示离散瞬时时刻,用粗体 $\boldsymbol{u}[n]$ 和 $\boldsymbol{y}[n]$ 表示多输入和多输出。

2.2 因果性、集总性和时不变性

若系统的输出 $\boldsymbol{y}(t_0)$ 仅取决于 t_0 时刻外加的输入,而不依赖于 t_0 时刻之前或 t_0 时刻之后外加的输入,则称该系统为"无记忆系统"。简言之:无记忆系统的当前输出仅取决于当前输入,而与过去和未来的输入无关。例如,仅由电阻构成的电路网络为无记忆系统,通常将运算放大器建模为无记忆系统,参见参考文献[10]。

然而,大多数系统是有记忆的。这就意味着,t_0 时刻的输出取决于 $t<t_0$、$t=t_0$ 和 $t>t_0$ 时刻的输入 $\boldsymbol{u}(t)$,即含存储器的系统,其当前输出可能依赖于过去、当前和未来的输入。

若系统当前输出取决于过去的输入和当前的输入,而不依赖于未来的输入,则称该系统为"因果"系统或"非预期"系统;若系统非因果,则其当前输出将依赖于未来的输入。换言之,非因果系统可以"预测"或"预期"未来的外加输入,实际物理系统都不具有这种能力。因而,任一物理系统都是因果的,因果性是某系统在现实世界中能够搭建或实现的必要条件。本教材仅研究因果系统。

因果系统的当前输出受过去输入的影响,那么究竟过去多久的输入会影响到当前的输出呢?通常来说,时间应该回溯到负无穷远。换言之,从 $-\infty\sim t_0$ 时刻的输入均影响 $\boldsymbol{y}(t_0)$。但是从 $t=-\infty$ 开始跟踪 $\boldsymbol{u}(t)$,即便有可能,也非常不便于处理。而状态的概念可以解决这个问题。

定义 2.1 系统在 t_0 时刻的状态 $\boldsymbol{x}(t_0)$,是 t_0 时刻的信息,连同 $t\geqslant t_0$ 的输入 $\boldsymbol{u}(t)$ 一起,可以唯一地确定所有 $t\geqslant t_0$ 的输出 $\boldsymbol{y}(t)$。

根据定义,若已知 t_0 时刻的状态,则为了确定 t_0 之后的输出 $\boldsymbol{y}(t)$,无需获悉 t_0 之前外加的输入 $\boldsymbol{u}(t)$。因此,在某种意义上,状态概括了过去的输入对未来的输出产生的影响。对于如图2.2所示的电路网络,若已知两个电容两端的电压 $x_1(t_0)$ 和 $x_2(t_0)$ 以及流经电感的电流 $x_3(t_0)$,则对 t_0 时刻以及 t_0 时刻之后外加的任意输入,可以唯一地确定 $t\geqslant t_0$ 的输出。因此,该电路网络在 t_0 时刻的状态为

$$\boldsymbol{x}(t_0)=\begin{bmatrix}x_1(t_0)\\x_2(t_0)\\x_3(t_0)\end{bmatrix}$$

该状态是一个 3×1 的向量,将 $\boldsymbol{x}$ 的分量称为"状态变量"。因此,通常可以将状态简

单地视为一组初始条件,称 $\boldsymbol{x}(t_0)$ 为"初始状态"。

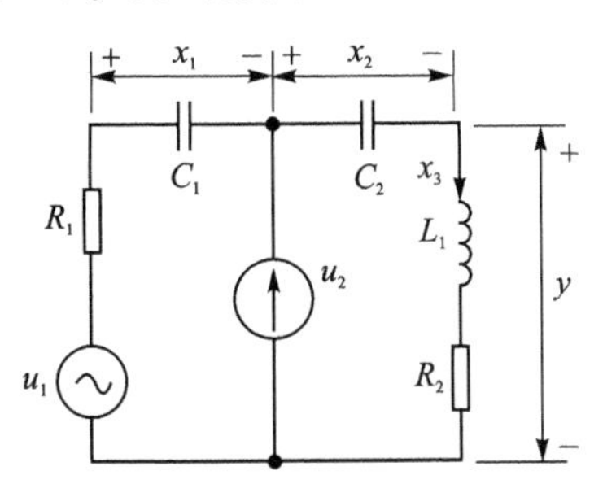

图 2.2　含三个状态的电路网络

利用 t_0 时刻的初始状态,可以将系统的输入和输出表示为

$$\left.\begin{array}{l}\boldsymbol{x}(t_0)\\ \boldsymbol{u}(t),\quad t\geqslant t_0\end{array}\right\}\rightarrow \boldsymbol{y}(t),\quad t\geqslant t_0 \tag{2.1}$$

这意味着输出的一部分由 t_0 时刻的初始状态引起,另一部分由 t_0 时刻以及 t_0 时刻之后外加的输入引起。使用式(2.1)时,无需获悉 t_0 之前回溯到 $-\infty$ 的外加输入。因此式(2.1)更易于追踪,称之为状态-输入-输出对。

若系统状态变量的数目有限或者其状态为有限维向量,则称系统为"集总"系统。图 2.2 中的电路网络显然是集总系统,其状态向量为三维。若系统的状态有无穷多个状态变量,则称该系统为"分布"系统,传输线是最广为人知的分布系统。下面举一个例子。

【例 2.1】　考虑通过

$$y(t)=u(t-1)$$

定义的单位时间延迟系统,输出即为输入的一秒延迟。为了根据$\{u(t),t\geqslant t_0\}$确定$\{y(t),t\geqslant t_0\}$,需要$\{u(t),t_0-1\leqslant t<t_0\}$的信息。于是,系统的初始状态为$\{u(t),t_0-1\leqslant t<t_0\}$。由于在$\{t_0-1\leqslant t<t_0\}$区间内有无穷多点,因此,单位时间延迟系统为分布系统。

若系统特性不随时间变化,则称该系统为"时不变"系统,例如,若 R_i、C_i 和 L_i 为不随时间变化的常数,则图 2.2 中的电路网络为时不变系统。对于此类系统,无论何时外加输入,输出波形总归相同。该属性可以借助状态-输入-输出对表述如下。设

$$\left.\begin{array}{l}\boldsymbol{x}(t_0)\\ \boldsymbol{u}(t),\quad t\geqslant t_0\end{array}\right\}\rightarrow \boldsymbol{y}(t),\quad t\geqslant t_0$$

为某系统的状态-输入-输出对,若系统为时不变,则对任意 t_1,都有

$$\left.\begin{array}{l}\boldsymbol{x}(t_0+t_1)\\ \boldsymbol{u}(t-t_1),\quad t\geqslant t_0+t_1\end{array}\right\}\rightarrow \boldsymbol{y}(t-t_1),\quad t\geqslant t_0+t_1\quad(\text{时移})$$

其中 $\boldsymbol{u}(t-t_1)$和 $\boldsymbol{y}(t-t_1)$分别表示 $\boldsymbol{u}(t)$和 $\boldsymbol{y}(t)$从 t_0 到 t_0+t_1 的时移。该式表明,若初始状态时移到 t_0+t_1,且从 t_0+t_1 而非从 t_0 开始外加相同的输入波形,则输出

波形相同,区别仅在于输出从时间 t_0+t_1 开始出现。换言之,若初始状态和输入相同,则无论其何时作用于系统,输出波形总相同。于是,对时不变系统,不失一般性,通常假定 $t_0=0$。需要注意的是,$t_0=0$ 并非绝对,可以人为选择初始时刻 t_0 作为研究系统的起始时刻。若选择 $t_0=0$,则考察的时间区间为$[0,\infty)$;若系统非时不变,则称该系统为"时变系统"。

某些物理系统须建模为时变系统,例如,由于燃烧的火箭其质量随时间迅速减小,所以它为时变系统。尽管汽车或电视机在经历很长一段时间后性能可能会变差,但其特性在最初几年内并没有明显的变化。因此,在有限时间段内可以将许许多多的物理系统建模为时不变系统。

脉冲函数

这里需要借助脉冲函数的概念来推导某些数学方程,考虑通过

$$\delta_a(t-t_1) := \begin{cases} 1/\Delta, & t_1 \leqslant t < t_0+\Delta \\ 0, & t_1 < t \text{ 且 } t \geqslant t_1+\Delta \end{cases}$$

定义的脉冲函数,如图 2.3 所示。该脉冲函数位于 t_1 时刻,宽度为 Δ 且高度为 $1/\Delta$。对任意 $\Delta>0$,脉冲函数的面积或覆盖该脉冲的任意积分均为 1,则定义 $t=t_1$ 时刻的"脉冲函数"为

$$\delta(t-t_1) := \lim_{\Delta\to 0}\delta_\Delta(t-t_1)$$

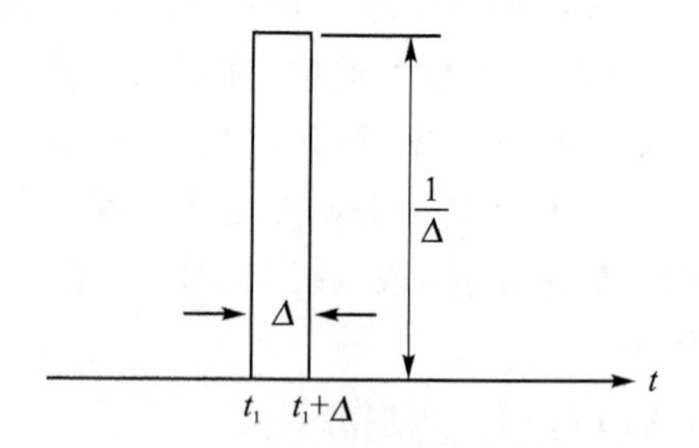

图 2.3　t_1 时刻的脉冲函数

该函数对所有 $t\neq t_1$ 取值均为 0,在 $t=t_1$ 时取值为∞。其面积或覆盖该脉冲的任意积分均为 1,例如

$$\int_{t=-\infty}^{\infty}\delta(t-t_1)\mathrm{d}t=\int_{t=t_1}^{t_1+}\delta(t-t_1)\mathrm{d}t=\int_{t=t_1}^{t_1}\delta(t-t_1)\mathrm{d}t=1$$

其中 t_1+是大于 t_1 的无穷小量。为方便起见,最后的积分式只用 t_1,不使用 t_1+,并假定只要积分触及该脉冲,则认为积分覆盖整个脉冲。需要注意的是,若积分区间不覆盖或不触及该脉冲,则积分为零。例如

$$\int_{t=-\infty}^{2}\delta(t-2.5)\mathrm{d}t=0 \quad \text{和} \quad \int_{t=2.501}^{\infty}\delta(t-2.5)\mathrm{d}t=0$$

其中该脉冲函数位于 $t=2.5$ 时刻。脉冲函数具有以下"筛选"特性

$$\int_{t=-\infty}^{\infty}f(t)\delta(t-t_1)\mathrm{d}t=\int_{t=t_1}^{t_1}f(t)\delta(t-t_1)\mathrm{d}t=f(t)\Big|_{t-t_1=0}=f(t)\Big|_{t=t_1}=f(t_1)$$

该特性对 t_1 处连续的任意函数 $f(t)$均适用。t_1 时刻的脉冲函数筛选出 $f(t)$在 $t=t_1$ 处的取值。通常而言,只要在积分中存在某函数乘以脉冲函数,则可以简单地将该函数移出积分外,并用令脉冲函数的自变量等于零得到的变量代替积分变量。

我们这里讨论脉冲函数性质的应用。考虑如图 2.4 所示的信号,该信号可通过

一系列图示脉冲函数形成的阶梯函数来逼近，将 Δ 称为“步长”。图 2.3 中的脉冲函数高度为 $1/\Delta$，该脉冲函数乘以 Δ 或 $\delta_\Delta(t-t_1)\Delta$ 后的高度为 1。由于图 2.4 中最左边的脉冲高度为 $u(t_i)$，因此可将其表示为 $u(t_i)\delta_\Delta(t-t_i)\Delta$。如此处理的结果是，可以将输入 $u(t)$ 近似表示为

$$u(t) \approx \sum_i u(t_i)\delta_\Delta(t-t_i)\Delta$$

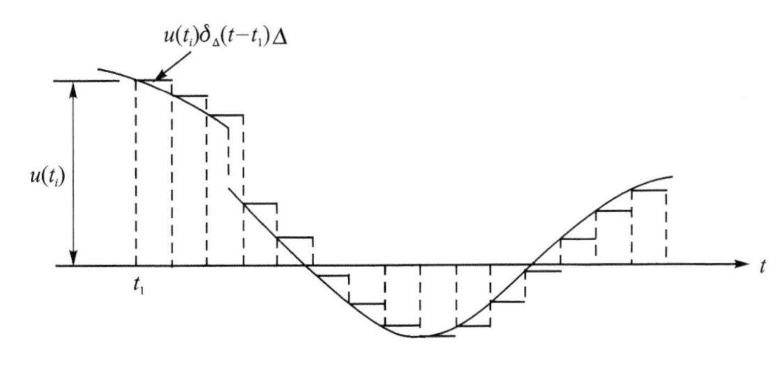

图 2.4　输入信号的逼近

其中求和是阶梯函数的精确描述。随着 $\Delta\to 0$，脉冲函数 $\delta_\Delta(t-t_i)$ 变为冲击函数，t_i 变为连续变量，将之记为 τ，并可将 Δ 写为 $d\tau$。同时，求和变为积分，近似式变为等式。因此，随着 $\Delta\to 0$，则有

$$u(t) = \int_{\tau=-\infty}^{\infty} u(\tau)\delta(t-\tau)d\tau \tag{2.2}$$

该式实质上就是前面讨论的筛选特性。因此，随着 $\Delta\to 0$，阶梯函数变为原函数，且在数学上是对 $u(t)$ 的完好近似。

2.3　线性时不变系统

若对任意两个状态-输入-输出对

$$\left.\begin{matrix} \boldsymbol{x}_i(0) \\ \boldsymbol{u}_i(t), \quad t \geqslant 0 \end{matrix}\right\} \to \boldsymbol{y}_i(t), \quad t \geqslant 0$$

其中 $i=1,2$，于是有

$$\left.\begin{matrix} \boldsymbol{x}_1(0) + \boldsymbol{x}_2(0) \\ \boldsymbol{u}_1(t) + \boldsymbol{u}_2(t), \quad t \geqslant 0 \end{matrix}\right\} \to \boldsymbol{y}_1(t) + \boldsymbol{y}_2(t), \quad t \geqslant 0 \quad \text{（可加性）}$$

和

$$\left.\begin{matrix} \alpha\boldsymbol{x}_1(0) \\ \alpha\boldsymbol{u}_1(t), \quad t \geqslant 0 \end{matrix}\right\} \to \alpha\boldsymbol{y}_1(t), \quad t \geqslant 0 \quad \text{（齐次性）}$$

对任意实常数 α 均成立，这里假定 $t_0=0$，则定义时不变系统为“线性”系统。称第一个属性为“可加性”，第二个属性为“齐次性”。可以将这两个属性合并为

$$\left.\begin{array}{l}\alpha_1\boldsymbol{x}_1(0)+\alpha_2\boldsymbol{x}_2(0)\\ \alpha_1\boldsymbol{u}_1(t)+\alpha_2\boldsymbol{u}_2(t),\quad t\geqslant 0\end{array}\right\}\rightarrow\alpha_1\boldsymbol{y}_1(t)+\alpha_2\boldsymbol{y}_2(t),\quad t\geqslant 0$$

对任意实常数 α_1 和 α_2 均成立,并称之为"叠加性"。若不满足叠加性,则称系统为非线性系统。

若 $t\geqslant t_0=0$ 时输入 $\boldsymbol{u}(t)$ 恒等于零,则输出仅由初始状态 $\boldsymbol{x}(0)$ 引起,称该输出为"零输入响应",并记为 $\boldsymbol{y}_{zi}$ 或

$$\left.\begin{array}{l}\boldsymbol{x}(0)\\ \boldsymbol{u}(t)\equiv\boldsymbol{0},\quad t\geqslant 0\end{array}\right\}\rightarrow\boldsymbol{y}_{zi}(t),\quad t\geqslant 0$$

若初始状态 $\boldsymbol{x}(0)$ 为零,则输出仅由输入引起,称该输出为"零状态响应",并记为 $\boldsymbol{y}_{zs}$ 或

$$\left.\begin{array}{l}\boldsymbol{x}(0)=\boldsymbol{0}\\ \boldsymbol{u}(t),\quad t\geqslant 0\end{array}\right\}\rightarrow\boldsymbol{y}_{zs}(t),\quad t\geqslant 0$$

由可加性可知

$$\text{由}\begin{cases}\boldsymbol{x}(0)\\ \boldsymbol{u}(t),\quad t\geqslant 0\end{cases}\text{引起的输出}=\text{由}\begin{cases}\boldsymbol{x}(0)\\ \boldsymbol{u}(t)\equiv\boldsymbol{0},\quad t\geqslant 0\end{cases}\text{引起的输出}+\text{由}\begin{cases}\boldsymbol{x}(0)=\boldsymbol{0}\\ \boldsymbol{u}(t),\quad t\geqslant 0\end{cases}\text{引起的输出}$$

或

$$\text{响应}=\text{零输入响应}+\text{零状态响应}$$

因此,任一线性时不变系统的响应,均可分解为零状态响应和零输入响应,并且可以分开研究这两个响应,二者之和即为全响应。对非线性时不变系统,全响应可以完全不同于零输入响应和零状态响应之和,因此,在研究非线性时不变系统时,不能将零输入响应和零状态响应分开。

若时不变系统为线性,则可加性和齐次性适用于零状态响应。更具体地说,若 $\boldsymbol{x}(0)=\boldsymbol{0}$,则输出仅由输入引起,可将状态-输入-输出方程简化为 $\{u_i(t)\rightarrow y_i(t)\}$。若系统为时不变,则对任意 t_1 均有 $\{u_i(t-t_1)\rightarrow y_i(t-t_1)\}$。若系统为线性,则对所有 α 和所有 u_i 均有 $\{u_1+u_2\rightarrow y_1+y_2\}$ 和 $\{\alpha u_i\rightarrow\alpha y_i\}$。类似的结论适用于任意线性时不变系统的零输入响应。

1. 卷　积

我们这里推导线性时不变系统零状态响应的数学方程描述,在此研究中假设初始状态 $\boldsymbol{x}(0)$ 为零,$t\geqslant 0$ 时的输出 $y(t)$ 仅由 $t\geqslant 0$ 时的输入 $u(t)$ 引起。若 $\boldsymbol{x}(0)=\boldsymbol{0}$,则称系统在 $t=0$"初始松弛"。需要注意的是,若对所有 $t<0$ 均有 $u(t)=0$,则系统在 $t=0$ 初始松弛。

考虑在 $t=0$ 之后才开始作用的输入 $u(t)$,正如上一小节的讨论,可以将该输入近似为

$$u(t) \approx \sum_{i=0}^{\infty} u(t_i)\delta_\Delta(t-t_i)\Delta$$

设 $g_\Delta(t)$ 为 $t_0=0$ 时刻外加脉冲 $u(t)=\delta_\Delta(t-0)=\delta_\Delta(t)$ 引起的 t 时刻的输出，则有

$$\delta_\Delta(t) \rightarrow g_\Delta(t) \quad (\text{定义})$$

$$\delta_\Delta(t-t_i) \rightarrow g_\Delta(t-t_i) \quad (\text{时移})$$

$$\delta_\Delta(t-t_i)u(t_i)\Delta \rightarrow g_\Delta(t-t_i)u(t_i)\Delta \quad (\text{齐次性})$$

$$\sum_{i=0}^{\infty}\delta_\Delta(t-t_i)u(t_i)\Delta \rightarrow \sum_{i=0}^{\infty}g_\Delta(t-t_i)u(t_i)\Delta \quad (\text{可加性})$$

因此，可以将 $t\geqslant 0$ 时的输入 $u(t)$ 引起 $t\geqslant 0$ 时的输出 $y(t)$ 近似为

$$y(t) \approx \sum_{i=0}^{\infty} g_\Delta(t-t_i)u(t_i)\Delta \tag{2.3}$$

随着 Δ 趋于零，脉冲函数 $\delta_\Delta(t)$ 变为 $t=0$ 时刻的“冲击函数”，$g_\Delta(t)$ 变为 $g(t)$，而 $g(t)$ 为 $t=0$ 时刻外加冲击函数引起的输出，则称 $g(t)$ 为“冲击响应”。随着 Δ 趋于零，式(2.3)的近似式变为等式，求和变为积分，离散时刻 t_i 变为连续变量，并记为 τ，可以将 Δ 写为 $\mathrm{d}\tau$。因此，随着 $\Delta\rightarrow 0$，式(2.3)变为

$$y(t) = \int_{\tau=0}^{\infty} g(t-\tau)u(\tau)\mathrm{d}\tau \tag{2.4}$$

该式描述了 LTI 系统的零状态响应。

若系统为因果系统，则输出不会在外加输入之前出现，冲击响应是由 $\delta(t)$ 引起的输出，因果系统的冲击响应对所有 $t<0$ 均为零，因此有

$$\text{因果} \Leftrightarrow g(t)=0, \quad \text{对所有 } t<0$$

此关系式实际上是某系统为因果系统的充分必要条件。若对所有 $t<0$ 均有 $g(t)=0$，则对所有 $\tau>t$，均有 $g(t-\tau)=0$。因此，若系统为因果系统，则可将式(2.4)中的积分上限∞替换为 t，式(2.4)变为

$$y(t) = \int_{\tau=0}^{t} g(t-\tau)u(\tau)\mathrm{d}\tau$$

该式称为“积分卷积”。这里推导卷积的另外一种形式，通过 $\bar{\tau}:=t-\tau$ 定义新的积分变量 $\bar{\tau}$，其中固定 t，则有 $\mathrm{d}\tau=-\mathrm{d}\bar{\tau}$ 以及

$$y(t) = \int_{\bar{\tau}=t}^{0} g(\bar{\tau})u(t-\bar{\tau})(-\mathrm{d}\bar{\tau}) = \int_{\bar{\tau}=0}^{t} g(\bar{\tau})u(t-\bar{\tau})\mathrm{d}\bar{\tau}$$

因此，将哑元变量 $\bar{\tau}$ 重命名为 τ，则有

$$y(t) = \int_{\tau=0}^{t} g(t-\tau)u(\tau)\mathrm{d}\tau = \int_{\tau=0}^{t} g(\tau)u(t-\tau)\mathrm{d}\tau \tag{2.5}$$

因此，“积分卷积”有两种形式，或积分卷积满足交换律，其中 g 和 u 可以互换。通过这类方程可以描述任一线性时不变(LTI)因果系统，但该方程只能描述零状态响应；换言之，在使用式(2.5)时，系统必须初始松弛。

在式(2.5)的推导中并未使用集总性条件，因而，任意集总或分布 LTI 系统都具有这类描述。该数学描述的推导仅使用了时移性、可加性和齐次性，因此，任一 LTI 系统，无论它是电气系统、机械系统、化学过程或任意其他系统，都具有这类描述。

【例 2.2】 考虑例 2.1 中研究的单位时间延迟系统，该系统为线性时不变系统，因此可以通过卷积描述。若给该系统外加 $u(t)=\delta(t)$，则输出为 $\delta(t-1)$。因此系统的冲击响应为 $g(t)=\delta(t-1)$，并且可以通过

$$y(t)=\int_{\tau=0}^{t} g(t-\tau)u(\tau)\mathrm{d}\tau=\int_{\tau=0}^{t}\delta(t-1-\tau)u(\tau)\mathrm{d}\tau$$

来描述该系统，利用脉冲函数的筛选特性，可以将上式化简为

$$y(t)=u(\tau)\big|_{t-\tau-1=0}=u(\tau)\big|_{\tau=t-1}=u(t-1)$$

因此，卷积描述归结为朴素的系统定义。回想到卷积仅能描述零状态响应，正如例 2.1 的讨论，单位时间延迟系统在 $t=0$ 时刻的状态为$[-1,0)$区间内所有时间 t 上的 $u(t)$。因此，若$[-1,0)$区间内所有时间 t 上 $u(t)=0$，则该单位时间延迟系统在 $t=0$ 时刻初始松弛。需要注意的是，$t<-1$ 上的输入 $u(t)$与此无关，可以为零或非零。为方便起见，在使用卷积时，可以简单地假设在所有 $t<0$ 上 $u(t)=0$。

【例 2.3】 考虑如图 2.5(a)所示的单位反馈系统，该系统由增益为 a 的乘法器和单位时间延迟元件组成，是一个 SISO 系统。设称之为“参考输入”的 $r(t)$是反馈系统的输入。若 $r(t)=\delta(t)$，则输出为反馈系统的冲击响应，并且

$$g_f(t)=a\delta(t-1)+a^2\delta(t-2)+a^3\delta(t-3)+\cdots=\sum_{i=1}^{\infty}a^i\delta(t-i) \tag{2.6}$$

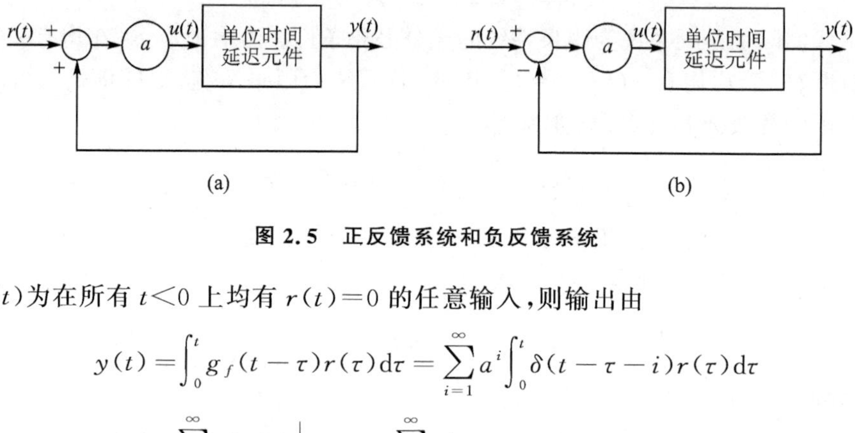

(a)　　(b)

图 2.5　正反馈系统和负反馈系统

设 $r(t)$为在所有 $t<0$ 上均有 $r(t)=0$ 的任意输入，则输出由

$$\begin{aligned}y(t)&=\int_{0}^{t} g_f(t-\tau)r(\tau)\mathrm{d}\tau=\sum_{i=1}^{\infty}a^i\int_{0}^{t}\delta(t-\tau-i)r(\tau)\mathrm{d}\tau\\&=\sum_{i=1}^{\infty}a^i r(\tau)\bigg|_{\tau=t-i}=\sum_{i=1}^{\infty}a^i r(t-i)\end{aligned}$$

给出。由于单位时间延迟系统为分布系统，所以反馈系统也是分布系统。

2. 传递函数

拉普拉斯变换是研究线性时不变(LTI)系统的重要工具。设 $\hat{y}(s)$为 $y(t)$的拉普拉斯变换，即

$$\hat{y}(s) := \mathcal{L}[y(t)] := \int_0^{\infty} y(t)\mathrm{e}^{-st}\mathrm{d}t$$

本教材自始至终使用变量带^来表示该变量的拉普拉斯变换。将其代入式(2.4)并交换积分顺序可得

$$\begin{aligned}\hat{y}(s) &= \int_{t=0}^{\infty}\left(\int_{\tau=0}^{\infty} g(t-\tau)u(\tau)\mathrm{d}\tau\right)\mathrm{e}^{-s(t-\tau)}\mathrm{e}^{-s\tau}\mathrm{d}t \\ &= \int_{\tau=0}^{\infty}\left(\int_{t=0}^{\infty} g(t-\tau)\mathrm{e}^{-s(t-\tau)}\mathrm{d}t\right)u(\tau)\mathrm{e}^{-s\tau}\mathrm{d}\tau\end{aligned}$$

这里固定 τ，在第一重积分中引入新变量 $v := t-\tau$ 之后，上式变为

$$\hat{y}(s) = \int_{\tau=0}^{\infty}\left(\int_{v=-\tau}^{\infty} g(v)\mathrm{e}^{-sv}\mathrm{d}v\right)u(\tau)\mathrm{e}^{-s\tau}\mathrm{d}\tau$$

利用因果性条件将圆括号内的积分下限由 $v=-\tau$ 替换为 $v=0$，积分项不再依赖 τ，二重积分变为

$$\hat{y}(s) = \left(\int_{v=0}^{\infty} g(v)\mathrm{e}^{-sv}\mathrm{d}v\right)\int_{\tau=0}^{\infty} u(\tau)\mathrm{e}^{-s\tau}\mathrm{d}\tau$$

或

$$\hat{y}(s) = \hat{g}(s)\hat{u}(s) \tag{2.7}$$

其中

$$\hat{g}(s) = \mathcal{L}[g(t)] = \int_0^{\infty} g(t)\mathrm{e}^{-st}\mathrm{d}t$$

为系统的“传递函数”。因此，传递函数是冲击响应的拉普拉斯变换；反之，冲击响应是传递函数的拉普拉斯逆变换。由此看到，拉普拉斯变换将积分卷积变换为式(2.7)中的代数方程。

将传递函数定义为冲击响应的拉普拉斯变换，借助式(2.7)，也可以将其定义为

$$\hat{g}(s) = \frac{\hat{y}(s)}{\hat{u}(s)} = \left.\frac{\mathcal{L}[\text{output}]}{\mathcal{L}[\text{input}]}\right|_{\text{初始松弛}} \tag{2.8}$$

大多数传递函数利用该定义计算。

【例 2.4】 考虑例 2.1 中研究的单位时间延迟系统，其冲击响应为 $\delta(t-1)$，因而，其传递函数为

$$\hat{g}(s) = \mathcal{L}[\delta(t-1)] = \int_0^{\infty}\delta(t-1)\mathrm{e}^{-st}\mathrm{d}t = \mathrm{e}^{-st}\big|_{t=1} = \mathrm{e}^{-s}$$

该传递函数是 s 的非有理函数。在拉普拉斯变换域，输入和输出之间通过 $\hat{y}(s)=\hat{g}(s)\hat{u}(s)=\mathrm{e}^{-s}\hat{u}(s)$ 建立联系。

【例 2.5】 考虑图 2.5(a)所示的反馈系统，由式(2.6)求出其冲击响应为

$$g_f(t) = \sum_{i=1}^{\infty} a^i\delta(t-i)$$

由于 $\mathcal{L}[\delta(t-i)]=\mathrm{e}^{-is}$，所以 $g_f(t)$ 的拉普拉斯变换为

$$\hat{g}_f(s) = \mathcal{L}[g_f(t)] = \sum_{i=1}^{\infty} a^i\mathrm{e}^{-is} = a\mathrm{e}^{-s}\sum_{i=0}^{\infty}(a\mathrm{e}^{-s})^i$$

借助当$|b|<1$时，$\sum_{i=1}^{\infty} b^i = 1/(1-b)$的结果，可以将上述无穷级数表示为闭合形式

$$\hat{g}_f(s) = \frac{a\mathrm{e}^{-s}}{1 - a\mathrm{e}^{-s}}$$

接下来利用式(2.8)求传递函数，根据图2.5(a)，可得出拉普拉斯变换域表达式

$$\hat{u}(s) = a[\hat{r}(s) + \hat{y}(s)] = a\hat{r}(s) + a\mathrm{e}^{-s}\hat{u}(s)$$

其中用到关系式$\hat{y}(s) = \mathrm{e}^{-s}\hat{u}(s)$，稍作化简可得

$$\hat{u}(s) = \frac{a}{1 - a\mathrm{e}^{-s}}\hat{r}(s)$$

和

$$\hat{y}(s) = \mathrm{e}^{-s}\hat{u}(s) = \frac{a\mathrm{e}^{-s}}{1 - a\mathrm{e}^{-s}}\hat{r}(s)$$

因此，该反馈系统从r到y的传递函数为

$$\hat{g}_f(s) = \frac{\hat{y}(s)}{\hat{r}(s)} = \frac{a\mathrm{e}^{-s}}{1 - a\mathrm{e}^{-s}}$$

该结果与之前求出的结果相同。

3. 状态空间方程

可以通过形如

$$\dot{\boldsymbol{x}}(t) = \boldsymbol{A}\boldsymbol{x}(t) + \boldsymbol{b}u(t) \tag{2.9}$$

$$y(t) = \boldsymbol{c}\boldsymbol{x}(t) + du(t) \tag{2.10}$$

的一组方程来描述任一输入为$u(t)$、输出为$y(t)$的线性时不变集总系统，其中$\dot{\boldsymbol{x}}(t) := \frac{\mathrm{d}\boldsymbol{x}(t)}{\mathrm{d}t}$。若系统有$n$个状态变量，则$\boldsymbol{x}$为$n\times 1$的向量。为了使式(2.9)和式(2.10)中的矩阵相容，$\boldsymbol{A}$、$\boldsymbol{b}$、$\boldsymbol{c}$和d须为$n\times n$、$n\times 1$、$1\times n$和1×1的矩阵，四个矩阵的所有元均为不依赖于时间的实数。称式(2.9)为“状态方程”，事实上其包含一组n个一阶微分方程。称式(2.10)为“输出方程”，为一代数方程。称常数d为“直接传输矩阵”。称这两组方程的组合为n维“状态空间(ss)”方程。不能通过形如上式的状态空间方程来描述状态变量个数为无穷的线性时不变分布系统。

前文根据时不变条件和线性条件导出了系统的卷积描述，但是，从这些条件出发导出状态空间方程并非易事，这里不展开讨论，仅接受这一既成事实。

式(2.9)和式(2.10)取拉普拉斯变换得出[①]

$$s\hat{\boldsymbol{x}}(s) - \boldsymbol{x}(0) = \boldsymbol{A}\hat{\boldsymbol{x}}(s) + \boldsymbol{b}\hat{u}(s)$$

$$\hat{y}(s) = \boldsymbol{c}\hat{\boldsymbol{x}}(s) + \mathrm{d}\hat{u}(s)$$

由此可知$s\hat{\boldsymbol{x}}(s) - \boldsymbol{A}\hat{\boldsymbol{x}}(s) = (s\boldsymbol{I} - \boldsymbol{A})\hat{\boldsymbol{x}}(s) = \boldsymbol{x}(0) + \boldsymbol{b}\hat{u}(s)$，其中$\boldsymbol{I}$是与$\boldsymbol{A}$同维的单位

① 若$\hat{x}(s) = L[x(t)]$，则$L[\dot{x}(t)] = s\hat{x}(s) - x(0)$。

阵,$\boldsymbol{I}$ 有性质 $\hat{\boldsymbol{x}}(s)=\boldsymbol{I}\hat{\boldsymbol{x}}(s)$,若不引入 $\boldsymbol{I}$,则$(s-\boldsymbol{A})$无定义。

以上方程左乘$(s\boldsymbol{I}-\boldsymbol{A})^{-1}$ 得出

$$\hat{\boldsymbol{x}}(s)=(s\boldsymbol{I}-\boldsymbol{A})^{-1}\boldsymbol{x}(0)+(s\boldsymbol{I}-\boldsymbol{A})^{-1}\boldsymbol{b}\hat{u}(s)$$

和

$$\hat{y}(s)=\boldsymbol{c}\hat{\boldsymbol{x}}(s)+d\hat{u}(s)=\boldsymbol{c}(s\boldsymbol{I}-\boldsymbol{A})^{-1}\boldsymbol{x}(0)+\boldsymbol{c}(s\boldsymbol{I}-\boldsymbol{A})^{-1}\boldsymbol{b}\hat{u}(s)+d\hat{u}(s) \tag{2.11}$$

这两个方程均为代数方程。方程(2.11)揭示了可以将 LTI 系统响应分解为零状态响应和零输入响应这一事实,若初始状态 $\boldsymbol{x}(0)$为零,则方程(2.11)归结为

$$\hat{y}(s)=[\boldsymbol{c}(s\boldsymbol{I}-\boldsymbol{A})^{-1}\boldsymbol{b}+d]\hat{u}(s)$$

与式(2.7)对比可得

$$\hat{g}(s)=\boldsymbol{c}(s\boldsymbol{I}-\boldsymbol{A})^{-1}\boldsymbol{b}+d \tag{2.12}$$

该式建立了传递函数(一种外部描述)和状态空间方程(内部描述)二者的联系。

多输入多输出情形

这里将前一节讨论的单输入单输出(SISO)情形推广到多输入多输出(MIMO)情形。若 LTI 系统有 p 个输入端和 q 个输出端,则可以将式(2.5)推广为

$$\boldsymbol{y}(t)=\int_{\tau=0}^{t}\boldsymbol{G}(t-\tau)\boldsymbol{u}(\tau)\mathrm{d}\tau \tag{2.13}$$

其中 $\boldsymbol{y}(t)$为 $q\times1$ 的输出向量,$\boldsymbol{u}(t)$为 $p\times1$ 的输入向量,且

$$\boldsymbol{G}(t)=\begin{bmatrix} g_{11}(t) & g_{12}(t)\cdots g_{1p}(t) \\ g_{21}(t) & g_{22}(t)\cdots g_{2p}(t) \\ \vdots & \vdots \\ g_{q1}(t) & g_{q2}(t)\cdots g_{qp}(t) \end{bmatrix}$$

函数 $g_{ij}(t)$为第 j 个输入端在 0 时刻外加冲击函数,而其他输入端恒为零时,第 i 个输出端在 t 时刻的响应,即 $g_{ij}(t)$是第 j 个输入端和第 i 个输出端间的冲击响应。因此将 $\boldsymbol{G}$ 称为系统的“冲击响应矩阵”。值得再次强调的是,若通过式(2.13)描述系统,则该系统为线性、时不变、因果并且在 $t_0=0$ 时刻初始松弛的系统。

式(2.13)取拉普拉斯变换得

$$\hat{\boldsymbol{y}}(s)=\hat{\boldsymbol{G}}(s)\hat{\boldsymbol{u}}(s) \tag{2.14}$$

或

$$\begin{bmatrix} \hat{y}_1(s) \\ \hat{y}_2(s) \\ \vdots \\ \hat{y}_q(s) \end{bmatrix}=\begin{bmatrix} \hat{g}_{11}(s) & \hat{g}_{12}(s)\cdots\hat{g}_{1p}(s) \\ \hat{g}_{21}(s) & \hat{g}_{22}(s)\cdots\hat{g}_{2p}(s) \\ \vdots & \vdots \\ \hat{g}_{q1}(s) & \hat{g}_{q2}(s)\cdots\hat{g}_{qp}(s) \end{bmatrix}\begin{bmatrix} \hat{u}_1(s) \\ \hat{u}_2(s) \\ \vdots \\ \hat{u}_p(s) \end{bmatrix}$$

其中 $\hat{g}_{ij}(s)$是从第 j 个输入到第 i 个输出的传递函数。将 $q\times p$ 的矩阵 $\hat{\boldsymbol{G}}(s)$称为

“传递函数矩阵”,或简称系统的“传递矩阵”。

式(2.13)和式(2.14)适用于描述任意LTI集总或分布系统。若系统也为集总系统,则也可以通过形如

$$\left.\begin{aligned}\dot{\boldsymbol{x}}(t)&=\boldsymbol{A}\boldsymbol{x}(t)+\boldsymbol{B}\boldsymbol{u}(t)\\ \boldsymbol{y}(t)&=\boldsymbol{C}\boldsymbol{x}(t)+\boldsymbol{D}\boldsymbol{u}(t)\end{aligned}\right\}\tag{2.15}$$

的状态空间方程来描述。对 p 个输入、q 个输出和 n 个状态变量的系统,$\boldsymbol{A}$、$\boldsymbol{B}$、$\boldsymbol{C}$ 和 $\boldsymbol{D}$ 分别为 $n\times n$、$n\times p$、$q\times n$ 和 $q\times p$ 的常数矩阵。

MIMO情形下的式(2.12)为

$$\hat{\boldsymbol{G}}(s)=\boldsymbol{C}(s\boldsymbol{I}-\boldsymbol{A})^{-1}\boldsymbol{B}+\boldsymbol{D}\tag{2.16}$$

其推导与SISO情形相同,这里不再赘述。

2.4 线性时变系统

现在对式(2.5)进行修正,以便使其可应用于线性、因果的时变系统。对一个时不变系统而言,若已知在0时刻外加冲击函数引起的响应,则可获悉在任意 t 时刻外加冲击函数引起的响应。而时变情形并非如此,在 t_1 时刻外加冲击函数引起的响应与在 $t_2\neq t_1$ 时刻外加冲击函数引起的响应通常并不相同。因此,时变系统的冲击响应须为二元函数。设 $g(t,\tau)$ 是线性时变系统在 τ 时刻外加冲击函数引起 t 时刻的输出,若系统为因果,则对所有 $t<\tau$ 均有 $g(t,\tau)=0$。于是,假设系统在 t_0 时刻初始松弛,需要注意的是可以不再假设 $t_0=0$,而可以通过

$$y(t)=\int_{\tau=t_0}^{t}g(t,\tau)u(\tau)\mathrm{d}\tau$$

来描述输入为 $u(t)$、输出为 $y(t)$ 的系统。对MIMO线性时变系统,有

$$\boldsymbol{y}(t)=\int_{\tau=t_0}^{t}\boldsymbol{G}(t,\tau)\boldsymbol{u}(\tau)\mathrm{d}\tau\tag{2.17}$$

其中 $g_{ij}(t,\tau)$ 是 $\boldsymbol{G}$ 的第 ij 个元素,是第 j 个输入端与第 i 个输出端之间的冲击响应。

修改方程(2.15)使之可以描述线性、时变、集总系统是相当简便的,将常数矩阵改为时变矩阵得出

$$\left.\begin{aligned}\dot{\boldsymbol{x}}(t)&=\boldsymbol{A}(t)\boldsymbol{x}(t)+\boldsymbol{B}(t)\boldsymbol{u}(t)\\ \boldsymbol{y}(t)&=\boldsymbol{C}(t)\boldsymbol{x}(t)+\boldsymbol{D}(t)\boldsymbol{u}(t)\end{aligned}\right\}\tag{2.18}$$

因此,使用状态空间方程来研究时变系统比使用卷积要简便得多。

拉普拉斯变换是研究时不变系统的重要工具,但在时变系统的研究中并不采用。$g(t,\tau)$ 的拉普拉斯变换是二元函数,且 $\mathcal{L}[\boldsymbol{A}(t)\boldsymbol{x}(t)]\neq\mathcal{L}[\boldsymbol{A}(t)]\mathcal{L}[\boldsymbol{x}(t)]$,因此,拉普拉斯变换并不能提供何种优势,因而在时变系统的研究中并不采用。

线性化

大多数物理系统是非线性且时变的，可以通过形如

$$\left.\begin{aligned}\dot{\boldsymbol{x}}(t)&=\boldsymbol{h}(\boldsymbol{x}(t),\boldsymbol{u}(t),t)\\ \boldsymbol{y}&=\boldsymbol{f}(\boldsymbol{x}(t),\boldsymbol{u}(t),t)\end{aligned}\right\}\tag{2.19}$$

的非线性微分方程来描述其中一部分系统，其中 $\boldsymbol{h}$ 和 $\boldsymbol{f}$ 为非线性函数。这类方程的运动行为可能过于复杂，对其研究超出了本教材的范畴。

然而，在特定条件下可以用线性方程来近似某些非线性方程，假设对某些输入函数 $\boldsymbol{u}_o(t)$ 和某些初始状态，$\boldsymbol{x}_o(t)$ 是方程(2.19)的解，即

$$\dot{\boldsymbol{x}}_0(t)=\boldsymbol{h}(\boldsymbol{x}_0(t),\boldsymbol{u}_0(t),t)\tag{2.20}$$

现假设输入受微小扰动变为 $\boldsymbol{u}_0(t)+\bar{\boldsymbol{u}}(t)$，且初始状态也受微小扰动，对某些非线性方程，相应的解可能与 $\boldsymbol{x}_0(t)$ 略有不同，在这种情况下，方程的解可表示为 $\boldsymbol{x}_0(t)+\bar{\boldsymbol{x}}(t)$，其中 $\bar{\boldsymbol{x}}(t)$ 对所有 t 均充分小②。在该假设条件下，可以将方程(2.19)展开为

$$\begin{aligned}\dot{\boldsymbol{x}}_0+\dot{\bar{\boldsymbol{x}}}(t)&=\boldsymbol{h}(\boldsymbol{x}_0(t)+\bar{\boldsymbol{x}}(t),\boldsymbol{u}_0(t)+\bar{\boldsymbol{u}}(t),t)\\ &=\boldsymbol{h}(\boldsymbol{x}_0(t),\boldsymbol{u}_0(t),t)+\frac{\partial\boldsymbol{h}}{\partial\boldsymbol{x}}\bar{\boldsymbol{x}}(t)+\frac{\partial\boldsymbol{h}}{\partial\boldsymbol{u}}\bar{\boldsymbol{u}}(t)+\cdots\end{aligned}\tag{2.21}$$

这里假设 $\boldsymbol{h}=[h_1\quad h_2\quad h_3]'$、$\boldsymbol{x}=[x_1\quad x_2\quad x_3]'$ 以及 $\boldsymbol{u}=[u_1\quad u_2]'$，则有

$$\boldsymbol{A}(t):=\frac{\partial\boldsymbol{h}}{\partial\boldsymbol{x}}:=\begin{bmatrix}\partial h_1/\partial x_1 & \partial h_1/\partial x_2 & \partial h_1/\partial x_3\\ \partial h_2/\partial x_1 & \partial h_2/\partial x_2 & \partial h_2/\partial x_3\\ \partial h_3/\partial x_1 & \partial h_3/\partial x_2 & \partial h_3/\partial x_3\end{bmatrix}$$

$$\boldsymbol{B}(t):=\frac{\partial\boldsymbol{h}}{\partial\boldsymbol{u}}:=\begin{bmatrix}\partial h_1/\partial u_1 & \partial h_1/\partial u_2\\ \partial h_2/\partial u_1 & \partial h_2/\partial u_2\\ \partial h_3/\partial u_1 & \partial h_3/\partial u_2\end{bmatrix}$$

称这两个矩阵为“Jocobian 矩阵”。由于沿两个时间函数 $\boldsymbol{x}_o(t)$ 和 $\boldsymbol{u}_o(t)$ 计算 $\boldsymbol{A}$ 和 $\boldsymbol{B}$，所以通常情况下，$\boldsymbol{A}$ 和 $\boldsymbol{B}$ 是 t 的函数。借助式(2.20)并忽略 $\bar{\boldsymbol{x}}$ 和 $\bar{\boldsymbol{u}}$ 的高阶项，可以将方程(2.21)化简为

$$\dot{\bar{\boldsymbol{x}}}(t)=\boldsymbol{A}(t)\bar{\boldsymbol{x}}(t)+\boldsymbol{B}(t)\bar{\boldsymbol{u}}(t)$$

该方程为线性时变状态方程。可以对方程 $\boldsymbol{y}(t)=\boldsymbol{f}(\boldsymbol{x}(t),\boldsymbol{u}(t),t)$ 进行类似的线性化处理，在实际中经常采用这种线性化方法来获得线性方程组。

2.5 RLC 电路——对比多种数学描述

本节讨论如何建立描述 RLC 电路网络的状态空间方程、高阶微分方程、传递函

② 通常情况并非如此，对某些非线性方程，初始状态差异很小也会得到完全不同的解，导致“混沌”现象。

数和卷积公式,并对比四种描述方法。在进一步讨论之前,有必要提示的是,通过多个组件的互连可搭建出大多数系统,若每个组件为线性且时不变的,则整个系统也是。然而,物理组件都不具有数学意义上的线性和时不变性,例如,若外加电压很大,则电阻器可能烧坏,所以阻值为 R 的电阻并非线性。但是,在其功率约束范围内,电阻上的电压 $v(t)$ 和电流 $i(t)$ 之间通过 $v(t)=Ri(t)$ 建立联系,电阻即为线性元件。同样,若忽略饱和状态,则存储在电容器中的电荷 $Q(t)$ 与外加电压 $v(t)$ 之间通过 $Q(t)=Cv(t)$ 建立联系,其中 C 为电容值,由此可知 $i(t)=C\mathrm{d}v/\mathrm{d}t$。由电感器产生的磁通 $F(t)$ 与其电流 $i(t)$ 之间通过 $F(t)=Li(t)$ 建立联系,其中 L 为电感值,由此可知 $v(t)=Li(t)/\mathrm{d}t=:L\dot{i}(t)$,它们均为线性元件。电阻 R、电容 C 和电感 L 的值在100年后都可能会发生变化,因此均非时不变。但是,其值在数年内保持不变,因此可以将其视作线性时不变元件。若像图2.6(a)那样的RLC电路网络中所有电阻、电容和电感均如此建模,则电路网络为线性时不变网络。本节推导描述图2.6(a)中电路网络的四类方程。

1. 状态空间方程

考虑如图2.6(a)所示的RLC电路网络,其输入为电压源,输出为电容两端的电压。该电路由一个3欧姆(Ω)电阻,5亨利(H)和4亨利(H)的两个电感以及一个2法拉(F)的电容组成。为了导出状态空间方程,首先必须选择状态变量。对RLC电路,状态变量与储能元件有关,由于电阻器是无记忆元件,不存储能量[③],因此,不能将其变量(电流或电压)选作状态变量。电容可在其电场中存储能量,因而可以将其变量选作状态变量,若选择电容电压 $v(t)$ 作为状态变量,则其电流为 $C\mathrm{d}v(t)/\mathrm{d}t=:C\dot{v}(t)$,如图2.6(b)所示。若选择电容电流作为状态变量,则其电压是电流的积分,所以并不这样使用。电感可在其磁场中存储能量,可以将其变量选作状态变量,若选择电感电流 $i(t)$ 作为状态变量,则其电压为 $L\mathrm{d}i(t)/\mathrm{d}t=L\dot{i}(t)$,如图2.6(b)所示。在选取状态变量时,电压极性和电流方向的选择尤为重要,否则变量选择不完整。

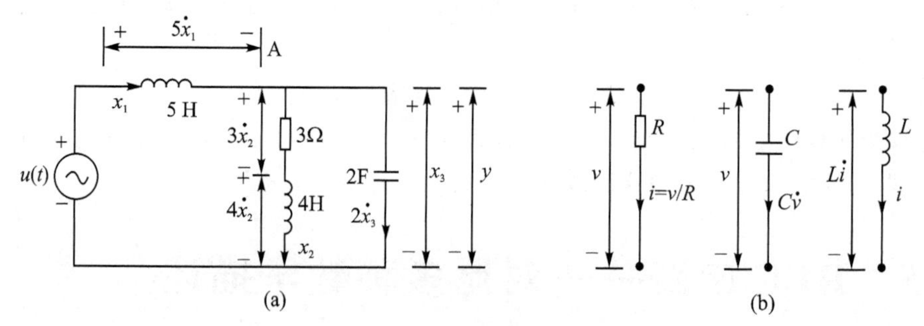

图2.6 (a)RLC电路网络、(b)线性元件

③ 其能量全部消耗为热能。

RLC 电路状态空间方程的推导过程：

① 选取所有电容上的电压和所有电感上的电流作为状态变量[④]，若选择容值为 C 的电容上的电压为 $x_i(t)$，则其电流为 $C\dot{x}_i(t)$；若选择电感值为 L 的电感上的电流为 $x_j(t)$，则其电压为 $L\dot{x}_j(t)$。

② 借助基尔霍夫电流定律或电压定律，用状态变量（但不是其导数），如有必要再加上输入，来表示每个阻抗的电流或电压。若表达式是针对电流（电压）的，则它乘以（除以）其阻抗值得到电压（电流）。

③ 借助基尔霍夫电流定律或电压定律，用状态变量和输入来表示每项 $\dot{x}_i(t)$。

对于图 2.6(a)所示电路，将 5 H 电感上的电流选为 $x_1(t)$，则其电压为图示的 $5\dot{x}_1(t)$。接着，将 4 H 电感上的电流选为 $x_2(t)$，则其电压为图示的 $4\dot{x}_2(t)$。最后，将 2 F 电容上的电压选为 $x_3(t)$，则其电流为 $2\dot{x}_3(t)$。因此，该网络具有三个状态变量。接下来，用状态变量表示 3 Ω 电阻上的电压或电流。由于该电阻与 4 H 电感串联连接，其电流为 $x_2(t)$。因此，3 Ω 电阻两端的电压为 $3x_2(t)$。需要注意的是，若先求电阻两端的电压则推导会更复杂。这就完成了推导过程的前两步。

接着沿电路的外环回路应用基尔霍夫电压定律得出

$$5\dot{x}_1(t)+x_3(t)-u(t)=0$$

由此可知

$$\dot{x}_1(t)=-0.2x_3(t)+0.2u(t) \tag{2.22}$$

沿右侧回路应用基尔霍夫电压定律得出

$$x_3(t)-4\dot{x}_2(t)-3x_2(t)=0$$

由此可知

$$\dot{x}_2(t)=-0.75x_2(t)+0.25x_3(t) \tag{2.23}$$

最后，在图中节点 A 上应用基尔霍夫电流定律得出

$$x_1(t)-x_2(t)-2\dot{x}_3(t)=0$$

由此可知

$$\dot{x}_3(t)=0.5x_1(t)-0.5x_2(t) \tag{2.24}$$

根据图 2.6(a)，有

$$y(t)=x_3(t) \tag{2.25}$$

将式(2.22)～式(2.25)的方程排成矩阵形式为

$$\begin{bmatrix}\dot{x}_1(t)\\ \dot{x}_2(t)\\ \dot{x}_3(t)\end{bmatrix}=\begin{bmatrix}0 & 0 & -0.2\\ 0 & -0.75 & 0.25\\ 0.5 & -0.5 & 0\end{bmatrix}\begin{bmatrix}x_1(t)\\ x_2(t)\\ x_3(t)\end{bmatrix}+\begin{bmatrix}0.2\\ 0\\ 0\end{bmatrix}u(t) \tag{2.26}$$

---

④　也有一些例外，参见习题 2.11～2.13。本质上，所有选中的状态变量都必须可以独立变化。

$$y=\begin{bmatrix}0 & 0 & 1\end{bmatrix}\begin{bmatrix}x_1(t)\\x_2(t)\\x_3(t)\end{bmatrix}+0\times u(t) \tag{2.27}$$

或采用矩阵符号写为

$$\dot{\boldsymbol{x}}(t)=\boldsymbol{A}\boldsymbol{x}(t)+\boldsymbol{b}u(t) \tag{2.28}$$

$$y(t)=\boldsymbol{c}\boldsymbol{x}(t)+du(t) \tag{2.29}$$

其中 $\boldsymbol{x}=[x_1 \quad x_2 \quad x_3]'$,且

$$\boldsymbol{A}=\begin{bmatrix}0 & 0 & -0.2\\0 & -0.75 & 0.25\\0.5 & -0.5 & 0\end{bmatrix}, \quad \boldsymbol{b}=\begin{bmatrix}0.2\\0\\0\end{bmatrix}$$

$$\boldsymbol{c}=\begin{bmatrix}0 & 0 & 1\end{bmatrix}, \quad d=0$$

该3维状态空间方程描述了图2.6(a)中的电路网络。

2. 高阶微分方程

考虑图2.6(a)中的电路网络,并将之重绘于图2.7[⑤]。设用 $i_1(t)$ 表示流经2 F电容上的电流,并用 $i_2(t)$ 表示流经3 Ω电阻和4 H电感串联支路的电流,则有

$$i_1(t)=2\dot{y}(t) \tag{2.30}$$

$$y(t)=3i_2(t)+4\dot{i}_2(t) \tag{2.31}$$

流经5 H电感上的电流为 $i_1(t)+i_2(t)$,因此,电感两端的电压为 $5\dot{i}_1(t)+5\dot{i}_2(t)$。将基尔霍夫电压定律应用于图2.7的外环回路可得

$$5\dot{i}_1(t)+5\dot{i}_2(t)+y(t)-u(t)=0 \tag{2.32}$$

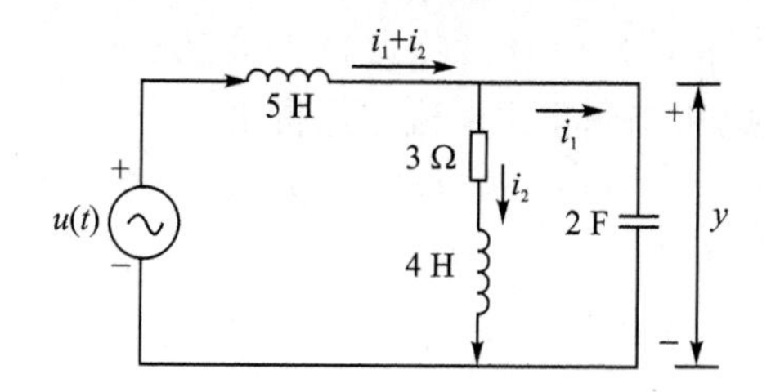

图2.7 RLC电路网络

为了导出联系 $u(t)$ 和 $y(t)$ 的微分方程,须从式(2.30)~式(2.32)中消去 $i_1(t)$ 和 $i_2(t)$。先将式(2.30)代入式(2.32)得出

$$10\ddot{y}(t)+5\dot{i}_2(t)+y(t)=u(t) \tag{2.33}$$

其中 $\ddot{y}(t):=\mathrm{d}^2y(t)/\mathrm{d}t^2$,接着对其求导可得

$$10y^{(3)}(t)+5\ddot{i}_2(t)+\dot{y}(t)=\dot{u}(t) \tag{2.34}$$

⑤ 可跳过该部分内容,不影响连续性。

其中 $y^{(3)}(t):=\mathrm{d}^3y(t)/\mathrm{d}t^3$，式(2.33)乘以 3 再加上式(2.34)乘以 4 得出

$$40y^{(3)}(t)+5(4\ddot{i}_2(t)+3\dot{i}_2(t))+30\ddot{y}(t)+4\dot{y}(t)+3y(t)=4\dot{u}(t)+3u(t)$$

代入式(2.31)的导数，上式变为

$$40y^{(3)}(t)+30\ddot{y}(t)+9\dot{y}(t)+3y(t)=4\dot{u}(t)+3u(t) \tag{2.35}$$

式(2.35)为常系数三阶线性微分方程，其描述了图 2.7 或图 2.6(a)的电路网络。需要注意的是，也可利用随后讨论的另外一种方法推导式(2.35)。

对比高阶微分方程和状态空间方程：

① 对于仅含单个或两个状态变量的简单系统，在推导其微分方程描述或状态空间方程描述上相差不大。然而，对于具有三个或更多个状态变量的系统，由于高阶微分方程需要消去中间变量，如前例所示，所以导出状态空间方程比导出单个高阶微分方程通常要简单一些。此外，状态空间方程的形式也比微分方程的形式更为紧凑。

② 高阶微分方程是外部描述。状态空间方程是内部描述，它不仅描述输入和输出之间的关系，同时还描述内部变量的关系。

③ 由于高阶微分方程在离散化二阶、三阶和高阶导数时存在困难，所以不适合于计算机运算。状态空间方程只涉及一阶导数的离散化，因此，更适合于计算机运算，关于这一点将在第 4.3 节讨论。

④ 相比高阶微分方程，状态空间方程更易于推广，用以描述非线性系统和时变系统。

鉴于上述原因，本教材似乎没有理由对高阶微分方程进行推导和研究。

3. 传递函数

可以根据式(2.26)和式(2.27)表示的状态空间方程，借助式(2.12)得出图 2.6(a)中电路网络的传递函数。然而，利用接下来讨论的阻抗概念直接推导传递函数是有益的，也更简单。

阻值为 R 的电阻、容值为 C 的电容和电感值为 L 的电感上，电压 $v(t)$ 和电流 $i(t)$ 之间分别通过

$$v(t)=Ri(t),\quad i(t)=C\frac{\mathrm{d}v(t)}{\mathrm{d}t},\quad v(t)=L\frac{\mathrm{d}i(t)}{\mathrm{d}t}$$

建立数学关系，如图 2.6(b)所示，取拉普拉斯变换并假设初始条件为零，可得

$$\hat{v}(s)=R\hat{i}(s),\quad \hat{i}(s)=Cs\hat{v}(s),\quad \hat{v}(s)=Ls\hat{i}(s) \tag{2.36}$$

其中 $\hat{v}(s)$ 和 $\hat{i}(s)$ 是 $v(t)$ 和 $i(t)$ 的拉普拉斯变换。若以电流为输入并以激励响应电压为输出，则 R、C 和 L 的传递函数分别为 R、$1/Cs$ 和 Ls，称其为“变换阻抗”，或简称“阻抗”。若以电压为输入并以电流为输出，则称其传递函数为“导纳”。

借助阻抗的概念，可以将每个电路元件的电压和电流写为 $\hat{v}(s)=Z(s)\hat{i}(s)$，其中电阻的 $Z(s)=R$、电容的 $Z(s)=1/Cs$ 以及电感的 $Z(s)=Ls$，它们只涉及乘法运算。换言之，电路元件的输入和输出之间的关系在(拉普拉斯)变换域是代数运算，而

在时域是微积分(微分或积分)运算,因此,前者要简单得多。其结果是,对阻抗的处理就跟对电阻的处理一样。例如,R_1 和 R_2 的串联电阻值为 R_1+R_2,R_1 和 R_2 的并联电阻值为 $R_1R_2/(R_1+R_2)$。同样,$Z_1(s)$和 $Z_2(s)$的串联阻抗为 $Z_1(s)+Z_2(s)$,$Z_1(s)$和 $Z_2(s)$的并联阻抗为

$$\frac{Z_1(s)Z_2(s)}{Z_1(s)+Z_2(s)}$$

借助这两种简单的法则,可以很容易得出图 2.6(a)中电路网络的传递函数。在进一步讨论之前,在图 2.8(a)中绘制了拉普拉斯变换域,或等效地,使用阻抗的电路图。阻抗为 3 的电阻与阻抗为 $4s$ 的电感二者的串联阻抗为 $3+4s$,如图 2.8(a)所示的两个节点 A 和 B 之间的阻抗 $Z_{AB}(s)$为$(4s+3)$和阻抗为 $1/2s$ 的电容的并联连接,或

$$Z_{AB}(s)=\frac{(4s+3)(1/2s)}{4s+3+1/2s}=\frac{4s+3}{8s^2+6s+1}$$

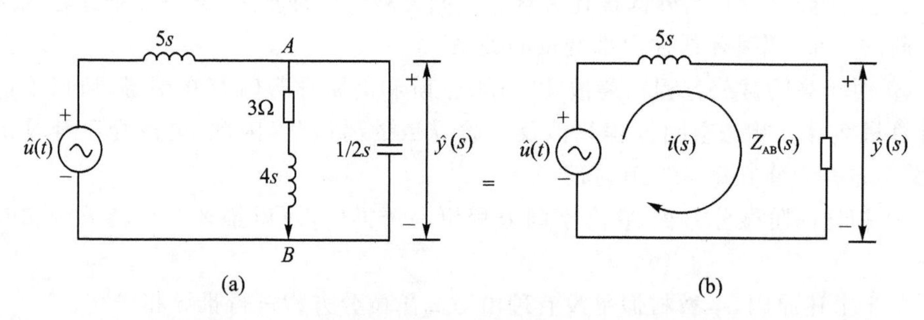

图 2.8 (a)变换域的 RLC 电路网络、(b)等效电路

借助 $Z_{AB}(s)$,可以将图 2.8(a)的电路简化为图 2.8(b)的电路。由

$$\hat{i}(s)=\frac{\hat{u}(s)}{5s+Z_{AB}(s)}$$

给出回路电流 $\hat{i}(s)$,因此,$Z_{AB}(s)$两端的电压 $\hat{y}(s)$为

$$\hat{y}(s)=Z_{AB}(s)\hat{i}(s)=\frac{Z_{AB}(s)}{5s+Z_{AB}(s)}\hat{u}(s)$$

并且从 $u(t)$到 $y(t)$的传递函数为

$$\hat{g}(s)=\frac{\hat{y}(s)}{\hat{u}(s)}=\frac{Z_{AB}(s)}{5s+Z_{AB}(s)}$$

或

$$\hat{g}(s)=\frac{\dfrac{4s+3}{8s^2+6s+1}}{5s+\dfrac{4s+3}{8s^2+6s+1}}=\frac{4s+3}{5s(8s^2+6s+1)+4s+3}$$

$$=\frac{4s+3}{40s^3+30s^2+9s+3} \tag{2.37}$$

该传递函数描述了图2.6(a)中的电路网络。传递函数是两个多项式的比，称之为有理传递函数。

有必要提示的是，一旦有了系统的传递函数，就可以很容易得到其微分方程。回想若 $\hat{y}(s)=\mathcal{L}[y(t)]$，则 $\mathcal{L}[\dot{y}(t)]=s\hat{y}(s)-y(0)$，$\mathcal{L}[\ddot{y}(t)]=s^2\hat{y}(s)-sy(0)-\dot{y}(0)$ 等；若所有初始条件均为零，则有 $\mathcal{L}[\dot{y}(t)]=s\hat{y}(s)$，$\mathcal{L}[\ddot{y}(t)]=s^2\hat{y}(s)$ 等。可见，时域中的一个微分运算等价于变换域中乘以一个 s，时域的 k 阶导数等价于变换域中乘以 s^k，即

$$s^k \leftrightarrow \frac{\mathrm{d}^k}{\mathrm{d}t^k} \tag{2.38}$$

其中 $k=1,2,\cdots$，利用该等价关系，可以将传递函数转化为微分方程，反之亦然。

考虑式(2.37)的传递函数，将它写为

$$(40s^3+30s^2+9s+3)\hat{y}(s)=(4s+3)\hat{u}(s)$$

或

$$40s^3\hat{y}(s)+30s^2\hat{y}(s)+9s\hat{y}(s)+3\hat{y}(s)=4s\hat{u}(s)+3\hat{u}(s)$$

在时域，上式变为

$$40y^{(3)}(t)+30\ddot{y}(t)+9\dot{y}(t)+3y(t)=4\dot{u}(t)+3u(t)$$

该式为式(2.35)的微分方程。因此，一旦获得传递函数，就可以很容易得到其微分方程。相反，也可以很容易地从微分方程得到传递函数。

MATLAB包含 ss2tf 和 tf2ss 这两个函数，前者将状态空间(ss)方程转化为传递函数(tf)，后者实现逆向转化。例如，对式(2.26)和式(2.27)中的状态空间方程，在MATLAB中键入

```
a=[0 0 -0.2;0 -0.75 0.25;0.5 -0.5 0];
b=[0.2;0;0];c=[0 0 1];d=0;
[n,de]=ss2tf(a,b,c,d)
```

得到结果

```
n = 0   -0.0000   0.1000   0.0750
de = 1.0000   0.7500   0.2250   0.0750
```

或

$$\hat{g}(s)=\frac{0.1s+0.075}{s^3+0.75s^2+0.225s+0.075}$$

该式与式(2.37)的传递函数相同。

为了将式(2.37)的传递函数变为状态空间方程，在MATLAB中键入

```
n=[4 3]; de=[40 30 9 3]; [a,b,c,d]=tf2ss(n,de)
```

得到结果

```
        -0.7500   -0.2250   -0.0750
a =     1.0000    0         0
        0         1.0000    0
        1
b =     0
        0
c =     0  0.10000  0.0750
d =     0
```

或

$$
\left.\begin{aligned}
\dot{\boldsymbol{x}}(t) &= \begin{bmatrix} -0.75 & -0.225 & -0.075 \\ 1 & 0 & 0 \\ 0 & 1 & 0 \end{bmatrix} \boldsymbol{x}(t) + \begin{bmatrix} 1 \\ 0 \\ 0 \end{bmatrix} u(t) \\
y(t) &= \begin{bmatrix} 0 & 0.1 & 0.075 \end{bmatrix} \boldsymbol{x}(t) + 0 \times u(t)
\end{aligned}\right\} \tag{2.39}
$$

但是,该状态空间方程有别于式(2.26)和式(2.27)中的状态空间方程,原因在于多个不同的状态空间方程可能具有相同的传递函数,关于这一点我们将在第4章讨论。

4. 卷 积

现推导图2.6(a)所示电路网络的卷积公式描述。为了导出结果,必须首先求其冲击响应。虽然理论上可以通过实验测量获得冲击响应,但在实践中无法实现,因而,这里采用解析方法计算冲击响应。冲击响应是式(2.37)中传递函数的逆拉普拉斯变换,借助MATLAB的 `residue` 函数,可以将式(2.37)的 $\hat{g}(s)$ 展开为

$$
\hat{g}(s) = \frac{0.04}{s+0.58} + \frac{-0.02-0.18\mathrm{j}}{s+0.08-0.35\mathrm{j}} + \frac{-0.02+0.18\mathrm{j}}{s+0.08+0.35\mathrm{j}}
$$

因此,对任意实数或复数 a,借助公式 $\mathscr{L}^{-1}[1/(s+a)] = \mathrm{e}^{-at}$,可求出该电路的冲击响应为

$$
\begin{aligned}
g(t) = {} & 0.04\mathrm{e}^{-0.58t} + (-0.02-0.18\mathrm{j})\mathrm{e}^{(-0.08+0.35\mathrm{j})t} + \\
& (-0.02-0.18\mathrm{j})\mathrm{e}^{(-0.08-0.35\mathrm{j})t}, \quad t \geqslant 0
\end{aligned}
$$

因此,该电路的卷积描述为

$$
\begin{aligned}
y(t) = \int_{\tau=0}^{t} & [0.04\mathrm{e}^{-0.58(t-\tau)} + (-0.02-0.18\mathrm{j})\mathrm{e}^{(-0.08+0.35\mathrm{j})(t-\tau)} + \\
& (-0.02-0.18\mathrm{j})\mathrm{e}^{(-0.08-0.35\mathrm{j})(t-\tau)}] u(\tau)\mathrm{d}\tau
\end{aligned}
$$

该卷积公式过于复杂,即便可以通过将两个复值函数组合为一个实值函数来简化该表达式,但它仍比其他三种描述复杂得多。此外,其计算机运算需要的运算量很大,关于这一点可参见参考文献[10]。因此,在本教材的剩余章节主要研究传递函数和状态空间方程。

接下来的例子说明线性化的处理过程。

【例2.6】 考虑图2.9(a)所示的电路网络,其中T为具有图2.9(b)所示特性的隧道二极管。设 x_1 是电容两端的电压,x_2 是流经电感上的电流,则有 $v = x_1$ 以及

$$x_2(t)=C\dot{x}_1(t)+i(t)=C\dot{x}_1(t)+h(x_1(t))$$

$$L\dot{x}_2(t)=E-Rx_2(t)-x_1(t)$$

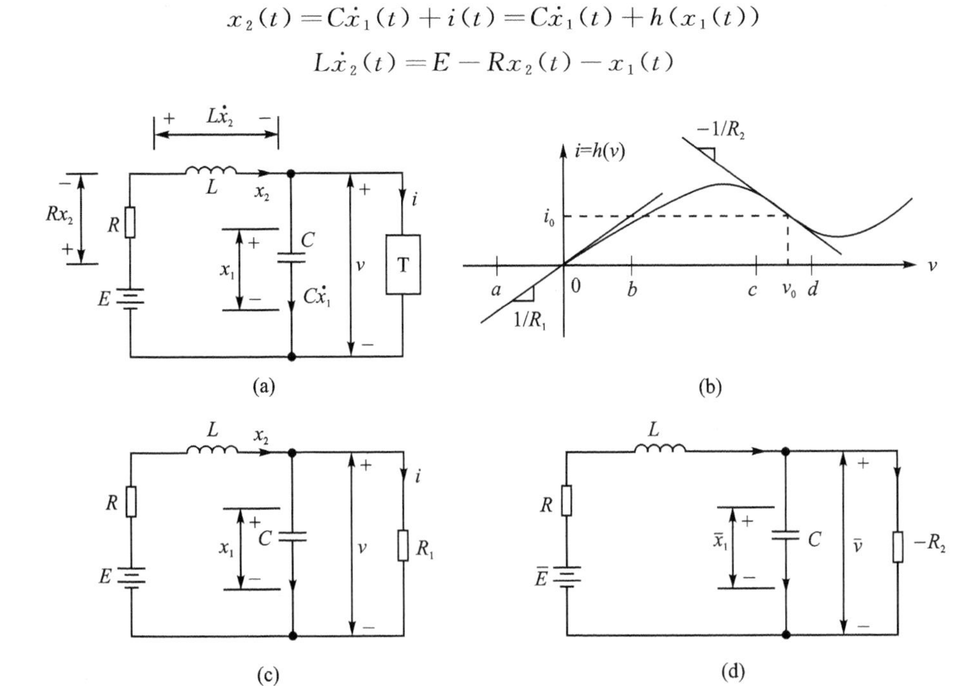

图 2.9　含隧道二极管的电路网络

可以将其排列为

$$\left.\begin{aligned}\dot{x}_1(t)&=\frac{-h(x_1(t))}{C}+\frac{x_2(t)}{C}\\ \dot{x}_2(t)&=\frac{-x_1(t)-Rx_2(t)}{L}+\frac{E}{L}\end{aligned}\right\}\qquad(2.40)$$

该组非线性方程描述了该电路网络。现若已知 $x_1(t)$的工作范围落入图 2.9(b)所示的(a,b)区间内，则可以用 $h(x_1(t))=x_1(t)/R_1$ 来近似 $h(x_1(t))$。在这种情况下，可以将该电路网络简化为图 2.9(c)的电路，并通过

$$\begin{bmatrix}\dot{x}_1(t)\\ \dot{x}_2(t)\end{bmatrix}=\begin{bmatrix}-1/CR_1 & 1/C\\ -1/L & -R/L\end{bmatrix}\begin{bmatrix}x_1(t)\\ x_2(t)\end{bmatrix}+\begin{bmatrix}0\\ 1/L\end{bmatrix}E$$

来描述该电路，该式为 LTI 状态方程。现若已知 $x_1(t)$的工作范围落入图 2.9(b)所示的(c,d)区间内，则可引入变量 $\bar{x}_1(t)=x_1(t)-v_o$、$\bar{x}_2(t)=x_2(t)-i_o$ 并且将 $h(x_1(t))$近似为 $i_o-\bar{x}_1(t)/R_2$，将这些关系式代入式(2.40)可得

$$\begin{bmatrix}\dot{\bar{x}}_1(t)\\ \dot{\bar{x}}_2(t)\end{bmatrix}=\begin{bmatrix}1/CR_2 & 1/C\\ -1/L & -R/L\end{bmatrix}\begin{bmatrix}\bar{x}_1(t)\\ \bar{x}_2(t)\end{bmatrix}+\begin{bmatrix}0\\ 1/L\end{bmatrix}\bar{E}$$

其中 $\bar{E}=E-v_o-Ri_o$，通过将工作点从(0,0)平移到(v_o,i_o)并在(v_o,i_o)处线性化得到该方程。若 R_1 代换成$-R_2$ 且 E 代换成$\bar{E}$，则这两个线性化方程相同，因此很容

易得到其如图 2.9(d)所示的等效电路。需要注意的是,在不先建立状态方程的情况下,如何从原始电路获得等效电路并不直观。

2.6 机械和液压系统

本节将给出更多物理系统的传递函数和状态空间方程推导的例子。

【例 2.7】 考虑如图 2.10 所示的机械系统,系统中质量为 m 的质点通过弹簧连接到墙壁上。将外作用力 u 当做输入,偏离平衡位置的位移 y 当做输出,地面与质点之间的摩擦通常由三个不同的部分组成:静态摩擦、库仑摩擦和粘性摩擦,如图 2.11 所示。需要注意的是,横坐标为速度 $\dot{y}=\frac{\mathrm{d}y}{\mathrm{d}t}$,摩擦力显然不是速度的线性函数。为了简化分析,忽略静态摩擦和库仑摩擦,只考虑粘性摩擦,则摩擦力变为线性,可将其表示为 $k_1\dot{y}(t)$,其中 k_1 为"粘性摩擦系数"。图 2.12 示出了非线性的弹簧特性,然而,若限制弹簧位移在图示的(y_1,y_2)范围内,则可以认为弹簧为线性,且弹簧力等于 k_2y,其中 k_2 是"弹性常数"。因此,在线性化和简化条件下,可以将该机械系统建模为 LTI 系统。

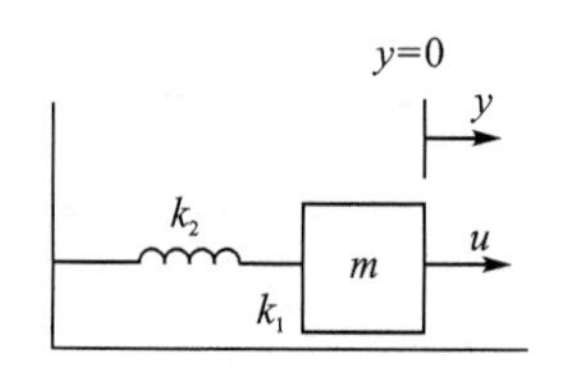

图 2.10 机械系统

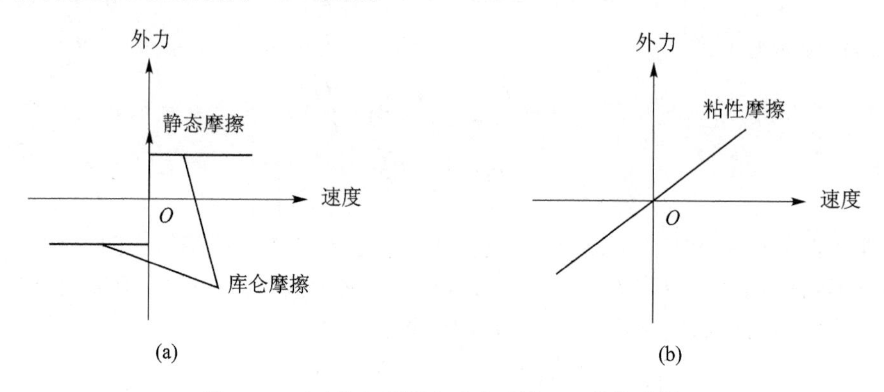

图 2.11 (a)静态摩擦和库仑摩擦 (b)粘性摩擦

这里应用牛顿定律推导该系统的方程描述。外作用力 u 须克服摩擦力和弹簧力,其余项使得质点获得加速度,因此有

$$m\ddot{y}(t)=u(t)-k_1\dot{y}(t)-k_2y(t) \tag{2.41}$$

其中 $\ddot{y}(t)=\frac{\mathrm{d}^2y(t)}{\mathrm{d}t^2}$ 且 $\dot{y}(t)=\frac{\mathrm{d}y(t)}{\mathrm{d}t}$,取拉普拉斯变换并设初始条件为零,可得

$$ms^2\hat{y}(s)=\hat{u}(s)-k_1s\hat{y}(s)-k_2\hat{y}(s)$$

由此可知

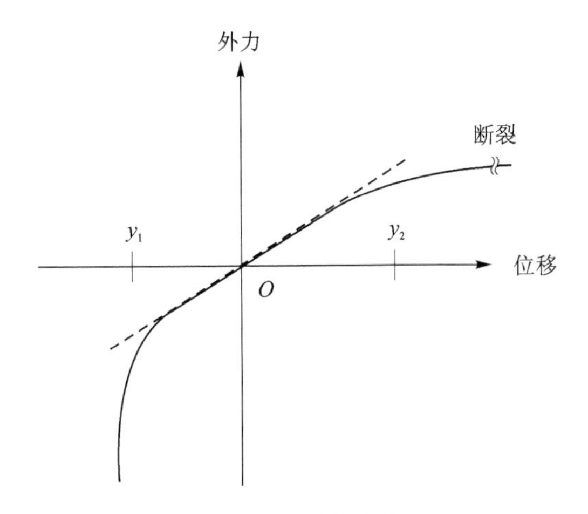

图 2.12　弹簧特性

$$\hat{y}(s)=\frac{1}{ms^2+k_1s+k_2}\hat{u}(s)$$

因此，该系统的传递函数为 $1/(ms^2+k_1s+k_2)$。

接下来推导该系统的状态空间方程描述，选择质点的位移和速度作为状态变量，即 $x_1(t)=y(t)$，$x_2(t)=\dot{y}(t)$，借助式(2.41)，有

$$\dot{x}_1(t)=x_2(t),\quad m\dot{x}_2(t)=u(t)-k_1x_2(t)-k_2x_1(t)$$

可以将其表示为矩阵形式

$$\begin{bmatrix}\dot{x}_1(t)\\\dot{x}_2(t)\end{bmatrix}=\begin{bmatrix}0 & 1\\-\frac{k_2}{m} & -\frac{k_1}{m}\end{bmatrix}\begin{bmatrix}x_1(t)\\x_2(t)\end{bmatrix}+\begin{bmatrix}0\\\frac{1}{m}\end{bmatrix}u(t)$$

$$y(t)=\begin{bmatrix}1 & 0\end{bmatrix}\begin{bmatrix}x_1(t)\\x_2(t)\end{bmatrix}$$

即为该系统的状态空间方程描述。

【例 2.8】　考虑图 2.13 所示的系统，系统包含质量为 m_1 和 m_2 的两个质点，这 2 个质点用 3 个弹性常数为 $k_i(i=1,2,3)$的弹簧连接起来，为了简化分析，假设质点与地面之间无摩擦。外作用力 u_1 必须克服弹簧力，其余项使得质点获得加速度，因此有

$$u_1(t)-k_1y_1(t)-k_2(y_1(t)-y_2(t))=m_1\ddot{y}_1(t)$$

或

$$m_1\ddot{y}_1(t)+(k_1+k_2)y_1(t)-k_2y_2(t)=u_1(t) \tag{2.42}$$

对第 2 个质点，有

$$m_2\ddot{y}_2(t)-k_2y_1(t)+(k_1+k_2)y_2(t)=u_2(t) \tag{2.43}$$

可以将二者合并为

$$\begin{bmatrix} m_1 & 0 \\ 0 & m_2 \end{bmatrix} \begin{bmatrix} \ddot{y}_1(t) \\ \ddot{y}_2(t) \end{bmatrix} + \begin{bmatrix} k_1+k_2 & -k_2 \\ -k_2 & k_1+k_2 \end{bmatrix} \begin{bmatrix} y_1(t) \\ y_2(t) \end{bmatrix} = \begin{bmatrix} u_1(t) \\ u_2(t) \end{bmatrix}$$

该式为研究振动的标准方程,称为规范型,参见参考文献[21]。由定义

$$x_1(t) := y_1(t), \quad x_2(t) := \dot{y}_1(t), \quad x_3(t) := y_2(t), \quad x_4(t) := \dot{y}_2(t)$$

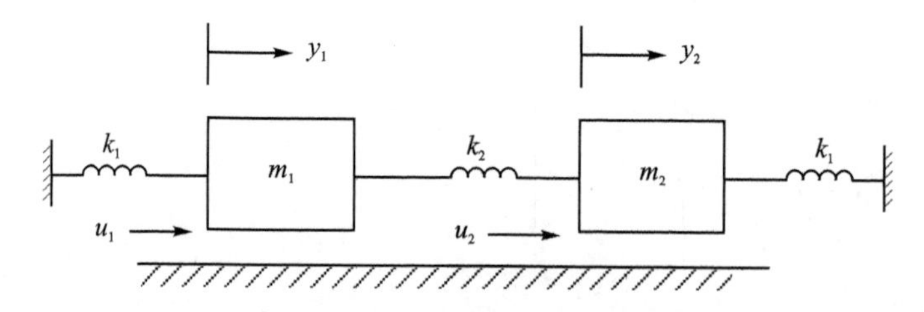

图 2.13 弹簧-质点系统

则很容易得到

$$\begin{bmatrix} \dot{x}_1(t) \\ \dot{x}_2(t) \\ \dot{x}_3(t) \\ \dot{x}_4(t) \end{bmatrix} = \begin{bmatrix} 0 & 1 & 0 & 0 \\ \dfrac{-(k_1+k_2)}{m_1} & 0 & \dfrac{k_2}{m_1} & 0 \\ 0 & 0 & 0 & 1 \\ \dfrac{k_2}{m_2} & 0 & \dfrac{-(k_1+k_2)}{m_1} & 0 \end{bmatrix} \begin{bmatrix} x_1(t) \\ x_2(t) \\ x_3(t) \\ x_4(t) \end{bmatrix} + \begin{bmatrix} 0 & 0 \\ \dfrac{1}{m_1} & 0 \\ 0 & 0 \\ 0 & \dfrac{1}{m_2} \end{bmatrix} \begin{bmatrix} u_1(t) \\ u_2(t) \end{bmatrix}$$

$$y(t) := \begin{bmatrix} y_1(t) \\ y_2(t) \end{bmatrix} = \begin{bmatrix} 1 & 0 & 0 & 0 \\ 0 & 0 & 1 & 0 \end{bmatrix} \boldsymbol{x}(t)$$

该双输入双输出状态空间方程描述了图 2.13 的系统。

为了导出其输入输出描述,对式(2.42)和式(2.43)取拉普拉斯变换并设初始条件为零,可得

$$m_1 s^2 \hat{y}_1(s) + (k_1+k_2)\hat{y}_1(s) - k_2\hat{y}_2(s) = \hat{u}_1(s)$$

$$m_2 s^2 \hat{y}_2(s) - k_2\hat{y}_1(s) + (k_1+k_2)\hat{y}_2(s) = \hat{u}_2(s)$$

根据这两个方程,可以得出

$$\begin{bmatrix} \hat{y}_1(s) \\ \hat{y}_2(s) \end{bmatrix} = \begin{bmatrix} \dfrac{m_2 s^2+k_1+k_2}{d(s)} & \dfrac{k_2}{d(s)} \\ \dfrac{k_2}{d(s)} & \dfrac{m_1 s^2+k_1+k_2}{d(s)} \end{bmatrix} \begin{bmatrix} \hat{u}_1(s) \\ \hat{u}_2(s) \end{bmatrix}$$

其中

$$d(s) := (m_1 s^2+k_1+k_2)(m_2 s^2+k_1+k_2) - k_2^2$$

该式为系统的传递矩阵描述,因此,可以将在本教材中讨论的内容直接应用于振动的研究中。

【例 2.9】 考虑图 2.14 所示的小车，其上端有一倒立摆用铰链与之相连。简单起见，假设小车和倒立摆只能在同一平面内运动，且忽略摩擦、摆杆质量及阵风的影响。关注的问题是使该摆保持在垂直位置，比如，若倒立摆在图中所示方向下落，则小车向右运动并通过铰链施力，迫使倒立摆回到垂直位置。可以将这类简单的机构用作航天飞行器起飞时的模型。

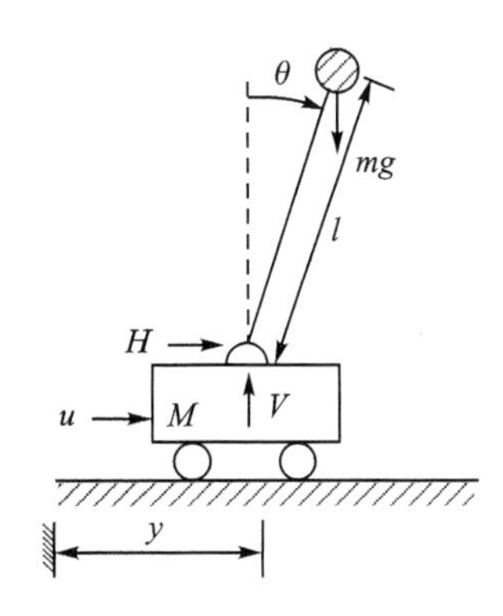

图 2.14　带倒立摆的小车

设 H 和 V 分别表示小车给倒立摆在水平方向和垂直方向施加的作用力，如图 2.14 所示。直线运动运用牛顿定律可得

$$M\frac{\mathrm{d}^2y}{\mathrm{d}t^2}=u-H$$

$$H=m\frac{\mathrm{d}^2}{\mathrm{d}t^2}(y+l\sin\theta)=m\ddot{y}+ml\ddot{\theta}\cos\theta-ml(\dot{\theta})^2\sin\theta$$

$$mg-V=m\frac{\mathrm{d}^2}{\mathrm{d}t^2}(l\cos\theta)=ml[-\ddot{\theta}\sin\theta-(\dot{\theta})^2\cos\theta]$$

摆绕铰链的旋转运动运用牛顿定律可得

$$mgl\sin\theta=ml\ddot{\theta}\cdot l+m\ddot{y}l\cos\theta$$

上述方程均为非线性方程。由于设计目标是保持摆在垂直位置，所以假设 θ 和 $\dot{\theta}$ 取值很小是合理的，在此假设条件下，可利用近似关系式 $\sin\theta=\theta$ 和 $\cos\theta=1$。仅保留 θ 和 $\dot{\theta}$ 中的线性项，即舍弃 θ^2、$(\dot{\theta})^2$、$\theta\dot{\theta}$ 和 $\theta\ddot{\theta}$ 等项，可得 $V=mg$ 以及

$$M\ddot{y}=u-m\ddot{y}-ml\ddot{\theta}$$

$$g\theta=l\ddot{\theta}+\ddot{y}$$

由此可知

$$M\ddot{y}=u-mg\theta \tag{2.44}$$

$$Ml\ddot{\theta}=(M+m)g\theta-u \tag{2.45}$$

借助这些线性化方程，可以导出输入输出描述和状态空间描述。对式(2.44)和式(2.45)取拉普拉斯变换并假设初始条件为零，可得

$$Ms^2\hat{y}(s)=\hat{u}(s)-mg\hat{\theta}(s)$$

$$Mls^2\hat{\theta}(s)=(M+m)g\hat{\theta}(s)-\hat{u}(s)$$

根据这些方程，很容易求出从 u 到 y 以及从 u 到 θ 的传递函数 $\hat{g}_{yu}(s)$ 和 $\hat{g}_{\theta u}(s)$ 为

$$\hat{g}_{yu}(s)=\frac{s^2-g}{s^2[Ms^2-(M+m)g]}$$

$$\hat{g}_{\theta u}(s)=\frac{-1}{Ms^2-(M+m)g}$$

为了导出状态空间方程,选择状态变量为 $x_1(t)=y(t)$、$x_2(t)=\dot{y}(t)$、$x_3(t)=\theta(t)$ 和 $x_4(t)=\dot{\theta}(t)$,根据这些状态变量的选取结果及式(2.44)和式(2.45),很容易得出

$$\begin{bmatrix}\dot{x}_1(t)\\ \dot{x}_2(t)\\ \dot{x}_3(t)\\ \dot{x}_4(t)\end{bmatrix}=\begin{bmatrix}0 & 1 & 0 & 0\\ 0 & 0 & \dfrac{-mg}{M} & 0\\ 0 & 0 & 0 & 1\\ 0 & 0 & \dfrac{(M+m)g}{Ml} & 0\end{bmatrix}\begin{bmatrix}x_1(t)\\ x_2(t)\\ x_3(t)\\ x_4(t)\end{bmatrix}+\begin{bmatrix}0\\ \dfrac{1}{M}\\ 0\\ -\dfrac{1}{Ml}\end{bmatrix}u(t)$$

$$y(t)=[1\quad 0\quad 0\quad 0]\,\boldsymbol{x}(t) \tag{2.46}$$

该状态空间方程维数为 4,是当 θ 和 $\dot{\theta}$ 取值很小时对系统的描述。

【例 2.10】 图 2.15 所示为质量为 m、绕地球轨道运行的通信卫星,图中所示的 $r(t)$、$\theta(t)$和 $\phi(t)$确定了卫星姿态,三个正交的推力 $u_r(t)$、$u_\theta(t)$和 $u_\phi(t)$控制着卫星轨道,选择系统的状态、输入和输出为

$$\boldsymbol{x}(t)=\begin{bmatrix}r(t)\\ \dot{r}(t)\\ \theta(t)\\ \dot{\theta}(t)\\ \phi(t)\\ \dot{\phi}(t)\end{bmatrix},\quad \boldsymbol{u}(t)=\begin{bmatrix}u_r(t)\\ u_\theta(t)\\ u_\phi(t)\end{bmatrix},\quad \boldsymbol{y}(t)=\begin{bmatrix}r(t)\\ \theta(t)\\ \phi(t)\end{bmatrix}$$

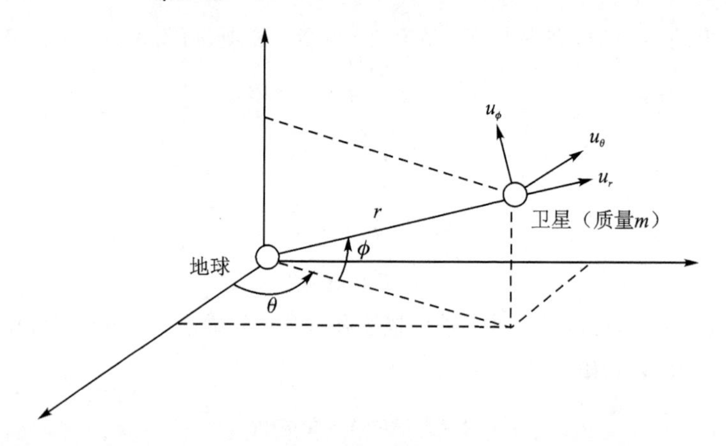

图 2.15 在轨卫星

则可以证明,通过方程

$$\dot{\boldsymbol{x}}(t)=\boldsymbol{h}(\boldsymbol{x},\boldsymbol{u})=\begin{bmatrix}\dot{r}\\ r\dot{\theta}^2\cos^2\phi+r\dot{\phi}^2-\dfrac{k}{r^2}+\dfrac{u_r}{m}\\ \dot{\theta}\\ \dfrac{-2\dot{r}\dot{\theta}}{r}+\dfrac{2\dot{\theta}\dot{\phi}\sin\phi}{\cos\phi}+\dfrac{u_\theta}{mr\cos\phi}\\ \dot{\phi}\\ -\dot{\theta}^2\cos\phi\sin\phi-\dfrac{2\dot{r}\dot{\phi}}{r}+\dfrac{u_\phi}{mr}\end{bmatrix} \tag{2.47}$$

可以描述该系统。以上方程符合圆形近赤轨道的解由

$$\boldsymbol{x}_o(t)=[r_o \quad 0 \quad \omega_o t \quad \omega_o \quad 0 \quad 0]', \quad b u_o \equiv \boldsymbol{0}$$

给出，其中 $r_o^3\omega_o^2=k$ 为已知的物理常数。一旦卫星进入该轨道，只要不受干扰，卫星就保持在轨道上；若卫星偏离轨道，则必须施加推力迫使其返回轨道。定义

$$\boldsymbol{x}(t)=\boldsymbol{x}_o(t)+\bar{\boldsymbol{x}}(t), \quad b\boldsymbol{u}(t)=\boldsymbol{u}_o(t)+\bar{\boldsymbol{u}}(t), \quad b\boldsymbol{y}(t)=\boldsymbol{y}_o+\bar{\boldsymbol{y}}(t)$$

若摄动甚小，则可以将方程(2.47)线性化为

$$\dot{\bar{\boldsymbol{x}}}(t)=\begin{bmatrix}0 & 1 & 0 & 0 & \vdots & 0 & 0\\ 3\omega_o^2 & 0 & 0 & 2\omega_o r_o & \vdots & 0 & 0\\ 0 & 0 & 0 & 1 & \vdots & 0 & 0\\ 0 & \dfrac{-2\omega_o}{r_o} & 0 & 0 & \vdots & 0 & 0\\ \cdots & \cdots & \cdots & \cdots & \cdots & \cdots & \cdots\\ 0 & 0 & 0 & 0 & \vdots & 0 & 1\\ 0 & 0 & 0 & 0 & \vdots & -\omega_o^2 & 0\end{bmatrix}\bar{\boldsymbol{x}}(t)+$$

$$\begin{bmatrix}0 & 0 & \vdots & 0\\ \dfrac{1}{m} & 0 & \vdots & 0\\ 0 & 0 & \vdots & 0\\ 0 & \dfrac{1}{mr_o} & \vdots & 0\\ \cdots & \cdots & \cdots & \cdots\\ 0 & 0 & \vdots & 0\\ 0 & 0 & \vdots & \dfrac{1}{mr_o}\end{bmatrix}\bar{\boldsymbol{u}}(t)$$

$$\bar{\mathbf{y}}(t)=\begin{bmatrix}1&0&0&0&\vdots&0&0\\0&0&1&0&\vdots&0&0\\\cdots&\cdots&\cdots&\cdots&\cdots&\cdots&\cdots\\0&0&0&0&\vdots&1&0\end{bmatrix}\bar{\mathbf{x}}(t) \tag{2.48}$$

此六维状态方程描述了该卫星系统。该方程中 $\mathbf{A}$、$\mathbf{B}$ 和 $\mathbf{C}$ 恰好是常数,若轨道为椭圆轨道,则这些矩阵为时变矩阵。需要注意的是,这三个矩阵都是分块对角矩阵,因此可以将该方程分解为两个解耦分量:一个分量涉及 r 和 θ,另一个分量涉及 ϕ。分开研究这两个分量可以简化系统的分析和设计。

【例 2.11】 在化工厂中,经常需要保持液位恒定。图 2.16 所示为两只水箱连接系统的简化模型。假定正常运行时,两只水箱的流入量和流出量均等于 Q,其液位等于 H_1 和 H_2,设 u 为第一只水箱的流入摄动,它会引起图中所示液位 x_1 和流出量 y_1 的变化。这些变化又会引起第二只水箱中液位 x_2 和流出量 y 的变化。假定

$$y_1=\frac{x_1-x_2}{R_1} \quad 且 \quad y=\frac{x_2}{R_2}$$

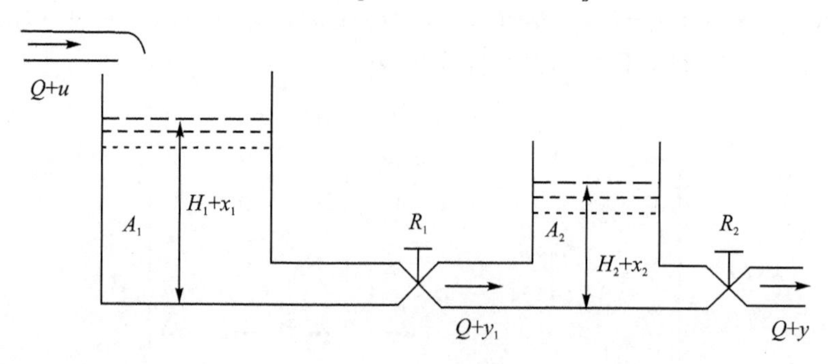

图 2.16 液压水箱

其中 R_i 为取决于标称高度 H_1 和 H_2 的流体阻力,也可通过阀门来控制流体阻力。方程

$$A_1\mathrm{d}x_1=(u-y_1)\mathrm{d}t \quad 和 \quad A_2\mathrm{d}x_2=(y_1-y)\mathrm{d}t$$

控制液位的变化,其中 A_i 为水箱的截面。根据这些关系式,很容易得到

$$\dot{x}_1=\frac{u}{A_1}-\frac{x_1-x_2}{A_1R_1}$$

$$\dot{x}_2=\frac{x_1-x_2}{A_2R_1}-\frac{x_2}{A_2R_2}$$

因此,该系统的状态空间描述由

$$\begin{bmatrix}\dot{x}_1(t)\\\dot{x}_2(t)\end{bmatrix}=\begin{bmatrix}-\dfrac{1}{A_1R_1}&\dfrac{1}{A_1R_1}\\\dfrac{1}{A_2R_1}&-\left(\dfrac{1}{A_2R_1}+\dfrac{1}{A_2R_2}\right)\end{bmatrix}\begin{bmatrix}x_1(t)\\x_2(t)\end{bmatrix}+\begin{bmatrix}\dfrac{1}{A_1}\\0\end{bmatrix}u(t)$$

$$y(t)=\begin{bmatrix}0 & \dfrac{1}{R_2}\end{bmatrix}\boldsymbol{x}(t)$$

给出，可以求出其传递函数为

$$\hat{g}(s)=\frac{1}{A_1A_2R_1R_2s^2+(A_1R_1+A_1R_2+A_2R_2)s+1}$$

2.7　正则有理传递函数

例 2.4 和例 2.5 中遇到的传递函数为 s 的非有理函数，而其余传递函数均为 s 的有理函数。事实上，我们也可以借助传递函数来定义集总系统或分布系统，若传递函数是 s 的有理函数，则系统为集总系统；若传递函数并非 s 的有理函数，则系统为分布系统。换言之，分布系统的传递函数为 s 的非有理函数，或不能将分布系统的传递函数表示为闭合形式。这里主要研究集总系统，因此遇到的传递函数大多是 s 的有理函数。

可以将任一有理传递函数表示为 $\hat{g}(s)=\dfrac{N(s)}{D(s)}$，其中 $N(s)$ 和 $D(s)$ 是 s 的多项式，这里用 deg 来表示多项式的次数，则 $\hat{g}(s)$ 可分为以下类型：

- $\hat{g}(s)$ 正则 $\Leftrightarrow \deg D(s)\geqslant \deg N(s)\Leftrightarrow \hat{g}(\infty)=$ 零或非零常数；
- $\hat{g}(s)$ 严格正则 $\Leftrightarrow \deg D(s)>\deg N(s)\Leftrightarrow \hat{g}(\infty)=0$；
- $\hat{g}(s)$ 上下双正则 $\Leftrightarrow \deg D(s)=\deg N(s)\Leftrightarrow \hat{g}(\infty)=$ 非零常数；
- $\hat{g}(s)$ 非正则 $\Leftrightarrow \deg D(s)<\deg N(s)\Leftrightarrow |\hat{g}(\infty)|=\infty$。

例如，有理函数

$$\frac{s^3-2s-5}{s^2+1},\quad s^2+2s+1=\frac{s^2+2s+1}{1}$$

非正则，而有理函数

$$\frac{s^2+1}{s^3-2s-5},\quad \frac{s+1}{s^{10}},\quad \frac{s^2+1}{2s^2+s-5},\quad 10=\frac{10}{1}$$

正则，并且前两个函数是严格正则的，后两个函数也是上下双正则的，因此，正则包括严格正则和上下双正则。需要注意的是，若 $\hat{g}(s)$ 上下双正则，则 $\dfrac{1}{\hat{g}(s)}$ 也上下双正则。非正则有理传递函数会放大高频噪声，高频噪声在现实世界中尤其在电子系统中普遍存在，因而，在电子系统中很少出现非正则有理传递函数。本教材只研究正则有理传递函数。

定义多项式 $D(s)$ 的根为使多项式方程 $D(s)=0$ 的所有解，若 $D(s)$ 的次数为 m，则 $D(s)$ 有 m 个根，可以是实根或复根；若 $D(s)$ 只有实系数，则其复根必以共轭形式成对出现。可以借助 MATLAB 的函数 roots 求多项式的根。在 MATLAB 中用行向量表示多项式，多项式按降幂次排列的系数为该行向量的元素，向量元素之间

用逗号或空格隔开,并用一对括号限定向量范围。例如,针对多项式

$$D(s)=s^5+6s^4+29.25s^3+93.25s^2+134s+65 \tag{2.49}$$

在 MATLAB 命令窗口中键入下述命令

```
d=[1 6 29.25 93.25 134 65];roots(d)
```

能得出其五个根为

```
-0.5+4i,  -0.5-4i,  -2+0i,  -2-0i,  -1
```

在$-0.5\pm 4i$处有一对共轭复根并在-2、-2、-1处有三个实根。称这对复根和-1的实根为"单根",称-2为"重根"或重数为2的根。需要注意的是,在MATLAB中i和j均表示$\sqrt{-1}$。

称多项式幂次最高项的系数为"首项系数"。若其首项系数为1,则称该多项式为"首一多项式"。例如式(2.49)的$D(s)$为首一多项式,而

$$D_1(s)=-3s^3-12s^2-39s+150$$

并非首一多项式,其首一多项式为$D_2(s):=D_1(s)/(-3)=s^3+4s^2+13s-50$。在MATLAB中键入`roots([-3 -12 -39 150])`和`roots([1 4 13 -50])`,会得到相同的三个根2和$-3\pm j4$。根据定义,$D_1(s)$的根是方程$D_1(s)=0$的解。因此对任意非零常数k,$kD_1(s)$与$D_1(s)$有相同的一组根。正因为如此,对$D_1(s)$进行因式分解时,必须包含其首项系数

$$D_1(s)=-3s^3-12s^2-39s+150=-3(s-2)(s+3-4j)(s+3+4j)$$

若$\hat{g}(\lambda)=\infty$或$-\infty$,则称实数或复数λ为正则传递函数$\hat{g}(s)=\dfrac{N(s)}{D(s)}$的"极点";若$\hat{g}(\lambda)=0$,则称$\lambda$为$\hat{g}(s)$的"零点"。若两个多项式$N(s)$和$D(s)$没有共同的根,则定义这两个多项式"互质";若$N(s)$和$D(s)$不互质或有共同的根$a$,则式$\hat{g}(a)=\dfrac{N(a)}{D(a)}=\dfrac{0}{0}$无定义。若$N(s)$和$D(s)$互质,且$D(a)=0$,则$N(a)\neq 0$,在这种情况下,$\hat{g}(a)=\dfrac{N(a)}{D(a)}=\dfrac{N(a)}{0}=\infty$或$-\infty$,且$a$是$\hat{g}(s)$的极点。同理,若$N(b)=0$,则$D(b)\neq 0$且$\hat{g}(b)=\dfrac{0}{D(b)}=0$,$b$是$\hat{g}(s)$的零点。总之,若$N(s)$和$D(s)$互质,则$N(s)$的每个根都是$\hat{g}(s)$的零点,$D(s)$的每个根都是$\hat{g}(s)$的极点。借助极点和零点,可以将传递函数表示为

$$\hat{g}(s)=k\frac{(s-z_1)(s-z_2)\cdots(s-z_m)}{(s-p_1)(s-p_2)\cdots(s-p_n)}$$

称该式为"零点-极点-增益"形式。在MATLAB中通过调用`[z,p,k]= tf2zp(num,den)`可以根据传递函数得出零点-极点-增益形式。例如,考虑

$$\hat{g}(s)=\frac{4s^4-16s^3+8s^2-48s+180}{s^5+6s^4+29.25s^3+93.25s^2+134s+65}$$

在 MATLAB 命令窗口中键入

```
n = [4  - 16 8  - 48 180];d = [1 6 29.25 93.25 134 65];
[z,p,k] = tf2zp(n,d)
```

得到结果

```
z = [ - 1 + 2i  - 1 - 2i 3 3]; p = [ - 0.5 + 4i  - 0.5 - 4i  - 2 + 0i  - 2 - 0i  - 1]; k = 4
```

这就意味着可以将传递函数表示为

$$H(s)=\frac{4(s+1-2\mathrm{j})(s+1+2\mathrm{j})(s-3)^2}{(s+0.5-4\mathrm{j})(s+0.5+4\mathrm{j})(s+2)^2(s+1)}$$

其零极点如式中所示，增益为 4。需要注意的是，仅有零点和极点并没有唯一地确定某个传递函数，同时必须确定增益 k。

若有理矩阵的每个元素均正则或 $\hat{\boldsymbol{G}}(\infty)$ 为零或非零的常数矩阵，则称有理矩阵 $\hat{\boldsymbol{G}}(s)$ 正则；若其每个元素均为严格正则或 $\hat{\boldsymbol{G}}(\infty)$ 为零矩阵，则 $\hat{\boldsymbol{G}}(s)$ 严格正则；若有理矩阵 $\hat{\boldsymbol{G}}(s)$ 为方阵且 $\hat{\boldsymbol{G}}(s)$ 和 $\hat{\boldsymbol{G}}^{-1}(s)$ 均正则，则称 $\hat{\boldsymbol{G}}(s)$ 上下双正则。若 λ 为 $\hat{\boldsymbol{G}}(s)$ 某些元素的极点，则 λ 称为 $\hat{\boldsymbol{G}}(s)$ 的极点，因此，$\hat{\boldsymbol{G}}(s)$ 每个元素的任一极点均为 $\hat{\boldsymbol{G}}(s)$ 的极点。有许多方法定义 $\hat{\boldsymbol{G}}(s)$ 的零点，若 λ 是 $\hat{\boldsymbol{G}}(s)$ 每个非零元素的零点，则 λ 称为“阻塞零点”，一种更有用的定义是“传输零点”。关于传输零点的内容将在第 9 章介绍。

2.8　离散时间线性时不变系统

本节研究对应于连续时间系统的离散时间系统，由于连续时间系统中的大多数概念可以直接应用于离散时间的情形，所以对这部分内容仅作简要讨论。

假定任一离散时间（DT）系统的输入和输出具有相同的采样周期 T，并用 $u[k]:=u(kT)$ 和 $y[k]:=y(kT)$ 表示输入和输出，其中 k 为时间下标，是取值范围为 $-\infty\sim\infty$ 的整数。若当前输出取决于当前的输入和过去的输入，则离散时间系统为因果系统。k_0 时刻的状态记为 $\boldsymbol{x}(k_0)$，是 k_0 时刻的信息，它连同 $k\geqslant k_0$ 的输入 $u[k]$ 一起，唯一地确定了 $k\geqslant k_0$ 的输出 $y(k)$。$\boldsymbol{x}$ 的元素称为状态变量，若状态变量的数目有限，则离散时间系统为集总系统，否则为分布系统。任一包含时间延迟的连续时间系统，如例 2.2 和例 2.3 中的系统均为分布系统，在离散时间系统中，若时间延迟是采样周期 T 的整数倍，则该离散时间系统为集总系统。

若系统特性不随时间变化，则该 DT 系统为时不变系统，对于此类系统，无论何时外加输入，输出序列总归相同。因此，可以假定 $k_0=0$ 为初始时刻，初始时刻 $k_0=0$ 并非绝对，可以人为选定。对 DT 时不变系统，通常限定时间下标 k 的范围为

$k \geqslant 0$。

若满足可加性和齐次性,则 DT 时不变系统为线性系统。可以将任一 DT LTI 系统的响应分解为

响应=零状态响应+零输入响应

零状态响应满足叠加原理,零输入响应也是如此。在进一步讨论之前,先引入脉冲序列的概念。

设 $\delta_d[k]$是定义为

$$\delta_d[k-m]=\begin{cases}1, & k=m \\ 0, & k \neq m\end{cases}$$

的"脉冲序列",其中 k 为时间下标,m 为固定整数。[⑥] 因而有 $\delta_d[0]=1$、$\delta_d[4]=0$ 和 $\delta_d[56]=0$。脉冲序列是冲击函数 $\delta(t-t_1)$对应的离散情形。冲击函数 $\delta(t-t_1)$宽度为零、高度为无穷大且在实践中无法产生,但脉冲序列 $\delta_d[k-m]$却很容易产生。

考虑序列 $u[k]$,其在 $k=m$ 处的值等于$u[m]$或遍历所有 k 的$u[m]\delta_d[k-m]$,因此,可以将 $u[k]$表示为脉冲序列之和

$$u[k]=\sum_{m=-\infty}^{\infty} u[m]\delta_d[k-m]$$

例如,若 $k=10$,则无限求和项中除 $m=10$ 之外,其余所有项都等于零,于是归结为 $u[10]$。该式为式(2.2)对应的 DT 情形。

1. 卷 积

考虑输入序列为 $u[k]$且输出序列为 $y[k]$的 DT LTI 系统,推导描述系统零状态响应的数学方程,即系统在 $k_0=0$ 初始松弛,输出响应由 $k_0=0$ 开始外加的输入序列引起。若对所有 $k<0$ 均有 $u[k]=0$,则系统初始松弛。

考虑从 $k=0$ 开始外加的输入序列 $u[k]$,如前所述,可以将输入序列表示为

$$u[k]=\sum_{m=0}^{\infty} u[m]\delta_d[k-m]$$

设 $g[k]$为 $k_0=0$ 时刻外加脉冲序列引起的 k 时刻的输出,则有

$$\delta_d[k] \rightarrow g[k] \quad (\text{定义})$$

$$\delta_d[k-m] \rightarrow g[k-m] \quad (\text{时移})$$

$$\delta_d[k-m]u[m] \rightarrow g[k-m]u[m] \quad (\text{齐次性})$$

$$\sum_m \delta_d[k-m]u[m] \rightarrow \sum_m g[k-m]u[m] \quad (\text{可加性})$$

因此,由 $k \geqslant 0$ 时的输入 $u[k]$引起 $k \geqslant 0$ 时的输出 $y[k]$为

$$y[k]=\sum_{m=0}^{\infty} g[k-m]u[m] \tag{2.50}$$

⑥ 也可以将 m 当做时间下标而固定 k。

若系统同时也是因果系统，则

$$g[k]=0 \quad (\text{对所有 } k<0)$$

由此可知，对所有 $m>k$，均有 $g[k-m]=0$，因此，可以将式(2.50)的求和上限∞替换为 k，式(2.50)归结为

$$y[k]=\sum_{m=0}^{k} g[k-m]u[m]=\sum_{m=0}^{k} g[m]u[k-m] \tag{2.51}$$

该式称为“离散卷积”。通过定义 $\bar{m}:=k-m$，再将 $\bar{m}$ 重命名为 m 即可根据第一个等式得出第二个等式，该式为式(2.5)对应的离散时间情形，但是由于其中未涉及任何近似处理和极限处理，所以推导过程更简单，序列 $g[k]$ 称为“脉冲响应序列”。

2. 传递函数

z 变换是研究 DT LTI 系统的重要工具，设 $\hat{y}(z)$ 是 $y[k]$ 的 z 变换，定义为

$$\hat{y}(z):=\mathscr{Z}[y[k]]:=\sum_{k=0}^{\infty} y[k]z^{-k} \tag{2.52}$$

代入式(2.50)并交换求和顺序可得

$$\hat{y}(z)=\sum_{k=0}^{\infty}\Big(\sum_{m=0}^{\infty} g[k-m]u[m]\Big)z^{-(k-m)}z^{-m}=$$

$$\sum_{m=0}^{\infty}\Big(\sum_{k=0}^{\infty} g[k-m]z^{-(k-m)}\Big)u[m]z^{-m}$$

其中第一重求和项固定 m 引入新变量 $l=k-m$ 之后，上式变为

$$\hat{y}(z)=\sum_{m=0}^{\infty}\Big(\sum_{l=-m}^{\infty} g[l]z^{-l}\Big)u[m]z^{-m}$$

利用因果性条件 $l<0$ 时 $g[l]=0$，将求和下限从 $-m$ 替换为 0，则第一重求和项不再依赖于 m，双重求和变为

$$\hat{y}(z)=\Big(\sum_{l=0}^{\infty} g[l]z^{-l}\Big)\Big(\sum_{m=0}^{\infty} u[m]z^{-m}\Big)$$

或

$$\hat{y}(z)=\hat{g}(z)\hat{u}(z) \tag{2.53}$$

其中

$$\hat{g}(z):=\mathscr{Z}[g[k]]=\sum_{k=0}^{\infty} g[k]z^{-k}$$

称为“离散传递函数”，为脉冲响应序列的 z 变换，借助式(2.53)，也可以将离散传递函数定义为

$$\hat{g}(z)=\frac{\hat{y}(z)}{\hat{u}(z)}=\frac{\mathscr{Z}[\text{输出}]}{\mathscr{Z}[\text{输入}]}\bigg|_{\text{初始松弛}}$$

该传递函数为式(2.8)对应的 DT 情形。值得再次强调的是，离散卷积和离散传递函数仅描述零状态响应，它们既适用于 LTI 集总系统又适用于 LTI 分布系统。

【例 2.12】 考虑通过

$$y[k]=u[k-1]$$

定义的单位采样周期延迟系统,输出等于输入的单位采样周期延迟,系统的脉冲响应序列为 $g[k]=\delta_d[k-1]$,系统的离散传递函数为

$$\hat{g}(z)=\mathscr{Z}[\delta_d[k-1]]=z^{-1}=\frac{1}{z}$$

该式为 z 的有理函数,需要注意的是,任一含时间延迟的连续时间系统均为分布系统,但离散时间系统并非如此。

借助传递函数把输入和输出通过 $\hat{y}(z)=\hat{g}(z)\hat{u}(z)=z^{-1}\hat{u}(z)$ 联系起来,其结果是,单位采样周期的延迟等价于在 z 变换域乘以 z^{-1},通常将 z^{-1} 称为"单位采样周期延迟算子"。因此,若对所有 $k<0$ 都有 $x[k]=0$,并且若 $\hat{x}(z)=\mathscr{Z}[x[k]]$,则对任意正整数 m 均有

$$\mathscr{Z}[x[k-m]]=z^{-m}\hat{x}(z)$$

【例 2.13】 考虑图 2.17(a)所示的离散时间反馈系统,该系统是图 2.5(a)对应的离散情形,根据式(2.6),系统的脉冲响应序列为

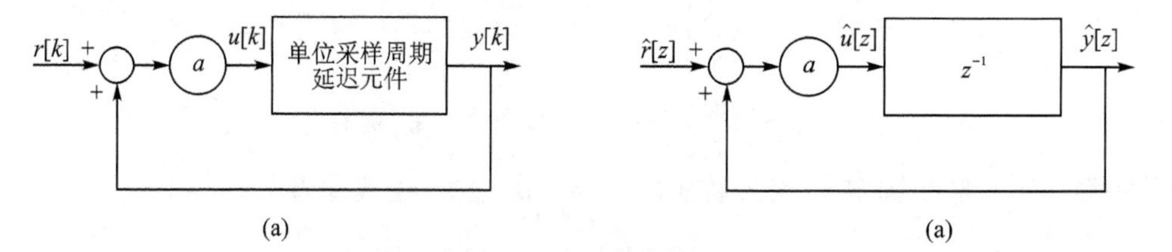

图 2.17 离散时间反馈系统

$$g_f[k]=a\delta_d[k-1]+a^2\delta_d[k-2]+\cdots=\sum_{m=1}^{\infty}a^m\delta_d[k-m]$$

由于 $\delta_d[k-m]$的 z 变换为 z^{-m},所以该反馈系统的传递函数为

$$\hat{g}_f(z)=\mathscr{Z}[g_f[k]]=az^{-1}+a^2z^{-2}+a^3z^{-3}+\cdots=$$

$$az^{-1}\sum_{m=0}^{\infty}(az^{-1})^m=\frac{az^{-1}}{1-az^{-1}}$$

该传递函数为 z 的有理函数,这点有别于例 2.5 中的 CT 非有理传递函数。

若用其传递函数 z^{-1} 代替单位采样时间延迟元件,则方框图变为图 2.17(b),借助类似于例 2.5 的代数方法,可以求出从 r 到 y 的传递函数为

$$\hat{g}(z)=\frac{\hat{y}(z)}{\hat{r}(z)}=\frac{az^{-1}}{1-az^{-1}}=\frac{a}{z-a}$$

该传递函数与前面求出的结果相同。

以上两个例子的离散传递函数均为 z 的有理函数,但通常情况并非如此,例如,考察脉冲响应序列为

$$g[k]=\begin{cases}0, & k\leqslant 0\\ \dfrac{1}{k} & k=1,2,\cdots\end{cases}$$

的系统，借助麦克劳林级数

$$\ln(1-x)=-\sum_{m=1}^{\infty}\frac{x^m}{m}$$

可以求出传递函数或 $g[k]=\dfrac{1}{k}$ 的 z 变换为

$$\hat{g}(z)=\sum_{k=1}^{\infty}\frac{z^{-k}}{k}=-\ln(1-z^{-1}) \tag{2.54}$$

该传递函数不是 z 的有理函数，此类系统为分布系统。在本教材中只研究集总系统，集总系统的离散传递函数均为 z 的有理函数。

离散有理传递函数可以正则或非正则，若传递函数非正则，例如 $\hat{g}(z)=\dfrac{z^2+2z-1}{z-0.5}$，则

$$\frac{\hat{y}(z)}{\hat{u}(z)}=\frac{z^2+2z-1}{z-0.5}=\frac{1+2z^{-1}-z^{-2}}{z^{-1}-0.5z^{-2}}$$

由此可知

$$z^{-1}\hat{y}(z)-0.5z^{-2}\hat{y}(z)=\hat{u}(z)+2z^{-1}\hat{u}(z)-z^{-2}\hat{u}(z)$$

或，其时域表达式为

$$y[k-1]-0.5y[k-2]=u[k]+2u[k-1]-u[k-2]$$

因此，对 $k\geqslant 1$ 的所有整数，均有

$$y[k-1]=0.5y[k-2]+u[k]+2u[k-1]-u[k-2]$$

成立。需要注意的是，已经隐含地假设对所有 $k<0$ 均有 $y[k]=0$。若 $k=1$，则 $y[0]$ 依赖于 $u[1]$，即未来的输入，该系统非因果。通常而言，由非正则传递函数描述的离散时间系统均非因果，本教材仅研究因果系统，因此，所有离散有理传递函数均正则。前文提到过，本教材也只研究连续时间情形下 s 的正则有理传递函数，但原因不同。考虑 $\hat{g}(s)=s$ 或 $y(t)=\mathrm{d}u(t)/\mathrm{d}t$ 表示的纯微分器。若将微分定义为

$$y(t)=\frac{\mathrm{d}u(t)}{\mathrm{d}t}=\lim_{\Delta\to 0}\frac{u(t+\Delta)-u(t)}{\Delta}$$

其中 $\Delta>0$，则输出 $y(t)$ 取决于未来的输入 $u(t+\Delta)$，该微分器非因果。然而，若将微分器定义为

$$y(t)=\frac{\mathrm{d}u(t)}{\mathrm{d}t}=\lim_{\Delta\to 0}\frac{u(t)-u(t-\Delta)}{\Delta}$$

则输出 $y(t)$ 不依赖于未来的输入，该微分器因果。于是，连续时间系统面临的是一个非正则传递函数是否代表一个非因果系统之争。但是，s 的非正则传递函数会放大高频噪声，而高频噪声在电子系统中普遍存在。因而，电子系统中应避免出现非正

则传递函数。

3. 状态空间方程

可以使用

$$\begin{aligned}\boldsymbol{x}[k+1]&=\boldsymbol{A}\boldsymbol{x}[k]+\boldsymbol{b}u[k]\\ y[k]&=\boldsymbol{c}\boldsymbol{x}[k]+du[k]\end{aligned}\tag{2.55}$$

描述任一DT SISO线性时不变集总系统,其中$\boldsymbol{A}$、$\boldsymbol{b}$、$\boldsymbol{c}$和d不依赖于时间下标k。设$\hat{\boldsymbol{x}}(z)$是$\boldsymbol{x}[k]$的z变换,或

$$\hat{\boldsymbol{x}}(z)=\mathscr{Z}[\boldsymbol{x}[k]]:=\sum_{k=0}^{\infty}\boldsymbol{x}[k]z^{-k}$$

则有

$$\mathscr{Z}[\boldsymbol{x}[k+1]]=\sum_{k=0}^{\infty}\boldsymbol{x}[k+1]z^{-k}=z\sum_{k=0}^{\infty}\boldsymbol{x}[k+1]z^{-(k+1)}=$$

$$z\left[\sum_{l=1}^{\infty}\boldsymbol{x}[l]z^{-l}+\boldsymbol{x}[0]-\boldsymbol{x}[0]\right]=z(\hat{\boldsymbol{x}}(z)-\boldsymbol{x}[0])$$

式(2.55)取z变换可得

$$\begin{aligned}z\hat{\boldsymbol{x}}(z)-z\boldsymbol{x}[0]&=\boldsymbol{A}\hat{\boldsymbol{x}}(z)+\boldsymbol{b}\hat{u}(z)\\ \hat{y}(z)&=\boldsymbol{c}\hat{\boldsymbol{x}}(z)+d\hat{u}(z)\end{aligned}$$

由此可知

$$\hat{\boldsymbol{x}}(z)=(z\boldsymbol{I}-\boldsymbol{A})^{-1}z\boldsymbol{x}[0]+(z\boldsymbol{I}-\boldsymbol{A})^{-1}\boldsymbol{b}\hat{u}(z)\tag{2.56}$$

及

$$\hat{y}(z)=\boldsymbol{c}(z\boldsymbol{I}-\boldsymbol{A})^{-1}z\boldsymbol{x}[0]+\boldsymbol{c}(z\boldsymbol{I}-\boldsymbol{A})^{-1}\boldsymbol{b}\hat{u}(z)+d\hat{u}(z)\tag{2.57}$$

该式为式(2.11)对应的离散时间情形。需要注意的是,在$\boldsymbol{x}[0]$前面额外多一项z。若$\boldsymbol{x}[0]=\boldsymbol{0}$,则式(2.57)归结为

$$\hat{y}(z)=[\boldsymbol{c}(z\boldsymbol{I}-\boldsymbol{A})^{-1}\boldsymbol{b}+d]\hat{u}(z)\tag{2.58}$$

与$\hat{y}(z)=\hat{g}(z)\hat{u}(z)$对比可得

$$\hat{g}(z)=\boldsymbol{c}(z\boldsymbol{I}-\boldsymbol{A})^{-1}\boldsymbol{b}+d\tag{2.59}$$

该式是式(2.12)对应的离散时间情形。若用z变换变量z替换拉普拉斯变换变量s,则两个方程完全相同。

【例2.14】 考虑经纪公司的货币市场账户,设$u[k]$为第k天账户中存入或取出的金额,$y[k]$为第k天结束时账户中的总金额,则可将该账户视作输入为$u[k]$且输出为$y[k]$的离散时间系统。

若利率取决于账户金额,则该系统非线性;若无论账号金额多少利率固定,则为线性系统。若利率随时间变化,则为时变系统;若利率固定,则为时不变系统。这里只考虑LTI的情形,其中每天利率为$r=0.015\%$,日结算。

若首日存入1美元(即,$u[0]=1$)且此后没有存入($u[k]=0, k=1,2,\cdots$),则$y[0]=u[0]=1$、$y[1]=1+0.000\,15=1.000\,15$。由于金额日结算,所以有

$$y[2]=y[1]+y[1]\times 0.000\,15=y[1]\times 1.000\,15=(1.000\,15)^2$$

总之，

$$y[k]=(1.000\,15)^k$$

由于输入{1,0,0,…}为脉冲序列，所以根据定义，输出为脉冲响应序列

$$g[k]=(1.000\,15)^k$$

账户的输入输出描述为

$$y[k]=\sum_{m=0}^{k}g[k-m]u[m]=\sum_{m=0}^{k}(1.000\,15)^{k-m}u[m] \tag{2.60}$$

离散传递函数为脉冲响应序列的 z 变换

$$\hat{g}(z)=\mathscr{Z}[g[k]]=\sum_{k=0}^{\infty}(1.000\,15)^k z^{-k}=\sum_{k=0}^{\infty}(1.000\,15z^{-1})^k=$$

$$\frac{1}{1-1.000\,15z^{-1}}=\frac{z}{z-1.000\,15} \tag{2.61}$$

只要使用式(2.60)或式(2.61)，则初始状态必须为零，也就是说，初始账户金额为零。

接下来推导该账户的状态空间方程描述，假设 $y[k]$ 为第 k 天结束时的总金额，则有

$$y[k+1]=y[k]+0.000\,15y[k]+u[k+1]=1.000\,15y[k]+u[k+1] \tag{2.62}$$

若定义状态变量为 $x[k]:=y[k]$，则

$$x[k+1]=1.000\,15x[k]+u[k+1]$$
$$y[k]=x[k] \tag{2.63}$$

由于有 $u[k+1]$ 这一项，式(2.63)并非式(2.55)的标准形式，因此不能选择 $x[k]:=y[k]$ 作为状态变量，下面选择另一个状态变量

$$x[k]:=y[k]-u[k]$$

将 $y[k+1]=x[k+1]+u[k+1]$ 和 $y[k]=x[k]+u[k]$ 代入式(2.62)得出

$$x[k+1]=1.000\,15x[k]+1.000\,15u[k]$$
$$y[k]=x[k]+u[k] \tag{2.64}$$

该式为标准形式，是对该货币市场账户的描述。

截至目前，只讨论了 DT LTI SISO 系统，将其推广到 MIMO 的情形，与 CT 情况非常类似，这里不再赘述。

2.9 小　结

本章介绍了因果性、集总性、时不变性(TI)和线性性(L)的概念。讨论了用来描述 LTI 集总、因果系统的以下四类方程：

① 卷积；

② 传递函数;

③ 状态空间方程;

④ 高阶微分方程。

卷积是显式地利用了时不变性和线性性的条件导出的,因此其推导过程具有启发性,卷积公式取拉普拉斯变换引出传递函数的概念,第5章中还要借助卷积来建立一个重要的稳定性条件,因此,卷积的引入非常重要。此外,正如第24页的说明,卷积的实际使用非常复杂,因此,在分析或设计中并不使用卷积。通常很难推导高阶微分方程,并且高阶微分方程也不适于计算机运算。因此,本教材主要研究传递函数和状态空间方程。

从本章的例子来看,若系统包含非线性元件,则必须首先推导出一组一阶非线性微分方程,再做线性化使之转化为状态空间方程,然后,才可以使用式(2.12)或式(2.16)来计算其传递函数。直接推导传递函数难度很大或不可行。因此,状态空间方程的建立至关重要。

习　　题

2.1　考虑具有如图2.18所示特性的无记忆系统,图中 u 表示输入,y 表示输出。试问具有这些特性的系统,哪个是线性系统?能否引入一个新的输出使图2.18(b)的系统成为线性系统?

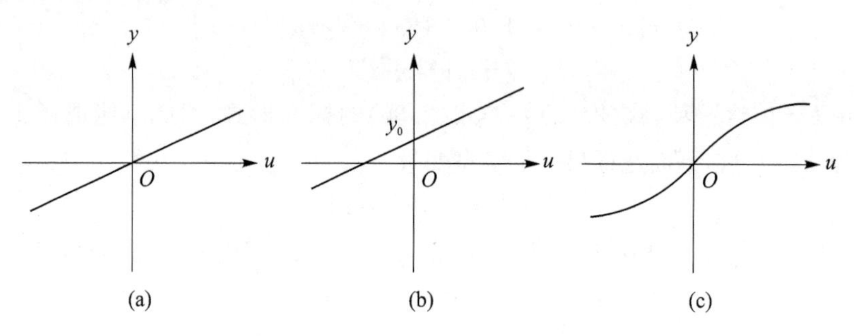

图2.18　习题2.1的图

2.2　理想低通滤波器的冲击响应由

$$g(t)=2\omega\frac{\sin 2\omega(t-t_0)}{2\omega(t-t_0)}\quad(\text{对所有 } t)$$

给出,其中 ω 和 t_0 为常数。试问,该理想低通滤波器是否因果?能否在现实世界中搭建出该滤波器?

2.3　考虑某系统,其输入 u 和输出 y 通过

$$y(t)=(P_\alpha u)(t):=\begin{cases}u(t), & t\leqslant\alpha\\ 0, & t>\alpha\end{cases}$$

建立联系，其中 α 为固定常数。该系统称为“截断算子”，它截断 α 时刻之后的输入。试问，该系统是否线性？是否时不变？是否因果？

2.4　可以通过 $y=Hu$ 来表达初始松弛系统输入和输出间的关系，其中 H 为某些数学算子。试证明，若系统因果，则有

$$P_\alpha y = P_\alpha Hu = P_\alpha HP_\alpha u$$

其中 P_α 为习题 2.3 中定义的截断算子。试问 $P_\alpha Hu=HP_\alpha u$ 是否正确？

2.5　考虑具有输入 u 和输出 y 的系统，在该系统上借助输入 $u_1(t)$、$u_2(t)$ 和 $u_3(t)(t\geqslant 0)$ 实施三次实验。每种情况下，$t=0$ 时刻的初始状态 $\boldsymbol{x}(0)$ 均相同，相应的输出记为 y_1、y_2 和 y_3。若 $\boldsymbol{x}(0)\neq \boldsymbol{0}$，试问，以下陈述哪些是正确的？

① 若 $u_3=u_1+u_2$，则 $y_3=y_1+y_2$；

② 若 $u_3=0.5(u_1+u_2)$，则 $y_3=0.5(y_1+y_2)$；

③ 若 $u_3=u_1-u_2$，则 $y_3=y_1-y_2$。

若 $\boldsymbol{x}(0)=\boldsymbol{0}$，哪些是正确的？

2.6　考虑某系统，对所有 t，其输入和输出的关系通过

$$y(t)=\begin{cases}\dfrac{u^2(t)}{u(t-1)}, & u(t-1)\neq 0\\ 0, & u(t-1)=0\end{cases}$$

给出。试证明，该系统满足齐次性，但不满足可加性。

2.7　试证明，若可加性成立，则对所有有理数 α，齐次性也成立。因此，若系统具有某种“连续”性，则由可加性可知齐次性。

2.8　试求图 2.2 所示电路的状态空间方程描述及其传递矩阵描述。

2.9　试求图 2.19 所示电路的状态空间方程描述及其传递函数描述。

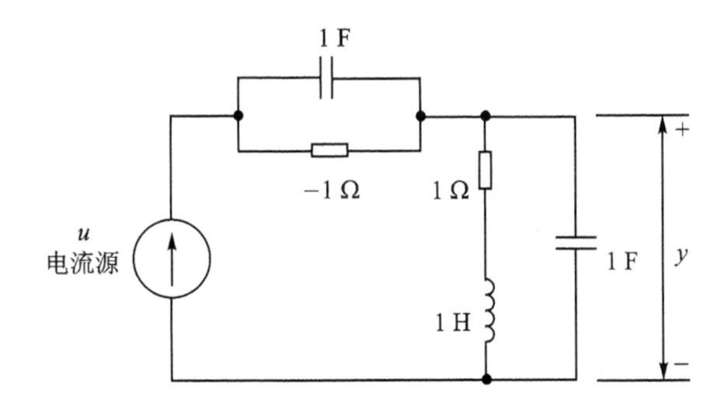

图 2.19　习题 2.9 的图

2.10　试求图 2.20 所示电路的状态空间方程描述及其传递函数描述。

2.11　试推导图 2.21(a)所示电路的一维状态空间方程描述和二维状态空间方程描述，并利用式(2.12)求该电路的传递函数。参见习题 7.4。

2.12　试推导图 2.21(b)所示电路的一维状态空间方程描述和二维状态空间方程描述，并利用阻抗求该电路的传递函数。参见习题 7.5。

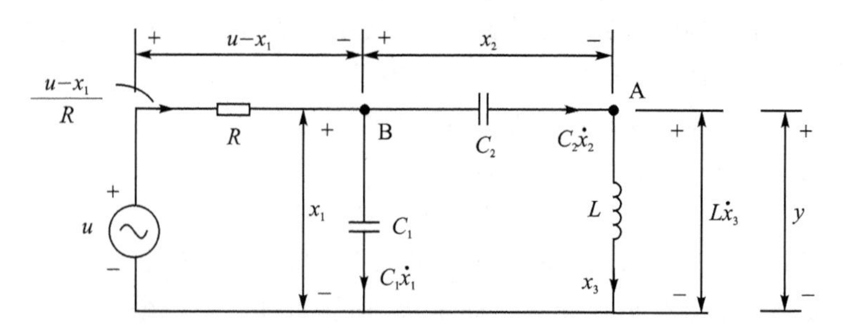

图 2.20　习题 2.10 的图

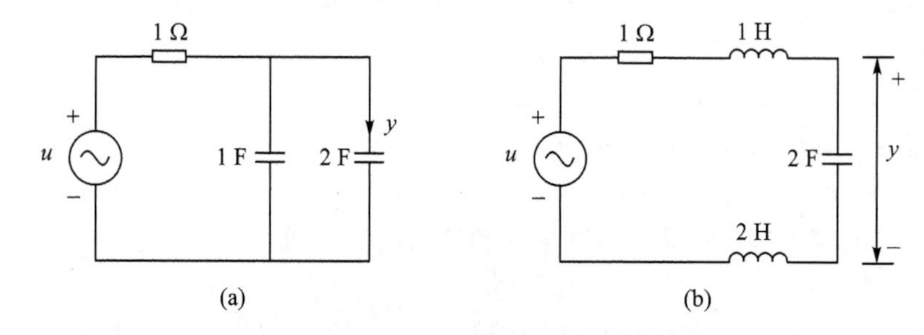

图 2.21　(a)并非所有电容电压都取为状态变量的电路、(b)并非所有电感电流都取为状态变量的电路

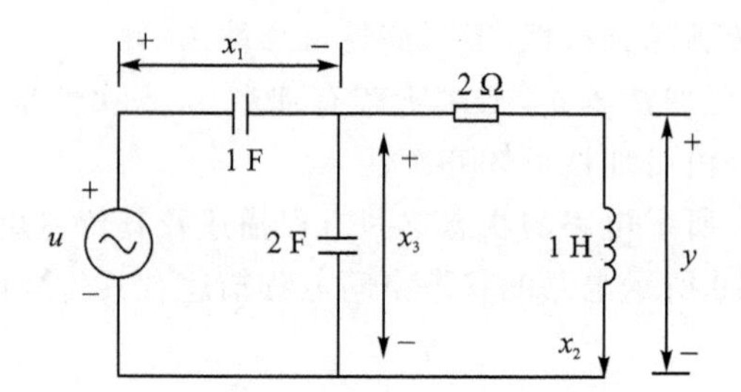

图 2.22　不能由标准状态空间方程描述的电路网络

2.13　考虑图 2.22 所示的电路，(1)试证明，若选择 1 F 的电容电压为 $x_1(t)$、电感电流为 $x_2(t)$，以及 2 F 的电容电压为 $x_3(t)$，则可以通过

$$\dot{\boldsymbol{x}}(t)=\begin{bmatrix}0 & \frac{1}{3} & 0\\ 0 & -2 & 1\\ 0 & -\frac{1}{3} & 0\end{bmatrix}\boldsymbol{x}(t)+\begin{bmatrix}\frac{2}{3}\\ 0\\ \frac{1}{3}\end{bmatrix}\dot{u}(t)$$

$$y(t)=\begin{bmatrix}0 & -2 & 1\end{bmatrix}\boldsymbol{x}(t)$$

来描述该电路，其中 $\boldsymbol{x}=[x_1\quad x_2\quad x_3]'$。试问，该方程是否为状态空间方程的标准形式？(2)试证明，若仅选择 $x_1(t)$ 和 $x_2(t)$（未选择 $x_3(t)$）作为状态变量，则可以通过

$$\dot{\boldsymbol{x}}(t)=\begin{bmatrix}0 & \frac{1}{3}\\ -1 & -2\end{bmatrix}\boldsymbol{x}(t)+\begin{bmatrix}0\\1\end{bmatrix}u(t)+\begin{bmatrix}\frac{2}{3}\\0\end{bmatrix}\dot{u}(t)$$

$$y(t)=[-1\quad -2]\,\boldsymbol{x}(t)+u(t)$$

来描述该电路，其中 $\boldsymbol{x}=[x_1\quad x_2]'$。试问，该方程是否为状态空间方程的标准形式？需要注意的是，对所有 t 均有 $x_1(t)+x_3(t)=u(t)$ 成立，因此，从某种意义上而言，2 F 的电容是冗余的。参见习题 7.6。

2.14　考虑通过

$$\ddot{y}+2\dot{y}-3y=\dot{u}-u$$

描述的系统，试求系统的传递函数和冲击响应。

2.15　设 $\bar{y}(t)$ 为线性时不变系统的单位阶跃响应，试证明系统的冲击响应等于 $\frac{\mathrm{d}\bar{y}(t)}{\mathrm{d}t}$。

2.16　考虑通过

$$D_{11}(p)y_1(t)+D_{12}(p)y_2(t)=N_{11}(p)u_1(t)+N_{12}(p)u_2(t)$$

$$D_{21}(p)y_1(t)+D_{22}(p)y_2(t)=N_{21}(p)u_1(t)+N_{22}(p)u_2(t)$$

描述的双输入双输出系统，其中 N_{ij} 和 D_{ij} 是 $p:=\frac{\mathrm{d}}{\mathrm{d}t}$ 的多项式，试问系统的传递函数是什么？

2.17　考虑图 2.5 所示的反馈系统，试证明：正反馈系统的单位阶跃响应，当 $a=1$ 时如图 2.23(a)所示，当 $a=0.5$ 时如图 2.23(b)所示；负反馈系统的单位阶跃响应，当 $a=1$ 和 $a=0.5$ 时分别如图 2.23(c)和图 2.23(d)所示。

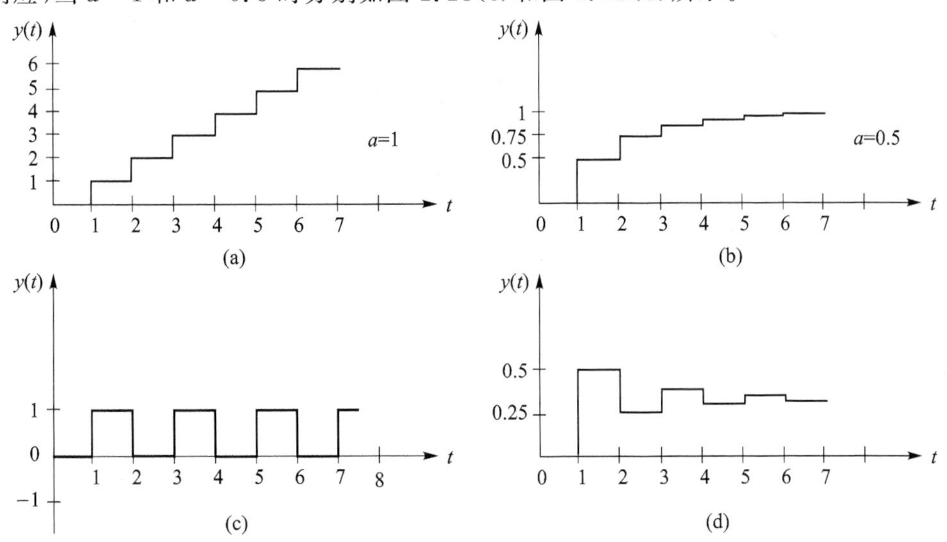

图 2.23　习题 2.17 的图

2.18 试求图2.24中摆系统的状态空间方程描述。该系统可用于模拟一级或两级连杆机器人的操作器。若 θ、θ_1 和 θ_2 取值甚小,能否将这两个系统视为线性系统?

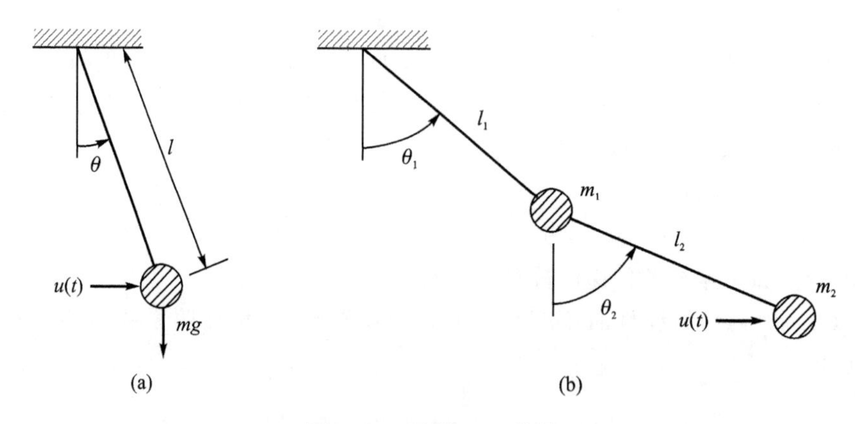

图 2.24 习题 2.18 的图

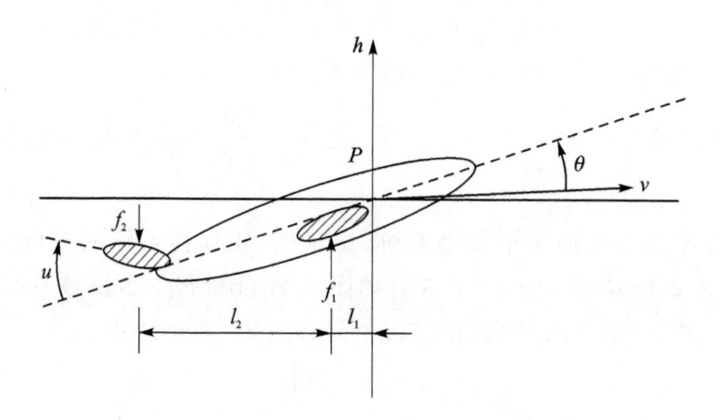

图 2.25 习题 2.19 的图

2.19 考虑图2.25所示的飞行器简化模型,假设飞行器在俯仰角 θ_0、升降舵偏角 u_0、高度 h_0 和巡航速度 v_0 情况下处于平衡状态。设相对于 θ_0 和 u_0 的微小偏差 θ 和 u 产生如图所示的推力 $f_1=k_1\theta$ 和 $f_2=k_2u$。设 m 为飞行器质量,I 为绕重心 P 的转动惯量,$b\dot{\theta}$ 为气动阻尼,h 是相对于 h_0 的高度偏差。试求系统的状态空间方程描述。试证明,当忽略转动惯量 I 的影响时,从 u 到 h 的传递函数为

$$\hat{g}(s)=\frac{\hat{h}(s)}{\hat{u}(s)}=\frac{k_1k_2l_2-k_2bs}{ms^2(bs+k_1l_1)}$$

2.20 登月舱在月球上降落的软着陆阶段可以建模为如图2.26所示的系统。假设产生的推力正比于 $\dot{m}$,其中 m 为登月舱的质量,则该系统可以通过 $m\ddot{y}=-k\dot{m}-mg$ 来描述,其中 g 为月球表面的重力常数。定义系统的状态变量为 $x_1=y$、$x_2=\dot{y}$、$x_3=m$ 及 $u=\dot{m}$。试求该系统的状态空间方程描述。

2.21　试求图 2.27 所示液压水箱系统中从 u 到 y_1 和从 y_1 到 y 的传递函数。试问从 u 到 y 的传递函数是否等于这两个传递函数的乘积？该结论是否同样适用于图 2.16 所示系统？(答案是否定的，原因在于图 2.16 中两只水箱的负载问题，负载问题在推导复合系统的数学方程描述时至关重要。参见参考文献[7])。

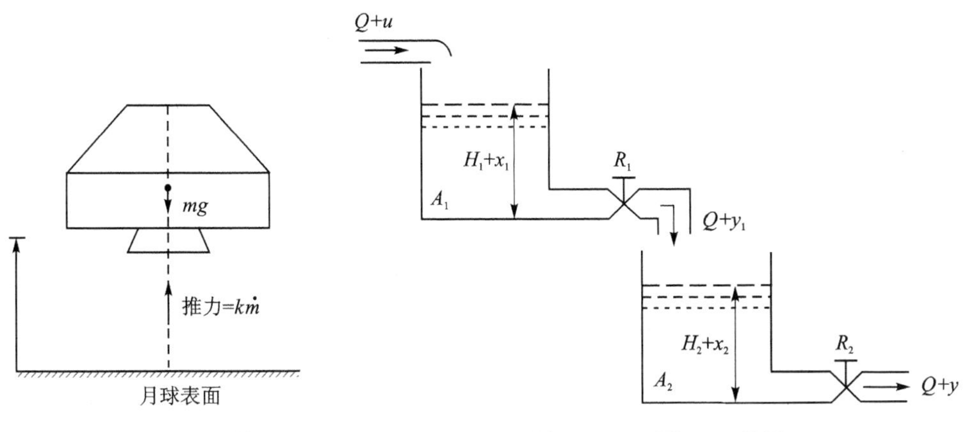

图 2.26　**习题 2.20 的图**　　　　**图 2.27**　**习题 2.21 的图**

2.22　考虑图 2.28 所示的机械系统。设 I 表示围绕铰链的摆杆和质点的转动惯量。假设角位移 θ 甚微，外力 u 以图示方式施加于摆杆上，令 y 是质量为 m_2 的质点偏离平衡位置的位移。试求该系统的状态空间方程描述以及从 u 到 y 的传递函数。

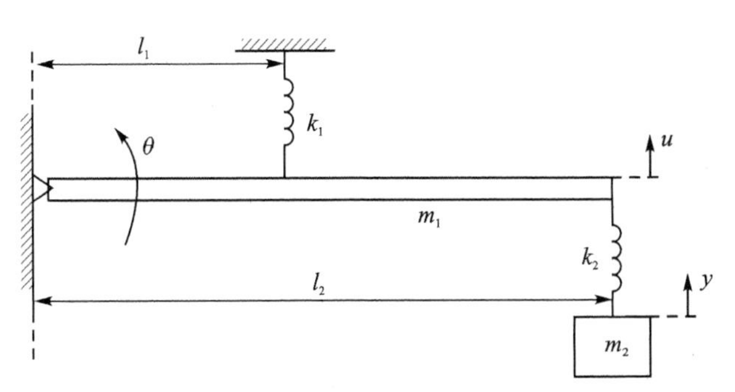

图 2.28　**习题 2.22 的图**

第 3 章

线性代数

3.1 引　言

本章回顾一些本教材涉及到的有关线性代数的概念和结论，大多数内容是直观地引出，以便读者更好地理解其中的思想。它们按定理表述，方便后续章节参考，但并未给出形式上的证明。本教材关注传递函数和状态空间方程的研究，对前者，只需第 3.3 节的知识；对后者则需要整章的知识。

正如在上一章看到的，现实世界中出现的所有参数均为实数，因此，除非另有说明，全文只考虑实数。设 $\boldsymbol{A}$、$\boldsymbol{B}$、$\boldsymbol{C}$ 和 $\boldsymbol{D}$ 分别为 $n\times m$、$m\times r$、$l\times n$ 和 $r\times p$ 的实矩阵，$\boldsymbol{a}_i$ 是 $\boldsymbol{A}$ 的第 i 列，$\boldsymbol{b}_j$ 是 $\boldsymbol{B}$ 的第 j 行，则有

$$\boldsymbol{AB}=\begin{bmatrix}\boldsymbol{a}_1 & \boldsymbol{a}_2 & \vdots & \boldsymbol{a}_m\end{bmatrix}\begin{bmatrix}\boldsymbol{b}_1\\ \boldsymbol{b}_2\\ \vdots\\ \boldsymbol{b}_m\end{bmatrix}=\boldsymbol{a}_1\boldsymbol{b}_1+\boldsymbol{a}_2\boldsymbol{b}_2\cdots+\boldsymbol{a}_m\boldsymbol{b}_m \tag{3.1}$$

$$\boldsymbol{CA}=\boldsymbol{C}\begin{bmatrix}\boldsymbol{a}_1 & \boldsymbol{a}_2 & \cdots & \boldsymbol{a}_m\end{bmatrix}=\begin{bmatrix}\boldsymbol{Ca}_1 & \boldsymbol{Ca}_2 & \cdots & \boldsymbol{Ca}_m\end{bmatrix} \tag{3.2}$$

和

$$\boldsymbol{BD}=\begin{bmatrix}\boldsymbol{b}_1\\ \boldsymbol{b}_2\\ \vdots\\ \boldsymbol{b}_m\end{bmatrix}\boldsymbol{D}=\begin{bmatrix}\boldsymbol{b}_1\boldsymbol{D}\\ \boldsymbol{b}_2\boldsymbol{D}\\ \vdots\\ \boldsymbol{b}_m\boldsymbol{D}\end{bmatrix} \tag{3.3}$$

这些恒等式极易验证。需要注意的是，$\boldsymbol{a}_i\boldsymbol{b}_i$ 为 $n\times r$ 的矩阵，它是 $n\times 1$ 的列向量和 $1\times r$ 的行向量的乘积。除非 $n=r$，否则乘积 $\boldsymbol{b}_i\boldsymbol{a}_i$ 没有定义；若 $n=r$，则该乘积结果为一标量。

3.2 基、表示和标准正交化

考虑用 $\mathscr{R}^n$ 表示的 n 维实线性空间，$\mathscr{R}^n$ 中的任一向量均为实数的 n 元组，例如

$$\boldsymbol{x}=\begin{bmatrix}x_1\\x_2\\\vdots\\x_n\end{bmatrix}$$

为节约空间将该向量写为 $\boldsymbol{x}=[x_1\quad x_2\quad\cdots\quad x_n]'$，其中 $'$ 表示转置。$\boldsymbol{x}=[0\quad 0\quad\cdots\quad 0]'=:\boldsymbol{0}$ 称为“零向量”。

若存在一组不全为零的实数 $\alpha_1,\alpha_2,\cdots,\alpha_m$，使得

$$\alpha_1\boldsymbol{x}_1+\alpha_2\boldsymbol{x}_2+\cdots+\alpha_m\boldsymbol{x}_m=\boldsymbol{0}\tag{3.4}$$

成立，则称 $\mathscr{R}^n$ 中的这组向量 $\{\boldsymbol{x}_1,\boldsymbol{x}_2,\cdots\boldsymbol{x}_m\}$“线性相关”；若使式(3.4)成立的唯一一组 α_i 为 $\alpha_1=0,\alpha_2=0,\cdots,\alpha_m=0$，则称该向量组 $\{\boldsymbol{x}_1,\boldsymbol{x}_2,\cdots,\boldsymbol{x}_m\}$“线性无关”。

若式(3.4)中的这组向量线性相关，则至少存在某个 α_i 如 α_1 不为零，则根据式(3.4)可知

$$\boldsymbol{x}_1=\frac{-1}{\alpha_1}[\alpha_2\boldsymbol{x}_2+\alpha_3\boldsymbol{x}_3+\cdots+\alpha_m\boldsymbol{x}_m]=:$$

$$\beta_2\boldsymbol{x}_2+\beta_3\boldsymbol{x}_3+\cdots+\beta_m\boldsymbol{x}_m$$

其中 $\beta_i=-\alpha_i/\alpha_1$，称该表达式为线性组合。总之，若一组向量线性相关，则这组向量中至少包含某个向量，该向量可以表示为其余向量的线性组合，并称该向量与这组向量线性相关。若一组向量线性无关，则不能将这组向量中的任何向量表示为其余向量的线性组合。需要注意的是，以上等式中的系数 β_i 可以全为零。因此，若某组向量包含零向量，则这组向量线性相关。

可以将线性空间的维数定义为该空间中线性无关向量的最大数目，因此，在 $\mathscr{R}^n$ 空间，最多能找到 n 个线性无关向量。例如，考虑 $\mathscr{R}^2$ 空间或一个平面，首先选择平面上的某点作为原点，则平面中的任意一点，如 $\boldsymbol{A}$，均为向量。可以用从原点出发带箭头进入 $\boldsymbol{A}$ 点的直线来表示该向量，若点 $\boldsymbol{A}$ 与原点重合，则为零向量。$\mathscr{R}^2$ 空间中，任意“非零”向量本身线性无关，由两个不在同一直线上的非零向量组成的任意向量集均线性无关，在 $\mathscr{R}^2$ 空间无法找到三个或更多个线性无关的向量。

1. 基和表示

设 $\mathscr{R}^n$ 中有一组线性无关向量，若可以将 $\mathscr{R}^n$ 中的任一向量表示为这组向量唯一的线性组合，则称这组线性无关向量为“基”。可以选择 $\mathscr{R}^n$ 中任意一组 n 个线性无关向量作为基，设 $\{\boldsymbol{q}_1,\boldsymbol{q}_2,\cdots,\boldsymbol{q}_n\}$ 为这样一组基向量，则可以将任一向量 $\boldsymbol{x}$ 唯一地表示为

$$x = \alpha_1 \boldsymbol{q}_1 + \alpha_2 \boldsymbol{q}_2 + \cdots + \alpha_n \boldsymbol{q}_n \tag{3.5}$$

定义 $n \times n$ 的方阵

$$\boldsymbol{Q} := [\boldsymbol{q}_1 \quad \boldsymbol{q}_2 \quad \cdots \quad \boldsymbol{q}_n] \tag{3.6}$$

则可以将式(3.5)写为

$$\boldsymbol{x} = \boldsymbol{Q}\begin{bmatrix} \alpha_1 \\ \alpha_2 \\ \vdots \\ \alpha_n \end{bmatrix} =: \boldsymbol{Q}\bar{\boldsymbol{x}} \tag{3.7}$$

$\bar{\boldsymbol{x}} = [\alpha_1 \quad \alpha_2 \quad \cdots \quad \alpha_n]'$称为向量 $\boldsymbol{x}$ 在基$\{\boldsymbol{q}_1, \boldsymbol{q}_2, \cdots, \boldsymbol{q}_n\}$上的“表示”。

可以将 $\mathscr{R}^n$ 中的任一向量与以下标准正交基建立数学关系

$$\boldsymbol{i}_1 = \begin{bmatrix} 1 \\ 0 \\ 0 \\ \vdots \\ 0 \\ 0 \end{bmatrix}, \quad \boldsymbol{i}_2 = \begin{bmatrix} 0 \\ 1 \\ 0 \\ \vdots \\ 0 \\ 0 \end{bmatrix}, \cdots, \quad \boldsymbol{i}_{n-1} = \begin{bmatrix} 0 \\ 0 \\ 0 \\ \vdots \\ 1 \\ 0 \end{bmatrix}, \quad \boldsymbol{i}_n = \begin{bmatrix} 0 \\ 0 \\ 0 \\ \vdots \\ 0 \\ 1 \end{bmatrix} \tag{3.8}$$

在这组标准正交基上,有

$$\boldsymbol{x} := \begin{bmatrix} x_1 \\ x_2 \\ \vdots \\ x_n \end{bmatrix} = x_1 \boldsymbol{i}_1 + x_2 \boldsymbol{i}_2 + \cdots + x_n \boldsymbol{i}_n = \boldsymbol{I}_n \begin{bmatrix} x_1 \\ x_2 \\ \vdots \\ x_n \end{bmatrix}$$

其中 $\boldsymbol{I}_n$ 为 $n \times n$ 的单位阵。换言之,任意向量 $\boldsymbol{x}$ 在式(3.8)的标准正交基上的表示等于其本身。某向量在不同的基上有不同的表示,如以下例子所示。

【例 3.1】 考虑如图 3.1 所示 $\mathscr{R}^2$ 中的向量 $\boldsymbol{x} = [1 \quad 3]'$,两个向量 $\boldsymbol{q}_1 = [3 \quad 1]'$ 和 $\boldsymbol{q}_2 = [2 \quad 2]'$显然线性无关,可以用作基。从 $\boldsymbol{x}$ 出发作一条平行于 $\boldsymbol{q}_2$ 的直线,与 $\boldsymbol{q}_1$ 所在直线相交于图示的$-\boldsymbol{q}_1$,从 $\boldsymbol{x}$ 出发作一条平行于 $\boldsymbol{q}_1$ 的直线,与 $\boldsymbol{q}_2$ 所在直线相交于图中的 $2\boldsymbol{q}_2$,则 $\boldsymbol{x}$ 在$\{\boldsymbol{q}_1, \boldsymbol{q}_2\}$这组基上的表示为$[-1 \quad 2]'$,可以验证如下:

$$\boldsymbol{x} = \begin{bmatrix} 1 \\ 3 \end{bmatrix} = [\boldsymbol{q}_1 \quad \boldsymbol{q}_2] \begin{bmatrix} -1 \\ 2 \end{bmatrix} = \begin{bmatrix} 3 & 2 \\ 1 & 2 \end{bmatrix} \begin{bmatrix} -1 \\ 2 \end{bmatrix} = \begin{bmatrix} 1 \\ 3 \end{bmatrix}$$

为了找出 $\boldsymbol{x}$ 在基$\{\boldsymbol{q}_2, \boldsymbol{i}_2\}$上的表示,从 $\boldsymbol{x}$ 出发作两条平行于 $\boldsymbol{i}_2$ 和 $\boldsymbol{q}_2$ 的直线,相交于 $0.5\boldsymbol{q}_2$ 和 $2\boldsymbol{i}_2$,因此 $\boldsymbol{x}$ 在基$\{\boldsymbol{q}_2, \boldsymbol{i}_2\}$上的表示为$[0.5 \quad 2]'$。(验证完毕)

2. 向量的范数

“范数”的概念是长度或幅度的推广,$\boldsymbol{x}$ 的任意实值函数记为 $\|\boldsymbol{x}\|$,若具有以下性质,则可将其定义为范数:

① 对任一 $\boldsymbol{x}$ 有 $\|\boldsymbol{x}\| \geqslant 0$,当且仅当 $\boldsymbol{x} = \boldsymbol{0}$ 时 $\|\boldsymbol{x}\| = 0$。

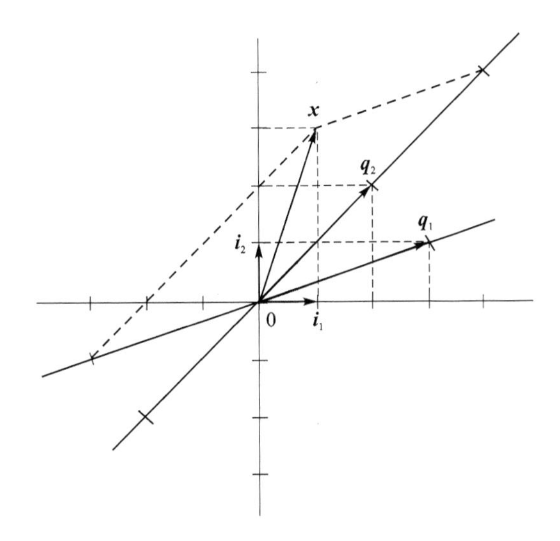

图 3.1　向量 x 的不同表示

② 对任意实数 α 有 $\|\alpha \boldsymbol{x}\| = |\alpha| \|\boldsymbol{x}\|$。

③ 对任一 $\boldsymbol{x}_1$ 和 $\boldsymbol{x}_2$ 有 $\|\boldsymbol{x}_1+\boldsymbol{x}_2\| \leqslant \|\boldsymbol{x}_1\| + \|\boldsymbol{x}_2\|$。

最后一个不等式称为“三角不等式”。

设 $\boldsymbol{x}=[x_1 \quad x_2 \quad \cdots \quad x_n]'$，则可以将 $\boldsymbol{x}$ 的范数选为以下任何一种形式：

$$\|\boldsymbol{x}\|_1 := \sum_{i=1}^{n} |x_i|$$

$$\|\boldsymbol{x}\|_2 := \sqrt{\boldsymbol{x}'\boldsymbol{x}} = \left(\sum_{i=1}^{n} |x_i|^2\right)^{1/2}$$

$$\|\boldsymbol{x}\|_\infty := \max_i |x_i|$$

其分别称为 1 -范数、2 -范数或欧几里得范数和无穷范数。2 -范数是向量距原点的长度，除非另有说明，只使用欧几里得范数，并略去下标 2。例如，对向量 $\boldsymbol{x}=[2 \quad -4]'$，有 $\|\boldsymbol{x}\|_1=2+|-4|=6$，$\|\boldsymbol{x}\| = \|\boldsymbol{x}\|_2=\sqrt{4+16}=\sqrt{20}=4.47$ 和 $\|\boldsymbol{x}\|_\infty=4$。

MATLAB 中可以借助函数 `norm(x,1)`、`norm(x,2) = norm(x)` 和 `norm(x,inf)` 求得刚刚引入的这些范数。

3. 标准正交化

若其欧几里得范数为 1 或 $\boldsymbol{x}'\boldsymbol{x}=1$，则称向量 $\boldsymbol{x}$ 为归一化向量。需要注意的是，$\boldsymbol{x}'\boldsymbol{x}$ 为标量，而 $\boldsymbol{x}\boldsymbol{x}'$ 为 $n\times n$ 的矩阵。若两个向量 $\boldsymbol{x}_1$ 和 $\boldsymbol{x}_2$ 满足 $\boldsymbol{x}_1'\boldsymbol{x}_2=\boldsymbol{x}_2'\boldsymbol{x}_1=0$，则称二者“正交”。若一组向量 $\boldsymbol{x}_i$，$i=1,2,\cdots,m$ 满足

$$\boldsymbol{x}'_i\boldsymbol{x}_j = \begin{cases} 0, & i \neq j \\ 1, & i=j \end{cases}$$

则这组向量称“标准正交”。

给定一组线性无关向量 $\boldsymbol{e}_1, \boldsymbol{e}_2, \cdots, \boldsymbol{e}_m$,可以通过以下步骤求得一组标准正交集:

$$\begin{aligned}
&\boldsymbol{u}_1 := \boldsymbol{e}_1, && \boldsymbol{q}_1 := \boldsymbol{u}_1 / \|\boldsymbol{u}_1\| \\
&\boldsymbol{u}_2 := \boldsymbol{e}_2 - (\boldsymbol{q}'_1 \boldsymbol{e}_2)\boldsymbol{q}_1, && \boldsymbol{q}_2 := \boldsymbol{u}_2 / \|\boldsymbol{u}_2\| \\
&\vdots && \vdots \\
&\boldsymbol{u}_m := \boldsymbol{e}_m - \sum_{k=1}^{m-1} (\boldsymbol{q}'_k \boldsymbol{e}_m)\boldsymbol{q}_k, && \boldsymbol{q}_m := \boldsymbol{u}_m / \|\boldsymbol{u}_m\|
\end{aligned}$$

首个方程将向量 $\boldsymbol{e}_1$ 归一化,使其范数为1。向量$(\boldsymbol{q}'_1\boldsymbol{e}_2)\boldsymbol{q}_1$ 是向量 $\boldsymbol{e}_2$ 沿 $\boldsymbol{q}_1$ 方向的投影,从 $\boldsymbol{e}_2$ 中减去该向量得到垂直分量 $\boldsymbol{u}_2$,接着归一化为1,如图3.2所示。借助该处理流程,可以得到一组标准正交集。称该方法为"施密特标准正交化过程"。

设 $\boldsymbol{A} = [\boldsymbol{a}_1 \quad \boldsymbol{a}_2 \quad \cdots \quad \boldsymbol{a}_m]$ 为 $n \times m$ 的矩阵,其中 $m \leqslant n$,若 A 的所有列$\{\boldsymbol{a}_i\}(i = 1, 2, \cdots, m)$为标准正交,则

$$\boldsymbol{A}'\boldsymbol{A} = \begin{bmatrix} \boldsymbol{a}'_1 \\ \boldsymbol{a}'_2 \\ \vdots \\ \boldsymbol{a}'_m \end{bmatrix} [\boldsymbol{a}_1 \quad \boldsymbol{a}_2 \quad \cdots \quad \boldsymbol{a}_m] = \begin{bmatrix} 1 & 0 & \cdots & 0 \\ 0 & 1 & \cdots & 0 \\ \vdots & \vdots & \ddots & \vdots \\ 0 & 0 & \cdots & 1 \end{bmatrix} = \boldsymbol{I}_m$$

其中 $\boldsymbol{I}_m$ 是 m 阶单位阵。需要注意的是,若 $m < n$,则有 $\boldsymbol{AA}' \neq \boldsymbol{I}_n$,参见习题3.4。

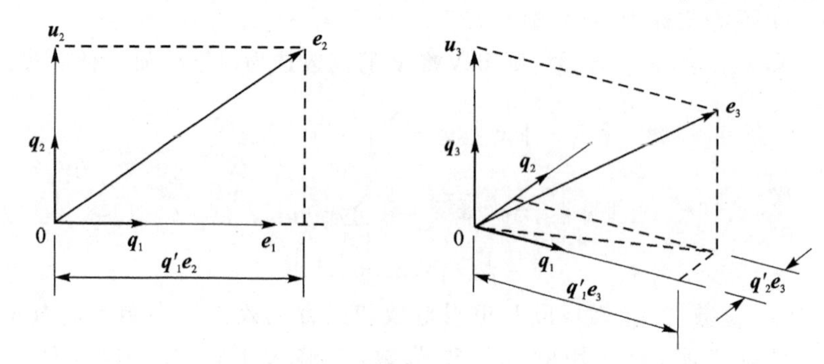

图3.2 施密特标准正交化过程

【例3.2】 考虑矩阵

$$\boldsymbol{A} = [\boldsymbol{a}_1 \quad \boldsymbol{a}_2 \quad \boldsymbol{a}_3] = \begin{bmatrix} 6 & 3 & 10 \\ 0 & 2 & 0 \\ 8 & 4 & 5 \end{bmatrix}$$

其中三个列向量线性无关,可用作 $\mathscr{R}^3$ 的基,推导一组标准正交基,向量 $\boldsymbol{a}_1$ 的2-范数为

$$\|\boldsymbol{a}_1\| = \sqrt{6^2 + 0^2 + 8^2} = \sqrt{100} = 10$$

可将其归一化为

$$\boldsymbol{q}_1 := \frac{\boldsymbol{a}_1}{\|\boldsymbol{a}_1\|} = \begin{bmatrix} 0.6 \\ 0 \\ 0.8 \end{bmatrix} = [\boldsymbol{a}_1 \quad \boldsymbol{a}_2 \quad \boldsymbol{a}_3] \begin{bmatrix} 0.1 \\ 0 \\ 0 \end{bmatrix}$$

其中也将 $\boldsymbol{q}_1$ 用基 $\boldsymbol{a}_i$ 表示出来，接下来定义

$$\bar{\boldsymbol{q}}_2 := \boldsymbol{a}_2 - 0.5\boldsymbol{a}_1 = \begin{bmatrix} 0 \\ 2 \\ 0 \end{bmatrix}$$

由于 $\boldsymbol{q}_1'\bar{\boldsymbol{q}}_2 = 0.6\times 0 + 0\times 2 + 0.8\times 0 = 0$，所以 $\bar{\boldsymbol{q}}_2$ 与 $\boldsymbol{q}_1$ 正交，将 $\bar{\boldsymbol{q}}_2$ 归一化为

$$\boldsymbol{q}_2 := \begin{bmatrix} 0 \\ 1 \\ 0 \end{bmatrix} = 0.5\bar{\boldsymbol{q}}_2 = -0.25\boldsymbol{a}_1 + 0.5\boldsymbol{a}_2 = [\boldsymbol{a}_1 \quad \boldsymbol{a}_2 \quad \boldsymbol{a}_3] \begin{bmatrix} -0.25 \\ 0.5 \\ 0 \end{bmatrix}$$

最后，定义

$$\bar{\boldsymbol{q}}_3 := \boldsymbol{a}_3 - \boldsymbol{a}_1 = \begin{bmatrix} 4 \\ 0 \\ -3 \end{bmatrix}$$

很容易验证 $\boldsymbol{q}_1$、$\boldsymbol{q}_2$ 与 $\bar{\boldsymbol{q}}_3$ 这三个向量相互正交。如 $\boldsymbol{q}_1'\bar{\boldsymbol{q}}_3 = 0.6\times 4 + 0\times 0 + 0.8\times(-3) = 0$，向量 $\bar{\boldsymbol{q}}_3$ 的范数为 $\sqrt{16+9} = 5$，可将其归一化为

$$\boldsymbol{q}_3 := \bar{\boldsymbol{q}}_2/5 = \begin{bmatrix} 0.8 \\ 0 \\ -0.6 \end{bmatrix} = -0.2\boldsymbol{a}_1 + 0.2\boldsymbol{a}_3 = [\boldsymbol{a}_1 \quad \boldsymbol{a}_2 \quad \boldsymbol{a}_3] \begin{bmatrix} -0.2 \\ 0 \\ 0.2 \end{bmatrix}$$

这组三个向量 $\boldsymbol{q}_i(i=1,2,3)$ 构成一组标准正交基，可以将其表示为

$$\boldsymbol{Q} := [\boldsymbol{q}_1 \quad \boldsymbol{q}_2 \quad \boldsymbol{q}_3] = \begin{bmatrix} 0.6 & 0 & 0.8 \\ 0 & 1 & 0 \\ 0.8 & 0 & -0.6 \end{bmatrix} =$$

$$[\boldsymbol{a}_1 \quad \boldsymbol{a}_2 \quad \boldsymbol{a}_3] \begin{bmatrix} 0.1 & -0.25 & -0.2 \\ 0 & -0.5 & 0 \\ 0 & 0 & 0.2 \end{bmatrix}$$

该方程与 QR 分解密切相关，关于 QR 分解的内容将在第 7 章中使用。

若实值“方阵”$\boldsymbol{A}$ 的列组成一组标准正交基或 $\boldsymbol{A}'\boldsymbol{A}=\boldsymbol{I}$，则 $\boldsymbol{A}$ 称为“正交矩阵”，事实证明正交矩阵也满足 $\boldsymbol{A}\boldsymbol{A}'=\boldsymbol{I}$，可以在上一例子中的正交矩阵 $\boldsymbol{Q}$ 上验证这一点，并在后文证实。需要注意的是，若 $\boldsymbol{A}$ 并非方阵，比如 $\boldsymbol{A}$ 为 3×2 的矩阵，则 $\boldsymbol{A}'\boldsymbol{A}=\boldsymbol{I}_2$，但 $\boldsymbol{A}\boldsymbol{A}'\neq\boldsymbol{I}_3$。

3.3　线性代数方程

考虑线性代数方程组

$$\boldsymbol{Ax}=\boldsymbol{y} \tag{3.9}$$

其中$\boldsymbol{A}$和$\boldsymbol{y}$分别为$m\times n$和$m\times 1$的实矩阵,$\boldsymbol{x}$为$n\times 1$的向量。$\boldsymbol{A}$和$\boldsymbol{y}$为给定矩阵,$\boldsymbol{x}$为未知的待求向量。因此,该方程组实际上包含m个方程和n个未知数,方程的数目可以大于、等于或小于未知数的数目。

讨论方程(3.9)解的存在条件和通解形式。$\boldsymbol{A}$的"值域空间"定义为$\boldsymbol{A}$的所有列的所有可能的线性组合。$\boldsymbol{A}$的"秩"定义为值域空间的维数,或等价描述为$\boldsymbol{A}$中线性无关列的数目。若$\boldsymbol{Ax}=\boldsymbol{0}$,则向量$\boldsymbol{x}$称为$\boldsymbol{A}$的"零向量"。$A$的"零空间"包含其所有零向量。定义"零化度"为$\boldsymbol{A}$的线性无关零向量的最大数目,零化度与秩的关系由

$$\boldsymbol{A}\text{ 的零化度}=\boldsymbol{A}\text{ 的列个数}-\boldsymbol{A}\text{ 的秩} \tag{3.10}$$

给出。

【例3.3】 考虑矩阵

$$\boldsymbol{A}=\begin{bmatrix}0 & 1 & 1 & 2\\ 1 & 2 & 3 & 4\\ 2 & 0 & 2 & 0\end{bmatrix}=:\begin{bmatrix}\boldsymbol{a}_1 & \boldsymbol{a}_2 & \boldsymbol{a}_3 & \boldsymbol{a}_4\end{bmatrix} \tag{3.11}$$

其中$\boldsymbol{a}_i$表示$\boldsymbol{A}$的第i列,显然$\boldsymbol{a}_1$和$\boldsymbol{a}_2$线性无关,第三列是前两列之和或$\boldsymbol{a}_1+\boldsymbol{a}_2-\boldsymbol{a}_3=\boldsymbol{0}$,最后一列是第二列的2倍或$2\boldsymbol{a}_2-\boldsymbol{a}_4=\boldsymbol{0}$。因此,$\boldsymbol{A}$有两个线性无关的列,其秩为2。向量集$\{\boldsymbol{a}_1,\boldsymbol{a}_2\}$可用作$\boldsymbol{A}$的值域空间的基。

由式(3.10)可知$\boldsymbol{A}$的零化度为2,很容易验证以下两个向量

$$\boldsymbol{n}_1=\begin{bmatrix}1\\ 1\\ -1\\ 0\end{bmatrix},\quad \boldsymbol{n}_2=\begin{bmatrix}0\\ 2\\ 0\\ -1\end{bmatrix} \tag{3.12}$$

满足$\boldsymbol{An}_i=\boldsymbol{0}$,由于这两个向量线性无关,所以它们构成零空间的一组基。

定义$\boldsymbol{A}$的秩为线性无关列的数目,秩也等于线性无关行的数目。正因为如此,若$\boldsymbol{A}$为$m\times n$的矩阵,则

$$\boldsymbol{A}\text{ 的秩}\leqslant \min(m,n)$$

MATLAB中可以通过调用函数orth,null和rank求得值域空间、零空间和秩。例如,对式(3.11)的矩阵,键入

```
a=[0 1 1 2;1 2 3 4;2 0 2 0];
rank(a)
```

得结果2。需要注意的是,MATLAB通过使用奇异值分解(svd)来求秩,关于奇异值分解将在后文介绍。svd算法也可得出矩阵的值域空间和零空间。运行MATLAB程序R=orth(a)得出

```
Ans        R=
                 -0.3782      0.3084
```

```
    -0.8877      0.1468
    -0.2627     -0.9379
```

(3.13)

R的这两列是值域空间的一组标准正交基,为了检验其标准正交性,只需键入 R′*R 得到2阶单位阵即可。这里并非通过式(3.11)中的基$\{\boldsymbol{a}_1,\boldsymbol{a}_2\}$借助施密特标准正交化过程求得R的这两列,而是svd的附带结果,但是,这两组基应当张成相同的值域空间。这可以通过键入

```
rank([a1 a2 R])
```

来验证,该命令得到的结果为2,这就证实了$\{\boldsymbol{a}_1,\boldsymbol{a}_2\}$与R的两个向量张成了同一空间。有必要提示的是,矩阵的秩对舍入误差和数据的不精确性非常敏感。例如,若采用式(3.13)示出的5位有效位数表示R的值,则[a1　a2　R]的秩为3,若用MATLAB存储的R值,即16位有效位数加指数形式来表示R的值,则求出的秩为2。

可以通过键入 null(a)求得式(3.11)的零空间,结果可得

```
Ans        N =
                -0.6194     -0.2662
                 0.2293     -0.8750
                -0.6194      0.2662
                -0.4249      0.3044
```

(3.14)

此两列为式(3.12)中两个向量$\{\boldsymbol{n}_1,\boldsymbol{n}_2\}$张成的零空间的一组标准正交基,关于值域空间的所有讨论在这里也适用,即若采用式(3.14)示出的5位有效位数,则 rank([n1　n2　N])的结果为3;若采用MATLAB存储的N值,则求出的秩为2。

有了这些数学基础,为讨论方程(3.9)的解做好了准备。我们用ρ表示矩阵的秩。

1. 定理3.1

① 给定$m\times n$的矩阵$\boldsymbol{A}$和$m\times1$的向量$\boldsymbol{y}$,方程$\boldsymbol{Ax}=\boldsymbol{y}$存在$n\times1$的解向量$\boldsymbol{x}$,当且仅当$\boldsymbol{y}$在$\boldsymbol{A}$的值域空间中时,或等价地描述为

$$\rho(\boldsymbol{A})=\rho([\boldsymbol{A}\quad \boldsymbol{y}])$$

其中$[\boldsymbol{A}\quad \boldsymbol{y}]$为$m\times(n+1)$的矩阵,是将$\boldsymbol{y}$作为额外的列附加到$\boldsymbol{A}$阵中形成的。

② 给定$\boldsymbol{A}$,对任一向量$\boldsymbol{y}$,方程$\boldsymbol{Ax}=\boldsymbol{y}$存在解向量$\boldsymbol{x}$,当且仅当$\boldsymbol{A}$的秩为$m$(行满秩)时。

定理的第①条直接根据值域空间的定义得出。若$\boldsymbol{A}$行满秩,则①中的秩条件对任一向量$\boldsymbol{y}$总成立,定理第②条成立。

2. 定理3.2(通解的结构)

给定$m\times n$的矩阵$\boldsymbol{A}$和$m\times1$的向量$\boldsymbol{y}$,设$\boldsymbol{x}_p$是方程$\boldsymbol{Ax}=\boldsymbol{y}$的解,$k:=n-\rho(\boldsymbol{A})$是$\boldsymbol{A}$的零化度。若$\boldsymbol{A}$的秩为$n$(列满秩)或$k=0$,则解向量$\boldsymbol{x}_p$唯一。若$k>0$,

则对任意实数 $\alpha_i(i=1,2,\cdots,k)$,向量

$$\boldsymbol{x}=\boldsymbol{x}_p+\alpha_1\boldsymbol{n}_1+\cdots+\alpha_k\boldsymbol{n}_k \tag{3.15}$$

是方程 $\boldsymbol{Ax}=\boldsymbol{y}$ 的解,其中$\{\boldsymbol{n}_1,\cdots,\boldsymbol{n}_k\}$是 $\boldsymbol{A}$ 的零空间的基。

将式(3.15)代入 $\boldsymbol{Ax}=\boldsymbol{y}$ 可得

$$\boldsymbol{Ax}_p+\sum_{i=1}^{k}\alpha_i\boldsymbol{An}_i=\boldsymbol{Ax}_p+\boldsymbol{0}=\boldsymbol{y}$$

因此,对任一 α_i,式(3.15)是方程的解。设 $\bar{\boldsymbol{x}}$ 是方程的解,或 $\boldsymbol{A}\bar{\boldsymbol{x}}=\boldsymbol{y}$,该式减去 $\boldsymbol{Ax}_p=\boldsymbol{y}$ 可得

$$\boldsymbol{A}(\bar{\boldsymbol{x}}-\boldsymbol{x}_p)=\boldsymbol{0}$$

由此可知 $\bar{\boldsymbol{x}}-\boldsymbol{x}_p$ 在 $\boldsymbol{A}$ 的零空间中。因此可以将 $\bar{\boldsymbol{x}}$ 表示为式(3.15)的形式,定理 3.2 成立。

【例 3.4】 考虑方程

$$\boldsymbol{Ax}=\begin{bmatrix}0&1&1&2\\1&2&3&4\\2&0&2&0\end{bmatrix}\boldsymbol{x}=:[\boldsymbol{a}_1\quad\boldsymbol{a}_2\quad\boldsymbol{a}_3\quad\boldsymbol{a}_4]\boldsymbol{x}=\begin{bmatrix}-4\\-8\\0\end{bmatrix}=\boldsymbol{y} \tag{3.16}$$

显然 $\boldsymbol{y}$ 在 $\boldsymbol{A}$ 的值域空间中,$\boldsymbol{x}_p=[0\quad -4\quad 0\quad 0]'$是方程的解。式(3.12)示出了 $\boldsymbol{A}$ 的零空间的一个基,因此可以将方程(3.16)的通解表示为

$$\boldsymbol{x}=\boldsymbol{x}_p+\alpha_1\boldsymbol{n}_1+\alpha_2\boldsymbol{n}_2=\begin{bmatrix}0\\-4\\0\\0\end{bmatrix}+\alpha_1\begin{bmatrix}1\\1\\-1\\0\end{bmatrix}+\alpha_2\begin{bmatrix}0\\2\\0\\-1\end{bmatrix} \tag{3.17}$$

对任意实数 α_1 和 α_2 均成立。

在实际应用中也会遇到方程 $\boldsymbol{xA}=\boldsymbol{y}$,其中给定 $m\times n$ 的矩阵 $\boldsymbol{A}$ 和 $1\times n$ 的向量 $\boldsymbol{y}$,待求解的是 $1\times m$ 的向量 $\boldsymbol{x}$。将定理 3.1 和定理 3.2 应用于方程的转置形式,可以很容易得到以下结果。

3. 推论 3.2

① 给定 $m\times n$ 的矩阵 $\boldsymbol{A}$,对任意 $\boldsymbol{y}$ 方程 $\boldsymbol{xA}=\boldsymbol{y}$ 的解存在,当且仅当 $\boldsymbol{A}$ 列满秩时。

② 给定 $m\times n$ 的矩阵 $\boldsymbol{A}$ 和 $1\times n$ 的向量 $\boldsymbol{y}$,设 $\boldsymbol{x}_p$ 是方程 $\boldsymbol{xA}=\boldsymbol{y}$ 的解,$k=m-\rho(\boldsymbol{A})$。若 $k=0$,则解向量 $\boldsymbol{x}_p$ 唯一。若 $k>0$,则对任意实数 $\alpha_i,i=1,2,\cdots,k$,向量

$$\boldsymbol{x}=\boldsymbol{x}_p+\alpha_1\boldsymbol{n}_1+\cdots+\alpha_k\boldsymbol{n}_k$$

是方程 $\boldsymbol{xA}=\boldsymbol{y}$ 的解,其中 $\boldsymbol{n}_i\boldsymbol{A}=\boldsymbol{0}$ 且向量集$\{\boldsymbol{n}_1,\cdots,\boldsymbol{n}_k\}$线性无关。

MATLAB 中键入 `A\y` 可得方程 $\boldsymbol{Ax}=\boldsymbol{y}$ 的解。需要注意的是,使用反斜杠表示矩阵左除。例如,对式(3.16)的方程,键入

```
a=[0 1 1 2;1 2 3 4;2 0 2 0];y=[-4;-8;0];
```

```
a\y
```

可得[0 0 0 −2]′。键入 `y/A` 可得方程 $\boldsymbol{x}\boldsymbol{A}=\boldsymbol{y}$ 的解。这里使用斜杠表示矩阵右除。

4. 方阵的行列式和方阵的逆

定义矩阵的秩为线性无关的列或行的数目，也可以借助行列式来定义矩阵的秩。定义 1×1 矩阵的行列式为它本身。当 $n=2,3,\cdots$，时，对任意选择的 j，以递归方式定义 $n\times n$ 的方阵 $\boldsymbol{A}=[a_{ij}]$ 的行列式为

$$\det \boldsymbol{A}=\sum_{i}^{n} a_{ij}c_{ij} \tag{3.18}$$

其中 a_{ij} 表示 $\boldsymbol{A}$ 的第 i 行第 j 列元素。称式(3.18)为"拉普拉斯展开"，c_{ij} 是对应于 a_{ij} 的"代数余子式"，等于 $(-1)^{i+j}\det \boldsymbol{M}_{ij}$，而 $\boldsymbol{M}_{ij}$ 是 $\boldsymbol{A}$ 的删除其第 i 行和第 j 列的 $(n-1)\times(n-1)$ 子矩阵。若 $\boldsymbol{A}$ 为对角线型或三角型矩阵，则 $\det\boldsymbol{A}$ 等于其所有对角元的乘积。

$\boldsymbol{A}$ 的任意 $r\times r$ 子矩阵的行列式称为 r 阶"子式"，则可以将秩定义为 $\boldsymbol{A}$ 的所有非零子式的最大阶数。换言之，若 $\boldsymbol{A}$ 的秩为 r，则至少存在一个 r 阶非零子式，任一大于 r 阶的子式均为零。该定义对 $\boldsymbol{A}$ 为方阵或非方阵都适用。若 $\boldsymbol{A}$ 为 n 阶方阵，并且其行列式非零，则 $\boldsymbol{A}$ 的秩为 n(满秩)，并且称 $\boldsymbol{A}$"非奇异"。若其行列式为零，则称 $\boldsymbol{A}$"奇异"，并且其秩小于 n。非奇异方阵的所有行(列)均线性无关。

非奇异方阵 $\boldsymbol{A}=[a_{ij}]$ 的"逆"记为 $\boldsymbol{A}^{-1}$。矩阵逆具有属性 $\boldsymbol{A}\boldsymbol{A}^{-1}=\boldsymbol{A}^{-1}\boldsymbol{A}=\boldsymbol{I}$，可以求出矩阵的逆为

$$\boldsymbol{A}^{-1}=\frac{\mathrm{Adj}\boldsymbol{A}}{\det\boldsymbol{A}}=\frac{1}{\det\boldsymbol{A}}[c_{ij}]' \tag{3.19}$$

其中称 $[c_{ij}]'$ 为"伴随矩阵"，用 $\mathrm{Adj}\boldsymbol{A}$ 表示。若 $\boldsymbol{A}$ 为 2×2 的方阵，则可以很容易求出其伴随矩阵，式(3.19)归结为

$$\boldsymbol{A}^{-1}:=\begin{bmatrix} a_{11} & a_{12}\\ a_{21} & a_{22}\end{bmatrix}^{-1}=\frac{1}{a_{11}a_{22}-a_{12}a_{12}}\begin{bmatrix} a_{22} & -a_{12}\\ -a_{21} & a_{11}\end{bmatrix} \tag{3.20}$$

因此 2×2 的矩阵求逆非常容易：交换对角线元素，并改变非对角线元素的符号(不改变位置)，并将得到的矩阵除以 $\boldsymbol{A}$ 的行列式。通常而言，借助式(3.19)求逆过于复杂。若 $\boldsymbol{A}$ 为三角阵，则通过求解 $\boldsymbol{A}\boldsymbol{A}^{-1}=\boldsymbol{I}$ 来计算 $\boldsymbol{A}$ 的逆会更简单。值得注意的是，三角阵的逆也是三角阵。MATLAB 函数 `inv` 可以求 $\boldsymbol{A}$ 的逆，值得注意的是，正交矩阵 $\boldsymbol{A}$ 满秩且其逆存在。对 $\boldsymbol{A}'\boldsymbol{A}=\boldsymbol{I}$ 右乘 $\boldsymbol{A}^{-1}$ 可得 $\boldsymbol{A}'\boldsymbol{A}\boldsymbol{A}^{-1}=\boldsymbol{I}\boldsymbol{A}^{-1}$，由此可知 $\boldsymbol{A}'=\boldsymbol{A}^{-1}$。因而有 $\boldsymbol{A}\boldsymbol{A}'=\boldsymbol{A}\boldsymbol{A}^{-1}=\boldsymbol{I}$。因此，正交矩阵 $\boldsymbol{A}$ 具有属性 $\boldsymbol{A}'\boldsymbol{A}=\boldsymbol{A}\boldsymbol{A}'=\boldsymbol{I}$ 以及 $\boldsymbol{A}^{-1}=\boldsymbol{A}'$。接下来给出 $n=m$ 时定理 3.2 的特殊情况。

5. 定理 3.3

考虑方程 $\boldsymbol{A}\boldsymbol{x}=\boldsymbol{y}$，其中 $\boldsymbol{A}$ 为 n 阶方阵，$\boldsymbol{x}$ 和 $\boldsymbol{y}$ 为 $n\times1$ 的向量。

① 若 $\boldsymbol{A}$ 非奇异，或 $\rho(\boldsymbol{A})=n$，则对任一 $\boldsymbol{y}$ 该方程有唯一解，且方程的解等于

$A^{-1}y$。特别地,$Ax=0$ 的唯一解是 $x=0$。

② 齐次方程 $Ax=0$ 有非零解,当且仅当 A 奇异,或 $\rho(A)<n$ 时。线性无关解的数目等于 $n-\rho(A)$,A 的零化度。

该定理非常重要,并会在本教材中反复使用。

3.4 相似变换

考虑 $n\times n$ 的矩阵 A,它实现 $\mathscr{R}^n$ 到自身的映射。若将 $\mathscr{R}^n$ 与式(3.8)中的标准正交基 $\{i_1,i_2,\cdots,i_n\}$ 建立数学关系,则 A 的第 i 列是 Ai_i 在这组标准正交基上的表示。现若选择另外一组基 $\{q_1,q_2,\cdots,q_n\}$,则矩阵 A 有不同的表示 $\bar{A}$。关于这一点首先通过以下示例来说明,很快即能验证,$\bar{A}$ 的第 i 列是 Aq_i 在 $\{q_1,q_2,\cdots,q_n\}$ 这组基上的表示。

【例 3.5】 考虑矩阵

$$A=\begin{bmatrix}3&2&-1\\-2&1&0\\4&3&1\end{bmatrix}\tag{3.21}$$

设 $b=[0,0,1]'$,则有

$$Ab=\begin{bmatrix}-1\\0\\1\end{bmatrix},\quad A^2b=A(Ab)=\begin{bmatrix}-4\\2\\-3\end{bmatrix},\quad A^3b=A(A^2b)=\begin{bmatrix}-5\\10\\-13\end{bmatrix}$$

可以验证以下关系成立:

$$A^3b=17b-15Ab+5A^2b\tag{3.22}$$

由于 b、Ab 和 A^2b 这三个向量线性无关,所以可将其用作基。现在计算 A 在这组基上的表示,显然

$$A(b)=[b\quad Ab\quad A^2b]\begin{bmatrix}0\\1\\0\end{bmatrix}$$

$$A(Ab)=[b\quad Ab\quad A^2b]\begin{bmatrix}0\\0\\1\end{bmatrix}$$

$$A(A^2b)=[b\quad Ab\quad A^2b]\begin{bmatrix}17\\-15\\5\end{bmatrix}$$

其中根据式(3.22)得出最后一个等式。因此 A 在 $\{b,Ab,A^2b\}$ 这组基上的表示为

$$\bar{A}=\begin{bmatrix}0&0&17\\1&0&-15\\0&1&5\end{bmatrix}\tag{3.23}$$

可以将上述讨论推广到一般情况，设 $\boldsymbol{A}$ 为 $n\times n$ 的矩阵，若存在 $n\times 1$ 的向量 $\boldsymbol{b}$ 使得 n 个向量 $\boldsymbol{b},\boldsymbol{Ab},\cdots,\boldsymbol{A}^{n-1}\boldsymbol{b}$ 线性无关，并且若有

$$\boldsymbol{A}^n\boldsymbol{b}=\beta_1\boldsymbol{b}+\beta_2\boldsymbol{Ab}+\cdots+\beta_n\boldsymbol{A}^{n-1}\boldsymbol{b}$$

则 $\boldsymbol{A}$ 在 $\{\boldsymbol{b},\boldsymbol{Ab},\cdots,\boldsymbol{A}^{n-1}\boldsymbol{b}\}$ 这组基上的表示为

$$\bar{\boldsymbol{A}}=\begin{bmatrix}0 & 0 & \cdots & 0 & \beta_1\\ 1 & 0 & \cdots & 0 & \beta_2\\ 0 & 1 & \cdots & 0 & \beta_3\\ \vdots & \vdots & \ddots & \vdots & \vdots\\ 0 & 0 & \cdots & 0 & \beta_{n-1}\\ 0 & 0 & \cdots & 1 & \beta_n\end{bmatrix}\tag{3.24}$$

称该矩阵形式为“伴随型”。

接下来推导联系 $\boldsymbol{A}$ 和 $\bar{\boldsymbol{A}}$ 的关系式，考虑方程

$$\boldsymbol{Ax}=\boldsymbol{y}\tag{3.25}$$

方阵 $\boldsymbol{A}$ 将 $\mathscr{R}^n$ 中的 $\boldsymbol{x}$ 映射到 $\mathscr{R}^n$ 中的 $\boldsymbol{y}$，该方程在基 $\{\boldsymbol{q}_1,\boldsymbol{q}_2,\cdots,\boldsymbol{q}_n\}$ 上变为

$$\bar{\boldsymbol{A}}\bar{\boldsymbol{x}}=\bar{\boldsymbol{y}}\tag{3.26}$$

其中 $\bar{\boldsymbol{x}}$ 和 $\bar{\boldsymbol{y}}$ 是 $\boldsymbol{x}$ 和 $\boldsymbol{y}$ 在基 $\{\boldsymbol{q}_1,\boldsymbol{q}_2,\cdots,\boldsymbol{q}_n\}$ 上的表示，根据式(3.7)的讨论，二者的关系由

$$\boldsymbol{x}=\boldsymbol{Q}\bar{\boldsymbol{x}},\quad \boldsymbol{y}=\boldsymbol{Q}\bar{\boldsymbol{y}}$$

给出，其中

$$\boldsymbol{Q}=[\boldsymbol{q}_1\quad \boldsymbol{q}_2\quad \cdots\quad \boldsymbol{q}_n]\tag{3.27}$$

为 $n\times n$ 的非奇异矩阵。将这些关系式代入式(3.25)可得

$$\boldsymbol{AQ}\bar{\boldsymbol{x}}=\boldsymbol{Q}\bar{\boldsymbol{y}}\quad 或\quad \boldsymbol{Q}^{-1}\boldsymbol{AQ}\bar{\boldsymbol{x}}=\bar{\boldsymbol{y}}\tag{3.28}$$

式(3.28)与式(3.26)对比可得

$$\bar{\boldsymbol{A}}=\boldsymbol{Q}^{-1}\boldsymbol{AQ}\quad 或\quad \boldsymbol{A}=\boldsymbol{Q}\bar{\boldsymbol{A}}\boldsymbol{Q}^{-1}\tag{3.29}$$

称之为“相似变换”，并称 $\boldsymbol{A}$ 和 $\bar{\boldsymbol{A}}$“相似”。将式(3.29)写为

$$\boldsymbol{AQ}=\boldsymbol{Q}\bar{\boldsymbol{A}}$$

或

$$\boldsymbol{A}[\boldsymbol{q}_1\quad \boldsymbol{q}_2\quad \cdots\quad \boldsymbol{q}_n]=[\boldsymbol{Aq}_1\quad \boldsymbol{Aq}_2\quad \cdots\quad \boldsymbol{Aq}_n]=[\boldsymbol{q}_1\quad \boldsymbol{q}_2\quad \cdots\quad \boldsymbol{q}_n]\bar{\boldsymbol{A}}$$

这就证明了 $\bar{\boldsymbol{A}}$ 的第 i 列的确就是 $\boldsymbol{Aq}_i$ 在 $\{\boldsymbol{q}_1,\boldsymbol{q}_2,\cdots,\boldsymbol{q}_n\}$ 这组基上的表示。

3.5　对角型和约当型

方阵 $\boldsymbol{A}$ 在不同的基上具有不同的表示形式，本节引入能使表示矩阵为对角阵或分块对角阵的一组基。

若存在非零向量 $\boldsymbol{x}$ 使得 $\boldsymbol{Ax}=\lambda\boldsymbol{x}$，则称实数或复数 λ 为 $n\times n$ 的实矩阵 $\boldsymbol{A}$ 的“特征值”，称满足 $\boldsymbol{Ax}=\lambda\boldsymbol{x}$ 的任意非零向量 $\boldsymbol{x}$ 为 $\boldsymbol{A}$ 的属于特征值 λ 的(右)“特征向量”。

为了找出 $\boldsymbol{A}$ 的特征值,将 $\boldsymbol{A}\boldsymbol{x}=\lambda\boldsymbol{x}=\lambda\boldsymbol{I}\boldsymbol{x}$ 写为

$$(\boldsymbol{A}-\lambda\boldsymbol{I})\boldsymbol{x}=\boldsymbol{0} \tag{3.30}$$

其中 $\boldsymbol{I}$ 为 n 阶单位阵,该方程为齐次方程,若矩阵($\boldsymbol{A}-\lambda\boldsymbol{I}$)非奇异,则方程(3.30)有唯一解 $\boldsymbol{x}=\boldsymbol{0}$(定理3.3)。因此,欲使方程(3.30)存在非零解 $\boldsymbol{x}$,矩阵($\boldsymbol{A}-\lambda\boldsymbol{I}$)须为奇异矩阵或行列式为0,定义

$$\Delta(\lambda)=\det(\lambda\boldsymbol{I}-\boldsymbol{A})$$

该式为实系数 n 次多项式,称之为 $\boldsymbol{A}$ 的"特征多项式"。若 λ 为特征多项式的根,则($\boldsymbol{A}-\lambda\boldsymbol{I}$)的行列式为0,且方程(3.30)至少存在一个非零解。因此,$\Delta(\lambda)$的任一根均为 $\boldsymbol{A}$ 的特征值。由于 $\Delta(\lambda)$为 n 次多项式,所以 $n\times n$ 的矩阵 $\boldsymbol{A}$ 有 n 个特征值(未必都互异)。

有必要提示的是,矩阵

$$\begin{bmatrix} 0 & 0 & 0 & -\alpha_4 \\ 1 & 0 & 0 & -\alpha_3 \\ 0 & 1 & 0 & -\alpha_2 \\ 0 & 0 & 1 & -\alpha_1 \end{bmatrix} \quad \begin{bmatrix} -\alpha_1 & -\alpha_2 & -\alpha_3 & -\alpha_4 \\ 1 & 0 & 0 & 0 \\ 0 & 1 & 0 & 0 \\ 0 & 0 & 1 & 0 \end{bmatrix}$$

及其转置

$$\begin{bmatrix} 0 & 1 & 0 & 0 \\ 0 & 0 & 1 & 0 \\ 0 & 0 & 0 & 1 \\ -\alpha_4 & -\alpha_3 & -\alpha_2 & -\alpha_1 \end{bmatrix} \quad \begin{bmatrix} -\alpha_1 & 1 & 0 & 0 \\ -\alpha_2 & 0 & 1 & 0 \\ -\alpha_3 & 0 & 0 & 1 \\ -\alpha_4 & 0 & 0 & 0 \end{bmatrix}$$

都具有以下特征多项式:

$$\Delta(\lambda)=\lambda^4+\alpha_1\lambda^3+\alpha_2\lambda^2+\alpha_3\lambda+\alpha_4$$

根据 $\Delta(\lambda)$的系数可以很容易构造出这些矩阵,并称之为"伴随型"矩阵。伴随型矩阵将在后文反复出现,式(3.24)中的矩阵即为伴随型。

1. A 的特征值均互异

设 $\lambda_i, i=1,2,\cdots,n$ 是 $\boldsymbol{A}$ 的特征值,且设所有特征值互异。设 $\boldsymbol{q}_i$ 是 $\boldsymbol{A}$ 的属于特征值 λ_i 的特征向量,即 $\boldsymbol{A}\boldsymbol{q}_i=\lambda_i\boldsymbol{q}_i$,则特征向量集 $\{\boldsymbol{q}_1,\boldsymbol{q}_2,\cdots,\boldsymbol{q}_n\}$ 线性无关(参见参考文献[6]第34页~第35页),可以用作一组基。设 $\hat{\boldsymbol{A}}$ 为 $\boldsymbol{A}$ 在这组基上的表示,则 $\hat{\boldsymbol{A}}$ 的第一列是 $\boldsymbol{A}\boldsymbol{q}_1=\lambda_1\boldsymbol{q}_1$ 在 $\{\boldsymbol{q}_1,\boldsymbol{q}_2,\cdots,\boldsymbol{q}_n\}$ 上的表示,根据

$$\boldsymbol{A}\boldsymbol{q}_1=\lambda_1\boldsymbol{q}_1=[\boldsymbol{q}_1 \quad \boldsymbol{q}_2 \quad \cdots \quad \boldsymbol{q}_n]\begin{bmatrix}\lambda_1\\0\\0\\\vdots\\0\end{bmatrix}$$

可以得出结论 $\hat{\boldsymbol{A}}$ 的第一列为$[\lambda_1 \quad 0 \quad \cdots \quad 0]'$。$\hat{\boldsymbol{A}}$ 的第二列是 $\boldsymbol{A}\boldsymbol{q}_2=\lambda_2\boldsymbol{q}_2$ 在$\{\boldsymbol{q}_1,\boldsymbol{q}_2,\cdots,\boldsymbol{q}_n\}$上的表示，即$[0,\lambda_2,\cdots,0]'$，以此类推，可以证实

$$\hat{\boldsymbol{A}}=\begin{bmatrix}\lambda_1 & 0 & 0 & \cdots & 0\\ 0 & \lambda_2 & 0 & \cdots & 0\\ 0 & 0 & \lambda_3 & \cdots & 0\\ \vdots & \vdots & \vdots & & \vdots\\ 0 & 0 & 0 & \cdots & \lambda_n\end{bmatrix} \tag{3.31}$$

该矩阵为对角阵，因此得出结论，通过将其特征向量用作基，具有互异特征值的任一矩阵均有对角阵表示。对同一矩阵 $\boldsymbol{A}$，特征向量排列顺序不同，得出的对角阵也不同。

若定义

$$\boldsymbol{Q}=[\boldsymbol{q}_1,\boldsymbol{q}_2,\cdots,\boldsymbol{q}_n] \tag{3.32}$$

则根据式(3.29)的推导，矩阵

$$\hat{\boldsymbol{A}}=\boldsymbol{Q}^{-1}\boldsymbol{A}\boldsymbol{Q} \tag{3.33}$$

由于需要求 $\boldsymbol{Q}$ 的逆，所以手算式(3.33)并不容易，但是，若已知 $\hat{\boldsymbol{A}}$，则可通过检验 $\boldsymbol{Q}\hat{\boldsymbol{A}}=\boldsymbol{A}\boldsymbol{Q}$ 来验证式(3.33)。

【例 3.6】 考虑矩阵

$$\boldsymbol{A}=\begin{bmatrix}0 & 0 & 0\\ 1 & 0 & 2\\ 0 & 1 & 1\end{bmatrix}$$

其特征多项式为

$$\Delta(\lambda)=\det(\lambda\boldsymbol{I}-\boldsymbol{A})=\det\begin{bmatrix}\lambda & 0 & 0\\ -1 & \lambda & -2\\ 0 & -1 & \lambda-1\end{bmatrix}=$$
$$\lambda[\lambda(\lambda-1)-2]=(\lambda-2)(\lambda+1)\lambda$$

因此 $\boldsymbol{A}$ 有特征值 2，−1 和 0。属于 $\lambda=2$ 的特征向量为方程

$$(\boldsymbol{A}-2\boldsymbol{I})\boldsymbol{q}_1=\begin{bmatrix}-2 & 0 & 0\\ 1 & -2 & 2\\ 0 & 1 & -1\end{bmatrix}\boldsymbol{q}_1=\boldsymbol{0}$$

的任意非零解。因此 $\boldsymbol{q}_1=[0 \quad 1 \quad 1]'$为属于 $\lambda=2$ 的特征向量。需要注意的是，该特征向量不唯一，对任意非零实数 α，也可选择$[0 \quad \alpha \quad \alpha]'$为特性向量。属于 $\lambda=-1$ 的特征向量为方程

$$(\boldsymbol{A}-(-1)\boldsymbol{I})\boldsymbol{q}_2=\begin{bmatrix}1 & 0 & 0\\ 1 & 1 & 2\\ 0 & 1 & 2\end{bmatrix}\boldsymbol{q}_2=\boldsymbol{0}$$

的任意非零解,求解方程可得 $\boldsymbol{q}_2=[0\quad -2\quad 1]'$。与之类似,可以求出属于 $\lambda=0$ 的特征向量为 $\boldsymbol{q}_3=[2\quad 1\quad -1]'$。因此,矩阵 $\boldsymbol{A}$ 在基 $\{\boldsymbol{q}_1,\boldsymbol{q}_2,\boldsymbol{q}_3\}$ 上的表示为

$$\hat{\boldsymbol{A}}=\begin{bmatrix}2 & 0 & 0\\ 0 & -1 & 0\\ 0 & 0 & 0\end{bmatrix} \tag{3.34}$$

该矩阵为特征值位于对角线位置的对角阵,也可以通过计算

$$\hat{\boldsymbol{A}}=\boldsymbol{Q}^{-1}\boldsymbol{A}\boldsymbol{Q}$$

得出该矩阵,其中

$$\boldsymbol{Q}=[\boldsymbol{q}_1\quad \boldsymbol{q}_2\quad \boldsymbol{q}_3]=\begin{bmatrix}0 & 0 & 2\\ 1 & -2 & 1\\ 1 & 1 & -1\end{bmatrix} \tag{3.35}$$

但是验证 $\boldsymbol{Q}\hat{\boldsymbol{A}}=\boldsymbol{A}\boldsymbol{Q}$ 或

$$\begin{bmatrix}0 & 0 & 2\\ 1 & -2 & 1\\ 1 & 1 & -1\end{bmatrix}\begin{bmatrix}2 & 0 & 0\\ 0 & -1 & 0\\ 0 & 0 & 0\end{bmatrix}=\begin{bmatrix}0 & 0 & 0\\ 1 & 0 & 2\\ 0 & 1 & 1\end{bmatrix}\begin{bmatrix}0 & 0 & 2\\ 1 & -2 & 1\\ 1 & 1 & -1\end{bmatrix}$$

则更为简单。

很容易借助 MATLAB 得出该例的结果,键入

```
a=[0 0 0 ; 1 0 2 ; 0 1 1] ; [q,d]=eig(a)
```

得到

$$\text{q}=\begin{bmatrix}0 & 0 & 0.8186\\ 0.7071 & 0.8944 & 0.4082\\ 0.7071 & -0.4472 & -0.4082\end{bmatrix},\quad \text{d}=\begin{bmatrix}2 & 0 & 0\\ 0 & -1 & 0\\ 0 & 0 & 0\end{bmatrix}$$

其中 d 为式(3.34)中的对角阵,矩阵 q 有异于式(3.35)中的 $\boldsymbol{Q}$,但其相应列仅相差一个倍数,原因在于特征向量的非唯一性,且 MATLAB 中将 q 的每一列都归一化为模1向量。若键入 eig(a)而不带左侧参量,则 MATLAB 只会输出三个特征值 2,−1,0。有必要提示的是,MATLAB 中的特征值“并非”从特征多项式求出。先利用拉普拉斯展开求特征多项式,再求根的方法其数值运算不可靠,特别是当有重根的时候。MATLAB 中直接借助相似变换获得的矩阵计算特征值,一旦求出所有特征值,则特征多项式等于 $\Pi(\lambda-\lambda_i)$。在 MATLAB 中键入 r=eig(a); poly(r)得出特征多项式。

【例 3.7】 考虑矩阵

$$\boldsymbol{A}=\begin{bmatrix}-1 & 1 & 1\\ 0 & 4 & -13\\ 0 & 1 & 0\end{bmatrix}$$

其特征多项式为 $(\lambda+1)(\lambda^2-4\lambda+13)$,因此,$\boldsymbol{A}$ 有特征值 $-1,2\pm 3\mathrm{j}$。需要注意的是,

由于 $\boldsymbol{A}$ 仅有实系数,所以复共轭特征值必须成对出现。属于-1 和 $2+3\mathrm{j}$ 的特征向量分别为$[1 \quad 0 \quad 0]'$和$[\mathrm{j} \quad -3 \quad +2\mathrm{j} \quad \mathrm{j}]'$;属于 $\lambda=2-3\mathrm{j}$ 的特征向量为$[-\mathrm{j} \quad -3 \quad -2\mathrm{j} \quad -\mathrm{j}]'$,是属于 $\lambda=2+3\mathrm{j}$ 的特征向量的复共轭,因此有

$$\boldsymbol{Q}=\begin{bmatrix}1 & \mathrm{j} & -\mathrm{j}\\ 0 & -3+2\mathrm{j} & -3-2\mathrm{j}\\ 0 & \mathrm{j} & \mathrm{j}\end{bmatrix} \quad 和 \quad \hat{\boldsymbol{A}}=\begin{bmatrix}-1 & 0 & 0\\ 0 & 2+3\mathrm{j} & 0\\ 0 & 0 & 2-3\mathrm{j}\end{bmatrix} \tag{3.36}$$

运行 MATLAB 函数`[q,d] = eig(a)`,得到

$$\mathrm{q}=\begin{bmatrix}1 & 0.1432-0.2148\mathrm{j} & 0.1432+0.2148\mathrm{j}\\ 0 & 0.9309 & 0.4082\\ 0 & 0.1432-0.2148\mathrm{j} & 0.1432+0.2148\mathrm{j}\end{bmatrix}$$

和

$$\mathrm{d}=\begin{bmatrix}-1 & 0 & 0\\ 0 & 2+3\mathrm{j} & 0\\ 0 & 0 & 2-3\mathrm{j}\end{bmatrix}$$

前面例子的所有讨论均适用于此。

2. 复特征值

即使在实践中遇到的数据均为实数,但在求特征值和特征向量时也会出现复数。为了应对这类问题,需将实线性空间推广到复线性空间,并允许所有的标量,如式(3.4)中的 α_i 假设为复数。为究其原因,考虑

$$\boldsymbol{A}\boldsymbol{v}=\begin{bmatrix}1 & 1+\mathrm{j}\\ 1-\mathrm{j} & 2\end{bmatrix}\boldsymbol{v}=\boldsymbol{0} \tag{3.37}$$

若约束 $\boldsymbol{v}$ 为实向量,则方程(3.37)不存在非零解,并且 $\boldsymbol{A}$ 的两个列向量线性无关。但是,若允许 $\boldsymbol{v}$ 为复向量,则 $\boldsymbol{v}=[-2 \quad 1 \quad -\mathrm{j}]'$为方程(3.37)的非零解,因此,$\boldsymbol{A}$ 的两个列向量线性相关,且 $\boldsymbol{A}$ 的秩为1,这是由 MATLAB 得出的秩的结果。因而,只要出现复特征值,都应当考虑复线性空间和复标量,并用复共轭转置代替转置。如此一来,为实向量和实矩阵导出的所有概念和结论均可应用于复向量和复矩阵。顺便指出,可以将式(3.36)中具有复特征值的对角阵转化为有用的实矩阵。关于这部分内容将在第4.3.1节讨论。

3. $\boldsymbol{A}$ 的特征值并非全互异

称重数为2或高于2的特征值为"重"特征值,相反,称重数为1的特征值为"单"特征值。若 $\boldsymbol{A}$ 仅有单特征值,则其总有对角型表示;若 $\boldsymbol{A}$ 有重特征值,则其可能未必有对角型表示,但是正如接下来讨论的,$\boldsymbol{A}$ 一定有约当型表示。

首先讨论某种特殊矩阵,考虑

$$\boldsymbol{J}:=\begin{bmatrix}\lambda_1 & 1 & 0 & 0\\ 0 & \lambda_1 & 1 & 0\\ 0 & 0 & \lambda_1 & 1\\ 0 & 0 & 0 & \lambda_1\end{bmatrix} \tag{3.38}$$

其特征多项式为

$$\Delta(\lambda)=\det(\lambda\boldsymbol{I}-\boldsymbol{J})=\det\begin{bmatrix}(\lambda-\lambda_1) & -1 & 0 & 0\\ 0 & (\lambda-\lambda_1) & -1 & 0\\ 0 & 0 & (\lambda-\lambda_1) & -1\\ 0 & 0 & 0 & (\lambda-\lambda_1)\end{bmatrix}=(\lambda-\lambda_1)^4$$

因此,矩阵 $\boldsymbol{J}$ 有 4 重特征值 λ_1,称这类特征值在对角线位置、1 在对角线位置之上的矩阵为 4 阶“约当块”。约当块的阶数可变,1 阶约当块即为其特征值。

考虑到具有 4 重特征值 λ_1 和单特征值 λ_2 的 5×5 矩阵 $\boldsymbol{A}$,则存在非奇异矩阵 $\boldsymbol{Q}$ 使得相似矩阵

$$\hat{\boldsymbol{A}}=\boldsymbol{Q}^{-1}\boldsymbol{A}\boldsymbol{Q}$$

呈现出以下形式之一:

$$\hat{\boldsymbol{A}}_1=\left[\begin{array}{cccccc}\lambda_1 & 1 & 0 & 0 & \vdots & 0\\ 0 & \lambda_1 & 1 & 0 & \vdots & 0\\ 0 & 0 & \lambda_1 & 1 & \vdots & 0\\ 0 & 0 & 0 & \lambda_1 & \vdots & 0\\ \cdots & \cdots & \cdots & \cdots & \cdots & \cdots\\ 0 & 0 & 0 & 0 & \vdots & \lambda_2\end{array}\right],\quad \hat{\boldsymbol{A}}_2=\left[\begin{array}{ccccccc}\lambda_1 & 1 & 0 & \vdots & 0 & & 0\\ 0 & \lambda_1 & 1 & \vdots & 0 & & 0\\ 0 & 0 & \lambda_1 & \vdots & 0 & & 0\\ \cdots & \cdots & \cdots & \cdots & \cdots & \cdots & \\ 0 & 0 & 0 & \vdots & \lambda_1 & \vdots & 0\\ & & & \cdots & \cdots & \cdots & \cdots\\ 0 & 0 & 0 & & 0 & \vdots & \lambda_2\end{array}\right]$$

$$\hat{\boldsymbol{A}}_3=\left[\begin{array}{ccccccc}\lambda_1 & 1 & \vdots & 0 & 0 & & 0\\ 0 & \lambda_1 & \vdots & 0 & 0 & & 0\\ \cdots & \cdots & \cdots & \cdots & \cdots & \cdots & \\ 0 & 0 & \vdots & \lambda_1 & 1 & \vdots & 0\\ 0 & 0 & \vdots & 0 & \lambda_1 & \vdots & 0\\ & & \cdots & \cdots & \cdots & \cdots & \cdots\\ 0 & 0 & & 0 & 0 & \vdots & \lambda_2\end{array}\right],\quad \hat{\boldsymbol{A}}_4=\left[\begin{array}{cccccccc}\lambda_1 & 1 & \vdots & 0 & & 0 & & 0\\ 0 & \lambda_1 & \vdots & 0 & & 0 & & 0\\ \cdots & \cdots & \cdots & \cdots & \cdots & & & \\ 0 & 0 & \vdots & \lambda_1 & & 0 & & 0\\ & & \cdots & \cdots & \cdots & \cdots & \cdots & \\ 0 & 0 & & 0 & \vdots & \lambda_1 & \vdots & 0\\ & & & & \cdots & \cdots & \cdots & \cdots\\ 0 & 0 & & 0 & & 0 & \vdots & \lambda_2\end{array}\right]$$

$$\hat{\boldsymbol{A}}_5 = \begin{bmatrix} \lambda_1 & 0 & 0 & 0 & 0 \\ 0 & \lambda_1 & 0 & 0 & 0 \\ 0 & 0 & \lambda_1 & 0 & 0 \\ 0 & 0 & 0 & \lambda_1 & 0 \\ 0 & 0 & 0 & 0 & \lambda_2 \end{bmatrix} \tag{3.39}$$

对于单特征值 λ_2，所有上述矩阵中都仅存在一个1阶约当块。对于4重特征值 λ_1，第一个矩阵有一个4阶约当块，第二个矩阵分别有3阶和1阶两个约当块，第三个矩阵有两个均为2阶的约当块，第四个矩阵分别有2阶、1阶和1阶的三个约当块。最后一个矩阵属于特征值 λ_1，有4个约当块。所有这些矩阵均称为“约当型”。约当型呈现的矩阵形式依赖于 $\boldsymbol{A}-\lambda_1\boldsymbol{I}$ 的零化度，若零化度为4，则可以找到属于 λ_1 的四个线性无关的特征向量，这四个特征向量和属于 λ_2 的特征向量用作基可以得出 $\hat{\boldsymbol{A}}_5$，并称 $\boldsymbol{A}$ 可对角化。若 $\boldsymbol{A}-\lambda_1\boldsymbol{I}$ 的零化度为1，则只能找到属于 λ_1 的一个(平凡)特征向量，在这种情况下，必须找到“广义”特征向量链，将其用作基得到 $\hat{\boldsymbol{A}}_1$ 的形式，详细过程可参见参考文献[6]。若零化度为2或3，则可以得出其他约当型。基的排列顺序不同，也会导致约当块的顺序发生变化，也可能导致1在其次对角位置而非对角线位置上方的约当块。总之，约当型矩阵的计算较为复杂，这里不作深入讨论，仅接受这一既定事实，即可以通过相似变换将任一矩阵变换为约当型。需要注意的是，MATLAB早期版本包含函数 `jordan`，但R2011a版本不含。函数`[q,d] = eig(a)`适用于所有矩阵，但仅当矩阵可对角化时，函数才能得出正确结果。

约当型矩阵为三角阵且分块对角阵，可以用约当型来证实矩阵的诸多普遍性质，例如，由于 $\det(\boldsymbol{CD})=\det\boldsymbol{C}\det\boldsymbol{D}$ 以及 $\det\boldsymbol{Q}\det\boldsymbol{Q}^{-1}=\det\boldsymbol{I}=1$，所以根据 $\boldsymbol{A}=\boldsymbol{Q}\hat{\boldsymbol{A}}\boldsymbol{Q}^{-1}$，有

$$\det\boldsymbol{A}=\det\boldsymbol{Q}\det\hat{\boldsymbol{A}}\det\boldsymbol{Q}^{-1}=\det\hat{\boldsymbol{A}}$$

$\hat{\boldsymbol{A}}$ 的行列式为所有对角线元素的乘积，或等价地描述为 $\boldsymbol{A}$ 的所有特征值的乘积，因此有

$$\det\boldsymbol{A}=\boldsymbol{A}\text{ 的所有特征值的乘积}$$

由此可知，$\boldsymbol{A}$“非奇异，当且仅当 $\boldsymbol{A}$ 不存在零特征值时”。

这里以讨论约当块的一个实用性质来结束本节，考虑到式(3.38)中的4阶约当块，则有

$$(\boldsymbol{J}-\lambda\boldsymbol{I})=\begin{bmatrix} 0 & 1 & 0 & 0 \\ 0 & 0 & 1 & 0 \\ 0 & 0 & 0 & 1 \\ 0 & 0 & 0 & 0 \end{bmatrix},\quad (\boldsymbol{J}-\lambda\boldsymbol{I})^2=\begin{bmatrix} 0 & 0 & 1 & 0 \\ 0 & 0 & 0 & 1 \\ 0 & 0 & 0 & 0 \\ 0 & 0 & 0 & 0 \end{bmatrix}$$

$$(\boldsymbol{J}-\lambda\boldsymbol{I})^3=\begin{bmatrix}0&0&0&1\\0&0&0&0\\0&0&0&0\\0&0&0&0\end{bmatrix} \tag{3.40}$$

当 $k\geqslant 4$ 时$(\boldsymbol{J}-\lambda\boldsymbol{I})^k=\boldsymbol{0}$,称该矩阵为“幂零矩阵”。

3.6 方阵函数

本节研究方阵函数,由于方阵函数的诸多性质几乎都可以借助约当型来形象示出,所以广泛使用约当型。首先研究方阵多项式,然后研究一般意义上的方阵函数。

1. 方阵多项式

设 $\boldsymbol{A}$ 为方阵,若 k 为正整数,则定义

$$\boldsymbol{A}^k:=\boldsymbol{A}\boldsymbol{A}\cdots\boldsymbol{A}\quad(k\ 项)$$

以及 $\boldsymbol{A}^0=\boldsymbol{I}$。设 $f(\lambda)$为多项式,例如 $f(\lambda)=\lambda^3+2\lambda^2-6$ 或$(\lambda+2)(4\lambda-3)$,则定义 $f(\boldsymbol{A})$为

$$f(\boldsymbol{A})=\boldsymbol{A}^3+2\boldsymbol{A}^2-6\boldsymbol{A}\quad 或\quad f(\boldsymbol{A})=(\boldsymbol{A}+2\boldsymbol{I})(4\boldsymbol{A}-3\boldsymbol{I})$$

若 $\boldsymbol{A}$ 为分块对角阵,如

$$\boldsymbol{A}=\begin{bmatrix}\boldsymbol{A}_1&\boldsymbol{0}\\\boldsymbol{0}&\boldsymbol{A}_2\end{bmatrix}$$

其中 $\boldsymbol{A}_1$ 和 $\boldsymbol{A}_2$ 为任意阶方阵,则可以直接验证

$$\boldsymbol{A}^k=\begin{bmatrix}\boldsymbol{A}_1^k&\boldsymbol{0}\\\boldsymbol{0}&\boldsymbol{A}_2^k\end{bmatrix}\quad 和\quad f(\boldsymbol{A})=\begin{bmatrix}f(\boldsymbol{A}_1)&\boldsymbol{0}\\\boldsymbol{0}&f(\boldsymbol{A}_2)\end{bmatrix} \tag{3.41}$$

考虑相似变换 $\hat{\boldsymbol{A}}=\boldsymbol{Q}^{-1}\boldsymbol{A}\boldsymbol{Q}$ 或 $\boldsymbol{A}=\boldsymbol{Q}\hat{\boldsymbol{A}}\boldsymbol{Q}^{-1}$,由于

$$\boldsymbol{A}^k=(\boldsymbol{Q}\hat{\boldsymbol{A}}\boldsymbol{Q}^{-1})(\boldsymbol{Q}\hat{\boldsymbol{A}}\boldsymbol{Q}^{-1})\cdots(\boldsymbol{Q}\hat{\boldsymbol{A}}\boldsymbol{Q}^{-1})=\boldsymbol{Q}\hat{\boldsymbol{A}}^k\boldsymbol{Q}^{-1}$$

所以有

$$f(\boldsymbol{A})=\boldsymbol{Q}f(\hat{\boldsymbol{A}})\boldsymbol{Q}^{-1}\quad 或\quad f(\hat{\boldsymbol{A}})=\boldsymbol{Q}^{-1}f(\boldsymbol{A})\boldsymbol{Q} \tag{3.42}$$

“首一”多项式为首项系数为 1 的多项式。定义 $\boldsymbol{A}$ 的“最小多项式”为满足 $\psi(\boldsymbol{A})=\boldsymbol{0}$ 的次数最低的首一多项式 $\psi(\lambda)$。需要注意的是,这里的 $\boldsymbol{0}$ 是与 $\boldsymbol{A}$ 同阶数的零矩阵。当且仅当 $f(\hat{\boldsymbol{A}})=\boldsymbol{0}$ 时,由式(3.42)直接得到结果 $f(\boldsymbol{A})=\boldsymbol{0}$。因此,$\boldsymbol{A}$ 和 $\hat{\boldsymbol{A}}$,或更一般意义上,所有相似矩阵都具有相同的最小多项式。根据 $\boldsymbol{A}$ 直接计算最小多项式并不容易(参见习题 3.25),但若已知 $\boldsymbol{A}$ 的约当型表示,则通过观察可读出其最小多项式。

设 λ_i 为 $\boldsymbol{A}$ 的 n_i 重特征值,即,$\boldsymbol{A}$ 的特征多项式为

$$\Delta(\lambda)=\det(\lambda\boldsymbol{I}-\boldsymbol{A})=\prod_i(\lambda-\lambda_i)^{ni}$$

假设 $\boldsymbol{A}$ 的约当型为已知,$\boldsymbol{A}$ 的每个特征值可能对应一个或多个约当块。记 $\bar{n}_i$ 为 λ_i

的"指数",将其定义为所有属于 λ_i 的约当块的最大阶数,显然,$\bar{n}_i \leqslant n_i$。例如,式(3.39)的所有五个矩阵中,λ_1 的重数均为 4,但其指数分别为 4,3,2,2 和 1。式(3.39)的所有五个矩阵中,λ_2 的重数和指数均为 1。借助所有特征值的指数,可以将最小多项式表示为

$$\psi(\lambda) = \prod_i (\lambda - \lambda i)^{\bar{n}_i}$$

最小多项式的次数 $\bar{n} = \sum \bar{n}_i \leqslant \sum n_i = n = \boldsymbol{A}$ 的维数。例如,式(3.39)中五个矩阵的最小多项式为

$$\psi_1 = (\lambda - \lambda_1)^4 (\lambda - \lambda_2), \quad \psi_2 = (\lambda - \lambda_1)^3 (\lambda - \lambda_2)$$

$$\psi_3 = (\lambda - \lambda_1)^2 (\lambda - \lambda_2), \quad \psi_4 = (\lambda - \lambda_1)^2 (\lambda - \lambda_2)$$

$$\psi_5 = (\lambda - \lambda_1)(\lambda - \lambda_2)$$

而其特征多项式却都等于

$$\Delta(\lambda) = (\lambda - \lambda_1)^4 (\lambda - \lambda_2)$$

可见最小多项式是特征多项式的因式,其次数小于或等于特征多项式的次数。显然,若 $\boldsymbol{A}$ 的所有特征值互异,则最小多项式等于特征多项式。

借助式(3.40)中的幂零特性,可以证明

$$\psi(\boldsymbol{A}) = \boldsymbol{0}$$

并且不存在更小次数的多项式能够满足该条件。因此,依此定义的 $\psi(\lambda)$ 为最小多项式。

2. 定理 3.4 (Cayley - Hamilton 定理)

设

$$\Delta(\lambda) = \det(\lambda \boldsymbol{I} - \boldsymbol{A}) = \lambda^n + \alpha_1 \lambda^{n-1} + \cdots + \alpha_{n-1}\lambda + \alpha_n$$

为 $\boldsymbol{A}$ 的特征多项式,则

$$\Delta(\boldsymbol{A}) = \boldsymbol{A}^n + \alpha_1 \boldsymbol{A}^{n-1} + \cdots + \alpha_{n-1}\boldsymbol{A} + \alpha_n \boldsymbol{I} = \boldsymbol{0} \tag{3.43}$$

换句话说,矩阵满足其自身的特征多项式。由于 $n_i \geqslant \bar{n}_i$,所以特征多项式包含最小多项式这一因式,或对某多项式 $h(\lambda)$ 有 $\Delta(\lambda) = \psi(\lambda)h(\lambda)$。由于 $\psi(\boldsymbol{A}) = \boldsymbol{0}$,所以有 $\Delta(\boldsymbol{A}) = \psi(\boldsymbol{A})h(\boldsymbol{A}) = \boldsymbol{0} \cdot h(\boldsymbol{A}) = \boldsymbol{0}$,定理得证。由 Cayley - Hamilton 定理可知,可以将 $\boldsymbol{A}^n$ 写为 $\{\boldsymbol{I}, \boldsymbol{A}, \cdots, \boldsymbol{A}^{n-1}\}$ 的线性组合。将式(3.43)左右两边乘以 $\boldsymbol{A}$ 可得

$$\boldsymbol{A}^{n+1} + \alpha_1 \boldsymbol{A}^n + \cdots + \alpha_{n-1}\boldsymbol{A}^2 + \alpha_n \boldsymbol{A} = \boldsymbol{0} \cdot \boldsymbol{A} = \boldsymbol{0}$$

由此可知,可以将 $\boldsymbol{A}^{n+1}$ 写为 $\{\boldsymbol{A}, \boldsymbol{A}^2, \cdots, \boldsymbol{A}^n\}$ 的线性组合,进而又可以写为 $\{\boldsymbol{I}, \boldsymbol{A}, \cdots, \boldsymbol{A}^{n-1}\}$ 的线性组合。以此类推,得出结论,对于任意多项式 $f(\lambda)$,无论其次数有多高,总可以用某些 β_i 将 $f(\boldsymbol{A})$ 表示为

$$f(\boldsymbol{A}) = \beta_0 \boldsymbol{I} + \beta_1 \boldsymbol{A} + \cdots + \beta_{n-1}\boldsymbol{A}^{n-1} \tag{3.44}$$

换言之,可以将 $n \times n$ 的矩阵 $\boldsymbol{A}$ 的任一多项式表示为 $\{\boldsymbol{I}, \boldsymbol{A}, \cdots, \boldsymbol{A}^{n-1}\}$ 的线性组合。

若已知$\boldsymbol{A}$的$\bar{n}$阶最小多项式,则可以将$\boldsymbol{A}$的任一多项式表示为$\{\boldsymbol{I},\boldsymbol{A},\cdots,\boldsymbol{A}^{\bar{n}-1}\}$的线性组合,这是一个更好的结果。然而,由于$\bar{n}$未必可知,因此以下的讨论仅就式(3.44)展开,但应当理解所有这些讨论均适用于$\bar{n}$。

计算式(3.44)的方法之一是利用长除法将$f(\lambda)$表示为

$$f(\lambda)=q(\lambda)\Delta(\lambda)+h(\lambda) \tag{3.45}$$

其中$q(\lambda)$是商,$h(\lambda)$是次数小于n的余式,则有

$$f(\boldsymbol{A})=q(\boldsymbol{A})\Delta(\boldsymbol{A})+h(\boldsymbol{A})=q(\boldsymbol{A})\boldsymbol{0}+h(\boldsymbol{A})=h(\boldsymbol{A})$$

若$f(\lambda)$的次数远大于$\Delta(\lambda)$的次数,则长除法并不方便,在这种情况下,可以直接根据式(3.45)解出$h(\lambda)$。设

$$h(\lambda):=\beta_0+\beta_1\lambda+\cdots+\beta_{n-1}\lambda^{n-1}$$

其中n个未知的β_i待求解,若$\boldsymbol{A}$的所有n个特征值互异,则可以从n个方程

$$f(\lambda_i)=q(\lambda_i)\Delta(\lambda_i)+h(\lambda_i)=h(\lambda_i),\quad i=1,2,\cdots,n$$

求解出这些β_i。若$\boldsymbol{A}$有重特征值,则须对式(3.45)求导得到附加方程,可将此结论表述为定理。

3. 定理3.5

给定$f(\lambda)$和其特征多项式为

$$\Delta(\lambda)=\prod_{i=1}^{m}(\lambda-\lambda_i)^{n_i}$$

的$n\times n$矩阵$\boldsymbol{A}$,其中$n=\sum_{i=1}^{m}n_i$。定义

$$h(\lambda):=\beta_0+\beta_1\lambda+\cdots+\beta_{n-1}\lambda^{n-1}$$

该式为有n个未知系数的$n-1$次多项式,这n个未知数可以从以下一组n个方程解出:

$$f^{(l)}(\lambda_i)=h^{(l)}(\lambda_i),\quad l=0,1,\cdots,n_i-1,\quad i=1,2,\cdots,m$$

其中

$$f^{(l)}(\lambda_i):=\left.\frac{\mathrm{d}^l f(\lambda)}{\mathrm{d}\lambda}\right|_{\lambda=\lambda_i}$$

并且$h^{(l)}(\lambda_i)$有类似定义,则

$$f(\boldsymbol{A})=h(\boldsymbol{A})$$

称$h(\lambda)$与$f(\lambda)$在$\boldsymbol{A}$的谱上相等。

【例3.8】 计算$\boldsymbol{A}^{100}$,其中

$$\boldsymbol{A}=\begin{bmatrix}0 & 1\\ -1 & -2\end{bmatrix}$$

换言之,给定$f(\lambda)=\lambda^{100}$,计算$f(\boldsymbol{A})$。$\boldsymbol{A}$的特征多项式为$\Delta(\lambda)=\lambda^2+2\lambda+1=(\lambda+1)^2$。设$h(\lambda)=\beta_0+\beta_1\lambda$。在$\boldsymbol{A}$的谱上,有

$$f(-1)=h(-1): \quad (-1)^{100}=\beta_0-\beta_1$$
$$f'(-1)=h'(-1): \quad 100\cdot(-1)^{99}=\beta_1$$

因此，有 $\beta_1=-100$，$\beta_0=\beta_1+1=-99$，$h(\lambda)=-99-100\lambda$，以及

$$\boldsymbol{A}^{100}=\beta_0\boldsymbol{I}+\beta_1\boldsymbol{A}=-99\boldsymbol{I}-100\boldsymbol{A}=$$
$$-99\begin{bmatrix}1 & 0\\0 & 1\end{bmatrix}-100\begin{bmatrix}0 & 1\\-1 & -2\end{bmatrix}=\begin{bmatrix}-99 & -100\\100 & 101\end{bmatrix}$$

显然，也可以通过把 $\boldsymbol{A}$ 相乘 100 次得到 $\boldsymbol{A}^{100}$，但是使用定理 3.5 则更为简便。

4. 方阵函数

设 $f(\lambda)$ 为任意函数，未必为多项式。定义 $f(\boldsymbol{A})$ 的一种方法是利用定理 3.5，设 $h(\lambda)$ 为 $n-1$ 次多项式，其中 n 为 $\boldsymbol{A}$ 的阶数。通过在 $\boldsymbol{A}$ 的谱上令等式 $f(\lambda)=h(\lambda)$ 来求解 $h(\lambda)$ 的系数，进而将 $f(\boldsymbol{A})$ 定义为 $h(\boldsymbol{A})$。

【例 3.9】　设

$$\boldsymbol{A}_1=\begin{bmatrix}0 & 0 & -2\\0 & 1 & 0\\1 & 0 & 3\end{bmatrix}$$

计算 $e^{\boldsymbol{A}_1 t}$，或等价地，若 $f(\lambda)=e^{\lambda t}$，则 $f(\boldsymbol{A}_1)$ 取何值？

$\boldsymbol{A}_1$ 的特征多项式为 $(\lambda-1)^2(\lambda-2)$，设 $h(\lambda)=\beta_0+\beta_1\lambda+\beta_2\lambda^2$，则

$$f(1)=h(1): \quad e^t=\beta_0+\beta_1+\beta_2$$
$$f'(1)=h'(1): \quad te^t=\beta_1+2\beta_2$$
$$f(2)=h(2): \quad e^{2t}=\beta_0+2\beta_1+4\beta_2$$

需要注意的是，在第二个方程中，微分是关于 λ 而不是关于 t。解上述方程可得 $\beta_0=-2te^t+e^{2t}$，$\beta_1=3te^t+2e^t-2e^{2t}$ 和 $\beta_2=e^{2t}-e^t-te^t$，因此有

$$e^{\boldsymbol{A}_1 t}=h(\boldsymbol{A}_1)=(-2te^t+e^{2t})\boldsymbol{I}+(3te^t+2e^t-2e^{2t})\boldsymbol{A}_1+$$
$$(e^{2t}-e^t-te^t)\boldsymbol{A}_1^2=\begin{bmatrix}2e^t-e^{2t} & 0 & 2e^t-2e^{2t}\\0 & e^t & 0\\e^{2t}-e^t & 0 & 2e^{2t}-e^t\end{bmatrix}$$

【例 3.10】　设

$$\boldsymbol{A}_2=\begin{bmatrix}0 & 2 & -2\\0 & 1 & 0\\1 & -1 & 3\end{bmatrix}$$

计算 $e^{\boldsymbol{A}_2 t}$。$\boldsymbol{A}_2$ 的特征多项式为 $(\lambda-1)^2(\lambda-2)$，与例 3.9 中的 $\boldsymbol{A}_1$ 的相同，于是，这里的 $h(\lambda)$ 与例 3.9 中的相同，据此有

$$e^{\boldsymbol{A}_2 t}=h(\boldsymbol{A}_2)=\begin{bmatrix}2e^t-e^{2t} & 2te^t & 2e^t-2e^{2t}\\0 & e^t & 0\\e^{2t}-e^t & -te^t & 2e^{2t}-e^t\end{bmatrix}$$

【例 3.11】 考虑 4 阶约当块：

$$\hat{\boldsymbol{A}}=\begin{bmatrix}\lambda_1 & 1 & 0 & 0\\ 0 & \lambda_1 & 1 & 0\\ 0 & 0 & \lambda_1 & 1\\ 0 & 0 & 0 & \lambda_1\end{bmatrix} \tag{3.46}$$

其特征多项式为$(\lambda-\lambda_1)^4$。尽管可以将 $h(\lambda)$选为 $\beta_0+\beta_1\lambda+\beta_2\lambda^2+\beta_3\lambda^3$，但为使计算更为简单，将 $h(\lambda)$选为

$$h(\lambda)=\beta_0+\beta_1(\lambda-\lambda_1)+\beta_2(\lambda-\lambda_1)+\beta_3(\lambda-\lambda_1)^3$$

由于 $h(\lambda)$的次数为 $n-1=3$，并且有 $n=4$ 个独立的未知数，所以允许如此选择。借助在 $\hat{\boldsymbol{A}}$ 的谱上 $f(\lambda)=h(\lambda)$这个条件，立即得到

$$\beta_0=f(\lambda_1),\quad \beta_1=f'(\lambda_1),\quad \beta_2=\frac{f''(\lambda_1)}{2!},\quad \beta_3=\frac{f^{(3)}(\lambda_1)}{3!}$$

因此有

$$f(\hat{\boldsymbol{A}})=f(\lambda_1)\boldsymbol{I}+\frac{f'(\lambda_1)}{1!}(\hat{\boldsymbol{A}}-\lambda_1\boldsymbol{I})+\frac{f''(\lambda_1)}{2!}(\hat{\boldsymbol{A}}-\lambda_1\boldsymbol{I})^2+\frac{f^{(3)}(\lambda_1)}{3!}(\hat{\boldsymbol{A}}-\lambda_1\boldsymbol{I})^3$$

借助式(3.40)讨论的关于$(\hat{\boldsymbol{A}}-\lambda_1\boldsymbol{I})^k$ 的特殊形式，可以很容易得到

$$f(\hat{\boldsymbol{A}})=\begin{bmatrix}f(\lambda_1) & \dfrac{f'(\lambda_1)}{1!} & \dfrac{f''(\lambda_1)}{2!} & \dfrac{f^{(3)}(\lambda_1)}{3!}\\ 0 & f(\lambda_1) & \dfrac{f'(\lambda_1)}{1!} & \dfrac{f''(\lambda_1)}{2!}\\ 0 & 0 & f(\lambda_1) & \dfrac{f'(\lambda_1)}{1!}\\ 0 & 0 & 0 & f(\lambda_1)\end{bmatrix} \tag{3.47}$$

若 $f(\lambda)=e^{\lambda t}$，则

$$e^{\hat{A}t}=\begin{bmatrix}e^{\lambda_1 t} & te^{\lambda_1 t} & \dfrac{t^2e^{\lambda_1 t}}{2!} & \dfrac{t^3e^{\lambda_1 t}}{3!}\\ 0 & e^{\lambda_1 t} & te^{\lambda_1 t} & \dfrac{t^2e^{\lambda_1 t}}{2!}\\ 0 & 0 & 0 & e^{\lambda_1 t}\end{bmatrix} \tag{3.48}$$

由于通过 $\boldsymbol{A}$ 的多项式定义了 $\boldsymbol{A}$ 的函数，所以式(3.41)和式(3.42)也适用于一般的函数。

【例 3.12】 考虑

$$\boldsymbol{A}=\begin{bmatrix}\lambda_1 & 1 & 0 & 0 & 0\\ 0 & \lambda_1 & 1 & 0 & 0\\ 0 & 0 & \lambda_1 & 0 & 0\\ 0 & 0 & 0 & \lambda_2 & 1\\ 0 & 0 & 0 & 0 & \lambda_2\end{bmatrix}$$

该矩阵为包含两个约当块的分块对角阵。若 $f(\lambda)=e^{\lambda t}$，则根据式(3.41)和式(3.48)可知

$$e^{At}=\begin{bmatrix} e^{\lambda_1 t} & te^{\lambda_1 t} & \dfrac{t^2 e^{\lambda_1 t}}{2!} & 0 & 0 \\ 0 & e^{\lambda_1 t} & te^{\lambda_1 t} & 0 & 0 \\ 0 & 0 & e^{\lambda_1 t} & 0 & 0 \\ 0 & 0 & 0 & e^{\lambda_2 t} & te^{\lambda_2 t} \\ 0 & 0 & 0 & 0 & e^{\lambda_2 t} \end{bmatrix}$$

若 $f(\lambda)=(s-\lambda)^{-1}$，则根据式(3.41)和式(3.47)可知

$$(s\boldsymbol{I}-\boldsymbol{A})^{-1}=\begin{bmatrix} \dfrac{1}{s-\lambda_1} & \dfrac{1}{(s-\lambda_1)^2} & \dfrac{1}{(s-\lambda_1)^3} & 0 & 0 \\ 0 & \dfrac{1}{s-\lambda_1} & \dfrac{1}{(s-\lambda_1)^2} & 0 & 0 \\ 0 & 0 & \dfrac{1}{s-\lambda_1} & 0 & 0 \\ 0 & 0 & 0 & \dfrac{1}{s-\lambda_2} & \dfrac{1}{(s-\lambda_2)^2} \\ 0 & 0 & 0 & 0 & \dfrac{1}{s-\lambda_2} \end{bmatrix} \tag{3.49}$$

5. 使用幂级数

前面借助有限次多项式定义了 $\boldsymbol{A}$ 的函数。现在借助无穷幂级数给出矩阵函数的另一种定义。假设可以将 $f(\lambda)$ 表示为幂级数

$$f(\lambda)=\sum_{i=0}^{\infty}\beta_i\lambda^i$$

其收敛半径为 ρ。若 $\boldsymbol{A}$ 所有特征值的模均小于 ρ，则可定义 $f(\boldsymbol{A})$ 为

$$f(\boldsymbol{A})=\sum_{i=0}^{\infty}\beta_i\boldsymbol{A}^i \tag{3.50}$$

这里并不证明该定义与基于定理3.5定义的等价性，而是利用式(3.50)导出式(3.47)。

【例3.13】 考虑式(3.46)中的约当型矩阵 $\hat{\boldsymbol{A}}$，令函数 $f(\lambda)$ 的泰勒级数展开为

$$f(\lambda)=f(\lambda_1)+f'(\lambda_1)(\lambda-\lambda_1)+\frac{f''(\lambda_1)}{2!}(\lambda-\lambda_1)^2+\cdots$$

其中 λ_1 是 $\hat{\boldsymbol{A}}$ 的特征值，则有

$$f(\hat{\boldsymbol{A}})=f(\lambda_1)\boldsymbol{I}+f'(\lambda_1)(\hat{\boldsymbol{A}}-\lambda_1\boldsymbol{I})+\cdots+\frac{f^{(n-1)}(\lambda_1)}{(n-1)!}(\hat{\boldsymbol{A}}-\lambda_1\boldsymbol{I})^{n-1}+\cdots$$

由于正如式(3.40)讨论的,当 $k \geqslant n=4$ 时,$(\hat{\boldsymbol{A}}-\lambda_1 \boldsymbol{I})^k=\boldsymbol{0}$,所以该无穷级数立即归结为式(3.47)。因此,这两种定义导致相同的矩阵函数。

矩阵 $\boldsymbol{A}$ 的最重要函数是指数函数 $e^{\boldsymbol{A}t}$,函数 $e^{\lambda t}$ 有如下关于 $\lambda_1=0$ 的泰勒级数,通常称之为麦克劳林级数,

$$e^{\lambda t}=1+\lambda t+\frac{\lambda^2 t^2}{2!}+\cdots+\frac{\lambda^n t^n}{n!}+\cdots$$

该级数对所有有限 λ 和有限 t 均收敛,因此有

$$e^{\boldsymbol{A}t}=\boldsymbol{I}+t\boldsymbol{A}+\frac{t^2}{2!}\boldsymbol{A}^2+\cdots=\sum_{k=0}^{\infty}\frac{1}{k!}t^k\boldsymbol{A}^k \tag{3.51}$$

该级数仅涉及乘法运算和加法运算,并且可以快速收敛,因而适用于计算机运算。以下列出 $t=1$ 时计算式(3.51)的 MATLAB 程序:

```
Function E = expmdemo2(A)
E = zero(size(A));
F = eye(size(A));
K = 1;
while norm(F + F - E,1)>0
    E = E + F;
    F = A * F/k;
    k = k + 1;
end
```

在该程序中,E 表示部分和,F 表示要加到 E 中的下一项,程序的第一行定义函数。接下来的两行对 E 和 F 进行初始化。设 c_k 表示 $t=1$ 时式(3.51)的第 k 项,则对于 $k=1,2,\cdots,c_{k+1}=(\boldsymbol{A}/k)c_k$,有 F = A * F/k。若用 norm(F + F - E,1)表示的 F + F - E 的 1 -范数四舍五入为 0,则终止计算。由于该算法比较 F 和 E,而非比较 F 和 0,所以算法使用 norm(F + F - E,1)而非 norm(F,1)。需要注意的是,norm(a,1)表示第 3.2 节讨论的向量 1 -范数,也表示将会在第 3.11 讨论的矩阵 1 -范数。可以看到该级数确实易于编程实现。为了改进计算结果,可以采用缩放乘方技术。MATLAB 中的函数 expmdemo2 采用式(3.51)来计算。但函数 expm 或者 expmdemo1 则采用称之为 Padé 近似的方法,得出的结果与 expmdemo2 相当,但只需约一半的计算时间,因此,相比 expmdemo2 应首选 expm。函数 expmdemo3 采用约当型,但若矩阵不可对角化则会得出错误结果。若要得到 $e^{\boldsymbol{A}t}$ 的闭式解,则须采用定理 3.5 或约当型来计算 $e^{\boldsymbol{A}t}$。

本节的最后,将导出 $e^{\boldsymbol{A}t}$ 的若干重要性质。借助式(3.51),可以很容易验证以下前两个等式

$$e^{\boldsymbol{0}}=\boldsymbol{I} \tag{3.52}$$

$$e^{\boldsymbol{A}(t_1+t_2)}=e^{\boldsymbol{A}t_1}e^{\boldsymbol{A}t_2} \tag{3.53}$$

$$[e^{\boldsymbol{A}t}]^{-1}=e^{-\boldsymbol{A}t} \tag{3.54}$$

为了证明式(3.54)，设 $t_2=-t_1$，则根据式(3.53)和式(3.52)可知

$$e^{\boldsymbol{A}t_1}e^{-\boldsymbol{A}t_1}=e^{\boldsymbol{A}\cdot 0}=e^{\boldsymbol{0}}=\boldsymbol{I}$$

因此，仅通过改变 t 的符号即可得出 $e^{\boldsymbol{A}t}$ 的逆。对(3.51)逐项求导可得

$$\frac{d}{dt}e^{\boldsymbol{A}t}=\sum_{k=1}^{\infty}\frac{1}{(k-1)!}t^{k-1}\boldsymbol{A}^k=$$

$$\boldsymbol{A}\left(\sum_{k=0}^{\infty}\frac{1}{k!}t^k\boldsymbol{A}^k\right)=\left(\sum_{k=0}^{\infty}\frac{1}{k!}t^k\boldsymbol{A}^k\right)\boldsymbol{A}$$

因此有

$$\frac{d}{dt}e^{\boldsymbol{A}t}=\boldsymbol{A}e^{\boldsymbol{A}t}=e^{\boldsymbol{A}t}\boldsymbol{A} \tag{3.55}$$

该等式十分重要。有必要提示的是

$$e^{(\boldsymbol{A}+\boldsymbol{B})t}\neq e^{\boldsymbol{A}t}e^{\boldsymbol{B}t} \tag{3.56}$$

仅当 $\boldsymbol{A}$ 与 $\boldsymbol{B}$ 可交换或 $\boldsymbol{AB}=\boldsymbol{BA}$ 时，等号才成立，可以通过直接代入式(3.51)验证这一结果。

函数 $f(t)$的拉普拉斯变换定义为

$$\hat{f}(s):=\mathcal{L}[f(t)]=\int_0^{\infty}f(t)e^{-st}dt$$

可以证明

$$\mathcal{L}\left[\frac{t^k}{k!}\right]=s^{-(k+1)}$$

对式(3.51)取拉普拉斯变换得

$$\mathcal{L}[e^{\boldsymbol{A}t}]=\sum_{k=0}^{\infty}s^{-(k+1)}\boldsymbol{A}^k=s^{-1}\sum_{k=0}^{\infty}(s^{-1}\boldsymbol{A})^k$$

由于当$|s^{-1}\lambda|<1$ 时，无穷级数

$$\sum_{k=0}^{\infty}(s^{-1}\lambda)^k=1+s^{-1}\lambda+s^{-2}\lambda^2+\cdots=(1-s^{-1}\lambda)^{-1}$$

收敛，所以有

$$\sum_{k=0}^{\infty}(s^{-1}\boldsymbol{A})^k=\boldsymbol{I}+s^{-1}\boldsymbol{A}+s^{-2}\boldsymbol{A}^2+\cdots=(\boldsymbol{I}-s^{-1}\boldsymbol{A})^{-1} \tag{3.57}$$

和

$$\mathcal{L}[e^{\boldsymbol{A}t}]=s^{-1}(\boldsymbol{I}-s^{-1}\boldsymbol{A})^{-1}=[s(\boldsymbol{I}-s^{-1}\boldsymbol{A})]^{-1}=(s\boldsymbol{I}-\boldsymbol{A})^{-1} \tag{3.58}$$

尽管在上述推导过程中，要求 s 足够大，以使得 $s^{-1}\boldsymbol{A}$ 的所有特征值的幅度均小于 1。但事实上，对于除 $\boldsymbol{A}$ 的特征值之外的所有 s，式(3.58)均成立。也可以根据式(3.55)证实式(3.58)，由于 $\mathcal{L}\left[\frac{df(t)}{dt}\right]=s\mathcal{L}[f(t)]-f(0)$，所以对式(3.55)取拉普拉斯变换可得

$$s\mathcal{L}[e^{\boldsymbol{A}t}]-e^{\boldsymbol{0}}=\boldsymbol{A}\mathcal{L}[e^{\boldsymbol{A}t}]$$

或

$$(s\boldsymbol{I}-\boldsymbol{A})\mathcal{L}[\mathrm{e}^{\boldsymbol{A}t}]=\mathrm{e}^{\boldsymbol{0}}=\boldsymbol{I}$$

由此可知式(3.58)。

3.7 Lyapunov 方程

考虑方程

$$\boldsymbol{AM}+\boldsymbol{MB}=\boldsymbol{C} \tag{3.59}$$

其中 $\boldsymbol{A}$ 和 $\boldsymbol{B}$ 分别为 $n\times n$ 和 $m\times m$ 的常数矩阵,为使方程有意义,矩阵 $\boldsymbol{M}$ 和 $\boldsymbol{C}$ 须为 $n\times m$ 阶。称该方程为"Lyapunov"方程。

可以将该方程写为一组标准线性代数方程,要了解这一点,假设 $n=3$ 且 $m=2$,并将方程(3.59)显式地写为

$$\begin{bmatrix} a_{11} & a_{12} & a_{13} \\ a_{21} & a_{22} & a_{23} \\ a_{31} & a_{32} & a_{33} \end{bmatrix}\begin{bmatrix} m_{11} & m_{12} \\ m_{21} & m_{22} \\ m_{31} & m_{32} \end{bmatrix}+\begin{bmatrix} m_{11} & m_{12} \\ m_{21} & m_{22} \\ m_{31} & m_{32} \end{bmatrix}\begin{bmatrix} b_{11} & b_{12} \\ b_{21} & b_{22} \end{bmatrix}=\begin{bmatrix} c_{11} & c_{12} \\ c_{21} & c_{22} \\ c_{31} & c_{32} \end{bmatrix}$$

将之乘开,并令等式两边对应元素相等可得

$$\begin{bmatrix} a_{11}+b_{11} & a_{12} & a_{13} & b_{21} & 0 & 0 \\ a_{21} & a_{22}+b_{11} & a_{23} & 0 & b_{21} & 0 \\ a_{31} & a_{32} & a_{33}+b_{11} & 0 & 0 & b_{21} \\ b_{12} & 0 & 0 & a_{11}+b_{22} & a_{12} & a_{13} \\ 0 & b_{12} & 0 & a_{21} & a_{22}+b_{22} & a_{23} \\ 0 & 0 & b_{12} & a_{31} & a_{32} & a_{33}+b_{22} \end{bmatrix}\times$$

$$\begin{bmatrix} m_{11} \\ m_{21} \\ m_{31} \\ m_{12} \\ m_{22} \\ m_{32} \end{bmatrix}=\begin{bmatrix} c_{11} \\ c_{21} \\ c_{31} \\ c_{12} \\ c_{22} \\ c_{32} \end{bmatrix} \tag{3.60}$$

该式的确为一标准线性代数方程,左侧矩阵为 $n\times m=3\times 2=6$ 阶方阵。

定义 $\mathscr{A}(\boldsymbol{M}):=\boldsymbol{AM}+\boldsymbol{MB}$,则可将 Lyapunov 方程写为 $\mathscr{A}(\boldsymbol{M})=\boldsymbol{C}$,它将一个 nm 维线性空间映射至其自身。若存在非零 $\boldsymbol{M}$ 使得

$$\mathscr{A}(\boldsymbol{M})=\eta\boldsymbol{M}$$

成立,则称标量 η 为 $\mathscr{A}$ 的特征值,由于可以将 $\mathscr{A}$ 视为 nm 阶的方阵,所以该矩阵有 nm 个特征值 η_k, $k=1,2,\cdots,nm$。事实证明

$$\eta_k=\lambda_i+\mu_j,\quad i=1,2,\cdots,n,\quad j=1,2,\cdots,m$$

其中 $\lambda_i, i=1,2,\cdots,n$ 和 $\mu_j, j=1,2,\cdots,m$ 分别为$\mathscr{A}$和 $\boldsymbol{B}$ 的特征值。换言之,$\mathscr{A}$的特征值是$\mathscr{A}$特征值和 $\boldsymbol{B}$ 特征值所有可能的和。

这里直观地解释其原因,设 $\boldsymbol{u}$ 为 $\boldsymbol{A}$ 的属于 λ_i 的 $n\times 1$ 右特征向量,即 $\boldsymbol{Au}=\lambda_i\boldsymbol{u}$。设 $\boldsymbol{v}$ 为 $\boldsymbol{B}$ 的属于 μ_j 的 $1\times m$ 左特征向量,即 $\boldsymbol{vB}=\boldsymbol{v}\mu_j$。将$\mathscr{A}$作用于 $n\times m$ 的矩阵 $\boldsymbol{uv}$ 可得

$$\mathscr{A}(\boldsymbol{uv})=\boldsymbol{Auv}+\boldsymbol{uvB}=\lambda_i\boldsymbol{uv}+\boldsymbol{uv}\mu_j=(\lambda_i+\mu_j)\boldsymbol{uv}$$

由于 $\boldsymbol{u}$ 和 $\boldsymbol{v}$ 均非零,所以矩阵 $\boldsymbol{uv}$ 也非零,因此 $\lambda_i+\mu_j$ 是$\mathscr{A}$的特征值。

方阵的行列式是其所有特征值的乘积,因此当且仅当矩阵没有零特征值时,矩阵非奇异。若不存在 i 和 j 使得 $\lambda_i+\mu_j=0$,则式(3.60)中的方阵非奇异,并且对于任一 $\boldsymbol{C}$,都存在满足该方程的唯一解 $\boldsymbol{M}$。在这种情况下,称 Lyapunov 方程非奇异。若对某些 i 和 j,$\lambda_i+\mu_j=0$,则对于给定的 $\boldsymbol{C}$,方程的解可能存在也可能不存在。若 $\boldsymbol{C}$ 落入 $\boldsymbol{A}$ 的值域空间内,则方程的解存在且不唯一,参见习题 3.32。

MATLAB 函数 `m = lyap(a,b,-c)`可以求出式(3.59)中 Lyapunov 方程的解。

3.8　一些有用公式

本节讨论后文需要的若干公式。设 $\boldsymbol{A}$ 和 $\boldsymbol{B}$ 为 $m\times n$ 和 $n\times p$ 常数矩阵。则有

$$\rho(\boldsymbol{AB})\leqslant\min[\rho(\boldsymbol{A}),\rho(\boldsymbol{B})] \tag{3.61}$$

其中 ρ 表示矩阵的秩。可对其论证如下,设 $\rho(\boldsymbol{B})=\alpha$,则 $\boldsymbol{B}$ 有 α 个线性无关行。对于 $\boldsymbol{AB}$,可以看作是 $\boldsymbol{A}$ 对 $\boldsymbol{B}$ 的行变换,因此 $\boldsymbol{AB}$ 的行是 $\boldsymbol{B}$ 的行的线性组合,其结果是,$\boldsymbol{AB}$ 最多有 α 个线性无关行。对于 $\boldsymbol{AB}$,也可以看作是 $\boldsymbol{B}$ 对 $\boldsymbol{A}$ 的列变换,因此,若 $\boldsymbol{A}$ 有 β 个线性无关列,则 $\boldsymbol{AB}$ 最多有 β 个线性无关列。式(3.61)得证。因而,若 $\boldsymbol{A}=\boldsymbol{B}_1\boldsymbol{B}_2\boldsymbol{B}_3\cdots$,则 $\boldsymbol{A}$ 的秩等于或小于 $\boldsymbol{B}_i$ 中的最小秩。

设 $\boldsymbol{A}$ 为 $m\times n$ 的矩阵,而 $\boldsymbol{C}$ 和 $\boldsymbol{D}$ 为任意 $n\times n$ 和 $m\times m$ 的非奇异矩阵,则有

$$\rho(\boldsymbol{AC})=\rho(\boldsymbol{A})=\rho(\boldsymbol{DA}) \tag{3.62}$$

换句话说,左乘或者右乘非奇异矩阵,不改变矩阵的秩。为证明式(3.62),定义

$$\boldsymbol{P}:=\boldsymbol{AC} \tag{3.63}$$

由于 $\rho(\boldsymbol{A})=\min(m,n)$且 $\rho(\boldsymbol{C})=n$,有 $\rho(\boldsymbol{A})\leqslant\rho(\boldsymbol{C})$。因此,由式(3.61)可知

$$\rho(\boldsymbol{P})\leqslant\min[\rho(\boldsymbol{A}),\rho(\boldsymbol{C})]\leqslant\rho(\boldsymbol{A})$$

接下来将式(3.63)写为 $\boldsymbol{A}=\boldsymbol{PC}^{-1}$,同理,有 $\rho(\boldsymbol{A})\leqslant\rho(\boldsymbol{P})$。因此,得出结论 $\rho(\boldsymbol{A})=\rho(\boldsymbol{P})$。式(3.62)的结果表明初等变换不改变矩阵的秩,初等变换包括① 矩阵的行或列乘以非零常数;② 交换矩阵的两行或两列;③ 将矩阵某行(或某列)乘以某数,再将其乘积加到另外一行(或另外一列)。这些变换等同于乘以非奇异矩阵,参见参考文献[6]第 542 页。

设 $\boldsymbol{A}$ 为 $m\times n$ 的矩阵且 $\boldsymbol{B}$ 为 $n\times m$ 的矩阵,则有

$$\det(\boldsymbol{I}_m+\boldsymbol{AB})=\det(\boldsymbol{I}_n+\boldsymbol{BA}) \tag{3.64}$$

其中 $\boldsymbol{I}_m$ 为 m 阶单位阵。为了证明式(3.64),定义

$$\boldsymbol{N}=\begin{bmatrix}\boldsymbol{I}_m & \boldsymbol{A}\\ \boldsymbol{0} & \boldsymbol{I}_n\end{bmatrix},\quad \boldsymbol{Q}=\begin{bmatrix}\boldsymbol{I}_m & \boldsymbol{0}\\ -\boldsymbol{B} & \boldsymbol{I}_n\end{bmatrix},\quad \boldsymbol{P}=\begin{bmatrix}\boldsymbol{I}_m & -\boldsymbol{A}\\ \boldsymbol{B} & \boldsymbol{I}_n\end{bmatrix}$$

求出

$$\boldsymbol{NP}=\begin{bmatrix}\boldsymbol{I}_m+\boldsymbol{AB} & \boldsymbol{0}\\ \boldsymbol{B} & \boldsymbol{I}_n\end{bmatrix}$$

和

$$\boldsymbol{QP}=\begin{bmatrix}\boldsymbol{I}_m & -\boldsymbol{A}\\ \boldsymbol{0} & \boldsymbol{I}_n+\boldsymbol{BA}\end{bmatrix}$$

由于 $\boldsymbol{N}$ 和 $\boldsymbol{Q}$ 为分块三角阵,所以其行列式等于这些分块对角阵行列式的乘积,即

$$\det\boldsymbol{N}=\det\boldsymbol{I}_m\cdot\det\boldsymbol{I}_n=1=\det\boldsymbol{Q}$$

同样有

$$\det(\boldsymbol{NP})=\det(\boldsymbol{I}_m+\boldsymbol{AB}),\quad \det(\boldsymbol{QP})=\det(\boldsymbol{I}_n+\boldsymbol{BA})$$

由于

$$\det(\boldsymbol{NP})=\det\boldsymbol{N}\det\boldsymbol{P}=\det\boldsymbol{P}$$

和

$$\det(\boldsymbol{QP})=\det\boldsymbol{Q}\det\boldsymbol{P}=\det\boldsymbol{P}$$

于是有结论 $\det(\boldsymbol{I}_m+\boldsymbol{AB})=\det(\boldsymbol{I}_n+\boldsymbol{BA})$。

在 $\boldsymbol{N}$,$\boldsymbol{Q}$ 和 $\boldsymbol{P}$ 中,若 $\boldsymbol{I}_n$,$\boldsymbol{I}_m$ 和 $\boldsymbol{B}$ 分别用$\sqrt{s}\boldsymbol{I}_n$,$\sqrt{s}\boldsymbol{I}_m$ 和$-\boldsymbol{B}$ 替换,则可以容易得到

$$s^n\det(s\boldsymbol{I}_m-\boldsymbol{AB})=s^m\det(s\boldsymbol{I}_n-\boldsymbol{BA})\tag{3.65}$$

由此可知,对于 $n=m$ 或 $\boldsymbol{A}$ 和 $\boldsymbol{B}$ 均为 $n\times n$ 方阵,有

$$\det(s\boldsymbol{I}_n-\boldsymbol{AB})=\det(s\boldsymbol{I}_n-\boldsymbol{BA})\tag{3.66}$$

这些都是十分有用的公式。

3.9 二次型和正定性①

若 $n\times n$ 的实矩阵 $\boldsymbol{M}$,其转置等于其自身,则 $\boldsymbol{M}$ 称为“对称矩阵”。标量函数 $\boldsymbol{x}'\boldsymbol{Mx}$ 称为“二次型”,其中 $\boldsymbol{x}$ 为 $n\times1$ 的实向量而 $\boldsymbol{M}'=\boldsymbol{M}$。下面来证明,对称矩阵 $\boldsymbol{M}$ 的所有特征值均为实数。

如例 3.7 所示,实矩阵的特征值和特征向量可以是复数,于是,必须允许 $\boldsymbol{x}$ 暂时设为复值向量,并且考虑标量函数 $\boldsymbol{x}^*\boldsymbol{Mx}$,其中 $\boldsymbol{x}^*$ 是 $\boldsymbol{x}$ 的复共轭转置。取 $\boldsymbol{x}^*\boldsymbol{Mx}$ 的复共轭转置可得

$$(\boldsymbol{x}^*\boldsymbol{Mx})^*=\boldsymbol{x}^*\boldsymbol{M}^*\boldsymbol{x}=\boldsymbol{x}^*\boldsymbol{M}'\boldsymbol{x}=\boldsymbol{x}^*\boldsymbol{Mx}\tag{3.67}$$

① 本节内容仅在第 5.5 节和第 3.10 节中使用,因此,本节内容的研究可以与那些章节联系在一起。

其中使用了实矩阵 $\boldsymbol{M}$ 的复共轭转置即归结为转置这一事实。因此对任意复值向量 $\boldsymbol{x}$，$\boldsymbol{x}^*\boldsymbol{M}\boldsymbol{x}$ 均为实数，若 $\boldsymbol{M}$ 并非对称阵，该断言不成立。设 λ 是 $\boldsymbol{M}$ 的特征值，$\boldsymbol{v}$ 是其特征向量，即 $\boldsymbol{M}\boldsymbol{v}=\lambda\boldsymbol{v}$。由于

$$\boldsymbol{v}^*\boldsymbol{M}\boldsymbol{v}=\boldsymbol{v}^*\lambda\boldsymbol{v}=\lambda(\boldsymbol{v}^*\boldsymbol{v}) \tag{3.68}$$

并且由于 $\boldsymbol{v}^*\boldsymbol{M}\boldsymbol{v}$ 和 $\boldsymbol{v}^*\boldsymbol{v}$ 均为实数，所以特征值 λ 必为实数。这就证明了，对称矩阵 $\boldsymbol{M}$ 的所有特征值均为实数。有了上述既定事实，就可以专注于研究实向量 $\boldsymbol{x}$ 了。

对称矩阵 $\boldsymbol{M}$ 的特征值均为实数，这些特征值可以是单特征值或重特征值。假设 $\boldsymbol{M}$ 有某个 m 重重特征值，则根据在例 3.14 中对于 $m=2$ 情况的证明，存在属于该特征值的 m 个线性无关的特征向量。因此，该矩阵不存在 2 阶或更高阶约当块，换言之，正如式(3.39)中的最后一个矩阵，$\boldsymbol{M}$ 可对角化。因此对于单特征值或重特征值的对称阵 $\boldsymbol{M}$，存在非奇异矩阵 $\boldsymbol{Q}$ 使得

$$\boldsymbol{D}=\boldsymbol{Q}^{-1}\boldsymbol{M}\boldsymbol{Q} \quad \text{或} \quad \boldsymbol{M}=\boldsymbol{Q}\boldsymbol{D}\boldsymbol{Q}^{-1} \tag{3.69}$$

其中 $\boldsymbol{D}$ 为对角阵，其对角线上的元素是 $\boldsymbol{M}$ 的实特征值。借助 $(\boldsymbol{A}\boldsymbol{B})'=\boldsymbol{B}'\boldsymbol{A}'$，式(3.69)取转置可得

$$\boldsymbol{M}'=(\boldsymbol{Q}\boldsymbol{D}\boldsymbol{Q}^{-1})'=(\boldsymbol{Q}^{-1})'\boldsymbol{D}'\boldsymbol{Q}'$$

借助 $\boldsymbol{M}'=\boldsymbol{M}$（假设如此）和 $\boldsymbol{D}'=\boldsymbol{D}$（由于 $\boldsymbol{D}$ 为对角阵），上式变为

$$\boldsymbol{M}=(\boldsymbol{Q}^{-1})'\boldsymbol{D}\boldsymbol{Q}'$$

对比式(3.69)可得 $\boldsymbol{Q}^{-1}=\boldsymbol{Q}'$，因此 $\boldsymbol{Q}$ 为正交矩阵，可以将该结论表述为定理。

定理 3.6

对任一实对称矩阵 $\boldsymbol{M}$，总存在正交矩阵 $\boldsymbol{Q}$，使得

$$\boldsymbol{M}=\boldsymbol{Q}\boldsymbol{D}\boldsymbol{Q}' \quad \text{或} \quad \boldsymbol{D}=\boldsymbol{Q}'\boldsymbol{M}\boldsymbol{Q}$$

其中 $\boldsymbol{D}$ 为对角阵，其对角线上的元素是 $\boldsymbol{M}$ 的特征值，全部为实数。

【例 3.14】　考虑 3×3 的对称矩阵

$$\boldsymbol{M}=\begin{bmatrix}3 & 2 & 0\\ 2 & 0 & 0\\ 0 & 0 & 4\end{bmatrix}$$

求出其特征多项式：

$$\det(\lambda\boldsymbol{I}-\boldsymbol{M})=\det\begin{bmatrix}\lambda-3 & -2 & 0\\ -2 & \lambda & 0\\ 0 & 0 & \lambda-4\end{bmatrix}=$$

$$(\lambda^2-3\lambda-4)(\lambda-4)=(\lambda+1)(\lambda-4)^2$$

因此，$\boldsymbol{M}$ 有三个实特征值 $\lambda_1=-1$，$\lambda_2=4$，和 $\lambda_3=4$。

计算 $\boldsymbol{M}$ 的属于 $\lambda_1=-1$ 的特征向量：

$$(\boldsymbol{M}-\lambda_1\boldsymbol{I})\boldsymbol{q}_1=\begin{bmatrix}4 & 2 & 0\\ 2 & 1 & 0\\ 0 & 0 & 5\end{bmatrix}\boldsymbol{q}_1=\boldsymbol{0}$$

显然 $\bar{q}_1=[1\quad -2\quad 0]'$是方程的解。由于 $\bar{q}'_1\bar{q}_1=5$,所以对 $\bar{q}_1$ 的每个元素都除以 $\sqrt{5}$,得到 $\boldsymbol{M}$ 的属于λ_1 的归一化特征向量 $\boldsymbol{q}_1=[\frac{1}{\sqrt{5}}\quad -\frac{2}{\sqrt{5}}\quad 0]'$。对于重特征值 $\lambda_2=\lambda_3=4$,求解方程

$$(\boldsymbol{M}-\lambda_2\boldsymbol{I})\boldsymbol{q}_1=\begin{bmatrix}-1 & 2 & 0\\ 2 & -4 & 0\\ 0 & 0 & 0\end{bmatrix}\boldsymbol{q}_2=\boldsymbol{0}$$

方程中矩阵的秩为1,零化度为2。因此,可以找到两个线性无关解(定理3.3),它们是 $\boldsymbol{q}_2=[0\quad 0\quad 1]'$和 $\bar{\boldsymbol{q}}_3=[2\quad 1\quad 0]'$或归一化后的 $\boldsymbol{q}_3=[\frac{2}{\sqrt{5}}\quad \frac{1}{\sqrt{5}}\quad 0]'$。这三个向量 $\boldsymbol{q}_i$,$i=1,2,3$ 显然标准正交,因此正交矩阵

$$\boldsymbol{Q}=\begin{bmatrix}\frac{1}{\sqrt{5}} & 0 & \frac{2}{\sqrt{5}}\\ -\frac{2}{\sqrt{5}} & 0 & \frac{1}{\sqrt{5}}\\ 0 & 1 & 0\end{bmatrix},\quad \boldsymbol{Q}^{-1}=\boldsymbol{Q}'=\begin{bmatrix}\frac{1}{\sqrt{5}} & -\frac{2}{\sqrt{5}} & 0\\ 0 & 0 & 1\\ \frac{2}{\sqrt{5}} & \frac{1}{\sqrt{5}} & 0\end{bmatrix}$$

将 $\boldsymbol{M}$ 变换为对角阵 $\boldsymbol{D}=\mathrm{diag}[-1,4,4]$。对 $\boldsymbol{M}=\boldsymbol{QDQ}'$,或等价地 $\boldsymbol{MQ}=\boldsymbol{QD}$ 进行验证,求出

$$\boldsymbol{MQ}=\begin{bmatrix}3 & 2 & 0\\ 2 & 0 & 0\\ 0 & 0 & 4\end{bmatrix}\begin{bmatrix}\frac{1}{\sqrt{5}} & 0 & \frac{2}{\sqrt{5}}\\ -\frac{2}{\sqrt{5}} & 0 & \frac{1}{\sqrt{5}}\\ 0 & 1 & 0\end{bmatrix}=\begin{bmatrix}-\frac{1}{\sqrt{5}} & 0 & \frac{8}{\sqrt{5}}\\ \frac{2}{\sqrt{5}} & 0 & \frac{4}{\sqrt{5}}\\ 0 & 4 & 0\end{bmatrix}$$

以及

$$\boldsymbol{QD}=\begin{bmatrix}\frac{1}{\sqrt{5}} & 0 & \frac{2}{\sqrt{5}}\\ -\frac{2}{\sqrt{5}} & 0 & \frac{1}{\sqrt{5}}\\ 0 & 1 & 0\end{bmatrix}\begin{bmatrix}-1 & 0 & 0\\ 0 & 4 & 0\\ 0 & 0 & 4\end{bmatrix}=\begin{bmatrix}-\frac{1}{\sqrt{5}} & 0 & \frac{8}{\sqrt{5}}\\ \frac{2}{\sqrt{5}} & 0 & \frac{4}{\sqrt{5}}\\ 0 & 4 & 0\end{bmatrix}$$

二者的确相等。需要注意的是,MATLAB 函数`[q,d] = eig(m)`也可以生成 $\boldsymbol{Q}$ 和 $\boldsymbol{D}$。

若对任一非零向量 $\boldsymbol{x}$,$\boldsymbol{x}'\boldsymbol{Mx}>0$,则对称矩阵 $\boldsymbol{M}$ 称为"正定矩阵",记为 $\boldsymbol{M}>0$。若对任一非零向量 $\boldsymbol{x}$,$\boldsymbol{x}'\boldsymbol{Mx}\geqslant 0$,则对称矩阵 $\boldsymbol{M}$ 为"半正定矩阵",记为 $\boldsymbol{M}\geqslant 0$。若 $\boldsymbol{M}>0$,则当且仅当 $\boldsymbol{x}=0$ 时,$\boldsymbol{x}'\boldsymbol{Mx}=0$。若 $\boldsymbol{M}$ 半正定,则存在非零向量 $\boldsymbol{x}$ 使得 $\boldsymbol{x}'\boldsymbol{Mx}=0$。该性质将在后文反复使用。

定理 3.7

$n\times n$ 的对称矩阵 $\boldsymbol{M}$ 为正定(半正定),当且仅当以下任一条件成立时

① $\boldsymbol{M}$ 的任一特征值均为正(零或正数)。

② $\boldsymbol{M}$ 的所有“顺序”主子式均为正($\boldsymbol{M}$ 的所有主子式均为零或正数)。

③ 存在 $n\times n$ 的非奇异矩阵 $\boldsymbol{N}$($n\times n$ 奇异矩阵 $\boldsymbol{N}$ 或 $m\times n$ 的矩阵 $\boldsymbol{N}$,其中 $m<n$)使得 $\boldsymbol{M}=\boldsymbol{N}'\boldsymbol{N}$。

借助定理 3.6 可以很容易证明条件①。接下来考虑条件③,若 $\boldsymbol{M}=\boldsymbol{N}'\boldsymbol{N}$,则,对任意 $\boldsymbol{x}$ 均有

$$\boldsymbol{x}'\boldsymbol{M}\boldsymbol{x}=\boldsymbol{x}'\boldsymbol{N}'\boldsymbol{N}\boldsymbol{x}=(\boldsymbol{N}\boldsymbol{x})'(\boldsymbol{N}\boldsymbol{x})=\|\boldsymbol{N}\boldsymbol{x}\|_2^2\geqslant 0$$

若 $\boldsymbol{N}$ 非奇异,则使 $\boldsymbol{N}\boldsymbol{x}=\boldsymbol{0}$ 的唯一 $\boldsymbol{x}$ 为 $\boldsymbol{x}=\boldsymbol{0}$,因此 $\boldsymbol{M}$ 正定。若 $\boldsymbol{N}$ 奇异,则存在非零 $\boldsymbol{x}$ 使得 $\boldsymbol{N}\boldsymbol{x}=\boldsymbol{0}$,因此 $\boldsymbol{M}$ 半正定。条件②的证明,可参见参考文献[13]。

下面举一个例子来解释主子式和顺序主子式。考虑

$$\boldsymbol{M}=\begin{bmatrix} m_{11} & m_{12} & m_{13} \\ m_{21} & m_{22} & m_{23} \\ m_{31} & m_{32} & m_{33} \end{bmatrix}$$

其主子式包括 m_{11}, m_{22}, m_{33},

$$\det\begin{bmatrix} m_{11} & m_{12} \\ m_{21} & m_{22} \end{bmatrix},\quad \det\begin{bmatrix} m_{11} & m_{13} \\ m_{31} & m_{33} \end{bmatrix},\quad \det\begin{bmatrix} m_{22} & m_{23} \\ m_{32} & m_{33} \end{bmatrix}$$

和 $\det \boldsymbol{M}$,因此,主子式是 $\boldsymbol{M}$ 中那些对角线元素与 $\boldsymbol{M}$ 的对角线元素相同的所有子矩阵的行列式,$\boldsymbol{M}$ 的顺序主子式是 m_{11},$\det\begin{bmatrix} m_{11} & m_{12} \\ m_{21} & m_{22} \end{bmatrix}$ 和 $\det\boldsymbol{M}$。因此,$\boldsymbol{M}$ 的顺序主子式为通过删除最后 k 列和最后 k 行($k=2,1,0$)后得到的 $\boldsymbol{M}$ 子矩阵的行列式。

定理 3.8

① 对 $m\times n$ 的矩阵 $\boldsymbol{H}$,$m\geqslant n$,其秩为 n,当且仅当 $n\times n$ 的矩阵 $\boldsymbol{H}'\boldsymbol{H}$ 的秩为 n 或 $\det(\boldsymbol{H}'\boldsymbol{H})\neq 0$ 时。

② 对 $m\times n$ 的矩阵 $\boldsymbol{H}$,$m\leqslant n$,其秩为 m,当且仅当 $m\times m$ 矩阵 $\boldsymbol{H}\boldsymbol{H}'$ 的秩为 m 或 $\det(\boldsymbol{H}\boldsymbol{H}')\neq 0$ 时。

对称矩阵 $\boldsymbol{H}'\boldsymbol{H}$ 总为半正定,若 $\boldsymbol{H}'\boldsymbol{H}$ 非奇异,则 $\boldsymbol{H}'\boldsymbol{H}$ 正定。下面给出该定理的证明。由于在证明第 6 章中的主要结论时要用到此证明过程的论证,因而这里详细写出证明过程。

证明:必要性:根据条件 $\rho(\boldsymbol{H}'\boldsymbol{H})=n$ 导出 $\rho(\boldsymbol{H})=n$。采用反证法,假设 $\rho(\boldsymbol{H}'\boldsymbol{H})=n$ 但 $\rho(\boldsymbol{H})<n$,则存在某非零向量 $\boldsymbol{v}$ 使得 $\boldsymbol{H}\boldsymbol{v}=\boldsymbol{0}$,由此可知 $\boldsymbol{H}'\boldsymbol{H}\boldsymbol{v}=\boldsymbol{0}$,这与假设 $\rho(\boldsymbol{H}'\boldsymbol{H})=n$ 矛盾。因此由 $\rho(\boldsymbol{H}'\boldsymbol{H})=n$ 可知 $\rho(\boldsymbol{H})=n$。

充分性:根据条件 $\rho(\boldsymbol{H})=n$ 导出 $\rho(\boldsymbol{H}'\boldsymbol{H})=n$。假设结论不成立,或 $\rho(\boldsymbol{H}'\boldsymbol{H})<n$,则存在某非零向量 $\boldsymbol{v}$ 使得 $\boldsymbol{H}'\boldsymbol{H}\boldsymbol{v}=\boldsymbol{0}$,由此可知 $\boldsymbol{v}'\boldsymbol{H}'\boldsymbol{H}\boldsymbol{v}=0$ 或

$$0=\boldsymbol{v}'\boldsymbol{H}'\boldsymbol{H}\boldsymbol{v}=(\boldsymbol{H}\boldsymbol{v})'(\boldsymbol{H}\boldsymbol{v})=\|\boldsymbol{H}\boldsymbol{v}\|_2^2$$

因此有 $\boldsymbol{H}\boldsymbol{v}=\boldsymbol{0}$,这与假设 $\boldsymbol{v}\neq\boldsymbol{0}$ 和 $\rho(\boldsymbol{H})=n$ 矛盾,因此根据 $\rho(\boldsymbol{H})=n$ 可知 $\rho(\boldsymbol{H}'\boldsymbol{H})=$

n,定理3.8的第一条得证。类似可证明第二条。

我们讨论 $\boldsymbol{H}'\boldsymbol{H}$ 的特征值和 $\boldsymbol{H}\boldsymbol{H}'$ 的特征值之间的关系,由于 $\boldsymbol{H}'\boldsymbol{H}$ 和 $\boldsymbol{H}\boldsymbol{H}'$ 均为对称半正定矩阵,所以其特征值均为实数且非负(零或正数)。若 $\boldsymbol{H}$ 为 $m\times n$ 的矩阵,则 $\boldsymbol{H}\boldsymbol{H}'$ 有 n 个特征值,而 $\boldsymbol{H}\boldsymbol{H}'$ 有 m 个特征值。设 $\boldsymbol{A}=\boldsymbol{H},\boldsymbol{B}=\boldsymbol{H}'$,则式(3.65)变为

$$\det(s\boldsymbol{I}_m-\boldsymbol{H}\boldsymbol{H}')=s^{m-n}\det(s\boldsymbol{I}_n-\boldsymbol{H}'\boldsymbol{H}) \tag{3.70}$$

由此可知 $\boldsymbol{H}\boldsymbol{H}'$ 和 $\boldsymbol{H}'\boldsymbol{H}$ 的特征多项式差别仅在于 s^{m-n}。因此,结论是,$\boldsymbol{H}\boldsymbol{H}'$ 和 $\boldsymbol{H}'\boldsymbol{H}$ 具有相同的非零特征值,但零特征值的数目可能不同。此外,它们最多有 $\bar{n}:=\min(m,n)$ 个非零特征值。

3.10 奇异值分解

正如在前面各节看到的,奇异值分解是求矩阵的秩、值域空间和零空间的一种可靠的数值计算方法,因此,对其熟悉异常有用。但是本教材仅在第7.10节中使用其理论结果,因此对其研究时可紧密联系对应章节。

设 $\boldsymbol{H}$ 为 $m\times n$ 的实矩阵,定义 $\boldsymbol{M}:=\boldsymbol{H}'\boldsymbol{H}$,显然,$\boldsymbol{M}$ 为 $n\times n$ 的对称半正定矩阵。因此,$\boldsymbol{M}$ 的所有特征值均为实数且非负(零或正数)。设 r 为其正特征值的数目,则可以将 $\boldsymbol{M}=\boldsymbol{H}'\boldsymbol{H}$ 的特征值排列为

$$\lambda_1^2\geqslant\lambda_2^2\geqslant\cdots\geqslant\lambda_r^2>0=\lambda_{r+1}=\cdots=\lambda_n$$

设 $\bar{n}:=\min(m,n)$,则称集合

$$\lambda_1\geqslant\lambda_2\geqslant\cdots\geqslant\lambda_r>0=\lambda_{r+1}=\cdots=\lambda_{\bar{n}}$$

为 $\boldsymbol{H}$ 的"奇异值",奇异值通常按取值递减的顺序排列。

【例3.15】 考虑2×3的矩阵

$$\boldsymbol{H}=\begin{bmatrix}-4 & -1 & 2\\ 2 & 0.5 & -1\end{bmatrix}$$

求出

$$\boldsymbol{M}=\boldsymbol{H}'\boldsymbol{H}=\begin{bmatrix}20 & 5 & -10\\ 5 & 1.25 & -2.5\\ -10 & -2.5 & 5\end{bmatrix}$$

并求出其特征多项式为

$$\det(\lambda\boldsymbol{I}-\boldsymbol{M})=\lambda^3-26.25\lambda^2=\lambda^2(\lambda-26.25)$$

因此 $\boldsymbol{H}'\boldsymbol{H}$ 的特征值为26.25,0和0,$\boldsymbol{H}$ 的奇异值为 $\sqrt{26.25}=5.1235$ 和0。需要注意的是,奇异值的数目等于 $\min(n,m)$。

考虑到式(3.70),也可以根据 $\boldsymbol{H}\boldsymbol{H}'$ 的特征值来计算 $\boldsymbol{H}$ 的奇异值,事实上有

$$\bar{\boldsymbol{M}}:=\boldsymbol{H}\boldsymbol{H}'=\begin{bmatrix}21 & -10.5\\ -10.5 & 5.25\end{bmatrix}$$

和

$$\det(\lambda \boldsymbol{I} - \bar{\boldsymbol{M}}) = \lambda^2 - 26.25\lambda = \lambda(\lambda - 26.25)$$

因此 $\boldsymbol{HH}'$ 的特征值为 26.25 和 0，且 $\boldsymbol{H}'$ 的奇异值为 5.1235 和 0。$\boldsymbol{H}'\boldsymbol{H}$ 的特征值与 $\boldsymbol{HH}'$ 的特征值的差别仅在于零特征值的数目，且 $\boldsymbol{H}$ 的奇异值等于 $\boldsymbol{H}'$ 的奇异值。

根据定理 3.6，对于 $\boldsymbol{M} = \boldsymbol{H}'\boldsymbol{H}$，存在正交矩阵 $\boldsymbol{Q}$ 使得

$$\boldsymbol{Q}'\boldsymbol{H}'\boldsymbol{H}\boldsymbol{Q} = \boldsymbol{D} =: \boldsymbol{S}'\boldsymbol{S} \tag{3.71}$$

成立，其中 $\boldsymbol{D}$ 为 $n \times n$ 的对角阵，对角线上的元素为 λ_i^2，$\boldsymbol{S}$ 为 $m \times n$ 的矩阵，其对角线上的元素为奇异值 λ_i。对式(3.71)接着变换可以最终导出以下定理。

定理 3.9(奇异值分解)

可以将任一 $m \times n$ 的矩阵 $\boldsymbol{H}$ 变换为如下形式

$$\boldsymbol{H} = \boldsymbol{RSQ}'$$

其中 $\boldsymbol{R}'\boldsymbol{R} = \boldsymbol{RR}' = \boldsymbol{I}_m$，$\boldsymbol{Q}'\boldsymbol{Q} = \boldsymbol{QQ}' = \boldsymbol{I}_n$，且 $\boldsymbol{S}$ 为 $m \times n$ 的矩阵，其对角线上的元素为 $\boldsymbol{H}$ 的奇异值。

$\boldsymbol{Q}$ 的各列是 $\boldsymbol{H}'\boldsymbol{H}$ 的标准正交化特征向量，且 $\boldsymbol{R}$ 的各列是 $\boldsymbol{HH}'$ 的标准正交化特征向量。一旦求出 $\boldsymbol{R}$、$\boldsymbol{S}$ 和 $\boldsymbol{Q}$，则 $\boldsymbol{H}$ 的秩等于非零奇异值的数目。若 $\boldsymbol{H}$ 的秩为 r，则 $\boldsymbol{R}$ 的前 r 列是 $\boldsymbol{H}$ 的值域空间的标准正交基，而 $\boldsymbol{Q}$ 的后 $(n-r)$ 列是 $\boldsymbol{H}$ 的零空间的标准正交基。虽然计算奇异值分解很耗时，但它的计算非常可靠，并且给出了秩的定量度量。因此，MATLAB 中采用奇异值分解计算矩阵的秩、值域空间和零空间。MATLAB 中可以通过键入 `s = svd(H)` 来得出 $\boldsymbol{H}$ 的奇异值，键入 `[R,S,Q] = svd(H)` 得出定理中的三个矩阵，键入 `orth()` 和 `null(H)` 分别得出 $\boldsymbol{H}$ 的值域空间和零空间的标准正交基，在第 7 章中将会多次使用函数 `null`。

【例 3.16】 考虑式(3.11)的矩阵，键入

```
a = [0 1 1 2; 1 2 3 4; 2 0 2 0];
[r,s,q] = svd(a)
```

得到

$$r = \begin{bmatrix} -0.3782 & -0.3084 & 0.8729 \\ -0.8877 & -0.1468 & -0.4364 \\ -0.2627 & 0.9399 & 0.2182 \end{bmatrix}, \quad s = \begin{bmatrix} 6.1568 & 0 & 0 & 0 \\ 0 & 2.4686 & 0 & 0 \\ 0 & 0 & 0 & 0 \end{bmatrix}$$

$$q = \begin{bmatrix} -0.2295 & 0.7020 & -0.6194 & -0.2662 \\ -0.3498 & -0.2439 & 0.2293 & -0.8750 \\ -0.5793 & 0.4581 & 0.6194 & 0.2662 \\ -0.6996 & -0.4877 & -0.4243 & -0.3044 \end{bmatrix}$$

因此，式(3.11)中矩阵 $\boldsymbol{A}$ 的奇异值为 6.1568，2.4686 和 0，该矩阵有两个非零的奇异值，因此其秩为 2，据此其零化度为 $4-\rho(\boldsymbol{A})=2$。r 的前两列本质上为式(3.13)中的标准正交基，q 的最后两列为式(3.14)中的标准正交基。

3.11 矩阵的范数

可以将向量范数的概念推广到矩阵情形,本教材第 5 章要用到此概念。设 $\boldsymbol{A}$ 为 $m\times n$ 的矩阵,可定义 $\boldsymbol{A}$ 的范数为

$$\|\boldsymbol{A}\| = \sup_{x\neq\mathbf{0}} \frac{\|\boldsymbol{Ax}\|}{\|\boldsymbol{x}\|} = \sup_{\|\boldsymbol{x}\|=1} \|\boldsymbol{Ax}\| \tag{3.72}$$

其中 sup 代表上确界,或最小的上界,由于该范数通过向量 $\boldsymbol{x}$ 的范数来定义,因而称该范数为“诱导范数”。$\|\boldsymbol{x}\|$ 的定义不同,$\|\boldsymbol{A}\|$ 的定义也不同。例如,若采用 1-范数 $\|\boldsymbol{x}\|_1$,则

$$\|\boldsymbol{A}\|_1 = \max_j\left(\sum_{i=1}^{m}|a_{ij}|\right) = \text{列模和最大}$$

其中 a_{ij} 为 $\boldsymbol{A}$ 的第 ij 个元素。若采用欧几里得范数 $\|\boldsymbol{x}\|_2$,则

$$\|\boldsymbol{A}\|_2 = \boldsymbol{A}\ \text{的最大奇异值} = (\boldsymbol{A}'\boldsymbol{A}\ \text{的最大奇异值})^{1/2}$$

若采用无穷-范数 $\|\boldsymbol{x}\|_\infty$,则

$$\|\boldsymbol{A}\|_\infty = \max_i\left(\sum_{j=1}^{n}|a_{ij}|\right) = \text{行模和最大}$$

对于相同的 $\boldsymbol{A}$ 阵,这些范数均不同,例如,若

$$\boldsymbol{A} = \begin{bmatrix} 3 & 2 \\ -1 & 0 \end{bmatrix}$$

则 $\|\boldsymbol{A}\|_1 = 3+|-1| = 4$,$\|\boldsymbol{A}\|_2 = 3.7$ 以及 $\|\boldsymbol{A}\|_\infty = 3+2 = 5$,如图 3.3 所示。MATLAB 函数 `norm(a,1)`,`norm(a,2) = norm(a)` 和 `norm(a,inf)` 可计算这三类范数。

矩阵范数具有以下属性:

$$\|\boldsymbol{Ax}\| \leqslant \|\boldsymbol{A}\|\,\|\boldsymbol{x}\|$$

$$\|\boldsymbol{A}+\boldsymbol{B}\| \leqslant \|\boldsymbol{A}\| + \|\boldsymbol{B}\|$$

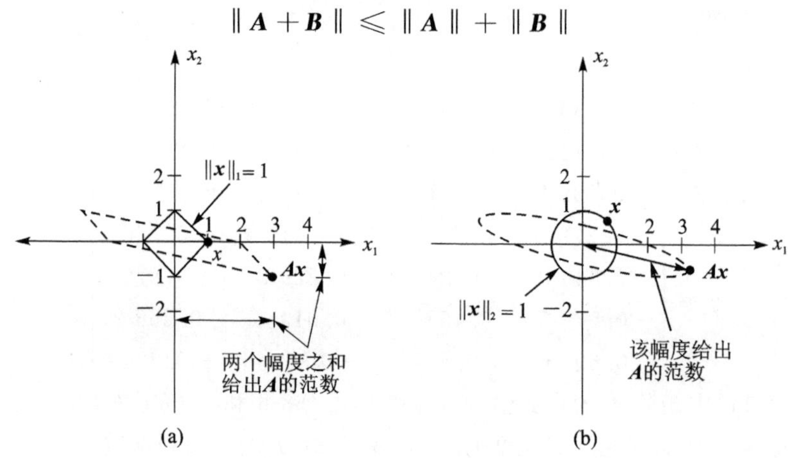

图 3.3 矩阵 A 的不同范数

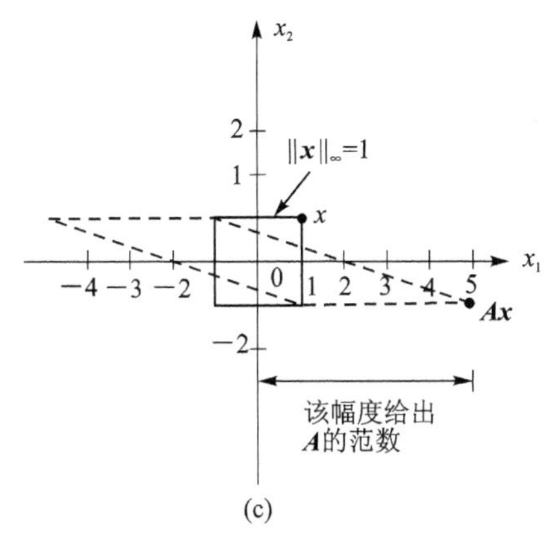

图 3.3　矩阵 A 的不同范数(续)

$$\|AB\| \leqslant \|A\|\ \|B\|$$

习　　题[②]

3.1　考虑图 3.1，试问，向量 $\boldsymbol{x}$ 在基 $\{\boldsymbol{q}_1,\boldsymbol{i}_2\}$ 上的表示是什么？$\boldsymbol{q}_1$ 在基 $\{\boldsymbol{i}_2,\boldsymbol{q}_2\}$ 上的表示是什么？

3.2　试求向量

$$\boldsymbol{x}_1=\begin{bmatrix}2\\-3\\-1\end{bmatrix},\quad \boldsymbol{x}_2=\begin{bmatrix}1\\1\\-1\end{bmatrix}$$

的 1 -范数，2 -范数和无穷-范数。

3.3　试找出与习题 3.2 中两个向量张成相同空间的两个标准正交向量。

3.4　试根据矩阵

$$\boldsymbol{A}=\begin{bmatrix}5&0&5\\0&2&2\\5&0&-5\end{bmatrix}$$

构造正交矩阵 $\boldsymbol{Q}$，再将 $\boldsymbol{Q}$ 表示为 $\boldsymbol{A}$ 和一个上三角阵的乘积。试验证 $\boldsymbol{Q}'\boldsymbol{Q}=\boldsymbol{Q}\boldsymbol{Q}'=\boldsymbol{I}$。设 $\bar{\boldsymbol{Q}}$ 包含 $\boldsymbol{Q}$ 的前两列，试验证 $\bar{\boldsymbol{Q}}'\bar{\boldsymbol{Q}}=\boldsymbol{I}_2$ 且 $\bar{\boldsymbol{Q}}\bar{\boldsymbol{Q}}'\neq\boldsymbol{I}_3$。

3.5　试找出以下矩阵的秩和零化度：

$$\boldsymbol{A}_1=\begin{bmatrix}0&1&0\\0&0&0\\0&0&-1\end{bmatrix},\quad \boldsymbol{A}_2=\begin{bmatrix}4&1&1\\3&2&0\\1&1&0\end{bmatrix},\quad \boldsymbol{A}_3=\begin{bmatrix}1&2&-3&4\\0&-1&2&2\\0&0&0&1\end{bmatrix}$$

3.6　试找出习题 3.5 中矩阵的值域空间和零空间的基。

② 建议读者先手算所有的数值习题，再借助 MATLAB 检验结果。

3.7 考虑线性代数方程

$$\begin{bmatrix} 2 & -1 \\ -3 & 3 \\ -1 & 2 \end{bmatrix} \boldsymbol{x} = \begin{bmatrix} -1 \\ 0 \\ -1 \end{bmatrix} =: \boldsymbol{y}$$

该方程包含三个方程和两个未知数,试问方程的解 $\boldsymbol{x}$ 是否存在?该解是否唯一?当 $\boldsymbol{y}=[1\quad 1\quad 1]'$时,方程的解是否存在?

3.8 试找出方程

$$\begin{bmatrix} 1 & 2 & -3 & 4 \\ 0 & -1 & 2 & 2 \\ 0 & 0 & 0 & 1 \end{bmatrix} \boldsymbol{x} = \begin{bmatrix} 3 \\ 2 \\ 1 \end{bmatrix}$$

的通解,解的形式包含多少个参数?

3.9 试找出例 3.4 中具有最小欧几里得范数的解。

3.10 试找出习题 3.8 中具有最小欧几里得范数的解。

3.11 考虑方程

$$\boldsymbol{x}[n] = \boldsymbol{A}^n x[0] + \boldsymbol{A}^{n-1}\boldsymbol{b}u[0] + \boldsymbol{A}^{n-2}\boldsymbol{b}u[1] + \cdots + \boldsymbol{A}\boldsymbol{b}u[n-2] + \boldsymbol{b}u[n-1]$$

其中 $\boldsymbol{A}$ 为 $n\times n$ 的矩阵,$\boldsymbol{b}$ 为 $n\times 1$ 的列向量。试问当 $\boldsymbol{A}$ 和 $\boldsymbol{b}$ 满足何种条件时,对于任意 $\boldsymbol{x}[n]$ 和 $\boldsymbol{x}[0]$,都存在满足方程的 $u[0], u[1], \cdots, u[n-1]$。

提示:将方程写为如下的形式

$$\boldsymbol{x}[n] - \boldsymbol{A}^n \boldsymbol{x}[0] = [\boldsymbol{b} \quad \boldsymbol{A}\boldsymbol{b} \quad \cdots \quad \boldsymbol{A}^{n-1}\boldsymbol{b}] \begin{bmatrix} u[n-1] \\ u[n-2] \\ \vdots \\ u[0] \end{bmatrix}$$

3.12 考虑

$$\boldsymbol{A} = \begin{bmatrix} 2 & 1 & 0 & 0 \\ 0 & 2 & 1 & 0 \\ 0 & 0 & 2 & 0 \\ 0 & 0 & 0 & 1 \end{bmatrix}, \quad \boldsymbol{b}_1 = \begin{bmatrix} 0 \\ 0 \\ 2 \\ -3 \end{bmatrix}, \quad \boldsymbol{b}_2 = \begin{bmatrix} 1 \\ 0 \\ -1 \\ 2 \end{bmatrix}, \quad \boldsymbol{b}_3 = \begin{bmatrix} 2 \\ 3 \\ 0 \\ 1 \end{bmatrix}$$

试证明,4 阶方阵

$$\boldsymbol{C}_i := [\boldsymbol{b}_i \quad \boldsymbol{A}\boldsymbol{b}_i \quad \boldsymbol{A}^2\boldsymbol{b}_i \quad \boldsymbol{A}^3\boldsymbol{b}_i]$$

当 $i=1,2$ 时,$\boldsymbol{C}_i$ 的秩为 4;当 $i=3$ 时,$\boldsymbol{C}_i$ 的秩为 3。$\boldsymbol{A}$ 在基$\{\boldsymbol{b}_1 \quad \boldsymbol{A}\boldsymbol{b}_1 \quad \boldsymbol{A}^2\boldsymbol{b}_1 \quad \boldsymbol{A}^3\boldsymbol{b}_1\}$和基$\{\boldsymbol{b}_2 \quad \boldsymbol{A}\boldsymbol{b}_2 \quad \boldsymbol{A}^2\boldsymbol{b}_2 \quad \boldsymbol{A}^3\boldsymbol{b}_2\}$上的表示分别是什么?(需要注意的是,两种表示相同!)

3.13 试找出以下矩阵

$$\boldsymbol{A}_1 = \begin{bmatrix} 1 & 4 & 10 \\ 0 & 2 & 0 \\ 0 & 0 & 3 \end{bmatrix}, \quad \boldsymbol{A}_2 = \begin{bmatrix} 0 & 1 & 0 \\ 0 & 0 & 1 \\ -2 & -4 & -3 \end{bmatrix}$$

$$\boldsymbol{A}_3=\begin{bmatrix}1 & 0 & -1\\0 & 1 & 0\\0 & 0 & 2\end{bmatrix},\quad \boldsymbol{A}_4=\begin{bmatrix}0 & 4 & 3\\0 & 20 & 16\\0 & -25 & -20\end{bmatrix}$$

的约当型表示，需要注意的是，除 $\boldsymbol{A}_4$ 外的所有矩阵都可对角化。

3.14　考虑伴随型矩阵

$$\boldsymbol{A}=\begin{bmatrix}-\alpha_1 & -\alpha_2 & -\alpha_3 & -\alpha_4\\1 & 0 & 0 & 0\\0 & 1 & 0 & 0\\0 & 0 & 1 & 0\end{bmatrix}$$

试证明其特征多项式由

$$\Delta(\lambda)=\lambda^4+\alpha_1\lambda^3+\alpha_2\lambda^2+\alpha_3\lambda+\alpha_4$$

给出，并证明若 λ_i 是 $\boldsymbol{A}$ 的特征值或 $\Delta(\lambda)=0$ 的解，则 $[\lambda_i^3\quad \lambda_i^2\quad \lambda_i\quad 1]'$ 为 $\boldsymbol{A}$ 的属于 λ_i 的特征向量。

3.15　试证明“Vandermonde”矩阵

$$\begin{bmatrix}\lambda_1^3 & \lambda_2^3 & \lambda_3^3 & \lambda_4^3\\\lambda_1^2 & \lambda_2^2 & \lambda_3^2 & \lambda_4^2\\\lambda_1 & \lambda_2 & \lambda_3 & \lambda_4\\1 & 1 & 1 & 1\end{bmatrix}$$

的行列式等于 $\prod\limits_{1\leqslant i\leqslant j\leqslant 4(\lambda_j-\lambda_i)}$，因此得出结论，若所有特征值互异，则该矩阵非奇异，或等价地描述为，特征向量线性无关。

3.16　试证明习题 3.14 中的伴随型矩阵非奇异，当且仅当 $\alpha_4\neq 0$ 时。在此假设条件下，试证明其逆矩阵为

$$\boldsymbol{A}^{-1}=\begin{bmatrix}0 & 1 & 0 & 0\\0 & 0 & 1 & 0\\0 & 0 & 0 & 1\\-\dfrac{1}{\alpha_4} & -\dfrac{\alpha_1}{\alpha_4} & -\dfrac{\alpha_2}{\alpha_4} & -\dfrac{\alpha_3}{\alpha_4}\end{bmatrix}$$

3.17　考虑

$$\boldsymbol{A}=\begin{bmatrix}\lambda & \lambda T & \dfrac{\lambda T^2}{2}\\0 & \lambda & \lambda T\\0 & 0 & \lambda\end{bmatrix}$$

其中 $\lambda\neq 0$ 且 $T>0$。试证明 $[0\quad 0\quad 1]'$ 是 3 级广义特征向量，且

$$\boldsymbol{Q}=\begin{bmatrix}\lambda^2T^2 & \lambda T^2 & 0\\0 & \lambda T & 0\\0 & 0 & 1\end{bmatrix}$$

的三列构成长度为 3 的广义特征向量链,验证

$$Q^{-1}AQ=\begin{bmatrix}\lambda & 1 & 0\\ 0 & \lambda & 1\\ 0 & 0 & \lambda\end{bmatrix}$$

3.18 试找出以下矩阵的特征多项式和最小多项式:

$$\begin{bmatrix}\lambda_1 & 1 & 0 & 0\\ 0 & \lambda_1 & 1 & 0\\ 0 & 0 & \lambda_1 & 0\\ 0 & 0 & 0 & \lambda_2\end{bmatrix}\begin{bmatrix}\lambda_1 & 1 & 0 & 0\\ 0 & \lambda_1 & 1 & 0\\ 0 & 0 & \lambda_1 & 0\\ 0 & 0 & 0 & \lambda_1\end{bmatrix}$$

$$\begin{bmatrix}\lambda_1 & 1 & 0 & 0\\ 0 & \lambda_1 & 0 & 0\\ 0 & 0 & \lambda_1 & 0\\ 0 & 0 & 0 & \lambda_1\end{bmatrix}\begin{bmatrix}\lambda_1 & 0 & 0 & 0\\ 0 & \lambda_1 & 0 & 0\\ 0 & 0 & \lambda_1 & 0\\ 0 & 0 & 0 & \lambda_1\end{bmatrix}$$

3.19 试证明若 λ 是 $\boldsymbol{A}$ 相应特征向量 $\boldsymbol{x}$ 的特征值,则 $f(\lambda)$是 $f(\boldsymbol{A})$的相应同一特征向量 $\boldsymbol{x}$ 的特征值。

3.20 试证明,$n\times n$ 的矩阵 $\boldsymbol{A}$ 有性质 $\boldsymbol{A}^k=0,k\geqslant m$,当且仅当 $\boldsymbol{A}$ 有 n 重特征值 0,且该特征值的指数为 m 或更小时,称这类矩阵为“幂零矩阵”。

3.21 考虑

$$\boldsymbol{A}=\begin{bmatrix}1 & 1 & 0\\ 0 & 0 & 1\\ 0 & 0 & 1\end{bmatrix}$$

试求 $\boldsymbol{A}^{10}$,$\boldsymbol{A}^{103}$ 和 $\mathrm{e}^{\boldsymbol{A}t}$。

3.22 试使用两种不同的方法求习题 3.13 中 $\boldsymbol{A}_1$ 和 $\boldsymbol{A}_4$ 的 $\mathrm{e}^{\boldsymbol{A}t}$。

3.23 试证明相同矩阵函数可交换,即

$$f(\boldsymbol{A})g(\boldsymbol{A})=g(\boldsymbol{A})f(\boldsymbol{A})$$

据此有 $\boldsymbol{A}\mathrm{e}^{\boldsymbol{A}t}=\mathrm{e}^{\boldsymbol{A}t}\boldsymbol{A}$。

3.24 设

$$\boldsymbol{C}=\begin{bmatrix}\lambda_1 & 0 & 0\\ 0 & \lambda_2 & 0\\ 0 & 0 & \lambda_3\end{bmatrix}$$

试找出矩阵 $\boldsymbol{B}$,使得 $\mathrm{e}^{\boldsymbol{B}}=\boldsymbol{C}$。试证明若对某些 i,$\lambda_i=0$,则 $\boldsymbol{B}$ 不存在。设

$$\boldsymbol{C}=\begin{bmatrix}\lambda & 1 & 0\\ 0 & \lambda & 0\\ 0 & 0 & \lambda\end{bmatrix}$$

试找出矩阵 $\boldsymbol{B}$,使得 $\mathrm{e}^{\boldsymbol{B}}=\boldsymbol{C}$。判断对于任意非奇异矩阵 $\boldsymbol{C}$ 都存在矩阵 $\boldsymbol{B}$ 使得 $\mathrm{e}^{\boldsymbol{B}}=\boldsymbol{C}$

是否正确。

3.25　设

$$(s\boldsymbol{I}-\boldsymbol{A})^{-1}=\frac{1}{\Delta(s)}\mathrm{Adj}(s\boldsymbol{I}-\boldsymbol{A})$$

并设 $m(s)$ 为 $\mathrm{Adj}(s\boldsymbol{I}-\boldsymbol{A})$ 所有元素的首一最大公因式。试验证对于习题 3.13 中的矩阵 $\boldsymbol{A}_3$，$\boldsymbol{A}$ 的最小多项式等于 $\dfrac{\Delta(s)}{m(s)}$。

3.26　定义

$$(s\boldsymbol{I}-\boldsymbol{A})^{-1}:=\frac{1}{\Delta(s)}[\boldsymbol{R}_0 s^{n-1}+\boldsymbol{R}_1 s^{n-2}+\cdots+\boldsymbol{R}_{n-2}s+\boldsymbol{R}_{n-1}]$$

其中

$$\Delta(s):=\det(s\boldsymbol{I}-\boldsymbol{A}):=s^n+\alpha_1 s^{n-1}+\alpha_2 s^{n-2}+\cdots+\alpha_n$$

且 $\boldsymbol{R}_i$ 为常数矩阵，由于 $(s\boldsymbol{I}-\boldsymbol{A})$ 的伴随矩阵中 s 的次数最高为 $n-1$，所以该定义有效。试验证

$$\alpha_1=-\frac{\mathrm{tr}(\boldsymbol{A}\boldsymbol{R}_0)}{1},\boldsymbol{R}_0=\boldsymbol{I}$$

$$\alpha_2=-\frac{\mathrm{tr}(\boldsymbol{A}\boldsymbol{R}_1)}{2},\boldsymbol{R}_1=\boldsymbol{A}\boldsymbol{R}_0+\alpha_1\boldsymbol{I}=\boldsymbol{A}+\alpha_1\boldsymbol{I}$$

$$\alpha_3=-\frac{\mathrm{tr}(\boldsymbol{A}\boldsymbol{R}_2)}{3},\boldsymbol{R}_2=\boldsymbol{A}\boldsymbol{R}_1+\alpha_2\boldsymbol{I}=\boldsymbol{A}^2+\alpha_1\boldsymbol{A}+\alpha_2\boldsymbol{I}$$

$$\vdots$$

$$\alpha_{n-1}=-\frac{\mathrm{tr}(\boldsymbol{A}\boldsymbol{R}_{n-2})}{n-1},\boldsymbol{R}_{n-1}=\boldsymbol{A}\boldsymbol{R}_{n-2}+\alpha_{n-1}\boldsymbol{I}=\boldsymbol{A}^{n-1}+\alpha_1\boldsymbol{A}^{n-2}+\cdots+\alpha_{n-2}\boldsymbol{A}+\alpha_{n-1}\boldsymbol{I}$$

$$\alpha_n=-\frac{\mathrm{tr}(\boldsymbol{A}\boldsymbol{R}_{n-1})}{n},\boldsymbol{0}=\boldsymbol{A}\boldsymbol{R}_{n-1}+\alpha_n\boldsymbol{I}$$

其中 tr 表示矩阵的“迹”，定义为矩阵所有对角线元素的总和。α_i 和 $\boldsymbol{R}_i$ 的计算流程称为“Leverrier 算法”。

3.27　借助习题 3.26 证明 Cayley - Hamilton 定理。

3.28　借助习题 3.26 证明

$$(s\boldsymbol{I}-\boldsymbol{A})^{-1}=\frac{1}{\Delta(s)}[\boldsymbol{A}^{n-1}+(s+\alpha_1)\boldsymbol{A}^{n-2}+(s^2+\alpha_1 s+\alpha_2)\boldsymbol{A}^{n-3}+\cdots+(s^{n-1}+\alpha_1 s^{n-2}+\cdots+\alpha_{n-1})\boldsymbol{I}]$$

3.29　设 $\boldsymbol{A}$ 的所有特征值互异，且 $\boldsymbol{q}_i$ 为 $\boldsymbol{A}$ 的属于 λ_i 的右特征向量，即 $\boldsymbol{A}\boldsymbol{q}_i=\lambda_i\boldsymbol{q}_i$。定义 $\boldsymbol{Q}=[\boldsymbol{q}_1\quad\boldsymbol{q}_2\quad\cdots\quad\boldsymbol{q}_n]$，并定义

$$\boldsymbol{P}:=\boldsymbol{Q}^{-1}=:\begin{bmatrix}\boldsymbol{p}_1\\\boldsymbol{p}_2\\\vdots\\\boldsymbol{p}_n\end{bmatrix}$$

其中 $\boldsymbol{p}_i$ 是 $\boldsymbol{P}$ 的第 i 行。试证明 $\boldsymbol{p}_i$ 是 $\boldsymbol{A}$ 的属于 λ_i 的左特征向量,即 $\boldsymbol{p}_i\boldsymbol{A}=\lambda_i\boldsymbol{p}_i$。

3.30 试证明若 $\boldsymbol{A}$ 的所有特征值互异,则可以将 $(s\boldsymbol{I}-\boldsymbol{A})^{-1}$ 表示为

$$(s\boldsymbol{I}-\boldsymbol{A})^{-1}=\sum\frac{1}{s-\lambda_i}\boldsymbol{q}_i\boldsymbol{p}_i$$

其中 $\boldsymbol{q}_i$ 和 $\boldsymbol{p}_i$ 为 $\boldsymbol{A}$ 的属于 λ_i 的右特征向量和左特征向量。

3.31 试找出矩阵 $\boldsymbol{M}$ 以满足式(3.59)的李雅普诺夫(Lyapunov)方程,其中

$$\boldsymbol{A}=\begin{bmatrix}0 & 1\\ -2 & -2\end{bmatrix},\quad \boldsymbol{B}=3,\quad \boldsymbol{C}=\begin{bmatrix}3\\ 3\end{bmatrix}$$

并回答 Lyapunov 方程的特征值是什么?Lyapunov 方程是否奇异?方程的解是否唯一?

3.32 针对两个不同的 $\boldsymbol{C}$ 阵,其中

$$\boldsymbol{A}=\begin{bmatrix}0 & 1\\ -1 & -2\end{bmatrix},\quad \boldsymbol{B}=1,\quad \boldsymbol{C}_1=\begin{bmatrix}3\\ 3\end{bmatrix},\quad \boldsymbol{C}_2=\begin{bmatrix}3\\ -3\end{bmatrix}$$

试重做习题 3.31。

3.33 试检验以下矩阵的正定性或半正定性

$$\begin{bmatrix}2 & 3 & 2\\ 3 & 1 & 0\\ 2 & 0 & 2\end{bmatrix},\quad \begin{bmatrix}0 & 0 & -1\\ 0 & 0 & 0\\ -1 & 0 & 2\end{bmatrix},\quad \begin{bmatrix}a_1a_1 & a_1a_2 & a_1a_3\\ a_2a_1 & a_2a_2 & a_2a_3\\ a_3a_1 & a_3a_2 & a_3a_3\end{bmatrix}$$

3.34 试求以下矩阵的奇异值

$$\begin{bmatrix}-1 & 0 & 1\\ 2 & -1 & 0\end{bmatrix},\quad \begin{bmatrix}-1 & 2\\ 2 & 4\end{bmatrix}$$

3.35 若 $\boldsymbol{A}$ 为对称阵,试问其特征值和奇异值之间的关系是什么?

3.36 试验证

$$\det\left(\boldsymbol{I}_n+\begin{bmatrix}a_1\\ a_2\\ \vdots\\ a_n\end{bmatrix}\begin{bmatrix}b_1 & b_2 & \cdots & b_n\end{bmatrix}\right)=1+\sum_{m=1}^{n}a_mb_m$$

3.37 试验证公式(3.65)。

3.38 考虑方程 $\boldsymbol{Ax}=\boldsymbol{y}$,其中 $\boldsymbol{A}$ 为 $m\times n$ 的矩阵并且秩为 m,试问 $(\boldsymbol{A}'\boldsymbol{A})^{-1}\boldsymbol{A}'\boldsymbol{y}$ 是否为方程的解?若回答否,试问在何种条件下它才是方程的解?$\boldsymbol{A}'(\boldsymbol{AA}')^{-1}\boldsymbol{y}$ 是否为方程的解?

第 4 章 状态空间的解和实现

4.1 引　言

有了第 3 章的数学背景,就可以解析研究状态空间方程。在进一步讨论之前,有必要提示的是,有理传递函数的解析研究通常包含在大二/大三的课程中,可参见参考文献[10]。这里仅回顾本教材后文所需的内容。

考虑 $\hat{y}(s)=\hat{g}(s)\hat{u}(s)$,其中 $\hat{g}(s)$ 为严格正则有理传递函数,例如

$$\hat{y}(s)=\frac{N(s)}{D(s)}=\frac{N(s)}{(s-p_1)^{m_1}\bar{D}(s)}$$

该函数在 p_1 处有 m_1 重极点,则对任意分子多项式 $N(s)$ 次数小于分母多项式 $D(s)$ 次数的传递函数,其冲击响应具有如下形式[①]

$$g(t)=a_0\mathrm{e}^{p_1t}+a_1t\mathrm{e}^{p_1t}+\cdots+a_{m-1}t^{m_1-1}\mathrm{e}^{p_1t}+\text{其他极点引起的各项} \tag{4.1}$$

冲击响应的形式仅取决于极点,而与零点无关。零点则影响系数 a_i。若极点 p_i 为实数,则系数 a_i 为实数;若 p_i 为复数,则 a_i 为复数。[②]

考虑正则有理传递函数为

$$\hat{g}(s)=\frac{s^2-2s+10}{(s+1)(s+2)(s+3)}=\frac{s^2-2s+10}{s^3+6s^2+11s+6}$$

的系统,在 MATLAB 命令窗口键入

```
n=[1 -2 10];d=[1 6 11 6];step(n,d)
```

可得出系统的阶跃响应。有必要提示的是,尽管在该程序中使用传递函数的系

① 若 $\hat{g}(s)$ 上下双正则,则其冲击响应包含冲击函数。

② 若 p_i 为复数,则其复共轭也是极点。通过这对复共轭极点响应的合并,系数可归结为实数。

数,但并非根据式 $\hat{y}(s)=\hat{g}(s)\hat{u}(s)$求出系统响应。若 $\hat{u}(s)$不是 s 的有理函数(实际情况通常如此),则在解析计算系统响应时无法使用该式。即便 $\hat{u}(s)$是有理函数,如阶跃输入 $\hat{u}(s)=1/s$,也不使用该式计算。求解 $\hat{y}(s)=\hat{g}(s)\hat{u}(s)$需要求出 $\hat{g}(s)$的极点,进行部分分式展开和查表,开发类似的计算机程序较为复杂。此外,多项式求根对其参数波动非常敏感。例如式

$$D(s)=s^4+7s^3+18s^2+20s+8$$

的根为-1、-2、-2 和-2,而式

$$\bar{D}(s)=s^4+7.001s^3+17.999s^2+20s+8$$

的根为-0.998、-2.2357 和$-1.8837\pm 0.1931\mathrm{j}$。可见 $D(s)$两个系数的变化小于 0.1 %,但 $D(s)$的所有根均发生了很大变化。因此,在计算机运算中任何需要求根的流程方法均不可取。总之,在计算机运算中不使用传递函数,事实上,MATLAB 恰好使用状态空间方程来求响应,这正是本章将要讨论的内容。

本章主要研究状态空间方程。首先研究其解析解或闭合解,这些结果是本章和后几章中推导方程的普遍性质所必需的。然后说明计算机运算、实时处理和运放电路实施可以很方便地使用状态空间方程。接着引入等价状态空间方程和零状态等价状态空间方程,并讨论其实际应用。如前所述,由于传递函数不适于计算机运算,因此讨论如何将传递函数转化为状态空间方程,称之为实现问题。借助其状态空间方程实现,就可以以数字方式运算传递函数,或者借助运放电路实施传递函数。

本章首先讨论时不变线性状态空间方程,然后讨论时变情形。不含实现问题在内,SISO 状态空间方程和 MIMO 状态空间方程的推导几乎相同,因此仅讨论后者。对于实现问题,先讨论 SISO 情形,然后再讨论 MIMO 情形。

4.2 连续时间 LTI 状态空间方程的通解

考察连续时间(CT)线性时不变(LTI)状态方程

$$\dot{\boldsymbol{x}}(t)=\boldsymbol{A}\boldsymbol{x}(t)+\boldsymbol{B}\boldsymbol{u}(t) \tag{4.2}$$

$$\boldsymbol{y}(t)=\boldsymbol{C}\boldsymbol{x}(t)+\boldsymbol{D}\boldsymbol{u}(t) \tag{4.3}$$

其中 $\boldsymbol{A}$、$\boldsymbol{B}$、$\boldsymbol{C}$ 和 $\boldsymbol{D}$ 分别为 $n\times n$、$n\times p$、$q\times n$ 和 $q\times p$ 的常数矩阵。现在关注的问题是找出由初始状态 $\boldsymbol{x}(0)$和 $t\geqslant 0$ 时的输入 $\boldsymbol{u}(t)$引起的方程的解,解的形式有赖于第 3.6 节研究的 $\boldsymbol{A}$ 的指数函数,尤其是,需要式(3.55)的性质,或

$$\frac{\mathrm{d}}{\mathrm{d}t}\mathrm{e}^{\boldsymbol{A}t}=\boldsymbol{A}\mathrm{e}^{\boldsymbol{A}t}=\mathrm{e}^{\boldsymbol{A}t}\boldsymbol{A}$$

来导出方程的解。式(4.2)两边左乘 $\mathrm{e}^{-\boldsymbol{A}t}$ 可得

$$\mathrm{e}^{-\boldsymbol{A}t}\dot{\boldsymbol{x}}(t)-\mathrm{e}^{-\boldsymbol{A}t}\boldsymbol{A}\boldsymbol{x}(t)=\mathrm{e}^{-\boldsymbol{A}t}\boldsymbol{B}\boldsymbol{u}(t)$$

由此可知

$$\frac{\mathrm{d}}{\mathrm{d}t}\left[\mathrm{e}^{-\boldsymbol{A}t}\boldsymbol{x}(t)\right]=\mathrm{e}^{-\boldsymbol{A}t}\boldsymbol{B}\boldsymbol{u}(t)$$

该式从 0 到 t 积分可得

$$\mathrm{e}^{-\boldsymbol{A}\tau}\boldsymbol{x}(\tau)\Big|_{\tau=0}^{t}=\int_{0}^{t}\mathrm{e}^{-\boldsymbol{A}\tau}\boldsymbol{Bu}(\tau)\mathrm{d}\tau$$

因此有

$$\mathrm{e}^{-\boldsymbol{A}t}\boldsymbol{x}(t)-\mathrm{e}^{\boldsymbol{0}}\boldsymbol{x}(0)=\int_{0}^{t}\mathrm{e}^{-\boldsymbol{A}\tau}\boldsymbol{Bu}(\tau)\mathrm{d}\tau \tag{4.4}$$

正如在式(3.54)和式(3.52)中讨论的，由于 $\mathrm{e}^{-\boldsymbol{A}t}$ 的逆为 $\mathrm{e}^{\boldsymbol{A}t}$，且 $\mathrm{e}^{\boldsymbol{0}}=\boldsymbol{I}$，所以根据式(4.4)可知

$$\boldsymbol{x}(t)=\mathrm{e}^{\boldsymbol{A}t}\boldsymbol{x}(0)+\int_{0}^{t}\mathrm{e}^{\boldsymbol{A}(t-\tau)}\boldsymbol{Bu}(\tau)\mathrm{d}\tau \tag{4.5}$$

此即为方程(4.2)的解。

验证式(4.5)是方程(4.2)的解是有启发性的，为此，必须证明式(4.5)满足方程(4.2)，并且初始条件在 $t=0$ 时为 $\boldsymbol{x}(t)=\boldsymbol{x}(0)$。事实上，当 $t=0$ 时，式(4.5)归结为

$$\boldsymbol{x}(0)=\mathrm{e}^{\boldsymbol{A}\cdot 0}\boldsymbol{x}(0)=\mathrm{e}^{\boldsymbol{0}}\boldsymbol{x}(0)=\boldsymbol{Ix}(0)=\boldsymbol{x}(0)$$

因此式(4.5)满足初始条件。这里需要关系式

$$\frac{\partial}{\partial t}\int_{t_0}^{t}f(t,\tau)\mathrm{d}\tau=\int_{t_0}^{t}\left[\frac{\partial}{\partial t}f(t,\tau)\right]\mathrm{d}\tau+f(t,\tau)\Big|_{\tau=t} \tag{4.6}$$

来证明式(4.5)满足方程(4.2)。对式(4.5)求导并借助式(4.6)可得

$$\begin{aligned}\dot{\boldsymbol{x}}(t)&=\frac{\mathrm{d}}{\mathrm{d}t}\left[\mathrm{e}^{\boldsymbol{A}t}\boldsymbol{x}(0)+\int_{0}^{t}\mathrm{e}^{\boldsymbol{A}(t-\tau)}\boldsymbol{Bu}(\tau)\mathrm{d}\tau\right]\\&=\boldsymbol{A}\mathrm{e}^{\boldsymbol{A}t}\boldsymbol{x}(0)+\int_{0}^{t}\boldsymbol{A}\mathrm{e}^{\boldsymbol{A}(t-\tau)}\boldsymbol{Bu}(\tau)\mathrm{d}\tau+\mathrm{e}^{\boldsymbol{A}(t-\tau)}\boldsymbol{Bu}(\tau)\Big|_{\tau=t}\\&=\boldsymbol{A}\left[\mathrm{e}^{\boldsymbol{A}t}\boldsymbol{x}(0)+\int_{0}^{t}\mathrm{e}^{\boldsymbol{A}(t-\tau)}\boldsymbol{Bu}(\tau)\mathrm{d}\tau\right]+\mathrm{e}^{\boldsymbol{A}\cdot 0}\boldsymbol{Bu}(t)\end{aligned}$$

代入式(4.5)之后，上式变为

$$\dot{\boldsymbol{x}}(t)=\boldsymbol{Ax}(t)+\boldsymbol{Bu}(t)$$

因此式(4.5)满足方程(4.2)，且初始条件为 $\boldsymbol{x}(0)$，它是方程(4.2)的解。

将式(4.5)代入式(4.3)可得方程(4.3)的解为

$$\boldsymbol{y}(t)=\boldsymbol{C}\mathrm{e}^{\boldsymbol{A}t}\boldsymbol{x}(0)+\boldsymbol{C}\int_{0}^{t}\mathrm{e}^{\boldsymbol{A}(t-\tau)}\boldsymbol{Bu}(\tau)\mathrm{d}\tau+\boldsymbol{Du}(t) \tag{4.7}$$

在时域可以直接求出该解和式(4.5)的状态解，也可以利用拉普拉斯变换求方程的解，正如式(2.11)及在其之前的方程导出的结果，式(4.2)和式(4.3)取拉普拉斯变换可得

$$\hat{\boldsymbol{x}}(s)=(s\boldsymbol{I}-\boldsymbol{A})^{-1}[\boldsymbol{x}(0)+\boldsymbol{B}\hat{\boldsymbol{u}}(s)]$$
$$\hat{\boldsymbol{y}}(s)=\boldsymbol{C}(s\boldsymbol{I}-\boldsymbol{A})^{-1}[\boldsymbol{x}(0)+\boldsymbol{B}\hat{\boldsymbol{u}}(s)]+\boldsymbol{D}\hat{\boldsymbol{u}}(s)$$

一旦按代数方法求出 $\hat{\boldsymbol{x}}(s)$和 $\hat{\boldsymbol{y}}(s)$，则其拉普拉斯逆变换可得时域解。

这里给出关于计算 $\mathrm{e}^{\boldsymbol{A}t}$ 的一些结论，在第 3.6 节讨论过方阵函数计算的三种方法，它们都可以用来求 $\mathrm{e}^{\boldsymbol{A}t}$：

① 借助定理3.5:先求 $\boldsymbol{A}$ 的特征值,再求 $n-1$ 阶多项式 $h(\lambda)$,令其在 $\boldsymbol{A}$ 的谱上等于 $e^{\lambda t}$,则 $e^{\boldsymbol{A}t}=h(\boldsymbol{A})$。

② 借助 $\boldsymbol{A}$ 的约当型,设 $\boldsymbol{A}=\boldsymbol{Q}\hat{\boldsymbol{A}}\boldsymbol{Q}^{-1}$,则 $e^{\boldsymbol{A}t}=\boldsymbol{Q}e^{\hat{\boldsymbol{A}}t}\boldsymbol{Q}^{-1}$,其中 $\hat{\boldsymbol{A}}$ 为约当型,并且可借助式(3.48)方便求得 $e^{\hat{\boldsymbol{A}}t}$。

③ 借助式(3.51)的无穷幂级数,尽管该级数通常不一定得到闭合解,但正如式(3.51)之后所讨论的,它适合于计算机运算。

此外,还可以利用式(3.58)来求 $e^{\boldsymbol{A}t}$,即

$$e^{\boldsymbol{A}t}=\mathcal{L}^{-1}(s\boldsymbol{I}-\boldsymbol{A})^{-1} \tag{4.8}$$

由于$(s\boldsymbol{I}-\boldsymbol{A})$的逆是 $\boldsymbol{A}$ 的函数,于是,又有许多方法来求$(s\boldsymbol{I}-\boldsymbol{A})$的逆:

① $(s\boldsymbol{I}-\boldsymbol{A})$取逆。

② 借助定理3.5。

③ 借助$(s\boldsymbol{I}-\boldsymbol{A})^{-1}=\boldsymbol{Q}(s\boldsymbol{I}-\hat{\boldsymbol{A}})^{-1}\boldsymbol{Q}^{-1}$ 和式(3.49)。

④ 借助式(3.57)的无穷幂级数。

⑤ 借助习题3.26讨论的 Leverrier 算法。

【例4.1】 采用方法①和方法②来求$(s\boldsymbol{I}-\boldsymbol{A})^{-1}$,其中

$$\boldsymbol{A}=\begin{bmatrix}0 & -1\\ 1 & -2\end{bmatrix}$$

方法①:利用式(3.20)求出

$$(s\boldsymbol{I}-\boldsymbol{A})^{-1}=\begin{bmatrix}s & 1\\ -1 & s+2\end{bmatrix}^{-1}=\frac{1}{s^2+2s+1}\begin{bmatrix}s+2 & -1\\ 1 & s\end{bmatrix}=$$

$$\begin{bmatrix}\dfrac{s+2}{(s+1)^2} & \dfrac{-1}{(s+1)^2}\\ \dfrac{1}{(s+1)^2} & \dfrac{s}{(s+1)^2}\end{bmatrix}$$

方法②:$\boldsymbol{A}$ 的特征值为-1、-1。设 $h(\lambda)=\beta_0+\beta_1\lambda$,若在 $\boldsymbol{A}$ 的谱上 $h(\lambda)$等于$f(\lambda):=(s-\lambda)^{-1}$,则

$$f(-1)=h(-1):\quad (s+1)^{-1}=\beta_0-\beta_1$$
$$f'(-1)=h'(-1):\quad (s+1)^{-2}=\beta_1$$

因此有

$$h(\lambda)=[(s+1)^{-1}+(s+1)^{-2}]+(s+1)^{-2}\lambda$$

和

$$(s\boldsymbol{I}-\boldsymbol{A})^{-1}=h(\boldsymbol{A})=[(s+1)^{-1}+(s+1)^{-2}]\boldsymbol{I}+(s+1)^{-2}\boldsymbol{A}=$$

$$\begin{bmatrix}\dfrac{s+2}{(s+1)^2} & \dfrac{-1}{(s+1)^2}\\ \dfrac{1}{(s+1)^2} & \dfrac{s}{(s+1)^2}\end{bmatrix}$$

【例 4.2】 考虑方程

$$\dot{\boldsymbol{x}}(t)=\begin{bmatrix}0 & -1\\1 & -2\end{bmatrix}\boldsymbol{x}(t)+\begin{bmatrix}0\\1\end{bmatrix}u(t)$$

方程的解为

$$\boldsymbol{x}(t)=\mathrm{e}^{\boldsymbol{A}t}\boldsymbol{x}(0)+\int_0^t \mathrm{e}^{\boldsymbol{A}(t-\tau)}\boldsymbol{Bu}(\tau)\mathrm{d}\tau$$

方阵函数 $\mathrm{e}^{\boldsymbol{A}t}$ 为$(s\boldsymbol{I}-\boldsymbol{A})^{-1}$ 的拉普拉斯逆变换，前面例子已求出了$(s\boldsymbol{I}-\boldsymbol{A})^{-1}$，因此有

$$\mathrm{e}^{\boldsymbol{A}t}=\mathscr{L}^{-1}\begin{bmatrix}\dfrac{s+2}{(s+1)^2} & \dfrac{-1}{(s+1)^2}\\ \dfrac{1}{(s+1)^2} & \dfrac{s}{(s+1)^2}\end{bmatrix}=\begin{bmatrix}(1+t)\mathrm{e}^{-t} & -t\mathrm{e}^{-t}\\ t\mathrm{e}^{-t} & (1-t)\mathrm{e}^{-t}\end{bmatrix}$$

和

$$\boldsymbol{x}(t)=\begin{bmatrix}(1+t)\mathrm{e}^{-t} & -t\mathrm{e}^{-t}\\ t\mathrm{e}^{-t} & (1-t)\mathrm{e}^{-t}\end{bmatrix}\boldsymbol{x}(0)+\begin{bmatrix}\displaystyle\int_0^t -(t-\tau)\mathrm{e}^{-(t-\tau)}u(\tau)\mathrm{d}\tau\\ \displaystyle\int_0^t [1-(t-\tau)]\,\mathrm{e}^{-(t-\tau)}u(\tau)\mathrm{d}\tau\end{bmatrix}$$

这里讨论零输入响应 $\mathrm{e}^{\boldsymbol{A}t}\boldsymbol{x}(0)$的普遍性质，考虑式(3.39)的第二个矩阵，则有

$$\mathrm{e}^{\boldsymbol{A}t}=\boldsymbol{Q}\begin{bmatrix}\mathrm{e}^{\lambda_1 t} & t\mathrm{e}^{\lambda_1 t} & \dfrac{t^2\mathrm{e}^{\lambda_1 t}}{2} & 0 & 0\\ 0 & \mathrm{e}^{\lambda_1 t} & t\mathrm{e}^{\lambda_1 t} & 0 & 0\\ 0 & 0 & \mathrm{e}^{\lambda_1 t} & 0 & 0\\ 0 & 0 & 0 & \mathrm{e}^{\lambda_1 t} & 0\\ 0 & 0 & 0 & 0 & \mathrm{e}^{\lambda_2 t}\end{bmatrix}\boldsymbol{Q}^{-1}$$

$\mathrm{e}^{\boldsymbol{A}t}$ 的任一元素，使得零输入响应的任一项均为$\{\mathrm{e}^{\lambda_1 t},t\mathrm{e}^{\lambda_1 t},t^2\mathrm{e}^{\lambda_1 t},\mathrm{e}^{\lambda_2 t}\}$这些项的线性组合，这些项由特征值及特征值的指数决定。通常而言，若 $\boldsymbol{A}$ 存在指数为 $\bar{n}_1$ 的特征值 λ_1，则 $\mathrm{e}^{\boldsymbol{A}t}$ 的任一元素均为

$$\mathrm{e}^{\lambda_1 t}\quad t\mathrm{e}^{\lambda_1 t}\quad \cdots\quad t^{\bar{n}_1-1}\mathrm{e}^{\lambda_1 t}$$

的线性组合，其中每一项在无限可微意义上“解析”，并且在任一 t 上都可以用泰勒级数展开。在第 6 章中将用到该良好的数学特性。

若 $\boldsymbol{A}$ 的任一特征值，无论是单特征值还是重特征值，均具有负实部，则任一零输入响应都随 $t\to\infty$而趋于零。若 $\boldsymbol{A}$ 的某个特征值，无论是单特征值还是重特征值，具有正实部，则几乎所有零输入响应随 $t\to\infty$都将无限增大。若 $\boldsymbol{A}$ 的某些特征值的实部为零，且指数全为 1，其余特征值均具有负实部，则零输入响应都不会无限增大。然而，若指数为 2 或更高，则某些零输入响应可能会变得无界。例如，若 $\boldsymbol{A}$ 存在指数

为 2 的特征值 0,则 e^{At} 包含$\{e^{0\cot t}, te^{0\cdot t}\}=\{1,t\}$这些项。若零输入响应包含 t 这一项,则它会无限增大。

4.2.1 离散化

考虑连续时间状态空间方程

$$\dot{\boldsymbol{x}}(t)=\boldsymbol{Ax}(t)+\boldsymbol{Bu}(t) \tag{4.9}$$

$$\boldsymbol{y}(t)=\boldsymbol{Cx}(t)+\boldsymbol{Du}(t) \tag{4.10}$$

若要在计算机上运算这些方程,则须对方程进行离散化,最简单的离散化方法是用近似式

$$\dot{\boldsymbol{x}}(t)\approx\frac{\boldsymbol{x}(t+T)-\boldsymbol{x}(t)}{T} \tag{4.11}$$

其中 $T>0$ 并称之为"步长"。步长越小,近似结果越好。借助该近似式,可以将式(4.9)写为

$$\boldsymbol{x}(t+T)=\boldsymbol{x}(t)+\boldsymbol{Ax}(t)T+\boldsymbol{Bu}(t)T=(\boldsymbol{I}+\boldsymbol{A}T)\boldsymbol{x}(t)+\boldsymbol{B}T\boldsymbol{u}(t)$$

其中 $\boldsymbol{x}=\boldsymbol{xI}$ 是已用过的关系式,$\boldsymbol{I}$ 为单位阵。若仅在 $t=kT(k=0,1,\cdots)$处计算$\boldsymbol{x}(t)$和 $\boldsymbol{y}(t)$,则

$$\boldsymbol{x}((k+1)T)=(\boldsymbol{I}+T\boldsymbol{A})\boldsymbol{x}(kT)+T\boldsymbol{Bu}(kT)$$

$$\boldsymbol{y}(kT)=\boldsymbol{Cx}(kT)+\boldsymbol{Du}(kT)$$

该式为离散时间(DT)状态空间方程。式(4.11)的离散化方法最简单,对给定的参数 T 可给出精度最差的离散化结果。但是,若选择的 T 足够小,则可以得到与任意方法同样精确的结果。接下来讨论另一种离散化方法。

若输入 $\boldsymbol{u}(t)$由计算机产生,接着通过借助零阶保持的数模转换器,则 $\boldsymbol{u}(t)$变为阶梯函数。在控制系统的计算机控制中经常出现这种情况,设

$$\boldsymbol{u}(t)=\boldsymbol{u}(kT)=:\boldsymbol{u}[k],\quad kT\leqslant t<(k+1)T \tag{4.12}$$

其中 $k=0,1,2,\cdots$,输入的值仅在离散时刻变化。对于该输入,方程(4.9)的解仍由式(4.5)给出,在 $t=kT$ 和 $t=(k+1)T$ 处计算式(4.5)可得

$$\boldsymbol{x}[k]:=\boldsymbol{x}(kT)=e^{\boldsymbol{A}kT}\boldsymbol{x}(0)+\int_0^{kT}e^{\boldsymbol{A}(kT-\tau)}\boldsymbol{Bu}(\tau)d\tau \tag{4.13}$$

和

$$\boldsymbol{x}[k+1]:=\boldsymbol{x}((k+1)T)=e^{\boldsymbol{A}(k+1)T}\boldsymbol{x}(0)+\int_0^{(k+1)T}e^{\boldsymbol{A}((k+1)T-\tau)}\boldsymbol{Bu}(\tau)d\tau \tag{4.14}$$

可以将式(4.14)写为

$$\boldsymbol{x}[k+1]=e^{\boldsymbol{A}T}\left[e^{\boldsymbol{A}kT}\boldsymbol{x}(0)+\int_0^{kT}e^{\boldsymbol{A}(kT-\tau)}\boldsymbol{Bu}(\tau)d\tau\right]+\int_{kT}^{(k+1)T}e^{\boldsymbol{A}(kT+T-\tau)}\boldsymbol{Bu}(\tau)d\tau$$

代入式(4.12)和式(4.13)并引入新变量 $\alpha:=kT+T-\tau$ 之后,上式变为

$$\boldsymbol{x}[k+1]=e^{\boldsymbol{A}T}\boldsymbol{x}[k]+\left(\int_0^T e^{\boldsymbol{A}\alpha}d\alpha\right)\boldsymbol{Bu}[k]$$

因此，若输入的值仅在离散时刻 kT 变化，并且若只求 $t=kT$ 时刻的响应，则式(4.9)和式(4.10)变为

$$\boldsymbol{x}[k+1]=\boldsymbol{A}_{\mathrm{d}}\boldsymbol{x}[k]+\boldsymbol{B}_{\mathrm{d}}\boldsymbol{u}[k] \tag{4.15}$$

$$\boldsymbol{y}[k]=\boldsymbol{C}_{\mathrm{d}}\boldsymbol{x}[k]+\boldsymbol{D}_{\mathrm{d}}\boldsymbol{u}[k] \tag{4.16}$$

其中

$$\boldsymbol{A}_{\mathrm{d}}=\mathrm{e}^{\boldsymbol{A}T},\quad \boldsymbol{B}_{\mathrm{d}}=\left(\int_0^T \mathrm{e}^{\boldsymbol{A}\tau}\mathrm{d}\tau\right)\boldsymbol{B},\quad \boldsymbol{C}_{\mathrm{d}}=\boldsymbol{C},\quad \boldsymbol{D}_{\mathrm{d}}=\boldsymbol{D} \tag{4.17}$$

该式为离散时间状态空间方程。需要注意的是，该推导过程并没有任何近似，若输入为阶梯函数，则由式(4.15)可得出方程(4.9)在 $t=kT$ 时刻的精确解。

现在讨论 $\boldsymbol{B}_{\mathrm{d}}$ 的计算方法。借助式(3.51)，有

$$\boldsymbol{B}_{\mathrm{d}}=\int_0^T\left(\boldsymbol{I}+\boldsymbol{A}\tau+\boldsymbol{A}^2\frac{\tau^2}{2!}+\cdots\right)\mathrm{d}\tau=$$

$$T\boldsymbol{I}+\frac{T^2}{2}\boldsymbol{A}+\frac{T^3}{3!}\boldsymbol{A}^2+\frac{T^4}{4!}\boldsymbol{A}^3+\cdots$$

与计算式(3.51)一样，可以以递归方式求出该幂级数。若 $\boldsymbol{A}$ 非奇异，则借助式(3.51)可将该级数写为

$$\boldsymbol{A}^{-1}\left(T\boldsymbol{A}+\frac{T^2}{2}\boldsymbol{A}^2+\frac{T^3}{3!}\boldsymbol{A}^3+\cdots+\boldsymbol{I}-\boldsymbol{I}\right)=\boldsymbol{A}^{-1}(\mathrm{e}^{\boldsymbol{A}T}-\boldsymbol{I})$$

因此有

$$\boldsymbol{B}_{\mathrm{d}}=\boldsymbol{A}^{-1}(\boldsymbol{A}_{\mathrm{d}}-\boldsymbol{I})\boldsymbol{B}\quad(若\ \boldsymbol{A}\ 非奇异)$$

借助该公式可以避开无穷级数的计算。

MATLAB 函数[ad,bd] = c2d(a,b,T)将式(4.9)的连续时间状态方程变换为式(4.15)的离散时间状态方程。

4.2.2 离散时间 LTI 状态空间方程的通解

考虑离散时间(DT)状态空间方程

$$\boldsymbol{x}[k+1]=\boldsymbol{A}\boldsymbol{x}[k]+\boldsymbol{B}\boldsymbol{u}[k]$$

$$\boldsymbol{y}[k]=\boldsymbol{C}\boldsymbol{x}[k]+\boldsymbol{D}\boldsymbol{u}[k]$$

其中去掉了下标 d。应当理解，若根据连续方程得到该离散方程，则须根据式(4.17)求出这四个矩阵。这两个 DT 方程为代数方程，仅涉及加法和乘法运算。一旦给定 $\boldsymbol{x}[0]$和 $\boldsymbol{u}[k]$($k=0,1,\cdots$)，就可以从该方程递归地求出响应。

为了讨论离散时间状态空间方程的普遍性质，我们推导方程的通解形式。求出

$$\boldsymbol{x}[1]=\boldsymbol{A}\boldsymbol{x}[0]+\boldsymbol{B}\boldsymbol{u}[0]$$

$$\boldsymbol{x}[2]=\boldsymbol{A}\boldsymbol{x}[1]+\boldsymbol{B}\boldsymbol{u}[1]=\boldsymbol{A}^2\boldsymbol{x}[0]+\boldsymbol{A}\boldsymbol{B}\boldsymbol{u}[0]+\boldsymbol{B}\boldsymbol{u}[1]$$

以此类推，很容易得出，当 $k>0$ 时

$$\boldsymbol{x}[k]=\boldsymbol{A}^k\boldsymbol{x}[0]+\sum_{m=0}^{k-1}\boldsymbol{A}^{k-1-m}\boldsymbol{B}\boldsymbol{u}[m]$$

$$y[k]=CA^k x[0]+\sum_{m=0}^{k-1} CA^{k-1-m} Bu[m]+Du[k]$$

以上两式为式(4.5)和式(4.7)对应的离散情形,其推导过程比连续时间情形要简单得多。

下面讨论零输入响应$A^k x[0]$的普遍性质。假设A有4重特征值λ_1和1重特征值λ_2,其约当型如式(3.39)的第二个矩阵所示。换言之,λ_1的指数为3且λ_2的指数为1,则借助式(3.47)有

$$A^k=Q\begin{bmatrix}\lambda_1{}^k & k\lambda_1^{k-1} & \dfrac{k(k-1)\lambda_1^{k-2}}{2} & 0 & 0\\ 0 & \lambda_1^k & k\lambda_1^{k-1} & 0 & 0\\ 0 & 0 & \lambda_1^k & 0 & 0\\ 0 & 0 & 0 & \lambda_1^k & 0\\ 0 & 0 & 0 & 0 & \lambda_2^k\end{bmatrix}Q^{-1}$$

由此可知零输入响应的任一项均为$\{\lambda_1^k, k\lambda_1^{k-1}, k(k-1)\lambda_1^{k-2}, \lambda_2^k\}$这些项的线性组合。这些项由特征值及特征值的指数决定。

若A的任一特征值,无论是单特征值还是重特征值,模值均小于1,则任一零输入响应随$k\to\infty$都趋于零。若A的某个特征值,无论是单特征值还是重特征值,模值大于1,则几乎所有零输入响应随$k\to\infty$都将无限增大。若A的某些特征值的模值等于1,且指数全为1,其余特征值的模值均小于1,则零输入响应都不会无限增大,然而,若指数为2或更高,则某些零输入响应可能会变得无界。例如,若A存在指数为2的特征值1,则则A^k包含$\{1^k, k\cdot 1^k\}=\{1,k\}$这些项。若零输入响应包含$k$这一项,则随$k\to\infty$它会无限增大。

4.3 连续时间状态空间方程的计算机运算

连续时间微分方程和积分方程的计算机求解是一个范围宽广的主题,涉及到诸多问题:离散化、算法的复杂度、有效性和数值稳定性。当步长给定时,最佳离散化方案理应给出最精确的结果。一个好的算法应该易于开发,需要少量运算(加法和乘法),并且对参数波动不敏感。这些主题超出了本教材的范畴,本节只讨论相关的基本思想以及MATLAB函数的使用。

考虑CT状态空间方程

$$\dot{x}(t)=Ax(t)+bu(t)$$
$$y(t)=cx(t)+du(t)$$

假设要计算由输入$u(t)$引起的输出$y(t)$,时间t的范围为$[0,t_f]$且初始状态为$x(0)$。首先是要选择步长T,然后将CT状态空间方程离散化为DT状态空间方程

$$y(kT)=c_d x(kT)+d_d u(kT) \tag{4.18}$$

$$x((k+1)T)=A_d x(kT)+b_d u(kT) \tag{4.19}$$

若使用式(4.11)的离散化方法，则有 $\boldsymbol{A}_d=\boldsymbol{I}+T\boldsymbol{A}$，$\boldsymbol{b}_d=T\boldsymbol{b}$，$\boldsymbol{c}_d=\boldsymbol{c}$ 和 $\boldsymbol{d}_d=\boldsymbol{d}$。可以递归计算这两个方程组，利用 $\boldsymbol{x}(0)$ 和 $u(0)$，根据式(4.18)求 $y(0)$ 并根据式(4.19)求 $\boldsymbol{x}(T)$，接着用求出的 $\boldsymbol{x}(T)$ 和 $u(T)$ 计算 $y(T)$ 和 $\boldsymbol{x}(2T)$。以此类推，可以求得 $y(kT)(k=0,1,2,\cdots)$，然后进行插值运算，从 DT 序列 $y(kT)$ 产生 CT 信号 $y(t)$，这个运算过程只涉及加法和乘法，没有遇到第 4.1 节讨论的参数敏感问题。因此，状态空间方程最适合于计算机运算。

剩下的问题就是如何选择步长 T 了。显然，步长越小结果就越精确，但是也需要更多的运算量。因此，在实际应用中，不必选择过小的 T。采样定理表明，若信号 $y(t)$ 带限于频率 $\omega_{\max}$ 内，并且若选择采样周期 T 小于 $\frac{\pi}{\omega_{\max}}$，则可以从其采样序列 $y(kT)$ 精确地恢复出 $y(t)$。为了应用该定理，我们必须获悉 $y(t)$ 的频谱信息，但这通常并不可行，而且必须使用理想插值器，这在物理上也不可实现。因此，采样定理的使用并不简单。选择 T 的最简便方法就是试探法，任选 T_1 及 $T_2<T_1$，并进行计算。若两个结果相差很大，则 T_1 不够小，T_2 是否足够小是通过将其结果与使用较小 T 计算的结果进行对比来确定的。重复计算直到无法区分两个相继的 T_i 的结果。若无法区分使用原始 T_1 和使用 T_2 的结果，则 T_1 已足够小。为了找到最大可接受的 T，可增加 T_1 直到其结果变得开始与之前计算的结果有所区别。

这里举例说明该处理流程。考虑 CT 状态空间方程

$$\begin{bmatrix}\dot{x}_1(t)\\ \dot{x}_2(t)\\ \dot{x}_3(t)\end{bmatrix}=\begin{bmatrix}0 & 0 & -0.2\\ 0 & -0.75 & 0.25\\ 0.5 & -0.5 & 0\end{bmatrix}\begin{bmatrix}x_1(t)\\ x_2(t)\\ x_3(t)\end{bmatrix}+\begin{bmatrix}0.2\\ 0\\ 0\end{bmatrix}u(t)$$

$$y=[0\quad 0\quad 1]\begin{bmatrix}x_1(t)\\ x_2(t)\\ x_3(t)\end{bmatrix}+0\times u(t)$$

借助 MATLAB 函数 lsim，即线性仿真(linear simulation)的缩写，来计算初始状态为 $\boldsymbol{x}(0)=[0\quad 0.2\quad -0.1]'$ 时，系统由输入 $u(t)=\sin 2t$，$t\geqslant 0$ 引起的输出，其中“′”表示转置。在编辑窗口中键入下述命令

```
% Program 4.1 (f41.m)
a = [0 0 -0.2;0 -0.75 0.25;0.5 -0.5 0];b = [0.2;0;0];
c = [0 0 1];d = 0;
dog = ss(a,b,c,d);
t1 = 0:1:50;u1 = sin(2 * t1);x = [0;0.2; - 0.1];
y1 = lsim(dog,u1,t1,x);
t2 = 0:0.1:50;u2 = sin(2 * t2);
y2 = lsim(dog,u2,t2,x);
t3 = 0:0.01:50;u3 = sin(2 * t3);
```

```
y3 = lsim(dog,u3,t3,x);
plot(t1,y1,t2,y2,':',t3,y3,'-.',[0 50],[0 0])
xlabel('Time (s)'),ylabel('Amplitude')
```

前两行代码是以MATLAB格式表达$\{\boldsymbol{A},\boldsymbol{b},\boldsymbol{c},d\}$，第3行定义系统，称该系统为“dog”，该系统借助状态空间模型定义，记为ss。第4行 `t1 = 0:1:50` 表明要计算的时间区间为[0,50]，时间增量为1或等价地描述为步长$T_1=1$，以及相应的输入 `u1 = sin(2 * t1)`。接着利用函数 `lsim` 来求输出 `y1 = lsim(dog,u1,t1,x)`。由函数 `plot(t1,y1)` 产生图4.1中的实线，该函数同时进行线性插值(用一条直线连接每对相邻点)。然后，选择$T_2=0.1$作为步长重复上述计算，调用函数 `plot(t2,y2,':')` 将其结果y_2用虚线绘制于图4.1中，虚线与实线差别很大。因此，不能接受采用$T_1=1$得到的结果。此时，使用$T_2=0.1$的结果是否可以接受尚不明确。接着选择$T_3=0.01$并重复计算。然后调用函数 `plot(t3,y3,'-.')` 将其结果用点划线绘制于图4.1中，它与使用$T_2=0.1$的结果不可区分。由此得出结论，若选择步长为0.1或更小，则状态空间方程的响应可通过其离散化方程来计算。需要注意的是，前面3个 `plot` 函数可以合并为一个，如 Program 4.1 的倒数第2行所示。合并后的 `plot` 函数还绘制出由 `plot([0 50],[0 0])` 生成的水平轴。将 Program 4.1 保存为文件名为 f41.m 的 m 文件。在命令窗口键入 `f41` 将在图形窗口中得到图4.1的结果。

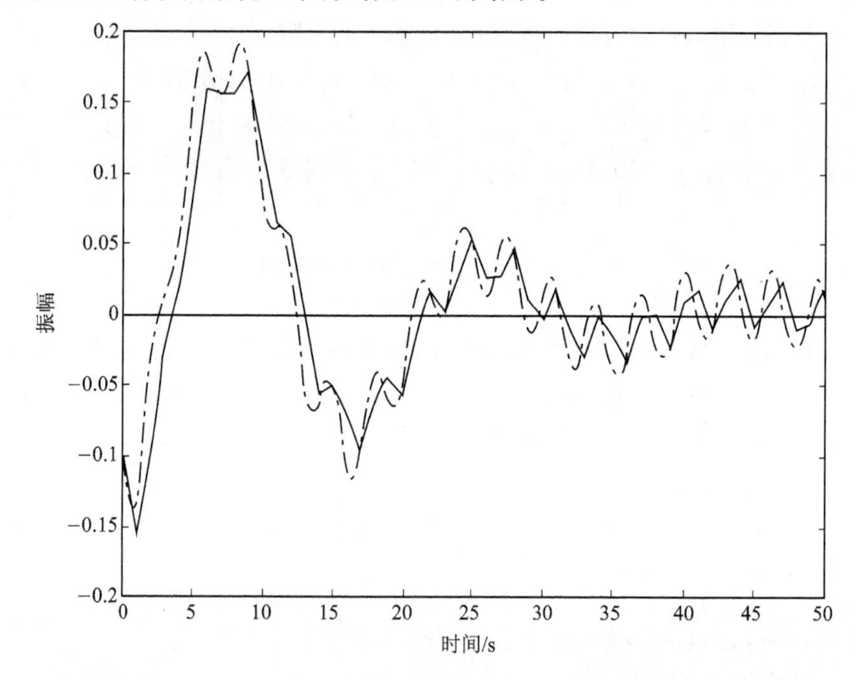

图4.1　采用$T_1=1$(实线)、$T_2=0.1$(虚线)和$T_3=0.01$(点划线)求出的输出

MATLAB包含函数 `step(a,b,c,d)` 和 `impulse(a,b,c,d)`。函数 `step` 计算初始松弛系统由阶跃输入引起的输出，函数 `impulse` 计算冲击函数输入引起的输出。在使用这两个函数时,不必像在使用函数 lsim 时那样指定计算的步长和时间区间。需要注意的是,函数 step 和函数 impulse 都基于函数 lsim,但是,这两个函数需要自适应地选择步长,并且在响应几乎不变时自动停止计算。

任何计算机都不可能产生冲击函数,那么,冲击响应又是如何产生的呢?考虑

$$\dot{\boldsymbol{x}}(t)=\boldsymbol{A}\boldsymbol{x}(t)+\boldsymbol{b}u(t)$$

这里用 0_+ 表示大于 0 的无穷小量,且 $u(t)=\delta(t)$,由上式从 $t=0\sim t=0_+$ 的积分得出

$$\boldsymbol{x}(0_+)-\boldsymbol{x}(0)=\boldsymbol{A}\int_0^{0_+}\boldsymbol{x}(t)\mathrm{d}t+\boldsymbol{b}\int_0^{0_+}\delta(t)\mathrm{d}t=\boldsymbol{A}\cdot\boldsymbol{0}+\boldsymbol{b}\cdot 1=\boldsymbol{b}$$

其中由于 $\boldsymbol{x}(t)$不包含冲击函数,所以第一项积分为零,而第二项积分为 1。因此,冲击输入将初始状态从 $\boldsymbol{x}(0)=\boldsymbol{0}$ 转移到 $\boldsymbol{x}(0_+)=\boldsymbol{b}$,其结果是,可以通过初始状态 $\boldsymbol{b}$ 引起的零输入响应来产生冲击响应(零状态响应)。事实上,MATLAB 就是以这种方式产生冲击响应的。但是,函数 impulse 仅对 $d=0$ 的状态空间方程产生正确的响应,或者更确切地说,单单忽略 $d\neq 0$ 的情形。

MATLAB 函数也适用于传递函数,如 step(n,de)和 stepimpulse(n,de),其中 n 和 de 表示传递函数分子的系数和分母的系数,MATLAB 内部先利用函数 tf2ss 将传递函数转换为状态空间方程,然后再进行计算。在 Program 4.1 中,曾借助状态空间模型将系统定义为 dog = ss(a,b,c,d),同样可以借助传递函数模型将系统定义为 dog = tf(n,de)。回想到传递函数仅能描述零状态响应,因而,当使用传递函数模型时,缺省假定初始状态为零。若在 Program 4.1 中使用传递函数模型,则由于其初始状态不为零,结果会有所不同。若初始状态为零,则使用 ss 模型或 tf 模型没有区别。

4.3.1 实时处理

考虑由图 4.1 所示的点划线表示的响应,它是由时长为 50 s 的输入引起的系统输出,通过 MATLAB 函数 tic 和 toc 计时,计算及绘制图 4.1 的输出仅耗时 0.07 s,因此,图 4.1 中的时间刻度与真实时间无关,这类处理称为非实时处理。由于真实时间和采样周期无关紧要,所以所有计算机运算和仿真均为非实时处理,只有时间序列的先后次序才至关重要。

电话交流是实时进行的,音频 CD 也是如此。只要 CD 播放器开始旋转,就会出现音乐,无需等待播放器扫描整张 CD。CT 信号的数字处理总离不开采样周期,例如,电话传输的采样周期为 $T=\dfrac{1}{8\ 000}$ s=0.000 125 s,或 125 μs,语音 CD 的采样周期为 $T=\dfrac{1}{44\ 100}$ s=0.000 022 6 s,或 22.6 μs。若采样周期大于计算每个输出 $y(kT)$所需的时长,则专用数字硬件将输出存储于内存中,并在瞬时 kT 将之传送。由于输入 $u(kT)$和输出 $y(kT)$出现在相同的实时时刻,所以称之为实时处理。状态空间方程适合于实时处理。事实上,考虑式(4.18)和式(4.19)中的状态空间方程,若

其维数为 3,则计算每个 $y(kT)$所需运算量不超过 20 次加法和 20 次乘法,假设每次加法需要 20 ns(20×10^{-9} s),每次乘法需要 30 ns,则计算每个 $y(kT)$最多需要 1 μs(10^{-6} s)。若 $d=0$ 且 $\boldsymbol{x}(0)=\boldsymbol{0}$,则 $y(0)$缺省为 0,并可以在 $u(0)$到来的瞬时将之传送。一旦$u(0)$到来,就可以借助式(4.19)启动 $\boldsymbol{x}(T)$的计算,然后借助式(4.18)计算 $y(T)$。若采样周期为 22.6 μs,一旦求出 $y(T)$(耗时小于 1 μs),就将之存储于内存中,可以在 $u(T)$到来的同时将之传送。一旦 $u(T)$到来,便启动 $\boldsymbol{x}(2T)$的计算,然后计算$y(2T)$,并将它们存储于内存中。可以在 $u(2T)$到来的时刻传送输出 $y(2T)$。以此类推,输出 $y(kT)$与 $u(kT)$可以在相同时刻出现,此即为实时处理。若 $d\neq0$ 且 $\boldsymbol{x}(0)\neq\boldsymbol{0}$,则由于将 $u(kT)$乘以 d 再将该乘积结果与 $\boldsymbol{cx}(kT)$相加需要耗时,所以 $y(kT)$的传送必须延迟一个采样周期 T。由于 T 通常很小,所以 $y(kT)$与 $u(kT)$实际上出现在相同的时刻。总之,可以在计算机运算和实时处理中使用状态空间方程,也可以在下一小节要讨论的运放电路实施中使用状态空间方程。需要注意的是,由于只有当获得$[0,\infty)$区间内所有 t 上的整个 $u(t)$之后,才可以求 $u(t)$的拉普拉斯变换,因此,实时处理中不能使用传递函数。

4.3.2 运放电路实施

可以借助运放(op - amp)电路来实施任一线性时不变(LTI)状态空间方程。图 4.2 所示为两个标准运放电路元件,所有输入通过电阻器连接到反相端子,图中未示出接地的非反相端子和电源。若反馈支路为电阻,如图 4.2(a)所示,则该元件的输出为$-(ax_1+bx_2+cx_3)$;若反馈支路为容值为 C 的电容且 $RC=1$,如图 4.2(b)所示,并选择输出为 x,则 $\dot{x}=-(av_1+bv_2+cv_3)$。第一个元件称为“加法器”,第二个元件为“积分器”。事实上,加法器也起到乘法器的作用,积分器也起到乘法器和加法器的作用。若只使用一个输入,如图 4.2(a)中的 x_1,则输出等于$-ax_1$,该元件可以用作增益为 a 的“反相器”。现举例说明可以使用图 4.2 中的两类元件来实施任一 LTI 状态空间方程。

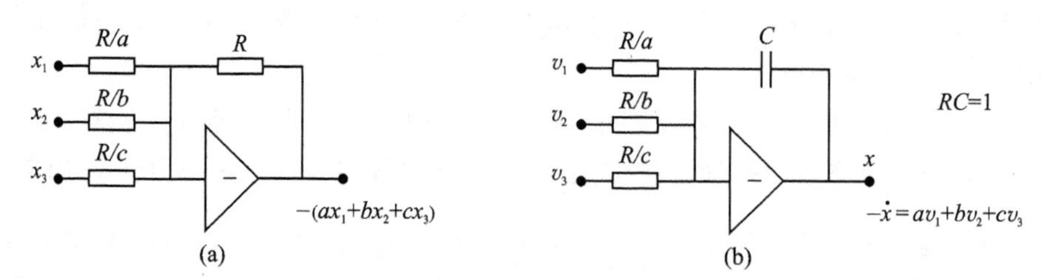

图 4.2 两个运放电路元件

考虑状态空间方程

$$\begin{bmatrix}\dot{x}_1(t)\\ \dot{x}_2(t)\end{bmatrix}=\begin{bmatrix}2 & -0.3\\ 1 & -8\end{bmatrix}\begin{bmatrix}x_1(t)\\ x_2(t)\end{bmatrix}+\begin{bmatrix}-2\\ 0\end{bmatrix}u(t) \tag{4.20}$$

$$y(t)=\begin{bmatrix}-2 & 3\end{bmatrix}\begin{bmatrix}x_1(t)\\x_2(t)\end{bmatrix}+5u(t) \tag{4.21}$$

方程的维数为 2,实施该系统时需要两个积分器,可以无约束地选择每个积分器的输出为$+x_i$ 或$-x_i$。假设选择左侧(LHS)积分器的输出为 x_1,选择右侧(RHS)积分器的输出为$-x_2$,如图 4.3 所示。根据式(4.20)的第一个方程,LHS 积分器的输入应当为$-\dot{x}_1=-2x_1+0.3x_2+2u$,并如图所示连接。RHS 积分器的输入应当为$\dot{x}_2=x_1-8x_2$,并如图所示连接。若选择加法器的输出为 y,则其输入应当等于$-y=2x_1-3x_2-5u$,并如图所示连接。因此,可以按图 4.3 所示方式来实施式(4.20)和式(4.21)中的状态空间方程。需要注意的是,同一方程可以有很多种实施方法。例如,若将图 4.3 中两个积分器的输出选为 x_1 和 x_2,而不是 x_1 和$-x_2$,则将获得另外一种实施方法,相关内容可参见参考文献 7 和 10。

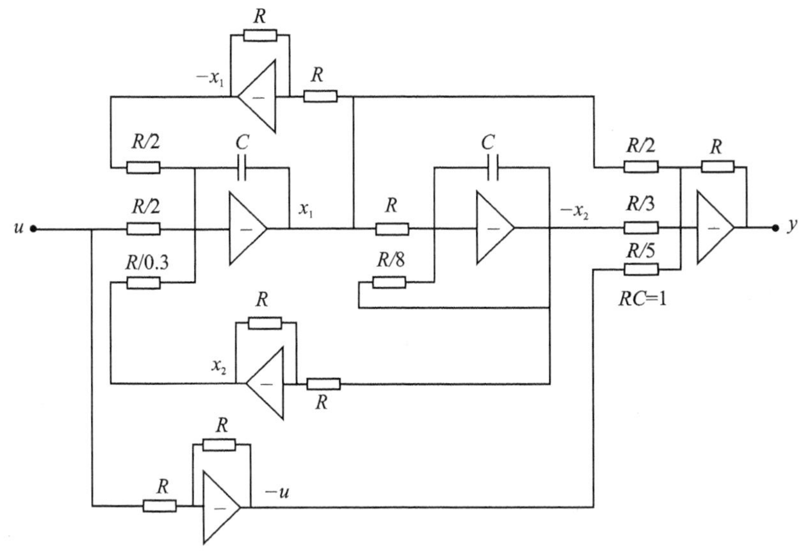

图 4.3　式(4.20)和式(4.21)的运放电路实施

在实际运放电路中,信号的幅度范围受限于供电电压。若任意信号幅度超出该范围,则电路会饱和或烧毁,电路不会按方程式描述的那样运行。尽管如此,仍有方法可以解决类似问题,这将在后续小节讨论。

4.4　等价状态空间方程

以下例子为研究等价状态空间方程提供了依据。

【例 4.3】　考虑图 4.4 所示电路网络,该网络由一个电容、一个电感、一个电阻和一个电压源组成。首先选择电感电流 x_1 和电容电压 x_2 作为状态变量,如图所示。电感两端的电压为 $\dot{x}_1$,流经电容的电流为 $\dot{x}_2$。电阻两端的电压为 x_2,因此其电流为$\frac{x_2}{1}=x_2$。显然有$x_1=x_2+\dot{x}_2$和$\dot{x}_1+x_2-u=0$。因此,该电路网络通过以下状态空间方程描述:

$$\begin{bmatrix}\dot{x}_1(t)\\ \dot{x}_2(t)\end{bmatrix}=\begin{bmatrix}0 & -1\\ 1 & -1\end{bmatrix}\begin{bmatrix}x_1(t)\\ x_2(t)\end{bmatrix}+\begin{bmatrix}1\\ 0\end{bmatrix}u(t) \tag{4.22}$$

$$y(t)=[0 \quad 1]\,\boldsymbol{x}(t)$$

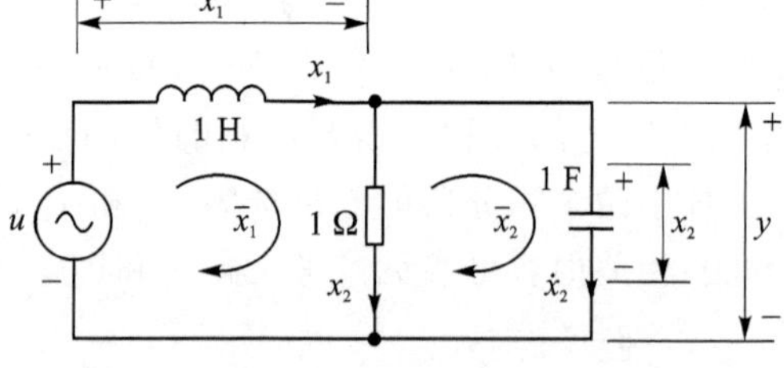

图 4.4 含两组不同状态变量的电路网络

取而代之,若选取图中所示环路电流$\bar{x}_1$和$\bar{x}_2$作为状态变量,则电感两端的电压为$\dot{\bar{x}}_1$,电阻两端的电压为$(\bar{x}_1-\bar{x}_2)\times 1$。根据左侧回路有

$$u=\dot{\bar{x}}_1+\bar{x}_1-\bar{x}_2 \quad 或 \quad \dot{\bar{x}}_1=-\bar{x}_1+\bar{x}_2+u$$

电容两端的电压与电阻两端的电压同为$\bar{x}_1-\bar{x}_2$,因此,流经电容的电流为$\dot{\bar{x}}_1-\dot{\bar{x}}_2$,等于$\bar{x}_2$。借助关系式$\dot{\bar{x}}_1-\dot{\bar{x}}_2=\bar{x}_2$和求出的$\dot{\bar{x}}_1$,有

$$\dot{\bar{x}}_2=\dot{\bar{x}}_1-\bar{x}_2=-\bar{x}_1+u$$

因此,该电路网络也可通过状态空间方程

$$\begin{bmatrix}\dot{\bar{x}}_1(t)\\ \dot{\bar{x}}_2(t)\end{bmatrix}=\begin{bmatrix}-1 & 1\\ -1 & 0\end{bmatrix}\begin{bmatrix}\bar{x}_1(t)\\ \bar{x}_2(t)\end{bmatrix}+\begin{bmatrix}1\\ 1\end{bmatrix}u(t) \tag{4.23}$$

$$y(t)=[1 \quad -1]\,\bar{\boldsymbol{x}}(t)$$

来描述,式(4.22)和式(4.23)中的状态空间方程描述了同样的电路网络,因而,二者必定密切相关,事实上,二者等价,下文即将对此证实。

考虑n维状态空间方程

$$\begin{aligned}\dot{\boldsymbol{x}}(t)&=\boldsymbol{A}\boldsymbol{x}(t)+\boldsymbol{B}\boldsymbol{u}(t)\\ \boldsymbol{y}(t)&=\boldsymbol{C}\boldsymbol{x}(t)+\boldsymbol{D}\boldsymbol{u}(t)\end{aligned} \tag{4.24}$$

其中$\boldsymbol{A}$为将n维实空间$\mathscr{R}^n$映射到自身空间的$n\times n$常数矩阵,状态$\boldsymbol{x}$为所有t上$\mathscr{R}^n$中的向量,因此该实数空间也称为状态空间。也可将式(4.24)的状态空间方程视作与式(3.8)中的标准正交基联系在一起。现在研究选择另外一组基对状态方程的影响。

定义 4.1 设 $\boldsymbol{P}$ 为 $n\times n$ 的实值非奇异矩阵，且 $\bar{\boldsymbol{x}}=\boldsymbol{P}\boldsymbol{x}$，则称状态空间方程

$$\dot{\bar{\boldsymbol{x}}}(t)=\bar{\boldsymbol{A}}\bar{\boldsymbol{x}}(t)+\bar{\boldsymbol{B}}\boldsymbol{u}(t)$$

$$\boldsymbol{y}(t)=\bar{\boldsymbol{C}}\bar{\boldsymbol{x}}(t)+\bar{\boldsymbol{D}}\boldsymbol{u}(t) \tag{4.25}$$

与方程(4.24)"(代数)等价"，并将 $\bar{\boldsymbol{x}}=\boldsymbol{P}\boldsymbol{x}$ 称为"等价变换"。其中

$$\bar{\boldsymbol{A}}=\boldsymbol{PAP}^{-1}\quad \bar{\boldsymbol{B}}=\boldsymbol{PB}\quad \bar{\boldsymbol{C}}=\boldsymbol{CP}^{-1}\quad \bar{\boldsymbol{D}}=\boldsymbol{D} \tag{4.26}$$

通过将 $\boldsymbol{x}(t)=\boldsymbol{P}^{-1}\bar{\boldsymbol{x}}(t)$ 和 $\dot{\boldsymbol{x}}(t)=\boldsymbol{P}^{-1}\dot{\bar{\boldsymbol{x}}}(t)$ 代入方程(4.24)得出式(4.26)，代换过程与式(3.7)类似，将状态空间的基向量从标准正交基变为 $\boldsymbol{P}^{-1}=:\boldsymbol{Q}$ 的列向量。显然 $\boldsymbol{A}$ 与 $\bar{\boldsymbol{A}}$ 相似，$\bar{\boldsymbol{A}}$ 即为 $\boldsymbol{A}$ 的另一种表示。更确切地说，设 $\boldsymbol{Q}=\boldsymbol{P}^{-1}=[\boldsymbol{q}_1\quad \boldsymbol{q}_2\quad \cdots\quad \boldsymbol{q}_n]$，则正如第 3.4 节讨论过的，$\bar{\boldsymbol{A}}$ 的第 i 列为 $\boldsymbol{A}\boldsymbol{q}_i$ 在 $\{\boldsymbol{q}_1\quad \boldsymbol{q}_2\quad \cdots\quad \boldsymbol{q}_n\}$ 这组基上的表示。根据式 $\bar{\boldsymbol{B}}=\boldsymbol{PB}$ 或 $\boldsymbol{B}=\boldsymbol{P}^{-1}\bar{\boldsymbol{B}}=[\boldsymbol{q}_1\quad \boldsymbol{q}_2\quad \cdots\quad \boldsymbol{q}_n]\bar{\boldsymbol{B}}$，看到，$\bar{\boldsymbol{B}}$ 的第 i 列是 $\boldsymbol{B}$ 的第 i 列在 $\{\boldsymbol{q}_1\quad \boldsymbol{q}_2\quad \cdots\quad \boldsymbol{q}_n\}$ 这组基上的表示。矩阵 $\bar{\boldsymbol{C}}$ 根据 $\boldsymbol{CP}^{-1}$ 求出，称矩阵 $\boldsymbol{D}$ 为输入和输出间的"直接传输矩阵"，与状态空间无关，不受等价变换的影响。

这里证明方程(4.24)和方程(4.25)具有相同的一组特征值和相同的传递矩阵。事实上，利用 $\det(\boldsymbol{P})\det(\boldsymbol{P}^{-1})=1$，有

$$\bar{\Delta}(\lambda)=\det(\lambda\boldsymbol{I}-\bar{\boldsymbol{A}})=\det(\lambda\boldsymbol{PP}^{-1}-\boldsymbol{PAP}^{-1})=\det[\boldsymbol{P}(\lambda\boldsymbol{I}-\boldsymbol{A})\boldsymbol{P}^{-1}]=$$
$$\det(\boldsymbol{P})\det(\lambda\boldsymbol{I}-\boldsymbol{A})\det(\boldsymbol{P}^{-1})=\det(\lambda\boldsymbol{I}-\boldsymbol{A})=\Delta(\lambda)$$

和

$$\hat{\bar{\boldsymbol{G}}}(s)=\bar{\boldsymbol{C}}(s\boldsymbol{I}-\bar{\boldsymbol{A}})^{-1}\bar{\boldsymbol{B}}+\bar{\boldsymbol{D}}=\boldsymbol{CP}^{-1}[\boldsymbol{P}(s\boldsymbol{I}-\boldsymbol{A})\boldsymbol{P}^{-1}]^{-1}\boldsymbol{PB}+\boldsymbol{D}=$$
$$\boldsymbol{CP}^{-1}\boldsymbol{P}(s\boldsymbol{I}-\boldsymbol{A})^{-1}\boldsymbol{P}^{-1}\boldsymbol{PB}+\boldsymbol{D}=\boldsymbol{C}(s\boldsymbol{I}-\boldsymbol{A})^{-1}\boldsymbol{B}+\boldsymbol{D}=\hat{\boldsymbol{G}}(s)$$

因此，等价状态空间方程具有相同的特征多项式，因而也有相同的一组特征值和相同的传递矩阵。事实上，任意等价变换均保留或不改变方程(4.24)的所有性质。

重新考虑图 4.4 所示的电路网络，可以通过方程(4.22)和(4.23)对其描述。现证明这两个方程等价。根据图 4.4 有 $x_1=\bar{x}_1$，由于电阻两端电压为 x_2，其电流为 $\frac{x_2}{1}$ 且等于 $\bar{x}_1-\bar{x}_2$，因此有

$$\begin{bmatrix}x_1\\x_2\end{bmatrix}=\begin{bmatrix}1&0\\1&-1\end{bmatrix}\begin{bmatrix}\bar{x}_1\\\bar{x}_2\end{bmatrix}$$

或

$$\begin{bmatrix}\bar{x}_1\\\bar{x}_2\end{bmatrix}=\begin{bmatrix}1&0\\1&-1\end{bmatrix}^{-1}\begin{bmatrix}x_1\\x_2\end{bmatrix}=\begin{bmatrix}1&0\\1&-1\end{bmatrix}\begin{bmatrix}x_1\\x_2\end{bmatrix} \tag{4.27}$$

需要注意的是，此时变换矩阵 $\boldsymbol{P}$ 的逆恰好与其自身相同，直接可以验证方程(4.22)和(4.23)通过式(4.27)的等价变换建立联系。

MATLAB函数[ab,bb,cb,db]=ss2ss(a,b,c,d,p)实现等价变换。

两状态空间方程若有相同的传递矩阵,或

$$\boldsymbol{D}+\boldsymbol{C}(s\boldsymbol{I}-\boldsymbol{A})^{-1}\boldsymbol{B}=\bar{\boldsymbol{D}}+\bar{\boldsymbol{C}}(s\boldsymbol{I}-\bar{\boldsymbol{A}})^{-1}\bar{\boldsymbol{B}}$$

则称二者“零状态等价”,代入式(3.57)后上式变为

$$\boldsymbol{D}+\boldsymbol{CB}s^{-1}+\boldsymbol{CAB}s^{-2}+\boldsymbol{CA}^2\boldsymbol{B}s^{-3}+\cdots=$$

$$\bar{\boldsymbol{D}}+\bar{\boldsymbol{C}}\bar{\boldsymbol{B}}s^{-1}+\bar{\boldsymbol{C}}\bar{\boldsymbol{A}}\bar{\boldsymbol{B}}s^{-2}+\bar{\boldsymbol{C}}\bar{\boldsymbol{A}}^2\bar{\boldsymbol{B}}s^{-3}+\cdots$$

因此有如下定理。

定理 4.1

两个线性时不变状态空间方程$\{\boldsymbol{A},\boldsymbol{B},\boldsymbol{C},\boldsymbol{D}\}$和$\{\bar{\boldsymbol{A}},\bar{\boldsymbol{B}},\bar{\boldsymbol{C}},\bar{\boldsymbol{D}}\}$为零状态等价或具有相同的传递矩阵,当且仅当$\boldsymbol{D}=\bar{\boldsymbol{D}}$,并且

$$\boldsymbol{CA}^m\boldsymbol{B}=\bar{\boldsymbol{C}}\bar{\boldsymbol{A}}^m\bar{\boldsymbol{B}},\quad m=0,1,2,\cdots$$

显然,由(代数)等价可知零状态等价。为了使两个状态空间方程等价,二者必须具有相同的维数。但是,对零状态等价却未必如此,如以下例子所示。

【例 4.4】 考虑如图4.5所示的两个电路网络,图4.5(a)的网络包含两个电感,而图4.5(b)仅含一个电感。采用阻抗法求其传递函数,图4.5(a)中1 Ω电阻和1 H电感并联连接的阻抗为$\frac{s}{s+1}$,因此图4.5(a)中从u到y的传递函数为

$$\hat{g}_1(s)=\frac{\hat{y}(s)}{\hat{u}(s)}=\frac{\frac{s}{s+1}}{s+\frac{s}{s+1}}=\frac{s}{s^2+2s}=\frac{1}{s+2}$$

图4.5(b)中从u到y的传递函数为

$$\hat{g}_2(s)=\frac{\hat{y}(s)}{\hat{u}(s)}=\frac{s}{s+1+1}=\frac{1}{s+2}$$

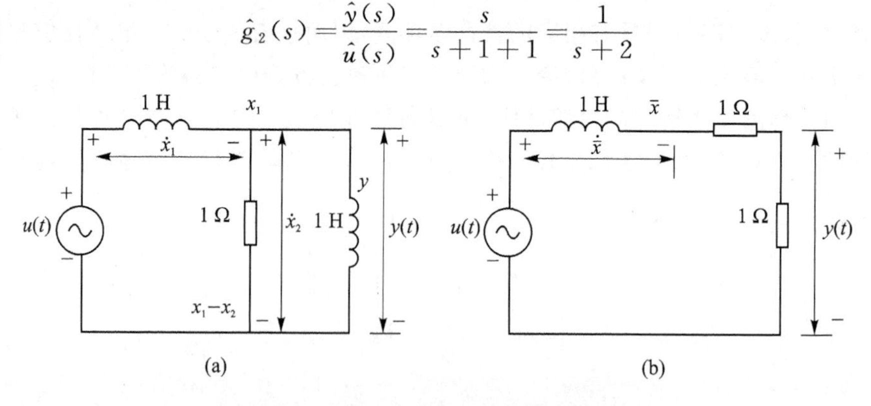

图 4.5 两个零状态等价的电路网络

$\hat{g}_2(s)$等于$\hat{g}_1(s)$,因此图4.5中的两个电路网络零状态等价。

为了找出图4.5(a)的状态空间方程描述,将与电压源串联的1 H电感上流经的电流取为$x_1(t)$,另一个电感上流过的电流取为$x_2(t)$,则其电压分别为$\dot{x}_1(t)$和

$\dot{x}_2(t)$。1 Ω 电阻上流过的电流为 $x_1(t)-x_2(t)$，如图所示，因而其上电压为 $1\times[x_1(t)-x_2(t)]$。根据图 4.5(a)左侧回路，有

$$\dot{x}_1(t)=u(t)-[x_1(t)-x_2(t)]=-x_1(t)+x_2(t)+u(t)$$

根据图 4.5(a)右侧回路，有

$$\dot{x}_2(t)=x_1(t)-x_2(t)$$

和 $y(t)=x_1(t)-x_2(t)$，可将其排列为矩阵形式

$$\dot{\boldsymbol{x}}(t)=\begin{bmatrix}-1 & 1\\ 1 & -1\end{bmatrix}\boldsymbol{x}(t)+\begin{bmatrix}1\\0\end{bmatrix}u(t)=:\boldsymbol{Ax}(t)+\boldsymbol{b}u(t)$$

$$y(t)=[1\quad -1]\,\boldsymbol{x}(t)=:\boldsymbol{cx}(t)+0\times u(t)$$

该二维状态空间方程描述了图 4.5(a)中的电路网络。

为了找出图 4.5(b)的状态空间方程描述，将 1 H 电感上流经的电流取为 $\bar{x}(t)$，则电感两端的电压为 $\dot{\bar{x}}(t)$，相同电流流过两个 1 Ω 电阻，因此有 $u(t)=\dot{\bar{x}}(t)+\bar{x}(t)+\bar{x}(t)$ 和 $y(t)=\bar{x}(t)$，或

$$\dot{\bar{x}}(t)=-2\bar{x}(t)+u(t)=:\bar{A}\bar{x}(t)+\bar{b}u(t)$$

$$y(t)=\bar{x}(t)=:\bar{c}\bar{x}(t)+\bar{d}u(t)$$

其中 $\bar{A}=-2$、$\bar{b}=1$、$\bar{c}=1$、$\bar{d}=0$，该一维状态空间方程描述了图 4.5(b)中的电路网络。

接下来借助定理 4.1 来验证该二维状态空间方程和一维状态空间方程零状态等价。对一维状态空间方程，有 $\bar{d}=0$ 和 $\bar{c}\bar{A}^m\bar{b}=1\times(-2)^m\times1=(-2)^m$。对二维状态空间方程，首先利用定理 3.5 求出 $\boldsymbol{A}^m$。通过

$$\det(\lambda\boldsymbol{I}-\boldsymbol{A})=\det\begin{bmatrix}\lambda+1 & -1\\ -1 & \lambda+1\end{bmatrix}=(\lambda+1)^2-1=\lambda^2+2\lambda=\lambda(\lambda+2)$$

求出 $\boldsymbol{A}$ 的特征值为 0 和 −2。设 $f(\lambda)=\lambda^m$，$h(\lambda)=\beta_0+\beta_1\lambda$，在 $\boldsymbol{A}$ 的谱上，有 $f(0)=0=h(0)=\beta_0$ 以及 $f(-2)=(-2)^m=h(-2)=0+\beta_1(-2)$，由此可知 $\beta_1=(-2)^{m-1}$，因此，对任意正整数 m 均有

$$\boldsymbol{A}^m=\beta_0\boldsymbol{I}+\beta_1\boldsymbol{A}=(-2)^{m-1}\boldsymbol{A}$$

成立，于是有

$$\boldsymbol{cA}^m\boldsymbol{b}=[1\quad -1]\times(-2)^{m-1}\begin{bmatrix}-1 & 1\\ 1 & -1\end{bmatrix}\begin{bmatrix}1\\0\end{bmatrix}=(-2)^{m-1}[1\quad -1]\begin{bmatrix}-1\\1\end{bmatrix}=$$

$$(-2)^{m-1}(-2)=(-2)^m$$

我们看到 $d=\bar{d}=0$ 以及 $\boldsymbol{cA}^m\boldsymbol{b}=\bar{c}\bar{A}^m\bar{b}=(-2)^m$，$m=0,1,2\cdots$。因此这两个状态空间方程零状态等价。其实际含义将在第 7.2.2 节讨论。

4.4.1 标准型

MATLAB 中包含函数[ab,bb,cb,db,P] = canon(a,b,c,d,'type')。若参数 type = companion,则该函数生成其中 $\bar{A}$ 为式(3.24)中伴随型的等价状态空间方程,该函数只有当 $\boldsymbol{Q}:=[\boldsymbol{b}_1\quad \boldsymbol{A}\boldsymbol{b}_1\quad \cdots\quad \boldsymbol{A}^{n-1}\boldsymbol{b}_1]$ 为非奇异时才奏效,其中 $\boldsymbol{b}_1$ 为 $\boldsymbol{B}$ 的第一列。该条件等同于 $\{\boldsymbol{A},\boldsymbol{b}_1\}$ 能控,关于能控性将在第6章讨论。函数canon生成的 $\boldsymbol{P}$ 等于 $\boldsymbol{Q}^{-1}$,关于这一点可参见第3.4节的讨论。以下例子说明canon函数的使用方法及其实际含义。

【例4.5】 考虑式(4.20)和式(4.21)的状态空间方程,在其运放电路实施时,元素0无须连接,元素1直接连接。因而,在其实施时所需的组件数量与有别于0或1的元素总数成正比。式(4.20)和式(4.21)中这些元素的总数为7。

在MATLAB中键入

```
a=[2 -0.3;1 -8];b=[-2;0];c=[1 -8];d=5;
[ab,bb,cb,db]=canon(a,b,c,d,'companion')
```

可得

$$\begin{bmatrix}\dot{\bar{x}}_1(t)\\ \dot{\bar{x}}_2(t)\end{bmatrix}=\begin{bmatrix}0 & 15.7\\ 1 & -6\end{bmatrix}\begin{bmatrix}\bar{x}_1(t)\\ \bar{x}_2(t)\end{bmatrix}+\begin{bmatrix}1\\ 0\end{bmatrix}u(t)$$

$$y(t)=[4\quad 2]\bar{\boldsymbol{x}}(t)+5u(t)$$

该状态空间方程与式(4.20)和式(4.21)中的状态空间方程等价,其 A-矩阵为式(3.24)所示的伴随型,该方程中有5个元素既非0也非1。若采用该方程进行运放电路的实施,则所使用的组件数量可以减少 $\frac{7-5}{7}\times 100\%=28.5\%$。

接下来讨论另外一种标准型。假定 $\boldsymbol{A}$ 有两个实特征值和两个复特征值,由于 $\boldsymbol{A}$ 只有实系数,这两个复特征值必为复共轭。设 λ_1、λ_2、$\alpha+\mathrm{j}\beta$ 和 $\alpha-\mathrm{j}\beta$ 为这里的特征值,且 $\boldsymbol{q}_1$、$\boldsymbol{q}_2$、$\boldsymbol{q}_3$ 和 $\boldsymbol{q}_4$ 为相应的特征向量,其中 λ_1、λ_2、α、β、$\boldsymbol{q}_1$ 和 $\boldsymbol{q}_2$ 均取实值,$\boldsymbol{q}_4$ 等于 $\boldsymbol{q}_3$ 的复共轭。定义 $\boldsymbol{Q}=[\boldsymbol{q}_1\quad \boldsymbol{q}_2\quad \boldsymbol{q}_3\quad \boldsymbol{q}_4]$,则有

$$\boldsymbol{J}:=\begin{bmatrix}\lambda_1 & 0 & 0 & 0\\ 0 & \lambda_2 & 0 & 0\\ 0 & 0 & \alpha+\mathrm{j}\beta & 0\\ 0 & 0 & 0 & \alpha-\mathrm{j}\beta\end{bmatrix}=\boldsymbol{Q}^{-1}\boldsymbol{A}\boldsymbol{Q}$$

需要注意的是,可以根据例3.6和例3.7所示的MATLAB函数[q,j]=eig(a)求得 $\boldsymbol{Q}$ 和 $\boldsymbol{J}$。该矩阵形式无实用价值,但可以通过以下的相似变换将其转化为实矩阵

$$\bar{\boldsymbol{Q}}^{-1}\boldsymbol{J}\bar{\boldsymbol{Q}}=\begin{bmatrix}1 & 0 & 0 & 0\\ 0 & 1 & 0 & 0\\ 0 & 0 & 1 & 1\\ 0 & 0 & \mathrm{j} & -\mathrm{j}\end{bmatrix}\begin{bmatrix}\lambda_1 & 0 & 0 & 0\\ 0 & \lambda_2 & 0 & 0\\ 0 & 0 & \alpha+\mathrm{j}\beta & 0\\ 0 & 0 & 0 & \alpha-\mathrm{j}\beta\end{bmatrix}\cdot$$

$$\begin{bmatrix}1&0&0&0\\0&1&0&0\\0&0&0.5&-0.5\mathrm{j}\\0&0&0.5&0.5\mathrm{j}\end{bmatrix}=\begin{bmatrix}\lambda_1&0&0&0\\0&\lambda_2&0&0\\0&0&\alpha&\beta\\0&0&-\beta&\alpha\end{bmatrix}=:\bar{\boldsymbol{A}}$$

可见,该变换把对角线上的复特征值转换成一个分块,特征值的实部在该分块的主对角线位置,而虚部在非对角线位置,新的 A -矩阵称为“模态型”。MATLAB 函数 [ab,bb,cb,db,P] = canon(a,b,c,d 'modal') 或不指定 type 类型的函数 canon(a,b,c,d)会得到模态型 $\bar{\boldsymbol{A}}$ 的等价状态空间方程。需要注意的是,不需要将 $\boldsymbol{A}$ 转换成对角型,然后再将其转换为模态型。可以将这两次变换合并为如下的一次变换

$$\boldsymbol{P}^{-1}=\boldsymbol{Q}\bar{\boldsymbol{Q}}=[\boldsymbol{q}_1\quad\boldsymbol{q}_2\quad\boldsymbol{q}_3\quad\boldsymbol{q}_4]\cdot\begin{bmatrix}1&0&0&0\\0&1&0&0\\0&0&0.5&-0.5\mathrm{j}\\0&0&0.5&0.5\mathrm{j}\end{bmatrix}=$$

$$[\boldsymbol{q}_1\quad\boldsymbol{q}_2\quad\mathrm{Re}(\boldsymbol{q}_3)\quad\mathrm{Im}(\boldsymbol{q}_3)]$$

其中 Re 和 Im 分别表示实部和虚部,并且最后一个等式用到了 $\boldsymbol{q}_4$ 是 $\boldsymbol{q}_3$ 的复共轭这一事实。再举一个例子,具有实特征值 λ_1、两对互异复共轭特征值 $\alpha_i\pm\mathrm{j}\beta_i(i=1,2)$ 的矩阵,其模态型为

$$\bar{\boldsymbol{A}}=\begin{bmatrix}\lambda_1&0&0&0&0\\0&\alpha_1&\beta_1&0&0\\0&-\beta_1&\alpha_1&0&0\\0&0&0&\alpha_2&\beta_2\\0&0&0&-\beta_2&\alpha_2\end{bmatrix}\tag{4.28}$$

该矩阵为分块对角阵,可以通过相似变换

$$\boldsymbol{P}^{-1}=[\boldsymbol{q}_1\quad\mathrm{Re}(\boldsymbol{q}_2)\quad\mathrm{Im}(\boldsymbol{q}_2)\quad\mathrm{Re}(\boldsymbol{q}_4)\quad\mathrm{Im}(\boldsymbol{q}_4)]$$

得出,其中 $\boldsymbol{q}_1$、$\boldsymbol{q}_2$ 和 $\boldsymbol{q}_4$ 分别为属于 λ_1、$\alpha_1+\mathrm{j}\beta_1$ 和 $\alpha_2+\mathrm{j}\beta_2$ 的特征向量。模态型在状态空间的设计和运放电路实施中非常有用。

4.4.2　运放电路的幅度定标

正如第 4.3.1 小节讨论的,可以采用运放电路实施任一 LTI 状态空间方程③。在实际运放电路中,所有信号的幅度都要受电源的限制。若使用±15 V 的电源,则所有信号大致限制在±13 V 范围内。若有信号超出该范围,则电路将饱和,不再按照状态空间方程来运行。因而,饱和问题是实际运放电路实施中的一个重要问题。下面先举例说明这一点。

③　可跳过本小节,不影响连续性。

【例 4.6】 考虑状态空间方程

$$\left.\begin{aligned}\dot{\boldsymbol{x}}(t)&=\begin{bmatrix}-0.1 & 2\\ 0 & -1\end{bmatrix}\boldsymbol{x}(t)+\begin{bmatrix}10\\ 0.1\end{bmatrix}u(t)\\ y(t)&=\begin{bmatrix}0.2 & -1\end{bmatrix}\boldsymbol{x}(t)\end{aligned}\right\}\tag{4.29}$$

假定输入为幅值可变的阶跃函数,欲采用运放电路实施该方程,其中所有信号的幅度必须限制在±10 范围内。先用 MATLAB 求出其阶跃响应,在 MATLAB 中键入

```
a=[-0.1 2;0 -1];b=[10;0.1];c=[0.2 -1];d=0;
[y,x,t]=step(a,b,c,d);
plot(t,y,t,x)
```

得到图 4.6(a)所示的曲线。可见,所有变量的最大幅度为 100,因此,若外加幅度为 1 的阶跃输入,则电路将饱和且不能按预设的方式运行。既然该方程为线性方程,若把阶跃输入的幅度按比例减小,则所有响应的幅度都会减小相同的比例。换言之,若外加幅度为 0.1 的阶跃输入,则所有变量的最大幅度将会是 10,并且电路不会饱和。总之,根据式(4.29)组建的运放电路,只有在外加的阶跃输入具有 0.1 或更小的幅度时,才能按照方程所指定的方式运行。

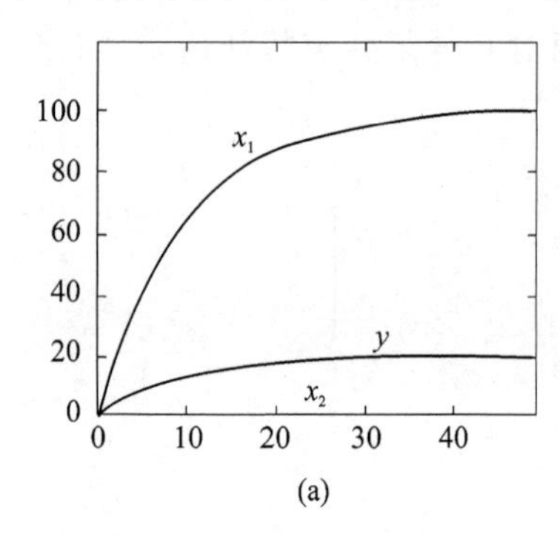

(a)

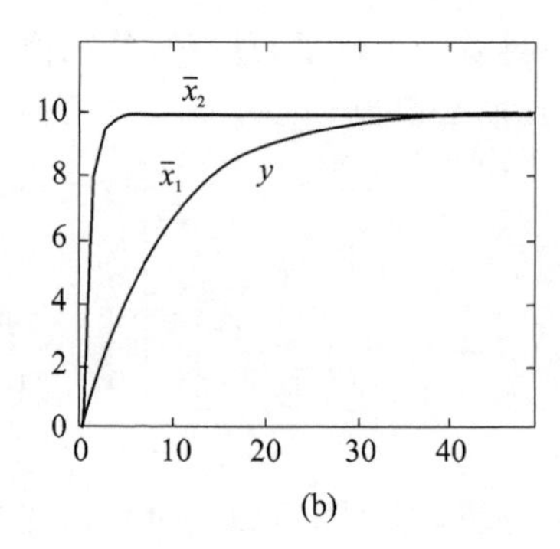

(b)

图 4.6 时域响应

通常来说,任一实际系统只有在有限的输入范围内才能以线性方式运行。对于方程(4.29)所描述的系统,现在借助等价变换来扩展其容许的输入范围。任意等价变换都不会影响输入 $u(t)$和输出 $y(t)$之间的数学关系,但可以选择某个等价变换使得

$$|x_i(t)|\leqslant|y|_{\max}$$

对所有 i 和所有 t 均成立。在该假设条件下,若输出不饱和,则所有状态变量都不会饱和。根据图 4.6(a)所示的响应曲线可见,若外加阶跃输入的幅度为 0.5 或更小,则$|y|_{\max}=10$,且输出不会饱和。

现在寻求实现$|x_i(t)|\leqslant|y|_{\max}$ 的等价变换,根据图 4.6(a),有$|x_1|_{\max}=100$、$|y|_{\max}=20$ 以及$|x_2|\ll|y|_{\max}$。状态变量 x_2 几乎不可见,通过单独绘制其曲线(这里未示出)发现其最大幅值为 0.1。设选择

$$\bar{x}_1 = \frac{20}{100}x_1 = 0.2x_1,\quad \bar{x}_2 = \frac{20}{0.1}x_2 = 200x_2$$

在此等价变换下，$\bar{x}_1(t)$和 $\bar{x}_2(t)$的最大幅值等于$|y|_{\max}$。需要注意的是，这种选择并不唯一，也可以选择 $\bar{x}_1=0.1x_1$ 及 $\bar{x}_2=x_2$，或其他。可以将这种变换表示为 $\bar{\boldsymbol{x}}=\boldsymbol{P}\boldsymbol{x}$，其中

$$\boldsymbol{P}=\begin{bmatrix}0.2 & 0\\ 0 & 200\end{bmatrix},\quad \boldsymbol{P}^{-1}=\begin{bmatrix}5 & 0\\ 0 & 0.005\end{bmatrix}$$

则可以很容易地从式(4.29)求出其等价状态空间方程为

$$\dot{\bar{\boldsymbol{x}}}=\begin{bmatrix}-0.1 & 0.002\\ 0 & -1\end{bmatrix}\bar{\boldsymbol{x}}+\begin{bmatrix}2\\ 20\end{bmatrix}u$$

$$y=\begin{bmatrix}1 & -0.005\end{bmatrix}\bar{\boldsymbol{x}}$$

图 4.6(b)绘制出由 $u(t)=0.5, t\geqslant 0$ 引起的系统响应，可见，所有信号的幅度都在± 10 的范围内，并且占用了整个刻度范围。因此，若外加阶跃输入的幅度为 0.5 或更小，则基于该等价方程的运放电路能够正常运行。这对于基于式(4.29)的运放电路是一个很大的改进，因为那时要求阶跃输入的幅度为 0.1 或更小。尽管这里只讨论了阶跃输入，但该思想适用于任何输入，只不过情况更复杂一些而已。

模拟计算机本质上是运放电路，在使用模拟计算机时，最困难的部分就是避免饱和，调整参数以避免饱和的过程称为“幅度定标”，这可通过试探法来完成。而使用数字计算机和等价变换，可以找到如上所述，具有最大允许输入范围的状态空间方程，这正是相似变换或等价变换的一个实际应用。

4.5　实　现

可以通过输入-输出方程

$$\hat{y}(s)=\hat{g}(s)\hat{u}(s)$$

来描述任一 SISO 线性时不变(LTI)系统，若该系统又是集总系统，则可通过状态空间方程

$$\dot{\boldsymbol{x}}(t)=\boldsymbol{A}\boldsymbol{x}(t)+\boldsymbol{b}u(t)$$

$$y(t)=\boldsymbol{c}\boldsymbol{x}(t)+du(t)$$

来描述。若状态空间方程已知，则可求出其传递矩阵为 $\hat{g}(s)=\boldsymbol{c}(s\boldsymbol{I}-\boldsymbol{A})^{-1}\boldsymbol{b}+d$，求出的传递函数唯一。现在研究逆问题，即根据给定的传递函数找出状态空间方程，这就是所谓的“实现”问题。借助状态空间方程，可以为传递函数搭建运放电路，正是基于这样的事实，才有此术语。

若存在有限维状态空间方程，或简单地说，$\{\boldsymbol{A},\boldsymbol{b},\boldsymbol{c},d\}$使得

$$\hat{g}(s)=\boldsymbol{c}(s\boldsymbol{I}-\boldsymbol{A})^{-1}\boldsymbol{b}+d$$

成立，则称传递函数 $\hat{g}(s)$“可实现”，且称$\{\boldsymbol{A},\boldsymbol{b},\boldsymbol{c},d\}$为 $\hat{g}(s)$的“实现”。LTI 分布系统可

以通过传递函数来描述,但不能通过有限维状态空间方程来描述。因此,并非任一 $\hat{g}(s)$ 都可实现。若 $\hat{g}(s)$可实现,则有无穷多个实现,且不一定具有相同的维数。因此,实现问题非常复杂。这里只研究可实现性条件,其他问题将在后面的章节中进行研究。

定理 4.2

传递函数 $\hat{g}(s)$可实现,当且仅当 $\hat{g}(s)$为正则有理函数时。

利用式(3.19)写出

$$\hat{g}_{sp}(s) := \boldsymbol{c}(s\boldsymbol{I}-\boldsymbol{A})^{-1}\boldsymbol{b} = \frac{1}{\det(s\boldsymbol{I}-\boldsymbol{A})}\boldsymbol{c}\left[\mathrm{Adj}(s\boldsymbol{I}-\boldsymbol{A})\right]\boldsymbol{b} \tag{4.30}$$

若 $\boldsymbol{A}$ 为 $n\times n$ 的矩阵,则 $\det(s\boldsymbol{I}-\boldsymbol{A})$的阶次为 n。$\mathrm{Adj}(s\boldsymbol{I}-\boldsymbol{A})$的任一元素均为$(s\boldsymbol{I}-\boldsymbol{A})$的$(n-1)\times(n-1)$子矩阵的行列式,因而其次数最高为$(n-1)$。同样,其线性组合的次数最高为$(n-1)$。因此得出结论,$\boldsymbol{c}(s\boldsymbol{I}-\boldsymbol{A})^{-1}\boldsymbol{b}$ 为严格正则有理函数。若 d 为非零常数,则 $\boldsymbol{c}(s\boldsymbol{I}-\boldsymbol{A})^{-1}\boldsymbol{b}+d$ 正则。这就证明了,若 $\hat{g}(s)$可实现,则 $\hat{g}(s)$为正则有理函数。需要注意的是,我们有

$$\hat{g}(\infty)=d$$

接下来证明逆命题:即,若 $\hat{g}(s)$为正则有理函数,则存在实现。使用以下正则有理传递函数来验证该断言:

$$\hat{g}(s)=\frac{\bar{N}(s)}{\bar{D}(s)}=\frac{\bar{b}_1 s^4+\bar{b}_2 s^3+\bar{b}_3 s^2+\bar{b}_4 s+\bar{b}_5}{\bar{a}_1 s^4+\bar{a}_2 s^3+\bar{a}_3 s^2+\bar{a}_4 s+\bar{a}_5} \tag{4.31}$$

其中 $\bar{a}_1\neq 0$。无论如何,该实现过程适用于任意正则有理传递函数。

实现的第一步是将式(4.31)写为

$$\hat{g}(s)=\frac{b_1 s^3+b_2 s^2+b_3 s+b_4}{s^4+a_2 s^3+a_3 s^2+a_4 s+a_5}+d=:\frac{N(s)}{D(s)}+d \tag{4.32}$$

其中 $D(s):=s^4+a_2 s^3+a_3 s^2+a_4 s+a_5$,$a_1=1$。需要注意的是,$N(s)/D(s)$为严格正则,且 $D(s)$为首一多项式。可以通过式(4.31)的分子和分母同除以 $\bar{a}_1$,接着做直除法而得到上式。现在可以肯定,以下状态空间方程为式(4.32)的实现,或等价地,为式(4.31)的实现:

$$\left.\begin{aligned}\dot{\boldsymbol{x}}(t)&=\begin{bmatrix}-a_2 & -a_3 & -a_4 & -a_5\\ 1 & 0 & 0 & 0\\ 0 & 1 & 0 & 0\\ 0 & 0 & 1 & 0\end{bmatrix}\boldsymbol{x}(t)+\begin{bmatrix}1\\0\\0\\0\end{bmatrix}u(t)\\ y(t)&=\begin{bmatrix}b_1 & b_2 & b_3 & b_4\end{bmatrix}\boldsymbol{x}(t)+du(t)\end{aligned}\right\} \tag{4.33}$$

其中 $\boldsymbol{x}(t)=[x_1(t)\quad x_2(t)\quad x_3(t)\quad x_4(t)]'$。状态变量的个数等于 $\hat{g}(s)$分母的次数。该状态空间方程可以直接从式(4.32)中的系数得出,将除其首项系数 1 之外的分母系数放在 $\boldsymbol{A}$ 的第一行中,符号取反,并将分子的系数不改变符号直接放在 $\boldsymbol{c}$ 中,式(4.33)中的常数 d 就是式(4.32)中的常数项。状态空间方程的其余部分都有

固定的模式,$\boldsymbol{A}$ 的第二行为 $[1\quad 0\quad 0\quad \cdots]$,$\boldsymbol{A}$ 的第三行为 $[0\quad 1\quad 0\quad \cdots]$,以此类推,列向量 $\boldsymbol{b}$ 除第一个元素为 1 外全为零。

为了证明式(4.33)为式(4.32)的实现,须求其传递函数。先将矩阵方程显式地写为

$$\left.\begin{aligned}\dot{x}_1(t) &= -a_2x_1(t)-a_3x_2(t)-a_4x_3(t)-a_5x_4(t)+u(t)\\ \dot{x}_2(t) &= x_1(t)\\ \dot{x}_3(t) &= x_2(t)\\ \dot{x}_4(t) &= x_3(t)\end{aligned}\right\} \tag{4.34}$$

可见式(4.33)的四维状态方程实际上包含如式(4.34)所示的四个一阶微分方程,取拉普拉斯变换并假设初始条件为零可得

$$\begin{aligned}s\hat{x}_1(s) &= -a_2\hat{x}_1(s)-a_3\hat{x}_2(s)-a_4\hat{x}_3(s)-a_5\hat{x}_4(s)+\hat{u}(s)\\ s\hat{x}_2(s) &= \hat{x}_1(s)\\ s\hat{x}_3(s) &= \hat{x}_2(s)\\ s\hat{x}_4(s) &= \hat{x}_3(s)\end{aligned}$$

根据第二个等式到最后一个等式,可以得出

$$\hat{x}_2(s)=\frac{\hat{x}_1(s)}{s},\quad \hat{x}_3(s)=\frac{\hat{x}_2(s)}{s}=\frac{\hat{x}_1(s)}{s^2},\quad \hat{x}_4(s)=\frac{\hat{x}_1(s)}{s^3} \tag{4.35}$$

将这些关系式代入第一个方程可得

$$\left[s+a_2+\frac{a_3}{s}+\frac{a_4}{s^2}+\frac{a_5}{s^3}\right]\hat{x}_1(s)=\hat{u}(s)$$

或

$$\left[\frac{s^4+a_2s^3+a_3s^2+a_4s+a_5}{s^3}\right]\hat{x}_1(s)=\hat{u}(s)$$

由此可知

$$\hat{x}_1(s)=\frac{s^3}{s^4+a_2s^3+a_3s^2+a_4s+a_5}\hat{u}(s)=:\frac{s^3}{D(s)}\hat{u}(s) \tag{4.36}$$

将式(4.35)和式(4.36)代入式(4.33)中输出方程的拉普拉斯变换可得

$$\begin{aligned}&\hat{y}(s)=b_1\hat{x}_1(s)+b_2\hat{x}_2(s)+b_3\hat{x}_3(s)+b_4\hat{x}_4(s)+d\hat{u}(s)=\\ &\left[\frac{b_1s^3}{D(s)}+\frac{b_2s^3}{D(s)s}+\frac{b_3s^3}{D(s)s^2}+\frac{b_4s^3}{D(s)s^3}\right]\hat{u}(s)+d\hat{u}(s)=\\ &\left[\frac{b_1s^3+b_2s^2+b_3s+b_4}{D(s)}+d\right]\hat{u}(s)\end{aligned}$$

这就证明了式(4.33)的传递函数等于式(4.32),因此式(4.33)是式(4.32)或式(4.31)的实现。称式(4.33)中的状态空间方程为“能控型”,原因将在第 7 章中给出,也会在第 7 章借助另一种方法对其再做推导。

对矩阵 $\boldsymbol{P}$、$\boldsymbol{Q}$ 和标量 d 有 $(\boldsymbol{PQ})'=\boldsymbol{Q}'\boldsymbol{P}'$ 和 $d'=d$，其中′表示转置。对 $\hat{g}(s)=\boldsymbol{c}(s\boldsymbol{I}-\boldsymbol{A})^{-1}\boldsymbol{b}+d$ 转置可得

$$\hat{g}(s)=[\hat{g}(s)]'=[\boldsymbol{c}(s\boldsymbol{I}-\boldsymbol{A})^{-1}\boldsymbol{b}+d]'=$$
$$\boldsymbol{b}'(s'\boldsymbol{I}'-\boldsymbol{A}')^{-1}\boldsymbol{c}'+d'=\boldsymbol{b}'(s\boldsymbol{I}-\boldsymbol{A}')^{-1}\boldsymbol{c}'+d'$$

因此 $\{\boldsymbol{A}',\boldsymbol{c}',\boldsymbol{b}',d\}$ 是 $\hat{g}(s)$ 的另外一种实现。根据式(4.33)得出式(4.32)的另外一种实现为

$$\left.\begin{aligned}\dot{\boldsymbol{x}}(t)&=\begin{bmatrix}-a_2&1&0&0\\-a_3&0&1&0\\-a_4&0&0&1\\-a_5&0&0&0\end{bmatrix}\boldsymbol{x}(t)+\begin{bmatrix}b_1\\b_2\\b_3\\b_4\end{bmatrix}u(t)\\y(t)&=\begin{bmatrix}1&0&0&0\end{bmatrix}\boldsymbol{x}(t)+du(t)\end{aligned}\right\}\tag{4.37}$$

该实现称为“能观型”实现。

在进一步讨论之前，有必要提示的是，若 $\hat{g}(s)$ 严格正则，则无需做直除，且有 $d=0$，换言之，不存在从 u 到 y 的直接传输项。

【例 4.7】 考虑传递函数

$$\hat{g}(s)=\frac{3s^4+5s^3+24s^2+23s-5}{2s^4+6s^3+15s^2+12s+5}\tag{4.38}$$

首先将分子分母除以 2 可得

$$\hat{g}(s)=\frac{1.5s^4+2.5s^3+12s^2+11.5s-2.5}{s^4+3s^3+7.5s^2+6s+2.5}$$

利用直除法可将其写为

$$\hat{g}(s)=\frac{-2s^3+0.75s^2+2.5s-6.25}{s^4+3s^3+7.5s^2+6s+2.5}+1.5$$

因此，借助式(4.33)可得其能控型实现为

$$\dot{\boldsymbol{x}}(t)=\begin{bmatrix}-3&-7.5&-6&-2.5\\1&0&0&0\\0&1&0&0\\0&0&1&0\end{bmatrix}\boldsymbol{x}(t)+\begin{bmatrix}1\\0\\0\\0\end{bmatrix}u(t)$$
$$y(t)=\begin{bmatrix}-2&0.75&2.5&-6.25\end{bmatrix}\boldsymbol{x}(t)+1.5u(t)$$

借助式(4.37)可得其能观型实现为

$$\dot{\boldsymbol{x}}(t)=\begin{bmatrix}-3&1&0&0\\-7.5&0&1&0\\-6&0&0&1\\-2.5&0&0&0\end{bmatrix}\boldsymbol{x}(t)+\begin{bmatrix}-2\\0.75\\2.5\\-6.25\end{bmatrix}u(t)$$
$$y(t)=\begin{bmatrix}1&0&0&0\end{bmatrix}\boldsymbol{x}(t)+1.5u(t)$$

可见，可以从传递函数的系数中读出这些实现。

【例 4.8】 考虑图 2.8(a)中的电路网络,式(2.37)中已求出其传递函数为

$$\hat{g}(s)=\frac{4s+3}{40s^3+30s^2+9s+3}$$

首先将其分母的首项系数归一化为 1 得到

$$H(s)=\frac{0.1s+0.075}{s^3+0.75s^2+0.225s+0.075}$$

它为严格正则且 $d=0$,因此,其能控型实现为

$$\dot{\boldsymbol{x}}(t)=\begin{bmatrix}-0.75 & -0.225 & -0.075\\ 1 & 0 & 0\\ 0 & 1 & 0\end{bmatrix}\boldsymbol{x}(t)+\begin{bmatrix}1\\0\\0\end{bmatrix}u(t)$$

$$y(t)=[0 \quad 0.1 \quad 0.075]\,\boldsymbol{x}(t)+0\cdot u(t)$$

该实现实际上是借助 MATLAB 函数 tf2ss 求得的式(2.39)中的状态空间方程。尽管它与式(2.26)导出的电路网络的状态空间方程描述不同,但是这两个方程等价。

多输入多输出情形

若存在状态空间方程

$$\dot{\boldsymbol{x}}(t)=\boldsymbol{A}\boldsymbol{x}(t)+\boldsymbol{B}\boldsymbol{u}(t)$$
$$\boldsymbol{y}(t)=\boldsymbol{C}\boldsymbol{x}(t)+\boldsymbol{D}\boldsymbol{u}(t)$$

其传递矩阵为 $\hat{\boldsymbol{G}}(s)$,则称传递矩阵 $\hat{\boldsymbol{G}}(s)$可实现。与 SISO 情形类似,$\hat{\boldsymbol{G}}(s)$可实现当且仅当 $\hat{\boldsymbol{G}}(s)$为正则有理矩阵。若 $\hat{\boldsymbol{G}}(s)$存在实现,则利用式(4.30)的矩阵形式,同理可以证明 $\hat{\boldsymbol{G}}(s)$的每个元素均为正则有理函数。现给定 $q\times p$ 的正则有理传递矩阵 $\hat{\boldsymbol{G}}(s)$,讨论求得其多种实现的多种方法。

将 $\hat{\boldsymbol{G}}(s)$分解为

$$\hat{\boldsymbol{G}}(s)=\hat{\boldsymbol{G}}(\infty)+\hat{\boldsymbol{G}}_{sp}(s) \tag{4.39}$$

其中$\hat{\boldsymbol{G}}_{sp}$ 为 $\hat{\boldsymbol{G}}(s)$的严格正则部分,设

$$d(s)=s^r+\alpha_1 s^{r-1}+\cdots+\alpha_{r-1}s+\alpha_r \tag{4.40}$$

为$\hat{\boldsymbol{G}}_{sp}(s)$所有元素的最小公分母。这里要求 $d(s)$为首一多项式,即,首项系数为 1。则可以将$\hat{\boldsymbol{G}}_{sp}(s)$表示为

$$\hat{\boldsymbol{G}}_{sp}(s)=\frac{1}{d(s)}[\boldsymbol{N}(s)]=\frac{1}{d(s)}[\boldsymbol{N}_1 s^{r-1}+\boldsymbol{N}_2 s^{r-2}+\cdots+\boldsymbol{N}_{r-1}s+\boldsymbol{N}_r] \tag{4.41}$$

其中 $\boldsymbol{N}_i$ 为$q\times p$ 的常数矩阵。现在可以肯定,方程

$$\left.\begin{aligned}\dot{\boldsymbol{x}}(t)&=\begin{bmatrix}-\alpha_1\boldsymbol{I}_p & -\alpha_2\boldsymbol{I}_p & \cdots & -\alpha_{r-1}\boldsymbol{I}_p & -\alpha_r\boldsymbol{I}_p\\ \boldsymbol{I}_p & \boldsymbol{0} & \cdots & \boldsymbol{0} & \boldsymbol{0}\\ \boldsymbol{0} & \boldsymbol{I}_p & \cdots & \boldsymbol{0} & \boldsymbol{0}\\ \vdots & \vdots & & \vdots & \vdots\\ \boldsymbol{0} & \boldsymbol{0} & \cdots & \boldsymbol{I}_p & \boldsymbol{0}\end{bmatrix}\boldsymbol{x}(t)+\begin{bmatrix}\boldsymbol{I}_p\\ \boldsymbol{0}\\ \boldsymbol{0}\\ \vdots\\ \boldsymbol{0}\end{bmatrix}\boldsymbol{u}(t)\\ \boldsymbol{y}&=\begin{bmatrix}\boldsymbol{N}_1 & \boldsymbol{N}_2 & \cdots & \boldsymbol{N}_{r-1} & \boldsymbol{N}_r\end{bmatrix}\boldsymbol{x}(t)+\hat{\boldsymbol{G}}(\infty)\boldsymbol{u}(t)\end{aligned}\right\}\tag{4.42}$$

为 $\hat{\boldsymbol{G}}(s)$的实现,矩阵 $\boldsymbol{I}_p$ 为 $p\times p$ 的单位阵,每个 $\boldsymbol{0}$ 均为 $p\times p$ 的零阵,称 A -阵为分块伴随型,A -阵包含 r 行和 r 列个 $p\times p$ 的矩阵,因而 A -阵为 $rp\times rp$ 阶,B -阵为 $rp\times p$ 阶。由于 C -阵包含 r 个 $\boldsymbol{N}_i$,每个 $\boldsymbol{N}_i$ 均为 $q\times p$ 阶,因而 C -阵为 $q\times rp$ 阶。该实现的维数为 rp,并称之为“分块能控型实现”。

现证明方程(4.42)为式(4.41)中 $\hat{\boldsymbol{G}}(s)$的实现,定义

$$\boldsymbol{Z}:=\begin{bmatrix}\boldsymbol{Z}_1\\ \boldsymbol{Z}_2\\ \vdots\\ \boldsymbol{Z}_r\end{bmatrix}:=(s\boldsymbol{I}-\boldsymbol{A})^{-1}\boldsymbol{B}\tag{4.43}$$

其中 $\boldsymbol{Z}_i$ 为 $p\times p$ 的矩阵,$\boldsymbol{Z}$ 为 $rp\times p$ 的矩阵,则方程(4.42)的传递矩阵等于

$$\boldsymbol{C}(s\boldsymbol{I}-\boldsymbol{A})^{-1}\boldsymbol{B}+\hat{\boldsymbol{G}}(\infty)=\boldsymbol{N}_1\boldsymbol{Z}_1+\boldsymbol{N}_2\boldsymbol{Z}_2+\cdots+\boldsymbol{N}_r\boldsymbol{Z}_r+\hat{\boldsymbol{G}}(\infty)\tag{4.44}$$

将式(4.43)写为$(s\boldsymbol{I}-\boldsymbol{A})\boldsymbol{Z}=\boldsymbol{B}$ 或

$$s\boldsymbol{Z}=\boldsymbol{A}\boldsymbol{Z}+\boldsymbol{B}\tag{4.45}$$

借助 $\boldsymbol{A}$ 的伴随型的移位性质,根据式(4.45)的第二分块到最后一个分块的方程,可以很容易得出

$$s\boldsymbol{Z}_2=\boldsymbol{Z}_1,s\boldsymbol{Z}_3=\boldsymbol{Z}_2,\cdots,s\boldsymbol{Z}_r=\boldsymbol{Z}_{r-1}$$

由此可知

$$\boldsymbol{Z}_2=\frac{1}{s}\boldsymbol{Z}_1,\quad \boldsymbol{Z}_3=\frac{1}{s^2}\boldsymbol{Z}_1,\quad \cdots,\quad \boldsymbol{Z}_r=\frac{1}{s^{r-1}}\boldsymbol{Z}_1$$

将这些关系式代入式(4.45)的第一分块可得

$$s\boldsymbol{Z}_1=-\alpha_1\boldsymbol{Z}_1-\alpha_2\boldsymbol{Z}_2-\cdots-\alpha_r\boldsymbol{Z}_r+\boldsymbol{I}_p=$$

$$-\left(\alpha_1+\frac{\alpha_2}{s}+\cdots+\frac{\alpha_r}{s^{r-1}}\right)\boldsymbol{Z}_1+\boldsymbol{I}_p$$

或,借助式(4.40)

$$\left(s+\alpha_1+\frac{\alpha_2}{s}+\cdots+\frac{\alpha_r}{s^{r-1}}\right)\boldsymbol{Z}_1=\frac{d(s)}{s^{r-1}}\boldsymbol{Z}_1=\boldsymbol{I}_p$$

因此有

$$\boldsymbol{Z}_1=\frac{s^{r-1}}{d(s)}\boldsymbol{I}_{\mathrm{p}},\quad \boldsymbol{Z}_2=\frac{s^{r-2}}{d(s)}\boldsymbol{I}_{\mathrm{p}},\quad \cdots,\quad \boldsymbol{Z}_r=\frac{1}{d(s)}\boldsymbol{I}_{\mathrm{p}}$$

将这些关系式代入式(4.44)可得

$$\boldsymbol{C}(s\boldsymbol{I}-\boldsymbol{A})^{-1}\boldsymbol{B}+\hat{\boldsymbol{G}}(\infty)=\frac{1}{d(s)}(\boldsymbol{N}_1s^{r-1}+\boldsymbol{N}_2s^{r-2}+\cdots+\boldsymbol{N}_r)+\hat{\boldsymbol{G}}(\infty)$$

该式等于式(4.39)和式(4.41)中的 $\hat{\boldsymbol{G}}(s)$，这就证明了方程(4.42)是 $\hat{\boldsymbol{G}}(s)$ 的实现。

【例 4.9】 考虑正则有理矩阵

$$\hat{\boldsymbol{G}}(s)=\begin{bmatrix}\dfrac{4s-10}{2s+1} & \dfrac{3}{s+2}\\ \dfrac{1}{(2s+1)(s+2)} & \dfrac{s+1}{(s+2)^2}\end{bmatrix}=$$

$$\begin{bmatrix}2 & 0\\0 & 0\end{bmatrix}+\begin{bmatrix}\dfrac{-12}{2s+1} & \dfrac{3}{s+2}\\ \dfrac{1}{(2s+1)(s+2)} & \dfrac{s+1}{(s+2)^2}\end{bmatrix}\tag{4.46}$$

其中已将 $\hat{\boldsymbol{G}}(s)$ 分解为常数矩阵和严格正则有理矩阵 $\hat{\boldsymbol{G}}_{\mathrm{sp}}(s)$ 之和，$\hat{\boldsymbol{G}}_{\mathrm{sp}}(s)$ 的首一最小公分母为 $d(s)=(s+0.5)(s+2)^2=s^3+4.5s^2+6s+2$，因此有

$$\hat{\boldsymbol{G}}_{\mathrm{sp}}(s)=\frac{1}{s^3+4.5s^2+6s+2}\begin{bmatrix}-6(s+2)^2 & 3(s+2)(s+0.5)\\0.5(s+2) & (s+1)(s+0.5)\end{bmatrix}=$$

$$\frac{1}{d(s)}\left(\begin{bmatrix}-6 & 3\\0 & 1\end{bmatrix}s^2+\begin{bmatrix}-24 & 7.5\\0.5 & 1.5\end{bmatrix}s+\begin{bmatrix}-24 & 3\\1 & 0.5\end{bmatrix}\right)$$

式(4.46)的一个实现为

$$\left.\begin{aligned}\dot{\boldsymbol{x}}(t)&=\begin{bmatrix}-4.5 & 0 & \vdots & -6 & 0 & \vdots & -2 & 0\\0 & -4.5 & \vdots & 0 & -6 & \vdots & 0 & -2\\\cdots & \cdots & \cdots & \cdots & \cdots & \cdots & \cdots & \cdots\\1 & 0 & \vdots & 0 & 0 & \vdots & 0 & 0\\0 & 1 & \vdots & 0 & 0 & \vdots & 0 & 0\\\cdots & \cdots & \cdots & \cdots & \cdots & \cdots & \cdots & \cdots\\0 & 0 & \vdots & 1 & 0 & \vdots & 0 & 0\\0 & 0 & \vdots & 0 & 1 & \vdots & 0 & 0\end{bmatrix}\boldsymbol{x}(t)+\begin{bmatrix}1 & 0\\0 & 1\\\cdots & \cdots\\0 & 0\\0 & 0\\\cdots & \cdots\\0 & 0\\0 & 0\end{bmatrix}\begin{bmatrix}u_1(t)\\u_2(t)\end{bmatrix}\\\boldsymbol{y}(t)&=\begin{bmatrix}-6 & 3 & \vdots & -24 & 7.5 & \vdots & -24 & 3\\0 & 1 & \vdots & 0.5 & 1.5 & \vdots & 1 & 0.5\end{bmatrix}\boldsymbol{x}(t)+\begin{bmatrix}2 & 0\\0 & 0\end{bmatrix}\begin{bmatrix}u_1(t)\\u_2(t)\end{bmatrix}\end{aligned}\right\}\tag{4.47}$$

该实现为六维实现。

这里讨论式(4.39)和方程(4.42)中 $p=1$ 的特殊情况。为节省空间，假设 $r=4$

且 $q=2$,但其实该讨论适用于任意正整数 r 和 q。考虑 2×1 的正则有理矩阵

$$\hat{\boldsymbol{G}}(s)=\begin{bmatrix}d_1\\d_1\end{bmatrix}+\frac{1}{s^4+\alpha_1s^3+\alpha_2s^2+\alpha_3s+\alpha_4}\times\begin{bmatrix}\beta_{11}s^3 & +\beta_{12}s^2 & +\beta_{13}s & +\beta_{14}\\\beta_{21}s^3 & +\beta_{22}s^2 & +\beta_{23}s & +\beta_{24}\end{bmatrix}\tag{4.48}$$

则可以直接根据方程(4.42)得出其实现为

$$\left.\begin{aligned}\dot{\boldsymbol{x}}(t)&=\begin{bmatrix}-\alpha_1 & -\alpha_2 & -\alpha_3 & -\alpha_4\\1&0&0&0\\0&1&0&0\\0&0&1&0\end{bmatrix}\boldsymbol{x}(t)+\begin{bmatrix}1\\0\\0\\0\end{bmatrix}u(t)\\\boldsymbol{y}(t)&=\begin{bmatrix}\beta_{11}&\beta_{12}&\beta_{13}&\beta_{14}\\\beta_{21}&\beta_{22}&\beta_{23}&\beta_{24}\end{bmatrix}\boldsymbol{x}(t)+\begin{bmatrix}d_1\\d_2\end{bmatrix}u(t)\end{aligned}\right\}\tag{4.49}$$

可以从式(4.48)中 $\hat{\boldsymbol{G}}(s)$ 的系数读出该能控型实现。

还有许多其他方法能够实现正则传递矩阵,例如,习题 4.9 给出了式(4.41)的维数为 rq 的另外一种实现方法。设 $\hat{\boldsymbol{G}}_{ci}(s)$ 为 $\hat{\boldsymbol{G}}(s)$ 的第 i 列,u_i 为输入向量 $\boldsymbol{u}$ 的第 i 个分量,则可以将 $\hat{\boldsymbol{y}}(s)=\hat{\boldsymbol{G}}(s)\hat{\boldsymbol{u}}(s)$ 表示为

$$\hat{\boldsymbol{y}}(s)=\hat{\boldsymbol{G}}_{c1}(s)\hat{u}_1(s)+\hat{\boldsymbol{G}}_{c2}(s)\hat{u}_2(s)+\cdots=:\hat{\boldsymbol{y}}_{c1}(s)+\hat{\boldsymbol{y}}_{c2}(s)+\cdots$$

如图 4.7(a)所示。因此,可以先实现 $\hat{\boldsymbol{G}}(s)$ 的每一列,然后再将其组合得到 $\hat{\boldsymbol{G}}(s)$ 的实现。设 $\hat{\boldsymbol{G}}_{ri}(s)$ 是 $\hat{\boldsymbol{G}}(s)$ 的第 i 行,y_i 是输出向量 $\boldsymbol{y}$ 的第 i 个分量,则可以将 $\hat{\boldsymbol{y}}(s)=\hat{\boldsymbol{G}}(s)\hat{\boldsymbol{u}}(s)$ 表示为

$$\hat{y}_i(s)=\hat{\boldsymbol{G}}_{ri}(s)\hat{\boldsymbol{u}}(s)$$

如图 4.7(b)所示。因此,可以先实现 $\hat{\boldsymbol{G}}(s)$ 的每一行,然后再将其组合得到 $\hat{\boldsymbol{G}}(s)$ 的实现。显然,也可以先实现 $\hat{\boldsymbol{G}}(s)$ 的每个元素,然后将它们组合起来得到 $\hat{\boldsymbol{G}}(s)$ 的实现。参见参考文献 6 第 158 页～第 160 页。

MATLAB 函数`[a,b,c,d]=tf2ss(num,den)`对任意单输入多输出(SIMO)的传递矩阵 $\hat{\boldsymbol{G}}(s)$ 生成方程(4.49)所示的能控型实现。在使用该函数时,无需将 $\hat{\boldsymbol{G}}(s)$ 分解为式(4.39)的形式。但须求其未必为首一的最小公分母。以下例子先对式(4.46)中 $\hat{\boldsymbol{G}}(s)$ 的每一列使用函数 `tf2ss`,然后将其组合起来得到 $\hat{\boldsymbol{G}}(s)$ 的实现。

【例 4.10】 考虑式(4.46)中的正则有理矩阵,其第一列为

$$\hat{\boldsymbol{G}}_{c1}(s)=\begin{bmatrix}\dfrac{4s-10}{2s+1}\\\dfrac{1}{(2s+1)(s+2)}\end{bmatrix}=\begin{bmatrix}\dfrac{(4s-10)(s+2)}{(2s+1)(s+2)}\\\dfrac{1}{(2s+1)(s+2)}\end{bmatrix}=\begin{bmatrix}\dfrac{4s^2-2s-20}{2s^2+5s+2}\\\dfrac{1}{2s^2+5s+2}\end{bmatrix}$$

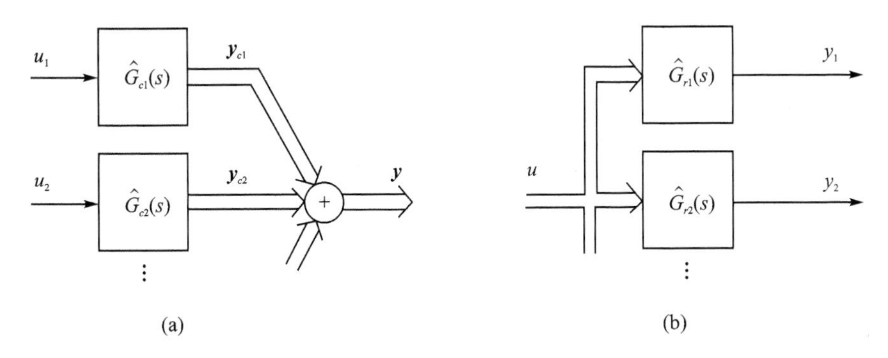

图 4.7　$\hat{G}(s)$的列实现和行实现

键入

```
n1 = [4 -2 -20;0 0 1];d1 = [2 5 2]; [a,b,c,d] = tf2ss(n1,d1)
```

可得 $\hat{\boldsymbol{G}}(s)$第一列的如下实现：

$$\left.\begin{aligned}\dot{\boldsymbol{x}}_1(t)&=\boldsymbol{A}_1\boldsymbol{x}_1(t)+\boldsymbol{b}_1u_1(t)=\begin{bmatrix}-2.5 & -1\\ 1 & 0\end{bmatrix}\boldsymbol{x}_1(t)+\begin{bmatrix}1\\0\end{bmatrix}u_1(t)\\ \boldsymbol{y}_{c1}(t)&=\boldsymbol{C}_1\boldsymbol{x}_1(t)+\boldsymbol{d}_1u_1(t)=\begin{bmatrix}-6 & -12\\ 0 & 0.5\end{bmatrix}\boldsymbol{x}_1(t)+\begin{bmatrix}2\\0\end{bmatrix}u_1(t)\end{aligned}\right\}\tag{4.50}$$

与之类似，函数 tf2ss 可以生成 $\hat{\boldsymbol{G}}(s)$第二列的如下实现：

$$\left.\begin{aligned}\dot{\boldsymbol{x}}_2(t)&=\boldsymbol{A}_2\boldsymbol{x}_2(t)+\boldsymbol{b}_2u_2(t)=\begin{bmatrix}-4 & -4\\ 1 & 0\end{bmatrix}\boldsymbol{x}_2(t)+\begin{bmatrix}1\\0\end{bmatrix}u_2(t)\\ \boldsymbol{y}_{c2}(t)&=\boldsymbol{C}_2\boldsymbol{x}_2(t)+\boldsymbol{d}_2u_2(t)=\begin{bmatrix}3 & 6\\ 1 & 1\end{bmatrix}\boldsymbol{x}_2(t)+\begin{bmatrix}0\\0\end{bmatrix}u_2(t)\end{aligned}\right\}\tag{4.51}$$

将这两个实现组合为

$$\begin{bmatrix}\dot{\boldsymbol{x}}_1(t)\\ \dot{\boldsymbol{x}}_2(t)\end{bmatrix}=\begin{bmatrix}\boldsymbol{A}_1 & \boldsymbol{0}\\ \boldsymbol{0} & \boldsymbol{A}_2\end{bmatrix}\begin{bmatrix}\boldsymbol{x}_1(t)\\ \boldsymbol{x}_2(t)\end{bmatrix}+\begin{bmatrix}\boldsymbol{b}_1 & \boldsymbol{0}\\ \boldsymbol{0} & \boldsymbol{b}_2\end{bmatrix}\begin{bmatrix}u_1(t)\\ u_1(t)\end{bmatrix}$$

$$\boldsymbol{y}(t)=\boldsymbol{y}_{c1}(t)+\boldsymbol{y}_{c2}(t)=[\boldsymbol{C}_1\quad \boldsymbol{C}_2]\,\boldsymbol{x}(t)+[\boldsymbol{d}_1\quad \boldsymbol{d}_2]\,\boldsymbol{u}(t)$$

或

$$\left.\begin{aligned}\dot{\boldsymbol{x}}(t)&=\begin{bmatrix}-2.5 & -1 & 0 & 0\\ 1 & 0 & 0 & 0\\ 0 & 0 & -4 & -4\\ 0 & 0 & 1 & 0\end{bmatrix}\boldsymbol{x}(t)+\begin{bmatrix}1 & 0\\ 0 & 0\\ 0 & 1\\ 0 & 0\end{bmatrix}\boldsymbol{u}(t)\\ \boldsymbol{y}(t)&=\begin{bmatrix}-6 & -12 & 3 & 6\\ 0 & 0.5 & 1 & 1\end{bmatrix}\boldsymbol{x}(t)+\begin{bmatrix}2 & 0\\ 0 & 0\end{bmatrix}\boldsymbol{u}(t)\end{aligned}\right\}\tag{4.52}$$

该方程为式(4.46)中 $\hat{\boldsymbol{G}}(s)$的另外一种实现，实现的维数为 4，比方程(4.47)中的实现维数小2。

由于二者具有相同的传递矩阵,所以式(4.47)和式(4.52)中的两个状态空间方程为零状态等价,但二者并非代数等价。关于实现的更多内容将在第7章谈及,有必要提示的是,本节讨论的所有内容,包括函数 tf2ss,无需做任何修改可直接用于离散时间情形。

4.6 线性时变(LTV)方程的解

考虑线性时变(LTV)状态空间方程

$$\dot{\boldsymbol{x}}(t)=\boldsymbol{A}(t)\boldsymbol{x}(t)+\boldsymbol{B}(t)\boldsymbol{u}(t) \tag{4.53}$$

$$\boldsymbol{y}(t)=\boldsymbol{C}(t)\boldsymbol{x}(t)+\boldsymbol{D}(t)\boldsymbol{u}(t) \tag{4.54}$$

假设对于任一初始状态 $\boldsymbol{x}(t_0)$和任意输入 $\boldsymbol{u}(t)$,状态空间方程均有唯一解。该假设的一个充分条件是 $\boldsymbol{A}(t)$的任一元素均为 t 的连续函数。在考虑通解形式之前,首先讨论 $\dot{\boldsymbol{x}}(t)=\boldsymbol{A}(t)\boldsymbol{x}(t)$的解,并解释这里不能采用时不变情形下所用方法的原因。

时不变方程 $\dot{\boldsymbol{x}}(t)=\boldsymbol{A}\boldsymbol{x}(t)$的解可以从标量方程 $\dot{x}(t)=ax(t)$推广而来。事实上,$\dot{x}(t)=ax(t)$的解为 $x(t)=\mathrm{e}^{at}x(0)$,其中$\dfrac{\mathrm{d}(\mathrm{e}^{at})}{\mathrm{d}t}=a\mathrm{e}^{at}=\mathrm{e}^{at}a$。同样,$\dot{\boldsymbol{x}}(t)=\boldsymbol{A}\boldsymbol{x}(t)$的解为 $\boldsymbol{x}(t)=\mathrm{e}^{\boldsymbol{A}t}\boldsymbol{x}(0)$,其中

$$\frac{\mathrm{d}}{\mathrm{d}t}\mathrm{e}^{\boldsymbol{A}t}=\boldsymbol{A}\mathrm{e}^{\boldsymbol{A}t}=\mathrm{e}^{\boldsymbol{A}t}\boldsymbol{A}$$

在此推广过程中,可交换特性 $\boldsymbol{A}\mathrm{e}^{\boldsymbol{A}t}=\mathrm{e}^{\boldsymbol{A}t}\boldsymbol{A}$ 至关重要。需要注意的是,通常情况下 $\boldsymbol{AB}\neq\boldsymbol{BA}$,并且 $\mathrm{e}^{(\boldsymbol{A}+\boldsymbol{B})t}\neq\mathrm{e}^{\boldsymbol{A}t}\mathrm{e}^{\boldsymbol{B}t}$。

标量时变方程 $\dot{x}(t)=a(t)x(t)$在 $x(0)$条件下的解为

$$x(t)=\mathrm{e}^{\int_0^t a(\tau)\mathrm{d}\tau}x(0)$$

其中

$$\frac{\mathrm{d}}{\mathrm{d}t}\mathrm{e}^{\int_0^t a(\tau)\mathrm{d}\tau}=a(t)\mathrm{e}^{\int_0^t a(\tau)\mathrm{d}\tau}=\mathrm{e}^{\int_0^t a(\tau)\mathrm{d}\tau}a(t)$$

将其推广到矩阵情形为

$$\boldsymbol{x}(t)=\mathrm{e}^{\int_0^t \boldsymbol{A}(\tau)\mathrm{d}\tau}\boldsymbol{x}(0) \tag{4.55}$$

其中,借助式(3.51)有

$$\mathrm{e}^{\int_0^t \boldsymbol{A}(\tau)\mathrm{d}\tau}=\boldsymbol{I}+\int_0^t\boldsymbol{A}(\tau)\mathrm{d}\tau+\frac{1}{2}\left(\int_0^t\boldsymbol{A}(\tau)\mathrm{d}\tau\right)\left(\int_0^t\boldsymbol{A}(s)\mathrm{d}s\right)+\cdots$$

但是,该推广并不正确,这是因为

$$\frac{\mathrm{d}}{\mathrm{d}t}\mathrm{e}^{\int_0^t \boldsymbol{A}(\tau)\mathrm{d}\tau}=\boldsymbol{A}(t)+\frac{1}{2}\boldsymbol{A}(t)\left(\int_0^t\boldsymbol{A}(s)\mathrm{d}s\right)+\frac{1}{2}\left(\int_0^t\boldsymbol{A}(\tau)\mathrm{d}\tau\right)A(t)+\cdots\neq$$

$$\boldsymbol{A}(t)\mathrm{e}^{\int_0^t \boldsymbol{A}(\tau)\mathrm{d}\tau} \tag{4.56}$$

因此，通常情况下，式(4.55)不是方程 $\dot{\boldsymbol{x}}=\boldsymbol{A}(t)\boldsymbol{x}$ 的解。总之，无法将标量时变方程的解推广到矩阵情形，而必须使用其他方法推导求解。

考虑

$$\dot{\boldsymbol{x}}(t)=\boldsymbol{A}(t)\boldsymbol{x}(t) \tag{4.57}$$

其中 $\boldsymbol{A}(t)$ 为 $n\times n$ 的矩阵，其元素是 t 的连续函数。则对任一初始状态 $\boldsymbol{x}_i(t_0)$，方程存在唯一的解 $\boldsymbol{x}_i(t)(i=1,2,\cdots,n)$。可以将此 n 个解排列为对任一 t 均为 n 阶方阵的 $\boldsymbol{X}(t)=[\boldsymbol{x}_1(t)\quad \boldsymbol{x}_2(t)\quad \cdots\quad \boldsymbol{x}_n(t)]$。由于任一 $\boldsymbol{x}_i(t)$ 均满足方程(4.57)，所以有

$$\dot{\boldsymbol{X}}(t)=\boldsymbol{A}(t)\boldsymbol{X}(t) \tag{4.58}$$

若 $\boldsymbol{X}(t_0)$ 非奇异或 n 个初始状态线性无关，则称 $\boldsymbol{X}(t)$ 为方程(4.57)的“基本矩阵”。由于只要初始状态线性无关，就可以任意选择初始状态，因此基本矩阵不唯一。

【例 4.11】 考虑齐次方程

$$\dot{\boldsymbol{x}}(t)=\begin{bmatrix}0 & 0\\ t & 0\end{bmatrix}\boldsymbol{x}(t) \tag{4.59}$$

或

$$\dot{x}_1(t)=0,\quad \dot{x}_2(t)=tx_1(t)$$

方程 $\dot{x}_1(t)=0$ 在 $t_0=0$ 条件下的解为 $x_1(t)=x_1(0)$，方程 $\dot{x}_2(t)=tx_1(t)=tx_1(0)$ 的解为

$$x_2(t)=\int_0^t \tau x_1(0)\mathrm{d}\tau+x_2(0)=0.5t^2x_1(0)+x_2(0)$$

因此有

$$\boldsymbol{x}(0)=\begin{bmatrix}1\\0\end{bmatrix}\Rightarrow\quad \boldsymbol{x}(t)=\begin{bmatrix}1\\0.5t^2\end{bmatrix}$$

以及

$$\boldsymbol{x}(0)=\begin{bmatrix}1\\2\end{bmatrix}\Rightarrow\quad \boldsymbol{x}(t)=\begin{bmatrix}1\\0.5t^2+2\end{bmatrix}$$

这两个初始状态线性无关，因此

$$\boldsymbol{X}(t)=\begin{bmatrix}1 & 1\\ 0.5t^2 & 0.5t^2+2\end{bmatrix} \tag{4.60}$$

为基本矩阵。

基本矩阵的一个非常重要的性质是 $\boldsymbol{X}(t)$ 在所有 t 上均非奇异。例如，式(4.60)中 $\boldsymbol{X}(t)$ 的行列式为 $0.5t^2+2-0.5t^2=2$，因而它在所有 t 上均非奇异。可直观地论证其原因。若 $\boldsymbol{X}(t)$ 在某些 t_1 上奇异，则存在非零向量 $\boldsymbol{v}$，使得 $\boldsymbol{x}(t_1):=\boldsymbol{X}(t_1)\boldsymbol{v}=\boldsymbol{0}$，回想到假定方程(4.57)对任一初始条件都有唯一的解，显然在所有 t 上 $\boldsymbol{x}(t)\equiv\boldsymbol{0}$ 是方程(4.57)在 $\boldsymbol{x}(t_1)=\boldsymbol{0}$ 条件下的唯一解，因此，在所有 t 上均有 $\bar{x}(t)=\boldsymbol{X}(t)\boldsymbol{v}=\boldsymbol{0}$，$t$

特殊地取在 t_0 上也是如此。这与 $\boldsymbol{X}(t_0)$ 非奇异的假设矛盾。因此 $\boldsymbol{X}(t)$ 在所有 t 上均非奇异。

定义 4.2 设 $\boldsymbol{X}(t)$ 为 $\dot{\boldsymbol{x}}=\boldsymbol{A}(t)\boldsymbol{x}$ 的任意基本矩阵,则称

$$\boldsymbol{\Phi}(t,t_0):=\boldsymbol{X}(t)\boldsymbol{X}^{-1}(t_0)$$

为 $\dot{\boldsymbol{x}}=\boldsymbol{A}(t)\boldsymbol{x}$ 的“状态转移矩阵”。状态转移矩阵也是方程

$$\frac{\partial}{\partial t}\boldsymbol{\Phi}(t,t_0)=\boldsymbol{A}(t)\boldsymbol{\Phi}(t,t_0) \tag{4.61}$$

的唯一解,其中初始状态 $\boldsymbol{\Phi}(t_0,t_0)=\boldsymbol{I}$。

由于 $\boldsymbol{X}(t)$ 在所有 t 上均非奇异,所以其逆有定义,直接根据方程(4.58)得出方程(4.61),据此定义,有以下状态转移矩阵的重要属性

$$\boldsymbol{\Phi}(t,t)=\boldsymbol{I} \tag{4.62}$$

$$\boldsymbol{\Phi}^{-1}(t,t_0)=[\boldsymbol{X}(t)\boldsymbol{X}^{-1}(t_0)]^{-1}=\boldsymbol{X}(t_0)\boldsymbol{X}^{-1}(t)=\boldsymbol{\Phi}(t_0,t) \tag{4.63}$$

$$\boldsymbol{\Phi}(t,t_0)=\boldsymbol{\Phi}(t,t_1)\boldsymbol{\Phi}(t_1,t_0) \tag{4.64}$$

对任一 t、t_0 和 t_1 都成立。

【例 4.12】 考虑例 4.11 中的齐次方程,已求出其基本矩阵为

$$\boldsymbol{X}(t)=\begin{bmatrix}1 & 1\\ 0.5t^2 & 0.5t^2+2\end{bmatrix}$$

借助式(3.20)求出其逆为

$$\boldsymbol{X}^{-1}(t)=\begin{bmatrix}0.25t^2+1 & -0.5\\ -0.25t^2 & 0.5\end{bmatrix}$$

因此状态转移矩阵由

$$\boldsymbol{\Phi}(t,t_0)=\begin{bmatrix}1 & 1\\ 0.5t^2 & 0.5t^2+2\end{bmatrix}\begin{bmatrix}0.25t_0^2+1 & -0.5\\ -0.25t_0^2 & 0.5\end{bmatrix}=$$

$$\begin{bmatrix}1 & 0\\ 0.5(t^2-t_0{}^2) & 1\end{bmatrix}$$

给出。直接可以验证该转移矩阵满足方程(4.61),并且具有式(4.62)~式(4.64)所列的三个属性。

现在可以肯定,由初始状态 $\boldsymbol{x}(t_0)=\boldsymbol{x}_0$ 和输入 $\boldsymbol{u}(t)$ 引起的方程(4.53)的解由

$$\boldsymbol{x}(t)=\boldsymbol{\Phi}(t,t_0)\boldsymbol{x}_0+\int_{t_0}^{t}\boldsymbol{\Phi}(t,\tau)\boldsymbol{B}(\tau)\boldsymbol{u}(\tau)\mathrm{d}\tau= \tag{4.65}$$

$$\boldsymbol{\Phi}(t,t_0)\left[\boldsymbol{x}_0+\int_{t_0}^{t}\boldsymbol{\Phi}(t_0,\tau)\boldsymbol{B}(\tau)\boldsymbol{u}(\tau)\mathrm{d}\tau\right] \tag{4.66}$$

给出,其中 $\boldsymbol{\Phi}(t,\tau)$ 是 $\dot{\boldsymbol{x}}=\boldsymbol{A}(t)\boldsymbol{x}$ 的状态转移矩阵,借助 $\boldsymbol{\Phi}(t,\tau)=\boldsymbol{\Phi}(t,t_0)\boldsymbol{\Phi}(t_0,\tau)$ 根据式(4.65)得出式(4.66)。现在证明式(4.65)满足初始条件和状态方程。当 $t=$

t_0 时，有

$$\boldsymbol{x}(t_0)=\boldsymbol{\Phi}(t_0,t_0)\boldsymbol{x}_0+\int_{t_0}^{t_0}\boldsymbol{\Phi}(t,\tau)\boldsymbol{B}(\tau)\boldsymbol{u}(\tau)\mathrm{d}\tau=\boldsymbol{I}\boldsymbol{x}_0+\boldsymbol{0}=\boldsymbol{x}_0$$

因此式(4.65)满足初始条件。借助式(4.61)和式(4.6)，有

$$\begin{aligned}\frac{\mathrm{d}}{\mathrm{d}t}\boldsymbol{x}(t)=&\frac{\partial}{\partial t}\boldsymbol{\Phi}(t,t_0)\boldsymbol{x}_0+\frac{\partial}{\partial t}\int_{t_0}^{t}\boldsymbol{\Phi}(t,\tau)\boldsymbol{B}(\tau)\boldsymbol{u}(\tau)\mathrm{d}\tau=\\&\boldsymbol{A}(t)\boldsymbol{\Phi}(t,t_0)\boldsymbol{x}_0+\int_{t_0}^{t}\left(\frac{\partial}{\partial t}\boldsymbol{\Phi}(t,\tau)\boldsymbol{B}(\tau)\boldsymbol{u}(\tau)\right)\mathrm{d}\tau+\boldsymbol{\Phi}(t,t)\boldsymbol{B}(t)\boldsymbol{u}(t)=\\&\boldsymbol{A}(t)\boldsymbol{\Phi}(t,t_0)\boldsymbol{x}_0+\int_{t_0}^{t}(\boldsymbol{A}(t)\boldsymbol{\Phi}(t,\tau)\boldsymbol{B}(\tau)\boldsymbol{u}(\tau))\,\mathrm{d}\tau+\boldsymbol{B}(t)\boldsymbol{u}(t)=\\&\boldsymbol{A}(t)\left[\boldsymbol{\Phi}(t,t_0)\boldsymbol{x}_0+\int_{t_0}^{t}\boldsymbol{\Phi}(t,\tau)\boldsymbol{B}(\tau)\boldsymbol{u}(\tau)\mathrm{d}\tau\right]+\boldsymbol{B}(t)\boldsymbol{u}(t)=\\&\boldsymbol{A}(t)\boldsymbol{x}(t)+\boldsymbol{B}(t)\boldsymbol{u}(t)\end{aligned}$$

因此式(4.65)是方程的解，将式(4.65)代入式(4.54)可得

$$\boldsymbol{y}(t)=\boldsymbol{C}(t)\boldsymbol{\Phi}(t,t_0)\boldsymbol{x}_0+\boldsymbol{C}(t)\int_{t_0}^{t}\boldsymbol{\Phi}(t,\tau)\boldsymbol{B}(\tau)\boldsymbol{u}(\tau)\mathrm{d}\tau+\boldsymbol{D}(t)\boldsymbol{u}(t)\tag{4.67}$$

若输入恒为零，则式(4.65)归结为

$$\boldsymbol{x}(t)=\boldsymbol{\Phi}(t,t_0)\boldsymbol{x}_0$$

此即零输入响应。因此，状态转移矩阵支配着状态向量的非强迫传播。若初始状态为零，则式(4.67)归结为

$$\begin{aligned}\boldsymbol{y}(t)=&\boldsymbol{C}(t)\int_{t_0}^{t}\boldsymbol{\Phi}(t,\tau)\boldsymbol{B}(\tau)\boldsymbol{u}(\tau)\mathrm{d}\tau+\boldsymbol{D}(t)\boldsymbol{u}(t)=\\&\int_{t_0}^{t}[\boldsymbol{C}(t)\boldsymbol{\Phi}(t,\tau)\boldsymbol{B}(\tau)+\boldsymbol{D}(\tau)\delta(t-\tau)]\,\boldsymbol{u}(\tau)\mathrm{d}\tau\end{aligned}\tag{4.68}$$

该式为零状态响应，其中 $\delta(t-t_1)$ 为图 2.3 定义并令 $\Delta\to0$ 的函数。正如式(2.17)讨论的，可以通过

$$\boldsymbol{y}(t)=\int_{t_0}^{t}\boldsymbol{G}(t,\tau)\boldsymbol{u}(\tau)\mathrm{d}\tau\tag{4.69}$$

来描述零状态响应，其中 $\boldsymbol{G}(t,\tau)$ 为冲击响应矩阵，即 τ 时刻外加冲击输入引起 t 时刻的输出。对比式(4.68)和式(4.69)可得

$$\begin{aligned}\boldsymbol{G}(t,\tau)=&\boldsymbol{C}(t)\boldsymbol{\Phi}(t,\tau)\boldsymbol{B}(\tau)+\boldsymbol{D}(t)\delta(t-\tau)=\\&\boldsymbol{C}(t)\boldsymbol{X}(t)\boldsymbol{X}^{-1}(\tau)\boldsymbol{B}(\tau)+\boldsymbol{D}(t)\delta(t-\tau)\end{aligned}\tag{4.70}$$

该式建立了输入输出描述和状态空间描述之间的数学联系。

式(4.65)和式(4.67)的解有赖于方程(4.57)或方程(4.61)的求解。若 $\boldsymbol{A}(t)$ 为三角阵如

$$\begin{bmatrix}\dot{x}_1(t)\\\dot{x}_2(t)\end{bmatrix}=\begin{bmatrix}a_{11}(t)&0\\a_{21}(t)&a_{22}(t)\end{bmatrix}\begin{bmatrix}x_1(t)\\x_2(t)\end{bmatrix}$$

则可以先求出标量方程 $\dot{x}_1(t)=a_{11}(t)x_1(t)$ 的解再将其代入

$$\dot{x}_2(t)=a_{22}(t)x_2(t)+a_{21}(t)x_1(t)$$

由于已解出 $x_1(t)$,所以可以求解前述标量方程得到 $x_2(t)$,这是之前在例 4.11 中求过的。若 $\boldsymbol{A}(t)$,例如 $\boldsymbol{A}(t)$ 为对角阵或常数矩阵,在所有 t_0 和 t 上均满足以下交换律

$$\boldsymbol{A}(t)\left[\int_{t_0}^{t}\boldsymbol{A}(\tau)\mathrm{d}\tau\right]=\left[\int_{t_0}^{t}\boldsymbol{A}(\tau)\mathrm{d}\tau\right]\boldsymbol{A}(t)$$

则可证明方程(4.61)解为

$$\boldsymbol{\Phi}(t,t_0)=\mathrm{e}^{\int_{t_0}^{t}\boldsymbol{A}(\tau)\mathrm{d}\tau}=\sum_{k=0}^{\infty}\frac{1}{k!}\left[\int_{t_0}^{t}\boldsymbol{A}(\tau)\mathrm{d}\tau\right]^{k} \tag{4.71}$$

当 $\boldsymbol{A}(t)$ 为常数矩阵时,式(4.71)归结为

$$\boldsymbol{\Phi}(t,\tau)=\mathrm{e}^{\boldsymbol{A}(t-\tau)}=\boldsymbol{\Phi}(t-\tau)$$

并且 $\boldsymbol{X}(t)=\mathrm{e}^{\boldsymbol{A}t}$。除了前述的特殊情况之外,计算状态转移矩阵通常是困难的。

离散时间情形

考虑离散时间状态空间方程

$$\boldsymbol{x}[k+1]=\boldsymbol{A}[k]\boldsymbol{x}[k]+\boldsymbol{B}[k]\boldsymbol{u}[k] \tag{4.72}$$

$$\boldsymbol{y}[k]=\boldsymbol{C}[k]\boldsymbol{x}[k]+\boldsymbol{D}[k]\boldsymbol{u}[k] \tag{4.73}$$

两个方程均为代数方程,一旦给出初始状态 $\boldsymbol{x}[k_0]$ 和 $k\geqslant k_0$ 的输入 $\boldsymbol{u}[k]$,就可以以递归方式求出方程的解。这里的离散情形比连续时间情形要简单得多。

与连续时间情形类似,当 $k=k_0,k_0+1,\cdots$ 时,可以将离散状态转移矩阵定义为方程

$$\boldsymbol{\Phi}[k+1,k_0]=\boldsymbol{A}[k]\boldsymbol{\Phi}[k,k_0],\quad 其中\ \boldsymbol{\Phi}[k_0,k_0]=\boldsymbol{I}$$

的解,该方程式为方程(4.61)对应的离散情形,当 $k>k_0$ 且 $\boldsymbol{\Phi}[k_0,k_0]=\boldsymbol{I}$ 时,可以直接得到方程的解为

$$\boldsymbol{\Phi}[k,k_0]=\boldsymbol{A}[k-1]\boldsymbol{A}[k-2]\cdots\boldsymbol{A}[k_0] \tag{4.74}$$

这里讨论连续时间和离散时间情形的主要区别。由于连续时间情形下的基本矩阵对所有 t 均非奇异,所以状态转移矩阵 $\boldsymbol{\Phi}(t,t_0)$ 在 $t\geqslant t_0$ 和 $t<t_0$ 时都有定义,并且它可以支配状态向量在正时间方向和负时间方向的传播。而在离散时间情形,A-矩阵可以奇异,因此 $\boldsymbol{\Phi}[k,k_0]$ 的逆有可能无定义。因而,仅在 $k\geqslant k_0$ 时 $\boldsymbol{\Phi}[k,k_0]$ 有定义,并且它仅能支配状态向量在正时间方向的传播。于是,式(4.64)对应的离散情形或

$$\boldsymbol{\Phi}[k,k_0]=\boldsymbol{\Phi}[k,k_1]\boldsymbol{\Phi}[k_1,k_0]$$

仅对 $k\geqslant k_1\geqslant k_0$ 时成立。

借助离散状态转移矩阵,可以将方程(4.72)和方程(4.73)的解表示为,当 $k>k_0$ 时

$$\left.\begin{aligned}\boldsymbol{x}[k]&=\boldsymbol{\Phi}[k,k_0]\boldsymbol{x}_0+\sum_{m=k_0}^{k-1}\boldsymbol{\Phi}[k,m+1]\boldsymbol{B}[m]\boldsymbol{u}[m]\\ \boldsymbol{y}[k]&=\boldsymbol{C}[k]\boldsymbol{\Phi}[k,k_0]\boldsymbol{x}_0+\boldsymbol{C}[k]\sum_{m=k_0}^{k-1}\boldsymbol{\Phi}[k,m+1]\boldsymbol{B}[m]\boldsymbol{u}[m]+\boldsymbol{D}[k]\boldsymbol{u}[k]\end{aligned}\right\} \tag{4.75}$$

二者的推导与上一节的推导非常类似，这里不再重复。

若初始状态为零，式(4.75)归结为，$k>k_0$ 时

$$\boldsymbol{y}[k]=\boldsymbol{C}[k]\sum_{m=k_0}^{k-1}\boldsymbol{\Phi}[k,m+1]\boldsymbol{B}[m]\boldsymbol{u}[m]+\boldsymbol{D}[k]\boldsymbol{u}[k] \tag{4.76}$$

该式描述了方程(4.73)的零状态响应。若定义 $k<m$ 时 $\boldsymbol{\Phi}[k,m]=\boldsymbol{0}$，则可以将式(4.76)写为

$$\boldsymbol{y}[k]=\sum_{m=k_0}^{k}(\boldsymbol{C}[k]\boldsymbol{\Phi}[k,m+1]\boldsymbol{B}[m]+\boldsymbol{D}[m]\delta_{\mathrm{d}}[k-m])\boldsymbol{u}[m]$$

其中脉冲序列 $\delta_{\mathrm{d}}[k-m]$ 在 $k=m$ 时等于 1，在 $k\neq m$ 时等于 0。对比该式与式(2.17)的 DT 形式，有，当 $k\geqslant m$ 时

$$\boldsymbol{G}[k,m]=\boldsymbol{C}[k]\boldsymbol{\Phi}[k,m+1]\boldsymbol{B}[m]+\boldsymbol{D}[m]\delta_{\mathrm{d}}[k-m]$$

该表达式建立了脉冲响应序列与状态空间方程之间的数学联系，是式(4.70)对应的离散情形。

4.7　等价时变方程

本节将第 4.4 节讨论的等价状态空间方程推广到时变情形。考虑 n 维线性时变状态空间方程

$$\left.\begin{aligned}\dot{\boldsymbol{x}}(t)&=\boldsymbol{A}(t)\boldsymbol{x}(t)+\boldsymbol{B}(t)\boldsymbol{u}(t)\\ \boldsymbol{y}(t)&=\boldsymbol{C}(t)\boldsymbol{x}(t)+\boldsymbol{D}(t)\boldsymbol{u}(t)\end{aligned}\right\} \tag{4.77}$$

设 $\boldsymbol{P}(t)$ 为 $n\times n$ 的矩阵，假定 $\boldsymbol{P}(t)$ 非奇异，并且 $\boldsymbol{P}(t)$ 和 $\dot{\boldsymbol{P}}(t)$ 在所有 t 上连续。设 $\bar{\boldsymbol{x}}=\boldsymbol{P}(t)\boldsymbol{x}$，则称状态空间方程

$$\left.\begin{aligned}\dot{\bar{\boldsymbol{x}}}(t)&=\bar{\boldsymbol{A}}(t)\bar{\boldsymbol{x}}(t)+\bar{\boldsymbol{B}}(t)\boldsymbol{u}(t)\\ \boldsymbol{y}(t)&=\bar{\boldsymbol{C}}(t)\bar{\boldsymbol{x}}(t)+\bar{\boldsymbol{D}}(t)\boldsymbol{u}(t)\end{aligned}\right\} \tag{4.78}$$

与方程(4.77)(代数)等价，并称 $\boldsymbol{P}(t)$ 为“(代数)等价”变换，其中

$$\bar{\boldsymbol{A}}(t)=[\boldsymbol{P}(t)\boldsymbol{A}(t)+\dot{\boldsymbol{P}}(t)]\boldsymbol{P}^{-1}(t)$$

$$\bar{\boldsymbol{B}}(t)=\boldsymbol{P}(t)\boldsymbol{B}(t)$$

$$\bar{\boldsymbol{C}}(t)=\boldsymbol{C}(t)\boldsymbol{P}^{-1}(t)$$

$$\bar{\boldsymbol{D}}(t)=\boldsymbol{D}(t)$$

将方程(4.77)代入 $\bar{\boldsymbol{x}}=\boldsymbol{P}(t)\boldsymbol{x}$ 和$\dot{\bar{\boldsymbol{x}}}=\dot{\boldsymbol{P}}(t)\boldsymbol{x}+\boldsymbol{P}(t)\dot{\boldsymbol{x}}$ 可得方程(4.78),设 $\boldsymbol{X}$ 为方程(4.77)的基本矩阵,则现在可以肯定

$$\bar{\boldsymbol{X}}(t):=\boldsymbol{P}(t)\boldsymbol{X}(t) \tag{4.79}$$

为方程(4.78)的基本矩阵。根据定义,有 $\dot{\boldsymbol{X}}(t)=\boldsymbol{A}(t)\boldsymbol{X}(t)$且 $\boldsymbol{X}(t)$在所有 t 上均非奇异。由于乘以非奇异矩阵不改变矩阵的秩,因此矩阵 $\boldsymbol{P}(t)\boldsymbol{X}(t)$在所有 t 上也非奇异。现在证明 $\boldsymbol{P}(t)\boldsymbol{X}(t)$满足方程$\dot{\bar{\boldsymbol{x}}}=\bar{\boldsymbol{A}}(t)\bar{\boldsymbol{x}}$。事实上,有

$$\frac{\mathrm{d}}{\mathrm{d}t}[\boldsymbol{P}(t)\boldsymbol{X}(t)]=\dot{\boldsymbol{P}}(t)\boldsymbol{X}(t)+\boldsymbol{P}(t)\dot{\boldsymbol{X}}(t)=\dot{\boldsymbol{P}}(t)\boldsymbol{X}(t)+\boldsymbol{P}(t)\boldsymbol{A}(t)\boldsymbol{X}(t)=$$

$$[\dot{\boldsymbol{P}}(t)+\boldsymbol{P}(t)\boldsymbol{A}(t)][\boldsymbol{P}^{-1}(t)\boldsymbol{P}(t)]\boldsymbol{X}(t)=\bar{\boldsymbol{A}}(t)[\boldsymbol{P}(t)\boldsymbol{X}(t)]$$

因此,$\boldsymbol{P}(t)\boldsymbol{X}(t)$是$\dot{\bar{\boldsymbol{x}}}(t)=\bar{\boldsymbol{A}}(t)\bar{\boldsymbol{x}}(t)$的基本矩阵。

定理 4.3

设 $\boldsymbol{A}_0$ 为任意常数矩阵,则存在能将方程(4.77)变换为方程(4.78)的等价变换,其中 $\bar{\boldsymbol{A}}(t)=\boldsymbol{A}_0$。

证明: 设 $\boldsymbol{X}(t)$为 $\dot{\boldsymbol{x}}(t)=\boldsymbol{A}(t)\boldsymbol{x}(t)$的基本矩阵,对 $\boldsymbol{X}^{-1}(t)\boldsymbol{X}(t)=\boldsymbol{I}$ 微分可得

$$\dot{\boldsymbol{X}}^{-1}(t)\boldsymbol{X}(t)+\boldsymbol{X}^{-1}(t)\dot{\boldsymbol{X}}(t)=\boldsymbol{0}$$

由此可知

$$\dot{\boldsymbol{X}}^{-1}(t)=-\boldsymbol{X}^{-1}(t)\boldsymbol{A}(t)\boldsymbol{X}(t)\boldsymbol{X}^{-1}(t)=-\boldsymbol{X}^{-1}(t)\boldsymbol{A}(t) \tag{4.80}$$

由于$\bar{\boldsymbol{A}}(t)=\boldsymbol{A}_0$ 为常数矩阵,所以 $\bar{\boldsymbol{X}}(t)=\mathrm{e}^{\boldsymbol{A}_0 t}$ 为$\dot{\bar{\boldsymbol{x}}}(t)=\bar{\boldsymbol{A}}(t)\bar{\boldsymbol{x}}(t)=\boldsymbol{A}_0\bar{\boldsymbol{x}}(t)$的基本矩阵。根据式(4.79),定义

$$\boldsymbol{P}(t):=\bar{\boldsymbol{X}}(t)\boldsymbol{X}^{-1}(t)=\mathrm{e}^{\boldsymbol{A}_0 t}\boldsymbol{X}^{-1}(t) \tag{4.81}$$

并求出

$$\bar{\boldsymbol{A}}(t)=[\boldsymbol{P}(t)\boldsymbol{A}(t)+\dot{\boldsymbol{P}}(t)]\boldsymbol{P}^{-1}(t)=$$

$$[\mathrm{e}^{\boldsymbol{A}_0 t}\boldsymbol{X}^{-1}(t)\boldsymbol{A}(t)+\boldsymbol{A}_0\mathrm{e}^{\boldsymbol{A}_0 t}\boldsymbol{X}^{-1}(t)+\mathrm{e}^{\boldsymbol{A}_0 t}\dot{\boldsymbol{X}}^{-1}(t)]\boldsymbol{X}(t)\mathrm{e}^{-\boldsymbol{A}_0 t}$$

代入式(4.80)之后,上式变为

$$\bar{\boldsymbol{A}}(t)=\boldsymbol{A}_0\mathrm{e}^{\boldsymbol{A}_0 t}\boldsymbol{X}^{-1}(t)\boldsymbol{X}(t)\mathrm{e}^{-\boldsymbol{A}_0 t}=\boldsymbol{A}_0$$

定理得证。证毕。

若 $\boldsymbol{A}_0$ 取为零矩阵,则 $\bar{\boldsymbol{X}}(t)=\boldsymbol{I}$ 且 $\boldsymbol{P}(t)=\boldsymbol{X}^{-1}(t)$,因此方程(4.78)归结为

$$\bar{\boldsymbol{A}}(t)=\boldsymbol{0},\quad \bar{\boldsymbol{B}}(t)=\boldsymbol{X}^{-1}(t)\boldsymbol{B}(t),\quad \bar{\boldsymbol{C}}(t)=\boldsymbol{C}(t)\boldsymbol{X}(t),\quad \bar{\boldsymbol{D}}(t)=\boldsymbol{D}(t) \tag{4.82}$$

图 4.8 中绘制了方程(4.77)在 $\boldsymbol{A}(t)\neq\boldsymbol{0}$ 和 $\boldsymbol{A}(t)=\boldsymbol{0}$ 时的方框图。$\boldsymbol{A}(t)=\boldsymbol{0}$ 时的方框图不存在反馈,结构相对简单,可以将任一时变状态空间方程变换为此方框图,但是为了完成此类变换,需要其基本矩阵,而这一点通常无法实现。

式(4.70)给出了方程(4.77)的冲击响应矩阵。借助式(4.79)和式(4.80)可得方

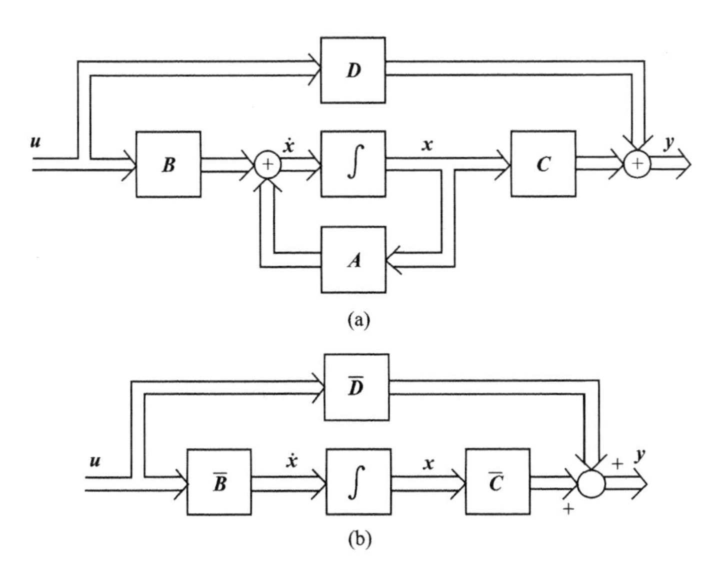

图 4.8　存在反馈和不存在反馈的方框图

程(4.78)的冲击响应矩阵为

$$\bar{\boldsymbol{G}}(t,\tau)=\bar{\boldsymbol{C}}(t)\bar{\boldsymbol{X}}(t)\bar{\boldsymbol{X}}^{-1}(\tau)\bar{\boldsymbol{B}}(\tau)+\bar{\boldsymbol{D}}(t)\delta(t-\tau)=$$
$$\boldsymbol{C}(t)\boldsymbol{P}^{-1}(t)\boldsymbol{P}(t)\boldsymbol{X}(t)\boldsymbol{X}^{-1}(\tau)\boldsymbol{P}^{-1}(\tau)\boldsymbol{P}(\tau)\boldsymbol{B}(\tau)+\boldsymbol{D}(t)\delta(t-\tau)=$$
$$\boldsymbol{C}(t)\boldsymbol{X}(t)\boldsymbol{X}^{-1}(\tau)\boldsymbol{B}(\tau)+\boldsymbol{D}(t)\delta(t-\tau)=\boldsymbol{G}(t,\tau)$$

因此,任意等价变换均不改变冲击响应矩阵,但等价变换可能并不能保留 $\boldsymbol{A}$ -矩阵的性质。例如,如定理 4.3 所示,可以将任一 $\boldsymbol{A}$ -矩阵变换为常数矩阵或零矩阵。显然,零矩阵不具有 $\boldsymbol{A}(t)$ 的任何属性。在时不变情形,代数变换会保留原状态空间方程的所有性质,因此,时不变情形中的代数变换并非时变情形的特例。

定义 4.3 若在所有 t 上均有 $\boldsymbol{P}(t)$非奇异,$\boldsymbol{P}(t)$和 $\dot{\boldsymbol{P}}(t)$连续,并且 $\boldsymbol{P}(t)$和 $\boldsymbol{P}^{-1}(t)$有界,则称矩阵 $\boldsymbol{P}(t)$为“Lyapunov 变换”。若 $\boldsymbol{P}(t)$为 Lyapunov 变换,则称方程(4.77)和方程(4.78)“Lyapunov 等价”。

显然若 $\boldsymbol{P}(t)=\boldsymbol{P}$ 为常数矩阵,则 $\boldsymbol{P}(t)$为 Lyapunov 变换。因此,时不变情形的(代数)变换为 Lyapunov 变换的特例。若要求 $\boldsymbol{P}(t)$为 Lyapunov 变换,则定理 4.3 通常很难奏效。换言之,并非每个时变状态空间方程都可以 Lyapunov 等价于具有常数 $\boldsymbol{A}$ -矩阵的状态空间方程。然而,若时变状态方程的 $\boldsymbol{A}(t)$为周期矩阵,则它可以 Lyapunov 等价于具有常数 $\boldsymbol{A}$ -矩阵的状态空间方程。

周期状态空间方程

考虑式(4.77)的线性时变状态空间方程,假定对所有 t 和某些正值常数 T 有

$$\boldsymbol{A}(t+T)=\boldsymbol{A}(t)$$

成立,即 $\boldsymbol{A}(t)$为周期是 T 的周期矩阵。设 $\boldsymbol{X}(t)$为 $\dot{\boldsymbol{x}}=\boldsymbol{A}(t)\boldsymbol{x}$ 的基本矩阵,或 $\dot{\boldsymbol{X}}(t)=$

$\boldsymbol{A}(t)\boldsymbol{X}(t)$，其中 $\boldsymbol{X}(0)$ 非奇异，则有

$$\dot{\boldsymbol{X}}(t+T)=\boldsymbol{A}(t+T)\boldsymbol{X}(t+T)=\boldsymbol{A}(t)\boldsymbol{X}(t+T)$$

因此 $\boldsymbol{X}(t+T)$ 也为基本矩阵，此外，可以将其表示为

$$\boldsymbol{X}(t+T)=\boldsymbol{X}(t)\boldsymbol{X}^{-1}(0)\boldsymbol{X}(T) \tag{4.83}$$

直接代入即可验证该式。定义常值非奇异矩阵 $\boldsymbol{Q}=\boldsymbol{X}^{-1}(0)\boldsymbol{X}(T)$，对于该矩阵 $\boldsymbol{Q}$，存在常数矩阵 $\bar{\boldsymbol{A}}$，使得 $\mathrm{e}^{\bar{\boldsymbol{A}}T}=\boldsymbol{Q}$（习题 3.24）。因此可将式(4.83)写为

$$\boldsymbol{X}(t+T)=\boldsymbol{X}(t)\mathrm{e}^{\bar{\boldsymbol{A}}T} \tag{4.84}$$

定义

$$\boldsymbol{P}(t):=\mathrm{e}^{\bar{\boldsymbol{A}}t}\boldsymbol{X}^{-1}(t) \tag{4.85}$$

可以证明 $\boldsymbol{P}(t)$ 为周期是 T 的周期矩阵：

$$\boldsymbol{P}(t+T)=\mathrm{e}^{\bar{\boldsymbol{A}}(t+T)}\boldsymbol{X}^{-1}(t+T)=\mathrm{e}^{\bar{\boldsymbol{A}}t}\mathrm{e}^{\bar{\boldsymbol{A}}T}\left[\mathrm{e}^{-\bar{\boldsymbol{A}}T}\boldsymbol{X}^{-1}(t)\right]=$$
$$\mathrm{e}^{\bar{\boldsymbol{A}}t}\boldsymbol{X}^{-1}(t)=\boldsymbol{P}(t)$$

定理 4.4

考虑方程(4.77)，其中对某些 $T>0$ 及所有 t 上均有 $\boldsymbol{A}(t)=\boldsymbol{A}(t+T)$。设 $\boldsymbol{X}(t)$ 是 $\dot{\boldsymbol{x}}=\boldsymbol{A}(t)\boldsymbol{x}$ 的基本矩阵，$\bar{\boldsymbol{A}}$ 是根据 $\mathrm{e}^{\bar{\boldsymbol{A}}T}=\boldsymbol{X}^{-1}(0)\boldsymbol{X}(T)$ 求出的常数矩阵，则方程(4.77)与方程

$$\dot{\bar{\boldsymbol{x}}}(t)=\bar{\boldsymbol{A}}\bar{\boldsymbol{x}}(t)+\boldsymbol{P}(t)\boldsymbol{B}(t)\boldsymbol{u}(t)$$
$$\bar{\boldsymbol{y}}(t)=\boldsymbol{C}(t)\boldsymbol{P}^{-1}(t)\bar{\boldsymbol{x}}(t)+\boldsymbol{D}(t)\boldsymbol{u}(t)$$

Lyapunov 等价，其中 $\boldsymbol{P}(t)=\mathrm{e}^{\bar{\boldsymbol{A}}t}\boldsymbol{X}^{-1}(t)$。

式(4.85)中的矩阵 $\boldsymbol{P}(t)$ 满足定义 4.3 的所有条件，因此 $\boldsymbol{P}(t)$ 为 Lyapunov 变换。该定理的其余表述直接遵循定理 4.3。定理 4.4 的齐次部分即所谓的“Floquet 理论”，它表述为，若 $\dot{\boldsymbol{x}}(t)=\boldsymbol{A}(t)\boldsymbol{x}(t)$ 且 $\boldsymbol{A}(t+T)=\boldsymbol{A}(t)$ 对所有 t 均成立，则其基本矩阵的形式为 $\boldsymbol{P}^{-1}(t)\mathrm{e}^{\bar{\boldsymbol{A}}t}$，其中 $\boldsymbol{P}^{-1}(t)$ 为周期函数。此外，$\dot{\boldsymbol{x}}(t)=\boldsymbol{A}(t)\boldsymbol{x}(t)$ 与 $\dot{\bar{\boldsymbol{x}}}(t)=\bar{\boldsymbol{A}}\bar{\boldsymbol{x}}(t)$ Lyapunov 等价。

4.8 时变实现

第 4.5 节研究了线性时不变系统的实现问题，本节研究相应于线性时变系统的实现问题。由于这里不能使用拉普拉斯变换，因此，直接在时域研究该问题。

可以通过输入输出关系式

$$\boldsymbol{y}(t)=\int_{t_0}^{t}\boldsymbol{G}(t,\tau)\boldsymbol{u}(\tau)\mathrm{d}\tau$$

来描述任一线性时变系统，且若该系统也为集总系统，则可以通过状态空间方程

$$\left.\begin{aligned}\dot{\boldsymbol{x}}(t)&=\boldsymbol{A}(t)\boldsymbol{x}(t)+\boldsymbol{B}(t)\boldsymbol{u}(t)\\ \boldsymbol{y}(t)&=\boldsymbol{C}(t)\boldsymbol{x}(t)+\boldsymbol{D}(t)\boldsymbol{u}(t)\end{aligned}\right\} \tag{4.86}$$

来描述。

若已知状态空间方程，则可求出冲击响应矩阵为

$$\boldsymbol{G}(t,\tau)=\boldsymbol{C}(t)\boldsymbol{X}(t)\boldsymbol{X}^{-1}(\tau)\boldsymbol{B}(\tau)+\boldsymbol{D}(t)\delta(t-\tau),\quad t\geqslant\tau \tag{4.87}$$

其中 $\boldsymbol{X}(t)$ 为 $\dot{\boldsymbol{x}}(t)=\boldsymbol{A}(t)\boldsymbol{x}(t)$ 的基本矩阵。逆问题是根据给定的冲击响应矩阵找出状态空间方程，若存在 $\{\boldsymbol{A}(t),\boldsymbol{B}(t),\boldsymbol{C}(t),\boldsymbol{D}(t)\}$ 满足式(4.87)，则称该冲击响应矩阵“可实现”。

定理 4.5

$q\times p$ 的冲击响应矩阵 $\boldsymbol{G}(t,\tau)$ 可实现当且仅当对所有 $t\geqslant\tau$，$\boldsymbol{G}(t,\tau)$ 均可分解为

$$\boldsymbol{G}(t,\tau)=\boldsymbol{M}(t)\boldsymbol{N}(\tau)+\boldsymbol{D}(t)\delta(t-\tau) \tag{4.88}$$

其中对某些整数 n，$\boldsymbol{M}$、$\boldsymbol{N}$ 和 $\boldsymbol{D}$ 分别为 $q\times n$、$n\times p$ 和 $q\times p$ 的矩阵。

证明：若 $\boldsymbol{G}(t,\tau)$ 可实现，则存在某实现满足式(4.87)，只需令 $\boldsymbol{M}(t)=\boldsymbol{C}(t)\boldsymbol{X}(t)$ 以及 $\boldsymbol{N}(\tau)=\boldsymbol{X}^{-1}(\tau)\boldsymbol{B}(\tau)$，则可证实该定理的必要性成立。

若可将 $\boldsymbol{G}(t,\tau)$ 分解为式(4.88)中的形式，则 n 维状态空间方程

$$\left.\begin{aligned}\dot{\boldsymbol{x}}(t)&=\boldsymbol{N}(t)\boldsymbol{u}(t)\\ \boldsymbol{y}(t)&=\boldsymbol{M}(t)\boldsymbol{x}(t)+\boldsymbol{D}(t)\boldsymbol{u}(t)\end{aligned}\right\} \tag{4.89}$$

是 $\boldsymbol{G}(t,\tau)$ 的一个实现。事实上，$\dot{\boldsymbol{x}}=\boldsymbol{0}\cdot\boldsymbol{x}$ 的基本矩阵为 $\boldsymbol{X}(t)=\boldsymbol{I}$。因此根据式(4.87)，式(4.89)的冲击响应矩阵为

$$\boldsymbol{M}(t)\boldsymbol{I}\cdot\boldsymbol{I}^{-1}\boldsymbol{N}(\tau)+\boldsymbol{D}(t)\delta(t-\tau)$$

该矩阵等于 $\boldsymbol{G}(t,\tau)$，定理的充分性得证。证毕。

虽然也可将定理 4.5 应用于时不变系统，但是结果并不令人满意，如以下例子所示。

【例 4.13】　考虑 $g(t)=te^{\lambda t}$ 或

$$g(t,\tau)=g(t-\tau)=(t-\tau)e^{\lambda(t-\tau)}$$

直接可以验证

$$g(t-\tau)=\begin{bmatrix}e^{\lambda t} & te^{\lambda t}\end{bmatrix}\begin{bmatrix}-\tau e^{-\lambda\tau}\\ e^{-\lambda\tau}\end{bmatrix}$$

则二维时变状态空间方程

$$\left.\begin{aligned}\dot{\boldsymbol{x}}(t)&=\begin{bmatrix}0&0\\0&0\end{bmatrix}\boldsymbol{x}(t)+\begin{bmatrix}-te^{-\lambda t}\\ e^{-\lambda t}\end{bmatrix}u(t)\\ y(t)&=\begin{bmatrix}e^{\lambda t} & te^{\lambda t}\end{bmatrix}\boldsymbol{x}(t)\end{aligned}\right\} \tag{4.90}$$

是冲击响应 $g(t)=te^{\lambda t}$ 的一个实现。

该冲击响应的拉普拉斯变换为

$$\hat{g}(s)=\mathcal{L}[te^{\lambda t}]=\frac{1}{(s-\lambda)^2}=\frac{1}{s^2-2\lambda s+\lambda^2}$$

借助式(4.33),很容易得出

$$
\left.\begin{aligned}
\dot{\boldsymbol{x}}(t) &= \begin{bmatrix} 2\lambda & -\lambda^2 \\ 1 & 0 \end{bmatrix} \boldsymbol{x}(t) + \begin{bmatrix} 1 \\ 0 \end{bmatrix} u(t) \\
\boldsymbol{y}(t) &= \begin{bmatrix} 0 & 1 \end{bmatrix} \boldsymbol{x}(t)
\end{aligned}\right\} \tag{4.91}
$$

该 LTI 状态空间方程是同一冲击响应的另外一种实现,由于易于借助运放电路对其实施,所以该实现显然更为可取。而方程(4.90)要在实际中实施则要困难得多。

习　　题

4.1　可以通过方程

$$
\dot{\boldsymbol{x}}(t) = \begin{bmatrix} 0 & 1 \\ -1 & 0 \end{bmatrix} \boldsymbol{x}(t)
$$

产生振荡,试证明该方程的解为

$$
\boldsymbol{x}(t) = \begin{bmatrix} \cos t & \sin t \\ -\sin t & \cos t \end{bmatrix} \boldsymbol{x}(0)
$$

4.2　试用两种不同的方法求系统

$$
\begin{aligned}
\dot{\boldsymbol{x}}(t) &= \begin{bmatrix} 0 & 1 \\ -2 & -2 \end{bmatrix} \boldsymbol{x}(t) + \begin{bmatrix} 1 \\ 1 \end{bmatrix} u(t) \\
\boldsymbol{y}(t) &= \begin{bmatrix} 2 & 3 \end{bmatrix} \boldsymbol{x}(t)
\end{aligned}
$$

的单位阶跃响应。

4.3　试分别取 $T=1$ 和 $T=\pi$,将习题 4.2 中的状态空间方程离散化。

4.4　试找出方程

$$
\begin{aligned}
\dot{\boldsymbol{x}}(t) &= \begin{bmatrix} -2 & 0 & 0 \\ 1 & 0 & 1 \\ 0 & -2 & -2 \end{bmatrix} \boldsymbol{x}(t) + \begin{bmatrix} 1 \\ 0 \\ 1 \end{bmatrix} u(t) \\
y &= \begin{bmatrix} 1 & -1 & 0 \end{bmatrix} \boldsymbol{x}(t)
\end{aligned}
$$

的伴随型和模态型等价方程。

4.5　试找出习题 4.4 中方程的一个等价状态空间方程,使得所有状态变量的最大幅值大约等于输出的最大幅值。若要求所有信号幅度都在±10 V 范围内,并且假设输入为幅度为 a 的阶跃函数,试问最大允许的 a 取值是多少?

4.6　考虑方程

$$
\dot{\boldsymbol{x}}(t) = \begin{bmatrix} \lambda & 0 \\ 0 & \bar{\lambda} \end{bmatrix} \boldsymbol{x}(t) + \begin{bmatrix} b_1 \\ \bar{b}_1 \end{bmatrix} u(t), \quad y(t) = \begin{bmatrix} c_1 & \bar{c}_1 \end{bmatrix} \boldsymbol{x}(t)
$$

其中上划线表示复共轭,试验证可以借助变换 $\boldsymbol{x} = \boldsymbol{Q}\bar{x}$,其中

$$
\boldsymbol{Q} = \begin{bmatrix} -\bar{\lambda} b_1 & b_1 \\ -\lambda \bar{b}_1 & \bar{b}_1 \end{bmatrix}
$$

将该方程变换为

$$\dot{\bar{\boldsymbol{x}}}(t)=\bar{\boldsymbol{A}}\bar{\boldsymbol{x}}(t)+\bar{\boldsymbol{b}}u(t),\quad y(t)=\bar{\boldsymbol{c}}\bar{\boldsymbol{x}}(t)$$

其中

$$\bar{\boldsymbol{A}}=\begin{bmatrix}0 & 1\\ -\lambda\bar{\lambda} & \lambda+\bar{\lambda}\end{bmatrix},\quad \bar{\boldsymbol{b}}=\begin{bmatrix}0\\1\end{bmatrix},\quad \bar{\boldsymbol{c}}=\begin{bmatrix}-2\mathrm{Re}(\bar{\lambda}b_1c_1) & 2\mathrm{Re}(b_1c_1)\end{bmatrix}$$

4.7　试验证,可以将约当型方程

$$\dot{\boldsymbol{x}}(t)=\begin{bmatrix}\lambda & 1 & 0 & 0 & 0 & 0\\ 0 & \lambda & 1 & 0 & 0 & 0\\ 0 & 0 & \lambda & 0 & 0 & 0\\ 0 & 0 & 0 & \bar{\lambda} & 1 & 0\\ 0 & 0 & 0 & 0 & \bar{\lambda} & 1\\ 0 & 0 & 0 & 0 & 0 & \bar{\lambda}\end{bmatrix}\boldsymbol{x}(t)+\begin{bmatrix}b_1\\ b_2\\ b_3\\ \bar{b}_1\\ \bar{b}_2\\ \bar{b}_3\end{bmatrix}u(t)$$

$$y(t)=\begin{bmatrix}c_1 & c_2 & c_3 & \bar{c}_1 & \bar{c}_2 & \bar{c}_3\end{bmatrix}\boldsymbol{x}(t)$$

变换为

$$\dot{\bar{\boldsymbol{x}}}(t)=\begin{bmatrix}\bar{\boldsymbol{A}} & \boldsymbol{I}_2 & \boldsymbol{0}\\ \boldsymbol{0} & \bar{\boldsymbol{A}} & \boldsymbol{I}_2\\ \boldsymbol{0} & \boldsymbol{0} & \bar{\boldsymbol{A}}\end{bmatrix}\bar{\boldsymbol{x}}(t)+\begin{bmatrix}\bar{\boldsymbol{b}}\\ \bar{\boldsymbol{b}}\\ \bar{\boldsymbol{b}}\end{bmatrix}u(t)$$

$$y(t)=\begin{bmatrix}\bar{\boldsymbol{c}}_1 & \bar{\boldsymbol{c}}_2 & \bar{\boldsymbol{c}}_3\end{bmatrix}\bar{\boldsymbol{x}}(t)$$

其中 $\bar{\boldsymbol{A}}$、$\bar{\boldsymbol{b}}$ 和 $\bar{\boldsymbol{c}}_i$ 在习题 4.6 中定义,$\boldsymbol{I}_2$ 为 2 阶单位阵。(提示:将状态变量的顺序由 $[x_1\ \ x_2\ \ x_3\ \ x_4\ \ x_5\ \ x_6]'$ 变为 $[x_1\ \ x_4\ \ x_2\ \ x_5\ \ x_3\ \ x_6]'$,再做等价变换 $\boldsymbol{x}=\boldsymbol{Q}\bar{\boldsymbol{x}}$,其中 $\boldsymbol{Q}=\mathrm{diag}(\boldsymbol{Q}_1,\boldsymbol{Q}_2,\boldsymbol{Q}_3)$)

4.8　试判断两组状态空间方程

$$\dot{\boldsymbol{x}}(t)=\begin{bmatrix}2 & 1 & 2\\ 0 & 2 & 2\\ 0 & 0 & 1\end{bmatrix}\boldsymbol{x}(t)+\begin{bmatrix}1\\1\\0\end{bmatrix}u(t),\quad y(t)=\begin{bmatrix}1 & -1 & 0\end{bmatrix}\boldsymbol{x}(t)$$

和

$$\dot{\boldsymbol{x}}(t)=\begin{bmatrix}2 & 1 & 1\\ 0 & 2 & 1\\ 0 & 0 & -1\end{bmatrix}\boldsymbol{x}(t)+\begin{bmatrix}1\\1\\0\end{bmatrix}u(t),\quad y(t)=\begin{bmatrix}1 & -1 & 0\end{bmatrix}\boldsymbol{x}(t)$$

是否等价?是否零状态等价?

4.9　试验证式(4.41)的传递矩阵有以下实现:

$$\dot{\boldsymbol{x}}(t)=\begin{bmatrix}-\alpha_1\boldsymbol{I}_q & \boldsymbol{I}_q & \boldsymbol{0} & \cdots & \boldsymbol{0}\\ -\alpha_2\boldsymbol{I}_q & \boldsymbol{0} & \boldsymbol{I}_q & \cdots & \boldsymbol{0}\\ \vdots & \vdots & \vdots & & \vdots\\ -\alpha_{r-1}\boldsymbol{I}_q & \boldsymbol{0} & \boldsymbol{0} & \cdots & \boldsymbol{I}_q\\ -\alpha_r\boldsymbol{I}_q & \boldsymbol{0} & \boldsymbol{0} & \cdots & \boldsymbol{0}\end{bmatrix}\boldsymbol{x}(t)+\begin{bmatrix}\boldsymbol{N}_1\\ \boldsymbol{N}_2\\ \vdots\\ \boldsymbol{N}_{r-1}\\ \boldsymbol{N}_r\end{bmatrix}\boldsymbol{u}(t)$$

$$\boldsymbol{y}(t)=[\boldsymbol{I}_q\quad \boldsymbol{0}\quad \boldsymbol{0}\quad \cdots\quad \boldsymbol{0}]\,\boldsymbol{x}(t)$$

称该式为维数是 rq 的“分块能观型实现”。该实现与方程(4.42)对偶。

4.10 考虑 1×2 的正则有理矩阵

$$\hat{\boldsymbol{G}}(s)=[d_1\quad d_2]+\frac{1}{s^4+\alpha_1 s^3+\alpha_2 s^2+\alpha_3 s+\alpha_4}\times$$
$$[\beta_{11}s^3+\beta_{21}s^2+\beta_{31}s+\beta_{41}\quad \beta_{12}s^3+\beta_{22}s^2+\beta_{32}s+\beta_{42}]$$

试证明可以从习题 4.9 简约出其能观性实现为

$$\dot{\boldsymbol{x}}(t)=\begin{bmatrix}-\alpha_1 & 1 & 0 & 0\\ -\alpha_2 & 0 & 1 & 0\\ -\alpha_3 & 0 & 0 & 1\\ -\alpha_4 & 0 & 0 & 0\end{bmatrix}\boldsymbol{x}(t)+\begin{bmatrix}\beta_{11} & \beta_{12}\\ \beta_{21} & \beta_{22}\\ \beta_{31} & \beta_{32}\\ \beta_{41} & \beta_{42}\end{bmatrix}\boldsymbol{u}(t)$$

$$y=[1\quad 0\quad 0\quad 0]\,\boldsymbol{x}(t)+[d_1\quad d_2]\,\boldsymbol{u}(t)$$

4.11 试找出正则有理矩阵

$$\hat{\boldsymbol{G}}(s)=\begin{bmatrix}\dfrac{2}{s+1} & \dfrac{2s-3}{(s+1)(s+2)}\\ \dfrac{s-2}{s+1} & \dfrac{s}{s+2}\end{bmatrix}$$

的一个实现。

4.12 试找出习题 4.11 中 $\hat{\boldsymbol{G}}(s)$每一列的实现,然后按照图 4.7(a)所示方式将其连接,以获得 $\hat{\boldsymbol{G}}(s)$的实现,该实现的维数是多少?对比该维数与习题 4.11 中实现的维数。

4.13 试找出习题 4.11 中 $\hat{\boldsymbol{G}}(s)$每一行的实现,然后按照图 4.7(b)所示方式将其连接,以获得 $\hat{\boldsymbol{G}}(s)$的实现,该实现的维数是多少?对比该维数与习题 4.11 和习题 4.12 中实现的维数。

4.14 试找出

$$\hat{\boldsymbol{G}}(s)=\begin{bmatrix}\dfrac{-(12s+6)}{3s+34} & \dfrac{22s+23}{3s+34}\end{bmatrix}$$

的一个实现。

4.15 考虑 n 维状态空间方程

$$\dot{\boldsymbol{x}}(t)=\boldsymbol{A}\boldsymbol{x}(t)+\boldsymbol{b}u(t),\quad y(t)=\boldsymbol{c}\boldsymbol{x}(t)$$

设 $\hat{g}(s)$为其传递函数。试证明 $\hat{g}(s)$有 m 个零点,或等价地描述为,$\hat{g}(s)$分母的次

数为 m，当且仅当

$$\boldsymbol{c}\boldsymbol{A}^{i}\boldsymbol{b}=0,\quad i=0,1,2,\cdots,n-m-2$$

且 $\boldsymbol{c}\boldsymbol{A}^{n-m-1}\boldsymbol{b}\neq 0$。或等价地描述为，$\hat{g}(s)$ 分母和分子的次数差为 $\alpha=n-m$，当且仅当

$$\boldsymbol{c}\boldsymbol{A}^{\alpha-1}\boldsymbol{b}\neq 0\quad \text{且}\quad \boldsymbol{c}\boldsymbol{A}^{i}\boldsymbol{b}=0,\quad i=0,1,2,\cdots,\alpha-2$$

4.16　试找出

$$\dot{\boldsymbol{x}}(t)=\begin{bmatrix}0 & 1\\ 0 & t\end{bmatrix}\boldsymbol{x}(t)$$

和

$$\dot{\boldsymbol{x}}(t)=\begin{bmatrix}-1 & \mathrm{e}^{2t}\\ 0 & -1\end{bmatrix}\boldsymbol{x}(t)$$

的基本矩阵和状态转移矩阵。

4.17　试证明 $\dfrac{\partial\boldsymbol{\Phi}(t_0,t)}{\partial t}=-\boldsymbol{\Phi}(t_0,t)\boldsymbol{A}(t)$。

4.18　给定

$$\boldsymbol{A}(t)=\begin{bmatrix}a_{11}(t) & a_{12}(t)\\ a_{21}(t) & a_{22}(t)\end{bmatrix}$$

试证明

$$\det\boldsymbol{\Phi}(t,t_0)=\exp\left[\int_{t_0}^{t}(a_{11}(\tau)+a_{22}(\tau))\mathrm{d}\tau\right]。$$

4.19　设

$$\boldsymbol{\Phi}(t,t_0)=\begin{bmatrix}\boldsymbol{\Phi}_{11}(t,t_0) & \boldsymbol{\Phi}_{12}(t,t_0)\\ \boldsymbol{\Phi}_{21}(t,t_0) & \boldsymbol{\Phi}_{22}(t,t_0)\end{bmatrix}$$

为

$$\dot{\boldsymbol{x}}(t)=\begin{bmatrix}\boldsymbol{A}_{11}(t) & \boldsymbol{A}_{12}(t)\\ \boldsymbol{0} & \boldsymbol{A}_{22}(t)\end{bmatrix}\boldsymbol{x}(t)$$

的状态转移矩阵，试证明对所有 t 和 t_0 均有 $\boldsymbol{\Phi}_{21}(t,t_0)=\boldsymbol{0}$，并且当 $i=1,2$ 时，$\left(\dfrac{\partial}{\partial t}\right)\boldsymbol{\Phi}_{ii}(t,t_0)=\boldsymbol{A}_{ii}\boldsymbol{\Phi}_{ii}(t,t_0)$。

4.20　试找出

$$\dot{\boldsymbol{x}}(t)=\begin{bmatrix}-\sin t & 0\\ 0 & -\cos t\end{bmatrix}\boldsymbol{x}(t)$$

的状态转移矩阵。

4.21　试验证，$\boldsymbol{X}(t)=\mathrm{e}^{\boldsymbol{A}t}\boldsymbol{C}\mathrm{e}^{\boldsymbol{B}t}$ 是方程

$$\dot{\boldsymbol{X}}(t)=\boldsymbol{A}\boldsymbol{X}(t)+\boldsymbol{X}(t)\boldsymbol{B},\quad \boldsymbol{X}(0)=\boldsymbol{C}$$

的解。

4.22 试证明,若 $\dot{\boldsymbol{A}}(t)=\boldsymbol{A}_1\boldsymbol{A}(t)-\boldsymbol{A}(t)\boldsymbol{A}_1$,则

$$\boldsymbol{A}(t)=\mathrm{e}^{\boldsymbol{A}_1 t}\boldsymbol{A}(0)\mathrm{e}^{-\boldsymbol{A}_1 t}$$

同时证明 $\boldsymbol{A}(t)$ 的特征值不依赖于 t。

4.23 试找出习题 4.20 中方程的等价时不变状态空间方程。

4.24 试通过时变等价变换将时不变系统 $(\boldsymbol{A},\boldsymbol{B},\boldsymbol{C})$ 变换为 $(\boldsymbol{0},\bar{\boldsymbol{B}}(t),\bar{\boldsymbol{C}}(t))$。

4.25 试找出冲击响应为 $g(t)=t^2\mathrm{e}^{\lambda t}$ 的系统的时变实现和时不变实现。

4.26 试找出 $g(t,\tau)=\sin t(\mathrm{e}^{-(t-\tau)})\cos\tau$ 的一个实现,试问能否找到一种时不变状态空间方程实现?

第 5 章

稳定性

5.1 引　言

设计系统是为了完成某些任务或处理某些信号。若系统不稳定，则无论外加信号的幅度有多小，系统都可能会烧毁、瓦解或饱和。因而，不稳定的系统在实践中无法使用，稳定性是所有系统的先决条件。除稳定性之外，系统还必须满足其他要求，如跟踪期望的信号或抑制噪声等，在实践中非常有用。

我们总是可以将线性系统的响应分解为零状态响应和零输入响应，按惯例分别研究这两种响应的稳定性。现引入零状态响应的 BIBO（有界输入有界输出）稳定性和零输入响应的临界稳定性和渐近稳定性。在零状态响应的研究中，我们首先研究 SISO 系统，然后将结论应用于 MIMO 系统中。在零输入响应的研究中，这两类系统之间并无差别，因此，我们直接研究 MIMO 系统。首先研究时不变情形，然后研究时变情形。

5.2 LTI 系统的输入-输出稳定性

考虑通过如式(2.5)导出的方程

$$y(t)=\int_0^t g(t-\tau)u(\tau)\mathrm{d}\tau=\int_0^t g(\tau)u(t-\tau)\mathrm{d}\tau \tag{5.1}$$

描述的 SISO 线性时不变（LTI）系统，其中 $g(t)$ 为冲击响应或 $t=0$ 时外加冲击函数引起的输出。回想到，为了能通过式(5.1)描述系统，系统需线性、时不变且因果。此外，系统在 $t=0$ 时需初始松弛。

若输入 $u(t)$ 不增加到正无穷大或负无穷大，则称输入 $u(t)$“有界”，或等价地描述为，存在某常数 u_m 使得

$$|u(t)| \leqslant u_m < \infty, \quad t \geqslant 0$$

若任一有界输入引起有界的输出,则称系统“BIBO 稳定”(有界输入有界输出稳定)。该稳定性定义针对零状态响应,且仅适用于初始松弛系统。

定理 5.1

通过式(5.1)描述的 SISO 系统 BIBO 稳定,当且仅当 $g(t)$在$[0,\ \infty)$区间上绝对可积,或对某常数 M 有

$$\int_0^\infty |g(t)| \mathrm{d}t \leqslant M < \infty$$

证明:首先证明,若 $g(t)$绝对可积,则任一有界输入引起有界的输出。设 $u(t)$为在所有 $t \geqslant 0$ 上均有$|u(t)| \leqslant u_m < \infty$的任意输入,则有

$$|y(t)| = \left| \int_0^t g(\tau) u(t-\tau) \mathrm{d}\tau \right| \leqslant \int_0^t |g(\tau)| \, |u(t-\tau)| \mathrm{d}\tau$$

该不等式源于这样的事实,即第一个积分中的被积函数可正可负,对其积分可能会正负抵消,而第二个积分中的被积函数全为正,对其积分不存在正负抵消。代入对所有 $t \geqslant 0$ 均成立的$|u(t)| \leqslant u_m$ 可得,对所有 $t \geqslant 0$ 均有

$$|y(t)| \leqslant u_m \int_0^t |g(\tau)| \mathrm{d}\tau \leqslant u_m \int_0^\infty |g(\tau)| \mathrm{d}\tau \leqslant u_m M$$

因此输出有界。接下来证明,若 $g(t)$不是绝对可积,则系统并非 BIBO 稳定。若 $g(t)$不是绝对可积,则对任意大的 N,存在某个 t_1 使得

$$\int_0^{t_1} |g(\tau)| \mathrm{d}\tau > N$$

考虑通过

$$u(t_1 - t) = \begin{cases} 1, & g(t) \geqslant 0 \\ -1, & g(t) < 0 \end{cases}$$

定义的 t 为$[0, t_1]$区间上的输入 $u(t)$,该函数有界。由该输入引起的 t_1 时刻的输出等于

$$y(t_1) = \int_0^{t_1} g(\tau) u(t_1 - \tau) \mathrm{d}\tau = \int_0^{t_1} |g(\tau)| \mathrm{d}\tau > N$$

由于 $y(t_1)$可以任意大,就此得出结论,有界输入引起无界的输出。定理 5.1 得证。证毕。

绝对可积函数未必有界,也可能随着 $t \to \infty$不趋于零。事实上,考虑通过

$$f(t-n) = \begin{cases} n + (t-n)n^4, & \left(\dfrac{-1}{n^3}\right) < (t-n) \leqslant 0 \\ n - (t-n)n^4, & 0 \leqslant (t-n) \leqslant \left(\dfrac{1}{n^3}\right) \end{cases}$$

定义的函数,其中 $n = 2, 3, \cdots$,其曲线绘制于图 5.1,图中每个三角形下的面积为 $\dfrac{1}{n^2}$。因此该函数的绝对积分等于 $\sum\limits_{n=2}^{\infty} \dfrac{1}{n^2} < \infty$,虽然该函数绝对可积,但并非有界,

且随着 $t\to\infty$ 函数值也不趋于零。

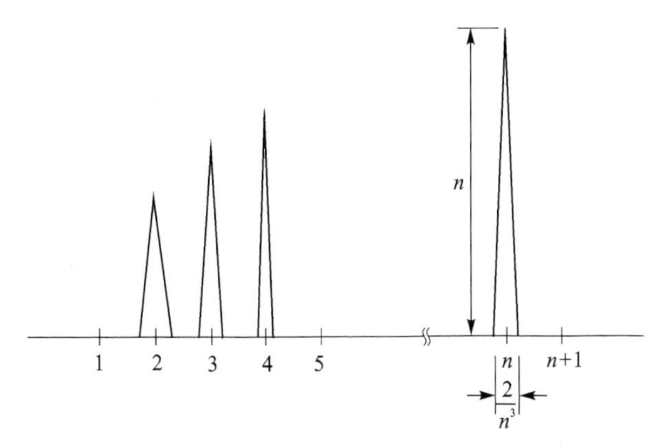

图 5.1　函　数

【例 5.1】　考虑图 2.5(a)所示的正反馈系统，式(2.6)已求出其冲击响应为

$$g(t)=\sum_{i=1}^{\infty}a^{i}\delta(t-i)$$

其中增益 a 可正可负，该冲击函数通过图 2.3 中脉冲函数的极限定义，可视为正值函数，因此有

$$|g(t)|=\sum_{i=1}^{\infty}|a|^{i}\delta(t-i)$$

并且，借助$\int_0^{\infty}\delta(t-i)\mathrm{d}t=1$，对所有 $i\geqslant 1$ 有

$$\int_0^{\infty}|g(t)|\mathrm{d}t=\sum_{0}^{\infty}|a|^{i}=\begin{cases}\infty, & |a|\geqslant 1\\ \dfrac{1}{1-|a|}<\infty, & |a|<1\end{cases}$$

因此得出结论，图 2.5(a)中的正反馈系统 BIBO 稳定，当且仅当增益 a 的幅度小于 1 时。

在例 2.5 中求出该系统的传递函数为

$$\hat{g}(s)=\frac{a\mathrm{e}^{-s}}{1-a\mathrm{e}^{-s}}\tag{5.2}$$

该式为 s 的非有理函数，且系统为分布系统。

定理 5.2

若冲击响应使 $g(t)$ 的系统 BIBO 稳定，则随着 $t\to\infty$：

① 由输入 $u(t)=a,t\geqslant 0$ 引起的输出，趋于 $\hat{g}(0)\cdot a$；

② 由输入 $u(t)=\cos\omega_0 t,t\geqslant 0$ 引起的输出，趋于

$$|\hat{g}(\mathrm{j}\omega_0)|\cos[\omega_0 t+\angle\hat{g}(\mathrm{j}\omega_0)];$$

③ 由输入 $u(t)=\sin\omega_0 t,t\geqslant 0$ 引起的输出，趋于

$$|\hat{g}(\mathrm{j}\omega_0)|\sin[\omega_0 t+\angle\hat{g}(\mathrm{j}\omega_0)]。$$

其中 $\hat{g}(s)$ 为 $g(t)$ 的拉普拉斯变换或

$$\hat{g}(s) := \mathcal{L}[g(t)] := \int_{t=0}^{\infty} g(t)e^{-st}dt = \int_{\tau=0}^{\infty} g(\tau)e^{-s\tau}d\tau \tag{5.3}$$

证明:若输入 $u(t)=a, t\geq 0$,则式(5.1)变为

$$y(t) = \int_{\tau=0}^{t} g(\tau)u(t-\tau)d\tau = a\int_{\tau=0}^{t} g(\tau)d\tau$$

由此可知,随着 $t\to\infty$

$$y(t) \to a\int_{\tau=0}^{\infty} g(\tau)d\tau = a\hat{g}(0)$$

其中使用了代入 $s=0$ 的式(5.3)。定理5.2的第1条得证。

尽管可以直接证实定理的第②条和第③条,但利用 $u(t)=e^{j\omega_0 t}$ 来证实二者更简便。需要注意的是,虽然 $u(t)=e^{j\omega_0 t}$ 为复值函数,但对所有的讨论仍然适用。若 $u(t)=e^{j\omega_0 t}, t\geq 0$,则式(5.1)变为

$$y(t) = \int_{0}^{t} g(\tau)u(t-\tau)d\tau = \int_{0}^{t} g(\tau)e^{j\omega_0(t-\tau)}d\tau = e^{j\omega_0 t}\int_{0}^{t} g(\tau)e^{-j\omega_0\tau}d\tau$$

由此可知,随着 $t\to\infty$

$$y(t) \to e^{j\omega_0 t}\int_{0}^{\infty} g(\tau)e^{-j\omega_0\tau}d\tau = \hat{g}(j\omega_0)e^{j\omega_0 t}$$

其中使用了代入 $s=j\omega_0$ 的式(5.3)。需要注意的是,尽管 $g(t)$ 为实值函数,$\hat{g}(j\omega_0)$ 通常为复值函数,并且可将其表示为 $\hat{g}(j\omega_0)=A(\omega_0)e^{j\theta(\omega_0)}$,其中 $A(\omega_0):=|\hat{g}(j\omega_0)|$、$\theta(\omega_0):=\angle\hat{g}(j\omega_0)$。现若 $e^{j\omega_0 t}=\cos(\omega_0 t)+j\sin(\omega_0 t)$, $t\geq 0$,则随着 $t\to\infty$

$$y(t) \to \hat{g}(j\omega_0)e^{j\omega_0 t} = A(\omega_0)e^{j\theta(\omega_0)}e^{j\omega_0 t} = A(\omega_0)e^{j(\omega_0 t+\theta(\omega_0))} =$$
$$A(\omega_0)\cos[\omega_0 t+\theta(\omega_0)] + jA(\omega_0)\sin[\omega_0 t+\theta(\omega_0)]$$

$e^{j\omega_0 t}$ 的实部引起输出 $y(t)$ 的实部,即定理的第②条。而定理的第③条服从虚部的变化。证毕。

该定理中,稳定性条件必不可少,例如,若 $g(t)=4e^{2t}, t\geq 0$,则 $g(t)$ 不是绝对可积,因此该系统并非BIBO稳定,定理5.2不再适用。需要注意的是,$g(t)=4e^{2t}$ 的拉普拉斯变换有定义,并且等于 $\hat{g}(s)=\dfrac{4}{s-2}$。若外加输入 $u(t)=1$,则其输出幅度将无限增大,而非趋于 $\hat{g}(0)=\dfrac{4}{-2}=-2$。若外加输入 $\sin 2t$,则其输出幅度也将无限增大,而非趋于 $4|\hat{g}(j2)|\sin(2t+\angle\hat{g}(j2))$,其中

$$\hat{g}(j2) = \frac{4}{j2-2} = \frac{2}{-1+j1} = \frac{2}{1.414e^{\frac{j3\pi}{4}}} = 1.414e^{\frac{-j3\pi}{4}}$$

这里 $|\hat{g}(j2)|=1.414$、$\angle\hat{g}(j2)=\dfrac{-3\pi}{4}$。另一方面,若LTI系统BIBO稳定,且若外

加幅度为 a 的阶跃输入，则输出将趋于幅度为 $a\hat{g}(0)$ 的阶跃函数，若外加正弦输入，则输出将趋于同频率的正弦函数，其振幅和相位则由 $\hat{g}(\mathrm{j}\omega_0)$ 修正。

考虑传递函数为 $\hat{g}(s)$ 的系统，称 $\hat{g}(\mathrm{j}\omega)$ 为系统的“频率响应”。称其幅度 $|\hat{g}(\mathrm{j}\omega)|$ 为“幅度响应”，并称其相位 $\angle\hat{g}(\mathrm{j}\omega_0)$ 为“相位响应”。若系统非 BIBO 稳定，则其频率响应没有物理意义。若系统 BIBO 稳定，则频率为 ω_0 的正弦输入最终将引起频率为 ω_0 的正弦函数，其振幅和相位则由频率响应在 ω_0 处的值修正。滤波器设计本质上就是基于定理 5.2 找出具有期望频率响应或指定频率响应的 BIBO 系统。

定理 5.1 适用于 LTI 集总或分布系统，若 LTI 系统也为集总系统，则也可以通过有理传递函数来描述。现在可以从正则有理传递函数层面指出 BIBO 稳定性条件。首先将 s 复平面分为三个部分：右半平面(RHP)、左半平面(LHP)和虚轴或 $\mathrm{j}\omega$ 轴。需要注意的是，右半平面和左半平面不包含 $\mathrm{j}\omega$ 轴。

定理 5.3

正则有理传递函数为 $\hat{g}(s)$ 的 SISO 系统 BIBO 稳定，当且仅当 $\hat{g}(s)$ 的任一极点均具有负实部时，或等价地描述为，位于 s 的左半平面内。

证明：首先证实以下陈述成立，无论实极点或复极点，单极点或重极点，其响应(拉普拉斯逆变换)随着 $t\to\infty$ 而趋于 0 并且绝对可积，当且仅当该极点具有负实部。若 $\hat{g}(s)$ 有 m_i 重极点 p_i，则 $\hat{g}(s)$ 的拉普拉斯逆变换或冲击响应包含以下各项

$$\mathrm{e}^{p_i t}, t\mathrm{e}^{p_i t}, \cdots, t^{m_i-1}\mathrm{e}^{p_i t} \tag{5.4}$$

先假设 p_i 为实数，若 p_i 为 0，则第一项对所有 $t\geqslant 0$ 都等于 1，并且其余项的幅度将无限增大。若 p_i 为正，则式(5.4)中每一项的幅度都将无限增大。总之，若 $p_i\geqslant 0$，则式(5.4)的每一项都不会随着 $t\to\infty$ 而趋于 0，并且在 $[0,\infty)$ 区间上并非绝对可积。接下来考虑 p_i 为负实数，例如 $p_i=-0.01$，则随着 $t\to\infty$，$\mathrm{e}^{-0.01t}\to 0$，并且

$$\int_0^\infty |\mathrm{e}^{-0.01t}|\mathrm{d}t=\int_0^\infty \mathrm{e}^{-0.01t}\mathrm{d}t=\frac{1}{-0.01}\mathrm{e}^{-0.01t}\Big|_{t=0}^{\infty}=\frac{1}{-0.01}[0-1]=\frac{-1}{-0.01}=100$$

对 $t\mathrm{e}^{-0.01t}$ 使用洛必达法则，有

$$\lim_{t\to\infty}\left[t\mathrm{e}^{-0.01t}=\frac{t}{\mathrm{e}^{0.01t}}=\frac{1}{0.01\mathrm{e}^{0.01t}}\right]=\frac{1}{\infty}=0$$

并借助积分表，

$$\int_0^\infty |t\mathrm{e}^{-0.01t}|\mathrm{d}t=\int_0^\infty t\mathrm{e}^{-0.01t}\mathrm{d}t=\frac{(-0.01t-1)\mathrm{e}^{-0.01t}}{(-0.01)^2}\Bigg|_{t=0}^{\infty}=\frac{0-(-1)}{10^{-4}}=10^4$$

以此类推，可以得出结论，对任意正整数 m_i 和任意负实数 p_i，函数 $t^{m_i}\mathrm{e}^{p_i t}$ 随着 $t\to\infty$ 而趋于 0 并且绝对可积。之所以如此，是因为指数函数 $\mathrm{e}^{p_i t}$ 趋于零的速度比多项式 t^{m_i} 趋于 ∞ 的速度快得多，因此，随着 $t\to\infty$，指数函数相比多项式函数更占据主导

地位。

以上讨论实际上也适用于复极点。设 $p_i=\alpha_i+\mathrm{j}\beta_i$,其中 α_i 和 β_i 为实数。由于对任意实数 β_i 及所有 t 均有 $|\mathrm{e}^{\mathrm{j}\beta_i t}|=1$,则对任意正整数 m 及所有 $t\geqslant 0$ 均有

$$|t^m \mathrm{e}^{p_i t}|=t^m|\mathrm{e}^{(\alpha_i+\mathrm{j}\beta_i)t}|=t^m|\mathrm{e}^{\alpha_i t}||\mathrm{e}^{\mathrm{j}\beta_i t}|=t^m \mathrm{e}^{\alpha_i t}$$

其中使用了对任意正实数或负实数 α_i,均有 $\mathrm{e}^{\alpha_i t}\geqslant 0$ 的结果。因此,该极点的实部决定了复极点的绝对可积性,而与其虚部无关。由于以上该项具有式(5.4)中的形式,所以若只考虑复极点的实部,则所有关于实极点的讨论同样适用于复极点。[①] 因此,若极点具有负实部或位于 s 左半平面内,则无论实极点或复极点,单极点或重极点,其响应随着 $t\to\infty$ 而趋于 0 并且绝对可积。

若 $\hat{g}(s)$ 有多个极点,则其冲击响应 $g(t)$ 为所有极点冲击响应 $g_i(t)$ 的线性组合,或对某些常数 a_i 和 b,有

$$g(t)=\sum_i a_i g_i(t)+b\delta(t)$$

若 $\hat{g}(s)$ 严格正则,则常数 b 为 0;若 $\hat{g}(s)$ 上下双正则,则常数 b 非零。$b\delta(t)$ 这一项绝对可积,与任意极点无关联,因此在下面的关系式中将之舍弃。由于

$$\int_0^\infty |g(t)|\,\mathrm{d}t=\int_0^\infty \left|\sum_i a_i g_i(t)\right|\mathrm{d}t\leqslant\int_0^\infty \sum_i |a_i g_i(t)|\,\mathrm{d}t=\sum_i |a_i|\int_0^\infty |g_i(t)|\,\mathrm{d}t$$

若每一项 $g_i(t)$ 绝对可积,则 $g(t)$ 也绝对可积,因而,根据定理 5.1 系统 BIBO 稳定。定理 5.3 得证。证毕。

若 $N(s)$ 和 $D(s)$ 互质,则有理传递函数 $\hat{g}(s)=\dfrac{N(s)}{D(s)}$ 的极点就是 $D(s)$ 的根,因而,在使用定理 5.3 时只需检验多项式的根。若多项式的所有根都具有负实部,则定义该多项式"CT 意义上稳定",若分母多项式 $D(s)$ 为 CT 稳定,则传递函数 BIBO 稳定。可以通过调用 MATLAB 函数 roots 求出其所有根来检验 $D(s)$ 是否 CT 稳定,也可以不求根,而通过"劳斯判据"来检验,参见参考文献[7]和[10]。

推论 5.3

正则有理传递函数为 $\hat{g}(s)$ 的 SISO 系统 BIBO 稳定,当且仅当其冲击响应 $g(t)$ 随着 $t\to\infty$ 而趋于 0。

正则有理传递函数的冲击响应是所有极点响应的线性组合。定理 5.3 的证明中已表明这些响应随着 $t\to\infty$ 趋于 0,当且仅当 $\hat{g}(s)$ 的每个极点均位于 s 左半平面内,或等价地描述为,系统 BIBO 稳定。因此根据定理 5.3 直接可知推论 5.3。

讨论一下定理 5.1 和定理 5.3 之间的一些区别。曾定义过,若 $\hat{g}(\lambda)=\infty$ 或

---

① 这里允许使用复数是为了简化讨论,否则,必须把复极点的响应与其复共轭的响应合并。可以将一对 $m+1$ 重复共轭极点($\alpha_i\pm\beta_i$)的响应表示为 $t^m\mathrm{e}^{\alpha_i t}\sin(\beta_i t)$,由此可知对所有 $t\geqslant 0$,$|t^m\mathrm{e}^{\alpha_i t}\sin(\beta_i t)|\leqslant t^m\mathrm{e}^{\alpha_i t}$。因此,这里的所有讨论仍然适用。

$-\infty$，则 λ 为正则有理传递函数 $\hat{g}(s)$ 的极点。对于非有理传递函数能否采用相同的定义？在式(5.2)的 $\hat{g}(s)$ 中令 $a=1$，若 $s=\mathrm{j}m(2\pi)$ 对所有整数 m 成立，则

$$\hat{g}(\mathrm{j}2m\pi)=\left.\frac{\mathrm{e}^{-s}}{1-\mathrm{e}^{-s}}\right|_{s=\mathrm{j}2m\pi}=\frac{1}{1-1}=\infty$$

因此，若采用前面的定义，则代入 $a=1$ 后式(5.2)中的非有理传递函数有无穷多个极点。有理传递函数的极点 p_i 会在其冲击响应中产生时间函数 $\mathrm{e}^{p_i t}$。然而，在非有理传递函数中，极点的含义尚不明确。定理 5.3 指出，正则有理传递函数 BIBO 稳定，当且仅当每个极点位于 s 左半平面内，或等价地描述为，当且仅当在 s 右半平面内或在 $\mathrm{j}\omega$ 轴上没有极点。代入 $a=1$ 后式(5.2)中的非有理传递函数在 $\mathrm{j}\omega$ 轴上存在极点，因而非 BIBO 稳定。定理 5.3 适用于本例，但通常并非如此。例如，考虑某 LTI 系统，其冲击响应在 $t\geqslant 0$ 时为

$$g_1(t)=\sin\left(\frac{t^2}{2}\right)$$

当 $t<0$ 时 $g_1(t)=0$，其拉普拉斯变换 $\hat{g}_1(s)$ 不是 s 的有理函数，该系统为分布系统。求出 $\hat{g}_1(s)$ 有难度，但参考文献 17 指出，$\hat{g}_1(s)$ 满足某些微分方程并且在 s 右半平面内和 $\mathrm{j}\omega$ 轴上是解析的(不存在奇异点或极点)。因此，若定理 5.3 可以适用，则系统本应 BIBO 稳定。但根据定理 5.1，由于 $g_1(t)$ 不是绝对可积的，所以该系统实际上并非 BIBO 稳定。

考虑某 LTI 系统，其冲击响应在 $t\geqslant 0$ 时为

$$g_2(t)=\frac{1}{t+1}$$

该函数随着 $t\rightarrow\infty$ 而趋于 0。根据推论 5.3 该系统 BIBO 稳定，但由于

$$\int_0^{\infty}|g_2(t)|\,\mathrm{d}t=\int_0^{\infty}\frac{1}{t+1}\mathrm{d}t=\ln(t+1)\Big|_0^{\infty}=\infty$$

所以实际上该系统并非 BIBO 稳定(定理 5.1)。这里并不矛盾，原因在于 $\frac{1}{t+1}$ 的拉普拉斯变换不是 s 的有理函数，所以推论 5.3 实际上不再适用。总之，有理传递函数(LTI 集总系统)的极点概念不一定可以推广到非有理传递函数(LTI 分布系统)。定理 5.3 及其推论也不适用于后者。因此，对 LTI 分布系统的研究要比对 LTI 集总系统的研究复杂得多。

推论 5.3 有一个重要的含义，借助该推论通过某种测量实验来检验系统的 BIBO 稳定性。需要注意的是，不可能产生冲击函数作为输入。任选 $t_0>0$，t 在 $[0,t_0]$ 区间内给系统外加输入 $u(t)=1$，且当 $t>t_0$ 时 $u(t)=0$，该输入将激励出正则有理传递函数的“所有”极点，参见习题 5.7。若即时移除输入，则输出仅由这些极点的响应组成。因此，当且仅当输出随着 $t\rightarrow\infty$ 而趋于零时，该系统 BIBO 稳定，也可参见习题 5.8。通常，若对 LTI 集总系统外加任意有限持续时间的输入，则当且仅当

系统响应消失时,该系统 BIBO 稳定。

对 MIMO 系统有以下结论。

定理 5.M1

冲击响应矩阵为 $\boldsymbol{G}(t)=[g_{ij}(t)]$ 的 MIMO 系统 BIBO 稳定,当且仅当每个 $g_{ij}(t)$ 在 $[0,\infty)$ 区间内绝对可积时。

定理 5.M3

正则有理传递矩阵为 $\hat{\boldsymbol{G}}(s)=[\hat{g}_{ij}(s)]$ 的 MIMO 系统 BIBO 稳定,当且仅当每个 $\hat{g}_{ij}(s)$ 的每个极点都具有负实部时。

现在讨论状态空间方程的 BIBO 稳定性,考虑

$$\begin{aligned}\dot{\boldsymbol{x}}(t)&=\boldsymbol{A}\boldsymbol{x}(t)+\boldsymbol{B}\boldsymbol{u}(t)\\ \boldsymbol{y}(t)&=\boldsymbol{C}\boldsymbol{x}(t)+\boldsymbol{D}\boldsymbol{u}(t)\end{aligned}\tag{5.5}$$

其传递矩阵为

$$\hat{\boldsymbol{G}}(s)=\boldsymbol{C}(s\boldsymbol{I}-\boldsymbol{A})^{-1}\boldsymbol{B}+\boldsymbol{D}$$

因此,更确切地说,方程(5.5)的零状态响应为 BIBO 稳定,当且仅当 $\hat{\boldsymbol{G}}(s)$ 的每个极点都具有负实部时。回想到称 $\hat{\boldsymbol{G}}(s)$ 每个元素的每个极点为 $\hat{\boldsymbol{G}}(s)$ 的极点。

现讨论 $\hat{\boldsymbol{G}}(s)$ 的极点和 $\boldsymbol{A}$ 的特征值之间的关系,由于

$$\hat{\boldsymbol{G}}(s)=\frac{1}{\det(s\boldsymbol{I}-\boldsymbol{A})}\boldsymbol{C}[\mathrm{Adj}(s\boldsymbol{I}-\boldsymbol{A})]\boldsymbol{B}+\boldsymbol{D}\tag{5.6}$$

所以 $\hat{\boldsymbol{G}}(s)$ 的每个极点都是 $\boldsymbol{A}$ 的特征值。因此,若 $\boldsymbol{A}$ 的每个特征值都有负实部,则每个极点都有负实部,方程(5.5)BIBO 稳定。另一方面,由于式(5.6)中可能出现零极点对消,所以并非每个特征值都是极点。因此,即便 $\boldsymbol{A}$ 有一些具有零实部或正实部的特征值,方程(5.5)仍可能 BIBO 稳定,正如以下例子所示。

【例 5.2】 考虑状态空间方程

$$\dot{\boldsymbol{x}}(t)=\begin{bmatrix}-2&5\\0&3\end{bmatrix}\boldsymbol{x}(t)+\begin{bmatrix}4\\0\end{bmatrix}u(t)$$

$$y(t)=[7\quad 8]\boldsymbol{x}(t)+1.5u(t)$$

矩阵 $\boldsymbol{A}$ 为上三角阵,其特征值是其对角线元素或 -2 和 3,求出

$$[s\boldsymbol{I}-\boldsymbol{A}]^{-1}=\begin{bmatrix}s+2&-5\\0&s-3\end{bmatrix}^{-1}=\begin{bmatrix}\dfrac{1}{s+2}&\dfrac{5}{(s+2)(s-3)}\\0&\dfrac{1}{s-3}\end{bmatrix}$$

因此该状态空间方程的传递函数为

$$\hat{g}(s)=\boldsymbol{c}[s\boldsymbol{I}-\boldsymbol{A}]^{-1}\boldsymbol{b}+d=[7\quad 8]\begin{bmatrix}\dfrac{1}{s+2}&\dfrac{5}{(s+2)(s-3)}\\0&\dfrac{1}{s-3}\end{bmatrix}\begin{bmatrix}4\\0\end{bmatrix}+1.5=$$

$$[7\quad 8]\begin{bmatrix}\dfrac{4}{s+2}\\0\end{bmatrix}+1.5=\frac{28}{s+2}+1.5=\frac{1.5s+31}{s+2}$$

传递函数仅在 -2 处有一个极点，因此，尽管 **A** 有位于 s 右半平面内的特征值 3，该状态空间方程 BIBO 稳定。可以看到，并非每个 **A** 的特征值都会作为传递函数的极点出现。其原因将在下一章中给出。

5.3　离散时间情形

考虑通过

$$y[k]=\sum_{m=0}^{k}g[k-m]u[m]=\sum_{m=0}^{k}g[m]u[k-m] \tag{5.7}$$

描述的离散时间 SISO 系统，其中 $g[k]$ 为脉冲响应序列或系统在 $k=0$ 时刻外加脉冲序列引起的输出序列。回想到，为了能通过式(5.7)描述系统，离散时间系统需线性、时不变且因果。此外，系统在 $k=0$ 时须初始松弛。

若输入序列 $u[k]$ 不增大到正无穷大或负无穷大，或存在某常数 u_m 使得

$$|u[k]|\leqslant u_m<\infty,\quad k=0,1,2,\cdots$$

则称输入序列 $u[k]$“有界”，若任一有界输入序列引起有界的输出序列，则称系统“BIBO 稳定”(有界输入有界输出稳定)。该稳定性定义针对零状态响应，且仅适用于初始松弛系统。

定理 5.D1

通过方程(5.7)描述的离散时间 SISO 系统 BIBO 稳定，当且仅当 $g[k]$ 在 $[0,\infty)$ 区间内绝对可和，或对某常数 M 有

$$\sum_{k=0}^{\infty}|g[k]|\leqslant M<\infty$$

证明: 首先证明，若 $g[k]$ 绝对可和，则任一有界输入引起有界的输出。设 $u[k]$ 为对所有 $k\geqslant 0$ 都有 $|u[k]|\leqslant u_m<\infty$ 的任意输入序列，则有

$$|y[k]|=\left|\sum_{m=0}^{k}g[m]u[k-m]\right|\leqslant\sum_{0}^{k}|g[m]|\,|u[k-m]|$$

该不等式源于这样的事实，即 $g[m]u[k-m]$ 可正可负，对其求和可能会正负抵消，而 $|g[m]|\,|u[k-m]|$ 全为正，对其求和不存在正负抵消。将 $|u[k]|\leqslant u_m$ 代入可得，对所有 $k\geqslant 0$

$$|y[k]|\leqslant u_m\sum_{0}^{k}|g[m]|\leqslant u_m\sum_{0}^{\infty}|g[m]|\leqslant u_m M$$

因此输出有界。接下来证明，若 $g[k]$ 不是绝对可和，则系统并非 BIBO 稳定。若 $g[k]$ 非绝对可和，则对任意大的 N，存在某个 k_1 使得

$$\sum_{m=0}^{k}|g[m]|>N$$

考虑通过

$$u[k_1-k]=\begin{cases}1, & g[k]\geqslant 0\\ -1, & g[k]<0\end{cases}$$

定义的 k 为 $[0,k_1]$ 区间上的输入 $u[k]$,该函数有界。该输入引起的 k_1 时刻的输出

$$y[k_1]=\sum_{m=0}^{k_1}g[m]u[k_1-m]=\sum_{0}^{k_1}|g[m]|>N$$

由于 $y[k_1]$ 可以任意大,就此得出结论,有界输入引起无界的输出。定理5.D1得证。证毕。

可以看到定理5.D1的证明与定理5.1的证明非常类似。然而,CT情形和DT情形之间存在显著差异。某绝对可积的CT函数 $g(t)$ 不一定有界,也可能随着 $t\to\infty$ 不趋于0,如图5.1所示。然而,任一绝对可和的DT序列 $g[k]$ 一定有界,并且随着 $k\to\infty$ 而趋于0,参见参考文献[10]第3.5节。

定理 5.D2

若脉冲响应序列是 $g[k]$ 的离散时间系统BIBO稳定,则随着 $k\to\infty$,有

① 由输入 $u[k]=a,k\geqslant 0$ 引起的输出,趋于 $\hat{g}(1)\cdot a$;

② 由输入 $u[k]=\cos\omega_0 k,k\geqslant 0$ 引起的输出,趋于

$$|\hat{g}(e^{j\omega_0})|\cos[\omega_0 k+\angle\hat{g}(e^{j\omega_0})];$$

③ 由输入 $u[k]=\sin\omega_0 k,k\geqslant 0$ 引起的输出,趋于

$$|\hat{g}(e^{j\omega_0})|\sin[\omega_0 k+\angle\hat{g}(e^{j\omega_0})]$$

其中 $\hat{g}(z)$ 为 $g[k]$ 的 z 变换或

$$\hat{g}(z)=\mathscr{Z}[g[k]]=\sum_{k=0}^{\infty}g[k]z^{-k}=\sum_{m=0}^{\infty}g[m]z^{-m} \tag{5.8}$$

证明:若输入 $u[k]=a,k\geqslant 0$,则式(5.7)变为

$$y[k]=\sum_{m=0}^{k}g[m]u[k-m]=a\sum_{m=0}^{k}g[m]$$

由此可知,随着 $k\to\infty$,有

$$y[k]\to a\sum_{m=0}^{\infty}g[m]=a\hat{g}(1)$$

其中使用了代入 $z=1$ 的式(5.8)。定理5.D2的第①条得证。尽管可以直接证实定理的第②条和第③条,但利用复指数序列 $u[k]=e^{j\omega_0 k},k\geqslant 0$ 来推导二者更简便。将 $u[k]$ 代入式(5.7)可得

$$y[k]=\sum_{m=0}^{k}g[m]u[k-m]=\sum_{m=0}^{k}g[m]e^{j\omega_0(k-m)}=$$

$$e^{j\omega_0 k}\sum_{m=0}^{k} g[m]e^{-j\omega_0 m}$$

由此可知，随着 $k\to\infty$，有

$$y[k]\to e^{j\omega_0 k}\sum_{m=0}^{\infty} g[m]e^{-j\omega_0 m}=e^{j\omega_0 k}\hat{g}(e^{j\omega_0})$$

其中使用了代入 $z=e^{j\omega_0}$ 的式(5.8)。需要注意的是，尽管 $g[k]$为实值序列，$\hat{g}(e^{j\omega_0})$ 通常为复值函数，并且可以将其表示为 $\hat{g}(e^{j\omega_0})=A(\omega_0)e^{j\theta(\omega_0)}$，其中 $A(\omega_0):=|\hat{g}(e^{j\omega_0})|$、$\theta(\omega_0):=\angle\hat{g}(e^{j\omega_0})$。因此，若 $e^{j\omega_0 k}=\cos(\omega_0 k)+j\sin(\omega_0 k)$，$k\geqslant 0$，则随着 $k\to\infty$，输出

$$y[k]\to \hat{g}(e^{j\omega_0})e^{j\omega_0 k}=A(\omega_0)e^{j\theta(\omega_0)}e^{j\omega_0 k}=A(\omega_0)e^{j[\omega_0 k+\theta(\omega_0)]}=$$
$$A(\omega_0)\cos[\omega_0 k+\theta(\omega_0)]+jA(\omega_0)\sin[\omega_0 k+\theta(\omega_0)]$$

$e^{j\omega_0 k}$ 的实部引起输出 $y[k]$的实部，即定理的第②条。而定理的第③条服从虚部的变化。证毕。

该定理中，稳定性条件必不可少，例如，若 $g[k]=4\times 2^k$，$k\geqslant 0$，则 $g[k]$并非绝对可和，因此该系统并非 BIBO 稳定，定理 5.D2 不再适用。需要注意的是，$g[k]=4\times 2^k$ 的 z 变换有定义，并且等于 $\hat{g}(z)=\dfrac{4z}{z-2}$。若外加输入 $u[k]=1$，则其输出幅度将无限增大，而不是趋于 $\hat{g}(1)=\dfrac{4}{-1}=-4$。若外加输入 $\sin 2k$，则其输出幅度也将无限增大，而不是趋于 $4|\hat{g}(e^{j2})|\sin[2k+\angle\hat{g}(e^{j2})]$，其中

$$\hat{g}(e^{j2})=\frac{4e^{j2}}{e^{j2}-2}=1.55e^{-0.78j}$$

这里 $|\hat{g}(e^{j2})|=1.55$、$\angle\hat{g}(e^{j2})=-0.78$。另一方面，若离散时间 LTI 系统 BIBO 稳定，则若外加幅度为 a 的阶跃输入，则输出将趋于幅度为 $a\hat{g}(1)$的阶跃序列，若外加正弦输入，则输出将趋于“同”频率的正弦序列，其振幅和相位则由 $\hat{g}(e^{j\omega})$修正。

考虑传递函数为 $\hat{g}(z)$ 的系统，$\hat{g}(e^{j\omega})$ 称为系统的“频率响应”，其幅度 $|\hat{g}(e^{j\omega})|$ 称为“幅度响应”，其相位 $\angle\hat{g}(e^{j\omega_0})$称为“相位响应”。若系统非 BIBO 稳定，则其频率响应没有物理意义。若系统 BIBO 稳定，则频率为 ω_0 的正弦输入序列最终将引起频率为 ω_0 的正弦序列，其振幅和相位则由频率响应在 ω_0 处的值修正。数字滤波器设计本质上就是基于定理 5.D2：找出具有期望频率响应或指定频率响应的离散时间 BIBO 系统。

定理 5.D1 适用于 LTI 集总或分布系统，若 LTI 系统也是集总系统，则也可通过有理传递函数来描述，现在可以从正则有理传递函数层面指出 BIBO 稳定性条件。首先将 z 复平面分为三个部分：单位圆内、单位圆上和单位圆外。

定理 5.D3

正则有理传递函数为 $\hat{g}(z)$的离散时间 SISO 系统 BIBO 稳定，当且仅当 $\hat{g}(z)$的

任一极点的幅度均小于 1 时,或等价地描述为,位于 z 平面单位圆内。

在定理 5.3 的证明中已说明,连续时间正则有理传递函数的极点,无论实极点或复极点,单极点或重极点,其响应随着 $t\to\infty$ 而趋于 0 并且绝对可积,当且仅当该极点位于 s 左半平面或具有负实部。为了证实定理 5.D3 成立,需要证明,离散时间正则有理传递函数的极点,无论实极点或复极点,单极点或重极点,其响应随着 $k\to\infty$ 而趋于 0 并且绝对可和,当且仅当该极点位于 z 平面单位圆内或幅度小于 1 时。证明过程与连续时间情形类似,但更简单。

设 p_i 为 $\hat{g}(z)$的极点,用极坐标形式表示为 $p_i=\alpha_i e^{j\theta_i}$,其中 $\alpha_i\geqslant 0$ 并且 α_i 和 θ_i 为实数。若 $\hat{g}(z)$有 m_i 重极点 p_i,则 $\hat{g}(z)$的 z 反变换或脉冲响应序列包含以下各项:

$$p_i^k=\alpha_i^k e^{jk\theta_i},\quad kp_i^k=k\alpha_i^k e^{jk\theta_i},\quad \cdots,\quad k^{m_i-1}p_i^k=k^{m_i-1}\alpha_i^k e^{jk\theta_i} \tag{5.9}$$

其中 k 为 $k\geqslant 0$ 的所有整数。由于对所有 k 和 θ_i,$|e^{jk\theta_i}|=1$,所以对所有正整数 k 和 m 以及任意 $\alpha_i\geqslant 0$ 都有

$$|k^m\alpha_i^k e^{jk\theta_i}|=k^m\alpha_i^k$$

因此,式(5.9)中任意一项的绝对可和性仅受极点的幅度支配(与相位无关)。这与连续时间情形不同,连续时间情形的绝对可积性仅受极点的实部支配(与虚部无关)。某序列绝对可和的一个必要条件是该序列随着 $k\to\infty$ 而趋于 0。若 $\alpha_i\geqslant 1$,则式(5.9)中的任意一项随着 $k\to\infty$ 不趋于 0,序列并非绝对可和。若 $0\leqslant\alpha_i<1$,借助关系式 $|e^{jk\theta_i}|=1$ 和 $|e^{j(k+1)\theta_i}|=1$,以及对任意正整数 m 均有如下的比率检验

$$\lim_{k\to\infty}\frac{|(k+1)^m\alpha_i^{k+1}e^{j(k+1)\theta_i}|}{|k^m\alpha_i^k e^{jk\theta_i}|}=\lim_{k\to\infty}\left(\frac{k+1}{k}\right)^m\alpha_i=\alpha_i<1$$

成立,就此得出结论,式(5.9)中的任一项均绝对可和,因而随着 $k\to\infty$ 趋于 0。需要注意的是,由于存在负实数 λ 使得,对所有 $k\geqslant 0$,$\alpha_i^k=e^{\lambda k}$,所以当 $\alpha_i<1$ 时 α_i^k 为指数递减序列。例如,$\alpha_i^k=0.9^k=e^{\lambda k}=e^{-0.1054k}$,比率检验指出,式(5.9)中的任一序列随着 $k\to\infty$ 都由指数衰减序列主导,因此,当 $\alpha_i<1$ 时,式(5.9)中的任一序列均绝对可和。其余论证与定理 5.3 类似,这里省去不表。

在进一步研究之前,先讨论定理 5.D3 的应用。若多项式所有根的幅度均小于 1,则定义该多项式"DT 意义上稳定"。若正则有理传递函数的分母 $D(z)$为 DT 稳定,则离散传递函数 BIBO 稳定。可以借助 MATLAB 函数 roots 求出其所有根来检验 $D(z)$是否 DT 稳定,也可以不求根,而通过"朱利判据"来检验,参见参考文献[10]。

推论 5.D3

正则有理传递函数为 $\hat{g}(z)$的离散时间 SISO 系统 BIBO 稳定,当且仅当其脉冲响应随着 $k\to\infty$ 而趋于 0。

与 CT 情形不同,可以很容易产生 DT 系统的脉冲响应。若已知 DT 系统为 LTI

的且集总的，则可以通过测量或测试很容易检验其 BIBO 稳定性。外加脉冲序列作为输入，则当且仅当系统响应消失时，该系统稳定。需要注意的是，若系统为下一例子所示的分布系统，则该表述未必正确。

【例 5.3】 考虑离散时间 LTI 系统，其脉冲响应序列为 $g[k]=\frac{1}{k}, k=1,2,\cdots$ 且 $g[0]=0$。该脉冲响应序列随着 $k\to\infty$ 而趋于 0。在使用推论 5.D3 之前，必须先求其传递函数，式(2.54)已求出该传递函数为

$$\hat{g}(z)=-\ln(1-z^{-1})$$

该函数不是 z 的有理函数，因此推论 5.D3 不适用。

定理 5.D1 适用于 LTI 集总或分布系统。检验 $g[k]$ 是否绝对可和，求出

$$S:=\sum_{k=0}^{\infty}|g[k]|=\sum_{k=1}^{\infty}\frac{1}{k}=1+\frac{1}{2}+\frac{1}{3}+\frac{1}{4}+\cdots=$$

$$1+\frac{1}{2}+\left(\frac{1}{3}+\frac{1}{4}\right)+\left(\frac{1}{5}+\cdots+\frac{1}{8}\right)+\left(\frac{1}{9}+\cdots+\frac{1}{16}\right)+\cdots$$

每对圆括号内的求和项为 $\frac{1}{2}$ 或比 $\frac{1}{2}$ 大。因此，有

$$S>1+\frac{1}{2}+\frac{1}{2}+\frac{1}{2}+\cdots=\infty$$

换言之，该脉冲响应序列并非绝对可和。因此，根据定理 5.D1，该离散时间系统并非 BIBO 稳定。

对 MIMO 离散时间系统，有以下结论。

定理 5.MD1

脉冲响应序列矩阵为 $\boldsymbol{G}[k]=[g_{ij}[k]]$ 的 MIMO 离散时间系统 BIBO 稳定，当且仅当每个 $g_{ij}[k]$ 均绝对可和。

定理 5.MD3

离散正则有理传递矩阵为 $\hat{\boldsymbol{G}}(z)=[\hat{g}_{ij}(z)]$ 的 MIMO 离散时间系统 BIBO 稳定，当且仅当每个 $\hat{g}_{ij}(z)$ 的任一极点幅度均小于 1。

现在讨论离散时间状态空间方程的 BIBO 稳定性，考虑

$$\left.\begin{aligned}\boldsymbol{x}[k+1]&=\boldsymbol{A}\boldsymbol{x}[k]+\boldsymbol{B}\boldsymbol{u}[k]\\ \boldsymbol{y}[k]&=\boldsymbol{C}\boldsymbol{x}[k]+\boldsymbol{D}\boldsymbol{u}[k]\end{aligned}\right\}\tag{5.10}$$

其离散传递矩阵为

$$\hat{\boldsymbol{G}}(z)=\boldsymbol{C}(z\boldsymbol{I}-\boldsymbol{A})^{-1}\boldsymbol{B}+\boldsymbol{D}$$

因此，更确切地说，方程(5.10)的零状态响应为 BIBO 稳定，当且仅当 $\hat{\boldsymbol{G}}(z)$ 的任一极点幅度均小于 1 时。

这里讨论 $\hat{\boldsymbol{G}}(z)$ 的极点和 $\boldsymbol{A}$ 的特征值之间的关系。由于

$$\hat{\boldsymbol{G}}(z)=\frac{1}{\det(z\boldsymbol{I}-\boldsymbol{A})}\boldsymbol{C}\left[\operatorname{Adj}(z\boldsymbol{I}-\boldsymbol{A})\right]\boldsymbol{B}+\boldsymbol{D}$$

$\hat{\boldsymbol{G}}(z)$的任一极点均为 $\boldsymbol{A}$ 的特征值。因此,若 $\boldsymbol{A}$ 的任一特征值幅度均小于 1,则方程(5.10)BIBO 稳定。另一方面,即便 $\boldsymbol{A}$ 有一些幅度为 1 或大于 1 的特征值,与连续时间情形类似,方程(5.10)仍可能 BIBO 稳定。

5.4 内部稳定性

BIBO 稳定性的定义针对零状态响应,现在讨论零输入响应的稳定性。若对所有 $t\geqslant 0$ 输入 $u(t)$恒为零,则状态空间方程归结为 $\dot{\boldsymbol{x}}(t)=\boldsymbol{A}\boldsymbol{x}(t)$, $y(t)=\boldsymbol{c}\boldsymbol{x}(t)$。由于输出是所有状态变量的线性组合,所以若后者具有某些属性,则输出也具有相同的属性。但是,由于这里涉及到下一章要讨论的能观性问题,逆命题未必正确。[②] 为了简化讨论,这里仅研究由非零初始状态 $\boldsymbol{x}_0$ 引起的方程

$$\dot{\boldsymbol{x}}(t)=\boldsymbol{A}\boldsymbol{x}(t) \tag{5.11}$$

的稳定性。显然,方程(5.11)的解为

$$\boldsymbol{x}(t)=\mathrm{e}^{\boldsymbol{A}t}\boldsymbol{x}_0 \tag{5.12}$$

定义 5.1 若任一有界初始状态 $\boldsymbol{x}_0$ 引起有界的响应,则 $\dot{\boldsymbol{x}}(t)=\boldsymbol{A}\boldsymbol{x}(t)$的响应为"临界稳定"或"Lyapunov 意义上稳定"。若任一有界初始状态引起有界的响应,并且该有界响应随着 $t\to\infty$ 而趋于 $\boldsymbol{0}$,则 $\dot{\boldsymbol{x}}(t)=\boldsymbol{A}\boldsymbol{x}(t)$的响应为"渐近稳定"。

有必要提示的是,该定义仅适用于线性系统。既适用于线性系统又适用于非线性系统的定义,必须借助等价状态的概念来定义,这可以在参考文献[6]的第 401 页~第 403 页中找到。本教材只研究线性系统,因而,利用简化后的定义 5.1。

定理 5.4

① 方程 $\dot{\boldsymbol{x}}(t)=\boldsymbol{A}\boldsymbol{x}(t)$临界稳定,当且仅当 $\boldsymbol{A}$ 的所有特征值均具有零实部或负实部,并且具有零实部的那些特征值是 $\boldsymbol{A}$ 的最小多项式的单根。

② 方程 $\dot{\boldsymbol{x}}(t)=\boldsymbol{A}\boldsymbol{x}(t)$渐近稳定,当且仅当 $\boldsymbol{A}$ 的所有特征值均具有负实部。

首先论证,任意等价变换不改变状态空间方程的稳定性。考虑 $\bar{\boldsymbol{x}}(t)=\boldsymbol{P}\boldsymbol{x}(t)$,其中 $\boldsymbol{P}$ 为非奇异矩阵,则 $\dot{\boldsymbol{x}}(t)=\boldsymbol{A}\boldsymbol{x}(t)$与$\dot{\bar{\boldsymbol{x}}}(t)=\bar{\boldsymbol{A}}\bar{\boldsymbol{x}}(t)=\boldsymbol{P}\boldsymbol{A}\boldsymbol{P}^{-1}\bar{\boldsymbol{x}}(t)$等价。由 $\bar{\boldsymbol{x}}(t)=\boldsymbol{P}\boldsymbol{x}(t)$可知 $\bar{\boldsymbol{x}}$ 的任一元素都是 $\boldsymbol{x}$ 所有元素的线性组合,因此若 $\boldsymbol{x}(t)$有界,则 $\bar{\boldsymbol{x}}(t)$也有界。若 $\boldsymbol{x}(t)$趋于零,则 $\bar{\boldsymbol{x}}(t)$也趋于零。利用 $\boldsymbol{x}(t)=\boldsymbol{P}^{-1}\bar{\boldsymbol{x}}(t)$,可以证明逆命题。因此任意等价变换不会改变 $\dot{\boldsymbol{x}}(t)=\boldsymbol{A}\boldsymbol{x}(t)$的稳定性。需要注意的是,正如第 4.4 节指出的,$\boldsymbol{A}$ 和 $\bar{\boldsymbol{A}}$ 具有相同的一组特征值。

---

② 极端情况下,若 $\boldsymbol{c}=0$,则对所有 t,$y(t)=0$,但所有状态变量可以不为零。

由 $\bar{\boldsymbol{x}}(0)$引起的$\dot{\bar{\boldsymbol{x}}}(t)=\bar{\boldsymbol{A}}\bar{\boldsymbol{x}}(t)$的响应等于 $\bar{\boldsymbol{x}}(t)=\mathrm{e}^{\bar{\boldsymbol{A}}t}\bar{\boldsymbol{x}}(0)$，显然，当且仅当对所有 $t\geqslant 0$，$\mathrm{e}^{\bar{\boldsymbol{A}}t}$ 的任一元素均有界时，该响应有界。若 $\bar{\boldsymbol{A}}$ 为约当型，则 $\mathrm{e}^{\bar{\boldsymbol{A}}t}$ 具有式(3.48)所示的形式。借助式(3.48)，可以证明，若某特征值具有负实部，则式(3.48)的任一元素均有界，并且随着 $t\to\infty$ 而趋于 0。若某特征值实部为零，并且不存在 2 阶或更高阶的约当块，则式(3.48)中的相应元素，对所有 t 均为常数或正弦函数，因而有界。定理 5.4 第①条的充分性得证。若 $\bar{\boldsymbol{A}}$ 的某特征值有正实部，则式(3.48)的每个元素都将无限增大。若 $\bar{\boldsymbol{A}}$ 的某特征值实部为零，并且其约当型阶数为 2 或更高，则式(3.48)中至少有一个元素会无限增大，定理第①条得证。为了满足渐近稳定的条件，式(3.48)中的任一元素必须随着 $t\to\infty$ 而趋于 0，因此，不允许有零实部的特征值，定理的第②条得证。

【例 5.4】 考虑

$$\dot{\boldsymbol{x}}(t)=\begin{bmatrix}0&0&0\\0&0&0\\0&0&-1\end{bmatrix}\boldsymbol{x}(t)$$

其特征多项式为 $\Delta(\lambda)=\lambda^2(\lambda+1)$，最小多项式为 $\psi(\lambda)=\lambda(\lambda+1)$。该矩阵有特征值 0、0 和 -1。0 特征值是最小多项式的单根，因此该方程临界稳定。而方程

$$\dot{\boldsymbol{x}}(t)=\begin{bmatrix}0&1&0\\0&0&0\\0&0&-1\end{bmatrix}\boldsymbol{x}(t)$$

并非临界稳定，这是因为其最小多项式为 $\lambda^2(\lambda+1)$，且 $\lambda=0$ 不是最小多项式的单根。

正如之前讨论的，传递矩阵

$$\hat{\boldsymbol{G}}(s)=\boldsymbol{C}(s\boldsymbol{I}-\boldsymbol{A})^{-1}\boldsymbol{B}+\boldsymbol{D}$$

的任一极点均为 $\boldsymbol{A}$ 的特征值。因此由渐近稳定性可知 BIBO 稳定性。需要注意的是，渐近稳定性的定义针对零输入响应，而 BIBO 稳定性的定义针对零状态响应。例 5.2 中的系统有特征值 3，非渐近稳定，但它为 BIBO 稳定。因此，BIBO 稳定性通常并不意味着渐近稳定性。有必要提示的是，临界稳定性仅在振荡器的设计中有用。除振荡器外，任一物理系统都要求设计为渐近稳定或 BIBO 稳定。

离散时间情形

现研究离散时间系统的内部稳定性或由非零初始状态 $\boldsymbol{x}_0$ 引起的方程

$$\boldsymbol{x}[k+1]=\boldsymbol{A}\boldsymbol{x}[k] \tag{5.13}$$

的稳定性。根据第 4.2.2 小节推导的结果，方程(5.13)的解为

$$\boldsymbol{x}[k]=\boldsymbol{A}^k\boldsymbol{x}_0 \tag{5.14}$$

若任一有界初始状态 $\boldsymbol{x}_0$ 引起有界的响应，则称方程(5.13)为“临界稳定”或“Lyapunov意义上稳定”。若任一有界初始状态引起有界的响应,并且该有界响应随着$k\to\infty$而趋于**0**,则方程(5.13)为“渐近稳定”。这些定义与连续时间情形完全相同。

定理 5.D4

① 方程$\boldsymbol{x}[k+1]=\boldsymbol{A}\boldsymbol{x}[k]$临界稳定,当且仅当$\boldsymbol{A}$的所有特征值的幅度均小于或等于1时,且幅度等于1的那些特征值为$\boldsymbol{A}$的最小多项式的单根。

② 方程$\boldsymbol{x}[k+1]=\boldsymbol{A}\boldsymbol{x}[k]$渐近稳定,当且仅当$\boldsymbol{A}$的所有特征值的幅度均小于1时。

与连续时间情形类似,任意(代数)等价变换都不会改变状态空间方程的稳定性,因此,可以借助约当型来证实该定理,证明过程与连续时间情形类似,这里不再重复。由渐近稳定性可知BIBO稳定性,反之未必正确。有必要提示的是,临界稳定性仅在振荡器的设计中有用。除振荡器外,任一物理系统都要求设计为渐近稳定或BIBO稳定。

5.5 Lyapunov定理③

本节引入一种检验$\dot{\boldsymbol{x}}(t)=\boldsymbol{A}\boldsymbol{x}(t)$渐近稳定性的方法。方便起见,若$\boldsymbol{A}$的每个特征值均具有负实部,则称$\boldsymbol{A}$为CT稳定矩阵,$\boldsymbol{A}$的特征值是其特征多项式$\Delta(s):=\det(s\boldsymbol{I}-\boldsymbol{A})$的根。若$\Delta(s)$为可用求根法检验或不求根用劳斯判据检验的CT稳定多项式,则$\boldsymbol{A}$为CT稳定矩阵。接下来讨论一种在不求其特征值的情况下,检验$\boldsymbol{A}$是否CT稳定的方法。

定理 5.5

矩阵$\boldsymbol{A}$为CT稳定,当且仅当对任意给定的正定对称矩阵$\boldsymbol{N}$,“Lyapunov”方程

$$\boldsymbol{A}'\boldsymbol{M}+\boldsymbol{M}\boldsymbol{A}=-\boldsymbol{N} \tag{5.15}$$

有唯一对称解$\boldsymbol{M}$时,且$\boldsymbol{M}$为正定矩阵。

推论 5.5

$n\times n$的矩阵$\boldsymbol{A}$为CT稳定,当且仅当对任意给定的$m\times n$矩阵$\bar{\boldsymbol{N}}$,其中$m<n$,$\bar{\boldsymbol{N}}$有以下属性

$$\operatorname{rank}\mathcal{O}:=\operatorname{rank}\begin{bmatrix}\bar{\boldsymbol{N}}\\ \bar{\boldsymbol{N}}\boldsymbol{A}\\ \vdots\\ \bar{\boldsymbol{N}}\boldsymbol{A}^{n-1}\end{bmatrix}=n\quad(\text{列满秩}) \tag{5.16}$$

③ 可以跳过本节而不失连续性。其中的结论在借助Lyapunov法研究非线性系统中是必要的。

其中 $\bar{N}$ 为 $nm \times n$ 的矩阵，Lyapunov 方程

$$\boldsymbol{A}'\boldsymbol{M} + \boldsymbol{M}\boldsymbol{A} = -\bar{\boldsymbol{N}}'\bar{\boldsymbol{N}} =: -\boldsymbol{N} \tag{5.17}$$

有唯一对称解 $\boldsymbol{M}$，且 $\boldsymbol{M}$ 为正定矩阵。

对任意 $\bar{\boldsymbol{N}}$，方程(5.17)中的矩阵 $\boldsymbol{N}$ 为半正定矩阵(定理 3.7)。定理 5.5 及其推论对任意给定的矩阵 $\boldsymbol{N}$ 均成立，因而，采用尽可能简单的 $\boldsymbol{N}$。即便如此，借助它们来检验 $\boldsymbol{A}$ 的 CT 稳定性并不容易。而使用 MATLAB 先求 $\boldsymbol{A}$ 的特征值，然后再检验特征值的实部则要简单的多。因此，定理 5.5 及其推论的重要性不在于检验 $\boldsymbol{A}$ 的 CT 稳定性而在于研究非线性系统的稳定性，在使用所谓 Lyapunov 第二法时，它们必不可少。有必要提示的是，可以借助推论 5.5 来证明劳斯判据，参见参考文献[6]第 417 页～第 419 页。

证明：证明定理 5.5

必要性：方程(5.15)是方程(3.59)在 $\boldsymbol{A}=\boldsymbol{A}'$ 和 $\boldsymbol{B}=\boldsymbol{A}$ 时的一种特殊情况，由于 $\boldsymbol{A}$ 和 $\boldsymbol{A}'$ 有相同的一组特征值，所以若 $\boldsymbol{A}$ 稳定，则 $\boldsymbol{A}$ 不存在两个特征值使得 $\lambda_i+\lambda_j=0$。因此，对任意矩阵 $\boldsymbol{N}$，Lyapunov 方程非奇异且有唯一解 $\boldsymbol{M}$。现在肯定，可以将方程的解表示为

$$\boldsymbol{M} = \int_0^\infty \mathrm{e}^{\boldsymbol{A}'t}\boldsymbol{N}\mathrm{e}^{\boldsymbol{A}t}\,\mathrm{d}t \tag{5.18}$$

事实上，将式(5.18)代入式(5.15)可得

$$\begin{aligned}\boldsymbol{A}'\boldsymbol{M} + \boldsymbol{M}\boldsymbol{A} &= \int_0^\infty \boldsymbol{A}'\mathrm{e}^{\boldsymbol{A}'t}\boldsymbol{N}\mathrm{e}^{\boldsymbol{A}t}\,\mathrm{d}t + \int_0^\infty \mathrm{e}^{\boldsymbol{A}'t}\boldsymbol{N}\mathrm{e}^{\boldsymbol{A}t}\boldsymbol{A}\,\mathrm{d}t = \\ &\int_0^\infty \frac{\mathrm{d}}{\mathrm{d}t}(\mathrm{e}^{\boldsymbol{A}'t}\boldsymbol{N}\mathrm{e}^{\boldsymbol{A}t})\,\mathrm{d}t = \mathrm{e}^{\boldsymbol{A}'t}\boldsymbol{N}\mathrm{e}^{\boldsymbol{A}t}\Big|_{t=0}^{\infty} = \\ &\boldsymbol{0} - \boldsymbol{N} = -\boldsymbol{N}\end{aligned} \tag{5.19}$$

其中使用了既定事实，即对稳定矩阵 $\boldsymbol{A}$，在 $t=\infty$ 时 $\mathrm{e}^{\boldsymbol{A}t}=\boldsymbol{0}$。这就证明了式(5.18)中的 $\boldsymbol{M}$ 是方程的解。显然，若 $\boldsymbol{N}$ 为对称矩阵，则 $\boldsymbol{M}$ 也为对称矩阵。将 $\boldsymbol{N}$ 分解为 $\boldsymbol{N}=\bar{\boldsymbol{N}}'\bar{\boldsymbol{N}}$，其中 $\bar{\boldsymbol{N}}$ 非奇异(定理 3.7)，考虑

$$\boldsymbol{x}'\boldsymbol{M}\boldsymbol{x} = \int_0^\infty \boldsymbol{x}'\mathrm{e}^{\boldsymbol{A}'t}\bar{\boldsymbol{N}}'\bar{\boldsymbol{N}}\mathrm{e}^{\boldsymbol{A}t}\boldsymbol{x}\,\mathrm{d}t = \int_0^\infty \|\bar{\boldsymbol{N}}\mathrm{e}^{\boldsymbol{A}t}\boldsymbol{x}\|_2^2\,\mathrm{d}t \tag{5.20}$$

由于 $\bar{\boldsymbol{N}}$ 和 $\mathrm{e}^{\boldsymbol{A}t}$ 均非奇异，所以对任意非零向量 $\boldsymbol{x}$，式(5.20)的被积函数对任一 t 均为正，因此对任意 $\boldsymbol{x}\neq\boldsymbol{0}$，$\boldsymbol{x}'\boldsymbol{M}\boldsymbol{x}$ 均为正，$\boldsymbol{M}$ 的正定性得证。

充分性：证明若 $\boldsymbol{N}$ 和 $\boldsymbol{M}$ 正定，则 $\boldsymbol{A}$ 为稳定矩阵。设 λ 为 $\boldsymbol{A}$ 的特征值且 $\boldsymbol{v}\neq\boldsymbol{0}$ 为相应的特征向量，即 $\boldsymbol{A}\boldsymbol{v}=\lambda\boldsymbol{v}$，尽管 $\boldsymbol{A}$ 为实矩阵，但如例 3.7 所示，其特征值和特征向量可以为复数。取 $\boldsymbol{A}\boldsymbol{v}=\lambda\boldsymbol{v}$ 的复共轭转置可得 $\boldsymbol{v}^*\boldsymbol{A}^*=\boldsymbol{v}^*\boldsymbol{A}'=\lambda^*\boldsymbol{v}^*$，其中 * 表示复共轭转置。对式(5.15)左乘 $\boldsymbol{v}^*$ 并右乘 $\boldsymbol{v}$ 可得

$$\begin{aligned}-\boldsymbol{v}^*\boldsymbol{N}\boldsymbol{v} &= \boldsymbol{v}^*\boldsymbol{A}'\boldsymbol{M}\boldsymbol{v} + \boldsymbol{v}^*\boldsymbol{M}\boldsymbol{A}\boldsymbol{v} = \\ &(\lambda^* + \lambda)\boldsymbol{v}^*\boldsymbol{M}\boldsymbol{v} = 2\mathrm{Re}(\lambda)\boldsymbol{v}^*\boldsymbol{M}\boldsymbol{v}\end{aligned} \tag{5.21}$$

由于根据第3.9节的讨论,$\boldsymbol{v}^*\boldsymbol{M}\boldsymbol{v}$ 和 $\boldsymbol{v}^*\boldsymbol{N}\boldsymbol{v}$ 均为正实数,由式(5.21)可知 $\mathrm{Re}(\lambda)<0$。这就证明了 $\boldsymbol{A}$ 的每个特征值均具有负实部。证毕。

推论5.5的证明依照定理5.5的证明但需要进行一些修正。这里仅讨论定理5.5的证明不适用的场合。考虑式(5.20),现 $\bar{\boldsymbol{N}}$ 为 $m\times n$ 的矩阵,$m<n$,且 $\boldsymbol{N}=\bar{\boldsymbol{N}}'\bar{\boldsymbol{N}}$ 为半正定矩阵。即便如此,若式(5.20)的被积函数对所有 t 并非恒等于零,则式(5.18)中的 $\boldsymbol{M}$ 仍可以是正定矩阵。假设式(5.20)的被积函数恒为零,或 $\bar{\boldsymbol{N}}\mathrm{e}^{\boldsymbol{A}t}\boldsymbol{x}\equiv\boldsymbol{0}$,则其关于 t 求导可得 $\bar{\boldsymbol{N}}\boldsymbol{A}\mathrm{e}^{\boldsymbol{A}t}\boldsymbol{x}=\boldsymbol{0}$,以此类推,可以得到

$$\begin{bmatrix}\bar{\boldsymbol{N}}\\ \bar{\boldsymbol{N}}\boldsymbol{A}\\ \vdots\\ \bar{\boldsymbol{N}}\boldsymbol{A}^{n-1}\end{bmatrix}\mathrm{e}^{\boldsymbol{A}t}\boldsymbol{x}=\boldsymbol{0} \tag{5.22}$$

根据该方程可知,由于式(5.16)及 $\mathrm{e}^{\boldsymbol{A}t}$ 的非奇异性,满足方程(5.22)的 $\boldsymbol{x}$ 只能为 $\boldsymbol{0}$。因此,式(5.20)的被积函数对任意 $\boldsymbol{x}\neq\boldsymbol{0}$ 不能恒为零。因此在满足式(5.16)的条件下,$\boldsymbol{M}$ 为正定矩阵。推论5.5的必要性得证。接下来考虑式(5.21)其中 $\boldsymbol{N}=\bar{\boldsymbol{N}}'\bar{\boldsymbol{N}}$ 或[④]

$$2\mathrm{Re}(\lambda)\boldsymbol{v}^*\boldsymbol{M}\boldsymbol{v}=-\boldsymbol{v}^*\bar{\boldsymbol{N}}'\bar{\boldsymbol{N}}\boldsymbol{v}=-\|\bar{\boldsymbol{N}}\boldsymbol{v}\|_2^2 \tag{5.23}$$

现证明在满足式(5.16)的条件下,$\bar{\boldsymbol{N}}\boldsymbol{v}$ 非零。由于 $\boldsymbol{A}\boldsymbol{v}=\lambda\boldsymbol{v}$,所以有 $\boldsymbol{A}^2\boldsymbol{v}=\lambda\boldsymbol{A}\boldsymbol{v}=\lambda^2\boldsymbol{v},\cdots,\boldsymbol{A}^{n-1}\boldsymbol{v}=\lambda^{n-1}\boldsymbol{v}$,考虑

$$\begin{bmatrix}\bar{\boldsymbol{N}}\\ \bar{\boldsymbol{N}}\boldsymbol{A}\\ \vdots\\ \bar{\boldsymbol{N}}\boldsymbol{A}^{n-1}\end{bmatrix}\boldsymbol{v}=\begin{bmatrix}\bar{\boldsymbol{N}}\boldsymbol{v}\\ \bar{\boldsymbol{N}}\boldsymbol{A}\boldsymbol{v}\\ \vdots\\ \bar{\boldsymbol{N}}\boldsymbol{A}^{n-1}\boldsymbol{v}\end{bmatrix}=\begin{bmatrix}\bar{\boldsymbol{N}}\boldsymbol{v}\\ \lambda\bar{\boldsymbol{N}}\boldsymbol{v}\\ \vdots\\ \lambda^{n-1}\bar{\boldsymbol{N}}\boldsymbol{v}\end{bmatrix}$$

若 $\bar{\boldsymbol{N}}\boldsymbol{v}=\boldsymbol{0}$,则最右边的矩阵为零,但是在满足式(5.16)及 $\boldsymbol{v}\neq\boldsymbol{0}$ 的条件下,最左边的矩阵不为零,这就导致矛盾,因此 $\bar{\boldsymbol{N}}\boldsymbol{v}$ 非零,并且由式(5.23)可知 $\mathrm{Re}(\lambda)<0$,推论5.5得证。

在定理5.5的证明过程中,已经证实了以下结果,为了便于参考,将其表述为定理。

定理 5.6

若矩阵 $\boldsymbol{A}$ 为CT稳定,则 Lyapunov 方程

---

④ 需要注意的是,若 $\boldsymbol{x}$ 为复向量,则第3.2节定义的欧几里得范数必须修正为 $\|\boldsymbol{x}\|_2^2=\boldsymbol{x}^*\boldsymbol{x}$,其中 $\boldsymbol{x}^*$ 为 $\boldsymbol{x}$ 的复共轭转置。

$$\boldsymbol{A}'\boldsymbol{M}+\boldsymbol{M}\boldsymbol{A}=-\boldsymbol{N}$$

对任一 $\boldsymbol{N}$ 有唯一解，并且可以将方程的解表示为

$$\boldsymbol{M}=\int_0^{\infty}\mathrm{e}^{\boldsymbol{A}'t}\boldsymbol{N}\mathrm{e}^{\boldsymbol{A}t}\mathrm{d}t \tag{5.24}$$

由于该定理的重要性，现给出解的唯一性的另外一种证明方法。假设 Lyapunov 方程存在两个解 $\boldsymbol{M}_1$ 和 $\boldsymbol{M}_2$，则有

$$\boldsymbol{A}'(\boldsymbol{M}_1-\boldsymbol{M}_2)+(\boldsymbol{M}_1-\boldsymbol{M}_2)\boldsymbol{A}=\boldsymbol{0}$$

由此可知

$$\mathrm{e}^{\boldsymbol{A}'t}\left[\boldsymbol{A}'(\boldsymbol{M}_1-\boldsymbol{M}_2)+(\boldsymbol{M}_1-\boldsymbol{M}_2)\boldsymbol{A}\right]\mathrm{e}^{\boldsymbol{A}t}=\frac{\mathrm{d}}{\mathrm{d}t}\left[\mathrm{e}^{\boldsymbol{A}'t}(\boldsymbol{M}_1-\boldsymbol{M}_2)\mathrm{e}^{\boldsymbol{A}t}\right]=\boldsymbol{0}$$

对该式从 0～∞积分可得

$$\left[\mathrm{e}^{\boldsymbol{A}'t}(\boldsymbol{M}_1-\boldsymbol{M}_2)\mathrm{e}^{\boldsymbol{A}t}\right]\Big|_0^{\infty}=\boldsymbol{0}$$

或，借助随着 $t\to\infty$ 时 $\mathrm{e}^{\boldsymbol{A}t}\to\boldsymbol{0}$

$$\boldsymbol{0}-(\boldsymbol{M}_1-\boldsymbol{M}_2)=\boldsymbol{0}$$

$\boldsymbol{M}$ 的唯一性得证。尽管可以将方程的解表示为式(5.24)的形式，但在方程求解时不使用该积分式，较简单的方法是，经过某些变换，将 Lyapunov 方程排列为如式(3.60)所示的标准线性代数方程，然后再解方程。需要注意的是，即便矩阵 $\boldsymbol{A}$ 并非 CT 稳定，若 $\boldsymbol{A}$ 不存在两个特征值使得 $\lambda_i+\lambda_j=0$，方程的唯一解仍然存在，但不能将方程的解表达为式(5.24)的形式，积分式会发散而无意义。若矩阵 $\boldsymbol{A}$ 奇异，或等价地描述为，至少存在一个零特征值，则 Lyapunov 方程总奇异，方程的解可能存在也可能不存在，取决于 $\boldsymbol{N}$ 是否位于方程的值域空间中。

离散时间情形

在讨论定理 5.5 和定理 5.6 对应的离散情形之前，先讨论式(3.59)中 Lyapunov 方程对应的离散情形，考虑

$$\boldsymbol{M}-\boldsymbol{A}\boldsymbol{M}\boldsymbol{B}=\boldsymbol{C} \tag{5.25}$$

其中 $\boldsymbol{A}$ 和 $\boldsymbol{B}$ 分别为 $n\times n$ 和 $m\times m$ 的矩阵，$\boldsymbol{M}$ 和 $\boldsymbol{C}$ 均为 $n\times m$ 的矩阵。与式(3.60)类似，可以将方程(5.25)表示为 $\boldsymbol{Y}\boldsymbol{m}=\boldsymbol{c}$ 的形式，其中 $\boldsymbol{Y}$ 为 $nm\times nm$ 的矩阵，$\boldsymbol{m}$ 和 $\boldsymbol{c}$ 均为 $nm\times 1$ 的列向量，其中 $\boldsymbol{M}$ 和 $\boldsymbol{C}$ 的 $\boldsymbol{m}$ 个列按顺序排列。因此，方程(5.25)本质上是一组线性代数方程，设 η_k 为 $\boldsymbol{Y}$ 或式(5.25)的特征值，则有

$$\eta_k=1-\lambda_i\mu_j,\quad i=1,2,\cdots,n;\quad j=1,2,\cdots,m$$

其中 λ_i 和 μ_j 分别为 $\boldsymbol{A}$ 和 $\boldsymbol{B}$ 的特征值。可以直观地对其证实如下，定义 $\mathscr{A}(\boldsymbol{M}):=\boldsymbol{M}-\boldsymbol{A}\boldsymbol{M}\boldsymbol{B}$，则可以将方程(5.25)写为 $\mathscr{A}(\boldsymbol{M})=\boldsymbol{C}$，若存在非零的 $\boldsymbol{M}$ 使得 $\mathscr{A}(\boldsymbol{M})=\eta\boldsymbol{M}$，则标量 η 为 $\mathscr{A}$ 的特征值。设 $\boldsymbol{u}$ 为 $\boldsymbol{A}$ 的属于 λ_i 的右特征向量，维数是 $n\times 1$，即 $\boldsymbol{A}\boldsymbol{u}=\lambda_i\boldsymbol{u}$。设 $\boldsymbol{v}$ 为 $\boldsymbol{B}$ 的属于 μ_j 的左特征向量，维数是 $1\times m$，即 $\boldsymbol{v}\boldsymbol{B}=\boldsymbol{v}\mu_j$。将 $\mathscr{A}$ 应用于 $n\times m$ 的非零矩阵 $\boldsymbol{u}\boldsymbol{v}$ 可得

$$\mathscr{A}(\boldsymbol{uv}) = \boldsymbol{uv} - \boldsymbol{AuvB} = (1-\lambda_i\mu_j)\boldsymbol{uv}$$

因此,对所有 i 和 j,式(5.25)的特征值为 $1-\lambda_i\mu_j$。若不存在 i 和 j 使得 $\lambda_i\mu_j=1$,则式(5.25)非奇异,并且对任意矩阵 $\boldsymbol{C}$,方程(5.25)存在唯一解 $\boldsymbol{M}$。若对某些 i 和 j 有 $\lambda_i\mu_j=1$,则式(5.25)奇异,对某给定矩阵 $\boldsymbol{C}$,方程的解可能存在也可能不存在。这里的情况与第3.7节讨论的情况类似。

这里讨论 $\boldsymbol{x}[k+1]=\boldsymbol{Ax}[k]$ 渐近稳定性的一种检验方法。方便起见,若 $\boldsymbol{A}$ 的任一特征值幅度均小于1,则 $\boldsymbol{A}$ 称为DT稳定矩阵。$\boldsymbol{A}$ 的特征值是其特征多项式 $\Delta(z):=\det(z\boldsymbol{I}-\boldsymbol{A})$ 的根,若 $\Delta(z)$ 为DT稳定多项式,这可用求根法检验或不求根用朱利判据检验,则 $\boldsymbol{A}$ 为DT稳定矩阵。接下来讨论一种在不求其特征值的情况下,检验 $\boldsymbol{A}$ 是否DT稳定的方法。

定理 5.D5

$n\times n$ 的矩阵 $\boldsymbol{A}$ 为DT稳定,当且仅当对任意给定的正定对称矩阵 $\boldsymbol{N}$ 或对 $\boldsymbol{N}=\bar{\boldsymbol{N}}'\bar{\boldsymbol{N}}$,其中 $\bar{\boldsymbol{N}}$ 为任意给定的 $m\times n$ 的矩阵,$m<n$ 且满足式(5.16)的属性,离散Lyapunov方程

$$\boldsymbol{M}-\boldsymbol{A}'\boldsymbol{MA}=\boldsymbol{N} \tag{5.26}$$

有唯一对称解 $\boldsymbol{M}$,且 $\boldsymbol{M}$ 为正定矩阵。

现简要给出 $\boldsymbol{N}>0$ 时该定理的证明过程。若 $\boldsymbol{A}$ 的所有特征值,也即 $\boldsymbol{A}'$ 的所有特征值幅度均小于1,则对所有 i 和 j 有 $|\lambda_i\lambda_j|<1$,因此 $\lambda_i\lambda_j\neq1$,方程(5.26)非奇异。因而,对任意 $\boldsymbol{N}$,方程(5.26)有唯一解。现在可以肯定,可以将方程的解表示为

$$\boldsymbol{M}=\sum_{m=0}^{\infty}(\boldsymbol{A}')^m\boldsymbol{NA}^m \tag{5.27}$$

由于 $|\lambda_i|<1$ 对所有 i 成立,所以该无穷级数收敛且有定义。将式(5.27)代入方程(5.26)可得

$$\sum_{m=0}^{\infty}(\boldsymbol{A}')^m\boldsymbol{NA}^m-\boldsymbol{A}'\left(\sum_{m=0}^{\infty}(\boldsymbol{A}')^m\boldsymbol{NA}^m\right)\boldsymbol{A}=$$

$$\boldsymbol{N}+\sum_{m=1}^{\infty}(\boldsymbol{A}')^m\boldsymbol{NA}^m-\sum_{m=1}^{\infty}(\boldsymbol{A}')^m\boldsymbol{NA}^m=\boldsymbol{N}$$

因此式(5.27)是方程的解。若 $\boldsymbol{N}$ 为对称矩阵,则 $\boldsymbol{M}$ 也为对称矩阵;若 $\boldsymbol{N}$ 正定,则 $\boldsymbol{M}$ 也正定,必要性得证。为了证明充分性,设 λ 为 $\boldsymbol{A}$ 的特征值且 $\boldsymbol{v}\neq\boldsymbol{0}$ 为相应的特征向量,即 $\boldsymbol{Av}=\lambda\boldsymbol{v}$,则有

$$\boldsymbol{v}^*\boldsymbol{Nv}=\boldsymbol{v}^*\boldsymbol{Mv}-\boldsymbol{v}^*\boldsymbol{A}'\boldsymbol{MAv}=$$

$$\boldsymbol{v}^*\boldsymbol{Mv}-\lambda^*\boldsymbol{v}^*\boldsymbol{Mv}\lambda=(1-|\lambda|^2)\boldsymbol{v}^*\boldsymbol{Mv}$$

由于 $\boldsymbol{v}^*\boldsymbol{Nv}$ 和 $\boldsymbol{v}^*\boldsymbol{Mv}$ 二者均为正实数,所以得出结论 $(1-|\lambda|^2)>0$ 或 $|\lambda|^2<1$,这就证实了当 $\boldsymbol{N}>0$ 时该定理成立,类似可证实当 $\boldsymbol{N}\geqslant0$ 时的情形。

定理 5.D6

若 $\boldsymbol{A}$ 为DT稳定,则离散Lyapunov方程

$$\boldsymbol{M}-\boldsymbol{A}'\boldsymbol{M}\boldsymbol{A}=\boldsymbol{N}$$

对任一 $\boldsymbol{N}$ 有唯一解，并且可以将方程的解表示为

$$\boldsymbol{M}=\sum_{m=0}^{\infty}(\boldsymbol{A}')^{m}\boldsymbol{N}\boldsymbol{A}^{m}$$

值得一提的是，即便 $\boldsymbol{A}$ 有一个或多个幅度大于1的特征值，若 $\lambda_i\lambda_j\neq 1$ 对所有 i 和 j 成立，则离散 Lyapunov 方程的唯一解仍然存在，在这种情况下，不能将方程的解表示为式(5.27)的形式，但可以从一组线性代数方程中求出该方程的解。

现讨论连续时间 Lyapunov 方程与离散时间 Lyapunov 方程之间的关系。连续时间系统的 CT 稳定条件是所有特征值均位于 s 左半平面内，离散时间系统的 DT 稳定条件是所有特征值都位于 z 平面的单位圆内。这两个条件可以通过双线性变换

$$s=\frac{z-1}{z+1},\quad z=\frac{1+s}{1-s} \tag{5.28}$$

建立联系，双线性变换将 s 左半平面映射到 z 平面的单位圆内，反之亦然，可参考参考文献[7]第520页取 $T=2$。为了区分连续时间情形和离散时间情形，写出

$$\boldsymbol{A}'\boldsymbol{M}+\boldsymbol{M}\boldsymbol{A}=-\boldsymbol{N} \tag{5.29}$$

和

$$\boldsymbol{M}_{\mathrm{d}}-\boldsymbol{A}'_{\mathrm{d}}\boldsymbol{M}_{\mathrm{d}}\boldsymbol{A}_{\mathrm{d}}=\boldsymbol{N}_{\mathrm{d}} \tag{5.30}$$

依据式(5.28)，可以通过

$$\boldsymbol{A}=(\boldsymbol{A}_{\mathrm{d}}+\boldsymbol{I})^{-1}(\boldsymbol{A}_{\mathrm{d}}-\boldsymbol{I}),\quad \boldsymbol{A}_{\mathrm{d}}=(\boldsymbol{I}+\boldsymbol{A})(\boldsymbol{I}-\boldsymbol{A})^{-1}$$

建立这两个方程的联系，将右侧方程代入式(5.30)，并经简单化简可得

$$\boldsymbol{A}'\boldsymbol{M}_{\mathrm{d}}+\boldsymbol{M}_{\mathrm{d}}\boldsymbol{A}=-0.5(\boldsymbol{I}-\boldsymbol{A}')\boldsymbol{N}_{\mathrm{d}}(\boldsymbol{I}-\boldsymbol{A})$$

对比该式与式(5.29)可得

$$\boldsymbol{A}=(\boldsymbol{A}_{\mathrm{d}}+\boldsymbol{I})^{-1}(\boldsymbol{A}_{\mathrm{d}}-\boldsymbol{I}),\quad \boldsymbol{M}=\boldsymbol{M}_{\mathrm{d}},\quad \boldsymbol{N}=0.5(\boldsymbol{I}-\boldsymbol{A}')\boldsymbol{N}_{\mathrm{d}}(\boldsymbol{I}-\boldsymbol{A}) \tag{5.31}$$

这些关系式建立了式(5.29)和式(5.30)的联系。

MATLAB 函数 lyap 求解式(5.29)中的 Lyapunov 方程，函数 dlyap 求解式(5.30)中的离散 Lyapunov 方程，函数 dlyap 先借助式(5.31)将方程(5.30)变换为方程(5.29)，然后再调用 lyap，结果得出 $\boldsymbol{M}=\boldsymbol{M}_{\mathrm{d}}$。

5.6 LTV 系统的稳定性

考虑通过

$$y(t)=\int_{t_0}^{t}g(t,\tau)u(\tau)\mathrm{d}\tau \tag{5.32}$$

描述的 SISO 线性时变(LTV)系统，若任一有界输入引起有界的输出，则称该系统 BIBO 稳定。式(5.32)BIBO 稳定的条件是，存在某有限常数 M 使得

$$\int_{t_0}^{t} |g(t,\tau)|\,\mathrm{d}\tau \leqslant M < \infty \tag{5.33}$$

对所有 t 和 t_0 成立,其中 $t \geqslant t_0$。仅需对时不变情形下的证明做很小的修正,即可适用于这里的时变情形。

针对 MOMO 情形,式(5.32)变为

$$\boldsymbol{y}(t) = \int_{t_0}^{t} \boldsymbol{G}(t,\tau)\boldsymbol{u}(\tau)\,\mathrm{d}\tau \tag{5.34}$$

式(5.34)BIBO 稳定的条件是 $\boldsymbol{G}(t,\tau)$ 的任一元素均满足式(5.33)中的条件。对 MIMO 系统,也可以借助范数来表示稳定的数学条件,可以采用第 3.11 节讨论的任意范数,但无穷范数

$$\| \boldsymbol{u} \|_{\infty} = \max_{i} |u_i|, \qquad \| \boldsymbol{G} \|_{\infty} = \text{行模和最大}$$

在稳定性研究中有可能是最方便使用的。方便起见,所有范数表示中均不带下标。方程(5.34)为 BIBO 稳定的充要条件是,存在某有限常数 M 使得

$$\int_{t_0}^{t} \| \boldsymbol{G}(t,\tau) \|\,\mathrm{d}\tau \leqslant M < \infty$$

对所有 t 和 t_0 成立,其中 $t \geqslant t_0$。

方程

$$\left.\begin{aligned} \dot{\boldsymbol{x}}(t) &= \boldsymbol{A}(t)\boldsymbol{x}(t) + \boldsymbol{B}(t)\boldsymbol{u}(t) \\ \boldsymbol{y}(t) &= \boldsymbol{C}(t)\boldsymbol{x}(t) + \boldsymbol{D}(t)\boldsymbol{u}(t) \end{aligned}\right\} \tag{5.35}$$

的冲击响应矩阵为

$$\boldsymbol{G}(t,\tau) = \boldsymbol{C}(t)\boldsymbol{\Phi}(t,\tau)\boldsymbol{B}(\tau) + \boldsymbol{D}(t)\delta(t-\tau)$$

且零状态响应为

$$\boldsymbol{y}(t) = \int_{t_0}^{t} \boldsymbol{C}(t)\boldsymbol{\Phi}(t,\tau)\boldsymbol{B}(\tau)\boldsymbol{u}(\tau)\,\mathrm{d}\tau + \boldsymbol{D}(t)\boldsymbol{u}(t)$$

因此,更确切地说,方程(5.35)的零状态响应为 BIBO 稳定,当且仅当存在常数 M_1 和 M_2 使得

$$\| \boldsymbol{D}(t) \| \leqslant M_1 < \infty$$

和

$$\int_{t_0}^{t} \| \boldsymbol{G}(t,\tau) \|\,\mathrm{d}\tau \leqslant M_2 < \infty$$

对所有 t 和 t_0 成立时,其中 $t \geqslant t_0$。

接下来我们研究 $\dot{\boldsymbol{x}} = \boldsymbol{A}(t)\boldsymbol{x}$ 的稳定性,与时不变情形类似,若任一有限初始状态引起有界的响应,则定义该方程为临界稳定。由于该响应由

$$\boldsymbol{x}(t) = \boldsymbol{\Phi}(t,t_0)\boldsymbol{x}(t_0) \tag{5.36}$$

支配,得出结论,该响应为临界稳定,当且仅当存在某有限常数 M 使得

$$\| \boldsymbol{\Phi}(t,t_0) \| \leqslant \boldsymbol{M} < \infty \tag{5.37}$$

对所有 t_0 以及所有 $t \geqslant t_0$ 成立时。若任一有限初始状态引起的响应有界并且随着

$t\to\infty$该响应趋于零，则方程 $\dot{\boldsymbol{x}}=\boldsymbol{A}(t)\boldsymbol{x}$ 为渐近稳定，该渐近稳定条件是式(5.37)中的有界性条件，并且

$$\text{随着 } t\to\infty \quad \|\boldsymbol{\Phi}(t,t_0)\|\to 0 \tag{5.38}$$

关于这些定义及数学条件有许多内容可以讲述。如，式(5.37)中的常数 M 是否依赖于 t_0？式(5.38)中状态转移矩阵趋于0的速率有多快？感兴趣的读者可参见参考文献[4]和[19]。

若 $\boldsymbol{A}$ 的所有特征值均具有负实部，则时不变方程 $\dot{\boldsymbol{x}}(t)=\boldsymbol{A}\boldsymbol{x}(t)$ 为渐近稳定。那么时变情形也是如此吗？答案是否定的，正如以下例子所示。

【例 5.5】 考虑线性时变方程

$$\dot{\boldsymbol{x}}(t)=\boldsymbol{A}(t)\boldsymbol{x}(t)=\begin{bmatrix}-1 & \mathrm{e}^{2t}\\ 0 & -1\end{bmatrix}\boldsymbol{x}(t) \tag{5.39}$$

$\boldsymbol{A}(t)$的特征多项式为

$$\det(\lambda\boldsymbol{I}-\boldsymbol{A}(t))=\det\begin{bmatrix}\lambda+1 & -\mathrm{e}^{2t}\\ 0 & \lambda+1\end{bmatrix}=(\lambda+1)^2$$

因此对所有 t，$\boldsymbol{A}(t)$有特征值-1和-1。可以直接验证式

$$\boldsymbol{\Phi}(t,0)=\begin{bmatrix}\mathrm{e}^{-t} & 0.5(\mathrm{e}^{t}-\mathrm{e}^{-t})\\ 0 & \mathrm{e}^{-t}\end{bmatrix}$$

满足方程(4.61)，因而是方程(5.39)的状态转移矩阵，关于这一点也可参见习题4.16。由于 $\boldsymbol{\Phi}$ 的第1行第2列元素无限增大，所以该方程既非渐近稳定，也非临界稳定。该例表明，即使 $\boldsymbol{A}(t)$的特征值在任一 t 上都有定义，但是特征值的概念在时变情形下无法奏效。

任意等价变换不会改变时不变情形中的所有稳定性属性。在时变情形中，由于，正如在第4.7节中讨论的，任意等价变换不改变冲击响应，因此也不改变BIBO稳定性。如定理4.3所示，等价变换可以将任意 $\dot{\boldsymbol{x}}(t)=\boldsymbol{A}(t)\boldsymbol{x}(t)$变换为$\dot{\bar{\boldsymbol{x}}}(t)=\boldsymbol{A}_o\bar{\boldsymbol{x}}(t)$，其中 $\boldsymbol{A}_o$ 为包括零矩阵在内的任意常数矩阵。因而，在时变情形下的任意等价变换，临界稳定性和渐近稳定性并非一成不变。

定理 5.7

任意 Lyapunov 变换不会改变 $\dot{\boldsymbol{x}}(t)=\boldsymbol{A}(t)\boldsymbol{x}(t)$的临界稳定性和渐近稳定性。

正如第4.6节讨论的，若在所有 t 上 $\boldsymbol{P}(t)$和 $\dot{\boldsymbol{P}}(t)$连续，$\boldsymbol{P}(t)$非奇异，则 $\bar{\boldsymbol{x}}=\boldsymbol{P}(t)\boldsymbol{x}$ 为等价变换。若，附加条件，在所有 t 上 $\boldsymbol{P}(t)$和 $\boldsymbol{P}^{-1}(t)$有界，则 $\bar{\boldsymbol{x}}=\boldsymbol{P}(t)\boldsymbol{x}$ 为 Lyapunov 变换。根据式(4.79)导出的结果，$\dot{\boldsymbol{x}}=\boldsymbol{A}(t)\boldsymbol{x}$ 的基本矩阵 $\boldsymbol{X}(t)$和$\dot{\bar{\boldsymbol{x}}}=\bar{\boldsymbol{A}}(t)\bar{\boldsymbol{x}}$ 的基本矩阵 $\bar{\boldsymbol{X}}(t)$之间通过

$$\bar{\boldsymbol{X}}(t)=\boldsymbol{P}(t)\boldsymbol{X}(t)$$

建立数学联系，由此可知

$$\bar{\boldsymbol{\Phi}}(t,\tau)=\bar{\boldsymbol{X}}(t)\bar{\boldsymbol{X}}^{-1}(\tau)=\boldsymbol{P}(t)\boldsymbol{X}(t)\boldsymbol{X}^{-1}(\tau)\boldsymbol{P}^{-1}(\tau)=$$
$$\boldsymbol{P}(t)\boldsymbol{\Phi}(t,\tau)\boldsymbol{P}^{-1}(\tau) \tag{5.40}$$

由于$\boldsymbol{P}(t)$和$\boldsymbol{P}^{-1}(t)$均有界,若$\|\boldsymbol{\Phi}(t,\tau)\|$有界,则$\|\bar{\boldsymbol{\Phi}}(t,\tau)\|$也有界,若随着$t\to\infty$,$\|\boldsymbol{\Phi}(t,\tau)\|\to 0$,则$\|\bar{\boldsymbol{\Phi}}(t,\tau)\|$也$\to 0$,定理5.7成立。

在时不变情形中,根据零输入响应的渐近稳定性总可以得出零状态响应的BIBO稳定性,但在时变情形下并非如此,若对所有t和t_0,其中$t\geqslant t_0$

$$\text{随着 } t\to\infty,\quad \|\boldsymbol{\Phi}(t,t_0)\|\to 0 \tag{5.41}$$

则时变方程渐近稳定。若对所有t和t_0,其中$t\geqslant t_0$

$$\int_{t_0}^{t}\|\boldsymbol{C}(t)\boldsymbol{\Phi}(t,\tau)\boldsymbol{B}(\tau)\|\mathrm{d}\tau<\infty \tag{5.42}$$

成立,则时变方程BIBO稳定。某函数随着$t\to\infty$而趋于0未必绝对可积,因此时变情形中的渐近稳定性并不一定意味着BIBO稳定性。然而,若$\|\boldsymbol{\Phi}(t,\tau)\|$快速衰减为零,尤其是按指数规律快速衰减,并且如果$\boldsymbol{C}(t)$和$\boldsymbol{B}(t)$对所有$t$均有界,则根据渐近稳定性确实可知BIBO稳定性,参见参考文献[4]、[6]和[19]。

习　　题

5.1　试判断图5.2所示电路网络是否BIBO稳定?若不是,试找出能引起无界输出的某个有界输入。

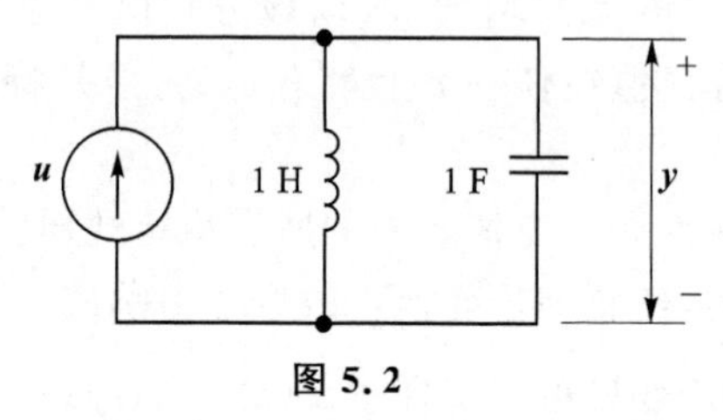

图5.2

5.2　考虑具有非有理传递函数$\hat{g}(s)$的某系统,试证明该系统为BIBO稳定的必要条件是,对所有$\mathrm{Re}\, s\geqslant 0$,$|\hat{g}(s)|$有界。

5.3　试判断冲击响应为$g(t)=\dfrac{1}{t+1}$,$t\geqslant 0$的系统是否BIBO稳定?冲击响应为$g(t)=t\mathrm{e}^{-t}$,$t\geqslant 0$的系统是否BIBO稳定?

5.4　试判断传递函数为$\hat{g}(s)=\dfrac{\mathrm{e}^{-2s}}{s+1}$的系统是否BIBO稳定?

5.5　试证明图2.5(*b*)所示的负反馈系统为BIBO稳定,当且仅当增益a的幅度小于1。当$a=1$时,试找出能引起无界输出的某个有界输入$r(t)$。

5.6　考虑传递函数为$\hat{g}(s)=\dfrac{s-2}{s+1}$的系统,试问,由$u(t)=3$,$t\geqslant 0$和$u(t)=\sin 2t$,$t\geqslant 0$引起的稳态响应分别是什么?

5.7　考虑传递函数为 $\hat{g}(s)=1/(s-1)$ 的系统，且输入的拉普拉斯变换等于 $\hat{u}(s)=\dfrac{s-1}{s(s+1)}$。试问系统是否 BIBO 稳定？输入是否有界？由输入引起的系统输出是什么？系统极点的响应是否在输出端出现？从该例子看出，只有当输入的拉普拉斯变换存在着与系统极点对消的零点时，输入才不会激励出系统的该极点，当输入为随机产生时这种情况很少发生，因此，大多数输入会激励出系统每一极点的响应。

5.8　试证明传递函数是正则有理函数的系统为 BIBO 稳定，当且仅当其阶跃响应趋于零或非零常数。

5.9　试判断系统

$$\dot{\boldsymbol{x}}(t)=\begin{bmatrix}-1 & 5\\ 0 & 2\end{bmatrix}\boldsymbol{x}(t)+\begin{bmatrix}2\\0\end{bmatrix}u(t)$$

$$y(t)=\begin{bmatrix}-2 & 4\end{bmatrix}\boldsymbol{x}(t)-2u(t)$$

是否 BIBO 稳定？

5.10　考虑脉冲响应序列为

$$g[k]=k(0.9)^k,\quad k\geqslant 0$$

的离散时间系统，试判断该系统是否 BIBO 稳定？

5.11　试判断习题 5.9 中的状态方程是否临界稳定？是否渐近稳定？

5.12　试判断齐次状态方程

$$\dot{\boldsymbol{x}}(t)=\begin{bmatrix}-1 & 0 & 2\\ 0 & 0 & 0\\ 0 & 0 & 0\end{bmatrix}\boldsymbol{x}(t)$$

是否临界稳定？是否渐近稳定？

5.13　试判断齐次状态方程

$$\dot{\boldsymbol{x}}(t)=\begin{bmatrix}-1 & 0 & 2\\ 0 & 0 & 1\\ 0 & 0 & 0\end{bmatrix}\boldsymbol{x}(t)$$

是否临界稳定？是否渐近稳定？

5.14　试判断离散时间齐次状态方程

$$\boldsymbol{x}[k+1]=\begin{bmatrix}0.9 & 0 & 2\\ 0 & 1 & 0\\ 0 & 0 & 1\end{bmatrix}\boldsymbol{x}[k]$$

是否临界稳定？是否渐近稳定？

5.15　试判断离散时间齐次状态方程

$$\boldsymbol{x}[k+1]=\begin{bmatrix}0.9 & 0 & 2\\ 0 & 1 & 1\\ 0 & 0 & 1\end{bmatrix}\boldsymbol{x}[k]$$

是否临界稳定?是否渐近稳定?

5.16 试构造3次多项式,使其满足

① CT稳定且DT稳定。

② CT稳定但DT不稳定。

③ DT稳定但CT不稳定。

④ CT不稳定DT也不稳定。

5.17 试用定理5.5证明矩阵

$$\boldsymbol{A}=\begin{bmatrix}0 & 1\\ -0.5 & -1\end{bmatrix}$$

为CT稳定矩阵。

5.18 试用定理5.D5来证明习题5.17中的矩阵$\boldsymbol{A}$为DT稳定矩阵。

5.19 对任意互异的负实数λ_i及任意非零实数a_i,试证明矩阵

$$\boldsymbol{M}=\begin{bmatrix}-\dfrac{a_1^2}{2\lambda_1} & -\dfrac{a_1a_2}{\lambda_1+\lambda_2} & -\dfrac{a_1a_3}{\lambda_1+\lambda_3}\\ -\dfrac{a_2a_1}{\lambda_2+\lambda_1} & -\dfrac{a_2^2}{2\lambda_2} & -\dfrac{a_2a_3}{\lambda_2+\lambda_3}\\ -\dfrac{a_3a_1}{\lambda_1+\lambda_3} & -\dfrac{a_3a_2}{\lambda_2+\lambda_3} & -\dfrac{a_3^2}{2\lambda_3}\end{bmatrix}$$

为正定矩阵。(提示:借助推论5.5以及$\boldsymbol{A}=\mathrm{diag}(\lambda_1,\lambda_2,\lambda_3)$。)

5.20 若对任意非零向量$\boldsymbol{x}$,$\boldsymbol{x}'\boldsymbol{M}\boldsymbol{x}>0$,则定义实矩阵$\boldsymbol{M}$(不一定对称)为正定矩阵。试判断以下陈述是否正确?若矩阵$\boldsymbol{M}$的所有特征值均为正实数,则$\boldsymbol{M}$正定,或,若其所有各阶顺序主子式均为正,则$\boldsymbol{M}$正定。若不能判断,如何检验其正定性?(提示:在$\begin{bmatrix}0 & 1\\ -2 & 3\end{bmatrix}$ $\begin{bmatrix}2 & 1\\ 1.9 & 1\end{bmatrix}$上试做。)

5.21 试证明矩阵$\boldsymbol{A}$的所有特征值实部均小于$-\mu<0$,当且仅当,对任意给定的正定对称矩阵$\boldsymbol{N}$,方程

$$\boldsymbol{A}'\boldsymbol{M}+\boldsymbol{M}\boldsymbol{A}+2\mu\boldsymbol{M}=-\boldsymbol{N}$$

有唯一对称解$\boldsymbol{M}$时,且$\boldsymbol{M}$为正定矩阵。

5.22 试证明矩阵$\boldsymbol{A}$的所有特征值幅度均小于ρ,当且仅当,对任意给定的正定对称矩阵$\boldsymbol{N}$,方程

$$\rho^2\boldsymbol{M}-\boldsymbol{A}'\boldsymbol{M}\boldsymbol{A}=\rho^2\boldsymbol{N}$$

有唯一对称解$\boldsymbol{M}$时,$\boldsymbol{M}$为正定矩阵。

5.23 试判断冲击响应是$g(t,\tau)=\mathrm{e}^{-2|t|-|\tau|}$,$t\geqslant\tau$的系统是否BIBO稳定?冲击响应是$g(t,\tau)=\sin t(\mathrm{e}^{-(t-\tau)})\cos\tau$的系统是否BIBO稳定?

5.24 考虑时变方程

$$\dot{x}(t)=2tx(t)+u(t),\quad y(t)=\mathrm{e}^{-t^2}x(t)$$

试判断该方程是否 BIBO 稳定？是否临界稳定？是否渐近稳定？

5.25　试证明可以将习题 5.24 中的方程通过 $\bar{x}=P(t)x$，其中 $P(t)=\mathrm{e}^{-t^2}$，变换为

$$\dot{\bar{x}}(t)=0\cdot\bar{x}(t)+\mathrm{e}^{-t^2}u(t),\quad y(t)=\bar{x}(t)$$

试判断该方程是否 BIBO 稳定？是否临界稳定？是否渐近稳定？该变换是否为 Lyapunov 变换？

5.26　试判断齐次方程

$$\dot{\boldsymbol{x}}(t)=\begin{bmatrix}-1 & 0\\ -\mathrm{e}^{-3t} & 0\end{bmatrix}\boldsymbol{x}(t)$$

当 $t_0\geqslant 0$ 时，是否临界稳定？是否渐近稳定？

第 6 章

能控性和能观性

6.1 引 言

本章介绍能控性和能观性的概念,能控性涉及状态空间方程的状态能否由输入来控制,能观性涉及能否从输出观测出初始状态。可以借助图 6.1 所示的电路网络来说明这些概念,该电路有两个状态变量,设 x_i 是容值为 $C_i(i=1,2)$ 的电容两端电压,输入 u 为电流源,输出 y 为图中所示电压。根据电路图可以看到,由于输出 y 端开路,所以输入对 x_2 不起作用,或者不能控制 x_2,2 Ω 电阻上流过的电流总等于电流源 u,因而,由初始状态 x_1 引起的响应不会出现在输出 y 中。因此,不能从输出端观测出初始状态 x_1。总之,描述该电路网络的方程既不能控也不能观。

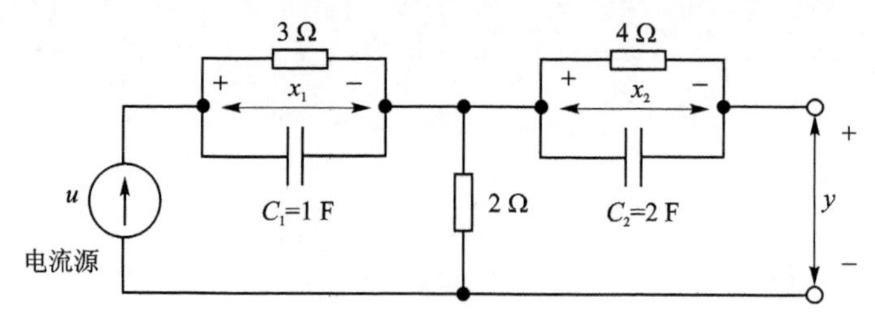

图 6.1 电路网络

这些概念对于讨论线性系统的内部结构尤为重要,它们也是研究控制问题和滤波问题所必需的。首先研究连续时间线性时不变(LTI)状态空间方程,然后研究离散时间情形,最后研究时变情形。由于涉及到的数学知识对于 MIMO 系统和 SISO 系统本质上是相同的,所以首先研究 MIMO 系统,然后将其中的结论提示给 SISO 系统。

6.2　能控性

考虑 p 个输入的 n 维状态方程

$$\dot{\boldsymbol{x}}(t)=\boldsymbol{A}\boldsymbol{x}(t)+\boldsymbol{B}\boldsymbol{u}(t) \tag{6.1}$$

其中 $\boldsymbol{A}$ 和 $\boldsymbol{B}$ 分别为 $n\times n$ 和 $n\times p$ 的实常数矩阵。由于输出在能控性方面不起任何作用，因此在能控性研究中忽略输出方程。

定义 6.1 若对任意初始状态 $\boldsymbol{x}(0)=\boldsymbol{x}_o$ 和任意终止状态 $\boldsymbol{x}_1$，存在某个输入，在有限时间内能将状态从 $\boldsymbol{x}_o$ 转移到 $\boldsymbol{x}_1$，则称状态方程(6.1)或矩阵对($\boldsymbol{A}$，$\boldsymbol{B}$)“能控”。否则称方程(6.1)或矩阵对($\boldsymbol{A}$，$\boldsymbol{B}$)“不能控”。

该定义仅要求输入能够在有限时间内将状态空间中的任意状态转移到任意其他状态，对状态应沿何种轨迹转移未做规定。此外，对输入也未加约束，其幅度可取期望的任意大的值。下面举例来说明此概念。

【例 6.1】 考虑图 6.2(a)所示的电路网络，其状态变量 x 为电容两端电压。若 $x(0)=0$，则无论外加何种输入，对所有 $t\geqslant 0$，恒有 $x(t)=0$。这是由于电路网络的对称性，输入对电容两端电压不起作用。因此，该系统，或者更确切地说，描述该系统的状态方程不能控。

接下来考虑图 6.2(b)所示的电路网络，其两个状态变量 x_1 和 x_2 如图所示。输入可将 x_1 或 x_2 转移为任意值，但不能将 x_1 和 x_2 同时转移为任意值。例如，若 $x_1(0)=x_2(0)=0$，则无论外加何种输入，对所有 $t\geqslant 0$，$x_1(t)$ 总等于 $x_2(t)$，因此描述该电路网络的方程不能控。

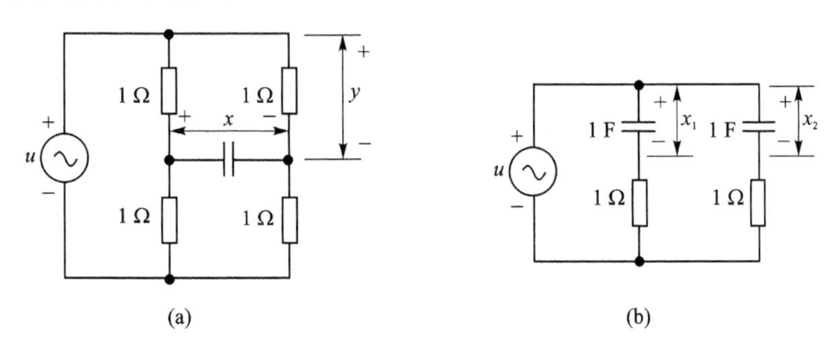

图 6.2　不能控的电路网络

定理 6.1

以下陈述等价。

① n 维矩阵对($\boldsymbol{A}$，$\boldsymbol{B}$)能控。

② $n\times n$ 的矩阵

$$W_c(t)=\int_0^t e^{A\tau}BB'e^{A'\tau}d\tau=\int_0^t e^{A(t-\tau)}BB'e^{A'(t-\tau)}d\tau \tag{6.2}$$

对任意 $t>0$ 均非奇异。

③ $n\times np$ 的“能控性矩阵”

$$\mathscr{C}=[B\quad AB\quad A^2B\quad \cdots\quad A^{n-1}B] \tag{6.3}$$

秩为 n(行满秩)。

④ $n\times(n+p)$的矩阵$[A-\lambda I\quad B]$在 A 的任一特征值λ 上均行满秩[①]。

⑤ 此外,若 A 的所有特征值均具有负实部,则方程

$$AW_c+W_cA'=-BB' \tag{6.4}$$

的唯一解正定,称方程的解为“能控性 Gramian 矩阵”,并且可将其表示为

$$W_c=\int_0^{\infty} e^{A\tau}BB'e^{A'\tau}d\tau \tag{6.5}$$

证明:①↔②:首先证明式(6.2)两种形式的等价性,引入新的积分变量 $\bar{\tau}:=t-\tau$,其中固定 t,则有

$$\int_{\tau=0}^{t} e^{A(t-\tau)}BB'e^{A'(t-\tau)}d\tau=\int_{\bar{\tau}=t}^{0} e^{A\bar{\tau}}BB'e^{A'\bar{\tau}}d(-\bar{\tau})=$$

$$\int_{\bar{\tau}=0}^{t} e^{A\bar{\tau}}BB'e^{A'\bar{\tau}}d\bar{\tau}$$

上式用 τ 代换 $\bar{\tau}$ 之后即为式(6.2)的第一种形式。由于被积函数的特殊形式,所以 $W_c(t)$总为半正定,当且仅当 $W_c(t)$非奇异时,为正定,可参见第 3.9 节。

首先证明,若 $W_c(t)$非奇异,则方程(6.1)能控。根据式(4.5)导出的结果,方程(6.1)在 t_1 时刻的响应为

$$x(t_1)=e^{At_1}x(0)+\int_0^{t_1} e^{A(t_1-\tau)}Bu(\tau)d\tau \tag{6.6}$$

可以肯定,对任意 $x(0)=x_o$ 和任意 $x(t_1)=x_1$,输入

$$u(t)=-B'e^{A'(t_1-t)}W_c^{-1}(t_1)[e^{At_1}x_0-x_1] \tag{6.7}$$

将状态 x_o 转移到 t_1 时刻的状态 x_1,事实上,将式(6.7)代入式(6.6)可得

$$x(t_1)=e^{At_1}x_0-\left(\int_0^{t_1} e^{A(t_1-\tau)}BB'e^{A'(t_1-\tau)}d\tau\right)W_c^{-1}(t_1)[e^{At_1}x_0-x_1]=$$

$$e^{At_1}x_0-W_c(t_1)W_c^{-1}(t_1)[e^{At_1}x_0-x_1]=x_1$$

这就证明了若 W_c 非奇异,则矩阵对(A,B)能控。接着用反证法证明逆命题。假设矩阵对能控,但对某些 t_1 $W_c(t_1)$非正定,则存在 $n\times 1$ 的非零向量 v 使得

$$v'W_c(t_1)v=\int_0^{t_1} v'e^{A(t_1-\tau)}BB'e^{A'(t_1-\tau)}v\,d\tau=$$

$$\int_0^{t_1}\|B'e^{A'(t_1-\tau)}v\|^2d\tau=0$$

① 若λ 为复数,则在检验矩阵秩时,须将复数当做标量来使。参见关于式(3.37)的讨论。

由此可知，对 $[0,t_1]$ 区间内的所有 τ 均有

$$\boldsymbol{B}'\mathrm{e}^{\boldsymbol{A}'(t_1-\tau)}\boldsymbol{v}\equiv\boldsymbol{0}\quad\text{或}\quad\boldsymbol{v}'\mathrm{e}^{\boldsymbol{A}(t_1-\tau)}\boldsymbol{B}\equiv\boldsymbol{0}\tag{6.8}$$

若方程(6.1)能控，则存在某个输入可将初始状态 $\boldsymbol{x}(0)=\mathrm{e}^{-\boldsymbol{A}t_1}\boldsymbol{v}$ 转移到 $\boldsymbol{x}(t_1)=\boldsymbol{0}$，于是式(6.6)变为

$$\boldsymbol{0}=\boldsymbol{v}+\int_0^{t_1}\mathrm{e}^{\boldsymbol{A}(t_1-\tau)}\boldsymbol{Bu}(\tau)\mathrm{d}\tau$$

对其左乘 $\boldsymbol{v}'$ 可得

$$0=\boldsymbol{v}'\boldsymbol{v}+\int_0^{t_1}\boldsymbol{v}'\mathrm{e}^{\boldsymbol{A}(t_1-\tau)}\boldsymbol{Bu}(\tau)\mathrm{d}\tau=\|\boldsymbol{v}\|^2+0$$

这与 $\boldsymbol{v}\neq\boldsymbol{0}$ 矛盾。①和②的等价性得证。

②↔③：如第 4.2 节末的讨论，由于 $\mathrm{e}^{\boldsymbol{A}t}\boldsymbol{B}$ 的每个元素均为 t 的解析函数，若 $\boldsymbol{W}_c(t)$ 对某些 t 非奇异，则对 $(-\infty,\infty)$ 内的所有 t 均非奇异，可参见参考文献[6]第 554 页。由于式(6.2)中的两种形式等价，由式(6.8)可知 $\boldsymbol{W}_c(t)$ 非奇异，当且仅当不存在 $n\times1$ 的非零向量 $\boldsymbol{v}$ 使得在所有 t 上

$$\boldsymbol{v}'\mathrm{e}^{\boldsymbol{A}t}\boldsymbol{B}=\boldsymbol{0}\tag{6.9}$$

时。现在证明若 $\boldsymbol{W}_c(t)$ 非奇异，则能控性矩阵 $\mathscr{C}$ 行满秩。假设 $\mathscr{C}$ 并非行满秩，则存在 $n\times1$ 的非零向量 $\boldsymbol{v}$ 使得 $\boldsymbol{v}'\mathscr{C}=\boldsymbol{0}$，或

$$\boldsymbol{v}'\boldsymbol{A}^k\boldsymbol{B}=\boldsymbol{0},\quad k=0,1,2,\cdots,n-1$$

由于可以将 $\mathrm{e}^{\boldsymbol{A}t}\boldsymbol{B}$ 表示为 $\{\boldsymbol{B},\boldsymbol{AB},\cdots,\boldsymbol{A}^{n-1}\boldsymbol{B}\}$ 的线性组合(定理 3.5)，所以有结论 $\boldsymbol{v}'\mathrm{e}^{\boldsymbol{A}t}\boldsymbol{B}=\boldsymbol{0}$。这与 $\boldsymbol{W}_c(t)$ 非奇异的假设相矛盾，因此由条件②可知条件③。为了证明逆命题，假设 $\mathscr{C}$ 行满秩，但 $\boldsymbol{W}_c(t)$ 奇异，则存在非零向量 $\boldsymbol{v}$ 使得式(6.9)成立。令 $t=0$ 可得 $\boldsymbol{v}'\boldsymbol{B}=\boldsymbol{0}$，对式(6.9)取微分，再令 $t=0$ 可得 $\boldsymbol{v}'\boldsymbol{AB}=\boldsymbol{0}$，以此类推，可得 $k=0,1,2,\cdots$ 时 $\boldsymbol{v}'\boldsymbol{A}^k\boldsymbol{B}=\boldsymbol{0}$，可以将其排列为

$$\boldsymbol{v}'[\boldsymbol{B}\quad\boldsymbol{AB}\quad\cdots\quad\boldsymbol{A}^{n-1}\boldsymbol{B}]=\boldsymbol{v}'\mathscr{C}=\boldsymbol{0}$$

这与 $\mathscr{C}$ 行满秩的假设矛盾，②和③的等价性得证。

③↔④：若 $\mathscr{C}$ 行满秩，则矩阵 $[\boldsymbol{A}-\lambda\boldsymbol{I}\quad\boldsymbol{B}]$ 在 $\boldsymbol{A}$ 的任一特征值上均行满秩，若非如此，则存在某特征值 λ_1 及 $1\times n$ 的向量 $\boldsymbol{q}\neq\boldsymbol{0}$，使得

$$\boldsymbol{q}[\boldsymbol{A}-\lambda_1\boldsymbol{I}\quad\boldsymbol{B}]=\boldsymbol{0}$$

由此可知 $\boldsymbol{qA}=\lambda_1\boldsymbol{q}$ 且 $\boldsymbol{qB}=\boldsymbol{0}$，因此 $\boldsymbol{q}$ 是 $\boldsymbol{A}$ 的左特征向量，求出

$$\boldsymbol{qA}^2=(\boldsymbol{qA})\boldsymbol{A}=(\lambda_1\boldsymbol{q})\boldsymbol{A}=\lambda_1^2\boldsymbol{q}$$

以此类推，有 $\boldsymbol{qA}^k=\lambda_1^k\boldsymbol{q}$，因此有

$$\boldsymbol{q}[\boldsymbol{B}\quad\boldsymbol{AB}\quad\cdots\quad\boldsymbol{A}^{n-1}\boldsymbol{B}]=[\boldsymbol{qB}\quad\lambda_1\boldsymbol{qB}\quad\cdots\quad\lambda_1^{n-1}\boldsymbol{qB}]=\boldsymbol{0}$$

这与 $\mathscr{C}$ 行满秩的假设矛盾。

为了证明根据 $\rho(\mathscr{C})<n$ 可知在 $\boldsymbol{A}$ 的某特征值 λ_1 上 $\rho[\boldsymbol{A}-\lambda\boldsymbol{I}\quad\boldsymbol{B}]<n$，要用到将在后文证实的定理 6.2 和定理 6.6。定理 6.2 指出，任意等价变换不改变能控性，因而若矩阵对 $(\bar{\boldsymbol{A}},\bar{\boldsymbol{B}})$ 与 $(\boldsymbol{A},\boldsymbol{B})$ 等价，也许可以证明在 $\bar{\boldsymbol{A}}$ 的某特征值上 $\rho[\bar{\boldsymbol{A}}-\lambda\boldsymbol{I}\quad\bar{\boldsymbol{B}}]<$

n。定理6.6指出,若$\mathscr{C}$的秩小于n或对某个整数$m \geqslant 1$,$\rho(\mathscr{C})=n-m$,则存在非奇异矩阵$\boldsymbol{P}$使得

$$\bar{\boldsymbol{A}}=\boldsymbol{P}\boldsymbol{A}\boldsymbol{P}^{-1}=\begin{bmatrix}\bar{\boldsymbol{A}}_C & \bar{\boldsymbol{A}}_{12}\\ \boldsymbol{0} & \bar{\boldsymbol{A}}_{\bar{C}}\end{bmatrix},\quad \bar{\boldsymbol{B}}=\boldsymbol{P}\boldsymbol{B}=\begin{bmatrix}\bar{\boldsymbol{B}}_C\\ \boldsymbol{0}\end{bmatrix}$$

其中$\bar{\boldsymbol{A}}_{\bar{C}}$为$m\times m$的矩阵。设$\lambda_1$是$\bar{\boldsymbol{A}}_{\bar{C}}$的特征值,$\boldsymbol{q}_1$是相应的$1\times m$的非零左特征向量或$\boldsymbol{q}_1\bar{\boldsymbol{A}}_{\bar{C}}=\lambda_1\boldsymbol{q}_1$,则有$\boldsymbol{q}_1(\bar{\boldsymbol{A}}_{\bar{C}}-\lambda_1\boldsymbol{I})=\boldsymbol{0}$。现构造$1\times n$的向量$\boldsymbol{q}:=[\boldsymbol{0}\quad \boldsymbol{q}_1]$,可求出

$$\boldsymbol{q}\left[\bar{\boldsymbol{A}}-\lambda_1\boldsymbol{I}\quad \bar{\boldsymbol{B}}\right]=[\boldsymbol{0}\quad \boldsymbol{q}_1]\begin{bmatrix}\bar{\boldsymbol{A}}_C-\lambda_1\boldsymbol{I} & \bar{\boldsymbol{A}}_{12} & \bar{\boldsymbol{B}}_C\\ \boldsymbol{0} & \bar{\boldsymbol{A}}_{\bar{C}}-\lambda_1\boldsymbol{I} & \boldsymbol{0}\end{bmatrix}=\boldsymbol{0} \tag{6.10}$$

由此可知$\rho\left[\bar{\boldsymbol{A}}-\lambda\boldsymbol{I}\quad \bar{\boldsymbol{B}}\right]<n$,因而在$\boldsymbol{A}$的某特征值上$\rho\left[\boldsymbol{A}-\lambda\boldsymbol{I}\quad \boldsymbol{B}\right]<n$,③和④的等价性得证。

②↔⑤:若$\boldsymbol{A}$为稳定矩阵,则可以将方程(6.4)的唯一解表示为式(6.5)的形式(定理5.6)。Gramian矩阵$\boldsymbol{W}_c$总为半正定,当且仅当$\boldsymbol{W}_c$非奇异时,为正定,②和⑤的等价性得证。证毕。

【例6.2】 考虑例2.9中研究的倒立摆,式(2.46)中已导出其状态空间方程,假设某给定参数的倒立摆,其方程为

$$\left.\begin{aligned}\dot{\boldsymbol{x}}(t)&=\begin{bmatrix}0 & 1 & 0 & 0\\ 0 & 0 & -1 & 0\\ 0 & 0 & 0 & 1\\ 0 & 0 & 5 & 0\end{bmatrix}\boldsymbol{x}(t)+\begin{bmatrix}0\\ 1\\ 0\\ -2\end{bmatrix}\boldsymbol{u}(t)\\ y(t)&=[1\quad 0\quad 0\quad 0]\,\boldsymbol{x}(t)\end{aligned}\right\} \tag{6.11}$$

求出

$$\mathscr{C}=[\boldsymbol{B}\quad \boldsymbol{AB}\quad \boldsymbol{A}^2\boldsymbol{B}\quad \boldsymbol{A}^3\boldsymbol{B}]=\begin{bmatrix}0 & 1 & 0 & 2\\ 1 & 0 & 2 & 0\\ 0 & -2 & 0 & -10\\ -2 & 0 & -10 & 0\end{bmatrix}$$

可以证明该矩阵的秩为4,因此系统能控。于是,若$x_3=\theta$略微偏离零值,则可以找出某个控制u将其推回零值。事实上,使$x_1=y$、x_3及其导数归零的控制总是存在的。这和能在掌心上平衡扫帚的经验是一致的。

MATLAB函数ctrb和gram可以生成能控性矩阵和能控性Gramian矩阵,需要注意的是,能控性Gramian矩阵并非根据式(6.5)求出,而是通过求解一组线性代数方程得到的。可以借助MATLAB函数rank求出能控性矩阵的秩或Gramian矩阵的秩来判断状态方程是否能控。

【例6.3】 考虑图6.3所示的平台系统,它可用于汽车悬架系统的研究,该系统

包含一个平台，平台两端借助于弹簧和提供粘性摩擦的减震器支撑在地面上。设平台质量为零，因此两个弹簧系统的运动彼此独立，外力的一半作用到每个弹簧系统。如图所示，设两个弹簧的弹簧系数均为1，设粘性摩擦系数分别为2和1，若将两个弹簧系统偏离平衡位置的位移选为状态变量 x_1 和 x_2，则有 $x_1+2\dot{x}_1=u$ 和 $x_2+\dot{x}_2=u$，或

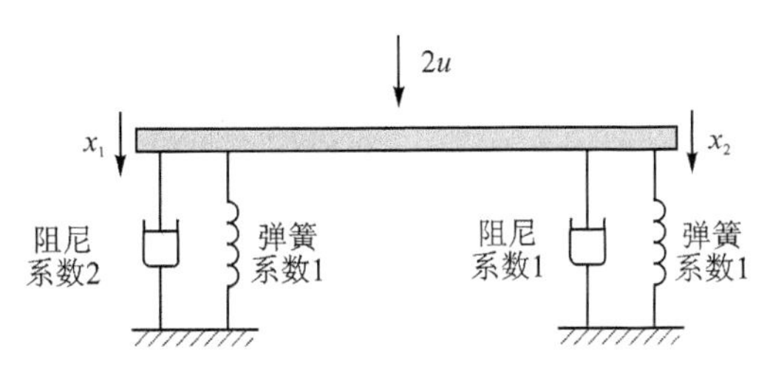

图6.3 平台系统

$$\dot{\boldsymbol{x}}(t)=\begin{bmatrix}-0.5 & 0\\ 0 & -1\end{bmatrix}\boldsymbol{x}(t)+\begin{bmatrix}0.5\\ 1\end{bmatrix}u(t) \tag{6.12}$$

此即该系统的状态方程描述。

现若初始位移不为零，并且若无外作用力，则平台将按指数规律返回到原点。理论上，要使 x_i 精确为0需要经历无限长的时间。现在提出这样的问题：若 $x_1(0)=10$ 且 $x_2(0)=-1$，能否施加外力使平台在2秒内回到平衡状态？由于两个弹簧系统外作用力"相同"，所以答案似乎并不明显。

对式(6.12)的方程，求出

$$\rho([\boldsymbol{B}\quad \boldsymbol{AB}])=\rho\begin{bmatrix}0.5 & -0.25\\ 1 & -1\end{bmatrix}=2$$

因此该方程能控，对任意 $\boldsymbol{x}(0)$，存在某个输入可以在2秒内或在任意有限时间内将 $\boldsymbol{x}(0)$ 转移到 $\boldsymbol{0}$，求出该系统在 $t_1=2$ 时的式(6.2)和式(6.7)为

$$\boldsymbol{W}_c(2)=\int_0^2\left(\begin{bmatrix}e^{-0.5\tau} & 0\\ 0 & e^{-\tau}\end{bmatrix}\begin{bmatrix}0.5\\ 1\end{bmatrix}[0.5\quad 1]\begin{bmatrix}e^{-0.5\tau} & 0\\ 0 & e^{-\tau}\end{bmatrix}\right)d\tau=$$

$$\begin{bmatrix}0.2162 & 0.3167\\ 0.3167 & 0.4908\end{bmatrix}$$

和

$$u_1(t)=-[0.5\quad 1]\begin{bmatrix}e^{-0.5(2-t)} & 0\\ 0 & e^{-(2-t)}\end{bmatrix}\boldsymbol{W}_c^{-1}(2)\begin{bmatrix}e^{-1} & 0\\ 0 & e^{-2}\end{bmatrix}\begin{bmatrix}10\\ -1\end{bmatrix}=$$

$$-58.82e^{0.5t}+27.96e^{t}$$

其中 t 在区间[0,2]内。该输入外作用力可以在2秒内将状态 $\boldsymbol{x}(0)=[10\quad -1]'$ 转移到$[0\quad 0]'$，如图6.4(a)所示，图中还绘制出输入曲线。借助 MATLAB 函数 `lsim` 得出该结果，`lsim` 是 linear simulation 的缩写。输入的最大幅度约为45。

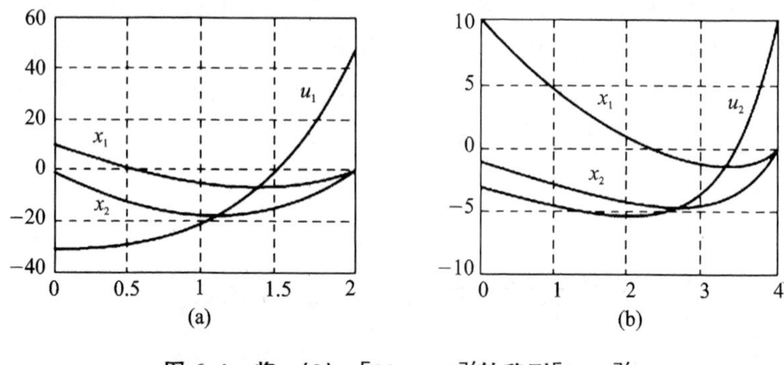

图 6.4　将 $\boldsymbol{x}(0)=[10\quad -1]'$ 转移到 $[0\quad 0]'$

图 6.4(b)绘制出能在 4 秒内将状态 $\boldsymbol{x}(0)=[10\quad -1]'$ 转移到 $\boldsymbol{0}$ 的输入 u_2,可以看到,时间间隔越短,则输入幅度越大。若对输入不加限制,则可以在任意短的时间间隔内将 $\boldsymbol{x}(0)$ 转移到零,但输入幅度可能变得非常大。若对输入幅度加以限制,则不能以任意快的速度实现状态转移。例如,在例 6.3 中若要求在所有 t 上 $|u(t)|<9$,则不能在短于 4 秒的时间内将 $\boldsymbol{x}(0)$ 转移到 $\boldsymbol{0}$。把式(6.7)中的输入 $\boldsymbol{u}(t)$ 评价为"最小能量控制",在此意义上,对于能够完成相同状态转移的任意其他输入 $\bar{\boldsymbol{u}}(t)$,有

$$\int_{t_0}^{t_1}\bar{\boldsymbol{u}}'(t)\bar{\boldsymbol{u}}(t)\mathrm{d}t \geqslant \int_{t_0}^{t_1}\boldsymbol{u}'(t)\boldsymbol{u}(t)\mathrm{d}t$$

其证明可参见参考文献 6 第 556 页～第 558 页。

【例 6.4】　再次考虑图 6.3 所示的平台系统,现假设粘性摩擦系数和两个弹簧系统的弹簧系数都等于 1,则该系统的状态方程描述变为

$$\dot{\boldsymbol{x}}(t)=\begin{bmatrix}-1 & 0\\ 0 & -1\end{bmatrix}\boldsymbol{x}(t)+\begin{bmatrix}1\\1\end{bmatrix}u(t)$$

显然有

$$\rho(C)=\rho\begin{bmatrix}1 & -1\\ 1 & -1\end{bmatrix}=1$$

该状态方程不能控,若 $x_1(0)\neq x_2(0)$,则能在有限时间内将 $\boldsymbol{x}(0)$ 转移到零状态的输入不存在。

能控性指数②

设 $\boldsymbol{A}$ 和 $\boldsymbol{B}$ 分别为 $n\times n$ 和 $n\times p$ 的常数矩阵。假设 $\boldsymbol{B}$ 的秩为 p 或列满秩,若 $\boldsymbol{B}$ 并非列满秩,则输入有冗余。例如,$\boldsymbol{B}$ 的第二列等于 $\boldsymbol{B}$ 的第一列,则第二个输入对系统的影响可以从第一个输入产生,因此第二个输入冗余。总之,删除 $\boldsymbol{B}$ 中线性相关

② 可跳过本小节不影响连续性。

的列以及相应的输入不会影响对系统的控制。因此，假定 $\boldsymbol{B}$ 列满秩是合理的。

若 $(\boldsymbol{A},\boldsymbol{B})$ 能控，其能控性矩阵 $\mathscr{C}$ 的秩为 n，即有 n 个线性无关的列向量，需要注意的是 $\mathscr{C}$ 有 np 列，因而可以在 $\mathscr{C}$ 中找出多组 n 个线性无关列，下面讨论搜索这些线性无关列的最重要的方法。该搜索方法恰好也是最自然的，设 $\boldsymbol{b}_i$ 为 $\boldsymbol{B}$ 的第 i 列，则可以将 $\mathscr{C}$ 显式地写为

$$\mathscr{C}=[\boldsymbol{b}_1\cdots\boldsymbol{b}_p \vdots \boldsymbol{A}\boldsymbol{b}_1\cdots\boldsymbol{A}\boldsymbol{b}_p \vdots \cdots \vdots \boldsymbol{A}^{n-1}\boldsymbol{b}_1\cdots\boldsymbol{A}^{n-1}\boldsymbol{b}_p] \tag{6.13}$$

从左到右搜索 $\mathscr{C}$ 的线性无关列。由于 $\mathscr{C}$ 的特殊排列模式，若 $\boldsymbol{A}^i\boldsymbol{b}_m$ 依赖于其左边(LHS)的列，则 $\boldsymbol{A}^{i+1}\boldsymbol{b}_m$ 也依赖于其左边的列。这就意味着，一旦与 $\boldsymbol{b}_m$ 相关联的某列变得线性相关，则此后与 $\boldsymbol{b}_m$ 相关联的所有列都线性相关。设 μ_m 是 $\mathscr{C}$ 中与 $\boldsymbol{b}_m$ 相关联的线性无关列数，即，以下各列

$$\boldsymbol{b}_m,\boldsymbol{A}\boldsymbol{b}_m,\cdots,\boldsymbol{A}^{\mu_m-1}\boldsymbol{b}_m$$

在 $\mathscr{C}$ 中线性无关，而 $\boldsymbol{A}^{\mu_m+1}\boldsymbol{b}_m,i=0,1,\cdots$线性相关。显然若 $\mathscr{C}$ 的秩为 n，则

$$\mu_1+\mu_2+\cdots+\mu_p=n \tag{6.14}$$

称集合 $\{\mu_1,\mu_2,\cdots,\mu_p\}$ 为“能控性指数集”，并将

$$\mu=\max(\mu_1,\mu_2,\cdots,\mu_p)$$

称为 $(\boldsymbol{A},\boldsymbol{B})$ 的“能控性指数”，或等价地描述为，若 $(\boldsymbol{A},\boldsymbol{B})$ 能控，则能控性指数 μ 是满足

$$\rho(\mathscr{C}_\mu)=\rho([\boldsymbol{B}\quad \boldsymbol{A}\boldsymbol{B}\quad \cdots\quad \boldsymbol{A}^{\mu-1}\boldsymbol{B}])=n \tag{6.15}$$

的最小整数。

现在给出 μ 的范围，若 $\mu_1=\mu_2=\cdots=\mu_p$，则 $\dfrac{n}{p}\leqslant\mu$。若除某一个外，其他所有 μ_m 都等于 1，则 $\mu=n-(p-1)$，此值为最大可能的 μ 值。设 $\bar{n}$ 为 $\boldsymbol{A}$ 的最小多项式的次数，则根据定义，存在 α_i 使得

$$\boldsymbol{A}^{\bar{n}}=\alpha_1\boldsymbol{A}^{\bar{n}-1}+\alpha_2\boldsymbol{A}^{\bar{n}-2}+\cdots+\alpha_{\bar{n}}\boldsymbol{I}$$

由此可知，可以将 $\boldsymbol{A}^{\bar{n}}\boldsymbol{B}$ 写为 $\{\boldsymbol{B},\boldsymbol{A}\boldsymbol{B},\cdots,\boldsymbol{A}^{\bar{n}-1}\boldsymbol{B}\}$ 的线性组合，因此得出结论

$$\frac{n}{p}\leqslant\mu\leqslant\min(\bar{n},n-p+1) \tag{6.16}$$

其中 $\rho(\boldsymbol{B})=p$。由于有式(6.16)，在检验能控性时，无需检验 $n\times np$ 的矩阵 $\mathscr{C}$，检验列数较少的矩阵足以。由于最小多项式的次数通常未知，但求出 $\boldsymbol{B}$ 的秩却很容易，所以可以借助以下推论来检验能控性。该推论的第 2 条依照定理 3.8 得出。有必要提示的是，对于任意 SISO 或 SIMO n 维能控状态空间方程，能控性指数就等于 n。

推论 6.1

n 维矩阵对 $(\boldsymbol{A},\boldsymbol{B})$ 能控，当且仅当矩阵

$$\mathscr{C}_{n-p+1}:=[\boldsymbol{B}\quad \boldsymbol{A}\boldsymbol{B}\quad \cdots\quad \boldsymbol{A}^{n-p}\boldsymbol{B}] \tag{6.17}$$

的秩为 n，或 $n\times n$ 的矩阵 $\mathscr{C}_{n-p+1}\mathscr{C}'_{n-p+1}$ 非奇异，其中 $\rho(\boldsymbol{B})=p$。

【例 6.5】 考虑图 2.15 中研究的卫星系统,已在式(2.48)中导出其线性化状态空间方程,根据该方程可以看到,通过前两个输入对前四个状态变量进行控制,通过最后一个输入对最后两个状态变量进行控制,这两部分是解耦的,于是,可以只考虑方程(2.48)的以下子方程:

$$\left.\begin{aligned}\dot{\boldsymbol{x}}(t)&=\begin{bmatrix}0&1&0&0\\3&0&0&2\\0&0&0&1\\0&-2&0&0\end{bmatrix}\boldsymbol{x}(t)+\begin{bmatrix}0&0\\1&0\\0&0\\0&1\end{bmatrix}\boldsymbol{u}(t)\\ \boldsymbol{y}(t)&=\begin{bmatrix}1&0&0&0\\0&0&1&0\end{bmatrix}\boldsymbol{x}(t)\end{aligned}\right\}\tag{6.18}$$

其中,简单起见,已假设 $\omega_0=m=r_0=1$。方程(6.18)的能控性矩阵为 4×8 的矩阵,若采用推论 6.1,则可以借助以下 4×6 的矩阵

$$[\boldsymbol{B}\quad \boldsymbol{AB}\quad \boldsymbol{A}^2\boldsymbol{B}]=\begin{bmatrix}0&0&1&0&0&2\\1&0&0&2&-1&0\\0&0&0&1&-2&0\\0&1&-2&0&0&-4\end{bmatrix}\tag{6.19}$$

来检验其能控性,该矩阵的秩为 4,因此方程(6.18)能控。根据式(6.19),可以很容易验证能控性指数集为 2 和 2,能控性指数为 2。

定理 6.2

任意等价变换不改变能控性。

证明:考虑能控性矩阵为

$$\mathscr{C}=[\boldsymbol{B}\quad \boldsymbol{AB}\quad \cdots\quad \boldsymbol{A}^{n-1}\boldsymbol{B}]$$

的矩阵对$(\boldsymbol{A},\boldsymbol{B})$,其等价矩阵对为$(\bar{\boldsymbol{A}},\bar{\boldsymbol{B}})$,其中 $\boldsymbol{P}$ 为非奇异矩阵,$\bar{\boldsymbol{A}}=\boldsymbol{PAP}^{-1}$ 且 $\bar{\boldsymbol{B}}=\boldsymbol{PB}$,$(\bar{\boldsymbol{A}},\bar{\boldsymbol{B}})$的能控性矩阵为

$$\begin{aligned}\bar{\mathscr{C}}&=[\bar{\boldsymbol{B}}\quad \bar{\boldsymbol{A}}\bar{\boldsymbol{B}}\quad \cdots\quad \bar{\boldsymbol{A}}^{n-1}\bar{\boldsymbol{B}}]=\\&[\boldsymbol{PB}\quad \boldsymbol{PAP}^{-1}\boldsymbol{PB}\quad \cdots\quad \boldsymbol{PA}^{n-1}\boldsymbol{P}^{-1}\boldsymbol{PB}]=\\&[\boldsymbol{PB}\quad \boldsymbol{PAB}\quad \cdots\quad \boldsymbol{PA}^{n-1}\boldsymbol{B}]=\\&\boldsymbol{P}[\boldsymbol{B}\quad \boldsymbol{AB}\quad \cdots\quad \boldsymbol{A}^{n-1}\boldsymbol{B}]=\boldsymbol{P}\mathscr{C}\end{aligned}\tag{6.20}$$

由于 $\boldsymbol{P}$ 非奇异,所以有 $\rho(\mathscr{C})=\rho(\bar{\mathscr{C}})$(参见式(3.62))。定理 6.2 得证。证毕。

定理 6.3

任意等价变换和 $\boldsymbol{B}$ 的各列任意重排不改变$(\boldsymbol{A},\boldsymbol{B})$的能控性指数集。

证明:定义

$$\mathscr{C}_k=[\boldsymbol{B}\quad \boldsymbol{AB}\quad \cdots\quad \boldsymbol{A}^{k-1}\boldsymbol{B}]\tag{6.21}$$

则根据定理 6.2 的证明,对 $k=0,1,2\cdots$,有

$$\rho(\mathscr{C}_k)=\rho(\bar{\mathscr{C}}_k)$$

因此任意等价变换不改变能控性指数集。

可以通过

$$\hat{\boldsymbol{B}}=\boldsymbol{BM}$$

实现 $\boldsymbol{B}$ 的各列重排，其中 $\boldsymbol{M}$ 为 $p\times p$ 的非奇异置换矩阵，直接可以验证

$$\hat{\mathscr{C}}_k:=\begin{bmatrix}\hat{\boldsymbol{B}} & \boldsymbol{A}\hat{\boldsymbol{B}} & \cdots & \boldsymbol{A}^{k-1}\hat{\boldsymbol{B}}\end{bmatrix}=\mathscr{C}_k\,\mathrm{diag}(\boldsymbol{M},\boldsymbol{M},\cdots,\boldsymbol{M})$$

由于 $\mathrm{diag}(\boldsymbol{M},\boldsymbol{M},\cdots,\boldsymbol{M})$ 非奇异，所以对 $k=0,1,\cdots$，有 $\rho(\hat{\mathscr{C}}_k)=\rho(\mathscr{C}_k)$，因此 $\boldsymbol{B}$ 的各列任意重排不改变能控性指数集。证毕。

由于任意等价变换和输入的任意重排不改变能控性指数集，所以能控性指数集是状态空间方程所描述系统的固有属性。能控性指数的物理意义在这里并不明显，但在离散时间情形下会变得显而易见。正如在后续章节中要讨论的，也可以根据传递矩阵求出能控性指数，且能控性指数规定了实现极点配置和模型匹配所需的最小次数。

6.3　能观性

能观性的概念与能控性的概念对偶，简要来说，能控性研究从输入操纵状态的可能性，能观性研究从输出估计状态的可能性。这两个概念都是在假设状态空间方程或等价地所有 $\boldsymbol{A}$、$\boldsymbol{B}$、$\boldsymbol{C}$ 和 $\boldsymbol{D}$ 都已知的前提下定义的，因此，能观性问题有别于实现问题或辨识问题，后者是根据输入端和输出端收集的信息确定或估计出 $\boldsymbol{A}$、$\boldsymbol{B}$、$\boldsymbol{C}$ 和 $\boldsymbol{D}$。

考虑 p 个输入 q 个输出的 n 维状态空间方程

$$\left.\begin{aligned}\dot{\boldsymbol{x}}(t)&=\boldsymbol{Ax}(t)+\boldsymbol{Bu}(t)\\ \boldsymbol{y}(t)&=\boldsymbol{Cx}(t)+\boldsymbol{Du}(t)\end{aligned}\right\}\tag{6.22}$$

其中 $\boldsymbol{A}$、$\boldsymbol{B}$、$\boldsymbol{C}$ 和 $\boldsymbol{D}$ 分别为 $n\times n$、$n\times p$、$q\times n$ 和 $q\times p$ 的常数矩阵。

定义 6.O1 若对任意未知的初始状态 $\boldsymbol{x}(0)$，存在有限时间 $t_1>0$ 使得已知 $[0,t_1]$ 区间上的输入 $\boldsymbol{u}$ 和输出 $\boldsymbol{y}$ 足以唯一地确定初始状态 $\boldsymbol{x}(0)$，则称状态空间方程(6.22)“能观”。否则，称该方程“不能观”。

【例 6.6】 考虑图 6.5 所示的电路网络，若输入为零，则无论电容两端的初始电压为多少，由于 4 只电阻的对称性，输出恒为零。已知输入和输出(二者恒为零)，但无法唯一地确定初始状态。因此，该电路网络，或者更确切地说，描述该电路的状态空间方程不能观。

【例 6.7】 考虑图 6.6(a)所示的电路网络，该电路包含两个状态变量，流经电感上的电流 x_1 和电容两端的电压 x_2。输入 u 为电流源，若 $u=0$，则该电路归结为图 6.6(b)所示的电路网络。若 $x_1(0)=a\neq 0$ 且 $x_2=0$，则输出恒为零，由任意 $\boldsymbol{x}(0)=$

$[a \quad 0]'$和$u(t)\equiv 0$可得相同的输出$y(t)\equiv 0$。因此,无法唯一地确定初始状态$[a \quad 0]'$,描述该电路网络的方程不能观。

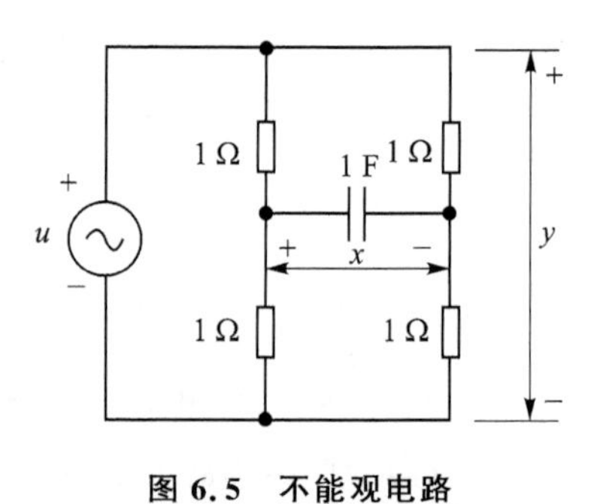

图 6.5 不能观电路

式(4.7)已推导出,由初始状态$\boldsymbol{x}(0)$和输入$\boldsymbol{u}(t)$引起方程(6.22)的响应为

$$\boldsymbol{y}(t)=\boldsymbol{C}\mathrm{e}^{\boldsymbol{A}t}\boldsymbol{x}(0)+\boldsymbol{C}\int_0^t \mathrm{e}^{\boldsymbol{A}(t-\tau)}\boldsymbol{B}\boldsymbol{u}(\tau)\mathrm{d}\tau+\boldsymbol{D}\boldsymbol{u}(t) \tag{6.23}$$

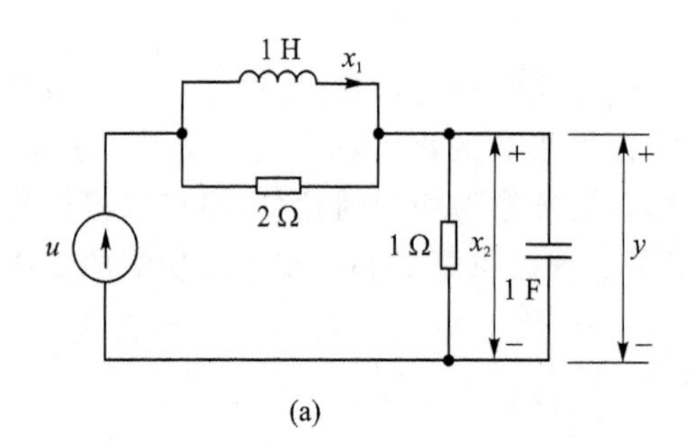

(a)

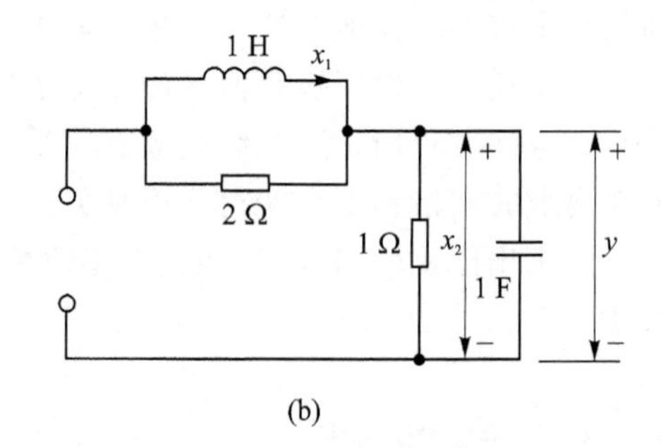

(b)

图 6.6 不能观电路

在能观性的研究中,假设输出$\boldsymbol{y}$和输入$\boldsymbol{u}$已知,仅有初始状态$\boldsymbol{x}(0)$未知,因此,可以将式(6.23)写为

$$\boldsymbol{C}\mathrm{e}^{\boldsymbol{A}t}\boldsymbol{x}(0)=\bar{\boldsymbol{y}}(t) \tag{6.24}$$

其中

$$\bar{\boldsymbol{y}}(t):=\boldsymbol{y}(t)-\boldsymbol{C}\int_0^t \mathrm{e}^{\boldsymbol{A}(t-\tau)}\boldsymbol{B}\boldsymbol{u}(\tau)\mathrm{d}\tau-\boldsymbol{D}\boldsymbol{u}(t)$$

为已知函数。因此能观性问题归结为根据方程(6.24)求解$\boldsymbol{x}(0)$的问题。若$\boldsymbol{u}\equiv\boldsymbol{0}$,则$\bar{\boldsymbol{y}}(t)$归结为零输入响应$\boldsymbol{C}\mathrm{e}^{\boldsymbol{A}t}\boldsymbol{x}(0)$。因此可以将定义6.O1修正为:方程(6.22)能观,当且仅当从有限时间间隔上的零输入响应可以唯一地确定出初始状态$\boldsymbol{x}(0)$时。

接下来讨论如何根据方程(6.24)求解$\boldsymbol{x}(0)$。t固定时,$\boldsymbol{C}\mathrm{e}^{\boldsymbol{A}t}$为$q\times n$的常数矩阵,$\bar{\boldsymbol{y}}(t)$为$q\times 1$的常数向量,因此方程(6.24)为含$n$个未知数的一组线性代数方程。根据其推导方法,对任一固定t,$\bar{\boldsymbol{y}}(t)$都在$\boldsymbol{C}\mathrm{e}^{\boldsymbol{A}t}$的值域空间中,因而方程(6.24)的解总存在。问题仅在于方程的解是否唯一,若为通常的情况$q<n$,则$q\times n$的矩阵$\boldsymbol{C}\mathrm{e}^{\boldsymbol{A}t}$的秩最多为$q$,于是其零化度为$n-q$或更大。因此,方程的解不唯一(定理3.2)。总之,在孤立的t上,不能根据方程(6.24)找出唯一的$\boldsymbol{x}(0)$,为了能根据方程(6.24)唯一地确定$\boldsymbol{x}(0)$,必须借助非零时间间隔上已知的$\boldsymbol{u}(t)$和$\boldsymbol{y}(t)$,正如以下定理所述。

定理 6.4

状态空间方程(6.22)能观,当且仅当$n\times n$的矩阵

$$\boldsymbol{W}_o(t)=\int_0^t \mathrm{e}^{\boldsymbol{A}'\tau}\boldsymbol{C}'\boldsymbol{C}\mathrm{e}^{\boldsymbol{A}\tau}\mathrm{d}\tau \tag{6.25}$$

对任意 $t>0$ 均非奇异时。

证明:先将方程(6.24)左乘 $\mathrm{e}^{\boldsymbol{A}'t}\boldsymbol{C}'$,接着在$[0,t_1]$区间上积分可得

$$\left(\int_0^{t_1} \mathrm{e}^{\boldsymbol{A}'t}\boldsymbol{C}'\boldsymbol{C}\mathrm{e}^{\boldsymbol{A}t}\mathrm{d}t\right)\boldsymbol{x}(0)=\int_0^{t_1} \mathrm{e}^{\boldsymbol{A}'t}\boldsymbol{C}'\bar{\boldsymbol{y}}(t)\mathrm{d}t$$

若 $\boldsymbol{W}_o(t_1)$非奇异,则

$$\boldsymbol{x}(0)=\boldsymbol{W}_o^{-1}(t_1)\int_0^{t_1} \mathrm{e}^{\boldsymbol{A}'t}\boldsymbol{C}'\bar{\boldsymbol{y}}(t)\mathrm{d}t \tag{6.26}$$

该式得出了唯一的 $\boldsymbol{x}(0)$,这就证明了,若对任意 $t>0$ 矩阵 $\boldsymbol{W}_o(t)$ 均非奇异,则方程(6.22)能观。接下来证明,若 $\boldsymbol{W}_o(t_1)$对所有 t_1 均奇异或等价地均为半正定,则方程(6.22)不能观。若 $\boldsymbol{W}_o(t_1)$半正定,则存在 $n\times 1$ 的非零常数向量 $\boldsymbol{v}$,使得

$$\boldsymbol{v}^T\boldsymbol{W}_o(t_1)\boldsymbol{v}=\int_0^{t_1}\boldsymbol{v}'\mathrm{e}^{\boldsymbol{A}'\tau}\boldsymbol{C}'\boldsymbol{C}\mathrm{e}^{\boldsymbol{A}\tau}\boldsymbol{v}\mathrm{d}\tau=$$

$$\int_0^{t_1}\|\boldsymbol{C}\mathrm{e}^{\boldsymbol{A}\tau}\boldsymbol{v}\|^2\mathrm{d}\tau=0$$

由此可知,对$[0,t_1]$区间上的所有 t

$$\boldsymbol{C}\mathrm{e}^{\boldsymbol{A}t}\boldsymbol{v}\equiv\boldsymbol{0} \tag{6.27}$$

若 $\boldsymbol{u}\equiv\boldsymbol{0}$,则 $\boldsymbol{x}_1(0)=\boldsymbol{v}\neq\boldsymbol{0}$ 和 $\boldsymbol{x}_2(0)=\boldsymbol{0}$ 二者均得到相同的输出

$$\boldsymbol{y}(t)=\boldsymbol{C}\mathrm{e}^{\boldsymbol{A}t}\boldsymbol{x}_i(0)\equiv\boldsymbol{0}$$

两种不同的初始状态得出相同的零输入响应,即,不能唯一地确定 $\boldsymbol{x}(0)$,因此,方程(6.22)不能观。定理 6.4 得证。证毕。

根据该定理看出,能观性只取决于 $\boldsymbol{A}$ 和 $\boldsymbol{C}$,这也可以通过选择 $\boldsymbol{u}(t)\equiv\boldsymbol{0}$ 从定义 6.O1 推导出来。因此,能观性是矩阵对$(\boldsymbol{A},\boldsymbol{C})$的属性,与 $\boldsymbol{B}$ 和 $\boldsymbol{D}$ 无关。与能控性中类似,若 $\boldsymbol{W}_o(t)$对某些 t 非奇异,则对任一 t 均非奇异,并且可以借助任意非零时间间隔根据式(6.26)求出初始状态。

定理 6.5(对偶定理)

矩阵对$(\boldsymbol{A},\boldsymbol{B})$能控,当且仅当矩阵对$(\boldsymbol{A}',\boldsymbol{B}')$能观时。

证明:矩阵对$(\boldsymbol{A},\boldsymbol{B})$能控,当且仅当矩阵

$$\boldsymbol{W}_c(t)=\int_0^t \mathrm{e}^{\boldsymbol{A}\tau}\boldsymbol{B}\boldsymbol{B}'\mathrm{e}^{\boldsymbol{A}'\tau}\mathrm{d}\tau$$

对任意 t 均非奇异。矩阵对$(\boldsymbol{A}',\boldsymbol{B}')$能观,当且仅当,式(6.25)中用 $\boldsymbol{A}'$代换 $\boldsymbol{A}$,用 $\boldsymbol{B}'$代换 $\boldsymbol{C}$ 后,矩阵

$$\boldsymbol{W}_o(t)=\int_0^t \mathrm{e}^{\boldsymbol{A}\tau}\boldsymbol{B}\boldsymbol{B}'\mathrm{e}^{\boldsymbol{A}'\tau}\mathrm{d}\tau$$

对任意 t 均非奇异。此两条件相同,定理成立。证毕。

下面列出定理 6.1 对应的能观性情形。可以对其直接证明,也可以应用对偶定理间接证明。

定理 6.O1

以下陈述等价。

① n 维矩阵对$(\boldsymbol{A},\boldsymbol{C})$能观。

② $n\times n$ 的矩阵

$$\boldsymbol{W}_o(t)=\int_0^t \mathrm{e}^{\boldsymbol{A}'\tau}\boldsymbol{C}'\boldsymbol{C}\mathrm{e}^{\boldsymbol{A}\tau}\mathrm{d}\tau \tag{6.28}$$

对任意 $t>0$ 均非奇异。

③ $nq\times n$ 的“能观性矩阵”

$$\mathcal{O}=\begin{bmatrix}\boldsymbol{C}\\ \boldsymbol{CA}\\ \vdots \\ \boldsymbol{CA}^{n-1}\end{bmatrix} \tag{6.29}$$

秩为 n(列满秩)。MATLAB 中调用 obsv 可生成该矩阵。

④ $(n+q)\times n$ 的矩阵 $\begin{bmatrix}\boldsymbol{A}-\lambda\boldsymbol{I}\\ \boldsymbol{C}\end{bmatrix}$ 在 $\boldsymbol{A}$ 的任一特征值 λ 上均列满秩。

⑤ 此外,若 $\boldsymbol{A}$ 的所有特征值均具有负实部,则方程

$$\boldsymbol{A}'\boldsymbol{W}_o+\boldsymbol{W}_o\boldsymbol{A}=-\boldsymbol{C}'\boldsymbol{C} \tag{6.30}$$

的唯一解正定,方程的解称为“能观性 Gramian 矩阵”,并且可以将其表示为

$$\boldsymbol{W}_o=\int_0^\infty \mathrm{e}^{\boldsymbol{A}'\tau}\boldsymbol{C}'\boldsymbol{C}\mathrm{e}^{\boldsymbol{A}\tau}\mathrm{d}\tau \tag{6.31}$$

能观性指数[③]

设 $\boldsymbol{A}$ 和 $\boldsymbol{C}$ 分别为 $n\times n$ 和 $q\times n$ 的常数矩阵。假设 $\boldsymbol{C}$ 的秩为 q(行满秩),若 $\boldsymbol{C}$ 并非行满秩,则可以将某些输出端的输出表示为其他输出的线性组合。因此,这些输出不能提供关于该系统的任何新信息,可以将这些输出端清除。通过删除相应的行,降维后的 $\boldsymbol{C}$ 则为行满秩。

若$(\boldsymbol{A},\boldsymbol{C})$能观,其能观性矩阵 $\mathcal{O}$ 的秩为 n,即有 n 个线性无关的行向量。设 $\boldsymbol{c}_i$ 是 $\boldsymbol{C}$ 的第 i 行。从上到下依次搜索 $\mathcal{O}$ 的线性无关行。根据与能控性的对偶关系,若与 $\boldsymbol{c}_m$ 相关联的某行变得与其上面的行线性相关,则与 $\boldsymbol{c}_m$ 相关联的后面所有行也都相关。设 v_m 是与 $\boldsymbol{c}_m$ 相关联的线性无关行数,显然,若 $\mathcal{O}$ 的秩为 n,则

$$v_1+v_2+\cdots+v_q=n \tag{6.32}$$

集合$\{v_1,v_2,\cdots,v_q\}$称为“能观性指数集”,且称

$$v=\max\{v_1,v_2,\cdots,v_q\} \tag{6.33}$$

为$(\boldsymbol{A},\boldsymbol{C})$的“能观性指数”,若$(\boldsymbol{A},\boldsymbol{C})$能观,则能观性指数是满足

③ 可跳过本小节不影响连续性。

$$\rho(\mathcal{O}_v) := \begin{bmatrix} \boldsymbol{C} \\ \boldsymbol{CA} \\ \boldsymbol{CA}^2 \\ \vdots \\ \boldsymbol{CA}^{v-1} \end{bmatrix} = n$$

的最小整数。

根据与能控性的对偶关系，有

$$\frac{n}{q} \leqslant v \leqslant \min(\bar{n}, n - q + 1) \tag{6.34}$$

其中 $\rho(\boldsymbol{C})=q$，$\bar{n}$ 为最小多项式的次数。有必要提示的是，对于任意 SISO 或任意 MISO n 维能观状态空间方程，能观性指数就等于 n。

推论 6.O1

n 维矩阵对$(\boldsymbol{A},\boldsymbol{C})$能观，当且仅当矩阵

$$\mathcal{O}_{n-q+1} = \begin{bmatrix} \boldsymbol{C} \\ \boldsymbol{CA} \\ \vdots \\ \boldsymbol{CA}^{n-q} \end{bmatrix} \tag{6.35}$$

的秩为 n，或 $n \times n$ 的矩阵 $\mathcal{O}'_{n-q+1}\mathcal{O}_{n-q+1}$ 非奇异时，其中 $\rho(\boldsymbol{C})=q$。

定理 6.O2

任意等价变换不改变能观性。

定理 6.O3

任意等价变换和 $\boldsymbol{C}$ 的各行任意重排不改变$(\boldsymbol{A},\boldsymbol{C})$的能观性指数集。

在结束本节之前，讨论方程(6.24)的另外一种解法。对方程(6.24)多次求导并设 $t=0$，可得

$$\begin{bmatrix} \boldsymbol{C} \\ \boldsymbol{CA} \\ \vdots \\ \boldsymbol{CA}^{v-1} \end{bmatrix} \boldsymbol{x}(0) = \begin{bmatrix} \bar{\boldsymbol{y}}(0) \\ \dot{\bar{\boldsymbol{y}}}(0) \\ \vdots \\ \bar{\boldsymbol{y}}^{(v-1)}(0) \end{bmatrix}$$

或

$$\mathcal{O}_{v-1}\boldsymbol{x}(0) = \tilde{\boldsymbol{y}}(0) \tag{6.36}$$

其中$\bar{\boldsymbol{y}}^{(i)}(t)$为 $\bar{\boldsymbol{y}}(t)$的 i 阶导数，且 $\tilde{\boldsymbol{y}}(0) := [\bar{\boldsymbol{y}}'(0) \quad \dot{\bar{\boldsymbol{y}}}'(0) \quad \cdots \quad \bar{\boldsymbol{y}}^{(v-1)}(0)']'$，方程(6.36)为一组线性代数方程。根据其推导方法，$\tilde{\boldsymbol{y}}(0)$必位于 $\mathcal{O}_{v-1}$ 的值域空间中，因此，方程(6.36)的解 $\boldsymbol{x}(0)$存在。若$(\boldsymbol{A},\boldsymbol{C})$能观，则 $\mathcal{O}_{v-1}$ 列满秩并根据定理 3.2，方程的解唯一。先对方程(6.36)左乘 $\mathcal{O}'_{v-1}$，再借助定理 3.8，可以得出方程的解为

$$\mathbf{x}(0)=[\mathscr{O}'_{v-1}\mathscr{O}_{v-1}]^{-1}\mathscr{O}'_{v-1}\tilde{\mathbf{y}}(0) \tag{6.37}$$

有必要提示的是,为了得出$\dot{\bar{\mathbf{y}}}(0)$, $\ddot{\bar{\mathbf{y}}}(0)$,…,需要已知 $t=0$ 邻域内的 $\bar{\mathbf{y}}(t)$。这与早先的断言一致,为了能从方程(6.24)唯一地确定 $\mathbf{x}(0)$,需要已知非零时间间隔上的 $\bar{\mathbf{y}}(t)$。总之,可以借助式(6.26)或式(6.37)求出初始状态。

实际量测的输出 $y(t)$经常受到高频噪声的破坏,由于

- 微分会放大高频噪声;
- 积分会抑制或平滑高频噪声。

根据方程(6.36)或式(6.37)得到的结果可能与实际的初始状态相差很大。因此,在计算初始状态时式(6.26)比方程(6.36)更可取。

可以从方程(6.36)看出能观性指数的物理意义,它是为了能根据方程(6.36)或式(6.37)唯一地确定出 $\mathbf{x}(0)$的最小整数。正如将要在第9章中讨论的,能观性指数也规定了实现极点配置和模型匹配所需的最小次数。

6.4 Kalman 分解

本节讨论状态空间方程的规范分解,其基本内容将用于建立状态空间描述和传递矩阵描述之间的数学关系,考虑

$$\left.\begin{aligned}\dot{\mathbf{x}}(t)&=\mathbf{A}\mathbf{x}(t)+\mathbf{B}\mathbf{u}(t)\\ \mathbf{y}(t)&=\mathbf{C}\mathbf{x}(t)+\mathbf{D}\mathbf{u}(t)\end{aligned}\right\} \tag{6.38}$$

设 $\bar{\mathbf{x}}=\mathbf{P}\mathbf{x}$,其中 $\mathbf{P}$ 为非奇异矩阵,则状态方程

$$\left.\begin{aligned}\dot{\bar{\mathbf{x}}}(t)&=\bar{\mathbf{A}}\bar{\mathbf{x}}(t)+\bar{\mathbf{B}}\mathbf{u}(t)\\ \mathbf{y}(t)&=\bar{\mathbf{C}}\bar{\mathbf{x}}(t)+\bar{\mathbf{D}}\mathbf{u}(t)\end{aligned}\right\} \tag{6.39}$$

与方程(6.38)等价,其中 $\bar{\mathbf{A}}=\mathbf{P}\mathbf{A}\mathbf{P}^{-1}$,$\bar{\mathbf{B}}=\mathbf{P}\mathbf{B}$,$\bar{\mathbf{C}}=\mathbf{C}\mathbf{P}^{-1}$ 以及 $\bar{\mathbf{D}}=\mathbf{D}$。方程(6.38)的所有属性,包括稳定性、能控性和能观性,在方程(6.39)中均保留,同时有

$$\bar{\mathscr{C}}=\mathbf{P}\mathscr{C},\quad \bar{\mathscr{O}}=\mathscr{O}\mathbf{P}^{-1}$$

定理 6.6

考虑式(6.38)的 n 维状态空间方程,其中

$$\rho(\mathscr{C})=\rho([\mathbf{B}\quad \mathbf{A}\mathbf{B}\quad \cdots\quad \mathbf{A}^{n-1}\mathbf{B}])=n_1<n$$

构造 $n\times n$ 的矩阵

$$\mathbf{P}^{-1}:=[\mathbf{q}_1\quad \cdots\quad \mathbf{q}_{n_1}\quad \cdots\quad \mathbf{q}_n]$$

其中前 n_1 列为 $\mathscr{C}$ 中任意 n_1 个线性无关列,只要 $\mathbf{P}$ 非奇异,则其余列可以任意选择。等价变换 $\bar{\mathbf{x}}=\mathbf{P}\mathbf{x}$ 或 $\mathbf{x}=\mathbf{P}^{-1}\bar{\mathbf{x}}$ 将方程(6.38)变换为

$$\left.\begin{aligned}\begin{bmatrix}\dot{\bar{\boldsymbol{x}}}_C(t)\\ \dot{\bar{\boldsymbol{x}}}_{\bar{C}}(t)\end{bmatrix}&=\begin{bmatrix}\bar{\boldsymbol{A}}_C & \bar{\boldsymbol{A}}_{12}\\ \boldsymbol{0} & \bar{\boldsymbol{A}}_{\bar{C}}\end{bmatrix}\begin{bmatrix}\bar{\boldsymbol{x}}_C(t)\\ \bar{\boldsymbol{x}}_{\bar{C}}(t)\end{bmatrix}+\begin{bmatrix}\bar{\boldsymbol{B}}_C\\ \boldsymbol{0}\end{bmatrix}\boldsymbol{u}(t)\\ \boldsymbol{y}(t)&=\begin{bmatrix}\bar{\boldsymbol{C}}_C & \bar{\boldsymbol{C}}_{\bar{C}}\end{bmatrix}\begin{bmatrix}\bar{\boldsymbol{x}}_C(t)\\ \bar{\boldsymbol{x}}_{\bar{C}}(t)\end{bmatrix}+\boldsymbol{D}\boldsymbol{u}(t)\end{aligned}\right\}\tag{6.40}$$

其中$\bar{\boldsymbol{A}}_C$ 为$n_1\times n_1$ 的矩阵,$\bar{\boldsymbol{A}}_{\bar{C}}$ 为$(n-n_1)\times(n-n_1)$的矩阵,方程(6.40)的以下n_1 维子方程

$$\left.\begin{aligned}\dot{\bar{\boldsymbol{x}}}_c(t)&=\bar{\boldsymbol{A}}_c\bar{\boldsymbol{x}}_c(t)+\bar{\boldsymbol{B}}_c\boldsymbol{u}(t)\\ \bar{\boldsymbol{y}}(t)&=\bar{\boldsymbol{C}}_c\bar{\boldsymbol{x}}_c(t)+\boldsymbol{D}\boldsymbol{u}(t)\end{aligned}\right\}\tag{6.41}$$

能控,并且与方程(6.38)具有相同的传递矩阵。

证明:正如第 4.4 节讨论的,变换 $\boldsymbol{x}=\boldsymbol{P}^{-1}\bar{\boldsymbol{x}}$ 将状态空间的基从式(3.8)中的标准正交基变换为 $\boldsymbol{Q}:=\boldsymbol{P}^{-1}$ 的列,或$\{\boldsymbol{q}_1,\cdots,\boldsymbol{q}_{n_1},\cdots,\boldsymbol{q}_n\}$。$\bar{\boldsymbol{A}}$ 的第 i 列是 $\boldsymbol{A}\boldsymbol{q}_i$ 在$\{\boldsymbol{q}_1,\cdots,\boldsymbol{q}_{n_1},\cdots,\boldsymbol{q}_n\}$这组基上的表示,现向量 $\boldsymbol{A}\boldsymbol{q}_i$, $i=1,2,\cdots,n_1$ 与向量集$\{\boldsymbol{q}_1,\cdots,\boldsymbol{q}_{n_1}\}$线性相关,与向量集$\{\boldsymbol{q}_{n_1+1},\cdots,\boldsymbol{q}_n\}$线性无关。因此,矩阵 $\bar{\boldsymbol{A}}$ 具有式(6.40)所示的形式。$\bar{\boldsymbol{B}}$ 的各列是 $\boldsymbol{B}$ 的各列在$\{\boldsymbol{q}_1,\cdots,\boldsymbol{q}_{n_1},\cdots,\boldsymbol{q}_n\}$这组基上的表示,现 $\boldsymbol{B}$ 的各列仅取决于$\{\boldsymbol{q}_1,\cdots,\boldsymbol{q}_{n_1}\}$,因此,$\bar{\boldsymbol{B}}$ 具有式(6.40)所示的形式。有必要提示的是,若 $n\times p$ 的矩阵 $\boldsymbol{B}$ 秩为 p 并且若选择 $\boldsymbol{B}$ 的列为 $\boldsymbol{P}^{-1}$ 的前 p 列,则 $\bar{\boldsymbol{B}}$ 的上分块矩阵为 p 阶单位阵。

设 $\bar{\mathscr{C}}$ 为方程(6.40)的能控性矩阵,则有 $\rho(\mathscr{C})=\rho(\bar{\mathscr{C}})=n_1$,直接可以验证

$$\bar{\mathscr{C}}=\begin{bmatrix}\bar{\boldsymbol{B}}_C & \bar{\boldsymbol{A}}_C\bar{\boldsymbol{B}}_C & \cdots & \bar{\boldsymbol{A}}_C^{n_1}\bar{\boldsymbol{B}}_C & \cdots & \bar{\boldsymbol{A}}_C^{n-1}\bar{\boldsymbol{B}}_C\\ \boldsymbol{0} & \boldsymbol{0} & \cdots & \boldsymbol{0} & \cdots & \boldsymbol{0}\end{bmatrix}=$$

$$\begin{bmatrix}\bar{\mathscr{C}}_C & \bar{\boldsymbol{A}}_C^{n_1}\bar{\boldsymbol{B}}_C & \cdots & \bar{\boldsymbol{A}}_C^{n-1}\bar{\boldsymbol{B}}_C\\ \boldsymbol{0} & \boldsymbol{0} & \cdots & \boldsymbol{0}\end{bmatrix}$$

其中 $\bar{\mathscr{C}}_C$ 为$(\bar{\boldsymbol{A}}_C,\bar{\boldsymbol{B}}_C)$的能控性矩阵,由于 $k\geqslant n_1$ 时$\bar{\boldsymbol{A}}_C^k\bar{\boldsymbol{B}}_C$ 的各列与 $\bar{\mathscr{C}}_C$ 的各列线性相关,所以根据条件 $\rho(\mathscr{C})=n_1$ 可知 $\rho(\bar{\mathscr{C}}_C)=n_1$。因此,式(6.41)的 n_1 维状态空间方程能控。

接下来证明方程(6.41)与方程(6.38)具有相同的传递矩阵。由于方程(6.38)与方程(6.40)具有相同的传递矩阵,只需要证明方程(6.40)和方程(6.41)具有相同的传递矩阵。通过直接验证,可以证明

$$\begin{bmatrix}s\boldsymbol{I}-\bar{\boldsymbol{A}}_c & -\bar{\boldsymbol{A}}_{12}\\ \boldsymbol{0} & s\boldsymbol{I}-\bar{\boldsymbol{A}}_{\bar{c}}\end{bmatrix}^{-1}=\begin{bmatrix}(s\boldsymbol{I}-\bar{\boldsymbol{A}}_c)^{-1} & \boldsymbol{M}\\ \boldsymbol{0} & (s\boldsymbol{I}-\bar{\boldsymbol{A}}_{\bar{c}})^{-1}\end{bmatrix}\tag{6.42}$$

其中

$$\boldsymbol{M}=(s\boldsymbol{I}-\bar{\boldsymbol{A}}_c)^{-1}\bar{\boldsymbol{A}}_{12}(s\boldsymbol{I}-\bar{\boldsymbol{A}}_{\bar{c}})^{-1}$$

因此,方程(6.40)的传递矩阵为

$$[\bar{\boldsymbol{C}}_c \quad \bar{\boldsymbol{C}}_{\bar{c}}]\begin{bmatrix} s\boldsymbol{I}-\bar{\boldsymbol{A}}_c & -\bar{\boldsymbol{A}}_{12} \\ \boldsymbol{0} & s\boldsymbol{I}-\bar{\boldsymbol{A}}_{\bar{c}} \end{bmatrix}^{-1}\begin{bmatrix} \bar{\boldsymbol{B}}_c \\ \boldsymbol{0} \end{bmatrix}+\boldsymbol{D}=$$

$$[\bar{\boldsymbol{C}}_c \quad \bar{\boldsymbol{C}}_{\bar{c}}]\begin{bmatrix} (s\boldsymbol{I}-\bar{\boldsymbol{A}}_c)^{-1} & \boldsymbol{M} \\ \boldsymbol{0} & (s\boldsymbol{I}-\bar{\boldsymbol{A}}_{\bar{c}})^{-1} \end{bmatrix}\begin{bmatrix} \bar{\boldsymbol{B}}_c \\ \boldsymbol{0} \end{bmatrix}+\boldsymbol{D}=$$

$$\bar{\boldsymbol{C}}_c(s\boldsymbol{I}-\bar{\boldsymbol{A}}_c)^{-1}\bar{\boldsymbol{B}}_c+\boldsymbol{D}$$

该式为方程(6.41)的传递矩阵。定理6.6得证。证毕。

等价变换 $\bar{\boldsymbol{x}}=\boldsymbol{P}\boldsymbol{x}$ 将 n 维状态空间分为两个子空间。其中之一为 n_1 维子空间,包含形如$[\bar{\boldsymbol{x}}_C' \quad \boldsymbol{0}']'$的所有向量,另一个为 $n-n_1$ 维子空间,包含形如$[\boldsymbol{0}' \quad \bar{\boldsymbol{x}}_{\bar{C}}']'$的所有向量。由于方程(6.41)能控,输入 $\boldsymbol{u}$ 可以将$\bar{\boldsymbol{x}}_C$ 从任意状态转移到任意其他状态。但是,从方程(6.40)可以看出,由于 $\boldsymbol{u}$ 不能直接对$\bar{\boldsymbol{x}}_{\bar{C}}$ 起作用,也不能通过状态$\bar{\boldsymbol{x}}_C$ 间接地对$\bar{\boldsymbol{x}}_{\bar{C}}$ 起作用,所以输入 $\boldsymbol{u}$ 不能控制 $\bar{x}_{\bar{C}}$。通过删除不能控的状态向量,可以获得与原方程零状态等价的较小维数的能控状态方程。

【例6.8】 考虑三维状态空间方程

$$\left.\begin{aligned} \dot{\boldsymbol{x}}(t)&=\begin{bmatrix} 1 & 1 & 0 \\ 0 & 1 & 0 \\ 0 & 1 & 1 \end{bmatrix}\boldsymbol{x}(t)+\begin{bmatrix} 0 & 1 \\ 1 & 0 \\ 0 & 1 \end{bmatrix}u(t) \\ y(t)&=[1 \quad 1 \quad 1]\boldsymbol{x}(t) \end{aligned}\right\} \tag{6.43}$$

$\boldsymbol{B}$ 的秩为2,于是,可以使用 $\mathscr{C}_2=[\boldsymbol{B} \quad \boldsymbol{AB}]$代替 $\mathscr{C}=[\boldsymbol{B} \quad \boldsymbol{AB} \quad \boldsymbol{A}^2\boldsymbol{B}]$来检验方程(6.43)的能控性(推论6.1),由于

$$\rho(\mathscr{C}_2)=\rho([\boldsymbol{B} \quad \boldsymbol{AB}])=\rho\begin{bmatrix} 0 & 1 & 1 & 1 \\ 1 & 0 & 1 & 0 \\ 0 & 1 & 1 & 1 \end{bmatrix}=2<3$$

所以,式(6.43)的状态方程不能控,若选择

$$\boldsymbol{P}^{-1}=\boldsymbol{Q}:=\begin{bmatrix} 0 & 1 & 1 \\ 1 & 0 & 0 \\ 0 & 1 & 0 \end{bmatrix}$$

$\boldsymbol{Q}$ 的前两列为 $\mathscr{C}_2$ 中前两个线性无关列,只要使 $\boldsymbol{Q}$ 非奇异最后一列可任意选择。设 $\bar{\boldsymbol{x}}=\boldsymbol{P}\boldsymbol{x}$,求出

$$\bar{\boldsymbol{A}}=\boldsymbol{P}\boldsymbol{A}\boldsymbol{P}^{-1}=\begin{bmatrix} 0 & 1 & 0 \\ 0 & 0 & 1 \\ 1 & 0 & -1 \end{bmatrix}\begin{bmatrix} 1 & 1 & 0 \\ 0 & 1 & 0 \\ 0 & 1 & 1 \end{bmatrix}\begin{bmatrix} 0 & 1 & 1 \\ 1 & 0 & 0 \\ 0 & 1 & 0 \end{bmatrix}=$$

$$\begin{bmatrix} 1 & 0 & \vdots & 0 \\ 1 & 1 & \vdots & 0 \\ \cdots & \cdots & \cdots & \cdots \\ 0 & 0 & \vdots & 1 \end{bmatrix}$$

$$\bar{\boldsymbol{B}} = \boldsymbol{P}\boldsymbol{B} = \begin{bmatrix} 0 & 1 & 0 \\ 0 & 0 & 1 \\ 1 & 0 & -1 \end{bmatrix} \begin{bmatrix} 0 & 1 \\ 1 & 0 \\ 0 & 1 \end{bmatrix} = \begin{bmatrix} 1 & 0 \\ 0 & 1 \\ \cdots & \cdots \\ 0 & 0 \end{bmatrix}$$

$$\bar{\boldsymbol{C}} = \boldsymbol{C}\boldsymbol{P}^{-1} = [1 \quad 1 \quad 1] \begin{bmatrix} 0 & 1 & 1 \\ 1 & 0 & 0 \\ 0 & 1 & 0 \end{bmatrix} = [1 \quad 2 \quad \vdots \quad 1]$$

需要注意的是，正如预期，$\bar{\boldsymbol{A}}$ 的 1×2 子矩阵$\bar{\boldsymbol{A}}_{21}$ 和$\bar{\boldsymbol{B}}_{\bar{C}}$ 均为零，而 2×1 的子矩阵$\bar{\boldsymbol{A}}_{12}$ 碰巧为零，它可以不为零。由于 $\boldsymbol{B}$ 的各列是 $\boldsymbol{Q}$ 的前两列，所以 $\bar{\boldsymbol{B}}$ 的上分块矩阵为单位阵。因此方程(6.43)可简约为

$$\dot{\bar{\boldsymbol{x}}}_c(t) = \begin{bmatrix} 1 & 0 \\ 1 & 1 \end{bmatrix} \bar{\boldsymbol{x}}_c(t) + \begin{bmatrix} 1 & 0 \\ 0 & 1 \end{bmatrix} \boldsymbol{u}(t), \quad y(t) = [1 \quad 2]\, \bar{\boldsymbol{x}}_c(t)$$

该方程能控，并且与方程(6.43)具有相同的传递矩阵。

MATLAB 函数 ctrbf 将方程(6.38)变换为方程(6.40)，区别在于 $\boldsymbol{P}^{-1}$ 中各列的顺序相反。因此，最后导出的方程有如下形式

$$\begin{bmatrix} \bar{\boldsymbol{A}}_{\bar{C}} & \boldsymbol{0} \\ \bar{\boldsymbol{A}}_{21} & \bar{\boldsymbol{A}}_C \end{bmatrix} \quad \begin{bmatrix} \boldsymbol{0} \\ \bar{\boldsymbol{B}}_C \end{bmatrix}$$

通过能控性矩阵证实了定理 6.6，但在实际计算中，不必构造能控性矩阵，可以通过执行一系列相似变换将[$\boldsymbol{B}$　$\boldsymbol{A}$]变换成 Hessenberg 型从而得出结果，参见参考文献[6]第 220～222 页，该方法效率高，数值计算稳定，因此实际计算中应当使用该方法。

与定理 6.6 对偶，对于不能观状态空间方程，有以下定理。

定理 6.O6

考虑式(6.38)中的 n 维状态空间方程，其中

$$\rho(\mathcal{O}) = \rho \begin{bmatrix} \boldsymbol{C} \\ \boldsymbol{C}\boldsymbol{A} \\ \vdots \\ \boldsymbol{C}\boldsymbol{A}^{n-1} \end{bmatrix} = n_2 < n$$

构造 $n\times n$ 的矩阵

$$\boldsymbol{P}=\begin{bmatrix}\boldsymbol{p}_1\\ \vdots\\ \boldsymbol{p}_{n_2}\\ \vdots\\ \boldsymbol{p}_n\end{bmatrix}$$

其中前 n_2 行为 $\mathcal{O}$ 中任意 n_2 个线性无关行,只要 $\boldsymbol{P}$ 非奇异,则其余行可以任意选择。等价变换 $\bar{\boldsymbol{x}}=\boldsymbol{P}\boldsymbol{x}$ 将方程(6.38)变换为

$$\left.\begin{aligned}\begin{bmatrix}\dot{\bar{\boldsymbol{x}}}_o(t)\\ \dot{\bar{\boldsymbol{x}}}_{\bar{o}}(t)\end{bmatrix}&=\begin{bmatrix}\bar{\boldsymbol{A}}_o & \boldsymbol{0}\\ \bar{\boldsymbol{A}}_{21} & \bar{\boldsymbol{A}}_{\bar{o}}\end{bmatrix}\begin{bmatrix}\bar{\boldsymbol{x}}_o(t)\\ \bar{\boldsymbol{x}}_{\bar{o}}(t)\end{bmatrix}+\begin{bmatrix}\bar{\boldsymbol{B}}_o\\ \bar{\boldsymbol{B}}_{\bar{o}}\end{bmatrix}\boldsymbol{u}(t)\\ \boldsymbol{y}(t)&=\begin{bmatrix}\bar{\boldsymbol{C}}_o & \boldsymbol{0}\end{bmatrix}\begin{bmatrix}\bar{\boldsymbol{x}}_o(t)\\ \bar{\boldsymbol{x}}_{\bar{o}}(t)\end{bmatrix}+\boldsymbol{D}\boldsymbol{u}(t)\end{aligned}\right\}\tag{6.44}$$

其中$\bar{\boldsymbol{A}}_o$ 为 $n_2\times n_2$ 的矩阵,$\bar{\boldsymbol{A}}_{\bar{o}}$ 为$(n-n_2)\times(n-n_2)$的矩阵,方程(6.44)的以下 n_2 维子方程

$$\begin{aligned}\dot{\bar{\boldsymbol{x}}}_o(t)&=\bar{\boldsymbol{A}}_c\bar{\boldsymbol{x}}_o(t)+\bar{\boldsymbol{B}}_o u(t)\\ \bar{\boldsymbol{y}}(t)&=\bar{\boldsymbol{C}}_o\bar{\boldsymbol{x}}_o(t)+\boldsymbol{D}\boldsymbol{u}(t)\end{aligned}$$

能观并且与方程(6.38)具有相同的传递矩阵。

等价变换 $\bar{\boldsymbol{x}}=\boldsymbol{P}\boldsymbol{x}$ 将 n 维状态空间分为两个子空间。其中之一为 n_2 维子空间,包含形如$[\bar{\boldsymbol{x}}_o' \quad \boldsymbol{0}']'$的所有向量,另一个为$(n-n_2)$维子空间,包含形如$[\boldsymbol{0}' \quad \bar{\boldsymbol{x}}_{\bar{o}}']'$的所有向量。可以从输出量测出状态$\bar{\boldsymbol{x}}_o$。但是,从方程(6.44)可以看出,由于$\bar{\boldsymbol{x}}_{\bar{o}}$ 没有直接连接到输出,也没有通过状态$\bar{\boldsymbol{x}}_o$ 间接连接到输出,所以不能从输出量测出$\bar{\boldsymbol{x}}_{\bar{o}}$。通过删除不能观的状态向量,可以获得与原方程零状态等价的较小维数的能观状态方程。MATLAB 函数 obsvf 与函数 ctrbf 对应。结合定理 6.6 和定理 6.O6,有以下"Kalman 分解定理"。

定理 6.7

可以通过等价变换将任一状态空间方程变换为以下标准型

$$\left.\begin{aligned}\begin{bmatrix}\dot{\bar{\boldsymbol{x}}}_{co}(t)\\ \dot{\bar{\boldsymbol{x}}}_{c\bar{o}}(t)\\ \dot{\bar{\boldsymbol{x}}}_{\bar{c}o}(t)\\ \dot{\bar{\boldsymbol{x}}}_{\overline{co}}(t)\end{bmatrix}&=\begin{bmatrix}\bar{\boldsymbol{A}}_{co} & \boldsymbol{0} & \bar{\boldsymbol{A}}_{13} & \boldsymbol{0}\\ \bar{\boldsymbol{A}}_{21} & \bar{\boldsymbol{A}}_{c\bar{o}} & \bar{\boldsymbol{A}}_{23} & \bar{\boldsymbol{A}}_{24}\\ \boldsymbol{0} & \boldsymbol{0} & \bar{\boldsymbol{A}}_{\bar{c}o} & \boldsymbol{0}\\ \boldsymbol{0} & \boldsymbol{0} & \bar{\boldsymbol{A}}_{43} & \bar{\boldsymbol{A}}_{\overline{co}}\end{bmatrix}\begin{bmatrix}\bar{\boldsymbol{x}}_{co}(t)\\ \bar{\boldsymbol{x}}_{c\bar{o}}(t)\\ \bar{\boldsymbol{x}}_{\bar{c}o}(t)\\ \bar{\boldsymbol{x}}_{\overline{co}}(t)\end{bmatrix}+\begin{bmatrix}\bar{\boldsymbol{B}}_{co}\\ \bar{\boldsymbol{B}}_{c\bar{o}}\\ \boldsymbol{0}\\ \boldsymbol{0}\end{bmatrix}\boldsymbol{u}(t)\\ \boldsymbol{y}(t)&=\begin{bmatrix}\bar{\boldsymbol{C}}_{co} & \boldsymbol{0} & \bar{\boldsymbol{C}}_{\bar{c}o} & \boldsymbol{0}\end{bmatrix}\bar{\boldsymbol{x}}(t)+\boldsymbol{D}\boldsymbol{u}(t)\end{aligned}\right\}\tag{6.45}$$

其中,向量$\bar{\boldsymbol{x}}_{co}$既能控又能观,$\bar{\boldsymbol{x}}_{c\bar{o}}$能控但不能观,$\bar{\boldsymbol{x}}_{\bar{c}o}$能观但不能控,$\bar{\boldsymbol{x}}_{\bar{c}\bar{o}}$既不能控也不能观。此外,该状态空间方程与既能控又能观的状态空间方程

$$\left.\begin{aligned}\dot{\bar{\boldsymbol{x}}}_{co}(t) &= \bar{\boldsymbol{A}}_{co}\bar{\boldsymbol{x}}_{co}(t) + \bar{\boldsymbol{B}}_{co}\boldsymbol{u}(t)\\ \boldsymbol{y}(t) &= \bar{\boldsymbol{C}}_{co}\bar{\boldsymbol{x}}_{co}(t) + \boldsymbol{D}\boldsymbol{u}(t)\end{aligned}\right\} \tag{6.46}$$

零状态等价,并且其传递矩阵为

$$\hat{\boldsymbol{G}}(s) = \bar{\boldsymbol{C}}_{co}(s\boldsymbol{I} - \bar{\boldsymbol{A}}_{co})^{-1}\bar{\boldsymbol{B}}_{co} + \boldsymbol{D}$$

可以利用图 6.7 形象地说明该定理,首先借助定理 6.6 将方程分解为能控和不能控的子方程,然后借助定理 6.O6 将每个子方程分解为能观和不能观的部分。从图中可以看到,只有既能控又能观的部分同时连接到输入端和输出端,因此,传递矩阵仅描述系统中既能控又能观的部分,此即为传递函数描述和状态空间描述未必等价的原因。例如,若任意除$\bar{\boldsymbol{A}}_{co}$之外的$\boldsymbol{A}$-矩阵具有正实部的特征值,则某些状态变量可能无限增大,系统可能烧毁,然而,无法通过传递矩阵检测到这种现象。

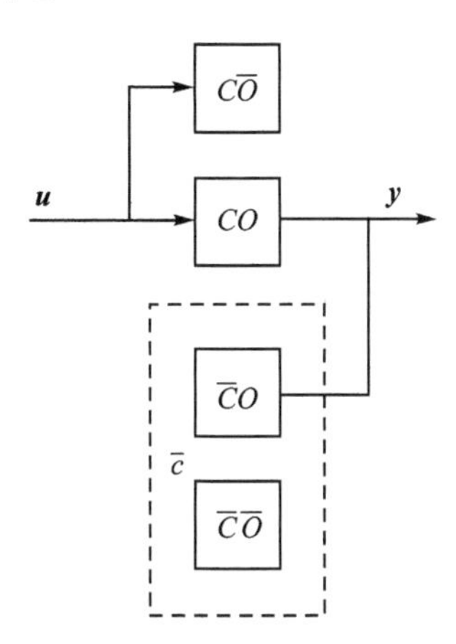

图 6.7　Klaman 分解

MATLAB 函数 minreal,即 minimal realization 的缩写词,可将方程(6.45)简化为方程(6.46),之所以称之为最小实现,原因将在下一章给出。

【例 6.9】 考虑图 6.8(a)所示的电路网络。由于输入为电流源,所以由 C_1 和 L_1 中的初始条件引起的响应不会出现在输出端,因此,与 C_1 和 L_1 相关联的状态变量不能观,它们是否能控在随后的讨论中并不重要。与之类似,与 L_2 相关联的状态变量不能控。由于 4 个 1 Ω 电阻的对称性,与 C_2 相关联的状态变量既不能控也不能观。通过删除不能控或不能观的状态变量,可以将图 6.8(a)中的电路网络简化为图 6.8(b)中的电路网络。每条支路中的电流为$\dfrac{u}{2}$,因而,输出 y 等于 $2\cdot\left(\dfrac{u}{2}\right)$或 $y=u$,因此,图 6.8(a)电路网络的传递函数为 $\hat{g}(s)=1$。

若按图中所示选择状态变量,则可以通过

$$\dot{\boldsymbol{x}}(t) = \begin{bmatrix}0 & -0.5 & 0 & 0\\ 1 & 0 & 0 & 0\\ 0 & 0 & -0.5 & 0\\ 0 & 0 & 0 & 1\end{bmatrix}\boldsymbol{x}(t) + \begin{bmatrix}0.5\\ 0\\ 0\\ 0\end{bmatrix}u(t)$$

$$y(t) = [0 \quad 0 \quad 0 \quad 1]\,\boldsymbol{x}(t) + u(t)$$

描述该电路网络。

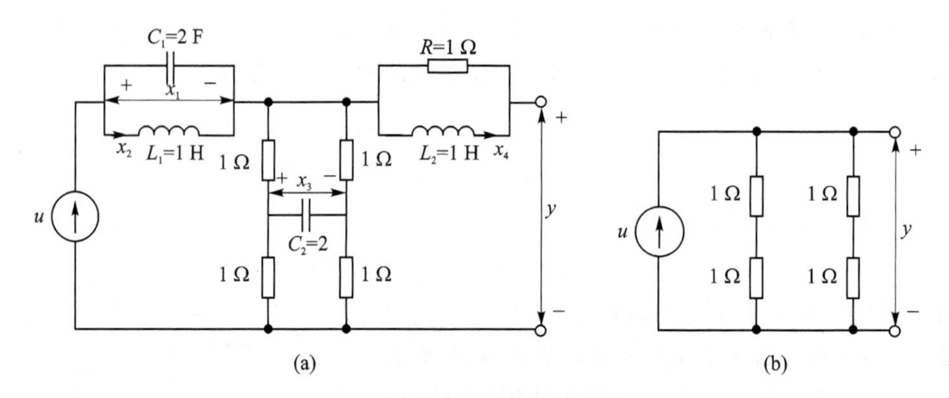

图 6.8 电路网络

由于该方程已经是式(6.40)所示的形式,可将其简约为以下能控状态空间方程:

$$\dot{\boldsymbol{x}}_c(t)=\begin{bmatrix}0 & -0.5\\1 & 0\end{bmatrix}\boldsymbol{x}_c(t)+\begin{bmatrix}0.5\\0\end{bmatrix}u(t)$$

$$y(t)=[0 \quad 0]\,\boldsymbol{x}_c(t)+u(t)$$

输出不依赖于 $\boldsymbol{x}_c$,因此可以将该方程进一步简化为 $y=u$,这将在后文借助 MATLAB 函数 minreal 得到该结果。

6.5 约当型方程的能控能观条件

任意等价变换不改变能控性和能观性。若将状态空间方程变换为约当型,则能控性和能观性条件变得异常简单,通常可以通过观察法来检验。考虑状态空间方程

$$\left.\begin{aligned}\dot{\boldsymbol{x}}(t)&=\boldsymbol{J}\boldsymbol{x}(t)+\boldsymbol{B}\boldsymbol{u}(t)\\ \boldsymbol{y}(t)&=\boldsymbol{C}\boldsymbol{x}(t)\end{aligned}\right\} \tag{6.47}$$

其中 $\boldsymbol{J}$ 为约当型。为了简化讨论,假设 $\boldsymbol{J}$ 只有两个互异的特征值 λ_1 和 λ_2,并且可以将 $\boldsymbol{J}$ 写为

$$\boldsymbol{J}=\mathrm{diag}(\boldsymbol{J}_1,\boldsymbol{J}_2)$$

其中 $\boldsymbol{J}_1$ 包含相应于特征值 λ_1 的所有约当块,$\boldsymbol{J}_2$ 包含相应于特征值 λ_2 的所有约当块,还是为了简化讨论,假设 $\boldsymbol{J}_1$ 有三个约当块,$\boldsymbol{J}_2$ 有两个约当块,或

$$\boldsymbol{J}_1=\mathrm{diag}(\boldsymbol{J}_{11},\boldsymbol{J}_{12},\boldsymbol{J}_{13}),\quad \boldsymbol{J}_2=\mathrm{diag}(\boldsymbol{J}_{21},\boldsymbol{J}_{22})$$

对应于 $\boldsymbol{J}_{ij}$"最后一行"的 $\boldsymbol{B}$ 的行记为 $\boldsymbol{b}_{lij}$,对应于 $\boldsymbol{J}_{ij}$"第一列"的 $\boldsymbol{C}$ 的列记为 $\boldsymbol{c}_{fij}$。

定理 6.8

① 式(6.47)中的状态空间方程能控,当且仅当三个行向量$\{\boldsymbol{b}_{l11},\boldsymbol{b}_{l12},\boldsymbol{b}_{l13}\}$线性无关并且两个行向量$\{\boldsymbol{b}_{l21},\boldsymbol{b}_{l22}\}$线性无关。

② 式(6.47)中的状态空间方程能观,当且仅当三个列向量$\{\boldsymbol{c}_{f11},\boldsymbol{c}_{f12},\boldsymbol{c}_{f13}\}$线性

无关并且两个列向量$\{\boldsymbol{c}_{f21},\boldsymbol{c}_{f22}\}$线性无关时。

首先讨论该定理的含义，若状态空间方程为约当型，则在检验某特征值相应的状态变量的能控性时，与其他特征值相应的状态变量无关。相同特征值的状态变量的能控性仅取决于该特征值相应的所有约当块的最后一行对应的 $\boldsymbol{B}$ 的各行，$\boldsymbol{B}$ 的所有其他行在确定能控性时不起作用。除了所有约当块的第一列对应的 $\boldsymbol{C}$ 的各列决定了能观性之外，类似的结论也适用于能观性。举例说明定理 6.8 的用法。

【例 6.10】 考虑约当型状态空间方程

$$\left.\begin{aligned}\dot{\boldsymbol{x}}(t)&=\begin{bmatrix}\lambda_1&1&0&0&0&0&0\\0&\lambda_1&0&0&0&0&0\\0&0&\lambda_1&0&0&0&0\\0&0&0&\lambda_1&0&0&0\\0&0&0&0&\lambda_2&1&0\\0&0&0&0&0&\lambda_2&1\\0&0&0&0&0&0&\lambda_2\end{bmatrix}\boldsymbol{x}(t)+\begin{bmatrix}0&0&0\\1&0&0\\0&1&0\\1&1&1\\1&2&3\\0&1&0\\1&1&1\end{bmatrix}\boldsymbol{u}(t)\\\boldsymbol{y}(t)&=\begin{bmatrix}1&1&2&0&0&2&1\\1&0&1&2&0&1&1\\1&0&2&3&0&2&0\end{bmatrix}\boldsymbol{x}(t)\end{aligned}\right\}\tag{6.48}$$

矩阵 $\boldsymbol{J}$ 有两个互异的特征值λ_1 和 λ_2，相应于特征值 λ_1 的约当块有三个，阶数分别为 2,1 和 1，这三个约当块的最后一行对应的 $\boldsymbol{B}$ 的各行为$[1\quad 0\quad 0]$、$[0\quad 1\quad 0]$和$[1\quad 1\quad 1]$，这三个行线性无关。相应于特征值 λ_2 的约当块只有一个，阶数为 3，该约当块的最后一行对应的 $\boldsymbol{B}$ 的行为$[1\quad 1\quad 1]$，非零，即线性无关。因此，得出结论，式(6.48)的状态方程能控。

方程(6.48)能观的条件是三个列$[1\quad 1\quad 1]'$、$[2\quad 1\quad 2]'$和$[0\quad 2\quad 3]'$线性无关（它们的确线性无关）并且单个列$[0\quad 0\quad 0]'$线性无关（并非如此）。于是，状态空间方程不能观。

在证明定理 6.8 之前，绘制出方框图来说明定理中的条件是如何产生的。$(s\boldsymbol{I}-\boldsymbol{J})$的逆具有式(3.49)所示的形式，其元素仅包含$\dfrac{1}{(s-\lambda_i)^k}$，借助式(3.49)，可以为方程(6.48)绘制出如图 6.9 所示的方框图，每条方框的链接对应于方程中的一个约当块。由于方程(6.48)有 4 个约当块，所以该图有 4 条链接。可以选择每个方框的输出作为状态变量，如图 6.10 所示。考虑图 6.9 中的最后一个约当链，若 $\boldsymbol{b}_{l21}=\boldsymbol{0}$，则状态变量 x_{l21} 未连接到输入，因而无论 $\boldsymbol{b}_{221}$ 和 $\boldsymbol{b}_{121}$ 取何值，该变量不能控。另一方面，若 $\boldsymbol{b}_{l21}$ 不为零，则该约当链中的所有状态变量均能控。若同一特征值相应的约当链有2条或更多条，则要求这些约当链的第1个增益向量线性无关。互异特征值相应的约当链可以分别检验。这里的所有讨论均适用于能观性，区别在于列向量 $\boldsymbol{c}_{fij}$ 起着行向量 $\boldsymbol{b}_{lij}$ 的作用。

证明：定理6.8的证明：借助矩阵 $[\boldsymbol{A}-s\boldsymbol{I}\quad \boldsymbol{B}]$ 或 $[s\boldsymbol{I}-\boldsymbol{A}\quad \boldsymbol{B}]$ 在 $\boldsymbol{A}$ 的任一特征值上均行满秩这一条件来证明该定理。为了让证明过程不至于被符号淹没，假设 $[s\boldsymbol{I}-\boldsymbol{J}\quad \boldsymbol{B}]$ 具有以下形式：

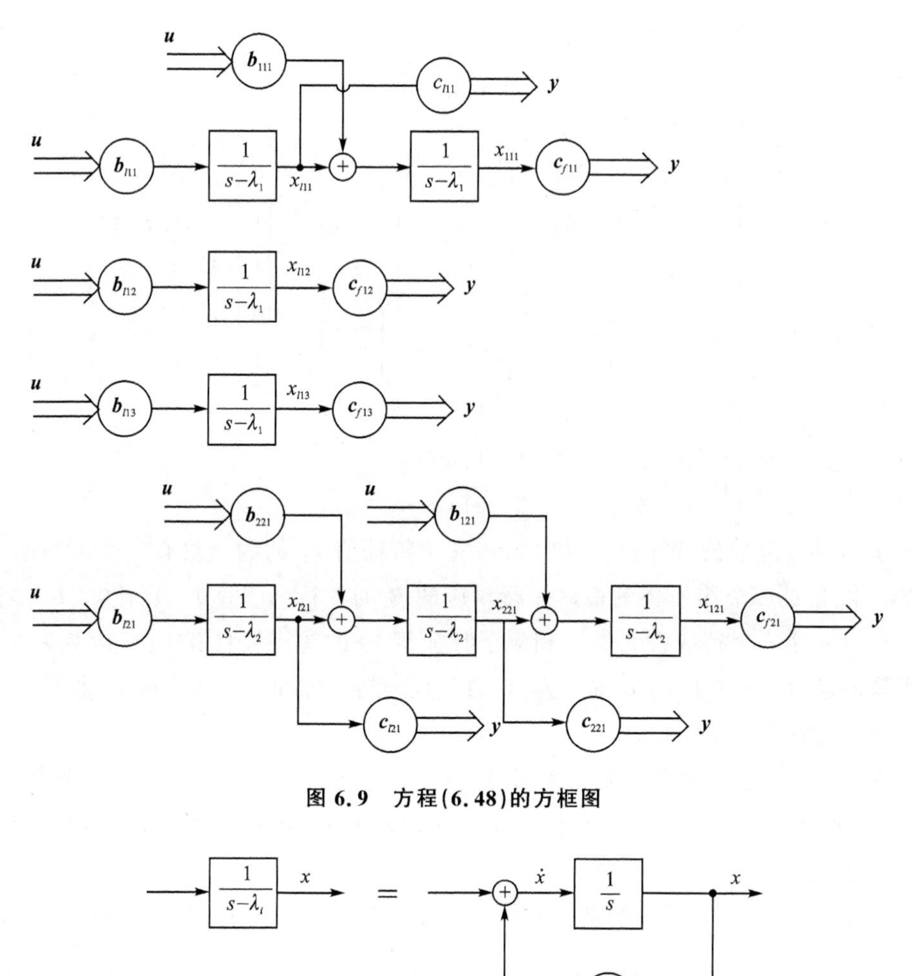

图 6.9 方程(6.48)的方框图

图 6.10 $1/(s-\lambda_i)$ 的内部结构

$$\begin{bmatrix} s-\lambda_1 & -1 & 0 & 0 & 0 & 0 & 0 & \boldsymbol{b}_{111} \\ 0 & s-\lambda_1 & -1 & 0 & 0 & 0 & 0 & \boldsymbol{b}_{211} \\ 0 & 0 & s-\lambda_1 & 0 & 0 & 0 & 0 & \boldsymbol{b}_{l11} \\ 0 & 0 & 0 & s-\lambda_1 & -1 & 0 & 0 & \boldsymbol{b}_{112} \\ 0 & 0 & 0 & 0 & s-\lambda_1 & 0 & 0 & \boldsymbol{b}_{l12} \\ 0 & 0 & 0 & 0 & 0 & s-\lambda_2 & -1 & \boldsymbol{b}_{121} \\ 0 & 0 & 0 & 0 & 0 & 0 & s-\lambda_2 & \boldsymbol{b}_{l21} \end{bmatrix} \tag{6.49}$$

约当型矩阵 $\boldsymbol{J}$ 有两个互异的特征值 λ_1 和 λ_2，相应于特征值 λ_1 有两个约当块，相应于特征值 λ_2 有一个约当块，若 $s=\lambda_1$，则式(6.49)变为

$$\begin{bmatrix} 0 & -1 & 0 & 0 & 0 & 0 & 0 & \boldsymbol{b}_{111} \\ 0 & 0 & -1 & 0 & 0 & 0 & 0 & \boldsymbol{b}_{211} \\ 0 & 0 & 0 & 0 & 0 & 0 & 0 & \boldsymbol{b}_{l11} \\ 0 & 0 & 0 & 0 & -1 & 0 & 0 & \boldsymbol{b}_{112} \\ 0 & 0 & 0 & 0 & 0 & 0 & 0 & \boldsymbol{b}_{l12} \\ 0 & 0 & 0 & 0 & 0 & \lambda_1-\lambda_2 & -1 & \boldsymbol{b}_{121} \\ 0 & 0 & 0 & 0 & 0 & 0 & \lambda_1-\lambda_2 & \boldsymbol{b}_{l21} \end{bmatrix} \tag{6.50}$$

初等列变换不改变矩阵的秩，将式(6.50)的第 2 列与 $\boldsymbol{b}_{111}$ 的乘积加到最后一个分块的列，对第 3 列和第 5 列重复该运算过程，可以得到

$$\begin{bmatrix} 0 & -1 & 0 & 0 & 0 & 0 & 0 & \boldsymbol{0} \\ 0 & 0 & -1 & 0 & 0 & 0 & 0 & \boldsymbol{0} \\ 0 & 0 & 0 & 0 & 0 & 0 & 0 & \boldsymbol{b}_{l11} \\ 0 & 0 & 0 & 0 & -1 & 0 & 0 & \boldsymbol{0} \\ 0 & 0 & 0 & 0 & 0 & 0 & 0 & \boldsymbol{b}_{l12} \\ 0 & 0 & 0 & 0 & 0 & \lambda_1-\lambda_2 & -1 & \boldsymbol{b}_{121} \\ 0 & 0 & 0 & 0 & 0 & 0 & \lambda_1-\lambda_2 & \boldsymbol{b}_{l21} \end{bmatrix}$$

由于 λ_1 和 λ_2 互异，所以 $\lambda_1-\lambda_2$ 非零。将第 7 列与 $\dfrac{-\boldsymbol{b}_{l21}}{\lambda_1-\lambda_2}$ 的乘积加到最后一列，然后再利用第 6 列消去其右侧元素可得

$$\begin{bmatrix} 0 & -1 & 0 & 0 & 0 & 0 & 0 & \boldsymbol{0} \\ 0 & 0 & -1 & 0 & 0 & 0 & 0 & \boldsymbol{0} \\ 0 & 0 & 0 & 0 & 0 & 0 & 0 & \boldsymbol{b}_{l11} \\ 0 & 0 & 0 & 0 & -1 & 0 & 0 & \boldsymbol{0} \\ 0 & 0 & 0 & 0 & 0 & 0 & 0 & \boldsymbol{b}_{l12} \\ 0 & 0 & 0 & 0 & 0 & \lambda_1-\lambda_2 & 0 & 0 \\ 0 & 0 & 0 & 0 & 0 & 0 & \lambda_1-\lambda_2 & 0 \end{bmatrix} \tag{6.51}$$

显然,当且仅当 $\boldsymbol{b}_{l11}$ 和 $\boldsymbol{b}_{l12}$ 线性无关时,式(6.51)中的矩阵行满秩。对每个特征值进行类似处理,可以证实定理 6.8 成立。证毕。

考虑具有 p 个输入和 q 个输出的 n 维约当型状态空间方程,若相应于同一特征值的约当块有 m 个,$m>p$,则 m 个 $1\times p$ 的行向量不可能线性无关,状态空间方程就不会能控。因此,状态空间方程能控的一个必要条件是 $m\leqslant p$。与之类似,状态空间方程能观的一个必要条件是 $m\leqslant q$。对于单输入情形,有以下推论。

推论 6.8

单输入约当型状态空间方程能控,当且仅当相应于每个互异特征值的约当块只有一个,并且每个约当块最后一行对应的 $\boldsymbol{B}$ 的每个元素均不为零。

推论 6.O8

单输出约当型状态空间方程能观,当且仅当相应于每个互异特征值的约当块只有一个,并且每个约当块第1列对应的 $\boldsymbol{C}$ 的每个元素均不为零。

【例 6.11】 考虑状态空间方程

$$\left.\begin{aligned}\dot{\boldsymbol{x}}(t)&=\begin{bmatrix}0&1&0&0\\0&0&1&0\\0&0&0&0\\0&0&0&-2\end{bmatrix}\boldsymbol{x}(t)+\begin{bmatrix}10\\9\\0\\1\end{bmatrix}\boldsymbol{u}(t)\\ y(t)&=\begin{bmatrix}1&0&0&2\end{bmatrix}\boldsymbol{x}(t)\end{aligned}\right\}\tag{6.52}$$

该方程有两个约当块,其中之一为相应于特征值 0 的 3 阶约当块,另一个为相应于特征值 -2 的 1 阶约当块。第 1 个约当块最后一行对应的 $\boldsymbol{B}$ 的元素为零,因此,该状态方程不能控。两个约当块的第 1 列对应的 $\boldsymbol{C}$ 的两个元素都不为零,因此该状态空间方程能观。

6.6 离散时间状态空间方程

考虑 p 个输入 q 个输出的 n 维状态空间方程

$$\left.\begin{aligned}\boldsymbol{x}[k+1]&=\boldsymbol{A}\boldsymbol{x}[k]+\boldsymbol{B}\boldsymbol{u}[k]\\ \boldsymbol{y}[k]&=\boldsymbol{C}\boldsymbol{x}[k]\end{aligned}\right\}\tag{6.53}$$

其中 $\boldsymbol{A}$、$\boldsymbol{B}$ 和 $\boldsymbol{C}$ 分别为 $n\times n$、$n\times p$ 和 $q\times n$ 的实常数矩阵。

定义 6.D1 若对任意初始状态 $\boldsymbol{x}(0)=\boldsymbol{x}_0$ 和任意终止状态 $\boldsymbol{x}_1$,存在某个有限长输入序列,能将状态从 $\boldsymbol{x}_0$ 转移到 $\boldsymbol{x}_1$,则称离散时间状态方程(6.53)或矩阵对($\boldsymbol{A}$,$\boldsymbol{B}$)"能控"。否则称该方程或矩阵对($\boldsymbol{A}$,$\boldsymbol{B}$)"不能控"。

定理 6.D1

以下陈述等价。

① n 维矩阵对($\boldsymbol{A}$,$\boldsymbol{B}$)能控。

② $n\times n$ 的矩阵

$$\boldsymbol{W}_{\rm dc}[n-1]=\sum_{m=0}^{n-1}(\boldsymbol{A})^m\boldsymbol{B}\boldsymbol{B}'(\boldsymbol{A}')^m \tag{6.54}$$

非奇异。

③ $n\times np$ 的“能控性矩阵”

$$\mathscr{C}_{\rm d}=[\boldsymbol{B}\quad \boldsymbol{A}\boldsymbol{B}\quad \boldsymbol{A}^2\boldsymbol{B}\quad \cdots\quad \boldsymbol{A}^{n-1}\boldsymbol{B}] \tag{6.55}$$

秩为 n(行满秩)。调用 MATLAB 函数 ctrb 可以生成该矩阵。

④ $n\times(n+p)$的矩阵$[\boldsymbol{A}-\lambda\boldsymbol{I}\quad \boldsymbol{B}]$在 $\boldsymbol{A}$ 的每个特征值λ 上均行满秩。

⑤ 此外,若 $\boldsymbol{A}$ 的所有特征值的幅度均小于 1,则方程

$$\boldsymbol{W}_{\rm dc}-\boldsymbol{A}\boldsymbol{W}_{\rm dc}\boldsymbol{A}'=\boldsymbol{B}\boldsymbol{B}' \tag{6.56}$$

的唯一解正定,称方程的解为离散“能控性 Gramian 矩阵”,借助 MATLAB 函数 dgram 可得出该矩阵,可以将离散 Gramian 矩阵表示为

$$\boldsymbol{W}_{\rm dc}=\sum_{m=0}^{\infty}\boldsymbol{A}^m\boldsymbol{B}\boldsymbol{B}'(\boldsymbol{A}')^m \tag{6.57}$$

在第 4.2.2 小节中已推导出方程(6.53)在 $k=n$ 处的解为

$$\boldsymbol{x}[n]=\boldsymbol{A}^n\boldsymbol{x}[0]+\sum_{m=0}^{n-1}\boldsymbol{A}^{n-1-m}\boldsymbol{B}\boldsymbol{u}[m]$$

可以将该解写为

$$\boldsymbol{x}[n]-\boldsymbol{A}^n\boldsymbol{x}[0]=[\boldsymbol{B}\quad \boldsymbol{A}\boldsymbol{B}\quad \cdots\quad \boldsymbol{A}^{n-1}\boldsymbol{B}]\begin{bmatrix}\boldsymbol{u}[n-1]\\ \boldsymbol{u}[n-2]\\ \vdots\\ \boldsymbol{u}[0]\end{bmatrix} \tag{6.58}$$

依据定理 3.1,当且仅当能控性矩阵行满秩时,对任意 $\boldsymbol{x}[0]$和 $\boldsymbol{x}[n]$,输入序列总都存在。这就证明了条件①和③等价。可以将矩阵 $\boldsymbol{W}_{\rm dc}[n-1]$写为

$$\boldsymbol{W}_{\rm dc}[n-1]=[\boldsymbol{B}\quad \boldsymbol{A}\boldsymbol{B}\quad \cdots\quad \boldsymbol{A}^{n-1}\boldsymbol{B}]\begin{bmatrix}\boldsymbol{B}'\\ \boldsymbol{B}'\boldsymbol{A}'\\ \vdots\\ \boldsymbol{B}'(\boldsymbol{A}')^{n-1}\end{bmatrix}$$

条件②和③的等价性则依据定理 3.8 得出。需要注意的是,$\boldsymbol{W}_{\rm dc}[m]$总为半正定,若 $\boldsymbol{W}_{\rm dc}[m]$非奇异,或等价地正定,则方程(6.53)能控。条件③和④的等价性证明与连续时间情形相同。条件⑤根据条件②和定理 5.D6 得出。可以看到,证实定理 6.D1 比证实定理 6.1 要简单得多。

连续时间情形和离散时间情形之间有一个重要的区别。若连续时间状态空间方程能控,则输入可以在任意非零时间间隔内将任意状态转移到任意其他状态,无论该时间间隔有多短。若离散时间状态空间方程能控,则长度为 n 的输入序列可以将任

意状态转移到任意其他状态。若求出按式(6.15)定义的能控性指数 μ,则可以采用长度为 μ 的输入序列来实现状态转移。若输入序列长度小于 μ,则无法将任意状态转移到任意其他状态。

定义 6.D2 若对任意未知的初始状态 $\boldsymbol{x}[0]$,存在有限整数 $k_1>0$ 使得已知从 $k=0\sim k_1$ 区间上的输入序列 $\boldsymbol{u}[k]$和输出序列 $\boldsymbol{y}[k]$足以唯一地确定初始状态 $\boldsymbol{x}[0]$,则称离散时间状态空间方程(6.53)或矩阵对$(\boldsymbol{A},\boldsymbol{C})$"能观"。否则,称该方程"不能观"。

定理 6.DO1

以下陈述等价。

① n 维矩阵对$(\boldsymbol{A},\boldsymbol{C})$能观。

② $n\times n$ 的矩阵

$$\boldsymbol{W}_{\mathrm{do}}[n-1]=\sum_{m=0}^{n-1}(\boldsymbol{A}')^m\boldsymbol{C}'\boldsymbol{C}\boldsymbol{A}^m \tag{6.59}$$

非奇异,或等价地,正定。

③ $nq\times n$ 的"能观性矩阵"

$$\mathscr{O}_{\mathrm{d}}=\begin{bmatrix}\boldsymbol{C}\\ \boldsymbol{C}\boldsymbol{A}\\ \vdots\\ \boldsymbol{C}\boldsymbol{A}^{n-1}\end{bmatrix} \tag{6.60}$$

秩为 n(列满秩)。调用 MATLAB 函数 obsv 可以生成该矩阵。

④ $(n+q)\times n$ 的矩阵 $\begin{bmatrix}\boldsymbol{A}-\lambda\boldsymbol{I}\\ \boldsymbol{C}\end{bmatrix}$ 在 $\boldsymbol{A}$ 的每个特征值 λ 上均列满秩。

⑤ 此外,若 $\boldsymbol{A}$ 的所有特征值幅度均小于1,则方程

$$\boldsymbol{W}_{\mathrm{do}}-\boldsymbol{A}'\boldsymbol{W}_{\mathrm{do}}\boldsymbol{A}=\boldsymbol{C}'\boldsymbol{C} \tag{6.61}$$

的唯一解正定,称方程的解为离散"能观性 Gramian 矩阵",可以将该解表示为

$$\boldsymbol{W}_{\mathrm{do}}=\sum_{m=0}^{\infty}(\boldsymbol{A}')^m\boldsymbol{C}'\boldsymbol{C}\boldsymbol{A}^m \tag{6.62}$$

可以直接证出以上关系,也可以应用对偶定理间接证出。有必要提示的是,连续时间情形讨论过的所有其他属性,例如能控性指数和能观性指数、Kalman 分解、约当型能控性条件和约当型能观性条件,均无需任何修改即可适用于离散时间情形。然而,离散时间情形的能控性指数和能观性指数有简明的意义。能控性指数是可以将任意状态转移到任意其他状态的最短输入序列。能观性指数是唯一地确定出初始状态所需的最短输入序列和最短输出序列。

到达原点的能控性和能达性

文献中有三种不同的能控性定义：

① 定义 6.D1 中所采用的将任意状态转移到任意其他状态。

② 将任意状态转移到零状态，称之为到达原点的能控性。

③ 将零状态转移到任意状态，称之为从原点出发的能控性，或大多数情况下，称之为“能达性”。

在连续时间情形，由于 e^{At} 非奇异，所以这三种定义等价。在离散时间情形，若 $\boldsymbol{A}$ 非奇异，则这三种定义也等价，但若 $\boldsymbol{A}$ 奇异，则①和③等价，但②和③不等价。可以很容易地根据式(6.58)观察出①和③的等价性，举例来讨论②和③之间的区别。考虑

$$\boldsymbol{x}[k+1]=\begin{bmatrix}0&1&0\\0&0&1\\0&0&0\end{bmatrix}\boldsymbol{x}[k]+\begin{bmatrix}0\\0\\0\end{bmatrix}u[k] \tag{6.63}$$

其能控性矩阵的秩为 0，按照①的定义该方程不能控，或按照③的定义该方程不能达。矩阵 $\boldsymbol{A}$ 具有式(3.40)所示的形式，并且具有性质 $k\geqslant 3$ 时，$\boldsymbol{A}^k=0$，因此，对任意初始状态 $\boldsymbol{x}[0]$ 都有

$$\boldsymbol{x}[3]=\boldsymbol{A}^3\boldsymbol{x}[0]=\boldsymbol{0}$$

因此，无论是否外加输入序列，任一状态都将传播到零状态。因此，该方程具有到达原点的能控性。另一个不同示例如下，考虑

$$\boldsymbol{x}[k+1]=\begin{bmatrix}2&1\\0&0\end{bmatrix}\boldsymbol{x}[k]+\begin{bmatrix}-1\\0\end{bmatrix}u[k] \tag{6.64}$$

其能控性矩阵

$$\begin{bmatrix}-1&-2\\0&0\end{bmatrix}$$

秩为 1，该方程不能达。然而，对任意 $x_1[0]=\alpha$ 和 $x_2[0]=\beta$，输入 $u[0]=2\alpha+\beta$ 可将 $\boldsymbol{x}[0]$ 转移到 $\boldsymbol{x}[1]=\boldsymbol{0}$。因此，该方程具有到达原点的能控性，需要注意的是，方程(6.63)和方程(6.64)中的 A -矩阵均奇异。定义 6.D1 所采用的定义包含了其他两种定义，使得讨论变得简单。若想深入讨论这三种定义，可参见参考文献[4]。

6.7 采样后的能控性

考虑连续时间状态方程

$$\dot{\boldsymbol{x}}(t)=\boldsymbol{A}\boldsymbol{x}(t)+\boldsymbol{B}\boldsymbol{u}(t) \tag{6.65}$$

若输入为分段常数或

$$u[k]:=u(kT)=u(t),\quad kT\leqslant t\leqslant(k+1)T$$

则根据式(4.17)导出的结果,可以通过

$$\bar{\boldsymbol{x}}[k+1]=\bar{\boldsymbol{A}}\bar{\boldsymbol{x}}[k]+\bar{\boldsymbol{B}}\boldsymbol{u}[k] \tag{6.66}$$

描述该方程,其中

$$\bar{\boldsymbol{A}}=\mathrm{e}^{\boldsymbol{A}T},\bar{\boldsymbol{B}}=\left(\int_0^T \mathrm{e}^{\boldsymbol{A}t}\,\mathrm{d}t\right)\boldsymbol{B}=:\boldsymbol{MB} \tag{6.67}$$

现在关注的问题是:若方程(6.65)能控,则其采样后的方程(6.66)是否能控?该问题在所谓无差拍采样数据系统的设计和连续时间系统的计算机控制中具有重要意义,该问题的答案取决于采样周期 T 和 $\boldsymbol{A}$ 的特征值的位置。设 λ_i 和 $\bar{\lambda}_i$ 分别是 $\boldsymbol{A}$ 和 $\bar{\boldsymbol{A}}$ 的特征值,用 Re 和 Im 表示实部和虚部,则有以下定理。

定理 6.9

假设方程(6.65)能控,其取采样周期为 T 的离散化方程(6.66)能控的充分条件是只要 $\mathrm{Re}[\lambda_i-\lambda_j]=0$ 时,$|\mathrm{Im}[\lambda_i-\lambda_j]|\neq\dfrac{2\pi m}{T}$,$m=1,2,\cdots$。对单输入情形,该条件也是必要条件。

首先给出定理条件的一些结论。若 $\boldsymbol{A}$ 只有实特征值,则使用任意采样周期 $T>0$ 的离散化方程总能控。假设 $\boldsymbol{A}$ 有复共轭特征值 $\alpha\pm\mathrm{j}\beta$,若采样周期 T 不等于 $\dfrac{\pi}{\beta}$ 的任意整数倍,则离散化状态方程能控。若对某些整数 m,$T=\dfrac{m\pi}{\beta}$,则离散化方程"未必"能控。这是因为:由于 $\bar{\boldsymbol{A}}=\mathrm{e}^{\boldsymbol{A}T}$,若 λ_i 是 $\boldsymbol{A}$ 的特征值,则 $\bar{\lambda}_i:=\mathrm{e}^{\lambda_i T}$ 是 $\bar{\boldsymbol{A}}$ 的特征值(习题 3.19),若 $T=\dfrac{m\pi}{\beta}$,则 $\boldsymbol{A}$ 的两个互异特征值 $\lambda_1=\alpha+\mathrm{j}\beta$ 和 $\lambda_2=\alpha-\mathrm{j}\beta$ 变为 $\bar{\boldsymbol{A}}$ 的重特征值 $-\mathrm{e}^{\alpha T}$ 或 $\mathrm{e}^{\alpha T}$,这将导致离散化方程不能控,这一点将在证明中看到。证明定理 6.9 时假设 $\boldsymbol{A}$ 为约当型,由于任意等价变换不改变能控性,所以允许如此假设。

证明:定理 6.9 的证明:为了简化讨论,假设 $\boldsymbol{A}$ 的形式为:

$$\boldsymbol{A}=\mathrm{diag}(\boldsymbol{A}_{11},\boldsymbol{A}_{12},\boldsymbol{A}_{21})=\begin{bmatrix}\lambda_1 & 1 & 0 & 0 & 0 & 0\\ 0 & \lambda_1 & 1 & 0 & 0 & 0\\ 0 & 0 & \lambda_1 & 0 & 0 & 0\\ 0 & 0 & 0 & \lambda_1 & 0 & 0\\ 0 & 0 & 0 & 0 & \lambda_2 & 1\\ 0 & 0 & 0 & 0 & 0 & \lambda_2\end{bmatrix} \tag{6.68}$$

换言之,$\boldsymbol{A}$ 有两个互异的特征值 λ_1 和 λ_2。相应于特征值 λ_1 的约当块有两个,一个为 3 阶,一个为 1 阶,相应于特征值 λ_2 只有一个 2 阶约当块,借助式(3.48),有

$$\bar{\boldsymbol{A}}=\mathrm{diag}(\bar{\boldsymbol{A}}_{11},\bar{\boldsymbol{A}}_{12},\bar{\boldsymbol{A}}_{21})=$$

$$
\begin{bmatrix}
e^{\lambda_1 T} & Te^{\lambda_1 T} & \dfrac{T^2 e^{\lambda_1 T}}{2} & 0 & 0 & 0 \\
0 & e^{\lambda_1 T} & Te^{\lambda_1 T} & 0 & 0 & 0 \\
0 & 0 & e^{\lambda_1 T} & 0 & 0 & 0 \\
0 & 0 & 0 & e^{\lambda_1 T} & 0 & 0 \\
0 & 0 & 0 & 0 & e^{\lambda_2 T} & Te^{\lambda_2 T} \\
0 & 0 & 0 & 0 & 0 & e^{\lambda_2 T}
\end{bmatrix} \tag{6.69}
$$

该式并非约当型，由于要使用无需任何修改也可适用于离散时间情形的定理 6.8 来证明定理 6.9，必须先将式(6.69)中的 $\bar{\boldsymbol{A}}$ 变换为约当型。结果表明，若用 $\bar{\lambda}_i := e^{\lambda_i T}$ 替换 λ_i，则 $\bar{\boldsymbol{A}}$ 的约当型等于式(6.68)中的形式(习题 3.17)。换言之，存在非奇异的上三角阵 $\boldsymbol{P}$ 使得变换 $\tilde{\boldsymbol{x}} = \boldsymbol{P}\bar{\boldsymbol{x}}$ 将式(6.66)变换为

$$
\tilde{\boldsymbol{x}}[k+1] = \boldsymbol{P}\bar{\boldsymbol{A}}\boldsymbol{P}^{-1}\tilde{\boldsymbol{x}}[k] + \boldsymbol{PMBu}[k] \tag{6.70}
$$

其中 $\boldsymbol{P}\bar{\boldsymbol{A}}\boldsymbol{P}^{-1}$ 为用 $\bar{\lambda}_i$ 替换 λ_i 后式(6.68)中的约当型，现在就可以证实定理 6.9。

首先证明式(6.67)中的 $\boldsymbol{M}$ 非奇异。若 $\boldsymbol{A}$ 具有如式(6.68)所示的形式，则 $\boldsymbol{M}$ 为上三角阵，其对角线元素的形式为

$$
m_{ii} = \int_0^T e^{\lambda_i \tau} d\tau = \begin{cases} \dfrac{(e^{\lambda_i T} - 1)}{\lambda_i}, & \lambda_i \neq 0 \\ T, & \lambda_i = 0 \end{cases} \tag{6.71}
$$

设 $\lambda_i = \alpha_i + j\beta_i$ 其中 $\beta_i > 0$。仅当 $\alpha_i = 0$，并且对某些正整数 $\bar{m}$，$\beta_i T = 2\pi\bar{m}$ 时才使得 $m_{ii} = 0$。而定理要求对所有正整数 m，$2\beta_i T \neq 2\pi m$。因此，在定理的条件下，得出 $m_{ii} \neq 0$ 并且 $\boldsymbol{M}$ 非奇异的结论。

若 $\boldsymbol{A}$ 具有如式(6.68)所示的形式，则当且仅当 $\boldsymbol{B}$ 的第 3 行和第 4 行线性无关，并且 $\boldsymbol{B}$ 的最后 1 行非零时，方程能控(定理 6.8)。在定理 6.9 的条件下，$\bar{\boldsymbol{A}}$ 的两个特征值 $\bar{\lambda}_1 := e^{\lambda_1 T}$ 和 $\bar{\lambda}_2 := e^{\lambda_2 T}$ 互异。因此，当且仅当 $\boldsymbol{PMB}$ 的第 3 行和第 4 行线性无关，并且 $\boldsymbol{PMB}$ 的最后 1 行非零时，方程(6.70)能控。之所以如此是由于 $\boldsymbol{PMB}$ 的这些行等于 $\boldsymbol{B}$ 的相应行乘以非零常数。定理的充分性得证。若不满足定理 6.9 中的条件，则 $\bar{\lambda}_1 = \bar{\lambda}_2$，在这种情况下，若 $\boldsymbol{PMB}$ 的第 3 行、第 4 行和最后 1 行线性无关，则方程(6.70)能控。但若 $\boldsymbol{B}$ 有 3 个或更多的列时，这仍然是可能的。因此该条件非必要。在单输入情况下，若 $\bar{\lambda}_1 = \bar{\lambda}_2$，则方程(6.70)中相应于同一特征值有两个或更多个约当块，依据推论 6.8，方程(6.70)不能控。该定理得证。证毕。

在定理 6.9 的证明过程中，本质上证实了以下定理。

定理 6.10

若连续时间线性时不变状态方程不能控，则采用任意采样周期离散化后的离散

状态方程均不能控。

该定理直观明了。若借助任意输入,状态方程都不能控,则借助任意分段常数的输入,状态方程一定不能控。

【例6.12】 考虑图6.11所示的系统,每隔 T 秒对系统的输入采样,然后借助零阶保持电路维持恒定值。系统的传递函数由

$$\hat{g}(s)=\frac{s+2}{s^3+3s^2+7s+5}=\frac{s+2}{(s+1)(s+1+\mathrm{j}2)(s+1-\mathrm{j}2)} \tag{6.72}$$

给出。根据式(4.33),可以很容易得出系统的状态空间方程描述如下

$$\left.\begin{aligned}\dot{\boldsymbol{x}}(t)&=\begin{bmatrix}-3 & -7 & -5\\ 1 & 0 & 0\\ 0 & 1 & 0\end{bmatrix}\boldsymbol{x}(t)+\begin{bmatrix}1\\0\\0\end{bmatrix}u(t)\\ y(t)&=\begin{bmatrix}0 & 1 & 2\end{bmatrix}\boldsymbol{x}(t)\end{aligned}\right\} \tag{6.73}$$

该方程为能控型实现,显然能控。**A** 的特征值为-1,$-1\pm\mathrm{j}2$,并绘于图6.11。

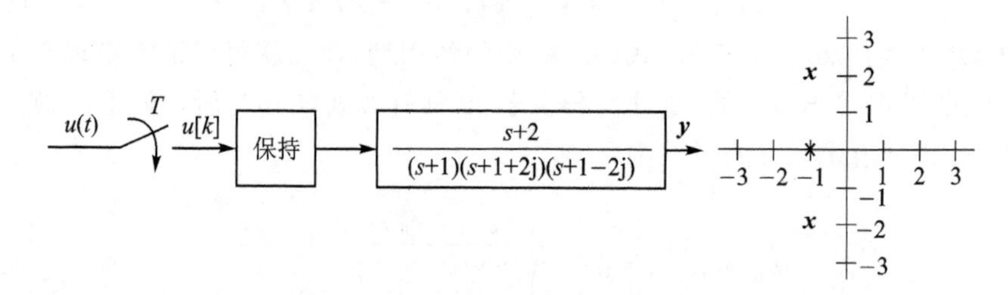

图6.11　输入为分段常数的系统

这三个特征值具有相同的实部,特征值的虚部之差为2和4。因此,离散化状态方程能控,当且仅当 $m=1,2,\cdots$ 时

$$T\neq\frac{2\pi m}{2}=\pi m\quad \text{以及}\quad T\neq\frac{2\pi m}{4}=0.5\pi m$$

第2个条件涵盖了第1个条件。因此,得出结论,当且仅当对任意正整数 m,$T\neq0.5m\pi$ 时,式(6.73)的离散化方程能控。

利用MATLAB来检验 $m=1$ 或 $T=0.5\pi$ 时的结果,键入

```
a=[-3 -7 -5;1 0 0;0 1 0];b=[1;0;0];
[ad,bd]=c2d(a,b,pi/2)
```

得出离散化状态方程为

$$\bar{\boldsymbol{x}}[k+1]=\begin{bmatrix}-0.1039 & 0.2079 & 0.5197\\ -0.1039 & -0.4158 & -0.5197\\ 0.1039 & 0.2079 & 0.3118\end{bmatrix}\bar{\boldsymbol{x}}[k]+\begin{bmatrix}-0.1039\\ 0.1039\\ 0.1376\end{bmatrix}u[k] \tag{6.74}$$

可以通过键入 `ctrb(ad,bd)` 来求得方程的能控性矩阵,结果为

$$\mathscr{C}_d=\begin{bmatrix}-0.1039 & 0.1039 & -0.0045\\ 0.1039 & -0.1039 & 0.0045\\ 0.1376 & 0.0539 & 0.0059\end{bmatrix}$$

其前两行显然线性相关,因此,$\mathscr{C}_d$ 并非行满秩,正如定理 6.9 所预示的,方程(6.74)不能控。键入 rank(ctrb(ad,bd))也得出 2,因此该离散化状态方程不能控。

这里所讨论的内容同样适用于能观性。换言之,在定理 6.9 的条件下,若连续时间状态空间方程能观,则其离散化方程也能观。

6.8 LTV 状态方程

考虑 p 个输入 q 个输出的 n 维状态空间方程

$$\left.\begin{aligned}\dot{\boldsymbol{x}}(t)&=\boldsymbol{A}(t)\boldsymbol{x}(t)+\boldsymbol{B}(t)\boldsymbol{u}(t)\\ \boldsymbol{y}(t)&=\boldsymbol{C}(t)\boldsymbol{x}(t)\end{aligned}\right\}\tag{6.75}$$

若存在有限时间 $t_1>t_0$,使得对任意 $\boldsymbol{x}(t_0)=\boldsymbol{x}_o$ 和任意 $\boldsymbol{x}_1$,存在某个输入,能将状态从 $\boldsymbol{x}_o$ 转移到 t_1 时刻的 $\boldsymbol{x}_1$,则称状态空间方程在 t_0 时刻能控。否则称状态空间方程在 t_0 时刻不能控。在时不变情况下,若状态方程能控,则其在任一 t_0 时刻以及任一 $t_1>t_0$ 时刻均能控,因而无需指定 t_0 和 t_1。而在时变情形,明确指定 t_0 和 t_1 至关重要。

定理 6.11

n 维矩阵对($\boldsymbol{A}(t)$,$\boldsymbol{B}(t)$)在 t_0 时刻能控,当且仅当存在有限时间 $t_1>t_0$ 使得 $n\times n$ 的矩阵

$$\boldsymbol{W}_c(t_0,t_1)=\int_{t_0}^{t_1}\boldsymbol{\Phi}(t_1,\tau)\boldsymbol{B}(\tau)\boldsymbol{B}'(\tau)\boldsymbol{\Phi}'(t_1,\tau)\mathrm{d}\tau\tag{6.76}$$

非奇异,其中 $\boldsymbol{\Phi}(t,\tau)$ 为 $\dot{\boldsymbol{x}}=\boldsymbol{A}(t)\boldsymbol{x}$ 的状态转移矩阵。

证明:首先证明若 $\boldsymbol{W}_c(t_0,t_1)$ 非奇异,则方程(6.75)能控。式(4.65)中已求出方程(6.75)在 t_1 时刻的响应为

$$\boldsymbol{x}(t_1)=\boldsymbol{\Phi}(t_1,t_0)\boldsymbol{x}_0+\int_{t_0}^{t_1}\boldsymbol{\Phi}(t_1,\tau)\boldsymbol{B}(\tau)\boldsymbol{u}(\tau)\mathrm{d}\tau\tag{6.77}$$

可以肯定,输入

$$\boldsymbol{u}(t)=-\boldsymbol{B}'(t)\boldsymbol{\Phi}'(t_1,t)\boldsymbol{W}_c^{-1}(t_0,t_1)[\boldsymbol{\Phi}(t_1,t_0)\boldsymbol{x}_0-\boldsymbol{x}_1]\tag{6.78}$$

可以将 t_0 时刻的状态 $\boldsymbol{x}_o$ 转移到 t_1 时刻的状态 $\boldsymbol{x}_1$,事实上,将式(6.78)代入式(6.77)可得

$$\begin{aligned}\boldsymbol{x}(t_1)=\boldsymbol{\Phi}(t_1,t_0)\boldsymbol{x}_0-\int_{t_0}^{t_1}&\boldsymbol{\Phi}(t_1,\tau)\boldsymbol{B}(\tau)\boldsymbol{B}'(\tau)\boldsymbol{\Phi}'(t_1,\tau)\mathrm{d}\tau\cdot\\ &\boldsymbol{W}_c^{-1}(t_0,t_1)[\boldsymbol{\Phi}(t_1,t_0)\boldsymbol{x}_0-\boldsymbol{x}_1]=\\ &\boldsymbol{\Phi}(t_1,t_0)\boldsymbol{x}_0-\boldsymbol{W}_c(t_0,t_1)\boldsymbol{W}_c^{-1}(t_0,t_1)[\boldsymbol{\Phi}(t_1,t_0)\boldsymbol{x}_0-\boldsymbol{x}_1]=\boldsymbol{x}_1\end{aligned}$$

因此,该方程在 t_0 时刻能控。用反证法来证明逆命题。假设方程(6.75)在 t_0 时刻能控,但对所有 $t_1>t_0$,$\boldsymbol{W}_c(t_0,t)$ 均奇异或半正定,则存在 $n\times1$ 的非零常数向量 $\boldsymbol{v}$ 使得

$$\boldsymbol{v}'\boldsymbol{W}_c(t_0,t_1)\boldsymbol{v}=\int_{t_0}^{t_1}\boldsymbol{v}'\boldsymbol{\Phi}(t_1,\tau)\boldsymbol{B}(\tau)\boldsymbol{B}'(\tau)\boldsymbol{\Phi}'(t_1,\tau)\boldsymbol{v}\mathrm{d}\tau=$$

$$\int_{t_0}^{t_1}\|\boldsymbol{B}'(\tau)\boldsymbol{\Phi}'(t_1,\tau)\boldsymbol{v}\|^2\mathrm{d}\tau=0$$

由此可知,对 $[t_0\quad t_1]$ 区间内的所有 τ 均有

$$\boldsymbol{B}'(\tau)\boldsymbol{\Phi}'(t_1,\tau)\boldsymbol{v}\equiv\boldsymbol{0}\quad 或\quad \boldsymbol{v}'\boldsymbol{\Phi}(t_1,\tau)\boldsymbol{B}(\tau)\equiv\boldsymbol{0} \tag{6.79}$$

若方程(6.75)能控,则存在某个输入能将 t_0 时刻的初始状态 $\boldsymbol{x}_0=\boldsymbol{\Phi}(t_0,t_1)\boldsymbol{v}$ 转移到 $\boldsymbol{x}(t_1)=\boldsymbol{0}$,则式(6.77)变为

$$\boldsymbol{0}=\boldsymbol{\Phi}(t_1,t_0)\boldsymbol{\Phi}(t_0,t_1)\boldsymbol{v}+\int_{t_0}^{t_1}\boldsymbol{\Phi}(t_1,\tau)\boldsymbol{B}(\tau)\boldsymbol{u}(\tau)\mathrm{d}\tau \tag{6.80}$$

对其左乘 $\boldsymbol{v}'$ 可得

$$0=\boldsymbol{v}'\boldsymbol{v}+\boldsymbol{v}'\int_{t_0}^{t_1}\boldsymbol{\Phi}(t_1,\tau)\boldsymbol{B}(\tau)\boldsymbol{u}(\tau)\mathrm{d}\tau=\|\boldsymbol{v}\|^2+0$$

与假设 $\boldsymbol{v}\neq\boldsymbol{0}$ 矛盾,因此,若 $(\boldsymbol{A}(t),\boldsymbol{B}(t))$ 在 t_0 时刻能控,则 $\boldsymbol{W}_c(t_0,t_1)$ 对某些有限时间 $t_1>t_0$ 必须非奇异。定理6.12得证。证毕。

为了应用定理6.11,需要已知状态转移矩阵,但这未必可得。于是,期望导出不涉及 $\boldsymbol{\Phi}(t,\tau)$ 的能控性条件,若对 $\boldsymbol{A}(t)$ 和 $\boldsymbol{B}(t)$ 附加条件,则实现这一点是有可能的。回想到,已假设 $\boldsymbol{A}(t)$ 和 $\boldsymbol{B}(t)$ 连续,现要求它们 $(n-1)$ 阶连续可导。定义 $\boldsymbol{M}_0(t)=\boldsymbol{B}(t)$,然后递归地定义 $n\times p$ 的矩阵序列 $\boldsymbol{M}_m(t)$ 为

$$\boldsymbol{M}_{m+1}(t):=-\boldsymbol{A}(t)\boldsymbol{M}_m(t)+\frac{\mathrm{d}}{\mathrm{d}t}\boldsymbol{M}_m(t) \tag{6.81}$$

$m=0,1,\cdots,n-1$。显然,有

$$\boldsymbol{\Phi}(t_2,t)\boldsymbol{B}(t)=\boldsymbol{\Phi}(t_2,t)\boldsymbol{M}_0(t)$$

对任意固定的 t_2 成立,借助

$$\frac{\partial}{\partial t}\boldsymbol{\Phi}(t_2,t)=-\boldsymbol{\Phi}(t_2,t)\boldsymbol{A}(t)$$

(习题4.17),求出

$$\frac{\partial}{\partial t}[\boldsymbol{\Phi}(t_2,t)\boldsymbol{B}(t)]=\frac{\partial}{\partial t}[\boldsymbol{\Phi}(t_2,t)]\boldsymbol{B}(t)+\boldsymbol{\Phi}(t_2,t)\frac{\mathrm{d}}{\mathrm{d}t}\boldsymbol{B}(t)=$$

$$\boldsymbol{\Phi}(t_2,t)[-\boldsymbol{A}(t)\boldsymbol{M}_0(t)+\frac{\mathrm{d}}{\mathrm{d}t}\boldsymbol{M}_0(t)]=\boldsymbol{\Phi}(t_2,t)\boldsymbol{M}_1(t)$$

以此类推,有

$$\frac{\partial^m}{\partial t^m}\boldsymbol{\Phi}(t_2,t)\boldsymbol{B}(t)=\boldsymbol{\Phi}(t_2,t)\boldsymbol{M}_m(t) \tag{6.82}$$

$m=0,1,2,\cdots$。以下定理为方程(6.75)能控的充分条件而非必要条件。

定理 6.12

设 $\boldsymbol{A}(t)$ 和 $\boldsymbol{B}(t)(n-1)$ 阶连续可导，若存在有限时间 $t_1>t_0$ 使得

$$\operatorname{rank}[\boldsymbol{M}_0(t_1) \quad \boldsymbol{M}_1(t_1) \quad \cdots \quad \boldsymbol{M}_{n-1}(t_1)]=n \tag{6.83}$$

成立，则 n 维矩阵对 $(\boldsymbol{A}(t),\boldsymbol{B}(t))$ 在 t_0 时刻能控。

证明：证明若式(6.83)成立，则对所有 $t\geqslant t_1$，$\boldsymbol{W}_c(t_0,t)$ 均非奇异。假设并非如此，即，对某些 $t_2\geqslant t_1$，$\boldsymbol{W}_c(t_0,t)$ 奇异或半正定，则存在 $n\times 1$ 的非零常数向量 $\boldsymbol{v}$ 使得

$$\boldsymbol{v}'\boldsymbol{W}_c(t_0,t_2)\boldsymbol{v}=\int_{t_0}^{t_2}\boldsymbol{v}'\boldsymbol{\Phi}(t_2,\tau)\boldsymbol{B}(\tau)\boldsymbol{B}'(\tau)\boldsymbol{\Phi}'(t_2,\tau)\boldsymbol{v}\mathrm{d}\tau=$$

$$\int_{t_0}^{t_2}\|\boldsymbol{B}'(\tau)\boldsymbol{\Phi}'(t_2,\tau)\boldsymbol{v}\|^2\mathrm{d}\tau=0$$

由此可知，对 $[t_0,t_2]$ 区间内的所有 τ 均有

$$\boldsymbol{B}'(\tau)\boldsymbol{\Phi}'(t_2,\tau)\boldsymbol{v}\equiv\boldsymbol{0} \quad \text{或} \quad \boldsymbol{v}'\boldsymbol{\Phi}(t_2,\tau)\boldsymbol{B}(\tau)\equiv\boldsymbol{0} \tag{6.84}$$

根据式(6.82)的推导，上式关于 τ 求导可得

$$\boldsymbol{v}'\boldsymbol{\Phi}(t_2,\tau)\boldsymbol{M}_m(\tau)\equiv\boldsymbol{0}$$

对 $m=0,1,2,\cdots,n-1$，以及 $[t_0 \quad t_2]$ 区间内的所有 τ 均成立，特殊地在 t_1 也成立。可将其排列为

$$\boldsymbol{v}'\boldsymbol{\Phi}(t_2,t_1)[\boldsymbol{M}_0(t_1) \quad \boldsymbol{M}_1(t_1) \quad \cdots \quad \boldsymbol{M}_{n-1}(t_1)]=\boldsymbol{0} \tag{6.85}$$

由于 $\boldsymbol{\Phi}(t_2,t_1)$ 非奇异，所以 $\boldsymbol{v}'\boldsymbol{\Phi}(t_2,t_1)$ 非零，因此，式(6.85)与式(6.83)矛盾，于是，在式(6.83)的条件下，对任意 $t_2\geqslant t_1$，$\boldsymbol{W}_c(t_0,t_2)$ 均非奇异，依据定理 6.11，$(\boldsymbol{A}(t),\boldsymbol{B}(t))$ 在 t_0 能控。证毕。

【例 6.13】 考虑方程

$$\dot{\boldsymbol{x}}(t)=\begin{bmatrix} t & -1 & 0 \\ 0 & -t & t \\ 0 & 0 & t \end{bmatrix}\boldsymbol{x}(t)+\begin{bmatrix} 0 \\ 1 \\ 1 \end{bmatrix}u(t) \tag{6.86}$$

有 $\boldsymbol{M}_0(t)=[0 \quad 1 \quad 1]'$，并求出

$$\boldsymbol{M}_1(t)=-\boldsymbol{A}(t)\boldsymbol{M}_0(t)+\frac{\mathrm{d}}{\mathrm{d}t}\boldsymbol{M}_0(t)=\begin{bmatrix} 1 \\ 0 \\ -t \end{bmatrix}$$

$$\boldsymbol{M}_2(t)=-\boldsymbol{A}(t)\boldsymbol{M}_1(t)+\frac{\mathrm{d}}{\mathrm{d}t}\boldsymbol{M}_1(t)=\begin{bmatrix} -t \\ t^2 \\ t^2-1 \end{bmatrix}$$

矩阵

$$[\boldsymbol{M}_0(t) \quad \boldsymbol{M}_1(t) \quad \boldsymbol{M}_2(t)]=\begin{bmatrix} 0 & 1 & -t \\ 1 & 0 & t^2 \\ 1 & -t & t^2-1 \end{bmatrix}$$

的行列式为 t^2+1，对所有 t 均非零。因此，式(6.86)中的状态方程在任一时刻 t 上

均能控。

【例 6.14】 考虑

$$\dot{\boldsymbol{x}}(t)=\begin{bmatrix}1 & 0\\0 & 2\end{bmatrix}\boldsymbol{x}(t)+\begin{bmatrix}1\\1\end{bmatrix}u(t) \tag{6.87}$$

$$\dot{\boldsymbol{x}}(t)=\begin{bmatrix}1 & 0\\0 & 2\end{bmatrix}\boldsymbol{x}(t)+\begin{bmatrix}\mathrm{e}^{t}\\\mathrm{e}^{2t}\end{bmatrix}u(t) \tag{6.88}$$

式(6.87)为时不变方程，且根据推论6.8该方程能控。式(6.88)为时变方程，其 B-矩阵的两个元素对所有 t 均非零，有人可能会得出方程(6.88)能控的结论，借助定理6.11检验其能控性，方程的状态转移矩阵为

$$\boldsymbol{\Phi}(t,\tau)=\begin{bmatrix}\mathrm{e}^{t-\tau} & 0\\0 & \mathrm{e}^{2(t-\tau)}\end{bmatrix}$$

且

$$\boldsymbol{\Phi}(t,\tau)\boldsymbol{B}(\tau)=\begin{bmatrix}\mathrm{e}^{t-\tau} & 0\\0 & \mathrm{e}^{2(t-\tau)}\end{bmatrix}\begin{bmatrix}\mathrm{e}^{\tau}\\\mathrm{e}^{2\tau}\end{bmatrix}=\begin{bmatrix}\mathrm{e}^{t}\\\mathrm{e}^{2t}\end{bmatrix}$$

求出

$$\boldsymbol{W}_{\mathrm{c}}(t_0,t)=\int_{t_0}^{t}\begin{bmatrix}\mathrm{e}^{t}\\\mathrm{e}^{2t}\end{bmatrix}\begin{bmatrix}\mathrm{e}^{t} & \mathrm{e}^{2t}\end{bmatrix}\mathrm{d}\tau=\begin{bmatrix}\int_{t_0}^{t}\mathrm{e}^{2t}\mathrm{d}\tau & \int_{t_0}^{t}\mathrm{e}^{3t}\mathrm{d}\tau\\\int_{t_0}^{t}\mathrm{e}^{3t}\mathrm{d}\tau & \int_{t_0}^{t}\mathrm{e}^{4t}\mathrm{d}\tau\end{bmatrix}=$$

$$\begin{bmatrix}\mathrm{e}^{2t}(t-t_0) & \mathrm{e}^{3t}(t-t_0)\\\mathrm{e}^{3t}(t-t_0) & \mathrm{e}^{4t}(t-t_0)\end{bmatrix}$$

其行列式对所有 t_0 和 t 恒为零。因此，方程(6.88)在任意 t_0 均不能控。从这个例子可以看到，当应用某个定理时，应当仔细检验每个条件，否则可能会得出错误的结论。

现在讨论能观性，若对任意状态 $\boldsymbol{x}(t_0)=\boldsymbol{x}_0$，存在有限时间 t_1 使得已知 $[t_0,t_1]$ 时间区间上的输入和输出足以唯一地确定初始状态 $\boldsymbol{x}_0$，则称式(6.75)的线性时变状态空间方程在 t_0 能观。否则，称该状态空间方程在 t_0 不能观。

定理 6.O11

矩阵对 $(\boldsymbol{A}(t),\boldsymbol{C}(t))$ 在 t_0 时刻能观，当且仅当存在有限时间 $t_1>t_0$ 使得 $n\times n$ 的矩阵

$$\boldsymbol{W}_o(t_0,t_1)=\int_{t_0}^{t_1}\boldsymbol{\Phi}'(\tau,t_0)\boldsymbol{C}'(\tau)\boldsymbol{C}(\tau)\boldsymbol{\Phi}(\tau,t_0)\mathrm{d}\tau \tag{6.89}$$

非奇异，其中 $\boldsymbol{\Phi}(t,\tau)$ 为 $\dot{\boldsymbol{x}}=\boldsymbol{A}(t)\boldsymbol{x}$ 的状态转移矩阵。

定理 6.O12

设 $\boldsymbol{A}(t)$ 和 $\boldsymbol{C}(t)$ 均 $(n-1)$ 阶连续可导，若存在有限时间 $t_1>t_0$ 使得

$$\operatorname{rank}\begin{bmatrix}\boldsymbol{N}_0(t_1)\\\boldsymbol{N}_1(t_1)\\\vdots\\\boldsymbol{N}_{n-1}(t_1)\end{bmatrix}=n \tag{6.90}$$

成立，则 n 维矩阵对 $(\boldsymbol{A}(t),\boldsymbol{C}(t))$ 在 t_0 时刻能观。其中

$$\boldsymbol{N}_{m+1}(t)=\boldsymbol{N}_m(t)\boldsymbol{A}(t)+\frac{\mathrm{d}}{\mathrm{d}t}\boldsymbol{N}_m(t),\quad m=0,1,\cdots,n-1$$

这里

$$\boldsymbol{N}_0=\boldsymbol{C}(t)$$

有必要提示的是，定理6.5中针对时不变系统的对偶定理并不适用于时变系统，必须对其修正，参见习题6.22和习题6.23。

习　　题

6.1　试判断状态空间方程

$$\dot{\boldsymbol{x}}(t)=\begin{bmatrix}-2&3&0\\1&0&0\\0&1&0\end{bmatrix}\boldsymbol{x}(t)+\begin{bmatrix}1\\0\\0\end{bmatrix}\boldsymbol{u}(t)$$

$$\boldsymbol{y}(t)=\begin{bmatrix}0&1&3\end{bmatrix}\boldsymbol{x}(t)$$

是否能控？是否能观？

6.2　试判断状态空间方程

$$\dot{\boldsymbol{x}}(t)=\begin{bmatrix}0&1&0\\0&0&1\\0&2&-1\end{bmatrix}\boldsymbol{x}(t)+\begin{bmatrix}0&2\\1&0\\0&0\end{bmatrix}\boldsymbol{u}(t)$$

$$\boldsymbol{y}(t)=\begin{bmatrix}1&0&-2\end{bmatrix}\boldsymbol{x}(t)$$

是否能控？是否能观？

6.3　试判断 $[\boldsymbol{B}\quad \boldsymbol{AB}\quad \cdots\quad \boldsymbol{A}^{n-1}\boldsymbol{B}]$ 和 $[\boldsymbol{AB}\quad \boldsymbol{A}^2\boldsymbol{B}\quad \cdots\quad \boldsymbol{A}^n\boldsymbol{B}]$ 的秩是否相等？若不相等，在何种条件下可以相等？

6.4　试证明，若状态方程

$$\dot{\boldsymbol{x}}(t)=\begin{bmatrix}\boldsymbol{A}_{11}&\boldsymbol{A}_{12}\\\boldsymbol{A}_{21}&\boldsymbol{A}_{22}\end{bmatrix}\boldsymbol{x}(t)+\begin{bmatrix}\boldsymbol{B}_1\\\boldsymbol{0}\end{bmatrix}\boldsymbol{u}(t)$$

能控，则矩阵对 $(\boldsymbol{A}_{22},\boldsymbol{A}_{21})$ 能控。

6.5　试找出图6.1所示电路网络的状态空间描述，并检验其能控性和能观性。

6.6　试找出习题6.1和习题6.2中状态空间方程的能控性指数和能观性指数。

6.7　试问状态方程

$$\dot{\boldsymbol{x}}(t)=\boldsymbol{A}\boldsymbol{x}(t)+\boldsymbol{I}\boldsymbol{u}(t)$$

的能控性指数是什么？其中 $\boldsymbol{I}$ 为单位阵。

6.8 试将状态空间方程

$$\dot{\boldsymbol{x}}(t)=\begin{bmatrix}-1 & 4\\ 4 & -1\end{bmatrix}\boldsymbol{x}(t)+\begin{bmatrix}1\\1\end{bmatrix}u(t),\quad y(t)=\begin{bmatrix}1 & 1\end{bmatrix}\boldsymbol{x}(t)$$

简约为能控方程。简约后的方程是否能观？

6.9 试将习题 6.5 中的状态空间方程简约为既能控又能观的方程。

6.10 试将状态空间方程

$$\dot{\boldsymbol{x}}(t)=\begin{bmatrix}\lambda_1 & 1 & 0 & 0 & 0\\ 0 & \lambda_1 & 1 & 0 & 0\\ 0 & 0 & \lambda_1 & 0 & 0\\ 0 & 0 & 0 & \lambda_2 & 1\\ 0 & 0 & 0 & 0 & \lambda_2\end{bmatrix}\boldsymbol{x}(t)+\begin{bmatrix}0\\1\\0\\0\\1\end{bmatrix}u(t)$$

$$y(t)=\begin{bmatrix}0 & 1 & 1 & 0 & 1\end{bmatrix}\boldsymbol{x}(t)$$

简约为既能控又能观的方程。

6.11 考虑 n 维状态空间方程

$$\dot{\boldsymbol{x}}(t)=\boldsymbol{A}\boldsymbol{x}(t)+\boldsymbol{B}\boldsymbol{u}(t)$$

$$\boldsymbol{y}(t)=\boldsymbol{C}\boldsymbol{x}(t)+\boldsymbol{D}\boldsymbol{u}(t)$$

假设其能控性矩阵的秩为 $n_1<n$，设 $\boldsymbol{Q}_1$ 为 $n\times n_1$ 的矩阵，其列为能控性矩阵的任意 n_1 个线性无关列。设 $\boldsymbol{P}_1$ 是满足 $\boldsymbol{P}_1\boldsymbol{Q}_1=\boldsymbol{I}_{n_1}$ 的 $n_1\times n$ 的矩阵，其中 $\boldsymbol{I}_{n_1}$ 为 n_1 阶单位阵。试证明，以下 n_1 维状态空间方程

$$\dot{\bar{\boldsymbol{x}}}_1(t)=\boldsymbol{P}_1\boldsymbol{A}\boldsymbol{Q}_1\bar{\boldsymbol{x}}_1(t)+\boldsymbol{P}_1\boldsymbol{B}\boldsymbol{u}(t)$$

$$\bar{\boldsymbol{y}}(t)=\boldsymbol{C}\boldsymbol{Q}_1\bar{\boldsymbol{x}}_1(t)+\boldsymbol{D}\boldsymbol{u}(t)$$

能控，并且与原状态空间方程具有相同的传递矩阵。

6.12 习题 6.11 中的简约方法归结为方程 $\boldsymbol{P}_1\boldsymbol{Q}_1=\boldsymbol{I}$ 中 $\boldsymbol{P}_1$ 的求解问题，试问，如何求解 $\boldsymbol{P}_1$？

6.13 针对不能观的状态空间方程，试建立与习题 6.11 类似的陈述。

6.14 试判断约当型状态空间方程是否能控，是否能观？

$$\dot{\boldsymbol{x}}(t)=\begin{bmatrix}2 & 1 & 0 & 0 & 0 & 0 & 0\\ 0 & 2 & 0 & 0 & 0 & 0 & 0\\ 0 & 0 & 2 & 0 & 0 & 0 & 0\\ 0 & 0 & 0 & 2 & 0 & 0 & 0\\ 0 & 0 & 0 & 0 & 1 & 1 & 0\\ 0 & 0 & 0 & 0 & 0 & 1 & 0\\ 0 & 0 & 0 & 0 & 0 & 0 & 1\end{bmatrix}\boldsymbol{x}(t)+\begin{bmatrix}2 & 1 & 1\\ 2 & 1 & 1\\ 1 & 1 & -1\\ 3 & 2 & 1\\ -1 & 0 & 1\\ 1 & 0 & 1\\ 1 & -1 & 2\end{bmatrix}\boldsymbol{u}(t)$$

$$\boldsymbol{y}(t)=\begin{bmatrix}2 & 2 & -1 & 3 & -1 & -1 & 1\\ 1 & 3 & -1 & 2 & 0 & 0 & 0\\ 0 & -4 & -1 & 1 & 1 & 1 & 0\end{bmatrix}\boldsymbol{x}(t)$$

6.15　试问能否找到一组 b_{ij} 和一组 c_{ij} 使得状态空间方程

$$\dot{\boldsymbol{x}}(t)=\begin{bmatrix}1 & 1 & 0 & 0 & 0\\ 0 & 1 & 0 & 0 & 0\\ 0 & 0 & 1 & 1 & 0\\ 0 & 0 & 0 & 1 & 0\\ 0 & 0 & 0 & 0 & 1\end{bmatrix}x(t)+\begin{bmatrix}b_{11} & b_{12}\\ b_{21} & b_{22}\\ b_{31} & b_{32}\\ b_{41} & b_{42}\\ b_{51} & b_{52}\end{bmatrix}\boldsymbol{u}(t)$$

$$\boldsymbol{y}(t)=\begin{bmatrix}c_{11} & c_{12} & c_{13} & c_{14} & c_{15}\\ c_{21} & c_{22} & c_{23} & c_{24} & c_{25}\\ c_{31} & c_{32} & c_{33} & c_{34} & c_{35}\end{bmatrix}\boldsymbol{x}(t)$$

能控？使得该方程能观？

6.16　考虑状态空间方程

$$\dot{\boldsymbol{x}}(t)=\begin{bmatrix}\lambda_1 & 0 & 0 & 0 & 0\\ 0 & \alpha_1 & \beta_1 & 0 & 0\\ 0 & -\beta_1 & \alpha_1 & 0 & 0\\ 0 & 0 & 0 & \alpha_2 & \beta_2\\ 0 & 0 & 0 & -\beta_2 & \alpha_2\end{bmatrix}\boldsymbol{x}(t)+\begin{bmatrix}b_1\\ b_{11}\\ b_{12}\\ b_{21}\\ b_{22}\end{bmatrix}\boldsymbol{u}(t)$$

$$\boldsymbol{y}(t)=\begin{bmatrix}c_1 & c_{11} & c_{12} & c_{21} & c_{22}\end{bmatrix}\boldsymbol{x}(t)$$

该方程具有式(4.28)讨论的模态型，存在一个实特征值和两对复共轭特征值，假设这些特征值互异。试证明，状态空间方程能控，当且仅当对 $i=1,2,b_1\neq0;b_{i1}\neq0$ 或 $b_{i2}\neq0$。状态空间方程能观，当且仅当对 $i=1,2,c_1\neq0;c_{i1}\neq0$ 或 $c_{i2}\neq0$。

6.17　试找出图 6.12 所示电路网络的 2 维状态空间方程描述和 3 维状态空间方程描述，讨论其能控性和能观性。

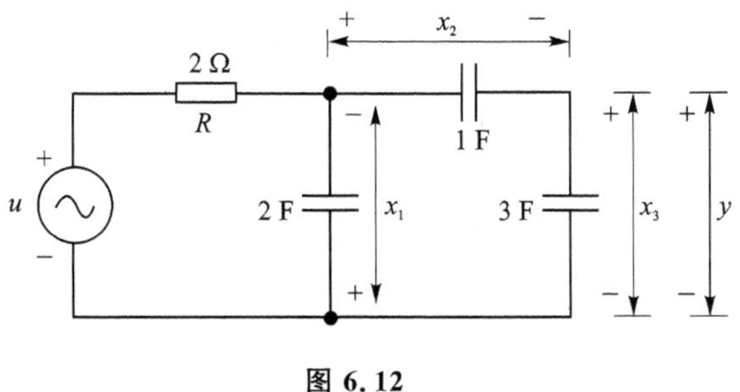

图 6.12

6.18　试推导图 2.19 电路网络的状态空间方程描述，并检验其能控性和能观性，能否直接根据电路得出相同的结论？

6.19 考虑习题 4.2 中的连续时间状态空间方程及习题 4.3 中其离散化方程，采样周期 $T=1$ 和 π，试讨论离散化方程的能控性和能观性。

6.20 试检验方程

$$\dot{\boldsymbol{x}}(t)=\begin{bmatrix}0 & 1\\0 & t\end{bmatrix}\boldsymbol{x}(t)+\begin{bmatrix}0\\1\end{bmatrix}u(t),\quad y(t)=\begin{bmatrix}0 & 1\end{bmatrix}\boldsymbol{x}(t)$$

的能控性和能观性。

6.21 试检验方程

$$\dot{\boldsymbol{x}}(t)=\begin{bmatrix}0 & 0\\0 & -1\end{bmatrix}\boldsymbol{x}(t)+\begin{bmatrix}1\\\mathrm{e}^{-t}\end{bmatrix}u(t),\quad y(t)=\begin{bmatrix}0 & \mathrm{e}^{-t}\end{bmatrix}\boldsymbol{x}(t)$$

的能控性和能观性。

6.22 试证明：$(\boldsymbol{A}(t),\boldsymbol{B}(t))$在 t_0 时刻能控，当且仅当$(-\boldsymbol{A}'(t),\boldsymbol{B}'(t))$在 t_0 时刻能观。

6.23 对时不变系统，试证明，$(\boldsymbol{A},\boldsymbol{B})$能控，当且仅当$(-\boldsymbol{A},\boldsymbol{B})$能观。请问该结论对时变系统是否正确？

第 7 章
最小实现和互质分式

7.1 引　言

本教材的剩余三章只研究线性时不变系统，本章进一步研究在第 4.5 节中讨论过的实现问题。回想到，若存在传递函数为 $\hat{g}(s)$ 的状态空间方程

$$\dot{\boldsymbol{x}}(t)=\boldsymbol{A}\boldsymbol{x}(t)+\boldsymbol{b}u(t)$$
$$y(t)=\boldsymbol{c}\boldsymbol{x}(t)+du(t)$$

则称传递函数 $\hat{g}(s)$ 可实现。实现问题至关重要，究其原因如下：首先，针对状态空间方程发展出许多设计方法和计算算法，为了应用这些方法和算法，必须将传递函数实现为状态空间方程。举例来说，MATLAB 中计算传递函数的响应时，通过先将传递函数变换为状态空间方程来完成。其次，一旦将传递函数实现为状态空间方程，则可借助第 4.3.2 节讨论的运放电路来实施该传递函数。这在定理 4.2 中证明了，当且仅当传递函数为正则有理函数时，传递函数可实现。

若某传递函数可实现，则正如第 4.5 小节和第 7.2.1 小节所述，它有无穷多个实现，且未必具有相同的维数，这就自然引出一个很重要的问题：最小可能的维数是多少？具有最小可能维数的实现称为"最小维实现"或"最小实现"。若使用最小实现来实施某传递函数，则运放电路中使用的积分器数目将是最少的。因此，最小实现有现实意义。

第 7.2 节～第 7.5 节研究 SISO 系统，第 7.6 节往后研究 MIMO 系统。初次阅读时，建议先研究第 7.2 节～7.2.2 节，然后再研究第 7.6 节和第 7.7 节。第 7.2 节讨论传递函数的互质性与状态空间方程的能控性和能观性之间的关系及其在实际系统中的含义。第 7.6 节将次数的概念从标量传递函数推广到传递矩阵，证实了后一种情形的复杂性。第 7.7 节说明如何借助第 6 章的结果从非最小实现得出最小实现。

第7.3节讨论互质分式的计算方法，是第9章进行SISO系统设计所必需的。与SISO情形不同，MIMO系统中互质性的概念颇为复杂，在第7.8节中将对此讨论，若某些读者只对第9章的SISO部分感兴趣，则可以跳过这部分研究。第7章的其余部分(平衡实现和基于Markov参数的实现)并不在本教材的其他部分中使用。

7.2 互质性的含义

考虑具有正则传递函数$\hat{g}(s)$的系统，将其分解为

$$\hat{g}(s)=\hat{g}(\infty)+\hat{g}_{sp}(s)$$

其中$\hat{g}_{sp}(s)$严格正则，$\hat{g}(\infty)$为常数，常数$\hat{g}(\infty)$得出任一实现的直接传输项，且在这里要讨论的内容中不起任何作用。因而，本节只考虑严格正则有理函数。考虑

$$\hat{g}(s)=\frac{N(s)}{D(s)}=N(s)D^{-1}(s)=\frac{\beta_1 s^3+\beta_2 s^2+\beta_3 s+\beta_4}{s^4+\alpha_1 s^3+\alpha_2 s^2+\alpha_3 s+\alpha_4} \tag{7.1}$$

为简化讨论，假定分母$D(s)$的次数为4并且为首一(首项系数为1)多项式。在第4.5节中，未对其状态变量作任何讨论，就为式(7.1)引入方程(4.33)的实现。现在通过先定义一组状态变量重新推导方程(4.33)，然后再讨论$D(s)$和$N(s)$互质性的含义。

考虑$\hat{y}(s)=\hat{g}(s)\hat{u}(s)$或

$$\hat{y}(s)=N(s)D^{-1}(s)\hat{u}(s) \tag{7.2}$$

引入通过$\hat{v}(s)=D^{-1}(s)\hat{u}(s)$定义的新的变量$v(t)$，则有

$$D(s)\hat{v}(s)=\hat{u}(s) \tag{7.3}$$

$$\hat{y}(s)=N(s)\hat{v}(s) \tag{7.4}$$

定义状态变量为

$$\boldsymbol{x}(t):=\begin{bmatrix}x_1(t)\\x_2(t)\\x_3(t)\\x_4(t)\end{bmatrix}:=\begin{bmatrix}v^{(3)}(t)\\\ddot{v}(t)\\\dot{v}(t)\\v(t)\end{bmatrix} \quad 或 \quad \hat{\boldsymbol{x}}(s)=\begin{bmatrix}\hat{x}_1(s)\\\hat{x}_2(s)\\\hat{x}_3(s)\\\hat{x}_4(s)\end{bmatrix}=\begin{bmatrix}s^3\\s^2\\s\\1\end{bmatrix}\hat{v}(s) \tag{7.5}$$

回想到若$\hat{v}(s)=\mathcal{L}[v(t)]$并且若$v(0)=\dot{v}(0)=\ddot{v}(0)=\cdots=0$，则$\mathcal{L}[\dot{v}(t)]=s\hat{v}(s)$，$\mathcal{L}[\ddot{v}(t)]=s^2\hat{v}(s)$等。换言之，时域中的微分等价于变换域中乘以$s$。根据式(7.5)，有

$$\dot{x}_2(t)=x_1(t),\quad \dot{x}_3(t)=x_2(t),\quad \dot{x}_4(t)=x_3(t) \tag{7.6}$$

这些关系式直接根据式(7.5)的定义得出，与式(7.1)无关。为了推导出$\dot{x}_1$的方程，将式(7.5)代入式(7.3)或

$$(s^4+\alpha_1 s^3+\alpha_2 s^2+\alpha_3 s+\alpha_4)\hat{v}(s)=\hat{u}(s)$$

得出

$$s\hat{x}_1(s)=-\alpha_1\hat{x}_1(s)-\alpha_2\hat{x}_2(s)-\alpha_3\hat{x}_3(s)-\alpha_4\hat{x}_4(s)+\hat{u}(s)$$

在时间域，上式变为

$$\dot{x}_1(t)=[-\alpha_1 \quad -\alpha_2 \quad -\alpha_3 \quad -\alpha_4]\boldsymbol{x}(t)+1\cdot u(t) \tag{7.7}$$

将式(7.5)代入式(7.4)可得

$$\begin{aligned}\hat{y}(s)&=(\beta_1 s^3+\beta_2 s^2+\beta_3 s+\beta_4)\hat{v}(s)=\\&\beta_1\hat{x}_1(s)+\beta_2\hat{x}_2(s)+\beta_3\hat{x}_3(s)+\beta_4\hat{x}_4(s)=\\&[\beta_1 \quad \beta_2 \quad \beta_3 \quad \beta_4]\hat{\boldsymbol{x}}(s)\end{aligned}$$

在时间域，上式变为

$$y(t)=[\beta_4 \quad \beta_3 \quad \beta_2 \quad \beta_1]\boldsymbol{x}(t) \tag{7.8}$$

可以将式(7.6)、式(7.7)和式(7.8)合并为

$$\left.\begin{aligned}\dot{\boldsymbol{x}}(t)&=\boldsymbol{A}\boldsymbol{x}(t)+\boldsymbol{b}u(t)=\begin{bmatrix}-\alpha_1 & -\alpha_2 & -\alpha_3 & -\alpha_4\\1&0&0&0\\0&1&0&0\\0&0&1&0\end{bmatrix}\boldsymbol{x}(t)+\begin{bmatrix}1\\0\\0\\0\end{bmatrix}u(t)\\y(t)&=\boldsymbol{c}\boldsymbol{x}(t)=[\beta_1 \quad \beta_2 \quad \beta_3 \quad \beta_4]\boldsymbol{x}(t)\end{aligned}\right\} \tag{7.9}$$

该方程为式(7.1)的实现，曾在方程(4.33)中通过直接验证的方法做过推导。

在进一步讨论之前，有必要提示的是，若式(7.1)中的 $N(s)$ 为1，则 $y(t)=v(t)$，可以选择输出 $y(t)$ 及其各阶导数作为状态变量。但是，若 $N(s)$ 为1阶多项式或更高阶多项式，并且若选择输出及其各阶导数作为状态变量，则其实现形式为

$$\begin{aligned}\dot{\boldsymbol{x}}(t)&=\boldsymbol{A}\boldsymbol{x}(t)+\boldsymbol{b}u(t)+d_1\dot{u}(t)+d_2\ddot{u}(t)+\cdots\\y(t)&=\boldsymbol{c}\boldsymbol{x}(t)+du(t)\end{aligned}$$

该方程需要 u 的各阶导数，所以并不采用。因而，通常不能选择输出 y 及其各阶导数作为状态变量①，必须借助 $v(t)$ 来定义状态变量，因此称 $v(t)$ 为“伪状态”。

现在检验方程(7.9)的能控性和能观性，可以很容易求出其能控性矩阵为

$$\mathscr{C}=\begin{bmatrix}1 & -\alpha_1 & \alpha_1^2-\alpha_2 & -\alpha_1^3+2\alpha_1\alpha_2-\alpha_3\\0&1&-\alpha_1&\alpha_1^2-\alpha_2\\0&0&1&-\alpha_1\\0&0&0&1\end{bmatrix} \tag{7.10}$$

该矩阵的行列式对任意 α_i 均为1，因此能控性矩阵 $\mathscr{C}$ 行满秩，状态方程总能控。这就解释了称方程(7.9)为“能控型”实现的原因。

接下来检验其能观性。结果表明，能观性取决于 $N(s)$ 和 $D(s)$ 是否“互质”，或者 $N(s)$ 和 $D(s)$ 是否没有共同的根，正如以下定理所述。

定理7.1

式(7.9)中的能控型方程能观，当且仅当式(7.1)中的 $D(s)$ 和 $N(s)$ 互质时。

① 也可参见例2.8.3，尤其是式(2.63)。

证明:首先证明,若方程(7.9)能观,则 $D(s)$ 和 $N(s)$ 互质。用反证法证明,若 $D(s)$ 和 $N(s)$ 不互质,则存在某 λ_1,使得

$$N(\lambda_1)=\beta_1\lambda_1^3+\beta_2\lambda_1^2+\beta_3\lambda_1+\beta_4=0 \tag{7.11}$$

$$D(\lambda_1)=\lambda_1^4+\alpha_1\lambda_1^3+\alpha_2\lambda_1^2+\alpha_3\lambda_1+\alpha_4=0 \tag{7.12}$$

定义 4×1 的非零向量 $\boldsymbol{v}:=[\lambda_1^3\quad \lambda_1^2\quad \lambda_1\quad 1]'$,则可以将式(7.11)写为 $N(\lambda_1)=\boldsymbol{cv}=0$,其中 $\boldsymbol{c}$ 在方程(7.9)中定义。借助式(7.12)和伴随型矩阵的移位性质,可以很容易验证

$$\boldsymbol{Av}=\begin{bmatrix}-\alpha_1 & -\alpha_2 & -\alpha_3 & -\alpha_4\\ 1 & 0 & 0 & 0\\ 0 & 1 & 0 & 0\\ 0 & 0 & 1 & 0\end{bmatrix}\begin{bmatrix}\lambda_1^3\\ \lambda_1^2\\ \lambda_1\\ 1\end{bmatrix}=\begin{bmatrix}\lambda_1^4\\ \lambda_1^3\\ \lambda_1^2\\ \lambda_1\end{bmatrix}=\lambda_1\boldsymbol{v} \tag{7.13}$$

因此有 $\boldsymbol{A}^2\boldsymbol{v}=\boldsymbol{A}(\boldsymbol{Av})=\lambda_1\boldsymbol{Av}=\lambda_1^2\boldsymbol{v}$ 以及 $\boldsymbol{A}^3\boldsymbol{v}=\lambda_1^3\boldsymbol{v}$,借助 $\boldsymbol{cv}=0$,求出

$$\mathcal{O}\boldsymbol{v}=\begin{bmatrix}\boldsymbol{c}\\ \boldsymbol{cA}\\ \boldsymbol{cA}^2\\ \boldsymbol{cA}^3\end{bmatrix}\boldsymbol{v}=\begin{bmatrix}\boldsymbol{cv}\\ \boldsymbol{cAv}\\ \boldsymbol{cA}^2\boldsymbol{v}\\ \boldsymbol{cA}^3\boldsymbol{v}\end{bmatrix}=\begin{bmatrix}\boldsymbol{cv}\\ \lambda_1\boldsymbol{cv}\\ \lambda_1^2\boldsymbol{cv}\\ \lambda_1^3\boldsymbol{cv}\end{bmatrix}=\boldsymbol{0}$$

由此可知,能观性矩阵并非列满秩,这与方程(7.9)能观的假设相矛盾。因此,若方程(7.9)能观,则 $D(s)$ 和 $N(s)$ 互质。

接下来证明逆命题,即,若 $D(s)$ 和 $N(s)$ 互质,则方程(7.9)能观。用反证法证明,假设方程(7.9)不能观,则由定理 6.O1 可知,存在 $\boldsymbol{A}$ 的某特征值 λ_1 和某非零向量 $\boldsymbol{v}$,使得

$$\begin{bmatrix}\boldsymbol{A}-\lambda_1\boldsymbol{I}\\ \boldsymbol{c}\end{bmatrix}\boldsymbol{v}=\boldsymbol{0}$$

或

$$\boldsymbol{Av}=\lambda_1\boldsymbol{v}\quad 和\quad \boldsymbol{cv}=\boldsymbol{0}$$

因此,$\boldsymbol{v}$ 是 $\boldsymbol{A}$ 的属于特征值 λ_1 的特征向量。根据式(7.13)可以看到,$\boldsymbol{v}=[\lambda_1^3\quad \lambda_1^2\quad \lambda_1\quad 1]'$为特征向量,将此 $\boldsymbol{v}$ 代入 $\boldsymbol{cv}=0$ 可得

$$N(\lambda_1)=\beta_1\lambda_1^3+\beta_2\lambda_1^2+\beta_3\lambda_1+\beta_4=0$$

因此,λ_1 是 $N(s)$的根。$\boldsymbol{A}$ 的特征值是其特征多项式的根,由于 $\boldsymbol{A}$ 为伴随型其特征多项式就等于 $D(s)$。因此,也有 $D(\lambda_1)=0$,这样 $D(s)$ 和 $N(s)$ 有共同的根 λ_1。这与 $D(s)$ 和 $N(s)$ 互质的假设相矛盾。因此,若 $D(s)$ 和 $N(s)$ 互质,则方程(7.9)能观。定理得证。证毕。

若方程(7.9)为 $\hat{g}(s)$的实现,则根据定义,有

$$\hat{g}(s)=\boldsymbol{c}(s\boldsymbol{I}-\boldsymbol{A})^{-1}\boldsymbol{b}$$

对其取转置可得

$$\hat{g}'(s)=\hat{g}(s)=[\boldsymbol{c}(s\boldsymbol{I}-\boldsymbol{A})^{-1}\boldsymbol{b}]'=\boldsymbol{b}'(s\boldsymbol{I}-\boldsymbol{A}')^{-1}\boldsymbol{c}'$$

因此状态空间方程

$$\left.\begin{aligned}\dot{\boldsymbol{x}}(t)&=\boldsymbol{A}'\boldsymbol{x}(t)+\boldsymbol{c}'u(t)=\begin{bmatrix}-\alpha_1 & 1 & 0 & 0\\ -\alpha_2 & 0 & 1 & 0\\ -\alpha_3 & 0 & 0 & 1\\ -\alpha_4 & 0 & 0 & 0\end{bmatrix}\boldsymbol{x}(t)+\begin{bmatrix}\beta_1\\ \beta_2\\ \beta_3\\ \beta_4\end{bmatrix}u(t)\\ y(t)&=\boldsymbol{b}'\boldsymbol{x}(t)=[1\quad 0\quad \cdots\quad 0]\,\boldsymbol{x}(t)\end{aligned}\right\}\tag{7.14}$$

是式(7.1)的另一种实现。这种状态空间方程总能观,称之为“能观型”实现。与定理 7.1 对偶,方程(7.14)能控,当且仅当 $D(s)$和 $N(s)$互质。

有必要提示的是,等价变换 $\bar{\boldsymbol{x}}=\boldsymbol{P}\boldsymbol{x}$,其中

$$\boldsymbol{P}=\begin{bmatrix}0 & 0 & 0 & 1\\ 0 & 0 & 1 & 0\\ 0 & 1 & 0 & 0\\ 1 & 0 & 0 & 0\end{bmatrix}\tag{7.15}$$

可将方程(7.9)变换为

$$\dot{\boldsymbol{x}}(t)=\begin{bmatrix}0 & 1 & 0 & 0\\ 0 & 0 & 1 & 0\\ 0 & 0 & 0 & 1\\ -\alpha_4 & -\alpha_3 & -\alpha_2 & -\alpha_1\end{bmatrix}\boldsymbol{x}(t)+\begin{bmatrix}0\\ 0\\ 0\\ 1\end{bmatrix}u(t)$$

$$y(t)=[\beta_4\quad \beta_3\quad \beta_2\quad \beta_1]\,\boldsymbol{x}(t)$$

也将该式称为能控型方程,通过状态变量重排从方程(7.9)得出该方程。与之类似,采用式(7.15)的变换矩阵可将方程(7.14)变换为

$$\dot{\boldsymbol{x}}(t)=\begin{bmatrix}0 & 0 & 0 & -\alpha_4\\ 1 & 0 & 0 & -\alpha_3\\ 0 & 1 & 0 & -\alpha_2\\ 0 & 0 & 1 & -\alpha_1\end{bmatrix}\boldsymbol{x}(t)+\begin{bmatrix}\beta_4\\ \beta_3\\ \beta_2\\ \beta_1\end{bmatrix}u(t)$$

$$y(t)=[0\quad 0\quad 0\quad 1]\,\boldsymbol{x}(t)$$

该式为另一种能观型方程。

7.2.1　最小实现

考虑传递函数

$$\hat{g}(s)=\frac{2s^2-2s-4}{s^3+3s^2+5s+3}\tag{7.16}$$

该传递函数严格正则,且分母为首一多项式,其能控型实现为

$$\left.\begin{aligned}\dot{\boldsymbol{x}}(t)&=\begin{bmatrix}-3 & -5 & -3\\ 1 & 0 & 0\\ 0 & 1 & 0\end{bmatrix}\boldsymbol{x}(t)+\begin{bmatrix}1\\0\\0\end{bmatrix}u(t)\\ y(t)&=\begin{bmatrix}2 & -2 & -4\end{bmatrix}\boldsymbol{x}(t)\end{aligned}\right\}\tag{7.17}$$

借助相似变换,可以得出另一种三维实现。若对 $\hat{g}(s)$的分子和分母同乘以 $s-1$ 可得

$$\hat{g}(s)=\frac{(2s^2-2s-4)(s-1)}{(s^3+3s^2+5s+3)(s-1)}=\frac{2s^3-4s^2-2s+4}{s^4+2s^3+2s^2-2s-3}$$

则可以得出以下四维能控型实现

$$\begin{aligned}\dot{\boldsymbol{x}}(t)&=\begin{bmatrix}-2 & -2 & 2 & 3\\ 1 & 0 & 0 & 0\\ 0 & 1 & 0 & 0\\ 0 & 0 & 1 & 0\end{bmatrix}\boldsymbol{x}(t)+\begin{bmatrix}1\\0\\0\\0\end{bmatrix}u(t)\\ y(t)&=\begin{bmatrix}2 & -4 & -2 & 4\end{bmatrix}\boldsymbol{x}(t)\end{aligned}$$

以及其他实现。以此类推,可以得出五维、六维……实现。需要注意的是,由于这些实现具有相同的传递函数,所以所有这些实现均零状态等价。总之,可实现的传递函数具有无穷多实现,但未必具有相同的维数。这就自然引出一个很重要的问题:最小可能的维数是多少?具有最小可能维数的实现称为“最小维实现”或“最小实现”,本小节研究最小实现问题。在进一步讨论之前,需要正则有理函数次数的概念。

也将有理函数 $\hat{g}(s)=\dfrac{N(s)}{D(s)}$称为“多项式分式”,或简称“分式”。由于

$$\hat{g}(s)=\frac{N(s)}{D(s)}=\frac{N(s)Q(s)}{D(s)Q(s)}$$

对任意多项式 $Q(s)$均成立,所以分式不唯一。若 $N(s)$和 $D(s)$有共同的根,则消去共同根之后,有

$$\hat{g}(s)=\frac{N(s)}{D(s)}=\frac{\bar{N}(s)}{\bar{D}(s)}$$

其中 $\bar{N}(s)$和 $\bar{D}(s)$互质,$\dfrac{\bar{N}(s)}{\bar{D}(s)}$称为“互质分式”,则定义 $\hat{g}(s)$的“次数”为 $\bar{D}(s)$的次数。需要注意的是,这里只研究 $\deg\bar{D}(s)\geqslant\deg\bar{N}(s)$这种情形。

式(7.16)的传递函数是否为互质分式?借助 MATLAB 函数 `roots` 或 `tf2zp`,可以将式(7.16)因式分解为

$$\hat{g}(s)=\frac{2(s-2)(s+1)}{(s^2+2s+3)(s+1)}=\frac{2(s-2)}{s^2+2s+3}$$

因此,式(7.16)并非互质分式。这也可以通过证明方程(7.17)不能观来验证。借助其互质分式$\dfrac{(2s-4)}{(s^2+2s+3)}$,可以得到实现

$$\dot{\boldsymbol{x}}(t)=\begin{bmatrix}-2 & -3\\ 1 & 0\end{bmatrix}\boldsymbol{x}(t)+\begin{bmatrix}1\\0\end{bmatrix}u(t)$$
$$y(t)=[2\quad -4]\,\boldsymbol{x}(t)$$

该实现的维数为 2,等于式(7.16)的次数,该实现是否为最小实现？这将在以下定理中找到答案。

定理 7.2

状态空间方程$(\boldsymbol{A},\boldsymbol{b},\boldsymbol{c},d)$为正则有理函数 $\hat{g}(s)$的最小实现,当且仅当$(\boldsymbol{A},\boldsymbol{b})$能控且$(\boldsymbol{A},\boldsymbol{c})$能观,或当且仅当

$$\dim\boldsymbol{A}=\deg\hat{g}(s)$$

时。

证明:若$(\boldsymbol{A},\boldsymbol{b})$不能控,或$(\boldsymbol{A},\boldsymbol{c})$不能观,则可将状态空间方程降阶为具有相同传递函数的维数较小的方程(定理 6.6 和 6.O6),因此$(\boldsymbol{A},\boldsymbol{b},\boldsymbol{c},d)$并非最小实现,定理的必要性得证。

为了证明充分性,考虑 n 维既能控又能观的状态空间方程

$$\left.\begin{aligned}\dot{\boldsymbol{x}}(t)&=\boldsymbol{A}\boldsymbol{x}(t)+\boldsymbol{b}u(t)\\ y(t)&=\boldsymbol{c}\boldsymbol{x}(t)+du(t)\end{aligned}\right\}\tag{7.18}$$

显然,其 $n\times n$ 的能控性矩阵

$$\mathscr{C}=[\boldsymbol{b}\quad \boldsymbol{A}\boldsymbol{b}\quad \cdots\quad \boldsymbol{A}^{n-1}\boldsymbol{b}]$$

和 $n\times n$ 的能观性矩阵

$$\mathscr{O}=\begin{bmatrix}\boldsymbol{c}\\ \boldsymbol{c}\boldsymbol{A}\\ \vdots\\ \boldsymbol{c}\boldsymbol{A}^{n-1}\end{bmatrix}$$

二者的秩均为 n。用反证法证明方程(7.18)为最小实现。假设 $\bar{n}<n$,且以下 $\bar{n}$ 维状态空间方程

$$\left.\begin{aligned}\dot{\bar{\boldsymbol{x}}}(t)&=\bar{\boldsymbol{A}}\bar{\boldsymbol{x}}(t)+\bar{\boldsymbol{b}}u(t)\\ y(t)&=\bar{\boldsymbol{c}}\bar{\boldsymbol{x}}(t)+\bar{d}u(t)\end{aligned}\right\}\tag{7.19}$$

为 $\hat{g}(s)$的实现,则根据定理 4.1 可知 $d=\bar{d}$ 以及

$$\boldsymbol{c}\boldsymbol{A}^{m}\boldsymbol{b}=\bar{\boldsymbol{c}}\bar{\boldsymbol{A}}^{m}\bar{\boldsymbol{b}},\quad m=0,1,2,\cdots\tag{7.20}$$

考虑乘积

$$\mathscr{O}\mathscr{C}=\begin{bmatrix}\boldsymbol{c}\\ \boldsymbol{c}\boldsymbol{A}\\ \vdots\\ \boldsymbol{c}\boldsymbol{A}^{n-1}\end{bmatrix}[\boldsymbol{b}\quad \boldsymbol{A}\boldsymbol{b}\quad \cdots\quad \boldsymbol{A}^{n-1}\boldsymbol{b}]=$$

$$\begin{bmatrix} \boldsymbol{cb} & \boldsymbol{cAb} & \boldsymbol{cA}^2\boldsymbol{b} & \cdots & \boldsymbol{cA}^{n-1}\boldsymbol{b} \\ \boldsymbol{cAb} & \boldsymbol{cA}^2\boldsymbol{b} & \boldsymbol{cA}^3\boldsymbol{b} & \cdots & \boldsymbol{cA}^n\boldsymbol{b} \\ \boldsymbol{cA}^2\boldsymbol{b} & \boldsymbol{cA}^3\boldsymbol{b} & \boldsymbol{cA}^4\boldsymbol{b} & \cdots & \boldsymbol{cA}^{n+1}\boldsymbol{b} \\ \vdots & \vdots & \vdots & \ddots & \vdots \\ \boldsymbol{cA}^{n-1}\boldsymbol{b} & \boldsymbol{cA}^n\boldsymbol{b} & \boldsymbol{cA}^{n+1}\boldsymbol{b} & \cdots & \boldsymbol{cA}^{2(n-1)}\boldsymbol{b} \end{bmatrix} \tag{7.21}$$

借助式(7.20),可以用 $\bar{\boldsymbol{c}}\bar{\boldsymbol{A}}^m\bar{\boldsymbol{b}}$ 代替每个 $\boldsymbol{cA}^m\boldsymbol{b}$,因此有

$$\mathscr{O}\mathscr{C}=\bar{\mathscr{O}}_n\bar{\mathscr{C}}_n \tag{7.22}$$

其中 $\bar{\mathscr{O}}_n$ 针对式(7.19)中的 $\bar{n}$ 维状态空间方程,按照式(6.21)定义,$\bar{\mathscr{C}}_n$ 的定义类似。由于方程(7.18)既能控又能观,所以有 $\rho(\mathscr{O})=n$ 和 $\rho(\mathscr{C})=n$。因此根据(3.62)可知 $\rho(\mathscr{O}\mathscr{C})=n$。现 $\bar{\mathscr{O}}_n$ 和 $\bar{\mathscr{C}}_n$ 分别为 $n\times\bar{n}$ 和 $\bar{n}\times n$ 的矩阵,因此根据(3.61)可知矩阵 $\bar{\mathscr{O}}_n\bar{\mathscr{C}}_n$ 的秩最多为 $\bar{n}$。这与 $\rho(\bar{\mathscr{O}}_n\bar{\mathscr{C}}_n)=\rho(\mathscr{O}\mathscr{C})=n$ 矛盾,因此$(\boldsymbol{A},\boldsymbol{b},\boldsymbol{c},d)$为最小实现。定理的第一部分成立。

考虑其实现为方程(7.18)的正则有理传递函数 $\hat{g}(s)=\dfrac{N(s)}{D(s)}$,有

$$\frac{N(s)}{D(s)}=\boldsymbol{c}(s\boldsymbol{I}-\boldsymbol{A})^{-1}\boldsymbol{b}+d=\frac{1}{\det(s\boldsymbol{I}-\boldsymbol{A})}\boldsymbol{c}[\mathrm{Adj}(s\boldsymbol{I}-\boldsymbol{A})]\boldsymbol{b}+d$$

若$\{\boldsymbol{A},\boldsymbol{b}\}$为能控型,则对某些非零常数 k,有

$$D(s)=k\det(s\boldsymbol{I}-\boldsymbol{A})$$

需要注意的是,若 $D(s)$为首一多项式,则 $k=1$。现若 $N(s)$和 $D(s)$互质,那么 $\deg D(s)=\deg\hat{g}(s)=\dim\boldsymbol{A}$,且方程(7.18)中的能控型实现也能观,因而是最小实现。由于很快就要证实的,所有最小实现均等价,所以得出结论,任一实现为最小实现,当且仅当 $\dim\boldsymbol{A}=\deg\hat{g}(s)$时。定理得证。证毕

为了完成定理7.2的证明,需要以下定理。

定理 7.3

$\hat{g}(s)$的所有最小实现均等价。

证明:设$(\boldsymbol{A},\boldsymbol{b},\boldsymbol{c},d)$和$(\bar{\boldsymbol{A}},\bar{\boldsymbol{b}},\bar{\boldsymbol{c}},\bar{d})$均为 $\hat{g}(s)$的最小实现。则根据式(7.22)有 $\bar{d}=d$,以及

$$\mathscr{O}\mathscr{C}=\bar{\mathscr{O}}\bar{\mathscr{C}} \tag{7.23}$$

显式展开矩阵乘积 $\mathscr{O}\boldsymbol{A}\mathscr{C}$,然后借助式(7.20),可以证明

$$\mathscr{O}\boldsymbol{A}\mathscr{C}=\bar{\mathscr{O}}\bar{\boldsymbol{A}}\bar{\mathscr{C}} \tag{7.24}$$

需要注意的是,能控性矩阵和能观性矩阵均为非奇异的方阵,定义

$$\boldsymbol{P}:=\bar{\mathscr{O}}^{-1}\mathscr{O}$$

则由式(7.23)可知

$$\boldsymbol{P}=\bar{\mathscr{O}}^{-1}\mathscr{O}=\bar{\mathscr{C}}\mathscr{C}^{-1} \quad 和 \quad \boldsymbol{P}^{-1}=\mathscr{O}^{-1}\bar{\mathscr{O}}=\mathscr{C}\bar{\mathscr{C}}^{-1} \tag{7.25}$$

根据式(7.23)，有 $\bar{\mathscr{C}}=\bar{\mathscr{O}}^{-1}\mathscr{O}\mathscr{C}=\boldsymbol{P}\mathscr{C}$，等式两边第一列相等得出 $\bar{\boldsymbol{b}}=\boldsymbol{Pb}$，仍然根据式(7.23)，有 $\bar{\mathscr{O}}=\mathscr{O}\mathscr{C}\bar{\mathscr{C}}^{-1}=\mathscr{O}\boldsymbol{P}^{-1}$，等式两边第一行相等得出 $\bar{\boldsymbol{c}}=\boldsymbol{c}\boldsymbol{P}^{-1}$。由式(7.24)可知

$$\bar{\boldsymbol{A}}=\bar{\mathscr{O}}^{-1}\mathscr{O}\boldsymbol{A}\mathscr{C}\bar{\mathscr{C}}^{-1}=\boldsymbol{PAP}^{-1}$$

因此，根据定义 4.1，$(\boldsymbol{A},\boldsymbol{b},\boldsymbol{c},d)$和$(\bar{\boldsymbol{A}},\bar{\boldsymbol{b}},\bar{\boldsymbol{c}},\bar{d})$等价。定理得证。证毕。

定理 7.2 和定理 7.3 有许多重要的含义。给定状态空间方程，若先求出其传递函数，然后再求其次数，则可以很容易确定状态空间方程的最小性，而不必检验其能控性和能观性。因此，该定理提供了检验能控性和能观性的另外一种方法。反之，给定有理函数，若先求其公因子并将其简约为互质分式，则利用其系数得出的状态空间方程，如式(7.9)和式(7.14)所示，自动为既能控又能观方程。

考虑状态空间方程$(\boldsymbol{A},\boldsymbol{b},\boldsymbol{c},d)$及其传递函数 $\hat{g}(s)$，若方程既能控又能观，则 $\boldsymbol{A}$ 的任一特征值均为 $\hat{g}(s)$的极点并且 $\hat{g}(s)$的任一极点均为 $\boldsymbol{A}$ 的特征值，参见例 5.2。这种情况下，有

$$\text{渐近稳定性} \quad \Leftrightarrow \quad \text{BIBO 稳定性}$$

需要注意的是，前者与零输入响应或内部稳定性有关，而后者与零状态响应或外部稳定性有关。

7.2.2　完全表征

状态空间方程不仅描述了系统的输入和输出之间的关系，而且还描述了系统的内部变量，因此它是内部描述。而由于传递函数不能揭示系统内部的任何信息，所以传递函数是外部描述。此外，传递函数仅描述零状态响应，而状态空间方程既描述零状态响应又描述零输入响应。因此，很自然要问：传递函数是否是对系统的完整描述？或者传递函数中是否缺失了系统的任何信息？这是接下来要讨论的问题。

考虑图 6.1 所示的电路网络，将 1 F 电容两端电压取为图示的 x_1，则其上流过的电流为 $\dot{x}_1$，3 Ω 电阻上流过的电流为$\dfrac{x_1}{3}$，二者的和等于 u，因此有

$$\dot{x}_1(t)+\frac{x_1(t)}{3}=u(t) \quad \text{或} \quad \dot{x}_1(t)=-\frac{x_1(t)}{3}=u(t)$$

若将 2 F 电容两端电压取为 x_2，则其上流过的电流为 $2\dot{x}_2$，4 Ω 电阻上流过的电流为 $x_2(t)/4$。由于输出端开路，所以有 $2\dot{x}_2(t)=-x_2(t)/4$，并且 2 Ω 电阻上流过的电流为 u，因此有 $y=2u-x_2$，可将其排列为

$$\begin{bmatrix}\dot{x}_1(t)\\\dot{x}_2(t)\end{bmatrix}=\begin{bmatrix}-\dfrac{1}{3} & 0\\ 0 & -\dfrac{1}{8}\end{bmatrix}\begin{bmatrix}x_1(t)\\x_2(t)\end{bmatrix}+\begin{bmatrix}1\\0\end{bmatrix}u(t)$$

$$y(t)=[0 \quad -1]\,\boldsymbol{x}(t)+2u(t)$$

该式为图 6.1 中电路网络的二维状态空间方程描述。

接下来求出其传递函数为

$$\hat{g}(s)=\boldsymbol{c}(s\boldsymbol{I}-\boldsymbol{A})^{-1}\boldsymbol{b}+d=[0\quad -1]\begin{bmatrix}\dfrac{1}{s+\dfrac{1}{3}} & 0\\ 0 & \dfrac{1}{s+\dfrac{1}{8}}\end{bmatrix}\begin{bmatrix}1\\0\end{bmatrix}+2=$$

$$0+2=2$$

由于不能根据 $\hat{g}(s)=2$ 检测出两个 RC 回路中的响应,所以该传递函数不能完全描述该电路网络。另一方面,状态空间方程则可完整描述该电路网络。例如,若 $x_2(0)\neq 0$,则状态方程会产生响应 $x_2(t)=\mathrm{e}^{-\frac{t}{8}}x_2(0)$。总之,状态空间方程通常比传递函数描述的更为全面。

尽管状态空间方程描述的更为全面,但由于其维数与传递函数 $\hat{g}(s)=2$ 的次数不同,后者为零,该方程并非既能控又能观。也可以直接验证该方程既不能控也不能观(习题 6.5)。为了讨论其物理意义,接下来引入一个新的概念。

考虑传递函数为 $\hat{g}(s)$的系统,若系统中储能元件的数目等于 $\hat{g}(s)$的次数,则定义该系统可由其传递函数“完全表征”。对于 RLC 电路,由于电感可以在其磁场中存储能量,而电容可以在其电场中存储能量,所以电路网络中储能元件的数量是电感和电容数量的总和。需要注意的是,由于电阻的所有能量都被耗散成热量,所以电阻不是储能元件。例如,图 6.1 中的电路网络包含两个储能元件,但其传递函数 $\hat{g}(s)=2$ 的次数为 0。因此,该电路网络不能由其传递函数完全表征。

实际情况下,为实现既定任务,总是试图设计一个尽可能简单的系统。就输入和输出而言,可以用 2 Ω 电阻代替图 6.1 中的电路网络。换而言之,该电路有一些冗余或一些不必要的组件,不应当设计出这样的系统。事实证明,可以从其传递函数中检测到这种冗余性,若系统中储能元件的数目大于其传递函数的次数,则系统中存在一定的冗余。除非设计时疏忽,大多数实际系统不含冗余组件,并且可由其传递函数完全表征[②]。

也可以从其状态空间方程检验系统的冗余性。根据图 6.7 所示的 Kalman 分解,可以得出结论,当且仅当系统的状态空间方程既能控又能观时,该系统不存在冗余,但是这种检验方法通常比基于传递函数的检验方法要复杂的多。例如,根据例 4.4 中求出的结果,图 4.5 中两个电路的传递函数均为次数为 1 的 $\dfrac{1}{s+2}$,图 4.5(a)中的电路网络有两个储能元件,因而不能由其传递函数完全表征,而图 4.5(b)中的电路网络只有一个储能元件,可由其传递函数完全表征,无需先推导出状态

---

② 本节中的冗余性有别于出于安全原因而故意引入的冗余性,例如使用两个或三个相同的系统来实现空间站中的相同控制。

空间方程,然后再检验其能控性和能观性。

实际情况下设计的大多数系统不包含不必要的组件,对于这类系统,是否其状态空间方程比其传递函数描述的更为全面？答案是否定的。若某系统不包含冗余的组件,并且若推导出系统的状态空间方程描述和传递函数描述,则有

储能元件的数目＝传递函数的次数＝状态空间方程的维数

在这种情况下,使用系统的传递函数描述或状态空间方程描述并无差别,更具体地说,系统的所有内部特性都会反映在传递函数中,由任意一组初始条件引起的响应都可以通过给其传递函数外加某些输入来产生。换言之,可以通过零状态响应产生系统的任一零输入响应。因此,使用传递函数并没有损失信息。总之,"既能控又能观的状态空间方程和互质分式本质上包含相同的信息,可以使用二者中的任何一种描述来完成分析和设计"。

滤波器和控制系统中的大多数设计都是借助传递函数来完成的。一旦设计出满意的传递函数,就可以利用其最小实现来完成运放电路的实施。这样,最后得到的系统就不包含冗余组件。

本小节的最后,有必要提示的是,完全表征只涉及储能元件,对非储能元件如电阻未加关注。

7.3　计算互质分式

前面一节论证了互质分式和次数的重要性,本节讨论计算互质分式的方法,考虑正则有理函数

$$\hat{g}(s)=\frac{N(s)}{D(s)}$$

其中 $N(s)$和 $D(s)$为多项式。若借助 MATLAB 函数 `roots` 求其根,然后消去共同根,就能得出互质分式。也可以利用欧几里德算法来求其公因子或共同根。本节通过求解一组线性代数方程引入另一种方法,在处理标量有理函数上,该方法相比上述方法并不能体现出何种优势,但是,可以很容易将该方法推广到矩阵情形,更重要的是,第 9 章中的设计也将使用该方法完成。

考虑$\dfrac{N(s)}{D(s)}$,为简化讨论,假设 $\deg N(s)\leqslant \deg D(s)=n=4$,写出

$$\frac{N(s)}{D(s)}=\frac{\bar{N}(s)}{\bar{D}(s)}$$

由此可知

$$D(s)(-\bar{N}(s))+N(s)\bar{D}(s)=0 \tag{7.26}$$

显然,当且仅当存在 $\deg\bar{N}(s)\leqslant\deg\bar{D}(s)<n=4$ 的多项式 $\bar{N}(s)$和 $\bar{D}(s)$满足方程(7.26)时,$D(s)$和 $N(s)$不互质。$\deg\bar{D}(s)<n$ 的条件很重要,否则对任意多项式

$R(s)$,方程(7.26)有无穷多解 $\bar{N}(s)=N(s)R(s)$ 和 $\bar{D}(s)=D(s)R(s)$,因此,可以将互质问题归结为式(7.26)的多项式方程的求解问题。

并非直接求解方程(7.26),而是将其转变为求解一组线性代数方程,写出

$$\left.\begin{aligned}D(s)&=D_0+D_1s+D_2s^2+D_3s^3+D_4s^4\\N(s)&=N_0+N_1s+N_2s^2+N_3s^3+N_4s^4\\\bar{D}(s)&=\bar{D}_0+\bar{D}_1s+\bar{D}_2s^2+\bar{D}_3s^3\\\bar{N}(s)&=\bar{N}_0+\bar{N}_1s+\bar{N}_2s^2+\bar{N}_3s^3\end{aligned}\right\}\tag{7.27}$$

其中 $D_4\neq 0$,其余 D_i、N_i、$\bar{D}_i$ 和 $\bar{N}_i$ 可以是零或非零。需要注意的是,D 和 N 的下标对应 s 的幂次,将这些关系式代入方程(7.26)并令 $k=0,1,\cdots,7$ 时,与 s^k 相关联的系数等于零,可得

$$\boldsymbol{Sm}:=\begin{bmatrix}D_0 & N_0 & \vdots & 0 & 0 & \vdots & 0 & 0 & \vdots & 0 & 0\\D_1 & N_1 & \vdots & D_0 & N_0 & \vdots & 0 & 0 & \vdots & 0 & 0\\D_2 & N_2 & \vdots & D_1 & N_1 & \vdots & D_0 & N_0 & \vdots & 0 & 0\\D_3 & N_3 & \vdots & D_2 & N_2 & \vdots & D_1 & N_1 & \vdots & D_0 & N_0\\D_4 & N_4 & \vdots & D_3 & N_3 & \vdots & D_2 & N_2 & \vdots & D_1 & N_1\\0 & 0 & \vdots & D_4 & N_4 & \vdots & D_3 & N_3 & \vdots & D_2 & N_2\\0 & 0 & \vdots & 0 & 0 & \vdots & D_4 & N_4 & \vdots & D_3 & N_3\\0 & 0 & \vdots & 0 & 0 & \vdots & 0 & 0 & \vdots & D_4 & N_4\end{bmatrix}\begin{bmatrix}-\bar{N}_0\\\bar{D}_0\\\cdots\\-\bar{N}_1\\\bar{D}_1\\\cdots\\-\bar{N}_2\\\bar{D}_2\\\cdots\\-\bar{N}_3\\\bar{D}_3\end{bmatrix}=\boldsymbol{0}\tag{7.28}$$

该方程为齐次线性代数方程,$\boldsymbol{S}$ 矩阵按列排的第一分块包含两列,这两列是由 $D(s)$ 和 $N(s)$的系数以 s 的升幂次顺序排列而成,$\boldsymbol{S}$ 矩阵按列排的第二分块是第一分块下移一个位置,重复该过程直至 $\boldsymbol{S}$ 为 $2n=8$ 阶的方阵。该方阵 $\boldsymbol{S}$ 称为"Sylvester 结式"。若 Sylvester 结式奇异,则方程(7.28)有非零解(定理 3.3)。这就意味着,存在满足方程(7.26)的 3 阶或更低阶的多项式 $\bar{N}(s)$和 $\bar{D}(s)$,因此,$D(s)$和 $N(s)$不互质,若 Sylvester 结式非奇异,则方程(7.28)没有非零解,或等价地描述为,不存在满足方程(7.26)的 3 阶或更低阶的多项式 $\bar{N}(s)$和 $\bar{D}(s)$,因此,$D(s)$和 $N(s)$互质。总之,"$D(s)$和 $N(s)$互质,当且仅当 Sylvester 结式非奇异"。

若 Sylvester 结式奇异,则可将 $N(s)/D(s)$简约为

$$\frac{N(s)}{D(s)}=\frac{\bar{N}(s)}{\bar{D}(s)}$$

其中$\bar{N}(s)$和$\bar{D}(s)$互质。这里讨论直接根据方程(7.28)得出互质分式的方法。从左到右依次搜索$\boldsymbol{S}$的线性无关列,称由D_i构成的列为D-列,称由N_i构成的列为N-列。则任一D-列与其左侧(LHS)的列线性无关,事实上,由于$D_4\neq0$,所以首个D-列线性无关,由于D_4LHS的元素均为零,所以第2个D-列也与其LHS的列线性无关,以此类推,得出结论,所有D-列与其LHS的列线性无关。另一方面,N-列与其LHS列可以相关也可以无关。由于$\boldsymbol{S}$的重复样式,若某个N-列变得与其LHS列线性相关,则所有后续的N-列都与其LHS列线性相关。设μ表示$\boldsymbol{S}$中N-列线性无关的数目,则第$\mu+1$个N-列是变得与其LHS列线性相关的首个N-列,并称之为"最先相关N-列"。用$\boldsymbol{S}_1$表示$\boldsymbol{S}$的子矩阵,它包含了最先相关N-列及其所有LHS的列。即$\boldsymbol{S}_1$包含了$(\mu+1)$个D-列(所有这些列线性无关)以及$(\mu+1)$个N-列(最后一列线性相关),因此$\boldsymbol{S}_1$共有$2(\mu+1)$列,但其秩为$2\mu+1$。换言之,$\boldsymbol{S}_1$的零化度为1,于是,有一个独立的零向量。需要注意的是,若$\bar{\boldsymbol{n}}$为零向量,则对任意非零的α,$\alpha\bar{\boldsymbol{n}}$也是零向量。虽然可以使用任意零向量,但是为了推导出$\bar{N}(s)$和$\bar{D}(s)$,这里只使用其最后一个元素为1的零向量,方便起见,称该零向量为"首一零向量"。若借助MATLAB函数`null`来生成零向量,则该零向量必须除以其最后一个元素来得出首一零向量,以下例子说明了这一点。

【例7.1】 考虑

$$\frac{N(s)}{D(s)}=\frac{6s^3+s^2+3s-20}{2s^4+7s^3+15s^2+16s+10} \tag{7.29}$$

这里$n=4$,其Sylvester结式$\boldsymbol{S}$为8×8的矩阵,当且仅当$\boldsymbol{S}$非奇异或秩为8时,该分式互质。借助MATLAB来检验$\boldsymbol{S}$的秩。由于键入$\boldsymbol{S}$的转置较为简便,所以键入

```
d=[10 16 15 7 2];n=[-20 3 1 6 0];
s=[d 0 0 0;n 0 0 0;0 d 0 0;0 n 0 0;…
0 0 d 0;0 0 n 0;0 0 0 d;0 0 0 n]';
m=rank(s)
```

结果为6,因此$D(s)$和$N(s)$不互质,由于$\boldsymbol{S}$中所有4个D-列线性无关,所以得出结论,$\boldsymbol{S}$仅有两个线性无关的N-列,且$\mu=2$,第3个N-列是最先相关的N-列,并且其所有LHS列均线性无关。设$\boldsymbol{S}_1$表示$\boldsymbol{S}$的前6列,即8×6的矩阵,子矩阵$\boldsymbol{S}_1$包含3个D-列(均为线性无关)以及两个线性无关的N-列,因此秩为5,零化度为1。由于$\boldsymbol{S}_1$最后一行的所有元素均为零,所以在构成$\boldsymbol{S}_1$时可以跳过它们。键入

```
s1=[d 0 0;n 0 0;0 d 0;0 n 0;0 0 d;0 0 n]';
z=null(s1)
```

得出

```
ans z= [-0.6860 -0.3430 0.5145 -0.3430 -0.0000 -0.1715 ]'
```

该零向量的最后一个元素不为1,将该零向量除以z的最后一个元素或第6个元素,键入

```
zb = z/z(6)
```

得出

```
ans zb = [4 2 -3 2 0 1]'
```

该首一零向量等于$[-\bar{N}_0 \quad \bar{D}_0 \quad -\bar{N}_1 \quad \bar{D}_1 \quad -\bar{N}_2 \quad \bar{D}_2]'$,因此有

$$\bar{N}(s)=-4+3s+0\cdot s^2, \quad \bar{D}(s)=2+2s+s^2$$

以及

$$\frac{6s^3+s^2+3s-20}{2s^4+7s^3+15s^2+16s+10}=\frac{3s-4}{s^2+2s+2}$$

由于根据首个线性相关N-列计算该零向量,所以求出的$\bar{N}(s)$和$\bar{D}(s)$满足方程(7.26)且具有最小可能的次数,于是,二者互质。这就完成了$\dfrac{N(s)}{D(s)}$的互质分式简约过程。

可以将以上处理流程归纳为定理。

定理 7.4

考虑$\hat{g}(s)=\dfrac{N(s)}{D(s)}$,利用$D(s)$和$N(s)$的系数来构造方程(7.28)中的Sylvester结式$\boldsymbol{S}$,并且从左到右依次搜索其线性无关列,则有

$$\deg \hat{g}(s)=\text{线性无关 } N\text{-列的数目} =: \mu$$

并且互质分式$\hat{g}(s)=\dfrac{\bar{N}(s)}{\bar{D}(s)}$的系数,或

$$[-\bar{N}_0 \quad \bar{D}_0 \quad -\bar{N}_1 \quad \bar{D}_1 \quad \cdots \quad -\bar{N}_\mu \quad \bar{D}_\mu]'$$

等于子矩阵的首一零向量,其中的子矩阵包含了$\boldsymbol{S}$中最先相关N-列及其所有LHS线性无关列。

有必要提示的是,若$\boldsymbol{S}$中D-列和N-列均以s的降幂次顺序排列,则所有D-列都与其LHS列线性无关以及$\hat{g}(s)$的次数等于线性无关N-列的数目的陈述并不正确,关于这一点可参见习题7.9。因此,$\boldsymbol{S}$中D-列和N-列以s的升幂次顺序排列至关重要。

QR 分解

正如前一节讨论的,可以通过从左到右依次搜索Sylvester结式的线性无关列来求得互质分式。事实证明,可以借助应用广泛的QR分解来实现这种搜索。

考虑$n\times m$的矩阵$\boldsymbol{M}$,存在$n\times n$的正交矩阵$\boldsymbol{Q}$和$n\times m$的上三角矩阵$\boldsymbol{R}$使得

$$\boldsymbol{M}=\boldsymbol{Q}\boldsymbol{R}$$

成立，称该式为 QR 分解，能够完成 QR 分解的方法有很多，可参见维基百科，一种方法是利用第 3.2 节讨论的施密特正交化过程。事实上，例 3.2 验证了对非奇异阵 $\boldsymbol{A}$ 存在正交阵 $\boldsymbol{Q}$ 和上三角阵 $\bar{\boldsymbol{R}}$，使得 $\boldsymbol{Q}=\boldsymbol{A}\bar{\boldsymbol{R}}$。设 $\boldsymbol{R}:=\bar{\boldsymbol{R}}^{-1}$，则由 $\boldsymbol{Q}=\boldsymbol{A}\bar{\boldsymbol{R}}$ 可知 $\boldsymbol{A}=\boldsymbol{Q}\bar{\boldsymbol{R}}^{-1}=\boldsymbol{QR}$。由于上三角阵的逆仍为上三角矩阵，该例证明了 QR 分解。MATLAB 中可以通过键入`[q,r] = qr(m)`得出 $\boldsymbol{Q}$ 和 $\boldsymbol{R}$。

现在讨论 $\boldsymbol{QR}$ 分解的使用方法。由于 $\boldsymbol{Q}$ 正交，所以有 $\boldsymbol{Q}^{-1}=\boldsymbol{Q}'=:\bar{\boldsymbol{Q}}$。对 $\boldsymbol{M}=\boldsymbol{QR}$ 左乘 $\boldsymbol{Q}^{-1}$ 可得

$$\bar{\boldsymbol{Q}}\boldsymbol{M}=\boldsymbol{R}$$

其中 $\boldsymbol{R}$ 为与 $\boldsymbol{M}$ 同维的上三角阵。由于 $\bar{\boldsymbol{Q}}$ 对 $\boldsymbol{M}$ 做行变换，所以 $\boldsymbol{M}$ 各列的线性无关性在 $\boldsymbol{R}$ 各列中保留，换言之，若 $\boldsymbol{R}$ 的某列与其左侧(LHS)列线性相关，则 $\boldsymbol{M}$ 的相应列也与其左侧列线性相关。现在由于 $\boldsymbol{R}$ 为上三角型，所以当且仅当其对角线位置的第 m 个元素非零时，其第 m 列与其 LHS 列线性无关。因此，借助 $\boldsymbol{R}$，可以通过观察法得出 $\boldsymbol{M}$ 各列从左到右顺序的线性无关性。

将 QR 分解应用到例 7.1 的结式中，键入

```
d=[10 16 15 7 2];n=[-20 3 1 6 0];
s=[d 0 0 0;n 0 0 0;0 d 0 0;0 n 0 0;…
0 0 d 0;0 0 n 0;0 0 0 d;0 0 0 n]';
[q,r]=qr(s)
```

由于这里无需 $\boldsymbol{Q}$，所以只示出 $\boldsymbol{R}$：

$$\mathrm{r}=\begin{bmatrix}-25.1 & 3.7 & -20.6 & 10.1 & -11.6 & 11.0 & -4.1 & 5.3\\ 0 & -20.7 & -10.3 & 4.3 & -7.2 & 2.1 & -3.6 & 6.7\\ 0 & 0 & -10.2 & -15.6 & -20.3 & 0.8 & -16.8 & 9.6\\ 0 & 0 & 0 & 8.9 & -3.5 & -17.9 & -11.2 & 7.3\\ 0 & 0 & 0 & 0 & -5.0 & 0 & -12.0 & -15.0\\ 0 & 0 & 0 & 0 & 0 & 0 & -2.0 & 0\\ 0 & 0 & 0 & 0 & 0 & 0 & -4.6 & 0\\ 0 & 0 & 0 & 0 & 0 & 0 & 0 & 0\end{bmatrix}$$

可见该矩阵为上三角阵，由于第 6 列的第 6 个元素(对角线位置)为 0，所以第 6 列与其 LHS 列线性相关，最后一列也是如此。为了判断某列是否线性相关，只需要获悉其对角线元素是否为零。因此，可以将该矩阵简化为

$$\mathrm{r}=\begin{bmatrix}d & x & x & x & x & x & x & x\\ 0 & n & x & x & x & x & x & x\\ 0 & 0 & d & x & x & x & x & x\\ 0 & 0 & 0 & n & x & x & x & x\\ 0 & 0 & 0 & 0 & d & 0 & x & x\\ 0 & 0 & 0 & 0 & 0 & 0 & x & 0\\ 0 & 0 & 0 & 0 & 0 & 0 & d & 0\\ 0 & 0 & 0 & 0 & 0 & 0 & 0 & 0\end{bmatrix}$$

其中 d、n 和 x 表示非零元素,d 也表示 D -列,n 表示 N -列。可见,任一 D -列与其 LHS 列线性无关,而 N -列中仅有两个列线性无关。因此,借助 QR 分解,立即得出 μ 和最先相关 N -列。在标量传递函数中,可以使用 rank 或 qr 求出 μ。在矩阵情况下,使用 rank 很不方便,所以使用 QR 分解。

7.4 平衡实现③

任一传递函数都有无穷多个最小实现。在这些最小实现中,关注哪些实现更适合于实际实施是有意义的。若使用能控型或能观型实现,则 A -矩阵和 b -向量或 c -向量中包含许多零元素,对其实施时只需要使用少量的组件。但是,这两种实现形式都对参数波动异常敏感,因而,若参数敏感性是一个突出问题,则应当避免使用这两种实现形式。若 $\boldsymbol{A}$ 的所有特征值互异,则借助等价变换可以将 $\boldsymbol{A}$ 变换为对角型(若所有特征值均为实数)或第 4.4.1 节中讨论的模态型(若某些特征值为复数)。$\boldsymbol{A}$ 的对角型或模态型包含许多零元素,对其实施时只需要使用少量的组件。更为重要的是,在所有实现中,对角型和模态型对参数波动最不敏感,因此,它们是实际实施时的良好选择。

接下来讨论另一种称之为平衡实现的最小实现。但是,平衡实现仅适用于稳定的 $\boldsymbol{A}$ 矩阵。考虑

$$\left.\begin{aligned}\dot{\boldsymbol{x}}(t)&=\boldsymbol{A}\boldsymbol{x}(t)+\boldsymbol{b}u(t)\\ y(t)&=\boldsymbol{c}\boldsymbol{x}(t)\end{aligned}\right\} \tag{7.30}$$

假设 $\boldsymbol{A}$ 为稳定矩阵或其所有特征值均具有负实部,则能控性 Gramian 矩阵 $\boldsymbol{W}_c$ 和能观性 Gramian 矩阵 $\boldsymbol{W}_o$ 分别是方程

$$\boldsymbol{A}\boldsymbol{W}_c+\boldsymbol{W}_c\boldsymbol{A}'=-\boldsymbol{b}\boldsymbol{b}' \tag{7.31}$$

和

$$\boldsymbol{A}'\boldsymbol{W}_o+\boldsymbol{W}_o\boldsymbol{A}=-\boldsymbol{c}'\boldsymbol{c} \tag{7.32}$$

的唯一解。若方程(7.30)既能控又能观,则 $\boldsymbol{W}_c$ 和 $\boldsymbol{W}_o$ 这两个矩阵正定。

同一传递函数的不同最小实现具有不同的能控性 Gramian 矩阵和能观性 Gramian 矩阵。例如,摘自参考文献[25]的状态空间方程

$$\left.\begin{aligned}\dot{\boldsymbol{x}}(t)&=\begin{bmatrix}-1 & -\dfrac{4}{\alpha}\\ 4\alpha & -2\end{bmatrix}\boldsymbol{x}(t)+\begin{bmatrix}1\\ 2\alpha\end{bmatrix}u(t)\\ y(t)&=\begin{bmatrix}-1 & \dfrac{2}{\alpha}\end{bmatrix}\boldsymbol{x}(t)\end{aligned}\right\} \tag{7.33}$$

对任意非零 α,均有传递函数 $\hat{g}(s)=\dfrac{3s+18}{s^2+3s+18}$,且方程既能控又能观,可以求出其

③ 可跳过本节不影响连续性。

能控性 Gramian 矩阵和能观性 Gramian 矩阵为

$$\boldsymbol{W}_{c}=\begin{bmatrix}0.5 & 0\\ 0 & \alpha^{2}\end{bmatrix} \quad 和 \quad \boldsymbol{W}_{o}=\begin{bmatrix}0.5 & 0\\ 0 & \dfrac{1}{\alpha^{2}}\end{bmatrix} \tag{7.34}$$

可见,不同 α 得出不同的最小实现以及不同的能控性 Gramian 矩阵和能观性 Gramian 矩阵。尽管能控性 Gramian 矩阵和能观性 Gramian 矩阵会发生变化,但二者的乘积对所有 α 均维持不变为 diag(0.25,1)。

定理 7.5

设$(\boldsymbol{A},\boldsymbol{b},\boldsymbol{c})$和$(\bar{\boldsymbol{A}},\bar{\boldsymbol{b}},\bar{\boldsymbol{c}})$为最小实现且等价,并设 $\boldsymbol{W}_c\boldsymbol{W}_o$ 和 $\overline{\boldsymbol{W}}_c\overline{\boldsymbol{W}}_o$ 为其能控性和能观性 Gramian 矩阵的乘积,则 $\boldsymbol{W}_c\boldsymbol{W}_o$ 和 $\overline{\boldsymbol{W}}_c\overline{\boldsymbol{W}}_o$ 相似,并且其特征值全为正实数。

证明:设 $\bar{\boldsymbol{x}}=\boldsymbol{P}\boldsymbol{x}$,其中 $\boldsymbol{P}$ 为非奇异常数阵,则有

$$\bar{\boldsymbol{A}}=\boldsymbol{P}\boldsymbol{A}\boldsymbol{P}^{-1},\bar{\boldsymbol{b}}=\boldsymbol{P}\boldsymbol{b},\bar{\boldsymbol{c}}=\boldsymbol{c}\boldsymbol{P}^{-1} \tag{7.35}$$

$(\bar{\boldsymbol{A}},\bar{\boldsymbol{b}},\bar{\boldsymbol{c}})$的能控性 Gramian 矩阵 $\overline{\boldsymbol{W}}_c$ 和能观性 Gramian 矩阵 $\overline{\boldsymbol{W}}_o$ 分别为方程

$$\bar{\boldsymbol{A}}\overline{\boldsymbol{W}}_c+\overline{\boldsymbol{W}}_c\bar{\boldsymbol{A}}'=-\bar{\boldsymbol{b}}\bar{\boldsymbol{b}}' \tag{7.36}$$

和

$$\bar{\boldsymbol{A}}'\overline{\boldsymbol{W}}_o+\overline{\boldsymbol{W}}_o\bar{\boldsymbol{A}}=-\bar{\boldsymbol{c}}'\bar{\boldsymbol{c}} \tag{7.37}$$

的唯一解。将 $\bar{\boldsymbol{A}}=\boldsymbol{P}\boldsymbol{A}\boldsymbol{P}^{-1}$ 和 $\bar{\boldsymbol{b}}=\boldsymbol{P}\boldsymbol{b}$ 代入方程(7.36)可得

$$\boldsymbol{P}\boldsymbol{A}\boldsymbol{P}^{-1}\overline{\boldsymbol{W}}_c+\overline{\boldsymbol{W}}_c(\boldsymbol{P}')^{-1}\boldsymbol{A}'\boldsymbol{P}'=-\boldsymbol{P}\boldsymbol{b}\boldsymbol{b}'\boldsymbol{P}'$$

由此可知

$$\boldsymbol{A}\boldsymbol{P}^{-1}\overline{\boldsymbol{W}}_c(\boldsymbol{P}')^{-1}+\boldsymbol{P}^{-1}\overline{\boldsymbol{W}}_c(\boldsymbol{P}')^{-1}\boldsymbol{A}'=-\boldsymbol{b}\boldsymbol{b}'$$

与方程(7.31)对比可得

$$\boldsymbol{W}_c=\boldsymbol{P}^{-1}\overline{\boldsymbol{W}}_c(\boldsymbol{P}')^{-1} \quad 或 \quad \overline{\boldsymbol{W}}_c=\boldsymbol{P}\boldsymbol{W}_c\boldsymbol{P}' \tag{7.38}$$

类似,可以证明

$$\boldsymbol{W}_o=\boldsymbol{P}'\overline{\boldsymbol{W}}_o\boldsymbol{P} \quad 或 \quad \overline{\boldsymbol{W}}_o=(\boldsymbol{P}')^{-1}\boldsymbol{W}_o\boldsymbol{P}^{-1} \tag{7.39}$$

因此有

$$\boldsymbol{W}_c\boldsymbol{W}_o=\boldsymbol{P}^{-1}\overline{\boldsymbol{W}}_c(\boldsymbol{P}')^{-1}\boldsymbol{P}'\overline{\boldsymbol{W}}_o\boldsymbol{P}=\boldsymbol{P}^{-1}\overline{\boldsymbol{W}}_c\overline{\boldsymbol{W}}_o\boldsymbol{P}$$

这就证明了所有 $\boldsymbol{W}_c\boldsymbol{W}_o$ 均相似,因而具有相同的一组特征值。

接下来证明 $\boldsymbol{W}_c\boldsymbol{W}_o$ 的所有特征值均为正实数。需要注意的是 $\boldsymbol{W}_c$ 和 $\boldsymbol{W}_o$ 均为对称阵,但二者的乘积可能未必对称。于是定理 3.6 不能直接用于 $\boldsymbol{W}_c\boldsymbol{W}_o$,现将定理 3.6 用于 $\boldsymbol{W}_c$:

$$\boldsymbol{W}_c=\boldsymbol{Q}'\boldsymbol{D}\boldsymbol{Q}=\boldsymbol{Q}'\boldsymbol{D}^{1/2}\boldsymbol{D}^{1/2}\boldsymbol{Q}=:\boldsymbol{R}'\boldsymbol{R} \tag{7.40}$$

其中 $\boldsymbol{D}$ 为对角阵,其对角线位置上是 $\boldsymbol{W}_c$ 的特征值。由于 $\boldsymbol{W}_c$ 对称正定,所以其所有特征值均为正实数,因此可以将 $\boldsymbol{D}$ 表示为 $\boldsymbol{D}^{1/2}\boldsymbol{D}^{1/2}$,其中 $\boldsymbol{D}^{1/2}$ 为对角阵,其对角线元素为 $\boldsymbol{D}$ 的对角线元素正的平方根。需要注意的是,$\boldsymbol{Q}$ 为正交阵或 $\boldsymbol{Q}^{-1}=\boldsymbol{Q}'$。矩阵

$\boldsymbol{R}=\boldsymbol{D}^{1/2}\boldsymbol{Q}$ 并非正交阵,但非奇异。

考虑 $\boldsymbol{R}\boldsymbol{W}_{\mathrm{o}}\boldsymbol{R}'$,显然该矩阵为对称正定矩阵,因此其特征值均为正实数,借助式(7.40)和式(3.66),有

$$\det(\sigma^2\boldsymbol{I}-\boldsymbol{W}_{\mathrm{c}}\boldsymbol{W}_{\mathrm{o}})=\det(\sigma^2\boldsymbol{I}-\boldsymbol{R}'\boldsymbol{R}\boldsymbol{W}_{\mathrm{o}})=\det(\sigma^2\boldsymbol{I}-\boldsymbol{R}\boldsymbol{W}_{\mathrm{o}}\boldsymbol{R}') \tag{7.41}$$

由此可知,$\boldsymbol{W}_{\mathrm{c}}\boldsymbol{W}_{\mathrm{o}}$ 和 $\boldsymbol{R}\boldsymbol{W}_{\mathrm{o}}\boldsymbol{R}'$ 具有相同的一组特征值。因此,得出结论 $\boldsymbol{W}_{\mathrm{c}}\boldsymbol{W}_{\mathrm{o}}$ 的所有特征值均为正实数。证毕。

定义

$$\sum=\mathrm{diag}(\sigma_1,\sigma_2,\cdots\sigma_n) \tag{7.42}$$

其中 σ_i 是 $\boldsymbol{W}_{\mathrm{c}}\boldsymbol{W}_{\mathrm{o}}$ 特征值的正的平方根,方便起见,将这些特征值按幅度大小递减的顺序排列,或

$$\sigma_1\geqslant\sigma_2\geqslant\cdots\geqslant\sigma_n>0$$

称这些特征值为"Hankel 奇异值"。任意最小实现的 $\boldsymbol{W}_{\mathrm{c}}\boldsymbol{W}_{\mathrm{o}}$ 乘积与 Σ^2 相似。

定理 7.6

对于任意 n 维最小状态空间方程($\boldsymbol{A},\boldsymbol{b},\boldsymbol{c}$),存在等价变换 $\bar{\boldsymbol{x}}=\boldsymbol{P}\boldsymbol{x}$,使得其等价状态空间方程的能控性 Gramian 矩阵 $\overline{\boldsymbol{W}}_{\mathrm{c}}$ 和能观性 Gramian 矩阵 $\overline{\boldsymbol{W}}_{\mathrm{o}}$ 有性质

$$\overline{\boldsymbol{W}}_{\mathrm{c}}=\overline{\boldsymbol{W}}_{\mathrm{o}}=\Sigma \tag{7.43}$$

称满足这种性质的实现为"平衡实现"。

证明:首先求出式(7.40)中的 $\boldsymbol{W}_{\mathrm{c}}=\boldsymbol{R}'\boldsymbol{R}$,然后将奇异值分解应用于 $\boldsymbol{R}\boldsymbol{W}_{\mathrm{o}}\boldsymbol{R}'$ 可得

$$\boldsymbol{R}\boldsymbol{W}_{\mathrm{o}}\boldsymbol{R}'=\boldsymbol{U}\Sigma^2\boldsymbol{U}'$$

其中 $\boldsymbol{U}$ 为正交阵或 $\boldsymbol{U}'\boldsymbol{U}=\boldsymbol{I}$,设

$$\boldsymbol{P}^{-1}=\boldsymbol{R}'\boldsymbol{U}\Sigma^{-1/2}\quad 或\quad \boldsymbol{P}=\Sigma^{1/2}\boldsymbol{U}'(\boldsymbol{R}')^{-1}$$

则根据式(7.38)和 $\boldsymbol{W}_{\mathrm{c}}=\boldsymbol{R}'\boldsymbol{R}$ 可知

$$\overline{\boldsymbol{W}}_{\mathrm{c}}=\Sigma^{1/2}\boldsymbol{U}'(\boldsymbol{R}')^{-1}\boldsymbol{W}_{\mathrm{c}}\boldsymbol{R}^{-1}\boldsymbol{U}\Sigma^{1/2}=\Sigma$$

并且根据式(7.39)和 $\boldsymbol{R}\boldsymbol{W}_{\mathrm{o}}\boldsymbol{R}'=\boldsymbol{U}\Sigma^2\boldsymbol{U}'$ 可知

$$\overline{\boldsymbol{W}}_{\mathrm{o}}=\Sigma^{-1/2}\boldsymbol{U}'\boldsymbol{R}\boldsymbol{W}_{\mathrm{o}}\boldsymbol{R}'\boldsymbol{U}\Sigma^{-1/2}=\Sigma$$

定理得证。证毕

通过选择不同的 $\boldsymbol{P}$,有可能找到某个 $\overline{\boldsymbol{W}}_{\mathrm{c}}=\boldsymbol{I}$ 且 $\overline{\boldsymbol{W}}_{\mathrm{o}}=\Sigma^2$ 的等价状态方程,称这种状态空间方程为"输入规范"实现。与之类似,可以有 $\overline{\boldsymbol{W}}_{\mathrm{c}}=\Sigma^2$ 且 $\overline{\boldsymbol{W}}_{\mathrm{o}}=\boldsymbol{I}$ 的状态空间方程,称之为"输出规范"实现。可以将定理 7.5 中的平衡实现用于系统降阶,更具体地说,假设

$$\left.\begin{aligned}\begin{bmatrix}\dot{\boldsymbol{x}}_1(t)\\ \dot{\boldsymbol{x}}_2(t)\end{bmatrix}&=\begin{bmatrix}\boldsymbol{A}_{11} & \boldsymbol{A}_{12}\\ \boldsymbol{A}_{21} & \boldsymbol{A}_{22}\end{bmatrix}\begin{bmatrix}\boldsymbol{x}_1(t)\\ \boldsymbol{x}_2(t)\end{bmatrix}+\begin{bmatrix}\boldsymbol{b}_1\\ \boldsymbol{b}_2\end{bmatrix}u(t)\\ y(t)&=\begin{bmatrix}\boldsymbol{c}_1 & \boldsymbol{c}_2\end{bmatrix}\boldsymbol{x}(t)\end{aligned}\right\} \tag{7.44}$$

为稳定 $\hat{g}(s)$ 的平衡最小实现,这里

$$\boldsymbol{W}_c = \boldsymbol{W}_o = \mathrm{diag}(\Sigma_1, \Sigma_2)$$

其中根据 Σ_i 的顺序划分 A -矩阵，b -矩阵和 c -矩阵，若 Σ_1 和 Σ_2 的 Hankel 奇异值不相交，则降阶后的状态空间方程

$$\left.\begin{aligned} \dot{\boldsymbol{x}}_1(t) &= \boldsymbol{A}_{11}\boldsymbol{x}_1(t) + \boldsymbol{b}_1 u(t) \\ y(t) &= \boldsymbol{c}_1 \boldsymbol{x}_1(t) \end{aligned}\right\} \tag{7.45}$$

为“平衡实现”，且 $\boldsymbol{A}_{11}$ 为稳定矩阵。若 Σ_2 的奇异值比 Σ_1 的奇异值小很多，则方程(7.45)的传递函数会接近 $\hat{g}(s)$，关于这一点可参见参考文献[25]。

MATLAB 函数 balreal 将($\boldsymbol{A},\boldsymbol{b},\boldsymbol{c}$)变换为平衡状态空间方程，也可利用 balred 得出式(7.45)中的降阶方程。

7.5 基于 Markov 参数的实现④

考虑严格正则有理函数

$$\hat{g}(s) = \frac{\beta_1 s^{n-1} + \beta_2 s^{n-2} + \cdots + \beta_{n-1}s + \beta_n}{s^n + \alpha_1 s^{n-1} + \alpha_2 s^{n-2} + \cdots + \alpha_{n-1}s + \alpha_n} \tag{7.46}$$

将其展开为无穷幂级数

$$\hat{g}(s) = h(0) + h(1)s^{-1} + h(2)s^{-2} + \cdots \tag{7.47}$$

若如式(7.46)所设 $\hat{g}(s)$ 严格正则，则 $h(0)=0$。称系数 $h(m)$，$m=1,2,\cdots$ 为“Markov 参数”。设 $g(t)$ 为 $\hat{g}(s)$ 的拉普拉斯逆变换，或等价地描述为，系统的冲击响应，则对 $m=1,2,3,\cdots$，有

$$h(m) = \left.\frac{\mathrm{d}^{m-1}}{\mathrm{d}t^{m-1}} g(t)\right|_{t=0}$$

由于需要多次求导，而求导易受噪声的危害，所以这种计算 Markov 参数的方法不切实际⑤。令式(7.46)和式(7.47)相等可得

$$\begin{aligned} &\beta_1 s^{n-1} + \beta_2 s^{n-2} + \cdots + \beta_n = \\ &(s^n + \alpha_1 s^{n-1} + \alpha_2 s^{n-2} + \cdots + \alpha_n)(h(1)s^{-1} + h(2)s^{-2} + \cdots) \end{aligned}$$

根据该方程，可以以递归方式得出 Markov 参数为，$m=n+1, n+2, \cdots$ 时

$$\left.\begin{aligned} h(1) &= \beta_1 \\ h(2) &= -\alpha_1 h(1) + \beta_2 \\ h(3) &= -\alpha_1 h(2) - \alpha_2 h(1) + \beta_3 \\ &\vdots \\ h(n) &= -\alpha_1 h(n-1) - \alpha_2 h(n-2) - \cdots - \alpha_{n-1} h(1) + \beta_n \end{aligned}\right\} \tag{7.48}$$

---

④ 可跳过本节不影响连续性。

⑤ 在离散时间情形，若给系统外加脉冲序列，则输出序列直接得出 Markov 参数。因此，在离散时间系统中可以很容易生成 Markov 参数。

$$h(m)=-\alpha_1 h(m-1)-\alpha_2 h(m-2)-\cdots-\alpha_{n-1}h(m-n+1)-\alpha_n h(m-n) \tag{7.49}$$

接下来借助 Markov 参数构造 $\alpha\times\beta$ 的矩阵

$$\boldsymbol{T}(\alpha,\beta)=\begin{bmatrix} h(1) & h(2) & h(3) & \cdots & h(\beta) \\ h(2) & h(3) & h(4) & \cdots & h(\beta+1) \\ h(3) & h(4) & h(5) & \cdots & h(\beta+2) \\ \vdots & \vdots & \vdots & \ddots & \vdots \\ h(\alpha) & h(\alpha+1) & h(\alpha+2) & \cdots & h(\alpha+\beta-1) \end{bmatrix} \tag{7.50}$$

称之为“Hankel 矩阵”。值得一提的是,即使 $h(0)\neq 0$,在 Hankel 矩阵中也不出现 $h(0)$。

定理 7.7

严格正则有理函数 $\hat{g}(s)$的次数为 n,当且仅当

$$\rho\boldsymbol{T}(n,n)=\rho\boldsymbol{T}(n+k,n+l)=n \tag{7.51}$$

对任一 $k,l=1,2,\cdots$均成立时,其中 ρ 表示秩。

证明:首先证明若 $\deg\hat{g}(s)=n$,则 $\rho\boldsymbol{T}(n,n)=\rho\boldsymbol{T}(n+1,n)=\rho\boldsymbol{T}(\infty,n)$。若 $\deg\hat{g}(s)=n$,则式(7.49)成立,且 n 是具有该性质的最小整数。由于有式(7.49),所以可以将 $\boldsymbol{T}(n+1,n)$的第$(n+1)$行写为前 n 行的线性组合。因此,有 $\rho\boldsymbol{T}(n,n)=\rho\boldsymbol{T}(n+1,n)$。还是由于式(7.49),$\boldsymbol{T}(n+2,n)$的第$(n+2)$行取决于其前面的 n 个行,即取决于前 n 行。以此类推,可以证实 $\rho\boldsymbol{T}(n,n)=\rho\boldsymbol{T}(\infty,n)$成立。现在可以肯定 $\rho\boldsymbol{T}(\infty,n)=n$。若非如此,则存在某整数 $\bar{n}<n$ 使得式(7.49)的性质成立,这与 $\deg\hat{g}(s)=n$ 的假设矛盾。因此,有 $\rho\boldsymbol{T}(n,n)=\rho\boldsymbol{T}(\infty,n)=n$,将式(7.49)应用于 $\boldsymbol{T}$ 的各列得出式(7.51)。

现在证明若(7.51)成立,则可以将 $\hat{g}(s)=h(1)s^{-1}+h(2)s^{-2}+\cdots$表示为 n 次严格正则有理函数。根据条件 $\rho\boldsymbol{T}(n+1,\infty)=\rho\boldsymbol{T}(n,\infty)=n$,可以求出满足式(7.49)的$\{\alpha_i,i=1,2,\cdots,n\}$,然后再利用式(7.48)求出$\{\beta_i,i=1,2,\cdots,n\}$,于是有

$$\hat{g}(s)=h(1)s^{-1}+h(2)s^{-2}+h(3)s^{-3}\cdots=\frac{\beta_1 s^{n-1}+\beta_2 s^{n-2}+\cdots+\beta_{n-1}s+\beta_n}{s^n+\alpha_1 s^{n-1}+\alpha_2 s^{n-2}+\cdots+\alpha_{n-1}s+\alpha_n}$$

由于 n 是使得式(7.51)的性质成立的最小整数,所以有 $\deg\hat{g}(s)=n$。定理得证。证毕。

有了此预备知识,就可以讨论实现问题,考虑通过

$$\hat{g}(s)=h(1)s^{-1}+h(2)s^{-2}+h(3)s^{-3}\cdots$$

表示的严格正则传递函数 $\hat{g}(s)$,若三元组$(\boldsymbol{A},\boldsymbol{b},\boldsymbol{c})$为 $\hat{g}(s)$的实现,则

$$\hat{g}(s)=\boldsymbol{c}(s\boldsymbol{I}-\boldsymbol{A})^{-1}\boldsymbol{b}=\boldsymbol{c}[s(\boldsymbol{I}-s^{-1}\boldsymbol{A})]^{-1}\boldsymbol{b}$$

借助式(3.57),上式变为

$$\hat{g}(s)=\boldsymbol{cb}s^{-1}+\boldsymbol{cAb}s^{-2}+\boldsymbol{cA}^2\boldsymbol{b}s^{-3}+\cdots$$

因此得出结论，$(\boldsymbol{A},\boldsymbol{b},\boldsymbol{c})$为$\hat{g}(s)$的实现，当且仅当

$$h(m)=\boldsymbol{cA}^{m-1}\boldsymbol{b},m=1,2,\cdots \tag{7.52}$$

时。

将式(7.52)代入 Hankel 矩阵$\boldsymbol{T}(n,n)$可得

$$\boldsymbol{T}(n,n)=\begin{bmatrix}\boldsymbol{cb} & \boldsymbol{cAb} & \boldsymbol{cA}^2\boldsymbol{b} & \cdots & \boldsymbol{cA}^{n-1}\boldsymbol{b}\\ \boldsymbol{cAb} & \boldsymbol{cA}^2\boldsymbol{b} & \boldsymbol{cA}^3\boldsymbol{b} & \cdots & \boldsymbol{cA}^n\boldsymbol{b}\\ \boldsymbol{cA}^2\boldsymbol{b} & \boldsymbol{cA}^3\boldsymbol{b} & \boldsymbol{cA}^4\boldsymbol{b} & \cdots & \boldsymbol{cA}^{n+1}\boldsymbol{b}\\ \vdots & \vdots & \vdots & \ddots & \vdots\\ \boldsymbol{cA}^{n-1}\boldsymbol{b} & \boldsymbol{cA}^n\boldsymbol{b} & \boldsymbol{cA}^{n+1}\boldsymbol{b} & \cdots & \boldsymbol{cA}^{2(n-1)}\boldsymbol{b}\end{bmatrix}$$

由此可知，如式(7.21)所示

$$\boldsymbol{T}(n,n)=\mathscr{O}\mathscr{C} \tag{7.53}$$

其中$\mathscr{O}$和$\mathscr{C}$分别是$(\boldsymbol{A},\boldsymbol{b},\boldsymbol{c})$的$n\times n$的能观性矩阵和能控性矩阵，定义

$$\tilde{\boldsymbol{T}}(n,n)=\begin{bmatrix}h(2) & h(3) & h(4) & \cdots & h(n+1)\\ h(3) & h(4) & h(5) & \cdots & h(n+2)\\ h(4) & h(5) & h(6) & \cdots & h(n+3)\\ \vdots & \vdots & \vdots & \ddots & \vdots\\ h(n+1) & h(n+2) & h(n+3) & \cdots & h(2n)\end{bmatrix} \tag{7.54}$$

该矩阵为$\boldsymbol{T}(n+1,n)$删除第一行后的子矩阵或$\boldsymbol{T}(n,n+1)$删除第一列后的子矩阵，则根据式(7.53)，可以很容易证明

$$\tilde{\boldsymbol{T}}(n,n)=\mathscr{O}\boldsymbol{A}\mathscr{C} \tag{7.55}$$

借助式(7.53)和式(7.55)可以得出多种不同实现，这里只讨论伴随型实现和平衡型实现。

1. 伴随型实现

将$\boldsymbol{T}(n,n)$分解为$\mathscr{O}\mathscr{C}$的方法有很多，最简单的方法是选择$\mathscr{O}=\boldsymbol{I}$或$\mathscr{C}=\boldsymbol{I}$。若选择$\mathscr{O}=\boldsymbol{I}$，则由式(7.53)和式(7.55)可知$\mathscr{C}=\boldsymbol{T}(n,n)$及$\boldsymbol{A}=\tilde{\boldsymbol{T}}(n,n)\boldsymbol{T}^{-1}(n,n)$。相应于$\mathscr{O}=\boldsymbol{I}$，$\mathscr{C}=\boldsymbol{T}(n,n)$及$\boldsymbol{A}=\tilde{\boldsymbol{T}}(n,n)\boldsymbol{T}^{-1}(n,n)$的状态空间方程为

$$\left.\begin{aligned}\dot{\boldsymbol{x}}(t)&=\begin{bmatrix}0 & 1 & 0 & \cdots & 0 & 0\\ 0 & 0 & 1 & \cdots & 0 & 0\\ \vdots & \vdots & \vdots & \ddots & \vdots & \vdots\\ 0 & 0 & 0 & \cdots & 0 & 1\\ -\alpha_1 & -\alpha_2 & -\alpha_3 & \cdots & -\alpha_{n-1} & -\alpha_n\end{bmatrix}\boldsymbol{x}(t)+\begin{bmatrix}h(1)\\ h(2)\\ \vdots\\ h(n-1)\\ h(n)\end{bmatrix}u(t)\\ y(t)&=\begin{bmatrix}1 & 0 & 0 & \cdots & 0 & 0\end{bmatrix}\boldsymbol{x}(t)\end{aligned}\right\} \tag{7.56}$$

事实上，由$\mathscr{O}=\boldsymbol{I}$的第1行和$\mathscr{C}=\boldsymbol{T}(n,n)$的第1列可得出方程(7.56)中的$\boldsymbol{c}$和$\boldsymbol{b}$。不

去证明$\boldsymbol{A}=\tilde{\boldsymbol{T}}(n,n)\boldsymbol{T}^{-1}(n,n)$，这里证明

$$\boldsymbol{A}\boldsymbol{T}(n,n)=\tilde{\boldsymbol{T}}(n,n) \tag{7.57}$$

借助方程(7.56)中伴随型矩阵的移位性质，可以很容易验证

$$\boldsymbol{A}\begin{bmatrix}h(1)\\h(2)\\\vdots\\h(n)\end{bmatrix}=\begin{bmatrix}h(2)\\h(3)\\\vdots\\h(n+1)\end{bmatrix},\quad \boldsymbol{A}\begin{bmatrix}h(2)\\h(3)\\\vdots\\h(n+1)\end{bmatrix}=\begin{bmatrix}h(3)\\h(4)\\\vdots\\h(n+2)\end{bmatrix},\cdots \tag{7.58}$$

可见，若某列左乘$\boldsymbol{A}$矩阵，则该列的Markov参数上移一个位置，利用此性质，很容易证实式(7.57)。因此，由$\mathscr{O}=\boldsymbol{I}$，$\mathscr{C}=\boldsymbol{T}(n,n)$及$\boldsymbol{A}=\tilde{\boldsymbol{T}}(n,n)\boldsymbol{T}^{-1}(n,n)$可得出方程(7.56)的实现，它为伴随型实现。现在利用式(7.52)来证明方程(7.56)确实是实现。由于$\boldsymbol{c}$的形式特殊，所以$\boldsymbol{c}\boldsymbol{A}^m\boldsymbol{b}$就等于$\boldsymbol{A}^m\boldsymbol{b}$最上面的元素，或

$$\boldsymbol{cb}=h(1),\quad \boldsymbol{cAb}=h(2),\quad \boldsymbol{cA}^2\boldsymbol{b}=h(3),\cdots$$

因此方程(7.56)是$\hat{g}(s)$的实现。由于$\mathscr{O}=\boldsymbol{I}$满秩，所以该状态空间方程总能观，若$\mathscr{C}=\boldsymbol{T}(n,n)$的秩为$n$，则该状态方程能控。

【例7.2】 考虑

$$\hat{g}(s)=\frac{4s^2-2s-6}{2s^4+2s^3+2s^2+3s+1}=$$
$$0\cdot s^{-1}+2s^{-2}-3s^{-3}-2s^{-4}+2s^{-5}+3.5s^{-6}+\cdots \tag{7.59}$$

构造$\boldsymbol{T}(4,4)$并求出其秩为3，因此式(7.59)中$\hat{g}(s)$的次数为3，其分子和分母有一阶公因子。没必要先去对消式(7.59)展开式的公因子。根据前面的推导，有

$$\boldsymbol{A}=\begin{bmatrix}2&-3&-2\\-3&-2&2\\-2&2&3.5\end{bmatrix}\begin{bmatrix}0&2&-3\\2&-3&-2\\-3&-2&2\end{bmatrix}^{-1}=\begin{bmatrix}0&1&0\\0&0&1\\-0.5&-1&0\end{bmatrix} \tag{7.60}$$

以及

$$\boldsymbol{b}=[0\quad 2\quad -3]',\quad \boldsymbol{c}=[1\quad 0\quad 0]$$

该三元组$(\boldsymbol{A},\boldsymbol{b},\boldsymbol{c})$为式(7.59)中$\hat{g}(s)$的最小实现。

有必要提示的是，无需计算$\tilde{\boldsymbol{T}}(n,n)\boldsymbol{T}^{-1}(n,n)$即可获得式(7.60)中的矩阵$\boldsymbol{A}$。借助式(7.49)，可以验证

$$\boldsymbol{T}(3,4)\boldsymbol{a}:=\begin{bmatrix}0&2&-3&-2\\2&-3&-2&2\\-3&-2&2&3.5\end{bmatrix}\begin{bmatrix}\alpha_3\\\alpha_2\\\alpha_1\\1\end{bmatrix}=\boldsymbol{0}$$

因此$\boldsymbol{a}$为$\boldsymbol{T}(3,4)$的零向量。由MATLAB函数

```
t=[0 2 -3 -2;2 -3 -2 2;-3 -2 2 3.5];a=null(t)
```

得出a=[0.333 3　0.666 7　−0.000 0　0.666 7]′。通过键入a/a(4)将a的最后一

个元素归一化为 1,得出 $[0.5 \quad 1 \quad -0 \quad 1]'$。前三个元素的符号取反,即为 $\boldsymbol{A}$ 的最后一行。

2. 平衡型实现

接下来讨论 $\boldsymbol{T}(n,n)=\mathscr{O}\mathscr{C}$ 的另外一种分解方法,由此得出的实现具有性质

$$\mathscr{C}\mathscr{C}'=\mathscr{O}'\mathscr{O}$$

首先借助奇异值分解将 $\boldsymbol{T}(n,n)$ 表示为

$$\boldsymbol{T}(n,n)=\boldsymbol{K\Lambda L}'=\boldsymbol{K\Lambda}^{1/2}\boldsymbol{\Lambda}^{1/2}\boldsymbol{L}' \tag{7.61}$$

其中 $\boldsymbol{K}$ 和 $\boldsymbol{L}$ 为正交矩阵,$\boldsymbol{\Lambda}^{1/2}$ 为对角阵,其对角线位置上是 $\boldsymbol{T}(n,n)$ 的奇异值,选择

$$\mathscr{O}=\boldsymbol{K\Lambda}^{1/2} \quad 及 \quad \mathscr{C}=\boldsymbol{\Lambda}^{1/2}\boldsymbol{L}' \tag{7.62}$$

则有

$$\mathscr{O}^{-1}=\boldsymbol{\Lambda}^{-1/2}\boldsymbol{K}' \quad 及 \quad \mathscr{C}^{-1}=\boldsymbol{L\Lambda}^{-1/2} \tag{7.63}$$

如此选择 $\mathscr{C}$ 和 $\mathscr{O}$,矩阵三元组

$$\boldsymbol{A}=\mathscr{O}^{-1}\tilde{\boldsymbol{T}}(n,n)\mathscr{C}^{-1} \tag{7.64}$$

$$\boldsymbol{b}=\mathscr{C}\text{ 的第 1 列} \tag{7.65}$$

$$\boldsymbol{c}=\mathscr{O}\text{ 的第 1 行} \tag{7.66}$$

构成 $\hat{g}(s)$ 的一个最小实现,对该实现,有

$$\mathscr{C}\mathscr{C}'=\boldsymbol{\Lambda}^{1/2}\boldsymbol{L}'\boldsymbol{L\Lambda}^{1/2}=\boldsymbol{\Lambda}$$

和

$$\mathscr{O}'\mathscr{O}=\boldsymbol{\Lambda}^{1/2}\boldsymbol{K}'\boldsymbol{K\Lambda}^{1/2}=\boldsymbol{\Lambda}=\mathscr{C}\mathscr{C}'$$

因此称之为“平衡型实现”。该平衡型实现不同于在第 7.4 节中讨论的平衡实现。二者之间的关系尚不明确。

【例 7.3】 考虑例 7.2 中的传递函数。现欲从 Hankel 矩阵找出一个平衡实现。键入

```
t=[0 2 -3;2 -3 -2;-3 -2 2];tt=[2 -3 -2;-3 -2 2;-2 2 3.5];
[k,s,l]=svd(t);
s1=sqrt(s);
O=k*s1;C=s1*l';
a=inv(O)*tt*inv(C),
b=[C(1,1);C(2,1);C(3,1)],c=[O(1,1) O(1,2) O(1,3)]
```

可得以下平衡型实现

$$\dot{\boldsymbol{x}}(t)=\begin{bmatrix}0.4003 & -1.0024 & 0.4805\\ 1.0024 & -0.3121 & -0.3209\\ -0.4805 & -0.3209 & -0.0882\end{bmatrix}\boldsymbol{x}(t)+\begin{bmatrix}-1.2883\\ 0.7303\\ 1.0614\end{bmatrix}u(t)$$

$$y(t)=[-1.2883 \quad -0.7303 \quad -1.0614]\boldsymbol{x}(t)+0\cdot u(t)$$

为检验结果的正确性,键入`[n,d]=ss2tf(a,b,c,0)`,可得

$$\hat{g}(s)=\frac{2s-3}{s^3+s+0.5}$$

结果等于式(7.59)中消去公因子 $2(s+1)$后的 $\hat{g}(s)$。

7.6 传递矩阵的次数

若正则有理函数的分母和分子互质,则将其次数定义为其分母的次数,也可以定义正则有理矩阵的次数。一种方法是先将正则有理矩阵 $\hat{\boldsymbol{G}}(s)$表示为 $\hat{\boldsymbol{G}}(s)=\boldsymbol{N}(s)\boldsymbol{D}^{-1}(s)$,其中 $\boldsymbol{N}(s)$和 $\boldsymbol{D}(s)$为多项式矩阵,然后建立两个多项式矩阵互质的概念,后续各节将针对该问题展开讨论。本节直接根据有理矩阵定义次数,这种方法更为简便,并且可以揭示标量有理函数和矩阵有理函数之间的显著差异。但是,其结果只能用于讨论最小实现,而不能用于设计方法的开发。

考虑正则有理矩阵 $\hat{\boldsymbol{G}}(s)$,假设 $\hat{\boldsymbol{G}}(s)$的任一元素均为正则互质分式,即,其分子和分母没有共同的根,并且其分子的次数最多等于其分母的次数,这是在本教材整个剩余章节中的一个固定假设。$\hat{\boldsymbol{G}}(s)$的任意 $r\times r$ 阶子矩阵的行列式称为 r 阶子式。

定义 7.1 定义正则有理矩阵 $\hat{\boldsymbol{G}}(s)$的"特征多项式"为 $\hat{\boldsymbol{G}}(s)$所有子式的最小公分母。定义特征多项式的次数为"McMillan 阶数",或简称,$\hat{\boldsymbol{G}}(s)$的"阶数",并记为 $\delta\hat{\boldsymbol{G}}(s)$。

【例 7.4】 考虑有理矩阵

$$\hat{\boldsymbol{G}}_1(s)=\begin{bmatrix}\dfrac{1}{s+1} & \dfrac{1}{s+1}\\ \dfrac{1}{s+1} & \dfrac{1}{s+1}\end{bmatrix},\quad \hat{\boldsymbol{G}}_2(s)=\begin{bmatrix}\dfrac{2}{s+1} & \dfrac{1}{s+1}\\ \dfrac{1}{s+1} & \dfrac{1}{s+1}\end{bmatrix}$$

矩阵$\hat{\boldsymbol{G}}_1(s)$的 1 阶子式包括$\dfrac{1}{(s+1)}$、$\dfrac{1}{(s+1)}$、$\dfrac{1}{(s+1)}$和$\dfrac{1}{(s+1)}$;2 阶子式为 0。因此,$\hat{\boldsymbol{G}}_1(s)$的特征多项式为 $s+1$,并且 $\delta\hat{\boldsymbol{G}}_1(s)=1$。矩阵$\hat{\boldsymbol{G}}_2(s)$的 1 阶子式包括$\dfrac{1}{s+1}$、$\dfrac{1}{s+1}$、$\dfrac{1}{s+1}$和$\dfrac{1}{s+1}$;2 阶子式为$\dfrac{1}{(s+1)^2}$。因此,$\hat{\boldsymbol{G}}_2(s)$的特征多项式为$(s+1)^2$,并且 $\delta\hat{\boldsymbol{G}}_2(s)=2$。

根据该例,可见,$\hat{\boldsymbol{G}}(s)$的特征多项式通常有别于 $\hat{\boldsymbol{G}}(s)$行列式(若 $\hat{\boldsymbol{G}}(s)$为方阵)的分母,也有别于 $\hat{\boldsymbol{G}}(s)$所有元素的最小公分母。

【例 7.5】 考虑 2×3 的有理矩阵

$$\hat{\boldsymbol{G}}(s)=\begin{bmatrix}\dfrac{s}{s+1} & \dfrac{1}{(s+1)(s+2)} & \dfrac{1}{s+3}\\ \dfrac{-1}{s+1} & \dfrac{1}{(s+1)(s+2)} & \dfrac{1}{s}\end{bmatrix}$$

其 1 阶子式为 $\hat{\boldsymbol{G}}(s)$ 的 6 个元素，该矩阵有以下 3 个 2 阶子式：

$$\frac{s}{(s+1)^2(s+2)}+\frac{1}{(s+1)^2(s+2)}=\frac{s+1}{(s+1)^2(s+2)}=\frac{1}{(s+1)(s+2)}$$

$$\frac{s}{s+1}\times\frac{1}{s}+\frac{1}{(s+1)(s+3)}=\frac{s+4}{(s+1)(s+3)}$$

$$\frac{1}{(s+1)(s+2)s}-\frac{1}{(s+1)(s+2)(s+3)}=\frac{3}{s(s+1)(s+2)(s+3)}$$

所有这些子式的最小公分母是 $s(s+1)(s+2)(s+3)$。因此，$\hat{\boldsymbol{G}}(s)$ 的次数为 4。

在计算特征多项式时，正如在上一例子的做法，必须将任一子式简约为互质分式，否则，会得出错误的结果。这里讨论两种特殊情况，若 $\hat{\boldsymbol{G}}(s)$ 为 $1\times p$ 或 $q\times 1$ 的有理函数向量，则不存在 2 阶或更高阶子式，因此特征多项式等于 $\hat{\boldsymbol{G}}(s)$ 所有元素的最小公分母。特别地，若 $\hat{\boldsymbol{G}}(s)$ 为标量，则特征多项式等于其分母。若 $q\times p$ 的 $\hat{\boldsymbol{G}}(s)$ 中任一元素的极点均有别于所有其他元素的极点，例如

$$\hat{\boldsymbol{G}}(s)=\begin{bmatrix}\dfrac{1}{(s+1)^2(s+2)} & \dfrac{s+2}{s^2}\\ \dfrac{s-2}{s+3} & \dfrac{s}{(s+5)(s-3)}\end{bmatrix}$$

则其子式的极点重数不会高于每个元素极点的重数，因此，特征多项式等于 $\hat{\boldsymbol{G}}(s)$ 所有元素的分母的乘积。

本节的最后，有必要提示两个重要性质，设 $(\boldsymbol{A},\boldsymbol{B},\boldsymbol{C},\boldsymbol{D})$ 为 $\hat{\boldsymbol{G}}(s)$ 的既能控又能观实现，则有

- $\hat{\boldsymbol{G}}(s)$ 所有子式的首一最小公分母 $=\boldsymbol{A}$ 的特征多项式。
- $\hat{\boldsymbol{G}}(s)$ 所有元素的首一最小公分母 $=\boldsymbol{A}$ 的最小多项式。

二者的证明可参见参考文献 4 第 302 页～304 页。

7.7　最小实现——矩阵情形

在第 7.2.1 节中引入了标量传递函数的最小实现，现在讨论矩阵情况下的最小实现。

定理 7.M2

状态空间方程 $(\boldsymbol{A},\boldsymbol{B},\boldsymbol{C},\boldsymbol{D})$ 为正则有理矩阵 $\hat{\boldsymbol{G}}(s)$ 的最小实现，当前仅当 $(\boldsymbol{A},\boldsymbol{B})$ 能控且 $(\boldsymbol{A},\boldsymbol{C})$ 能观，或当且仅当

$$\dim\boldsymbol{A}=\deg\hat{\boldsymbol{G}}(s)$$

证明：第一部分的证明与定理 7.2 的证明类似。若 $(\boldsymbol{A},\boldsymbol{B})$ 不能控，或 $(\boldsymbol{A},\boldsymbol{C})$ 不能

观,则状态空间方程与某个较小维数的状态空间方程零状态等价,因此并非最小实现。若($\boldsymbol{A},\boldsymbol{B},\boldsymbol{C},\boldsymbol{D}$)维数为 n,既能控又能观,并且若 $\bar{n}<n$ 时,$\bar{n}$ 维状态空间方程($\bar{\boldsymbol{A}},\bar{\boldsymbol{B}},\bar{\boldsymbol{C}},\bar{\boldsymbol{D}}$)是 $\hat{\boldsymbol{G}}(s)$ 的实现,则根据定理 4.1 可知,$\boldsymbol{D}=\bar{\boldsymbol{D}}$,且

$$\boldsymbol{C}\boldsymbol{A}^m\boldsymbol{B}=\bar{\boldsymbol{C}}\bar{\boldsymbol{A}}^m\bar{\boldsymbol{B}},\quad m=0,1,2,\cdots$$

因此,如式(7.22),有

$$\mathcal{O}\mathcal{C}=\bar{\mathcal{O}}_n\bar{\mathcal{C}}_n$$

需要注意的是,$\mathcal{O}$、$\mathcal{C}$、$\bar{\mathcal{O}}_n$ 和 $\bar{\mathcal{C}}_n$ 分别为 $nq\times n$、$n\times np$、$nq\times\bar{n}$ 和 $\bar{n}\times np$ 的矩阵。借助以下 Sylvester 不等式

$$\rho(\mathcal{O})+\rho(\mathcal{C})-n\leqslant\rho(\mathcal{O}\mathcal{C})\leqslant\min[\rho(\mathcal{O}),\rho(\mathcal{C})]$$

其证明可参见参考文献[6]第 31 页,由于 $\rho(\mathcal{O})=\rho(\mathcal{C})=n$,所以有 $\rho(\mathcal{O}\mathcal{C})=n$。与之类似,有 $\rho(\bar{\mathcal{O}}_n\bar{\mathcal{C}}_n)=\bar{n}<n$。这与 $\rho(\mathcal{O}\mathcal{C})=\rho(\bar{\mathcal{O}}_n\bar{\mathcal{C}}_n)$ 矛盾。因此,任一既能控又能观的状态空间方程均为最小实现。

证明:($\boldsymbol{A},\boldsymbol{B},\boldsymbol{C},\boldsymbol{D}$)为最小实现当且仅当 $\dim\boldsymbol{A}=\deg\hat{\boldsymbol{G}}(s)$ 则要复杂的多,这将在本章的其余部分证实。证毕。

定理 7.M3

$\hat{\boldsymbol{G}}(s)$ 的所有最小实现均等价。

证明:该证明紧扣定理 7.3 的证明。设($\boldsymbol{A},\boldsymbol{B},\boldsymbol{C},\boldsymbol{D}$)和($\bar{\boldsymbol{A}},\bar{\boldsymbol{B}},\bar{\boldsymbol{C}},\bar{\boldsymbol{D}}$)是 $q\times p$ 的正则有理矩阵 $\hat{\boldsymbol{G}}(s)$ 的任意两个 n 维最小实现。如式(7.23)和式(7.24),则有

$$\mathcal{O}\mathcal{C}=\bar{\mathcal{O}}\bar{\mathcal{C}}\tag{7.67}$$

以及

$$\mathcal{O}\boldsymbol{A}\mathcal{C}=\bar{\mathcal{O}}\bar{\boldsymbol{A}}\bar{\mathcal{C}}\tag{7.68}$$

在标量情况下,$\mathcal{O}$、$\mathcal{C}$、$\bar{\mathcal{O}}$ 和 $\bar{\mathcal{C}}$ 均为 $n\times n$ 的非奇异矩阵,其逆有定义。这里的 $\mathcal{O}$ 和 $\bar{\mathcal{O}}$ 均为 $nq\times n$ 的矩阵,秩为 n;$\mathcal{C}$ 和 $\bar{\mathcal{C}}$ 均为 $n\times np$ 的矩阵,秩为 n。这些矩阵非方阵,其逆无定义。定义 $n\times nq$ 的矩阵

$$\mathcal{O}^{+}:=(\mathcal{O}'\mathcal{O})^{-1}\mathcal{O}'\tag{7.69}$$

由于 $\mathcal{O}'$ 为 $n\times nq$ 的矩阵,$\mathcal{O}$ 为 $nq\times n$ 的矩阵,所以 $\mathcal{O}'\mathcal{O}$ 为 $n\times n$ 的矩阵,且依据定理 3.8,$\mathcal{O}'\mathcal{O}$ 非奇异。显然有

$$\mathcal{O}^{+}\mathcal{O}=(\mathcal{O}'\mathcal{O})^{-1}\mathcal{O}'\mathcal{O}=\boldsymbol{I}$$

因此称 $\mathcal{O}^{+}$ 为 $\mathcal{O}$ 的“伪逆”或“左逆”。需要注意的是,$\mathcal{O}\mathcal{O}^{+}$ 为 $nq\times nq$ 的矩阵,并不等于单位阵,与之类似,定义

$$\mathcal{C}^{+}:=\mathcal{C}'(\mathcal{C}\mathcal{C}')^{-1}\tag{7.70}$$

其为 $np\times n$ 的矩阵,且有性质

$$\mathcal{C}\mathcal{C}^{+}=\mathcal{C}\mathcal{C}'(\mathcal{C}\mathcal{C}')^{-1}=\boldsymbol{I}$$

因此,称 $\mathscr{C}^{+}$ 为 $\mathscr{C}$ 的"伪逆"或"右逆"。在标量情况下,式(7.25)定义的等价变换为 $\boldsymbol{P}=\bar{\mathscr{O}}^{-1}\mathscr{O}=\bar{\mathscr{C}}\mathscr{C}^{-1}$,现在用伪逆替换逆可得

$$\boldsymbol{P}:=\bar{\mathscr{O}}^{+}\mathscr{O}=(\bar{\mathscr{O}}'\bar{\mathscr{O}})^{-1}\bar{\mathscr{O}}'\mathscr{O} \tag{7.71}$$

$$=\bar{\mathscr{C}}\mathscr{C}^{+}=\bar{\mathscr{C}}\mathscr{C}'(\mathscr{C}\mathscr{C}')^{-1} \tag{7.72}$$

通过左乘$(\bar{\mathscr{O}}'\bar{\mathscr{O}})$和右乘$(\mathscr{C}\mathscr{C}')$,再借助式(7.67)可以直接验证该等式。标量情况下 $\boldsymbol{P}$ 的逆为 $\boldsymbol{P}^{-1}=\mathscr{O}^{-1}\bar{\mathscr{O}}=\mathscr{C}\bar{\mathscr{C}}^{-1}$,矩阵情况下变为

$$\boldsymbol{P}^{-1}:=\mathscr{O}^{+}\bar{\mathscr{O}}=(\mathscr{O}'\mathscr{O})^{-1}\mathscr{O}'\bar{\mathscr{O}} \tag{7.73}$$

$$=\mathscr{C}\bar{\mathscr{C}}^{+}=\mathscr{C}\bar{\mathscr{C}}'(\bar{\mathscr{C}}\bar{\mathscr{C}}')^{-1} \tag{7.74}$$

借助式(7.67)可以再次验证该式。根据 $\bar{\mathscr{O}}\bar{\mathscr{C}}=\mathscr{O}\mathscr{C}$,有

$$\bar{\mathscr{C}}=(\bar{\mathscr{O}}'\bar{\mathscr{O}})^{-1}\bar{\mathscr{O}}'\mathscr{O}\mathscr{C}=\boldsymbol{P}\mathscr{C}$$

$$\bar{\mathscr{O}}=\mathscr{O}\mathscr{C}\bar{\mathscr{C}}'(\bar{\mathscr{C}}\bar{\mathscr{C}}')^{-1}=\mathscr{O}\boldsymbol{P}^{-1}$$

其前 p 列和前 q 行为 $\bar{\boldsymbol{B}}=\boldsymbol{PB}$ 和 $\bar{\boldsymbol{C}}=\boldsymbol{CP}^{-1}$,由 $\bar{\mathscr{O}}\bar{\boldsymbol{A}}\bar{\mathscr{C}}=\mathscr{O}\boldsymbol{A}\mathscr{C}$ 可知

$$\bar{\boldsymbol{A}}=(\bar{\mathscr{O}}'\bar{\mathscr{O}})^{-1}\bar{\mathscr{O}}'\mathscr{O}\boldsymbol{A}\mathscr{C}\bar{\mathscr{C}}'(\bar{\mathscr{C}}\bar{\mathscr{C}}')^{-1}=\boldsymbol{PAP}^{-1}$$

这就证明了,同一传递矩阵的所有最小实现均等价。证毕。

从定理 7.M3 的证明看出,若用伪逆代替逆,则标量情况下的结果可以直接推广到矩阵情况。MATLAB 中,函数 pinv 生成伪逆。对于第 7.4 节讨论的平衡实现,由于对 SISO 情形和 MIMO 情形,能控性 Gramian 矩阵和能观性 Gramian 矩阵均为方阵,所以第 7.4 节中的所有讨论无需任何修正都适用于 MIMO 情形。

【例 7.6】 考虑例 4.9 中的传递矩阵或

$$\hat{\boldsymbol{G}}(s)=\begin{bmatrix}\dfrac{4s-10}{2s+1} & \dfrac{3}{s+2}\\ \dfrac{1}{(2s+1)(s+2)} & \dfrac{1}{(s+2)^2}\end{bmatrix} \tag{7.75}$$

可求出其特征多项式为$(2s+1)(s+2)^2$,因此该有理矩阵的次数为 3。该有理矩阵在方程(4.47)中的六维实现和方程(4.52)中的四维实现显然都不是最小实现。可以通过调用 MATLAB 函数 minreal 将其简约为最小实现。例如,针对方程(4.47),键入

```
a=[-4.5 0 -6 0 -2 0;0 -4.5 0 -6 0 -2;1 0 0 0 0 0;…
0 1 0 0 0 0;0 0 1 0 0 0;0 0 0 1 0 0];
b=[1 0;0 1;0 0;0 0;0 0;0 0];
c=[-6 3 -24 7.5 -24 3;0 1 0.5 1.5 1 0.5];d=[2 0;0 0];
[am,bm,cm,dm]=minreal(a,b,c,d)
```

则可得出

$$\dot{\boldsymbol{x}}(t)=\begin{bmatrix}-1.3387 & 0.2212 & -1.6000\\ 0.25335 & -1.1682 & 4.8352\\ 0.0036 & 0.0012 & -1.9931\end{bmatrix}\boldsymbol{x}(t)+\begin{bmatrix}-0.2666 & 0.2026\\ 0.2513 & -0.6125\\ 0.0004 & 0.3473\end{bmatrix}\boldsymbol{u}(t)$$

$$y(t)=\begin{bmatrix}32.7210 & 10.8198 & 8.6323\\ -0.8143 & -0.8663 & 1.8266\end{bmatrix}\boldsymbol{x}(t)+\begin{bmatrix}2 & 0\\ 0 & 0\end{bmatrix}\boldsymbol{u}(t)$$

该方程的维数等于$\hat{\boldsymbol{G}}(s)$的次数,因此方程既能控又能观,并且是式(7.75)中$\hat{\boldsymbol{G}}(s)$的最小实现。

7.8 矩阵多项式分式

若两个多项式没有共同的根,则称这两个多项式“互质”。为了把此概念推广到矩阵情形,重新给出定义。若$D(s)$和$N(s)$均能被多项式$R(s)$整除没有余式,则称多项式$R(s)$为$D(s)$和$N(s)$的公因子或“公约子”。若(1)$R(s)$为$D(s)$和$N(s)$的公因子,并且(2)$R(s)$可被$D(s)$和$N(s)$的任一其他公因子整除没有余式,则称多项式$R(s)$为$D(s)$和$N(s)$的“最大公因子”(gcd)。需要注意的是,若$R(s)$为gcd,则对任意非零常数α,$\alpha R(s)$也是gcd,因此,gcd不唯一[⑥]。就gcd而言,若$D(s)$和$N(s)$的gcd$R(s)$为非零常数或0次多项式,则多项式$D(s)$和$N(s)$互质,若其gcd的次数为1或更高,则二者不互质。若$R(s)$为$N(s)$和$D(s)$的1阶或更高阶gcd,则可以写出$N(s)=\bar{N}(s)R(s)$和$D(s)=\bar{D}(s)R(s)$,多项式分式$\dfrac{\bar{N}(s)}{\bar{D}(s)}=\bar{N}(s)^{-1}\bar{D}(s)$互质。

对任意两个多项式$N(s)$和$D(s)$,有$N(s)D^{-1}(s)=D^{-1}(s)N(s)$,但对多项式矩阵而言,情况却复杂许多。首先,多项式矩阵的逆仅当多项式矩阵为方阵时才有定义,其次,对任意两个多项式方阵$\boldsymbol{N}(s)$和$\boldsymbol{D}(s)$,通常$\boldsymbol{N}(s)\boldsymbol{D}^{-1}(s)\neq\boldsymbol{D}^{-1}(s)\boldsymbol{N}(s)$,由于这种非交换性质,多项式矩阵的顺序或位置在后续讨论中变得至关重要。

可以将任一$q\times p$的正则有理矩阵$\hat{\boldsymbol{G}}(s)$表示为

$$\hat{\boldsymbol{G}}(s)=\boldsymbol{N}(s)\boldsymbol{D}^{-1}(s) \tag{7.76}$$

其中$\boldsymbol{N}(s)$和$\boldsymbol{D}(s)$为$q\times p$和$p\times p$的多项式矩阵。例如,可将例7.6.2中2×3的有理矩阵表示为

$$\hat{\boldsymbol{G}}(s)=\begin{bmatrix}s & 1 & s\\ -1 & 1 & s+3\end{bmatrix}\begin{bmatrix}s+1 & 0 & 0\\ 0 & (s+1)(s+2) & 0\\ 0 & 0 & s(s+3)\end{bmatrix}^{-1} \tag{7.77}$$

式(7.77)中$\boldsymbol{D}(s)$的三个对角线元素为$\hat{\boldsymbol{G}}(s)$中三个列的最小公分母。称式(7.76)或

⑥ 若要求$R(s)$为首一多项式,则gcd唯一。

(7.77)中的分式为“右多项式分式”或简称“右分式”。与式(7.76)对偶，称表达式

$$\hat{\boldsymbol{G}}(s)=\bar{\boldsymbol{D}}^{-1}(s)\bar{\boldsymbol{N}}(s)$$

为“左多项式分式”或简称“左分式”，其中 $\bar{\boldsymbol{D}}(s)$ 和 $\bar{\boldsymbol{N}}(s)$ 为 $q\times q$ 和 $q\times p$ 的多项式矩阵。

设 $\boldsymbol{R}(s)$ 为任意 $p\times p$ 的多项式矩阵，则有

$$\hat{\boldsymbol{G}}(s)=[\boldsymbol{N}(s)\boldsymbol{R}(s)][\boldsymbol{D}(s)\boldsymbol{R}(s)]^{-1}=$$
$$\boldsymbol{N}(s)\boldsymbol{R}(s)\boldsymbol{R}^{-1}(s)\boldsymbol{D}^{-1}(s)=\boldsymbol{N}(s)\boldsymbol{D}^{-1}(s)$$

因此，右分式不唯一，左分式也是。下面引入右互质分式。

考虑 $\boldsymbol{A}(s)=\boldsymbol{B}(s)\boldsymbol{C}(s)$，其中 $\boldsymbol{A}(s)$、$\boldsymbol{B}(s)$ 和 $\boldsymbol{C}(s)$ 为相容阶数的多项式矩阵。称 $\boldsymbol{C}(s)$ 为 $\boldsymbol{A}(s)$ 的“右因式”，称 $\boldsymbol{A}(s)$ 为 $\boldsymbol{C}(s)$ 的“左倍式”。与之类似，称 $\boldsymbol{B}(s)$ 为 $\boldsymbol{A}(s)$ 的“左因式”，称 $\boldsymbol{A}(s)$ 为 $\boldsymbol{B}(s)$ 的“右倍式”。

考虑两个具有相同列数的多项式矩阵 $\boldsymbol{D}(s)$ 和 $\boldsymbol{N}(s)$，若存在多项式矩阵 $\hat{\boldsymbol{D}}(s)$ 和 $\hat{\boldsymbol{N}}(s)$ 使得

$$\boldsymbol{D}(s)=\hat{\boldsymbol{D}}(s)\boldsymbol{R}(s)\quad 和 \quad \boldsymbol{N}(s)=\hat{\boldsymbol{N}}(s)\boldsymbol{R}(s)$$

成立，则称多项式方阵 $\boldsymbol{R}(s)$ 为 $\boldsymbol{D}(s)$ 和 $\boldsymbol{N}(s)$ 的“右公因子”。需要注意的是，$\boldsymbol{D}(s)$ 和 $\boldsymbol{N}(s)$ 的行数可以不同。

定义 7.2 若多项式方阵 $\boldsymbol{M}(s)$ 的行列式非零且不依赖于 s，则称多项式方阵 $\boldsymbol{M}(s)$ 为“单模矩阵”。

以下多项式矩阵均为单模矩阵：

$$\begin{bmatrix}2s & s^2+s+1\\ 2 & s+1\end{bmatrix},\quad \begin{bmatrix}-2 & s^{10}+s+1\\ 0 & 3\end{bmatrix},\quad \begin{bmatrix}s & s+1\\ s-1 & s\end{bmatrix}$$

单模矩阵的乘积显然是单模矩阵。考虑

$$\det\boldsymbol{M}(s)\det\boldsymbol{M}^{-1}(s)=\det[\boldsymbol{M}(s)\boldsymbol{M}^{-1}(s)]=\det\boldsymbol{I}=1$$

由此可知，若 $\boldsymbol{M}(s)$ 的行列式为非零常数，则 $\boldsymbol{M}^{-1}(s)$ 的行列式也为非零常数，因此，单模矩阵 $\boldsymbol{M}(s)$ 的逆也为单模矩阵。

定义 7.3 若① $\boldsymbol{R}(s)$ 为 $\boldsymbol{D}(s)$ 和 $\boldsymbol{N}(s)$ 的右公因子，且② $\boldsymbol{R}(s)$ 为 $\boldsymbol{D}(s)$ 和 $\boldsymbol{N}(s)$ 的任一右公因子的左倍式，则多项式方阵 $\boldsymbol{R}(s)$ 为 $\boldsymbol{D}(s)$ 和 $\boldsymbol{N}(s)$ 的“最大右公因子”(gcrd)。若 gcrd 为单模矩阵，则称 $\boldsymbol{D}(s)$ 和 $\boldsymbol{N}(s)$“右互质”。

与此定义对偶，若① $\bar{\boldsymbol{R}}(s)$ 为 $\bar{\boldsymbol{D}}(s)$ 和 $\bar{\boldsymbol{N}}(s)$ 的左公因子，且② $\bar{\boldsymbol{R}}(s)$ 为 $\bar{\boldsymbol{D}}(s)$ 和 $\bar{\boldsymbol{N}}(s)$ 的任一左公因子的右倍式，则多项式方阵 $\bar{\boldsymbol{R}}(s)$ 为 $\bar{\boldsymbol{D}}(s)$ 和 $\bar{\boldsymbol{N}}(s)$ 的“最大左公因子”(gcld)。若 gcld 为单模矩阵，则称 $\bar{\boldsymbol{D}}(s)$ 和 $\bar{\boldsymbol{N}}(s)$“左互质”。

定义 7.4 考虑分解为

$$\hat{\boldsymbol{G}}(s)=\boldsymbol{N}(s)\boldsymbol{D}^{-1}(s)=\bar{\boldsymbol{D}}^{-1}(s)\bar{\boldsymbol{N}}(s)$$

的正则有理矩阵 $\hat{\boldsymbol{G}}(s)$，其中 $\boldsymbol{N}(s)$ 和 $\boldsymbol{D}(s)$ 右互质，$\bar{\boldsymbol{N}}(s)$ 和 $\bar{\boldsymbol{D}}(s)$ 左互质，则定义 $\hat{\boldsymbol{G}}(s)$ 的特征多项式为

$$\det\boldsymbol{D}(s)\quad 或 \quad \det\bar{\boldsymbol{D}}(s)$$

定义 $\hat{\boldsymbol{G}}(s)$ 的阶数为

$$\deg\hat{\boldsymbol{G}}(s)=\deg\det\boldsymbol{D}(s)=\deg\det\bar{\boldsymbol{D}}(s)$$

考虑

$$\hat{\boldsymbol{G}}(s)=\boldsymbol{N}(s)\boldsymbol{D}^{-1}(s)=[\boldsymbol{N}(s)\boldsymbol{R}(s)][\boldsymbol{D}(s)\boldsymbol{R}(s)]^{-1} \tag{7.78}$$

显然有

$$\det\boldsymbol{D}(s)=\det[\boldsymbol{D}(s)\boldsymbol{R}(s)]=\det\boldsymbol{D}(s)\det\boldsymbol{R}(s)$$

由此可知

$$\deg\det\boldsymbol{D}(s)=\deg\det\boldsymbol{D}(s)+\deg\det\boldsymbol{R}(s)$$

由此可能得出结论，若 $\boldsymbol{N}(s)\boldsymbol{D}^{-1}(s)$ 为互质分式，则 $\boldsymbol{D}(s)$ 具有最小可能的行列式次数，并且将该次数定义为传递矩阵的次数。因此，也可以将互质分式定义为具有分母行列式次数最小的多项式矩阵分式。根据式(7.78)可以看出，互质分式不唯一，它们可以相差某个单模矩阵。定义 $\hat{\boldsymbol{G}}(s)$ 每个元素的任一极点均为 $\hat{\boldsymbol{G}}(s)$ 的极点。若表示出 $\hat{\boldsymbol{G}}(s)=\boldsymbol{N}(s)\boldsymbol{D}^{-1}(s)$，则当且仅当 $\boldsymbol{N}(s)$ 和 $\boldsymbol{D}(s)$ 互质时，$\det\boldsymbol{D}(s)$ 的任一极点均为 $\hat{\boldsymbol{G}}(s)$ 的极点，这点与标量情况相同。

引入定义 7.1 和定义 7.4 来定义有理矩阵的次数，可以借助 Smith－McMillan 型来证实二者的等价性，这里不作深入讨论。感兴趣的读者可参考参考文献[13]。

7.8.1 列既约和行既约

为了使用定义 7.4，必须求出多项式矩阵的行列式。若互质分式具有要在下文讨论的某些附加属性，则可以避免多项式矩阵行列式的计算。

定义多项式向量的次数为该向量所有元素中 s 的最高次幂，考虑多项式矩阵 $\boldsymbol{M}(s)$，定义

$$\delta_{ci}\boldsymbol{M}(s)=\boldsymbol{M}(s)\ 第\ i\ 列的次数$$

$$\delta_{ri}\boldsymbol{M}(s)=\boldsymbol{M}(s)\ 第\ i\ 行的次数$$

并称 δ_{ci} 为“列次数”，δ_{ri} 为“行次数”。例如，矩阵

$$\boldsymbol{M}(s)=\begin{bmatrix} s+1 & s^3-2s+5 & -1 \\ s-1 & s^2 & 0 \end{bmatrix}$$

的 $\delta_{c1}=1,\delta_{c2}=3,\delta_{c3}=0,\delta_{r1}=3$，以及 $\delta_{r2}=2$。

定义 7.5 若

$$\deg\det \boldsymbol{M}(s)=\text{所有列次数之和}$$

则非奇异多项式矩阵 $\boldsymbol{M}(s)$ 为“列既约”。

若

$$\deg\det \boldsymbol{M}(s)=\text{所有行次数之和}$$

则 $\boldsymbol{M}(s)$ 为“行既约”。

某矩阵可以列既约但并非行既约，反之亦然。例如，矩阵

$$\boldsymbol{M}(s)=\begin{bmatrix}3s^2+2s & 2s+1\\ s^2+s-3 & s\end{bmatrix} \tag{7.79}$$

的行列式为 s^3-s^2-5s+3，其次数等于列次数 2 和 1 之和，因此式(7.79)中的 $\boldsymbol{M}(s)$ 列既约。$\boldsymbol{M}(s)$ 的行次数为 2 和 2，二者之和大于 3，因此 $\boldsymbol{M}(s)$ 并非行既约。对角线多项式矩阵总为既列既约又行既约的。若多项式方阵并非列既约，则其行列式的次数小于其列次数之和。

设 $\delta_{ci}\boldsymbol{M}(s)=k_{ci}$，定义 $\boldsymbol{H}_c(s)=\mathrm{diag}(s^{k_{c1}},s^{k_{c2}},\cdots)$，则可以将多项式矩阵 $\boldsymbol{M}(s)$ 表示为

$$\boldsymbol{M}(s)=\boldsymbol{M}_{hc}\boldsymbol{H}_c(s)+\boldsymbol{M}_{lc}(s) \tag{7.80}$$

例如，式(7.79)中 $\boldsymbol{M}(s)$ 的列次数为 2 和 1，并且可以将 $\boldsymbol{M}(s)$ 表示为

$$\boldsymbol{M}(s)=\begin{bmatrix}3 & 2\\ 1 & 1\end{bmatrix}\begin{bmatrix}s^2 & 0\\ 0 & s\end{bmatrix}+\begin{bmatrix}2s & 1\\ s-3 & 0\end{bmatrix}$$

称常数矩阵 $\boldsymbol{M}_{hc}$ 为“列次数系数矩阵”，其第 i 列是 $\boldsymbol{M}(s)$ 中第 i 列相应于 $s^{k_{ci}}$ 的系数，多项式矩阵 $\boldsymbol{M}_{lc}(s)$ 包含剩余项，其第 i 列的次数小于 k_{ci}。若将 $\boldsymbol{M}(s)$ 表示为式(7.80)的形式，则可以验证，当且仅当其列次数系数矩阵 $\boldsymbol{M}_{hc}$ 非奇异时，$\boldsymbol{M}(s)$ 列既约。与式(7.80)对偶，可以将 $\boldsymbol{M}(s)$ 表示为

$$\boldsymbol{M}(s)=\boldsymbol{H}_r(s)\boldsymbol{M}_{hr}+\boldsymbol{M}_{lr}(s)$$

其中 $\delta_{ri}\boldsymbol{M}(s)=k_{ri}$ 且 $\boldsymbol{H}_r(s)=\mathrm{diag}(s^{k_{r1}},s^{k_{r2}},\cdots)$，称矩阵 $\boldsymbol{M}_{hr}$ 为“行次数系数矩阵”，则当且仅当 $\boldsymbol{M}_{hr}$ 非奇异时，$\boldsymbol{M}(s)$ 行既约。

考虑 $\hat{\boldsymbol{G}}(s)=\boldsymbol{N}(s)\boldsymbol{D}^{-1}(s)$，若 $\hat{\boldsymbol{G}}(s)$ 严格正则，则对 $i=1,2,\cdots p$ 有 $\delta_{ci}\boldsymbol{N}(s)<\delta_{ci}\boldsymbol{D}(s)$，即，$\boldsymbol{N}(s)$ 的列次数小于 $\boldsymbol{D}(s)$ 相应的列次数。若 $\hat{\boldsymbol{G}}(s)$ 正则，则对 $i=1,2,\cdots,p$ 有 $\delta_{ci}\boldsymbol{N}(s)\leqslant\delta_{ci}\boldsymbol{D}(s)$。但是，反之未必正确，例如，考虑

$$\boldsymbol{N}(s)\boldsymbol{D}^{-1}(s)=[1\quad 2]\begin{bmatrix}s^2 & s-1\\ s+1 & 1\end{bmatrix}^{-1}=\begin{bmatrix}\dfrac{-2s-1}{1} & \dfrac{2s^2-s+1}{1}\end{bmatrix}$$

尽管对 $i=1,2$ 有 $\delta_{ci}\boldsymbol{N}(s)<\delta_{ci}\boldsymbol{D}(s)$，但 $\boldsymbol{N}(s)\boldsymbol{D}^{-1}(s)$ 并非严格正则，原因在于 $\boldsymbol{D}(s)$

非列既约。

定理 7.8

设 $\boldsymbol{N}(s)$和 $\boldsymbol{D}(s)$为 $q\times p$ 和 $p\times p$ 的多项式矩阵,并设 $\boldsymbol{D}(s)$列既约,则有理矩阵 $\boldsymbol{N}(s)\boldsymbol{D}^{-1}(s)$正则(严格正则),当且仅当,对 $i=1,2,\cdots p$ 有

$$\delta_{ci}\boldsymbol{N}(s)\leqslant\delta_{ci}\boldsymbol{D}(s),\quad[\delta_{ci}\boldsymbol{N}(s)<\delta_{ci}\boldsymbol{D}(s)]$$

证明:定理的必要性依据上一例子得出。这里证明充分性,根据式(7.80),表示出

$$\boldsymbol{D}(s)=\boldsymbol{D}_{\mathrm{hc}}\boldsymbol{H}_{\mathrm{c}}(s)+\boldsymbol{D}_{\mathrm{lc}}(s)=[\boldsymbol{D}_{\mathrm{hc}}+\boldsymbol{D}_{\mathrm{lc}}(s)\boldsymbol{H}_{\mathrm{c}}^{-1}(s)]\boldsymbol{H}_{\mathrm{c}}(s)$$
$$\boldsymbol{N}(s)=\boldsymbol{N}_{\mathrm{hc}}\boldsymbol{H}_{\mathrm{c}}(s)+\boldsymbol{N}_{\mathrm{lc}}(s)=[\boldsymbol{N}_{\mathrm{hc}}+\boldsymbol{N}_{\mathrm{lc}}(s)\boldsymbol{H}_{\mathrm{c}}^{-1}(s)]\boldsymbol{H}_{\mathrm{c}}(s)$$

则有

$$\hat{\boldsymbol{G}}(s):=\boldsymbol{N}(s)\boldsymbol{D}^{-1}(s)=[\boldsymbol{N}_{\mathrm{hc}}+\boldsymbol{N}_{\mathrm{lc}}(s)\boldsymbol{H}_{\mathrm{c}}^{-1}(s)][\boldsymbol{D}_{\mathrm{hc}}+\boldsymbol{D}_{\mathrm{lc}}(s)\boldsymbol{H}_{\mathrm{c}}^{-1}(s)]^{-1}$$

由于 $\boldsymbol{D}_{\mathrm{lc}}(s)\boldsymbol{H}_{\mathrm{c}}^{-1}(s)$和 $\boldsymbol{H}_{\mathrm{lc}}(s)\boldsymbol{H}_{\mathrm{c}}^{-1}(s)$随着 $s\to\infty$均趋于零,所以有

$$\lim_{s\to\infty}\hat{\boldsymbol{G}}(s)=\boldsymbol{N}_{\mathrm{hc}}\boldsymbol{D}_{\mathrm{hc}}^{-1}$$

其中已假设 $\boldsymbol{D}_{\mathrm{hc}}$ 非奇异,现若 $\delta_{ci}\boldsymbol{N}(s)\leqslant\delta_{ci}\boldsymbol{D}(s)$,则 $\boldsymbol{N}_{\mathrm{hc}}$ 为非零常数矩阵,因此$\hat{\boldsymbol{G}}(\infty)$为非零常数矩阵,且 $\hat{\boldsymbol{G}}(s)$正则。若 $\delta_{ci}\boldsymbol{N}(s)<\delta_{ci}\boldsymbol{D}(s)$,则 $\boldsymbol{N}_{\mathrm{hc}}$ 为零矩阵,因此 $\hat{\boldsymbol{G}}(\infty)=\boldsymbol{0}$,且 $\hat{\boldsymbol{G}}(s)$严格正则。定理得证。证毕。

这里指出定理 7.8 的对偶定理,但未作证明。

推论 7.8

设 $\bar{\boldsymbol{N}}(s)$和 $\bar{\boldsymbol{D}}(s)$为 $q\times p$ 和$q\times q$ 的多项式矩阵,并设 $\bar{\boldsymbol{D}}(s)$行既约,则有理矩阵 $\bar{\boldsymbol{D}}^{-1}(s)\bar{\boldsymbol{N}}(s)$正则(严格正则),当且仅当,对 $i=1,2,\cdots,q$ 有

$$\delta_{ri}\bar{\boldsymbol{N}}(s)\leqslant\delta_{ri}\bar{\boldsymbol{D}}(s),\quad[\delta_{ri}\bar{\boldsymbol{N}}(s)<\delta_{ri}\bar{\boldsymbol{D}}(s)]$$

7.8.2 计算矩阵互质分式

给定右分式 $\boldsymbol{N}(s)\boldsymbol{D}^{-1}(s)$,将其简约为右互质分式的一种方法是求其 gcrd,这可以借助一系列初等变换来实现。一旦求出 gcrd$\boldsymbol{R}(s)$,再计算 $\hat{\boldsymbol{N}}(s)=\boldsymbol{N}(s)\boldsymbol{R}(s)^{-1}$ 和 $\hat{\boldsymbol{D}}(s)=\boldsymbol{D}(s)\boldsymbol{R}(s)^{-1}$,则 $\boldsymbol{N}(s)\boldsymbol{D}^{-1}(s)=\hat{\boldsymbol{N}}(s)\hat{\boldsymbol{D}}^{-1}(s)$,且 $\hat{\boldsymbol{N}}(s)\hat{\boldsymbol{D}}^{-1}(s)$为右互质分式。这里不讨论该方法的处理流程,感兴趣的读者可参见参考文献[6]第 590 页~第 591 页。

现在将第 7.3 节中标量互质分式的计算方法推广到矩阵情形,考虑将 $q\times p$ 的正则有理矩阵 $\hat{\boldsymbol{G}}(s)$表示为

$$\hat{\boldsymbol{G}}(s)=\bar{\boldsymbol{D}}^{-1}(s)\bar{\boldsymbol{N}}(s)=\boldsymbol{N}(s)\boldsymbol{D}^{-1}(s)\tag{7.81}$$

本节采用带上划线的变量来表示左分式，不带上划线的变量来表示右分式。显然，由式(7.81)可知

$$\bar{\boldsymbol{N}}(s)\boldsymbol{D}(s)=\bar{\boldsymbol{D}}(s)\boldsymbol{N}(s)$$

以及

$$\bar{\boldsymbol{D}}(s)(-\boldsymbol{N}(s))+\bar{\boldsymbol{N}}(s)\boldsymbol{D}(s)=\boldsymbol{0} \tag{7.82}$$

这里要证明，给定未必左互质的左分式$\bar{\boldsymbol{D}}^{-1}(s)\bar{\boldsymbol{N}}(s)$，可以通过求解式(7.82)中的多项式矩阵方程来获得右互质分式$\boldsymbol{N}(s)\boldsymbol{D}^{-1}(s)$。并非直接求解方程(7.82)，而是将其转化为线性代数方程组的求解。正如式(7.27)，为简化书写假设最高次数为4，将多项式矩阵表示为

$$\bar{\boldsymbol{D}}(s)=\bar{\boldsymbol{D}}_0+\bar{\boldsymbol{D}}_1s+\bar{\boldsymbol{D}}_2s^2+\bar{\boldsymbol{D}}_3s^3+\bar{\boldsymbol{D}}_4s^4$$

$$\bar{\boldsymbol{N}}(s)=\bar{\boldsymbol{N}}_0+\bar{\boldsymbol{N}}_1s+\bar{\boldsymbol{N}}_2s^2+\bar{\boldsymbol{N}}_3s^3+\bar{\boldsymbol{N}}_4s^4$$

$$\boldsymbol{D}(s)=\boldsymbol{D}_0+\boldsymbol{D}_1s+\boldsymbol{D}_2s^2+\boldsymbol{D}_3s^3$$

$$\boldsymbol{N}(s)=\boldsymbol{N}_0+\boldsymbol{N}_1s+\boldsymbol{N}_2s^2+\boldsymbol{N}_3s^3$$

其中$\bar{\boldsymbol{D}}_i$、$\bar{\boldsymbol{N}}_i$、$\boldsymbol{D}_i$和$\boldsymbol{N}_i$分别为$q\times q$、$q\times p$、$p\times p$和$q\times p$的常数矩阵，已知常数矩阵$\bar{\boldsymbol{D}}_i$和$\bar{\boldsymbol{N}}_i$，待求解$\boldsymbol{D}_i$和$\boldsymbol{N}_i$。将这些关系式代入方程(7.82)，并令$k=0,1,\cdots$时，与s^k相关联的常数矩阵等于零，可得

$$\boldsymbol{SM}:=\begin{bmatrix}\bar{\boldsymbol{D}}_0 & \bar{\boldsymbol{N}}_0 & \vdots & \boldsymbol{0} & \boldsymbol{0} & \vdots & \boldsymbol{0} & \boldsymbol{0} & \vdots & \boldsymbol{0} & \boldsymbol{0}\\ \bar{\boldsymbol{D}}_1 & \bar{\boldsymbol{N}}_1 & \vdots & \bar{\boldsymbol{D}}_0 & \bar{\boldsymbol{N}}_0 & \vdots & \boldsymbol{0} & \boldsymbol{0} & \vdots & \boldsymbol{0} & \boldsymbol{0}\\ \bar{\boldsymbol{D}}_2 & \bar{\boldsymbol{N}}_2 & \vdots & \bar{\boldsymbol{D}}_1 & \bar{\boldsymbol{N}}_1 & \vdots & \bar{\boldsymbol{D}}_0 & \bar{\boldsymbol{N}}_0 & \vdots & \boldsymbol{0} & \boldsymbol{0}\\ \bar{\boldsymbol{D}}_3 & \bar{\boldsymbol{N}}_3 & \vdots & \bar{\boldsymbol{D}}_2 & \bar{\boldsymbol{N}}_2 & \vdots & \bar{\boldsymbol{D}}_1 & \bar{\boldsymbol{N}}_1 & \vdots & \bar{\boldsymbol{D}}_0 & \bar{\boldsymbol{N}}_0\\ \bar{\boldsymbol{D}}_4 & \bar{\boldsymbol{N}}_4 & \vdots & \bar{\boldsymbol{D}}_3 & \bar{\boldsymbol{N}}_3 & \vdots & \bar{\boldsymbol{D}}_2 & \bar{\boldsymbol{N}}_2 & \vdots & \bar{\boldsymbol{D}}_1 & \bar{\boldsymbol{N}}_1\\ \boldsymbol{0} & \boldsymbol{0} & \vdots & \bar{\boldsymbol{D}}_4 & \bar{\boldsymbol{N}}_4 & \vdots & \bar{\boldsymbol{D}}_3 & \bar{\boldsymbol{N}}_3 & \vdots & \bar{\boldsymbol{D}}_2 & \bar{\boldsymbol{N}}_2\\ \boldsymbol{0} & \boldsymbol{0} & \vdots & \boldsymbol{0} & \boldsymbol{0} & \vdots & \bar{\boldsymbol{D}}_4 & \bar{\boldsymbol{N}}_4 & \vdots & \bar{\boldsymbol{D}}_3 & \bar{\boldsymbol{N}}_3\\ \boldsymbol{0} & \boldsymbol{0} & \vdots & \boldsymbol{0} & \boldsymbol{0} & \vdots & \boldsymbol{0} & \boldsymbol{0} & \vdots & \bar{\boldsymbol{D}}_4 & \bar{\boldsymbol{N}}_4\end{bmatrix}\begin{bmatrix}-\boldsymbol{N}_0\\ \boldsymbol{D}_0\\ \cdots\\ -\boldsymbol{N}_1\\ \boldsymbol{D}_1\\ \cdots\\ -\boldsymbol{N}_2\\ \boldsymbol{D}_2\\ \cdots\\ -\boldsymbol{N}_3\\ \boldsymbol{D}_3\end{bmatrix}=\boldsymbol{0} \tag{7.83}$$

该方程为方程(7.28)的矩阵形式，称矩阵$\boldsymbol{S}$为“广义结式”。需要注意的是，任一$\bar{D}$-分块的列有q个$\bar{\boldsymbol{D}}$-列，任一$\bar{\boldsymbol{N}}$-分块的列有p个$\bar{\boldsymbol{N}}$-列。所示的广义结式$\boldsymbol{S}$有4对$\bar{D}$-分块的列和$\bar{N}$-分块的列，因此总共有$4(q+p)$个列。$\boldsymbol{S}$有8个分块的行，任一分块的行有q行，因此该结式共有$8q$行。

假设已找出$\boldsymbol{S}$中从左到右的线性无关列，现在讨论$\boldsymbol{S}$的一些普遍性质。事实证明，任一$\bar{D}$-分块的列中的每个$\bar{D}$-列均与其左侧(LHS)列线性无关，但是$\bar{N}$-列的情况不同，回想到，每个$\bar{N}$-分块的列有p个$\bar{N}$-列，用$\bar{N}i$-列表示每个$\bar{N}$-分块的列中

第 i 个 $\bar{N}$-列。结果表明,由于 $\boldsymbol{S}$ 的特殊重复结构,若某些 $\bar{N}$-分块的列中的 $\bar{N}i$-列与其 LHS 列线性相关,则所有后续的 $\bar{N}i$-列都与其 LHS 列线性相关。设 $\mu_i, i=1,2,\cdots,p$ 为 $\boldsymbol{S}$ 中 $\bar{N}i$-列线性无关的数目,称其为 $\hat{\boldsymbol{G}}(s)$的"列指数集"。称变得与其 LHS 列线性相关的首个 $\bar{N}i$-列为"最先相关 $\bar{N}i$-列"。显然,第(μ_i+1)个 $\bar{N}i$-列为最先相关列。

相应于每个最先相关 $\bar{N}i$-列,计算子矩阵的首一零向量(令其最后一个元素等于 1),其中的子矩阵包含了最先相关 $\bar{N}i$-列及其所有 LHS 线性无关列。共有 p 个这样的首一零向量,根据这些首一零向量,可以得出右分式。由于使用了最小可能的 μ_i,得出的 $\boldsymbol{D}(s)$具有最小可能的列次数,所以该分式右互质。以下例子说明了该处理流程。

【例 7.7】 找出式(7.75)中的传递矩阵,或

$$\hat{\boldsymbol{G}}(s)=\begin{bmatrix}\dfrac{4s-10}{2s+1} & \dfrac{3}{s+2}\\ \dfrac{1}{(2s+1)(s+2)} & \dfrac{s+1}{(s+2)^2}\end{bmatrix} \tag{7.84}$$

的右互质分式。

首先,必须找出未必左互质的左分式。借助每一行的最小公分母,可以很容易得到

$$\hat{\boldsymbol{G}}(s)=\begin{bmatrix}(2s+1)(s+2) & 0\\ 0 & (2s+1)(s+2)^2\end{bmatrix}^{-1}\times$$
$$\begin{bmatrix}(4s-10)(s+2) & 3(2s+1)\\ s+2 & (s+1)(2s+1)\end{bmatrix}=:\bar{\boldsymbol{D}}^{-1}(s)\bar{\boldsymbol{N}}(s)$$

则有

$$\bar{\boldsymbol{D}}(s)=\begin{bmatrix}2s^2+5s+2 & 0\\ 0 & 2s^3+9s^2+12s+4\end{bmatrix}=$$
$$\begin{bmatrix}2 & 0\\ 0 & 4\end{bmatrix}+\begin{bmatrix}5 & 0\\ 0 & 12\end{bmatrix}s+\begin{bmatrix}2 & 0\\ 0 & 9\end{bmatrix}s^2+\begin{bmatrix}0 & 0\\ 0 & 2\end{bmatrix}s^3$$

以及

$$\bar{\boldsymbol{N}}(s)=\begin{bmatrix}4s^2-2s-20 & 6s+3\\ s+2 & 2s^2+3s+1\end{bmatrix}=$$
$$\begin{bmatrix}-20 & 3\\ 2 & 1\end{bmatrix}+\begin{bmatrix}-2 & 6\\ 1 & 3\end{bmatrix}s+\begin{bmatrix}4 & 0\\ 0 & 2\end{bmatrix}s^2+\begin{bmatrix}0 & 0\\ 0 & 0\end{bmatrix}s^3$$

先构造广义结式,然后借助第 7.3 节讨论的 QR 分解从左到右依次搜索其线性无关列。由于敲入 $\boldsymbol{S}$ 的转置更容易,所以键入

```
d1=[2 0 5 0 2 0 0 0];d2=[0 4 0 12 0 9 0 2];
n1=[-20 2 -2 1 4 0 0 0];n2=[3 1 6 3 0 2 0 0];
s=[d1 0 0 0 0;d2 0 0 0 0;n1 0 0 0 0;n2 0 0 0 0;…
0 0 d1 0 0;0 0 d2 0 0;0 0 n1 0 0;0 0 n2 0 0;…
```

```
0 0 0 0 d1;0 0 0 0 d2;0 0 0 0 n1;0 0 0 0 n2]';
[q,r] = qr(s)
```

这里只需要 r,因而不显示矩阵 q。正如第 7.3 节讨论的,在判断列的线性无关性时,需要获悉 r 的元素是否为零,因而,用 x、di 和 ni 来表示所有非零元素,其结果为

$$
r = \begin{bmatrix}
d1 & 0 & x & x & x & x & x & x & x & 0 & x & x \\
0 & d2 & x & x & x & x & x & x & 0 & x & x & x \\
0 & 0 & n1 & x & x & x & x & x & x & x & x & x \\
0 & 0 & 0 & n2 & x & x & x & x & x & x & x & x \\
0 & 0 & 0 & 0 & d1 & x & x & x & x & x & x & x \\
0 & 0 & 0 & 0 & 0 & d2 & x & x & x & x & x & x \\
0 & 0 & 0 & 0 & 0 & 0 & n1 & x & x & x & x & x \\
0 & 0 & 0 & 0 & 0 & 0 & 0 & 0 & x & x & x & 0 \\
0 & 0 & 0 & 0 & 0 & 0 & 0 & 0 & d1 & x & x & 0 \\
0 & 0 & 0 & 0 & 0 & 0 & 0 & 0 & 0 & d2 & 0 & 0 \\
0 & 0 & 0 & 0 & 0 & 0 & 0 & 0 & 0 & 0 & 0 & 0 \\
0 & 0 & 0 & 0 & 0 & 0 & 0 & 0 & 0 & 0 & 0 & 0
\end{bmatrix}
$$

可见看到,所有 D -列均与其 LHS 列线性无关。存在两个线性无关的 $\bar{N}1$ -列和一个线性无关的 $\bar{N}2$ -列。因此,有 $\mu_1 = 2$ 和 $\mu_2 = 1$。$\boldsymbol{S}$ 的第 8 列是最先相关的 $\bar{N}2$ -列,针对包含最先相关的 $\bar{N}2$ -列以及其所有 LHS 线性无关列的子矩阵,求出该子矩阵的零向量为

```
z2 = null([d1 0 0;d2 0 0;n1 0 0;n2 0 0;0 0 d1;0 0 d2;0 0 n1;0 0 n2]');
```

然后通过键入

```
z2b = z2/z2(8)
```

将向量的最后一个元素归一化为 1,得到第 1 个首一零向量为

```
ans = [7  -1 1 2  -4 0 2 1]'
```

$\boldsymbol{S}$ 的第 7 列为最先相关 $\bar{N}1$ -列,针对包含最先相关的 $\bar{N}1$ -列以及其所有 LHS 线性无关列(即,删除第 8 列)的子矩阵,求出该子矩阵的零向量为

```
z1 = null([d1 0 0 0 0;d2 0 0 0 0;n1 0 0 0 0;n2 0 0 0 0;
0 0d1 0 0;0 0 d2 0 0;0 0 n1 0 0;0 0 0 0 d1;0 0 0 0 d2;0 0 0 0 n1]');
```

然后通过键入

```
z1b = z1/z1(10)
```

将向量的最后一个元素归一化为 1,得到第二个首一零向量为

```
ans = [10  -0.5 1 0 1 0 2.5  -2 0 1]'
```

因此有

$$
\begin{bmatrix} -\boldsymbol{N}_0 \\ \cdots \\ \boldsymbol{D}_0 \\ \cdots \\ -\boldsymbol{N}_1 \\ \cdots \\ \boldsymbol{D}_1 \\ \cdots \\ -\boldsymbol{N}_2 \\ \cdots \\ \boldsymbol{D}_2 \end{bmatrix} = \begin{bmatrix} -n_0^{11} & -n_0^{12} \\ -n_0^{21} & -n_0^{22} \\ \cdots & \cdots \\ d_0^{11} & d_0^{12} \\ d_0^{21} & d_0^{22} \\ \cdots & \cdots \\ -n_1^{11} & -n_1^{12} \\ -n_1^{21} & -n_1^{22} \\ \cdots & \cdots \\ d_1^{11} & d_1^{12} \\ d_1^{21} & d_1^{22} \\ \cdots & \cdots \\ -n_2^{11} & -n_2^{12} \\ -n_2^{21} & -n_2^{22} \\ \cdots & \cdots \\ d_2^{11} & d_2^{12} \\ d_2^{21} & d_2^{22} \end{bmatrix} = \begin{bmatrix} 10 & 7 \\ -0.5 & -1 \\ \cdots & \cdots \\ 1 & 1 \\ 0 & 2 \\ \cdots & \cdots \\ 1 & -4 \\ 0 & 0 \\ \cdots & \cdots \\ 2.5 & 2 \\ & 1 \\ \cdots & \cdots \\ -2 & \\ 0 & \\ \cdots & \cdots \\ 1 & \\ & \end{bmatrix} \tag{7.85}
$$

其中已明确写出 $\boldsymbol{N}_i$ 和 $\boldsymbol{D}_i$，这里的上标 ij 表示第 ij 个元素，而下标表示次数。两个首一零向量按式中所示排列，这两个零向量的顺序可以互换，很快将就此展开讨论。空元素用零填充。需要注意的是，在第 8×1 位置的空元素是由于在计算第 2 个零向量时删除了第 2 个 $\bar{N}2$ 线性相关列。令式(7.85)中对应元素相等，可以很容易得出

$$
\boldsymbol{D}(s) = \begin{bmatrix} 1 & 1 \\ 0 & 2 \end{bmatrix} + \begin{bmatrix} 2.5 & 2 \\ 0 & 1 \end{bmatrix} s + \begin{bmatrix} 1 & 0 \\ 0 & 0 \end{bmatrix} s^2 =
$$

$$
\begin{bmatrix} s^2 + 2.5s + 1 & 2s + 1 \\ 0 & s + 2 \end{bmatrix}
$$

以及

$$
\boldsymbol{N}(s) = \begin{bmatrix} -10 & -7 \\ 0.5 & 1 \end{bmatrix} + \begin{bmatrix} -1 & 4 \\ 0 & 0 \end{bmatrix} s + \begin{bmatrix} 2 & 0 \\ 0 & 0 \end{bmatrix} s^2 =
$$

$$
\begin{bmatrix} 2s^2 - s - 10 & 4s - 7 \\ 0.5 & 1 \end{bmatrix}
$$

因此式(7.84)中的 $\hat{\boldsymbol{G}}(s)$ 具有以下右互质分式：

$$
\hat{\boldsymbol{G}}(s) = \begin{bmatrix} (2s-5)(s+2) & 4s-7 \\ 0.5 & 1 \end{bmatrix} \begin{bmatrix} (s+2)(s+0.5) & 2s+1 \\ 0 & s+2 \end{bmatrix}^{-1} \tag{7.86}
$$

式(7.86)中的 $\boldsymbol{D}(s)$ 列既约，列次数为 $\mu_1=2$ 和 $\mu_2=1$，因此有 $\deg\det\boldsymbol{D}(s)=2+1=3$，而式(7.84)中 $\hat{\boldsymbol{G}}(s)$ 的次数为 3。借助定义 7.1 在例 7.6 中求出该次数的确为 3。

总而言之，若广义结式有 μ_i 个线性无关的 $\bar{N}i$ -列，则 $\boldsymbol{D}(s)$ 列既约，列次数为 μ_i。因此有

$$\deg\hat{\boldsymbol{G}}(s)=\deg\det\boldsymbol{D}(s)=\Sigma\mu_i=$$

$$\boldsymbol{S}\text{ 中线性无关的 }\bar{N}\text{ -列的总个数}$$

接下来说明列次数的顺序无关紧要，换言之，可以改变 $\boldsymbol{N}(s)$ 和 $\boldsymbol{D}(s)$ 各列的顺序。例如，考虑置换矩阵

$$\boldsymbol{P}=\begin{bmatrix}0&0&1\\1&0&0\\0&1&0\end{bmatrix}$$

以及 $\hat{\boldsymbol{D}}(s)=\boldsymbol{D}(s)\boldsymbol{P}$ 和 $\hat{\boldsymbol{N}}(s)=\boldsymbol{N}(s)\boldsymbol{P}$，则 $\boldsymbol{D}(s)$ 和 $\boldsymbol{N}(s)$ 的第 1 列、第 2 列和第 3 列变为 $\hat{\boldsymbol{D}}(s)$ 和 $\hat{\boldsymbol{N}}(s)$ 的第 2 列、第 3 列和第 1 列。但是

$$\hat{\boldsymbol{G}}(s)=\hat{\boldsymbol{N}}(s)\hat{\boldsymbol{D}}^{-1}(s)=[\boldsymbol{N}(s)\boldsymbol{P}][\boldsymbol{D}(s)\boldsymbol{P}]^{-1}=\boldsymbol{N}(s)\boldsymbol{D}^{-1}(s)$$

这就表明 $\boldsymbol{D}(s)$ 和 $\boldsymbol{N}(s)$ 的列可以任意置换，这与式(7.83)中置换零向量的顺序相同。因此，列次数集与能控性指数集(定理 6.3)一样均为系统的固有属性。可以将这里讨论过的内容表述为定理，该定理是定理 7.4 到矩阵情形的推广。

定理 7.M4

设 $\hat{\boldsymbol{G}}(s)=\bar{\boldsymbol{D}}^{-1}(s)\bar{\boldsymbol{N}}(s)$ 为未必左互质的左分式。利用 $\bar{\boldsymbol{D}}(s)$ 和 $\bar{\boldsymbol{N}}(s)$ 的系数矩阵来形成方程(7.83)所示的广义结式 $\boldsymbol{S}$，并从左到右搜索其线性无关列，设 $\mu_i,i=1,2,\cdots,p$ 是线性无关 $\bar{N}i$ 列的数目，则有

$$\deg\hat{\boldsymbol{G}}(s)=\mu_1+\mu_2+\cdots+\mu_p \tag{7.87}$$

并且通过计算 p 个矩阵的 p 个首一零向量获得右互质分式 $\boldsymbol{N}(s)\boldsymbol{D}^{-1}(s)$，其中这 p 个矩阵由每个最先相关的 $\bar{N}i$ -列以及其所有 LHS 线性无关列构成。

通过求解式(7.83)的方程来获得右互质分式有一个额外的重要性质，置换之后，列次数系数矩阵 $\boldsymbol{D}_{hc}$ 总可以变为单位上三角阵(其对角线元素为 1 的上三角阵)。称这样的 $\boldsymbol{D}(s)$ 为“列梯形”，相关内容可参见参考文献[6]第 610 页～612 页和参考文献[13]第 483 页～487 页。对于式(7.86)中的 $\boldsymbol{D}(s)$，其列次数系数矩阵为

$$\boldsymbol{D}_{hc}=\begin{bmatrix}1&2\\0&1\end{bmatrix}$$

该矩阵为单位上三角阵，因此，$\boldsymbol{D}(s)$ 为列梯形。尽管在后续讨论中只需要列既约，但是若 $\boldsymbol{D}(s)$ 为列梯形，则下一节中的结果会更适宜。

与之前的讨论对偶，可以根据未必右互质的右分式 $\boldsymbol{N}(s)\boldsymbol{D}^{-1}(s)$ 求出左互质分式，与式(7.83)类似，构造出

$$\begin{bmatrix}-\bar{\boldsymbol{N}}_0 & \bar{\boldsymbol{D}}_0 & \vdots & -\bar{\boldsymbol{N}}_1 & \bar{\boldsymbol{D}}_1 & \vdots & -\bar{\boldsymbol{N}}_2 & \bar{\boldsymbol{D}}_2 & \vdots & -\bar{\boldsymbol{N}}_3 & \bar{\boldsymbol{D}}_3\end{bmatrix}\boldsymbol{T}=\boldsymbol{0} \tag{7.88}$$

其中

$$
\boldsymbol{T}:=\begin{bmatrix}
\boldsymbol{D}_0 & \boldsymbol{D}_1 & \boldsymbol{D}_2 & \boldsymbol{D}_3 & \boldsymbol{D}_4 & \boldsymbol{0} & \boldsymbol{0} & \boldsymbol{0} \\
\boldsymbol{N}_0 & \boldsymbol{N}_1 & \boldsymbol{N}_2 & \boldsymbol{N}_3 & \boldsymbol{N}_4 & \boldsymbol{0} & \boldsymbol{0} & \boldsymbol{0} \\
\cdots & \cdots & \cdots & \cdots & \cdots & \cdots & \cdots & \cdots \\
\boldsymbol{0} & \boldsymbol{D}_0 & \boldsymbol{D}_1 & \boldsymbol{D}_2 & \boldsymbol{D}_3 & \boldsymbol{D}_4 & \boldsymbol{0} & \boldsymbol{0} \\
\boldsymbol{0} & \boldsymbol{N}_0 & \boldsymbol{N}_1 & \boldsymbol{N}_2 & \boldsymbol{N}_3 & \boldsymbol{N}_4 & \boldsymbol{0} & \boldsymbol{0} \\
\cdots & \cdots & \cdots & \cdots & \cdots & \cdots & \cdots & \cdots \\
\boldsymbol{0} & \boldsymbol{0} & \boldsymbol{D}_0 & \boldsymbol{D}_1 & \boldsymbol{D}_2 & \boldsymbol{D}_3 & \boldsymbol{D}_4 & \boldsymbol{0} \\
\boldsymbol{0} & \boldsymbol{0} & \boldsymbol{N}_0 & \boldsymbol{N}_1 & \boldsymbol{N}_2 & \boldsymbol{N}_3 & \boldsymbol{N}_4 & \boldsymbol{0} \\
\cdots & \cdots & \cdots & \cdots & \cdots & \cdots & \cdots & \cdots \\
\boldsymbol{0} & \boldsymbol{0} & \boldsymbol{0} & \boldsymbol{D}_0 & \boldsymbol{D}_1 & \boldsymbol{D}_2 & \boldsymbol{D}_3 & \boldsymbol{D}_4 \\
\boldsymbol{0} & \boldsymbol{0} & \boldsymbol{0} & \boldsymbol{N}_0 & \boldsymbol{N}_1 & \boldsymbol{N}_2 & \boldsymbol{N}_3 & \boldsymbol{N}_4
\end{bmatrix} \tag{7.89}
$$

从上到下依次搜索线性无关行。所有 D -行线性无关，设 Ni -行表示每个 N 分块的行中第 i 个 N -行，若某 Ni -行变得与其前面的行线性相关，则后续的 N 分块的行中所有 Ni -行都与其前面的行线性相关。称变得与其前面的行线性相关的首个 Ni -行为最先相关 Ni -行，设 $v_i, i=1,2,\cdots,q$ 为线性无关 Ni -行的数目，将其称之为 $\hat{\boldsymbol{G}}(s)$ 的"行指数集"。与定理 7. M4 对偶，有以下推论。

推论 7. M4

设 $\hat{\boldsymbol{G}}(s)=\boldsymbol{N}(s)\boldsymbol{D}^{-1}(s)$ 为未必右互质的右分式。利用 $\boldsymbol{D}(s)$ 和 $\boldsymbol{N}(s)$ 的系数来形成方程(7.89)中的广义结式 $\boldsymbol{T}$，并从上到下依次搜索其线性无关行，设 $v_i, i=1,2,\cdots,q$ 是 $\boldsymbol{T}$ 中线性无关 Ni -行的数目，则有

$$\deg\hat{\boldsymbol{G}}(s)=v_1+v_2+\cdots+v_q$$

并且通过计算 q 个矩阵的 q 个首一左零向量获得左互质分式 $\bar{\boldsymbol{D}}^{-1}(s)\bar{\boldsymbol{N}}(s)$，这 q 个矩阵由每个最先相关的 Ni -行以及其所有前面的线性无关行构成。

推论 7. M4 中得出的多项式矩阵 $\bar{\boldsymbol{D}}(s)$ 列既约，其中行次数为 $\{v_i, i=1,2,\cdots,q\}$。事实上，经过某些行置换之后，$\bar{\boldsymbol{D}}(s)$ 为"行梯形"，即，其行次数系数矩阵为单位下三角阵。

7.9 基于矩阵互质分式的实现

为了不被符号淹没，这里讨论一个 2×2 的严格正则有理矩阵 $\hat{\boldsymbol{G}}(s)$ 的实现。将 $\hat{\boldsymbol{G}}(s)$ 表示为

$$\hat{\boldsymbol{G}}(s)=\boldsymbol{N}(s)\boldsymbol{D}^{-1}(s) \tag{7.90}$$

其中 $\boldsymbol{N}(s)$和 $\boldsymbol{D}(s)$右互质，$\boldsymbol{D}(s)$为列梯形[⑦]。进一步假设 $\boldsymbol{D}(s)$的列次数为 $\mu_1=4$ 和 $\mu_2=2$。首先定义

$$\boldsymbol{H}(s):=\begin{bmatrix} s^{\mu_1} & 0 \\ 0 & s^{\mu_2} \end{bmatrix}=\begin{bmatrix} s^4 & 0 \\ 0 & s^2 \end{bmatrix} \tag{7.91}$$

以及

$$\boldsymbol{L}(s):=\begin{bmatrix} s^{\mu_1-1} & 0 \\ \vdots & \vdots \\ 1 & 0 \\ 0 & s^{\mu_2-1} \\ \vdots & \vdots \\ 0 & 1 \end{bmatrix}=\begin{bmatrix} s^3 & 0 \\ s^2 & 0 \\ s & 0 \\ 1 & 0 \\ 0 & s \\ 0 & 1 \end{bmatrix} \tag{7.92}$$

推导

$$\hat{\boldsymbol{y}}(s)=\hat{\boldsymbol{G}}(s)\hat{\boldsymbol{u}}(s)=\boldsymbol{N}(s)\boldsymbol{D}^{-1}(s)\hat{\boldsymbol{u}}(s)$$

的实现步骤紧扣从式(7.3)～式(7.9)的标量情形。首先通过定义 $\hat{\boldsymbol{v}}(s)=\boldsymbol{D}^{-1}(s)\hat{\boldsymbol{u}}(s)$ 引入新的变量 $\boldsymbol{v}(t)$。需要注意的是，$\hat{\boldsymbol{v}}(s)$称为伪状态，$\hat{\boldsymbol{v}}(s)$为 2×1 的列向量，则有

$$\boldsymbol{D}(s)\hat{\boldsymbol{v}}(s)=\hat{\boldsymbol{u}}(s) \tag{7.93}$$

$$\hat{\boldsymbol{y}}(s)=\boldsymbol{N}(s)\hat{\boldsymbol{v}}(s) \tag{7.94}$$

定义状态变量为

$$\hat{\boldsymbol{x}}(s)=\boldsymbol{L}(s)\hat{\boldsymbol{v}}(s)=\begin{bmatrix} s^{\mu_1-1} & 0 \\ \vdots & \vdots \\ 1 & 0 \\ 0 & s^{\mu_2-1} \\ \vdots & \vdots \\ 0 & 1 \end{bmatrix}\begin{bmatrix} \hat{v}_1(s) \\ \hat{v}_2(s) \end{bmatrix}=$$

$$\begin{bmatrix} s^3\hat{v}_1(s) \\ s^2\hat{v}_1(s) \\ s\hat{v}_1(s) \\ \hat{v}_1(s) \\ s\hat{v}_2(s) \\ \hat{v}_2(s) \end{bmatrix}=:\begin{bmatrix} \hat{x}_1(s) \\ \hat{x}_2(s) \\ \hat{x}_3(s) \\ \hat{x}_4(s) \\ \hat{x}_5(s) \\ \hat{x}_6(s) \end{bmatrix} \tag{7.95}$$

或，在时域

---

⑦ 若 $\boldsymbol{D}(s)$列既约但非梯形，则所有讨论仍然适用。

$$x_1(t)=v_1^{(3)}(t), x_2(t)=\ddot{v}_1(t), x_3(t)=\dot{v}_1(t), x_4(t)=v_1(t)$$

$$x_5(t)=\dot{v}_2(t), x_6(t)=v_2(t)$$

该状态向量的维数为 $\mu_1+\mu_2=6$,根据这些定义立即可知

$$\dot{x}_2=x_1,\quad \dot{x}_3=x_2,\quad \dot{x}_4=x_3,\quad \dot{x}_6=x_5 \tag{7.96}$$

接下来借助式(7.93)来导出 $\dot{x}_1$ 和 $\dot{x}_5$ 的方程,首先将 $\boldsymbol{D}(s)$ 表示为

$$\boldsymbol{D}(s)=\boldsymbol{D}_{\mathrm{hc}}\boldsymbol{H}(s)+\boldsymbol{D}_{\mathrm{lc}}\boldsymbol{L}(s) \tag{7.97}$$

其中 $\boldsymbol{H}(s)$ 和 $\boldsymbol{L}(s)$ 在式(7.91)和式(7.92)中定义,需要注意的是,$\boldsymbol{D}_{\mathrm{hc}}$ 和 $\boldsymbol{D}_{\mathrm{lc}}$ 为常数矩阵,且列次数系数矩阵 $\boldsymbol{D}_{\mathrm{hc}}$ 为单位上三角阵。将(7.97)代入(7.93)可得

$$[\boldsymbol{D}_{\mathrm{hc}}\boldsymbol{H}(s)+\boldsymbol{D}_{\mathrm{lc}}\boldsymbol{L}(s)]\hat{\boldsymbol{v}}(s)=\hat{\boldsymbol{u}}(s)$$

或

$$\boldsymbol{H}(s)\hat{\boldsymbol{v}}(s)+\boldsymbol{D}_{\mathrm{hc}}^{-1}\boldsymbol{D}_{\mathrm{lc}}\boldsymbol{L}(s)\hat{\boldsymbol{v}}(s)=\boldsymbol{D}_{\mathrm{hc}}^{-1}\hat{\boldsymbol{u}}(s)$$

因此,借助式(7.95)有

$$\boldsymbol{H}(s)\hat{\boldsymbol{v}}(s)=-\boldsymbol{D}_{\mathrm{hc}}^{-1}\boldsymbol{D}_{\mathrm{lc}}\hat{\boldsymbol{x}}(s)+\boldsymbol{D}_{\mathrm{hc}}^{-1}\hat{\boldsymbol{u}}(s) \tag{7.98}$$

设

$$\boldsymbol{D}_{\mathrm{hc}}^{-1}\boldsymbol{D}_{\mathrm{lc}}=:\begin{bmatrix}\alpha_{111} & \alpha_{112} & \alpha_{113} & \alpha_{114} & \alpha_{121} & \alpha_{122}\\ \alpha_{211} & \alpha_{212} & \alpha_{213} & \alpha_{214} & \alpha_{221} & \alpha_{222}\end{bmatrix} \tag{7.99}$$

以及

$$\boldsymbol{D}_{\mathrm{hc}}^{-1}=:\begin{bmatrix}1 & b_{12}\\ 0 & 1\end{bmatrix} \tag{7.100}$$

需要注意的是,单位上三角阵的逆也是单位上三角阵。将式(7.99)和式(7.100)代入式(7.98)并借助 $s\hat{x}_1(s)=s^4\hat{v}_1(s)$ 和 $s\hat{x}_5(s)=s^2\hat{v}_2(s)$ 可得

$$\begin{bmatrix}s\hat{x}_1(t)\\ s\hat{x}_5(t)\end{bmatrix}=-\begin{bmatrix}\alpha_{111} & \alpha_{112} & \alpha_{113} & -\alpha_{114} & \alpha_{121} & \alpha_{122}\\ \alpha_{211} & \alpha_{212} & \alpha_{213} & \alpha_{214} & \alpha_{221} & \alpha_{222}\end{bmatrix}\hat{\boldsymbol{x}}(s)+\begin{bmatrix}1 & b_{12}\\ 0 & 1\end{bmatrix}\hat{\boldsymbol{u}}(s)$$

上式在时间域变为

$$\begin{bmatrix}\dot{x}_1(t)\\ \dot{x}_5(t)\end{bmatrix}=-\begin{bmatrix}\alpha_{111} & \alpha_{112} & \alpha_{113} & \alpha_{114} & \alpha_{121} & \alpha_{122}\\ \alpha_{211} & \alpha_{212} & \alpha_{213} & \alpha_{214} & \alpha_{221} & \alpha_{222}\end{bmatrix}\boldsymbol{x}(t)+\begin{bmatrix}1 & b_{12}\\ 0 & 1\end{bmatrix}\boldsymbol{u}(t) \tag{7.101}$$

若 $\hat{\boldsymbol{G}}(s)=\boldsymbol{N}(s)\boldsymbol{D}^{-1}(s)$ 严格正则,则 $\boldsymbol{N}(s)$ 的列次数小于 $\boldsymbol{D}(s)$ 相应的列次数。因此,可以将 $\boldsymbol{N}(s)$ 表示为

$$\boldsymbol{N}(s)=\begin{bmatrix}\beta_{111} & \beta_{112} & \beta_{113} & \beta_{114} & \beta_{121} & \beta_{122}\\ \beta_{211} & \beta_{212} & \beta_{213} & \beta_{214} & \beta_{221} & \beta_{222}\end{bmatrix}\boldsymbol{L}(s) \tag{7.102}$$

将之代入式(7.94)并借助 $\hat{\boldsymbol{x}}(s)=\boldsymbol{L}(s)\hat{\boldsymbol{v}}(s)$ 可得

$$\hat{\boldsymbol{y}}(s)=\begin{bmatrix}\beta_{111} & \beta_{112} & \beta_{113} & \beta_{114} & \beta_{121} & \beta_{122}\\ \beta_{211} & \beta_{212} & \beta_{213} & \beta_{214} & \beta_{221} & \beta_{222}\end{bmatrix}\hat{\boldsymbol{x}}(s) \tag{7.103}$$

组合式(7.96)、式(7.101)和式(7.103)可得 $\hat{G}(s)$ 的以下实现：

$$\left.\begin{aligned}\dot{\boldsymbol{x}}(t) &= \begin{bmatrix} -\alpha_{111} & -\alpha_{112} & -\alpha_{113} & -\alpha_{114} & \vdots & -\alpha_{121} & -\alpha_{122} \\ 1 & 0 & 0 & 0 & \vdots & 0 & 0 \\ 0 & 1 & 0 & 0 & \vdots & 0 & 0 \\ 0 & 0 & 1 & 0 & \vdots & 0 & 0 \\ \cdots & \cdots & \cdots & \cdots & \cdots & \cdots & \cdots \\ -\alpha_{211} & -\alpha_{212} & -\alpha_{213} & -\alpha_{214} & \vdots & -\alpha_{221} & -\alpha_{222} \\ 0 & 0 & 0 & 0 & \vdots & 1 & 0 \end{bmatrix}\boldsymbol{x}(t) + \begin{bmatrix} 1 & b_{12} \\ 0 & 0 \\ 0 & 0 \\ 0 & 0 \\ \cdots & \cdots \\ 0 & 1 \\ 0 & 0 \end{bmatrix}\boldsymbol{u}(t) \\ y(t) &= \begin{bmatrix} \beta_{111} & \beta_{112} & \beta_{113} & \beta_{114} & \vdots & \beta_{121} & \beta_{122} \\ \beta_{211} & \beta_{212} & \beta_{213} & \beta_{214} & \vdots & \beta_{221} & \beta_{222} \end{bmatrix}\boldsymbol{x}(t)\end{aligned}\right\} \tag{7.104}$$

该式为 $(\mu_1+\mu_2)$-维状态空间方程。A -阵包含两个伴随型对角块，其中之一为 $\mu_1=4$ 阶，另一对角块为 $\mu_2=2$ 阶。非对角线分块中除了其第 1 行外都为零。该状态空间方程是将式(7.9)中状态空间方程到双输入双输出传递矩阵的推广。可以很容易证明方程(7.104)总能控，并称之为“能控型”实现。此外，能控性指数 $\mu_1=4$ 和 $\mu_2=2$。与方程(7.9)类似，当且仅当 $\boldsymbol{D}(s)$ 和 $\boldsymbol{N}(s)$ 右互质时，式(7.104)的状态空间方程能观。其证明，可参见参考文献 6 第 282 页。由于起始于 $\boldsymbol{N}(s)\boldsymbol{D}^{-1}(s)$，所以式(7.104)的实现也能观。总之，方程(7.104)的实现既能控又能观，根据定理 7.M4，其维数 $\hat{\boldsymbol{G}}(s)$ 的次数等于 $\mu_1+\mu_2$。定理 7.M2 的第 2 条得证，即，当且仅当方程维数等于其传递矩阵的次数时，状态空间方程为最小实现或既能控又能观。

【例 7.8】 考虑例 7.6 中的传递矩阵，在那里给出了一种最小实现，是通过简约方程(4.47)中的非最小实现而得到的。现在借助互质分式直接导出一种最小实现。首先将传递矩阵写为

$$\hat{\boldsymbol{G}}(s) = \begin{bmatrix} \dfrac{4s-10}{2s+1} & \dfrac{3}{s+2} \\ \dfrac{1}{(2s+1)(s+2)} & \dfrac{1}{(s+2)^2} \end{bmatrix} =: \hat{\boldsymbol{G}}(\infty) + \hat{\boldsymbol{G}}_{sp}(s) =$$

$$\begin{bmatrix} 2 & 0 \\ 0 & 0 \end{bmatrix} + \begin{bmatrix} \dfrac{-12}{2s+1} & \dfrac{3}{s+2} \\ \dfrac{1}{(2s+1)(s+2)} & \dfrac{1}{(s+2)^2} \end{bmatrix}$$

与例 7.7 类似，可以找出 $\hat{\boldsymbol{G}}(s)$ 严格正则部分的右互质分式为

$$\hat{\boldsymbol{G}}(s) = \begin{bmatrix} -6s-12 & -9 \\ 0.5 & 1 \end{bmatrix}\begin{bmatrix} s^2+2.5s+1 & 2s+1 \\ 0 & s+2 \end{bmatrix}^{-1}$$

需要注意的是，其分母矩阵与式(7.86)中的分母矩阵相同。参见习题 7.21，显然有 $\mu_1=2$ 和 $\mu_2=1$，定义

$$\boldsymbol{H}(s)=\begin{bmatrix}s^2 & 0\\0 & s\end{bmatrix},\quad \boldsymbol{L}(s)=\begin{bmatrix}s & 0\\1 & 0\\0 & 1\end{bmatrix}$$

因此有

$$\boldsymbol{D}(s)=\begin{bmatrix}1 & 2\\0 & 1\end{bmatrix}\boldsymbol{H}(s)+\begin{bmatrix}2.5 & 1 & 1\\0 & 0 & 2\end{bmatrix}\boldsymbol{L}(s)$$

以及

$$\boldsymbol{N}(s)=\begin{bmatrix}-6 & -12 & -9\\0 & 0.5 & 1\end{bmatrix}\boldsymbol{L}(s)$$

求出

$$\boldsymbol{D}_{\mathrm{hc}}^{-1}=\begin{bmatrix}1 & 2\\0 & 1\end{bmatrix}^{-1}=\begin{bmatrix}1 & -2\\0 & 1\end{bmatrix}$$

以及

$$\boldsymbol{D}_{\mathrm{hc}}^{-1}\boldsymbol{D}_{\mathrm{lc}}=\begin{bmatrix}1 & -2\\0 & 1\end{bmatrix}\begin{bmatrix}2.5 & 1 & 1\\0 & 0 & 2\end{bmatrix}=\begin{bmatrix}2.5 & 1 & -3\\0 & 0 & 2\end{bmatrix}$$

因此 $\hat{\boldsymbol{G}}(s)$的一种最小实现为

$$\left.\begin{aligned}\dot{\boldsymbol{x}}(t)&=\begin{bmatrix}-2.5 & -1 & \vdots & 3\\1 & 0 & \vdots & 0\\\cdots & \cdots & \cdots & \cdots\\0 & 0 & \vdots & -2\end{bmatrix}\boldsymbol{x}(t)+\begin{bmatrix}1 & -2\\0 & 0\\\cdots & \cdots\\0 & 1\end{bmatrix}\boldsymbol{u}(t)\\\boldsymbol{y}(t)&=\begin{bmatrix}-6 & -12 & \vdots & -9\\0 & 0.5 & \vdots & 1\end{bmatrix}\boldsymbol{x}(t)+\begin{bmatrix}2 & 0\\0 & 0\end{bmatrix}\boldsymbol{u}(t)\end{aligned}\right\}\tag{7.105}$$

此 A -阵包含两个伴随型对角块,其中之一为2阶,另一个为1阶。该三维实现为最小实现,且为能控型实现。与例7.6中得到的最小实现相比,方程(7.105)的能控型实现包含许多零和一,因此,其运放电路实施将使用较少数量的元件。因此,借助互质分式得到的实现非常重要。

与上述最小实现对偶,若采用 $\hat{\boldsymbol{G}}(s)=\bar{\boldsymbol{D}}^{-1}(s)\bar{\boldsymbol{N}}(s)$,其中 $\bar{\boldsymbol{D}}(s)$和 $\bar{\boldsymbol{N}}(s)$左互质,且 $\bar{\boldsymbol{D}}(s)$为行次数是$\{v_i, i=1,2,\cdots,q\}$的行梯形,则可以得出能观性指数集为$\{v_i, i=1,2,\cdots,q\}$的能观型实现,这里不再赘述。

总结出以下主要结论,与SISO情形类似,若其传递矩阵的次数为 n,则 n 维 MIMO 状态空间方程既能控又能观。若将正则传递矩阵表示为列既约的右互质分式,则借助上述处理流程得出的实现自动为既能控又能观。

设$(\boldsymbol{A},\boldsymbol{B},\boldsymbol{C},\boldsymbol{D})$为 $\hat{\boldsymbol{G}}(s)$的最小实现,并设 $\hat{\boldsymbol{G}}(s)=\bar{\boldsymbol{D}}^{-1}(s)\bar{\boldsymbol{N}}(s)=\boldsymbol{N}(s)\boldsymbol{D}^{-1}(s)$为互质分式:$\bar{\boldsymbol{D}}(s)$行既约,且 $\boldsymbol{D}(s)$列既约,则有

$$\boldsymbol{C}(s\boldsymbol{I}-\boldsymbol{A})^{-1}\boldsymbol{B}+\boldsymbol{D}=\boldsymbol{N}(s)\boldsymbol{D}^{-1}(s)=\bar{\boldsymbol{D}}^{-1}(s)\bar{\boldsymbol{N}}(s)$$

由此可知

$$\frac{1}{\det(s\boldsymbol{I}-\boldsymbol{A})}\boldsymbol{C}[\mathrm{Adj}(s\boldsymbol{I}-\boldsymbol{A})]\boldsymbol{B}+\boldsymbol{D}=\frac{1}{\det\boldsymbol{D}(s)}\boldsymbol{N}(s)\{\mathrm{Adj}[\boldsymbol{D}(s)]\}=$$

$$\frac{1}{\det\bar{\boldsymbol{D}}(s)}\{\mathrm{Adj}[\bar{\boldsymbol{D}}(s)]\}\bar{\boldsymbol{N}}(s)$$

由于三个多项式 $\det(s\boldsymbol{I}-\boldsymbol{A})$、$\det\boldsymbol{D}(s)$和 $\det\bar{\boldsymbol{D}}(s)$具有相同的次数，所以除非可能首项系数有区别，它们必须表示同一多项式。因此，得出如下结论：

- $\deg\hat{\boldsymbol{G}}(s)=\deg\det\boldsymbol{D}(s)=\deg\det\bar{\boldsymbol{D}}(s)=\dim\boldsymbol{A}$。
- 对某些非零常数 k_i，$\hat{\boldsymbol{G}}(s)$的特征多项式$=k_1\det\boldsymbol{D}(s)=k_2\det\bar{\boldsymbol{D}}(s)=k_3\det(s\boldsymbol{I}-\boldsymbol{A})$。
- $\boldsymbol{D}(s)$的列次数集等于$(\boldsymbol{A},\boldsymbol{B})$的能控性指数集。
- $\bar{\boldsymbol{D}}(s)$的行次数集等于$(\boldsymbol{A},\boldsymbol{C})$的能观性指数集。

可见，互质分式和既能控又能观的状态空间方程本质上包含了相同的信息，因此，无论哪种描述都可以用于系统的分析和设计。

7.10　基于矩阵 Markov 参数的实现

考虑 $q\times p$ 的严格正则有理矩阵 $\hat{\boldsymbol{G}}(s)$，将其展开为

$$\hat{\boldsymbol{G}}(s)=\boldsymbol{H}(1)s^{-1}+\boldsymbol{H}(2)s^{-2}+\boldsymbol{H}(3)s^{-3}+\cdots \tag{7.106}$$

其中 $\boldsymbol{H}(m)$为 $q\times p$ 的常数矩阵。设 r 为 $\hat{\boldsymbol{G}}(s)$所有元素最小公分母的次数，构造出

$$\boldsymbol{T}=\begin{bmatrix}\boldsymbol{H}(1) & \boldsymbol{H}(2) & \boldsymbol{H}(3) & \cdots & \boldsymbol{H}(r)\\ \boldsymbol{H}(2) & \boldsymbol{H}(3) & \boldsymbol{H}(4) & \cdots & \boldsymbol{H}(r+1)\\ \boldsymbol{H}(3) & \boldsymbol{H}(4) & \boldsymbol{H}(5) & \cdots & \boldsymbol{H}(r+2)\\ \vdots & \vdots & \vdots & \ddots & \vdots\\ \boldsymbol{H}(r) & \boldsymbol{H}(r+1) & \boldsymbol{H}(r+2) & \cdots & \boldsymbol{H}(2r-1)\end{bmatrix} \tag{7.107}$$

$$\tilde{\boldsymbol{T}}=\begin{bmatrix}\boldsymbol{H}(2) & \boldsymbol{H}(3) & \boldsymbol{H}(4) & \cdots & \boldsymbol{H}(r+1)\\ \boldsymbol{H}(3) & \boldsymbol{H}(4) & \boldsymbol{H}(5) & \cdots & \boldsymbol{H}(r+2)\\ \boldsymbol{H}(4) & \boldsymbol{H}(5) & \boldsymbol{H}(6) & \cdots & \boldsymbol{H}(r+3)\\ \vdots & \vdots & \vdots & \ddots & \vdots\\ \boldsymbol{H}(r+1) & \boldsymbol{H}(r+2) & \boldsymbol{H}(r+3) & \cdots & \boldsymbol{H}(2r)\end{bmatrix} \tag{7.108}$$

需要注意的是，$\boldsymbol{T}$ 和 $\tilde{\boldsymbol{T}}$ 包含 r 个分块的列和 r 个分块的行，即维数为 $rq\times rp$。与式(7.53)和式(7.55)类似，有

$$\boldsymbol{T}=\mathscr{O}_{r-1}\mathscr{C}_{r-1}\quad 和 \quad \tilde{\boldsymbol{T}}=\mathscr{O}_{r-1}\boldsymbol{A}\mathscr{C}_{r-1} \tag{7.109}$$

其中 $\mathscr{O}_{r-1}$ 和 $\mathscr{C}_{r-1}$ 为 $rq\times n$ 阶的能观性矩阵和 $n\times rp$ 阶的能控性矩阵。需要注意的是，这里的 n 尚未确定。由于 r 等于 $\hat{\boldsymbol{G}}(s)$任意最小实现的最小多项式的次数，并根据式(6.16)和式(6.34)，该矩阵 $\boldsymbol{T}$ 可以足够大，使其秩为 n。可以将这里讨论的内容

表述为定理。

推论 7.M7

严格正则有理矩阵 $\hat{\boldsymbol{G}}(s)$的次数为 n，当且仅当式(7.107)中矩阵 $\boldsymbol{T}$ 的秩为 n。

将第 7.5 节中讨论的奇异值分解法经适当修正即可适用于矩阵情形，以下就此讨论，首先借助奇异值分解将 $\boldsymbol{T}$ 表示为

$$\boldsymbol{T}=\boldsymbol{K}\begin{bmatrix}\Lambda & \boldsymbol{0}\\ \boldsymbol{0} & \boldsymbol{0}\end{bmatrix}\boldsymbol{L}' \tag{7.110}$$

其中 $\boldsymbol{K}$ 和 $\boldsymbol{L}$ 为正交矩阵，且 $\Lambda=\mathrm{diag}(\lambda_1,\lambda_2,\cdots,\lambda_n)$，$\lambda_i$ 为 $\boldsymbol{T}'\boldsymbol{T}$ 正特征值的正的平方根。显然 n 是矩阵 $\boldsymbol{T}$ 的秩，设 $\bar{\boldsymbol{K}}$ 表示 $\boldsymbol{K}$ 的前 n 列，$\bar{\boldsymbol{L}}'$表示 $\boldsymbol{L}'$的前 n 行，则可以将 $\boldsymbol{T}$ 写为

$$\boldsymbol{T}=\bar{\boldsymbol{K}}\Lambda\bar{\boldsymbol{L}}'=\bar{\boldsymbol{K}}\Lambda^{1/2}\Lambda^{1/2}\bar{\boldsymbol{L}}'=:\mathcal{O}\mathcal{C} \tag{7.111}$$

其中

$$\mathcal{O}=\bar{\boldsymbol{K}}\Lambda^{1/2}\quad 以及\quad \mathcal{C}=\Lambda^{1/2}\bar{\boldsymbol{L}}'$$

需要注意的是，$\mathcal{O}$ 为 $nq\times n$ 的矩阵，$\mathcal{C}$ 为 $n\times np$ 的矩阵，二者均不是方阵，其逆无定义，但是其伪逆有定义。如式(7.69)中的定义，$\mathcal{O}$ 的伪逆为

$$\mathcal{O}^{+}=[(\Lambda^{1/2})'\bar{\boldsymbol{K}}'\bar{\boldsymbol{K}}\Lambda^{1/2}]^{-1}(\Lambda^{1/2})'\bar{\boldsymbol{K}}'$$

由于 $\boldsymbol{K}$ 为正交阵，所以 $\bar{\boldsymbol{K}}'\bar{\boldsymbol{K}}=\boldsymbol{I}$，并且由于 $\Lambda^{1/2}$ 为对称阵，所以将伪逆 $\mathcal{O}^{+}$ 化简为

$$\mathcal{O}^{+}=\Lambda^{-1/2}\bar{\boldsymbol{K}}' \tag{7.112}$$

与之类似，有

$$\mathcal{C}^{+}=\bar{\boldsymbol{L}}\Lambda^{-1/2} \tag{7.113}$$

则，与式(7.64)～式(7.66)类似，矩阵三元组

$$\boldsymbol{A}=\mathcal{O}^{+}\tilde{\boldsymbol{T}}\mathcal{C}^{+} \tag{7.114}$$

$$\boldsymbol{B}=\mathcal{C}\text{ 的前 } p \text{ 列} \tag{7.115}$$

$$\boldsymbol{C}=\mathcal{O}\text{ 的前 } q \text{ 行} \tag{7.116}$$

构成 $\hat{\boldsymbol{G}}(s)$的最小实现，该实现具有属性

$$\mathcal{O}'\mathcal{O}=\Lambda^{1/2}\bar{\boldsymbol{K}}'\bar{\boldsymbol{K}}\Lambda^{1/2}=\Lambda$$

并借助 $\bar{\boldsymbol{L}}'\bar{\boldsymbol{L}}=\boldsymbol{I}$

$$\mathcal{C}\mathcal{C}'=\Lambda^{1/2}\bar{\boldsymbol{L}}'\bar{\boldsymbol{L}}\Lambda^{1/2}=\Lambda$$

因此，该实现为平衡型实现。若用函数求伪逆(pinv)代替函数求逆(inv)，则可以将例 7.3 中的 MATLAB 处理流程直接应用于矩阵情形。再一次看到，可以将标量情形的处理流程直接推广到矩阵情形。同时也有必要提示的是，若以不同方式分解式(7.111)中的 $\boldsymbol{T}=\mathcal{O}\mathcal{C}$，则能得出不同的实现方法，关于这部分内容这里不予讨论。

7.11 小　结

本章除介绍了多种最小实现外，还引入了互质分式(列既约的右分式以及行既约

的左分式)。可以通过先搜索广义结式的线性无关向量,然后求解其子矩阵的首一零向量得出这些分式。本章的一个重要结论是,既能控又能观的状态空间方程本质上等价于多项式互质分式,记为

既能控又能观状态空间方程

$\Updownarrow$

互质多项式分式

因此,二者中的任何一种描述都可以用来分析系统。在下一章使用前者,并在第 9 章使用后者来完成各种设计。

关于互质多项式分式有很多内容可以讲述,例如,可以证明所有互质分式均通过单模矩阵建立联系。能控性和能观性条件也可以借助互质性条件来表示,可参见参考文献[4]、[6]、[16]和[24]。引入本章的目的在于,讨论互质分式的数值计算方法以及为第 9 章中完成设计引入恰当的背景知识。

除多项式分式外,还可以将传递函数表示为稳定的有理函数分式,参见参考文献[12]和[23]。在没有讨论多项式分式的情况下也可以导出稳定的有理函数分式。然而,多项式分式可以提供计算有理分式的有效方法。因此,本章对于有理分式的研究也大有裨益。

习　题

7.1　给定

$$\hat{g}(s)=\frac{s+2}{(s^2-1)(s+2)}$$

试找出其某个三维能控实现,并检验其能观性。

7.2　试找出习题 7.1 中传递函数的某个三维能观实现,并检验其能控性。

7.3　试找出习题 7.1 中传递函数的某个既不能控又不能观实现,并找出其最小实现。

7.4　考虑图 2.21(a)所示的电路网络,习题 2.11 中已推导出其二维状态空间方程,试判断该方程的能控性和能观性,试问该电路能否由其传递函数完全表征?试找出某个能由该传递函数完全表征的较简单的电路网络。

7.5　考虑图 2.21(b)所示的电路网络,习题 2.12 中已推导出其三维状态空间方程,试判断该方程的能控性和能观性,试问该电路能否由其传递函数完全表征?试找出某个能由该传递函数完全表征的较简单的电路网络。

7.6　考虑图 2.22 所示并在习题 2.13 中研究过的电路网络,试用阻抗法求其传递函数。试问该电路能否由其传递函数完全表征?试找出某个能由该传递函数完全表征的较简单的电路网络。

7.7　试借助 Sylvester 结式找出习题 7.1 中传递函数的次数。

7.8 试借助 Sylvester 结式将$\frac{2s-1}{4s^2-1}$简约为互质分式。

7.9 通过以 s 的降幂次顺序排列 $N(s)$和 $\boldsymbol{D}(s)$的系数构造 $\hat{g}(s)=\frac{s+2}{s^2+2s}$的 Sylvester 结式,然后从左到右依次搜索线性无关列。试判断以下陈述是否正确:所有 D -列与其 LHS 的列线性无关;$\hat{g}(s)$的次数等于线性无关 N -列的数目。

7.10 考虑

$$\hat{g}(s)=\frac{\beta_1 s+\beta_2}{s^2+\alpha_1 s+\alpha_2}=:\frac{N(s)}{\boldsymbol{D}(s)}$$

及其实现

$$\dot{\boldsymbol{x}}(t)=\begin{bmatrix}-\alpha_1 & -\alpha_2\\ 1 & 0\end{bmatrix}\boldsymbol{x}(t)+\begin{bmatrix}1\\0\end{bmatrix}u(t),\quad y(t)=[\beta_1\quad\beta_2]\boldsymbol{x}(t)$$

试证明该状态空间方程能观,当且仅当 $\boldsymbol{D}(s)$和 $N(s)$的 Sylvester 结式非奇异。

7.11 对 3 次传递函数及其能控型实现重做习题 7.10。

7.12 针对 $\hat{g}(s)=\frac{1}{(s+1)^2}$,试验证定理 7.7。

7.13 试利用 $\hat{g}(s)=\frac{1}{(s+1)^2}$的 Markov 参数找出某个不可简约的伴随型实现。

7.14 试利用 $\hat{g}(s)=\frac{1}{(s+1)^2}$的 Markov 参数找出某个不可简约的平衡型实现。

7.15 考虑两个状态空间方程

$$\dot{\boldsymbol{x}}(t)=\begin{bmatrix}1 & 2\\ 1 & 0\end{bmatrix}\boldsymbol{x}(t)+\begin{bmatrix}1\\0\end{bmatrix}u(t),\quad y(t)=[2\quad 2]\,\boldsymbol{x}(t)$$

和

$$\dot{\boldsymbol{x}}(t)=\begin{bmatrix}3 & -2\\ 1 & 0\end{bmatrix}\boldsymbol{x}(t)+\begin{bmatrix}1\\0\end{bmatrix}u(t),\quad y(t)=[2\quad -2]\,\boldsymbol{x}(t)$$

试判断二者是否为最小实现?是否零状态等价?是否代数等价?

7.16 试求以下正则有理矩阵的特征多项式和次数。

$$\hat{\boldsymbol{G}}_1(s)=\begin{bmatrix}\frac{1}{s} & \frac{s+3}{s+1}\\ \frac{1}{s+3} & \frac{s}{s+1}\end{bmatrix},\quad \hat{\boldsymbol{G}}_2(s)=\begin{bmatrix}\frac{1}{(s+1)^2} & \frac{1}{(s+1)(s+2)}\\ \frac{1}{s+2} & \frac{1}{(s+1)(s+2)}\end{bmatrix}$$

和

$$\hat{\boldsymbol{G}}_3(s)=\begin{bmatrix}\frac{1}{(s+1)^2} & \frac{s+3}{s+2} & \frac{1}{s+5}\\ \frac{1}{(s+3)^2} & \frac{s+1}{s+4} & \frac{1}{s}\end{bmatrix}$$

7.17　利用左分式

$$\hat{G}(s)=\begin{bmatrix} s & 1 \\ -s & s \end{bmatrix}^{-1}\begin{bmatrix} 1 \\ -1 \end{bmatrix}$$

构造如式(7.83)所示的广义结式，然后从左到右依次搜索其线性无关列。试问，线性无关 N -列的数目是多少？$\hat{G}(s)$的次数是多少？试找出 $\hat{G}(s)$的右互质分式。试问给定的左分式是否左互质？

7.18　试问习题 7.17 的广义结式中所有 D -列是否与其 LHS 的列线性无关？现在在构造广义结式时，$D(s)$和 $N(s)$的系数矩阵是以 s 的降幂次顺序排列，而不像习题 7.17 那样以 s 的升幂次顺序排列。试判断，所有 D -列与其 LHS 的列是否线性无关？$\hat{G}(s)$的次数是否等于线性无关 N -列的数目？定理 7.M4 是否成立？

7.19　利用习题 7.17 得出的 $\hat{G}(s)$的右互质分式来构造如式(7.89)所示的广义结式，试从上到下依次搜索其线性无关行，再找出 $\hat{G}(s)$的左互质分式。

7.20　试找出

$$\hat{G}(s)=\begin{bmatrix} \dfrac{s^2+1}{s^3} & \dfrac{2s+1}{s^2} \\ \dfrac{s+2}{s^2} & \dfrac{2}{s} \end{bmatrix}$$

的右互质分式，再求最小实现。

7.21　试验证例 7.8 中的互质分式，或

$$\hat{G}(s)=\begin{bmatrix} 2 & 0 \\ 0 & 0 \end{bmatrix}+\begin{bmatrix} -6s-12 & -9 \\ 0.5 & 1 \end{bmatrix}\begin{bmatrix} s^2+2.5s+1 & 2s+1 \\ 0 & s+2 \end{bmatrix}^{-1}$$

等于式(7.86)中的互质分式。

第 8 章

状态反馈和状态估计器

8.1 引　言

前两章利用能控性和能观性的概念研究了系统的内部结构，并建立了内部描述和外部描述之间的联系。现在讨论其在反馈控制系统设计中的含义。

可以按照图 8.1 所示来规划大多数控制系统，图中给出了“被控对象”和参考信号 $r(t)$。称被控对象的输入 $u(t)$为“执行信号”或“控制信号”。称被控对象的输出 $y(t)$为“被控对象输出”或“受控信号”。关注的问题是，设计一个整体系统，使得被控对象输出尽可能紧密跟踪参考信号 $r(t)$。控制包括两种类型，若执行信号 $u(t)$仅依赖于参考信号而与被控对象输出无关，则称该控制为“开环控制”。若执行信号既依赖于参考信号又依赖于被控对象输出，则称该控制为“闭环控制”或“反馈控制”。若被控对象存在参数波动和/或系统周边存在噪声和扰动，则开环控制通常难以符合要求。另一方面，反馈系统设计得当，则可以降低参数波动的影响并且抑制噪声和扰动。因而，反馈控制在实际中得到了广泛的应用。

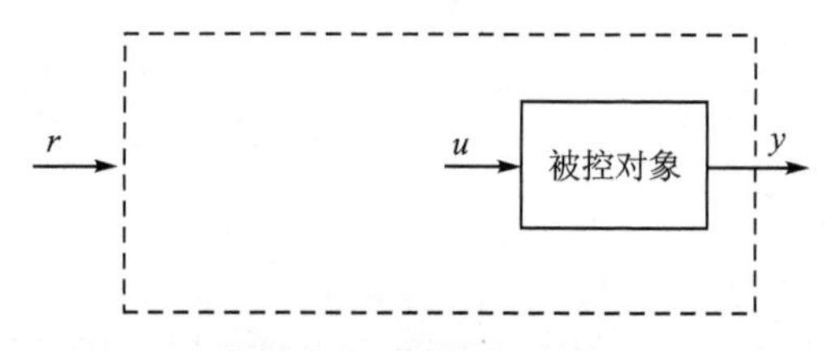

图 8.1　控制系统的设计

本章研究采用状态空间方程的设计方法，下一章研究采用互质分式的设计方法。本章先研究 SISO 系统，再研究 MIMO 系统，只针对线性时不变集总系统展开研究。

8.2　状态反馈

考虑 n 维 SISO 状态空间方程

$$\left.\begin{aligned}\dot{\boldsymbol{x}}(t)&=\boldsymbol{A}\boldsymbol{x}(t)+\boldsymbol{b}u(t)\\ y(t)&=\boldsymbol{c}\boldsymbol{x}(t)\end{aligned}\right\} \tag{8.1}$$

其中为了简化讨论已假设 $d=0$。在状态反馈中，如图 8.2 所示，由

$$u(t)=r(t)-\boldsymbol{k}\boldsymbol{x}(t)=r(t)-\begin{bmatrix}k_1 & k_2 & \cdots & k_n\end{bmatrix}\boldsymbol{x}(t)=r(t)-\sum_{i=1}^{n}k_i x_i(t) \tag{8.2}$$

给出输入 u，每个反馈增益 k_i 均为实常数，称之为"常值增益状态负反馈"，或简称"状态反馈"。将式(8.2)代入方程(8.1)可得

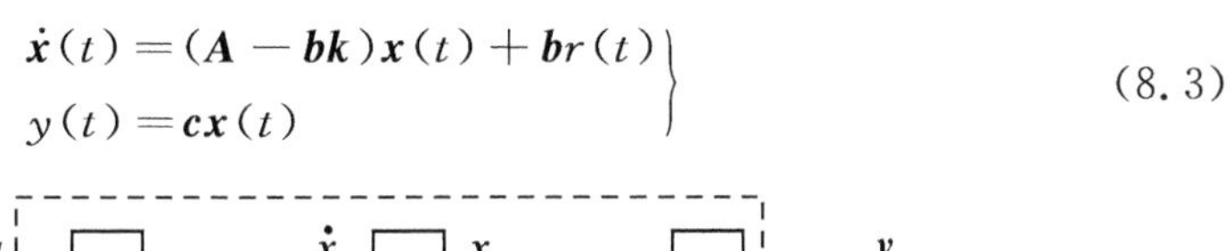

$$\left.\begin{aligned}\dot{\boldsymbol{x}}(t)&=(\boldsymbol{A}-\boldsymbol{b}\boldsymbol{k})\boldsymbol{x}(t)+\boldsymbol{b}r(t)\\ y(t)&=\boldsymbol{c}\boldsymbol{x}(t)\end{aligned}\right\} \tag{8.3}$$

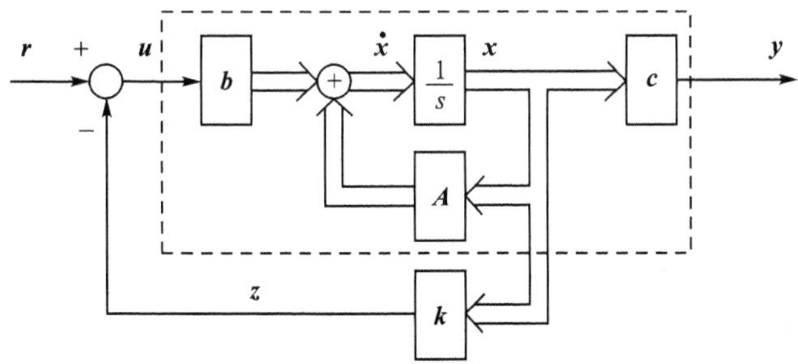

图 8.2　状态反馈

定理 8.1

对任意 $1\times n$ 的实值常数向量 $\boldsymbol{k}$，矩阵对$(\boldsymbol{A}-\boldsymbol{b}\boldsymbol{k},\boldsymbol{b})$能控，当且仅当$(\boldsymbol{A},\boldsymbol{b})$能控。

证明：针对 $n=4$ 的情况证明该定理。定义

$$\mathscr{C}=\begin{bmatrix}\boldsymbol{b} & \boldsymbol{A}\boldsymbol{b} & \boldsymbol{A}^2\boldsymbol{b} & \boldsymbol{A}^3\boldsymbol{b}\end{bmatrix}$$

以及

$$\mathscr{C}_f=\begin{bmatrix}\boldsymbol{b} & (\boldsymbol{A}-\boldsymbol{b}\boldsymbol{k})\boldsymbol{b} & (\boldsymbol{A}-\boldsymbol{b}\boldsymbol{k})^2\boldsymbol{b} & (\boldsymbol{A}-\boldsymbol{b}\boldsymbol{k})^3\boldsymbol{b}\end{bmatrix}$$

二者是方程(8.1)和方程(8.3)的能控性矩阵，直接可以验证

$$\mathscr{C}_f=\mathscr{C}\begin{bmatrix}1 & -\boldsymbol{k}\boldsymbol{b} & -\boldsymbol{k}(\boldsymbol{A}-\boldsymbol{b}\boldsymbol{k})\boldsymbol{b} & -\boldsymbol{k}(\boldsymbol{A}-\boldsymbol{b}\boldsymbol{k})^2\boldsymbol{b}\\ 0 & 1 & -\boldsymbol{k}\boldsymbol{b} & -\boldsymbol{k}(\boldsymbol{A}-\boldsymbol{b}\boldsymbol{k})\boldsymbol{b}\\ 0 & 0 & 1 & -\boldsymbol{k}\boldsymbol{b}\\ 0 & 0 & 0 & 1\end{bmatrix} \tag{8.4}$$

需要注意的是，由于 $\boldsymbol{k}$ 为 $1\times n$ 的向量，$\boldsymbol{b}$ 为 $n\times 1$ 的向量，因此 $\boldsymbol{k}\boldsymbol{b}$ 为标量，式(8.4)右边矩阵中的每个元素也均为标量。由于右边矩阵对任意 $\boldsymbol{k}$ 均非奇异，所以 $\mathscr{C}_f$ 的秩

等于 $\mathscr{C}$ 的秩，因此方程(8.3)能控当且仅当方程(8.1)能控。

也可以直接根据能控性的定义来证实该定理。设 $\boldsymbol{x}_0$ 和 $\boldsymbol{x}_1$ 为两个任意状态，若方程(8.1)能控，则存在某个输入 u_1 在有限时间内将 $\boldsymbol{x}_0$ 转移到 $\boldsymbol{x}_1$。现若选择 $r_1 = u_1 + \boldsymbol{kx}$，则状态反馈系统的输入 r_1 可以将 $\boldsymbol{x}_0$ 转移到 $\boldsymbol{x}_1$。因此可得出结论，若方程(8.1)能控，则方程(8.3)也能控。

根据图 8.2 看到，输入 r 不直接控制状态 $\boldsymbol{x}$，输入生成 u 来控制 $\boldsymbol{x}$。因而，若 u 不能控制 $\boldsymbol{x}$，则 r 也不能。该定理再次得证。证毕。

尽管任意状态反馈不改变能控性，但能观性未必。以下例子说明了这一点。

【例 8.1】 考虑状态空间方程

$$\dot{\boldsymbol{x}}(t) = \begin{bmatrix} 1 & 2 \\ 3 & 1 \end{bmatrix} \boldsymbol{x}(t) + \begin{bmatrix} 0 \\ 1 \end{bmatrix} u(t)$$

$$y(t) = \begin{bmatrix} 1 & 2 \end{bmatrix} \boldsymbol{x}(t)$$

容易验证该状态空间方程既能控又能观。现在引入状态反馈

$$u(t) = r(t) - \begin{bmatrix} 3 & 1 \end{bmatrix} \boldsymbol{x}(t)$$

则状态反馈方程变为

$$\dot{\boldsymbol{x}}(t) = \begin{bmatrix} 1 & 2 \\ 0 & 0 \end{bmatrix} \boldsymbol{x}(t) + \begin{bmatrix} 0 \\ 1 \end{bmatrix} r(t)$$

$$y(t) = \begin{bmatrix} 1 & 2 \end{bmatrix} \boldsymbol{x}(t)$$

其能控性矩阵为

$$\mathscr{C}_f = \begin{bmatrix} 0 & 2 \\ 1 & 0 \end{bmatrix}$$

该矩阵非奇异，因此状态反馈方程能控。其能观性矩阵为

$$\mathscr{O}_f = \begin{bmatrix} 1 & 2 \\ 1 & 2 \end{bmatrix}$$

该矩阵奇异，因此，状态反馈方程不能观。状态反馈中能观性属性未必能保持的原因将在后文解释。

这里举例讨论通过状态反馈可以实现的功能。

【例 8.2】 考虑通过

$$\dot{\boldsymbol{x}}(t) = \begin{bmatrix} 1 & 3 \\ 3 & 1 \end{bmatrix} \boldsymbol{x}(t) + \begin{bmatrix} 1 \\ 0 \end{bmatrix} u(t)$$

描述的被控对象。$\mathscr{A}$-矩阵的特征多项式为

$$\Delta(s) = (s-1)^2 - 9 = s^2 - 2s - 8 = (s-4)(s+2)$$

因而特征值为 4 和 -2，$\mathscr{A}$ 为不稳定矩阵。若引入状态反馈 $u = r - \begin{bmatrix} k_1 & k_2 \end{bmatrix} \boldsymbol{x}$，则该状态反馈系统通过

$$\dot{\boldsymbol{x}}(t) = \left(\begin{bmatrix} 1 & 3 \\ 3 & 1 \end{bmatrix} - \begin{bmatrix} k_1 & k_2 \\ 0 & 0 \end{bmatrix} \right) \boldsymbol{x}(t) + \begin{bmatrix} 1 \\ 0 \end{bmatrix} r(t) =$$

$$\begin{bmatrix} 1-k_1 & 3-k_2 \\ 3 & 1 \end{bmatrix} \boldsymbol{x}(t) + \begin{bmatrix} 1 \\ 0 \end{bmatrix} r(t)$$

来描述，新的 A -矩阵的特征多项式为

$$\Delta_f(s) = (s-1+k_1)(s-1) - 3(3-k_2) =$$
$$s^2 + (k_1-2)s + (3k_2 - k_1 - 8)$$

显然，通过选择合适的 k_1 和 k_2 可以将 $\Delta_f(s)$ 的根，或等价地，状态反馈系统的特征值配置在任意位置。例如，若欲将两个特征值配置在 $-1\pm \mathrm{j}2$ 处，则期望的特征多项式为 $(s+1+\mathrm{j}2)(s+1-\mathrm{j}2)=s^2+2s+5$，令 $k_1-2=2$ 以及 $3k_2-k_1-8=5$ 可得 $k_1=4$ 以及 $k_2=\dfrac{17}{3}$。因此，状态反馈增益 $\begin{bmatrix} 4 & \dfrac{17}{3} \end{bmatrix}$ 将特征值从 $4,-2$ 移位到 $-1\pm \mathrm{j}2$。

该例表明，可以利用状态反馈将特征值配置在任意期望的位置。并且可以通过直接代入法计算反馈增益，但是，该方法对于三维或更高维空间状态方程就会变得甚为复杂。更有甚者，该方法无法揭示如何将能控性条件融入系统设计中。于是，期望有更系统的设计方法。在进一步讨论之前，需要以下定理。尽管针对 $n=4$ 展开定理的表述，但其实该定理对任一正整数 n 均成立。

定理 8.2

考虑式(8.1)中的状态空间方程，其中 $n=4$，特征多项式为

$$\Delta(s) = \det(s\boldsymbol{I} - \boldsymbol{A}) = s^4 + \alpha_1 s^3 + \alpha_2 s^2 + \alpha_3 s + \alpha_4 \tag{8.5}$$

若方程(8.1)能控，则通过等价变换 $\bar{\boldsymbol{x}} = \boldsymbol{P}\boldsymbol{x}$，其中

$$\boldsymbol{Q} := \boldsymbol{P}^{-1} = [\boldsymbol{b} \quad \boldsymbol{A}\boldsymbol{b} \quad \boldsymbol{A}^2\boldsymbol{b} \quad \boldsymbol{A}^3\boldsymbol{b}] \begin{bmatrix} 1 & \alpha_1 & \alpha_2 & \alpha_3 \\ 0 & 1 & \alpha_1 & \alpha_2 \\ 0 & 0 & 1 & \alpha_1 \\ 0 & 0 & 0 & 1 \end{bmatrix} \tag{8.6}$$

可将其变换为能控型

$$\dot{\bar{\boldsymbol{x}}}(t) = \bar{\boldsymbol{A}}\bar{\boldsymbol{x}}(t) + \bar{\boldsymbol{b}}u(t) = \begin{bmatrix} -\alpha_1 & -\alpha_2 & -\alpha_3 & -\alpha_4 \\ 1 & 0 & 0 & 0 \\ 0 & 1 & 0 & 0 \\ 0 & 0 & 1 & 0 \end{bmatrix} \bar{\boldsymbol{x}}(t) + \begin{bmatrix} 1 \\ 0 \\ 0 \\ 0 \end{bmatrix} u(t)$$

$$\bar{\boldsymbol{y}}(t) = \bar{\boldsymbol{c}}\bar{\boldsymbol{x}}(t) = [\beta_1 \quad \beta_2 \quad \beta_3 \quad \beta_4]\, \bar{\boldsymbol{x}}(t) \tag{8.7}$$

此外，$n=4$ 时方程(8.1)的传递函数等于

$$\hat{g}(s) = \frac{\beta_1 s^3 + \beta_2 s^2 + \beta_3 s + \beta_4}{s^4 + \alpha_1 s^3 + \alpha_2 s^2 + \alpha_3 s + \alpha_4} \tag{8.8}$$

证明：设 $\mathscr{C}$ 和 $\bar{\mathscr{C}}$ 为方程(8.1)和方程(8.7)的能控性矩阵，在 SISO 情况下，$\mathscr{C}$ 和 $\bar{\mathscr{C}}$ 均为方阵。若方程(8.1)能控或 $\mathscr{C}$ 非奇异，则 $\bar{\mathscr{C}}$ 也非奇异，且二者通过 $\bar{\mathscr{C}} = \boldsymbol{P}\mathscr{C}$ 建立联

系(定理6.2和式(6.20))。因此,有

$$\boldsymbol{P}=\bar{\mathscr{C}}\mathscr{C}^{-1} \quad 或 \quad \boldsymbol{Q}:=\boldsymbol{P}^{-1}=\mathscr{C}\bar{\mathscr{C}}^{-1}$$

式(7.10)求出了方程(8.7)的能控性矩阵 $\bar{\mathscr{C}}$,可证明其逆为

$$\bar{\mathscr{C}}^{-1}=\begin{bmatrix}1 & \alpha_1 & \alpha_2 & \alpha_3\\ 0 & 1 & \alpha_1 & \alpha_2\\ 0 & 0 & 1 & \alpha_1\\ 0 & 0 & 0 & 1\end{bmatrix} \tag{8.9}$$

可以通过式(8.9)与式(7.10)的乘积得到单位阵来验证该式。需要注意的是,式(8.5)中的常数项 α_4 未出现在式(8.9)中。将式(8.9)代入 $\boldsymbol{Q}=\mathscr{C}\bar{\mathscr{C}}^{-1}$ 可得式(8.6)。如第7.2节所示,式(8.7)的状态空间方程是式(8.8)的实现。因此,方程(8.7)的传递函数,也即方程(8.1)的传递函数等于式(8.8)。定理得证。证毕。

有了该定理,便可以讨论状态反馈的特征值配置问题。

定理 8.3

若式(8.1)中的 n 维状态空间方程能控,只要复共轭特征值成对配置,则通过状态反馈 $u(t)=r(t)-\boldsymbol{kx}(t)$ 可以任意配置 $\boldsymbol{A}-\boldsymbol{bk}$ 的特征值,其中 $\boldsymbol{k}$ 为 $1\times n$ 的实常数向量。

证明:仍然针对 $n=4$ 的情况证明该定理。若方程(8.1)能控,则可将其变换为式(8.7)的能控型。设 $\bar{\boldsymbol{A}}$ 和 $\bar{\boldsymbol{b}}$ 表示方程(8.7)中的矩阵,则有 $\bar{\boldsymbol{A}}=\boldsymbol{PAP}^{-1}$ 和 $\bar{\boldsymbol{b}}=\boldsymbol{Pb}$,将 $\bar{\boldsymbol{x}}=\boldsymbol{Px}$ 代入状态反馈可得

$$u(t)=r(t)-\boldsymbol{kx}(t)=r(t)-\boldsymbol{kP}^{-1}\bar{\boldsymbol{x}}(t)=:r(t)-\bar{\boldsymbol{k}}\bar{\boldsymbol{x}}(t)$$

其中 $\bar{\boldsymbol{k}}:=\boldsymbol{kP}^{-1}$,由于 $\bar{\boldsymbol{A}}-\bar{\boldsymbol{b}}\bar{\boldsymbol{k}}=\boldsymbol{P}(\boldsymbol{A}-\boldsymbol{bk})\boldsymbol{P}^{-1}$,所以 $\boldsymbol{A}-\boldsymbol{bk}$ 和 $\bar{\boldsymbol{A}}-\bar{\boldsymbol{b}}\bar{\boldsymbol{k}}$ 具有相同的一组特征值。根据任意一组期望的特征值,可以很容易构造

$$\Delta_f(s)=s^4+\bar{\alpha}_1s^3+\bar{\alpha}_2s^2+\bar{\alpha}_3s+\bar{\alpha}_4 \tag{8.10}$$

若选择 $\bar{\boldsymbol{k}}$ 为

$$\bar{\boldsymbol{k}}=[\bar{\alpha}_1-\alpha_1 \quad \bar{\alpha}_2-\alpha_2 \quad \bar{\alpha}_3-\alpha_3 \quad \bar{\alpha}_4-\alpha_4] \tag{8.11}$$

则状态反馈方程变为

$$\left.\begin{aligned}\dot{\bar{\boldsymbol{x}}}(t)&=(\bar{\boldsymbol{A}}-\bar{\boldsymbol{b}}\bar{\boldsymbol{k}})\bar{\boldsymbol{x}}(t)+\bar{\boldsymbol{b}}r(t)=\begin{bmatrix}-\bar{\alpha}_1 & -\bar{\alpha}_2 & -\bar{\alpha}_3 & -\bar{\alpha}_4\\ 1 & 0 & 0 & 0\\ 0 & 1 & 0 & 0\\ 0 & 0 & 1 & 0\end{bmatrix}\bar{\boldsymbol{x}}(t)+\begin{bmatrix}1\\0\\0\\0\end{bmatrix}r(t)\\ y(t)&=[\beta_1 \quad \beta_2 \quad \beta_3 \quad \beta_4]\bar{\boldsymbol{x}}(t)\end{aligned}\right\} \tag{8.12}$$

由于为伴随型,所以$(\bar{\boldsymbol{A}}-\bar{\boldsymbol{b}}\bar{\boldsymbol{k}})$的特征多项式,也即$(\boldsymbol{A}-\boldsymbol{bk})$的特征多项式等于式(8.10)。因此该状态反馈方程具有这组期望的特征值。反馈增益 $\boldsymbol{k}$ 可以根据

$$\boldsymbol{k}=\bar{\boldsymbol{k}}\boldsymbol{P}=\bar{\boldsymbol{k}}\bar{\mathscr{C}}\mathscr{C}^{-1} \tag{8.13}$$

求出，其中 $\bar{\boldsymbol{k}}$ 见式(8.11)，$\bar{\mathscr{C}}^{-1}$ 见式(8.9)且 $\mathscr{C}=[\boldsymbol{b}\quad \boldsymbol{A}\boldsymbol{b}\quad \boldsymbol{A}^2\boldsymbol{b}\quad \boldsymbol{A}^3\boldsymbol{b}]$。证毕。

这里给出公式(8.11)的另一种推导方法，先求出

$$\begin{aligned}\Delta_f(s)&=\det(s\boldsymbol{I}-\boldsymbol{A}+\boldsymbol{b}\boldsymbol{k}))=\det((s\boldsymbol{I}-\boldsymbol{A})[\boldsymbol{I}+(s\boldsymbol{I}-\boldsymbol{A})^{-1}\boldsymbol{b}\boldsymbol{k}])=\\&\det(s\boldsymbol{I}-\boldsymbol{A})\det[\boldsymbol{I}+(s\boldsymbol{I}-\boldsymbol{A})^{-1}\boldsymbol{b}\boldsymbol{k}]\end{aligned}$$

再借助式(8.5)和式(3.64)，将上式变为

$$\Delta_f(s)=\Delta(s)[1+\boldsymbol{k}(s\boldsymbol{I}-\boldsymbol{A})^{-1}\boldsymbol{b}]$$

因此有

$$\Delta_f(s)-\Delta(s)=\Delta(s)\boldsymbol{k}(s\boldsymbol{I}-\boldsymbol{A})^{-1}\boldsymbol{b}=\Delta(s)\bar{\boldsymbol{k}}(s\boldsymbol{I}-\bar{\boldsymbol{A}})^{-1}\bar{\boldsymbol{b}} \tag{8.14}$$

设 z 为图 8.2 所示反馈增益的输出，并设 $\bar{\boldsymbol{k}}=[\bar{k}_1\quad \bar{k}_2\quad \bar{k}_3\quad \bar{k}_4]$，由于图 8.2 中从 u 到 y 的传递函数等于

$$\bar{\boldsymbol{c}}(s\boldsymbol{I}-\bar{\boldsymbol{A}})^{-1}\bar{\boldsymbol{b}}=\frac{\beta_1s^3+\beta_2s^2+\beta_3s+\beta_4}{\Delta(s)}$$

从 u 到 z 的传递函数应当等于

$$\bar{\boldsymbol{k}}(s\boldsymbol{I}-\bar{\boldsymbol{A}})^{-1}\bar{\boldsymbol{b}}=\frac{\bar{k}_1s^3+\bar{k}_2s^2+\bar{k}_3s+\bar{k}_4}{\Delta(s)} \tag{8.15}$$

将式(8.15)、式(8.5)和式(8.10)代入式(8.14)可得

$$(\bar{\alpha}_1-\alpha_1)s^3+(\bar{\alpha}_2-\alpha_2)s^2+(\bar{\alpha}_3-\alpha_3)s+(\bar{\alpha}_4-\alpha_4)=\bar{k}_1s^3+\bar{k}_2s^2+\bar{k}_3s+\bar{k}_4$$

由此得出式(8.11)。

反馈传递函数

考虑通过$(\boldsymbol{A},\boldsymbol{b},\boldsymbol{c})$描述的被控对象，若$(\boldsymbol{A},\boldsymbol{b})$能控，则可将$(\boldsymbol{A},\boldsymbol{b},\boldsymbol{c})$变换为式(8.7)的能控型，然后可以读出其当 $n=4$ 时的传递函数为

$$\hat{g}(s)=\boldsymbol{c}(s\boldsymbol{I}-\boldsymbol{A})^{-1}\boldsymbol{b}=\frac{\beta_1s^3+\beta_2s^2+\beta_3s+\beta_4}{s^4+\alpha_1s^3+\alpha_2s^2+\alpha_3s+\alpha_4} \tag{8.16}$$

状态反馈之后，状态空间方程变为$(\boldsymbol{A}-\boldsymbol{b}\boldsymbol{k},\boldsymbol{b},\boldsymbol{c})$，并且仍为能控型，如式(8.12)所示。因此，从 r 到 y 的反馈传递函数为

$$\hat{g}_f(s)=\boldsymbol{c}(s\boldsymbol{I}-\boldsymbol{A}+\boldsymbol{b}\boldsymbol{k})^{-1}\boldsymbol{b}=\frac{\beta_1s^3+\beta_2s^2+\beta_3s+\beta_4}{s^4+\bar{\alpha}_1s^3+\bar{\alpha}_2s^2+\bar{\alpha}_3s+\bar{\alpha}_4} \tag{8.17}$$

可见式(8.16)和式(8.17)的分子相同，换而之，状态反馈不影响被控对象传递函数的零点，事实上这是反馈的普遍性质：反馈可以改变被控对象的极点，但对零点没有影响。可以借助此属性来解释状态反馈可能改变状态方程能观性的原因。若改变一个或多个极点使其与 $\hat{g}(s)$的零点重合，则式(8.17)中 $\hat{g}_f(s)$的分子和分母不互质，因此，式(8.12)的状态空间方程不能观，并可等价地描述为，$(\boldsymbol{A}-\boldsymbol{b}\boldsymbol{k},\boldsymbol{c})$不能观(定理 7.1)。

【例 8.3】 考虑例 6.2 中研究的倒立摆，式(6.11)导出了其状态空间方程为

$$\left.\begin{aligned}\dot{\boldsymbol{x}}(t)&=\begin{bmatrix}0&1&0&0\\0&0&-1&0\\0&0&0&1\\0&0&5&0\end{bmatrix}\boldsymbol{x}(t)+\begin{bmatrix}0\\1\\0\\-2\end{bmatrix}u(t)\\ y(t)&=\begin{bmatrix}1&0&0&0\end{bmatrix}\boldsymbol{x}(t)\end{aligned}\right\}\tag{8.18}$$

该方程能控,因此可以任意配置其特征值。由于 A -矩阵为分块三角阵,所以可用观察法得出其特征多项式为

$$\Delta(s)=s^2(s^2-5)=s^4+0\cdot s^3-5s^2+0\cdot s+0$$

首先求出能将方程(8.18)变换为能控标准型的 $\boldsymbol{P}$ 阵,借助式(8.6),有

$$\boldsymbol{P}^{-1}=\mathscr{C}\bar{\mathscr{C}}^{-1}=\begin{bmatrix}0&1&0&2\\1&0&2&0\\0&-2&0&-10\\-2&0&-10&0\end{bmatrix}\begin{bmatrix}1&0&-5&0\\0&1&0&-5\\0&0&1&0\\0&0&0&1\end{bmatrix}=$$

$$\begin{bmatrix}0&1&0&-3\\1&0&-3&0\\0&-2&0&0\\-2&0&0&0\end{bmatrix}$$

其逆为

$$\boldsymbol{P}=\begin{bmatrix}0&0&0&-\frac{1}{2}\\0&0&-\frac{1}{2}&0\\0&-\frac{1}{3}&0&-\frac{1}{6}\\-\frac{1}{3}&0&-\frac{1}{6}&0\end{bmatrix}$$

设期望的特征值为$-1.5\pm0.5\mathrm{j}$ 和$-1\pm\mathrm{j}$,则有

$$\begin{aligned}\Delta_f(s)&=(s+1.5-0.5\mathrm{j})(s+1.5+0.5\mathrm{j})(s+1-\mathrm{j})(s+1+\mathrm{j})=\\&s^4+5s^3+10.5s^2+11s+5\end{aligned}$$

因此,借助式(8.11),有

$$\bar{\boldsymbol{k}}=[5-0\quad 10.5+5\quad 11-0\quad 5-0]=[5\quad 15.5\quad 11\quad 5]$$

以及

$$\boldsymbol{k}=\bar{\boldsymbol{k}}\boldsymbol{P}=\begin{bmatrix}-\frac{5}{3}&-\frac{11}{3}&-\frac{103}{12}&-\frac{13}{3}\end{bmatrix}\tag{8.19}$$

该状态反馈增益将被控对象的特征值由$\{0,0,\pm\mathrm{j}\sqrt{5}\}$变为$\{-1.5\pm0.5\mathrm{j},-1\pm\mathrm{j}\}$。

MATLAB 函数 `place` 计算特征值配置或特征值分配的状态反馈增益,针对本

例,键入

```
a=[0 1 0 0;0 0 -1 0;0 0 0 1;0 0 5 0];b=[0;1;0;-2];
p=[-1.5+0.5j -1.5-0.5j -1+j -1-j];
k=place(a,b,p)
```

得到结果[−1.666 7　−3.666 7　−8.583 3　−4.333 3],此即为式(8.19)中的增益值。

有人可能会就此困惑如何选择一组期望的特征值,特征值的选择取决于设计中采用的性能指标,如上升时间、调节时间和超调量等。由于系统响应既取决于极点又取决于零点,所以被控对象的零点也会影响特征值的选择。此外,若执行信号幅度过大,则大多数物理系统会饱和或烧毁,这也会影响期望极点的选择。作为指导性原则,可以将所有特征值配置在图 8.3(a)中由 C 表示的区域内,该区域以一条垂线为右边界,该垂线距离虚轴越远,则响应速度越快。该区域还以两条从原点出射、角度为 θ 的直线为界,角度越大,超调量越大,相关内容可参见参考文献 7。若将所有特征值配置于某一点或聚集在很小的区域内,则通常情况下响应速度慢且执行信号幅度大。因而,将所有特征值均匀配置在图中所示扇形区域内一个半径为 r 的圆上会更好,圆的半径越大,响应速度越快,但是执行信号幅度也会越大,再加上反馈系统的带宽变宽,最终得到的系统更容易受到噪声的危害。因而,特征值的最终选择可能要涉及多个相互冲突指标之间的折衷。一种解决方法是通过计算机仿真,另一种方法是寻求最小化二次型性能指标

$$J=\int_0^{\infty}[\boldsymbol{x}'(t)\boldsymbol{Q}\boldsymbol{x}(t)+\boldsymbol{u}'(t)\boldsymbol{R}\boldsymbol{u}(t)]\mathrm{d}t$$

的状态反馈增益 $\boldsymbol{k}$,相关内容可参见参考文献[1]。然而,$\boldsymbol{Q}$ 和 $\boldsymbol{R}$ 的选择需要试探。总而言之,如何选择一组期望的特征值并非易事。

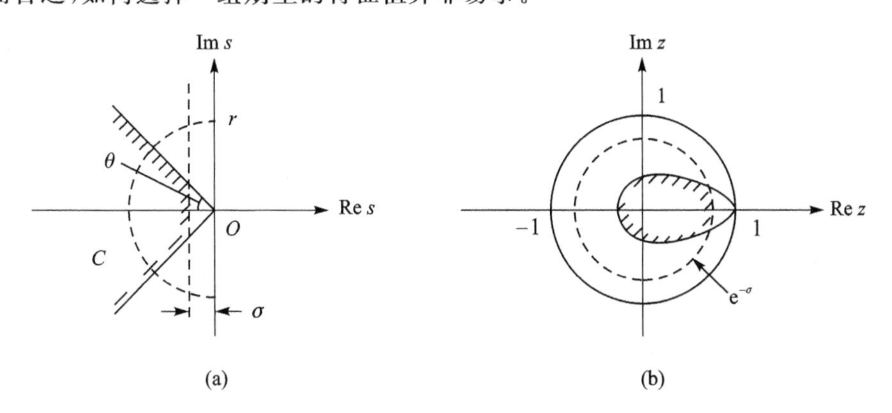

图 8.3　期望的特征值位置

有必要提示的是,不仅定理 8.1 到定理 8.3,事实上,本章后文要引入的所有定

理,都无需任何修改同样适用于离散时间情形。唯一的区别在于,必须用借助变换 $z=e^{s}$ 得到的图 8.3(b)中的区域替换图 8.3(a)中的区域。

Lyapunov 方程求解

本小节讨论用于特征值配置的另外一种状态反馈增益计算方法,但是该方法存在约束条件,即选中的特征值中不能包含 $\boldsymbol{A}$ 阵的任意特征值。

处理流程 8.1

考虑能控矩阵对$(\boldsymbol{A},\boldsymbol{b})$,其中 $\boldsymbol{A}$ 为 $n\times n$ 的矩阵,$\boldsymbol{b}$ 为 $n\times 1$ 的向量,找出 $1\times n$ 的实向量 $\boldsymbol{k}$,使得$(\boldsymbol{A}-\boldsymbol{bk})$具有不包含 $\boldsymbol{A}$ 的特征值的任意一组期望的特征值。

① 选择具有这组期望特征值的 $n\times n$ 的矩阵 $\boldsymbol{F}$。可以任意选择 $\boldsymbol{F}$ 的形式,具体形式随后讨论。

② 选择任意 $1\times n$ 的向量 $\bar{\boldsymbol{k}}$ 使得$(\boldsymbol{F},\bar{\boldsymbol{k}})$能观。

③ 求 Lyapunov 方程 $\boldsymbol{AT}-\boldsymbol{TF}=\boldsymbol{b}\bar{\boldsymbol{k}}$ 的唯一解 $\boldsymbol{T}$。

④ 计算反馈增益 $\boldsymbol{k}=\bar{\boldsymbol{k}}\boldsymbol{T}^{-1}$。

首先对该处理流程做出解释。若 $\boldsymbol{T}$ 非奇异,则 $\bar{\boldsymbol{k}}=\boldsymbol{kT}$,且由 Lyapunov 方程 $\boldsymbol{AT}-\boldsymbol{TF}=\boldsymbol{b}\bar{\boldsymbol{k}}$ 可知

$$(\boldsymbol{A}-\boldsymbol{bk})\boldsymbol{T}=\boldsymbol{TF} \quad 或 \quad \boldsymbol{A}-\boldsymbol{bk}=\boldsymbol{TFT}^{-1}$$

因此$(\boldsymbol{A}-\boldsymbol{bk})$和 $\boldsymbol{F}$ 相似,并且具有共同的一组特征值。因此除 $\boldsymbol{A}$ 的特征值外,可以任意配置$(\boldsymbol{A}-\boldsymbol{bk})$的特征值。正如第 3.7 节讨论的,若 $\boldsymbol{A}$ 和 $\boldsymbol{F}$ 不存在共同的特征值,则对任意 $\bar{\boldsymbol{k}}$ 方程 $\boldsymbol{AT}-\boldsymbol{TF}=\boldsymbol{b}\bar{\boldsymbol{k}}$ 的解 $\boldsymbol{T}$ 存在且唯一。若 $\boldsymbol{A}$ 和 $\boldsymbol{F}$ 存在共同的特征值,则方程的解 $\boldsymbol{T}$ 可能存在也可能不存在,其取决于 $\boldsymbol{b}\bar{\boldsymbol{k}}$。为了消除这种不确定性,要求 $\boldsymbol{A}$ 和 $\boldsymbol{F}$ 不存在共同的特征值。有待证明的是 $\boldsymbol{T}$ 的非奇异性。

定理 8.4

若 $\boldsymbol{A}$ 和 $\boldsymbol{F}$ 不存在共同的特征值,则方程 $\boldsymbol{AT}-\boldsymbol{TF}=\boldsymbol{b}\bar{\boldsymbol{k}}$ 的唯一解 $\boldsymbol{T}$ 非奇异,当且仅当$(\boldsymbol{A},\boldsymbol{b})$能控,且$(\boldsymbol{F},\bar{\boldsymbol{k}})$能观。

证明:针对 $n=4$ 的情况证明该定理。设 $\boldsymbol{A}$ 的特征多项式为

$$\Delta(s)=s^4+\alpha_1 s^3+\alpha_2 s^2+\alpha_3 s+\alpha_4 \tag{8.20}$$

则有

$$\Delta(\boldsymbol{A})=\boldsymbol{A}^4+\alpha_1\boldsymbol{A}^3+\alpha_2\boldsymbol{A}^2+\alpha_3\boldsymbol{A}+\alpha_4\boldsymbol{I}=\boldsymbol{0}$$

(Cayley - Hamilton 定理)。考虑

$$\Delta(\boldsymbol{F}):=\boldsymbol{F}^4+\alpha_1\boldsymbol{F}^3+\alpha_2\boldsymbol{F}^2+\alpha_3\boldsymbol{F}+\alpha_4\boldsymbol{I} \tag{8.21}$$

若 $\bar{\lambda}_i$ 为 $\boldsymbol{F}$ 的特征值,则 $\Delta(\bar{\lambda}_i)$为 $\Delta(\boldsymbol{F})$的特征值(习题 3.19)。由于 $\boldsymbol{A}$ 和 $\boldsymbol{F}$ 不存在共同的特征值,所以对 $\boldsymbol{F}$ 的所有特征值均有 $\Delta(\bar{\lambda}_i)\neq 0$。由于矩阵的行列式等于其所有特征值的乘积,所以有

$$\det\Delta(\boldsymbol{F}) = \prod_i \Delta(\bar{\lambda}_i) \neq 0$$

因此,$\Delta(\boldsymbol{F})$非奇异。

将 $\boldsymbol{AT}=\boldsymbol{TF}+\boldsymbol{b}\bar{\boldsymbol{k}}$ 代入 $\boldsymbol{A}^2\boldsymbol{T}-\boldsymbol{AF}^2$ 可得

$$\boldsymbol{A}^2\boldsymbol{T} - \boldsymbol{TF}^2 = \boldsymbol{A}(\boldsymbol{TF} + \boldsymbol{b}\bar{\boldsymbol{k}}) - \boldsymbol{TF}^2 = \boldsymbol{Ab}\bar{\boldsymbol{k}} + (\boldsymbol{AT} - \boldsymbol{TF})\boldsymbol{F} = \boldsymbol{Ab}\bar{\boldsymbol{k}} + \boldsymbol{b}\bar{\boldsymbol{k}}\boldsymbol{F}$$

以此类推,可以得出以下一组方程:

$$\begin{aligned}
&\boldsymbol{IT} - \boldsymbol{TI} = \boldsymbol{0}\\
&\boldsymbol{AT} - \boldsymbol{TF} = \boldsymbol{b}\bar{\boldsymbol{k}}\\
&\boldsymbol{A}^2\boldsymbol{T} - \boldsymbol{TF}^2 = \boldsymbol{Ab}\bar{\boldsymbol{k}} + \boldsymbol{b}\bar{\boldsymbol{k}}\boldsymbol{F}\\
&\boldsymbol{A}^3\boldsymbol{T} - \boldsymbol{TF}^3 = \boldsymbol{A}^2\boldsymbol{b}\bar{\boldsymbol{k}} + \boldsymbol{Ab}\bar{\boldsymbol{k}}\boldsymbol{F} + \boldsymbol{b}\bar{\boldsymbol{k}}\boldsymbol{F}^2\\
&\boldsymbol{A}^4\boldsymbol{T} - \boldsymbol{TF}^4 = \boldsymbol{A}^3\boldsymbol{b}\bar{\boldsymbol{k}} + \boldsymbol{A}^2\boldsymbol{b}\bar{\boldsymbol{k}}\boldsymbol{F} + \boldsymbol{Ab}\bar{\boldsymbol{k}}\boldsymbol{F}^2 + \boldsymbol{b}\bar{\boldsymbol{k}}\boldsymbol{F}^3
\end{aligned}$$

将第 1 个方程乘以 α_4,第 2 个方程乘以 α_3,第 3 个方程乘以 α_2,第 4 个方程乘以 α_1 以及最后一个方程乘以 1,然后全部求和,经化简后最终得出

$$\Delta(\boldsymbol{A})\boldsymbol{T} - \boldsymbol{T}\Delta(\boldsymbol{F}) = -\boldsymbol{T}\Delta(\boldsymbol{F}) = [\boldsymbol{b}\quad \boldsymbol{Ab}\quad \boldsymbol{A}^2\boldsymbol{b}\quad \boldsymbol{A}^3\boldsymbol{b}]\begin{bmatrix}\alpha_3 & \alpha_2 & \alpha_1 & 1\\ \alpha_2 & \alpha_1 & 1 & 0\\ \alpha_1 & 1 & 0 & 0\\ 1 & 0 & 0 & 0\end{bmatrix}\begin{bmatrix}\bar{\boldsymbol{k}}\\ \bar{\boldsymbol{k}}\boldsymbol{F}\\ \bar{\boldsymbol{k}}\boldsymbol{F}^2\\ \bar{\boldsymbol{k}}\boldsymbol{F}^3\end{bmatrix} \tag{8.22}$$

其中用到了 $\Delta(\boldsymbol{A})=\boldsymbol{0}$。若$(\boldsymbol{A},\boldsymbol{b})$能控且$(\boldsymbol{F},\bar{\boldsymbol{k}})$能观,则最后一个等号之后的所有 3 个矩阵均非奇异。因此根据式(8.22)和$\Delta(\boldsymbol{F})$的非奇异性可知 $\boldsymbol{T}$ 非奇异。若$(\boldsymbol{A},\boldsymbol{b})$不能控,且/或$(\boldsymbol{F},\bar{\boldsymbol{k}})$不能观,则这三个矩阵的乘积结果奇异,因而 $\boldsymbol{T}$ 奇异。定理得证。证毕。

现在讨论如何选择 $\boldsymbol{F}$ 和 $\bar{\boldsymbol{k}}$。给定一组期望的特征值,则有无穷多个 $\boldsymbol{F}$ 具有该组特征值。若从该组特征值构造多项式,则可以利用其系数来形成如式(7.14)所示的伴随型矩阵 $\boldsymbol{F}$。针对这类 $\boldsymbol{F}$,可以选择 $\bar{\boldsymbol{k}}$ 为$[1\quad 0\quad \cdots\quad 0]$,且$(\boldsymbol{F},\bar{\boldsymbol{k}})$能观。若期望的特征值互异,也可以采用第 4.4.1 节讨论的模态型。例如,若 $n=5$ 且若选择 5 个互异的期望特征值为 λ_1、$\alpha_1\pm \mathrm{j}\beta_1$ 和 $\alpha_2\pm \mathrm{j}\beta_2$,则可以选择 $\boldsymbol{F}$ 为

$$\boldsymbol{F} = \begin{bmatrix}\lambda_1 & 0 & 0 & 0 & 0\\ 0 & \alpha_1 & \beta_1 & 0 & 0\\ 0 & -\beta_1 & \alpha_1 & 0 & 0\\ 0 & 0 & 0 & \alpha_2 & \beta_2\\ 0 & 0 & 0 & -\beta_2 & \alpha_2\end{bmatrix} \tag{8.23}$$

该矩阵为分块对角阵。针对此 $\boldsymbol{F}$,若 $\bar{\boldsymbol{k}}$ 中相应于每个对角块至少有一个非零元素,

如 $\bar{\boldsymbol{k}}=[1\quad 1\quad 0\quad 1\quad 0]$,$\bar{\boldsymbol{k}}=[1\quad 1\quad 0\quad 0\quad 1]$或 $\bar{\boldsymbol{k}}=[1\quad 1\quad 1\quad 1\quad 1]$,则$(\boldsymbol{F},\bar{\boldsymbol{k}})$能观(习题6.16)。因此,处理流程8.1的前两步很简单。一旦选好 $\boldsymbol{F}$ 和 $\bar{\boldsymbol{k}}$,就可以使用MATLAB函数 lyap 求解步骤③中的Lyapunov方程。因此,处理流程8.1易于执行,正如以下例子所示。

【例8.4】 考虑例8.3中研究的倒立摆,式(8.18)给出了被控对象的状态空间方程,选择期望的特征值为 $-1\pm j$ 和 $-1.5\pm 0.5j$。现选择 $\boldsymbol{F}$ 为模态型

$$\boldsymbol{F}=\begin{bmatrix}-1 & 1 & 0 & 0\\ -1 & -1 & 0 & 0\\ 0 & 0 & -1.5 & 0.5\\ 0 & 0 & -0.5 & -1.5\end{bmatrix}$$

以及 $\bar{\boldsymbol{k}}=[1\quad 0\quad 1\quad 0]$,键入

```
a=[0 1 0 0;0 0 -1 0;0 0 0 1;0 0 5 0];b=[0;1;0;-2];
f=[-1 1 0 0;-1 -1 0 0;0 0 -1.5 0.5;0 0 -0.5 -1.5];
kb=[1 0 1 0];t=lyap(a,-f,-b*kb);
k=kb*inv(t)
```

结果为$[-1.6667\quad -3.6667\quad -8.5833\quad -4.3333]$,与借助函数 place 得到的结果相同。若采用另一个 $\bar{\boldsymbol{k}}=[1\quad 1\quad 1\quad 1]$,则也会得出相同的 $\boldsymbol{k}$,需要注意的是,SISO情况下的反馈增益具有唯一性。

8.3 调节器问题和跟踪问题

考虑图8.2所示的状态反馈系统,假设参考信号 r 为零,系统响应由某些非零初始条件引起,关注的问题是找出状态反馈增益使得系统响应以期望的速率衰减,称这类问题为“调节器问题”。当飞行器以固定高度 H_0 巡航时,可能会出现此类问题,有时候,由于湍流或其他因素,飞行器可能偏离期望的高度,将偏差归零就是一个调节器问题。维持图2.16中液位高度在平衡状态也会出现类似问题。

与之密切关联的问题是跟踪问题。假设参考信号 r 为常数或对所有 $t\geqslant 0$,$r(t)=a$。关注的问题是设计整体系统,使得随着 t 趋于无穷,$y(t)$趋于 $r(t)=a$,称这类问题为阶跃参考输入的“渐近跟踪”问题。显然,若 $r(t)=a=0$,则跟踪问题弱化为调节器问题。究竟为何要分开研究这两个问题呢?事实上,若同一状态空间方程对所有 r 均有效,则设计出能够渐近跟踪阶跃参考输入的系统也就自动解决了调节器问题。然而,往往是通过先移动到工作点,然后再线性化才获得线性时不变状态空间方程,而线性化方程仅对 r 很小或等于零才有效,因此有必要研究调节器问题。有必要提示的是,由于可以通过电位器的位置来设置阶跃参考输入,因而通常称阶跃参考输入为设定值。习惯上把维持室温为期望温度值的问题称为温度调节,但事实上该问题是对期望温度值的跟踪。因此,调节器和跟踪阶跃参考输入之间实际上并

非截然对立。称跟踪非恒定参考信号的问题为“伺服机”问题，是一个更为棘手的问题。

考虑通过$(\boldsymbol{A},\boldsymbol{b},\boldsymbol{c})$描述的被控对象。若$\boldsymbol{A}$的所有特征值均位于图 8.3 所示的扇形区域内，则由任意初始条件引起的响应都将迅速衰减为零，因而无需状态反馈。若$\boldsymbol{A}$为稳定矩阵，但某些特征值在扇形区域之外，则响应的衰减速度可能较慢也可能振荡较剧烈。若$\boldsymbol{A}$不稳定，则由任何非零初始条件引起的响应都将无限增大。在这些情况下，可以引入状态反馈来改善系统行为。设$u=r-\boldsymbol{kx}$，则状态反馈方程变为$(\boldsymbol{A}-\boldsymbol{bk},\boldsymbol{b},\boldsymbol{c})$，由$\boldsymbol{x}(0)$引起的响应为

$$\boldsymbol{y}(t)=\boldsymbol{c}\mathrm{e}^{(\boldsymbol{A}-\boldsymbol{bk})t}\boldsymbol{x}(0)$$

若$(\boldsymbol{A}-\boldsymbol{bk})$的所有特征值均位于图 8.3 中的扇形区域内，则输出将迅速衰减为零。因此，通过引入状态反馈可以很容易解决调节问题。

跟踪问题略微复杂。通常除了状态反馈之外，还需要前馈增益p

$$u(t)=pr(t)-\boldsymbol{kx}(t)$$

则从r到y的传递函数有别于式(8.17)中的传递函数，区别仅在前馈增益p，因此有

$$\hat{g}_f(s)=\frac{\hat{y}(s)}{\hat{r}(s)}=p\frac{\beta_1 s^3+\beta_2 s^2+\beta_3 s+\beta_4}{s^4+\bar{\alpha}_1 s^3+\bar{\alpha}_2 s^2+\bar{\alpha}_3 s+\bar{\alpha}_4} \tag{8.24}$$

若$(\boldsymbol{A},\boldsymbol{b})$能控，则可以任意配置$(\boldsymbol{A}-\boldsymbol{bk})$的所有特征值，或等价地描述为，任意配置$\hat{g}_f(s)$的所有极点，特别是，可将这些特征值配置在图 8.3 中的扇形区域内。在此假设条件下，若参考输入为幅度为a的阶跃函数，则随着$t\to\infty$输出$y(t)$将趋于常数$\hat{g}_f(0)\cdot a$（定理 5.2）。因此，为了使$y(t)$能够渐近跟踪任意阶跃参考输入，要求

$$1=\hat{g}_f(0)=p\frac{\beta_4}{\bar{\alpha}_4}\quad \text{或}\quad p=\frac{\bar{\alpha}_4}{\beta_4} \tag{8.25}$$

这里规定$\beta_4\neq 0$。根据式(8.16)和式(8.17)看到β_4是被控对象传递函数的分子常数项，因此，当且仅当被控对象传递函数$\hat{g}(s)$在$s=0$处无零点时$\beta_4\neq 0$。总之，若被控对象传递函数在原点处无零点，则可以引入状态反馈来镇定系统，再引入如式(8.25)所示的前馈增益，最终得到的系统就可以渐近跟踪任意阶跃参考输入。

对上述讨论做一小结。给定$(\boldsymbol{A},\boldsymbol{b},\boldsymbol{c})$，若$(\boldsymbol{A},\boldsymbol{b})$能控，则可以引入状态反馈将$(\boldsymbol{A}-\boldsymbol{bk})$的特征值配置在任意期望的位置，得到的系统可以完成调节任务。若$(\boldsymbol{A},\boldsymbol{b})$能控，且若$\boldsymbol{c}(s\boldsymbol{I}-\boldsymbol{A})^{-1}\boldsymbol{b}$在$s=0$处无零点，则状态反馈之后，可以引入如式(8.25)中的前馈增益，最终得到的系统就可以渐近跟踪任意阶跃参考输入。

8.3.1 鲁棒跟踪和扰动抑制①

用于描述被控对象的状态空间方程和传递函数可能由于负载和环境的变化或老化而发生变化。因此，实际情况下经常出现被控对象的参数波动，通常将设计中采用

① 可跳过本节不影响连续性。

的方程称为“标称方程”。针对标称被控对象传递函数求出的式(8.25)的前馈增益 p,对于非标称被控对象传递函数可能不会得出 $\hat{g}_f(0)=1$ 的结果。此时,输出不能渐近跟踪任意阶跃参考输入。称此类跟踪“非鲁棒”。

本小节讨论能够实现鲁棒跟踪和扰动抑制的另一种设计方法。考虑通过方程(8.1)描述的被控对象。现假设未知幅度的常值扰动 w 以图8.4(a)所示方式进入被控对象的输入端,则须将状态空间方程修正为

$$\left.\begin{aligned}\dot{\boldsymbol{x}}(t)&=\boldsymbol{A}\boldsymbol{x}(t)+\boldsymbol{b}u(t)+\boldsymbol{b}w(t)\\ y(t)&=\boldsymbol{c}\boldsymbol{x}(t)\end{aligned}\right\}\tag{8.26}$$

关注的问题是,设计一个整体系统,使得即便存在扰动 $w(t)$ 和被控对象参数波动,输出 $y(t)$ 仍能渐近跟踪任意阶跃参考输入,称之为“鲁棒跟踪和扰动抑制”。为了实现此类设计,除了引入状态反馈之外,如图8.4(a)所示,还将引入积分器和来自输出的单位反馈。用增广状态变量 $x_a(t)$ 来表示积分器的输出,则系统包含增广状态向量 $[\boldsymbol{x}' \quad x_a]'$。根据图8.4(a)有

$$\dot{x}_a(t)=r(t)-y(t)=r(t)-\boldsymbol{c}\boldsymbol{x}(t)\tag{8.27}$$

$$u(t)=[\boldsymbol{k} \quad k_a]\begin{bmatrix}\boldsymbol{x}(t)\\ x_a(t)\end{bmatrix}\tag{8.28}$$

方便起见,如图所示,将状态正反馈至 u。将这些关系式代入方程(8.26)可得

$$\left.\begin{aligned}\begin{bmatrix}\dot{\boldsymbol{x}}(t)\\ \dot{x}_a(t)\end{bmatrix}&=\begin{bmatrix}\boldsymbol{A}+\boldsymbol{b}\boldsymbol{k} & \boldsymbol{b}k_a\\ -\boldsymbol{c} & 0\end{bmatrix}\begin{bmatrix}\boldsymbol{x}(t)\\ x_a(t)\end{bmatrix}+\begin{bmatrix}\boldsymbol{0}\\ 1\end{bmatrix}r(t)+\begin{bmatrix}\boldsymbol{b}\\ 0\end{bmatrix}w(t)\\ y(t)&=[\boldsymbol{c} \quad 0]\begin{bmatrix}\boldsymbol{x}(t)\\ x_a(t)\end{bmatrix}\end{aligned}\right\}\tag{8.29}$$

该式描述了图8.4(a)的系统。

定理 8.5

若 $(\boldsymbol{A},\boldsymbol{b})$ 能控,且 $\hat{g}(s)=\boldsymbol{c}(s\boldsymbol{I}-\boldsymbol{A})^{-1}\boldsymbol{b}$ 在 $s=0$ 处无零点,则通过选择反馈增益 $[\boldsymbol{k} \quad k_a]$,可以任意配置方程(8.29)中 A -阵的所有特征值。

证明:针对 $n=4$ 的情况证明该定理。假设已将 $\boldsymbol{A}$、$\boldsymbol{b}$ 和 $\boldsymbol{c}$ 变换为式(8.7)的能控型,且其传递函数等于式(8.8),则当且仅当 $\beta_4\neq 0$ 时,被控对象传递函数在 $s=0$ 处无零点。现在证明当且仅当 $\beta_4\neq 0$ 时,矩阵对

$$\begin{bmatrix}\boldsymbol{A} & \boldsymbol{0}\\ -\boldsymbol{c} & 0\end{bmatrix} \qquad \begin{bmatrix}\boldsymbol{b}\\ 0\end{bmatrix}\tag{8.30}$$

能控。需要注意的是,已假设 $n=4$,由于追加了增广状态变量 x_a,因此式(8.30)的维数为五。式(8.30)的能控性矩阵为

$$\begin{bmatrix}\boldsymbol{b} & \boldsymbol{A}\boldsymbol{b} & \boldsymbol{A}^2\boldsymbol{b} & \boldsymbol{A}^3\boldsymbol{b} & \boldsymbol{A}^4\boldsymbol{b}\\ 0 & -\boldsymbol{c}\boldsymbol{b} & -\boldsymbol{c}\boldsymbol{A}\boldsymbol{b} & -\boldsymbol{c}\boldsymbol{A}^2\boldsymbol{b} & -\boldsymbol{c}\boldsymbol{A}^3\boldsymbol{b}\end{bmatrix}=$$

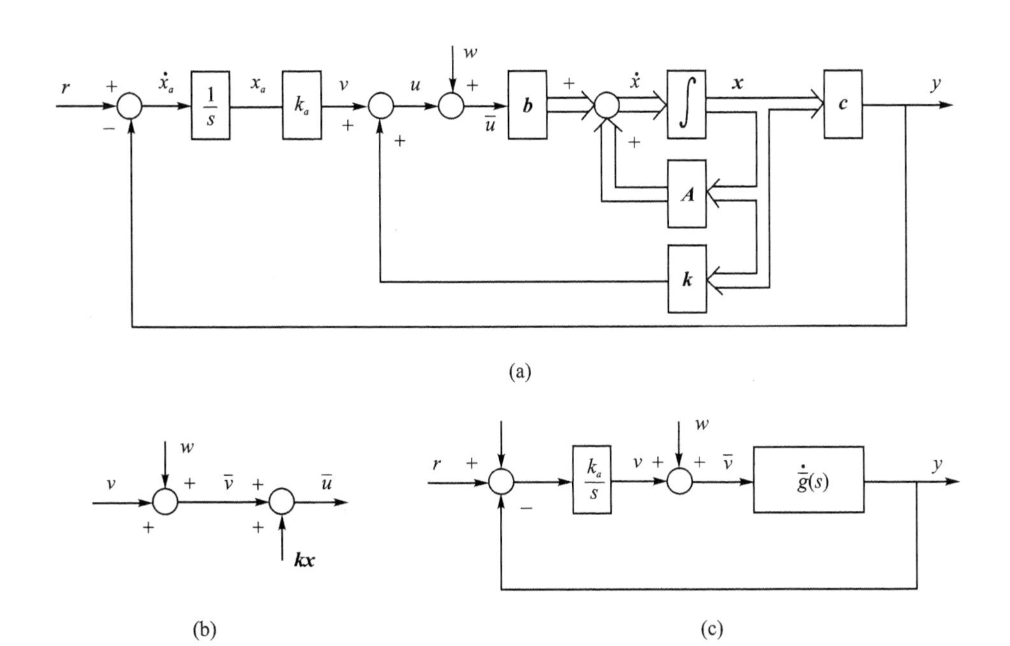

图 8.4　(a)包含内模的状态反馈，(b)两个求和点互换，(c)传递函数方框图

$$\begin{bmatrix} 1 & -\alpha_1 & \alpha_1^2-\alpha_2 & -\alpha_1(\alpha_1^2-\alpha_2)+\alpha_2\alpha_1-\alpha_3 & a_{15} \\ 0 & 1 & -\alpha_1 & \alpha_1^2-\alpha_2 & a_{25} \\ 0 & 0 & 1 & -\alpha_1 & a_{35} \\ 0 & 0 & 0 & 1 & a_{45} \\ 0 & -\beta_1 & \beta_1\alpha_1-\beta_2 & -\beta_1(\alpha_1^2-\alpha_2)+\beta_2\alpha_1-\beta_3 & a_{55} \end{bmatrix}$$

其中为节省空间未写全最后一列的元素。由于初等变换不改变矩阵的秩，将第 2 行乘以 β_1 加到最后 1 行，将第 3 行乘以 β_2 加到最后 1 行，并将第 4 行乘以 β_3 加到最后 1 行可得

$$\begin{bmatrix} 1 & -\alpha_1 & \alpha_1^2-\alpha_2 & -\alpha_1(\alpha_1^2-\alpha_2)+\alpha_2\alpha_1-\alpha_3 & a_{15} \\ 0 & 1 & -\alpha_1 & \alpha_1^2-\alpha_2 & a_{25} \\ 0 & 0 & 1 & -\alpha_1 & a_{35} \\ 0 & 0 & 0 & 1 & a_{45} \\ 0 & 0 & 0 & 0 & -\beta_4 \end{bmatrix} \tag{8.31}$$

其行列式为 $-\beta_4$，因此当且仅当 $\beta_4 \neq 0$ 时，该矩阵非奇异。总之，若$(\boldsymbol{A}, \boldsymbol{b})$能控，且若 $\hat{g}(s)$在 $s=0$ 处无零点，则式(8.30)中的矩阵对能控。根据定理 8.3 可知，通过选择反馈增益$[\boldsymbol{k} \quad k_a]$，可以任意配置方程(8.29)中 A -矩阵的所有特征值。证毕。

有必要提示的是，也能够通过零极点对消来解释式(8.30)中矩阵对的能控性。若被控对象传递函数在 $s=0$ 处有一个零点，则与传递函数为$\frac{1}{s}$的积分器的级联连接将导致被控对象存在 s 的零极点对消,描述该连接的状态空间方程不再能控。另一方面,若被控对象传递函数在 $s=0$ 处无零点,则不存在零极点对消,该连接仍能控。

再次考虑方程(8.29),假设已选好一组($n+1$)个期望的稳定特征值,或等价地,选好了 $n+1$ 次期望的多项式 $\Delta_f(s)$,并且已找出反馈增益$[\boldsymbol{k} \quad k_a]$,使得

$$\Delta_f(s)=\det\begin{bmatrix} s\boldsymbol{I}-\boldsymbol{A}-\boldsymbol{bk} & -\boldsymbol{b}k_a \\ \boldsymbol{c} & s \end{bmatrix} \tag{8.32}$$

现在证明输出 y 可以既渐近又鲁棒地跟踪任意阶跃参考输入 $r=a$,并抑制任意未知幅度的阶跃扰动。并非直接根据方程(8.29)对其证明,而是先推导图8.4(a)的等价方框图,然后再做证明。首先将 v 和 $\bar{u}$ 之间的两个求和点互换,如图8.4(b)所示。由于交换前后都有 $\bar{u}=v+\boldsymbol{kx}+w$,所以允许交换。从 $\bar{v}$ 到 y 的传递函数为

$$\hat{\bar{g}}(s):=\frac{\bar{N}(s)}{\bar{D}(s)}:=\boldsymbol{c}(s\boldsymbol{I}-\boldsymbol{A}-\boldsymbol{bk})^{-1}\boldsymbol{b} \tag{8.33}$$

其中 $\bar{D}(s)=\det(s\boldsymbol{I}-\boldsymbol{A}-\boldsymbol{bk})$。因此,可将图8.4(a)重新绘制为图8.4(c)。接下来建立式(8.32)中 $\Delta_f(s)$ 与式(8.33)中 $\hat{\bar{g}}(s)$ 之间的数学关系。直接可以验证以下等式

$$\begin{bmatrix} \boldsymbol{I} & \boldsymbol{0} \\ -\boldsymbol{c}(s\boldsymbol{I}-\boldsymbol{A}-\boldsymbol{bk})^{-1} & 1 \end{bmatrix}\begin{bmatrix} s\boldsymbol{I}-\boldsymbol{A}-\boldsymbol{bk} & -\boldsymbol{b}k_a \\ \boldsymbol{c} & s \end{bmatrix}=$$

$$\begin{bmatrix} s\boldsymbol{I}-\boldsymbol{A}-\boldsymbol{bk} & -\boldsymbol{b}k_a \\ 0 & s+\boldsymbol{c}(s\boldsymbol{I}-\boldsymbol{A}-\boldsymbol{bk})^{-1}\boldsymbol{b}k_a \end{bmatrix}$$

取其行列式并借助式(8.32)和式(8.33)可得

$$1\cdot\Delta_f(s)=\bar{D}(s)\left(s+\frac{\bar{N}(s)}{\bar{D}(s)}k_a\right)$$

由此可知

$$\Delta_f(s)=s\bar{D}(s)+k_a\bar{N}(s)$$

该等式很关键。

根据图8.4(c),可以很容易求出从 w 到 y 的传递函数为

$$\hat{g}_{yw}(s)=\frac{\dfrac{\bar{N}(s)}{\bar{D}(s)}}{1+\dfrac{k_a\bar{N}(s)}{s\bar{D}(s)}}=\frac{s\bar{N}(s)}{s\bar{D}(s)+k_a\bar{N}(s)}=\frac{s\bar{N}(s)}{\Delta_f(s)}$$

若扰动为 $w(t)=\bar{w}$,$t\geqslant 0$,其中 $\bar{w}$ 为未知常数,则 $\hat{w}(s)=\dfrac{\bar{w}}{s}$,相应的输出由

$$\hat{y}_w(s)=\frac{s\bar{N}(s)}{\Delta_f(s)}\frac{\bar{w}}{s}=\frac{\bar{w}\bar{N}(s)}{\Delta_f(s)} \tag{8.34}$$

给出。由于式(8.34)中 $s=0$ 处的极点被对消,所以 $\hat{y}_w(s)$ 的所有其余极点均为稳定

极点。因而，对应的时域响应对任意 $\bar{w}$ 随着 $t\to\infty$ 都衰减为零。实现扰动抑制的唯一条件是 $\hat{y}_w(s)$ 只有稳定的极点。这样，即使存在被控对象的参数波动以及前馈增益 k_a 和反馈增益 $\boldsymbol{k}$ 的变化，只要整体系统保持稳定，则扰动抑制仍然有效。因此，既渐近又鲁棒地实现了输出端的扰动抑制。

从 r 到 y 的传递函数为

$$\hat{g}_{yr}(s)=\frac{\dfrac{k_a}{s}\dfrac{\bar{N}(s)}{\bar{D}(s)}}{1+\dfrac{k_a}{s}\dfrac{\bar{N}(s)}{\bar{D}(s)}}=\frac{k_a\bar{N}(s)}{s\bar{D}(s)+k_a\bar{N}(s)}=\frac{k_a\bar{N}(s)}{\Delta_f(s)}$$

由此看到

$$\hat{g}_{yr}(0)=\frac{k_a\bar{N}(0)}{0\cdot\bar{D}(0)+k_a\bar{N}(0)}=\frac{k_a\bar{N}(0)}{k_a\bar{N}(0)}=1 \tag{8.35}$$

式(8.35)即使在被控对象传递函数和增益中存在参数摄动时也成立，因此，对任意阶跃参考输入的渐近跟踪是鲁棒的。需要注意的是，即便参数摄动很大，只要整体系统保持稳定，则这种鲁棒跟踪仍然有效。

通过插入如图 8.4 所示的积分器来实现该设计目标，积分器实际上是阶跃参考输入和恒值扰动的模型，因此，称之为“内模原理”，下一章将对内模原理做进一步讨论。

8.3.2　镇　定

若状态方程能控，则通过引入状态反馈可以任意配置所有特征值。现在讨论状态方程不能控的情形，可以将任一不能控状态方程变换为

$$\begin{bmatrix}\dot{\bar{\boldsymbol{x}}}_c\\ \dot{\bar{\boldsymbol{x}}}_{\bar{c}}\end{bmatrix}=\begin{bmatrix}\bar{\boldsymbol{A}}_c & \bar{\boldsymbol{A}}_{12}\\ \boldsymbol{0} & \bar{\boldsymbol{A}}_{\bar{c}}\end{bmatrix}\begin{bmatrix}\bar{\boldsymbol{x}}_c\\ \bar{\boldsymbol{x}}_{\bar{c}}\end{bmatrix}+\begin{bmatrix}\bar{\boldsymbol{b}}_c\\ \boldsymbol{0}\end{bmatrix}u \tag{8.36}$$

其中 $(\bar{\boldsymbol{A}}_c,\bar{\boldsymbol{b}}_c)$ 能控(定理 6.6)。由于 A -阵为分块三角阵，原始 A -阵的特征值是 $\bar{\boldsymbol{A}}_c$ 和 $\bar{\boldsymbol{A}}_{\bar{c}}$ 特征值的合并，若引入状态反馈

$$u(t)=r(t)-\boldsymbol{k}\boldsymbol{x}(t)=r(t)-\bar{\boldsymbol{k}}\bar{\boldsymbol{x}}(t)=r(t)-\begin{bmatrix}\bar{\boldsymbol{k}}_1 & \bar{\boldsymbol{k}}_2\end{bmatrix}\begin{bmatrix}\bar{\boldsymbol{x}}_c(t)\\ \bar{\boldsymbol{x}}_{\bar{c}}(t)\end{bmatrix}$$

其中按 $\bar{\boldsymbol{x}}$ 中的变量对 $\bar{\boldsymbol{k}}$ 进行划分，则方程(8.36)变为

$$\begin{bmatrix}\dot{\bar{\boldsymbol{x}}}_c(t)\\ \dot{\bar{\boldsymbol{x}}}_{\bar{c}}(t)\end{bmatrix}=\begin{bmatrix}\bar{\boldsymbol{A}}_c-\bar{\boldsymbol{b}}_c\bar{\boldsymbol{k}}_1 & \bar{\boldsymbol{A}}_{12}-\bar{\boldsymbol{b}}_c\bar{\boldsymbol{k}}_2\\ \boldsymbol{0} & \bar{\boldsymbol{A}}_{\bar{c}}\end{bmatrix}\begin{bmatrix}\bar{\boldsymbol{x}}_c(t)\\ \bar{\boldsymbol{x}}_{\bar{c}}(t)\end{bmatrix}+\begin{bmatrix}\bar{\boldsymbol{b}}_c\\ \boldsymbol{0}\end{bmatrix}r(t) \tag{8.37}$$

可见，状态反馈不影响 $\bar{\boldsymbol{A}}_{\bar{c}}$，进而也不影响其特征值。因此，得出结论，定理 8.3 中 $(\boldsymbol{A},\boldsymbol{b})$ 的能控性条件是将 $(\boldsymbol{A}-\boldsymbol{b}\boldsymbol{k})$“所有”特征值配置到任意期望位置的既充分又必

要条件。

重新考虑式(8.36)中的状态方程,若$\bar{\boldsymbol{A}}_{\bar{c}}$稳定且若$(\bar{\boldsymbol{A}}_c, \bar{\boldsymbol{b}}_c)$能控,则称方程(8.36)"可镇定"。有必要提示的是,可以用弱化的稳定性条件来代替跟踪和扰动抑制的能控性条件,但是在这种情况下,无法全面掌控跟踪和抑制的速率。若不能控的稳定特征值具有较大的虚部,且靠近虚轴,则跟踪和抑制性能可能未必符合要求。

8.4 状态估计器

在前面的各节中,在用于反馈的所有状态变量可得的隐式假设条件下引入了状态反馈。在实际情况下,或者由于无法直接连接获取状态变量,或者由于传感装置或传感器不可用或价格非常昂贵,该假设未必成立。在这种情况下,为了应用状态反馈,必须设计出特定设备,称之为"状态估计器"或"状态观测器",使得该设备的输出能够产生状态的估计。本节引入全维状态估计器,采用变量上方带符号ˆ来表示变量的估计,例如,$\hat{\boldsymbol{x}}$是$\boldsymbol{x}$的估计,$\hat{\bar{\boldsymbol{x}}}$是$\bar{\boldsymbol{x}}$的估计。

考虑n维状态空间方程

$$\left.\begin{aligned}\dot{\boldsymbol{x}}(t) &= \boldsymbol{A}\boldsymbol{x}(t) + \boldsymbol{b}u(t) \\ y(t) &= \boldsymbol{c}\boldsymbol{x}(t)\end{aligned}\right\} \tag{8.38}$$

其中给定了$\boldsymbol{A}$、$\boldsymbol{b}$、$\boldsymbol{c}$,且输入$u(t)$和输出$y(t)$为已知,而状态$\boldsymbol{x}$未知。关注的问题是,根据u和y再加上$\boldsymbol{A}$、$\boldsymbol{b}$和$\boldsymbol{c}$的信息来估计$\boldsymbol{x}$。若已知$\boldsymbol{A}$和$\boldsymbol{b}$,则可以复制原始系统为

$$\dot{\hat{\boldsymbol{x}}}(t) = \boldsymbol{A}\hat{\boldsymbol{x}}(t) + \boldsymbol{b}u(t) \tag{8.39}$$

如图8.5所示。需要注意的是,原始系统可以是机电系统,而复制的系统可以是运放电路,称此类复制为"开环"估计器。现若方程(8.38)和方程(8.39)具有相同的初始

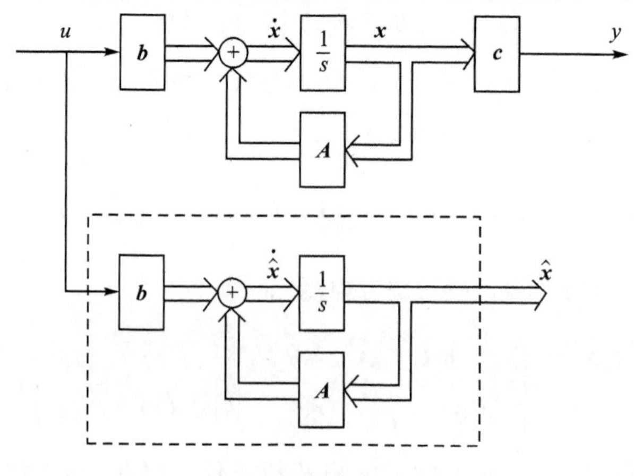

图8.5 开环状态估计器

状态,则对于任意输入都有 $\hat{\boldsymbol{x}}(t)=\boldsymbol{x}(t)$,$t\geqslant 0$。于是,剩下的问题就是如何找出方程(8.38)的初始状态,然后将方程(8.39)的初始状态设置为该状态。若方程(8.38)能观,则可以从任意时间间隔,如$[0,t_1]$上的 u 和 y 求出其初始状态 $\boldsymbol{x}(0)$。然后可以求出 t_2 时刻的状态,并设 $\hat{\boldsymbol{x}}(t_2)=\boldsymbol{x}(t_2)$,则对所有 $t\geqslant t_2$,有 $\hat{\boldsymbol{x}}(t)=\boldsymbol{x}(t)$。因此,若方程(8.38)能观,则可以使用开环估计器来产生状态向量。

然而,使用开环估计器存在两个缺陷。首先,必须先求出初始状态,并且在每次使用开环估计器时设置该初始状态,这甚为不便。其次,更为严重的是,若矩阵 $\boldsymbol{A}$ 有正实部的特征值,则即便对于某些 t_0 上 $\boldsymbol{x}(t_0)$和 $\hat{\boldsymbol{x}}(t_0)$之间偏差很小,这种偏差可能是由扰动或初始状态的不精确估计所引起,$\boldsymbol{x}(t)$和 $\hat{\boldsymbol{x}}(t)$之间的偏差也会随时间逐渐变大。因而,开环估计器通常不能符合要求。

从图 8.5 可以看出,即使方程(8.38)的输入和输出已知,也只使用输入来驱动开环估计器。现在将图 8.5 中的估计器修正为图 8.6 中的估计器,其中方程(8.38)的输出 $y(t)=\boldsymbol{cx}(t)$与 $\boldsymbol{c}\hat{\boldsymbol{x}}(t)$进行比较,二者之差,再经过用作校正项的 $n\times 1$ 的常值增益向量 $\boldsymbol{l}$ 处理。若差值为零,则无需校正。若差值非零,且若增益 $\boldsymbol{l}$ 设计得当,则该差值将估计的状态纠正到实际状态。称这种估计器为"闭环"估计器或"渐近"估计器,或简称估计器。

根据图 8.6,现将方程(8.39)中的开环估计器修正为

$$\dot{\hat{\boldsymbol{x}}}(t)=\boldsymbol{A}\hat{\boldsymbol{x}}(t)+\boldsymbol{b}u(t)+\boldsymbol{l}(y(t)-\boldsymbol{c}\hat{\boldsymbol{x}}(t))$$

可以将其写为

$$\dot{\hat{\boldsymbol{x}}}(t)=(\boldsymbol{A}-\boldsymbol{lc})\hat{\boldsymbol{x}}(t)+\boldsymbol{b}u(t)+\boldsymbol{l}y(t) \tag{8.40}$$

并示于图 8.7 中。该估计器有两个输入 u 和 y,其输出得到估计的状态 $\hat{\boldsymbol{x}}$。定义

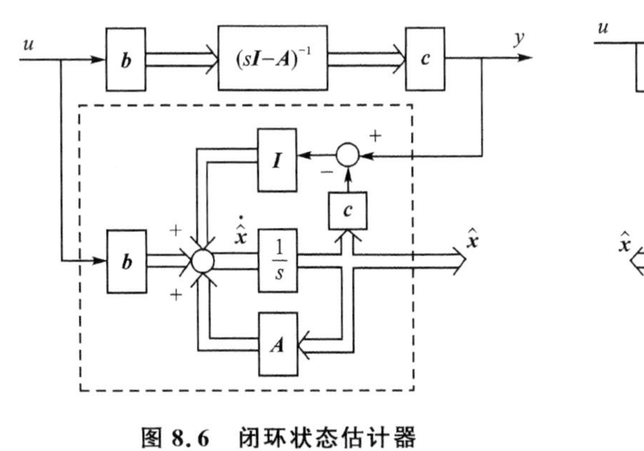

图 8.6　闭环状态估计器

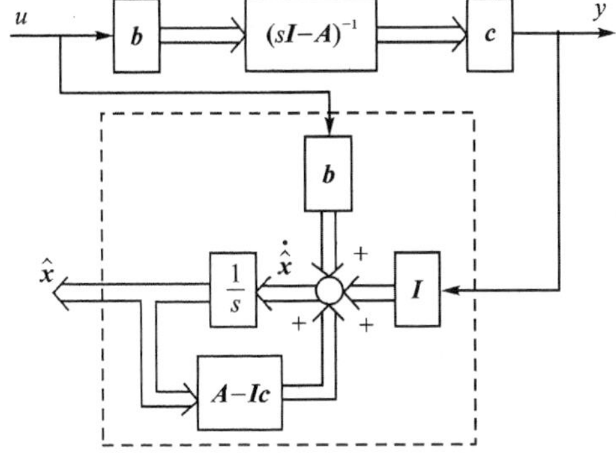

图 8.7　闭环状态估计器

$$\boldsymbol{e}(t):=\boldsymbol{x}(t)-\hat{\boldsymbol{x}}(t)$$

$\boldsymbol{e}(t)$为实际状态与估计状态之间的偏差。对 $\boldsymbol{e}$ 求导,并将方程(8.38)和方程(8.40)代入其中可得

$$\dot{e}(t)=\dot{x}(t)-\dot{\hat{x}}(t)=Ax(t)+bu(t)-(A-Ic)\hat{x}(t)-bu(t)-I(cx(t))=$$
$$(A-Ic)x(t)-(A-Ic)\hat{x}(t)=(A-Ic)(x(t)-\hat{x}(t))$$

或

$$\dot{e}(t)=(A-Ic)e(t) \tag{8.41}$$

该方程支配着估计偏差。若可以任意配置($A-Ic$)的所有特征值,则可以控制 $e(t)$ 趋于零的速率,或等价地描述为,控制估计状态逼近实际状态的速率。例如,若($A-Ic$)的所有特征值均具有小于 $-\sigma$ 的负实部,则 e 的所有项都将以高于 $e^{-\sigma t}$ 的速率趋于零。因此,即使 $\hat{x}(t_0)$ 和 $x(t_0)$ 之间在初始时刻 t_0 存在很大的误差,估计的状态也将快速逼近实际状态。这样,无需求出原始状态空间方程的初始状态。总之,若合理配置($A-Ic$)的所有特征值,则闭环估计器比开环估计器更可取。

在状态反馈中,如何构造最优特征值并不简单。可能的办法是,应当将其均匀地置于图8.3所示扇形区域内的圆上。若要在状态反馈中使用估计器,则估计器特征值(对应的瞬态响应)应当比状态反馈期望的特征值快。再有,饱和问题和噪声问题也会限制特征值的选择。特征值选择的一种途径是借助计算机仿真。

定理 8.O3

考虑矩阵对(A,c),可以通过选择实值常数向量 I 任意配置($A-Ic$)的所有特征值,当且仅当(A,c)能观时。

可以直接证实该定理,也可以借助对偶定理间接证实。当且仅当(A',c')能控,矩阵对(A,c)能观。若(A',c')能控,则可以通过选择常值增益向量 k 任意配置($A'-c'k$)的所有特征值,($A'-c'k$)的转置为($A-k'c$),因此有 $I=k'$。总之,可以采用计算状态反馈增益的处理流程来计算状态估计器中的增益 I。

Lyapunov 方程求解

这里讨论针对 n 维状态空间方程

$$\dot{x}(t)=Ax(t)+bu(t)$$
$$y(t)=cx(t) \tag{8.42}$$

的另外一种状态估计器的设计方法,该方法与第8.2节中的处理流程8.1对偶。

处理流程 8.O1

① 选择任意 $n\times n$ 的稳定矩阵 F,其与 A 不存在共同的特征值。

② 选择任意 $n\times 1$ 的向量 I 使得(F,I)能控。

③ 求 Lyapunov 方程 $TA-FT=Ic$ 的唯一解 T,根据定理8.4的对偶性,该矩阵 T 非奇异。

④ 状态空间方程

$$\dot{z}(t)=Fz(t)+Tbu(t)+Iy(t) \tag{8.43}$$
$$\hat{x}(t)=T^{-1}z(t) \tag{8.44}$$

产生 x 的估计。

首先验证该处理流程的正确性。定义

$$\boldsymbol{e}(t) := \boldsymbol{z}(t) - \boldsymbol{T}\boldsymbol{x}(t)$$

用 $\boldsymbol{FT}+\boldsymbol{Ic}$ 代替 $\boldsymbol{TA}$，则有

$$\begin{aligned}\dot{\boldsymbol{e}}(t) &= \dot{\boldsymbol{z}}(t) - \boldsymbol{T}\dot{\boldsymbol{x}}(t) = \boldsymbol{Fz}(t) + \boldsymbol{Tb}u(t) + \boldsymbol{Icx}(t) - \boldsymbol{TAx}(t) - \boldsymbol{Tb}u(t) = \\ &\boldsymbol{Fz}(t) + \boldsymbol{Icx}(t) - (\boldsymbol{FT} + \boldsymbol{Ic})\boldsymbol{x}(t) = \boldsymbol{F}(\boldsymbol{z}(t) - \boldsymbol{Tx}(t)) = \boldsymbol{Fe}(t)\end{aligned}$$

若 $\boldsymbol{F}$ 稳定，则对任意 $\boldsymbol{e}(0)$，偏差向量 $\boldsymbol{e}(t)$ 随着 $t\to\infty$ 而趋于零。因此，$\boldsymbol{z}(t)$ 趋于 $\boldsymbol{Tx}(t)$，或等价地描述为，$\boldsymbol{T}^{-1}\boldsymbol{z}(t)$ 是 $\boldsymbol{x}(t)$ 的估计。第 8.2 节中的所有讨论均适用于此，这里不再赘述。

降维状态估计器

考虑式(8.42)的状态空间方程，若其能观，则根据定理 8.2 的对偶性，可以将其变换为方程(7.14)所示的能观型。y 等于第 1 个状态变量 x_1，于是，只需要构造$(n-1)$维状态估计器来估计 x_i $i=2,3,\cdots,n$ 就已足够。可以采用该$(n-1)$维估计器再加上输出方程来估计所有 n 个状态变量。

可以借助等价变换或通过 Lyapunov 方程求解的方法设计降维估计器，后一种方法相当简便，将在下文讨论。对于前一种方法，感兴趣的读者可参见参考文献[6]第 361 页～363 页。

处理流程 8. R1

① 选择任意$(n-1)\times(n-1)$的 CT 稳定矩阵 $\boldsymbol{F}$，其与 $\boldsymbol{A}$ 不存在共同的特征值。

② 选择任意$(n-1)\times 1$ 的向量 $\boldsymbol{l}$ 使得$(\boldsymbol{F},\boldsymbol{l})$能控。

③ 求 Lyapunov 方程 $\boldsymbol{TA}-\boldsymbol{FT}=\boldsymbol{lc}$ 的唯一解 $\boldsymbol{T}$，需要注意的是 $\boldsymbol{T}$ 为$(n-1)\times n$ 的矩阵。

④ $n-1$ 维状态空间方程

$$\dot{\boldsymbol{z}}(t) = \boldsymbol{Fz}(t) + \boldsymbol{Tb}u(t) + \boldsymbol{l}y(t) \tag{8.45}$$

$$\hat{\boldsymbol{x}}(t) = \begin{bmatrix}\boldsymbol{c}\\ \boldsymbol{T}\end{bmatrix}^{-1}\begin{bmatrix}y(t)\\ \boldsymbol{z}(t)\end{bmatrix} \tag{8.46}$$

为 $\boldsymbol{x}(t)$的估计。

首先验证该处理流程的正确性。将式(8.46)写为

$$\begin{bmatrix}y(t)\\ \boldsymbol{z}(t)\end{bmatrix} = \begin{bmatrix}\boldsymbol{c}\\ \boldsymbol{T}\end{bmatrix}\hat{\boldsymbol{x}}(t) =: \boldsymbol{P}\hat{\boldsymbol{x}}(t)$$

由此可知 $y(t)=\boldsymbol{c}\hat{\boldsymbol{x}}(t)$以及 $\boldsymbol{z}(t)=\boldsymbol{T}\hat{\boldsymbol{x}}(t)$，显然，$y(t)$为 $\boldsymbol{cx}(t)$的估计。现在证明 $\boldsymbol{z}(t)$为 $\boldsymbol{Tx}(t)$的估计。定义

$$\boldsymbol{e}(t) = \boldsymbol{z}(t) - \boldsymbol{Tx}(t)$$

则有

$$\dot{\boldsymbol{e}}(t) = \dot{\boldsymbol{z}}(t) - \boldsymbol{T}\dot{\boldsymbol{x}}(t) = \boldsymbol{Fz}(t) + \boldsymbol{Tb}u(t) + \boldsymbol{lcx}(t) - \boldsymbol{TAx}(t) - \boldsymbol{Tb}u(t) = \boldsymbol{Fe}(t)$$

现若 $\boldsymbol{F}$ 为CT稳定矩阵或 $\boldsymbol{F}$ 的任一特征值均有负实部,则随着 $t\to\infty$,$\boldsymbol{e}(t)\to\boldsymbol{0}$,因此 $\boldsymbol{z}$ 为 $\boldsymbol{Tx}$ 的估计。

定理 8.6

若 $\boldsymbol{A}$ 与 $\boldsymbol{F}$ 不存在共同的特征值,则方阵

$$\boldsymbol{P}=\begin{bmatrix}\boldsymbol{c}\\ \boldsymbol{T}\end{bmatrix}$$

非奇异,当且仅当($\boldsymbol{A},\boldsymbol{c}$)能观,且($\boldsymbol{F},\boldsymbol{I}$)能控。式中 $\boldsymbol{T}$ 为方程 $\boldsymbol{TA}-\boldsymbol{FT}=\boldsymbol{Ic}$ 的唯一解。

证明:针对 $n=4$ 的情况证明该定理。证明的第一部分紧扣定理8.4的证明,设

$$\Delta(s)=\det(s\boldsymbol{I}-\boldsymbol{A})=s^4+\alpha_1 s^3+\alpha_2 s^2+\alpha_3 s+\alpha_4$$

则与式(8.22)对偶,有

$$-\boldsymbol{T}\Delta(\boldsymbol{F})=\begin{bmatrix}\boldsymbol{I} & \boldsymbol{FI} & \boldsymbol{F}^2\boldsymbol{I} & \boldsymbol{F}^3\boldsymbol{I}\end{bmatrix}\begin{bmatrix}\alpha_3 & \alpha_2 & \alpha_1 & 1\\ \alpha_2 & \alpha_1 & 1 & 0\\ \alpha_1 & 1 & 0 & 0\\ 1 & 0 & 0 & 0\end{bmatrix}\begin{bmatrix}\boldsymbol{c}\\ \boldsymbol{cA}\\ \boldsymbol{cA}^2\\ \boldsymbol{cA}^3\end{bmatrix} \tag{8.47}$$

且若 $\boldsymbol{A}$ 与 $\boldsymbol{F}$ 不存在共同的特征值,则 $\Delta(\boldsymbol{F})$ 非奇异。需要注意的是,若 $\boldsymbol{A}$ 为 4×4 的矩阵,则 $\boldsymbol{F}$ 为 3×3 的矩阵。式(8.47)中最右边的矩阵是($\boldsymbol{A},\boldsymbol{c}$)的能观性矩阵,并用 $\mathscr{O}$ 来表示。等号之后的第1个矩阵是($\boldsymbol{F},\boldsymbol{I}$)的能控性矩阵,其中有一附加的列,并用 $\mathscr{C}_4$ 来表示。用 $\boldsymbol{\Lambda}$ 来表示中间的矩阵,$\boldsymbol{\Lambda}$ 矩阵总非奇异。借助这些符号,将 $\boldsymbol{T}$ 写为 $-\Delta^{-1}(\boldsymbol{F})\mathscr{C}_4\boldsymbol{\Lambda}\mathscr{O}$,而 $\boldsymbol{P}$ 变为

$$\boldsymbol{P}=\begin{bmatrix}\boldsymbol{c}\\ \boldsymbol{T}\end{bmatrix}=\begin{bmatrix}\boldsymbol{c}\\ -\Delta^{-1}(\boldsymbol{F})\mathscr{C}_4\boldsymbol{\Lambda}\mathscr{O}\end{bmatrix}=\begin{bmatrix}1 & \boldsymbol{0}\\ \boldsymbol{0} & -\Delta^{-1}(\boldsymbol{F})\end{bmatrix}\begin{bmatrix}\boldsymbol{c}\\ \mathscr{C}_4\boldsymbol{\Lambda}\mathscr{O}\end{bmatrix} \tag{8.48}$$

需要注意的是,若 $n=4$,则 $\boldsymbol{P}$、$\mathscr{O}$ 和 $\boldsymbol{\Lambda}$ 均为 4×4 的矩阵,$\boldsymbol{T}$ 和 $\mathscr{C}_4$ 为 3×4 的矩阵,$\Delta(\boldsymbol{F})$ 为 3×3 的矩阵。若($\boldsymbol{F},\boldsymbol{I}$)不能控,则 $\mathscr{C}_4$ 的秩最多为2,因此,$\boldsymbol{T}$ 的秩最多为2,且 $\boldsymbol{P}$ 奇异。若($\boldsymbol{A},\boldsymbol{c}$)不能观,则存在非零的 4×1 向量 $\boldsymbol{r}$ 使得 $\mathscr{O}\boldsymbol{r}=\boldsymbol{0}$,由此可知 $\boldsymbol{cr}=\boldsymbol{0}$ 以及 $\boldsymbol{Pr}=\boldsymbol{0}$,因此 $\boldsymbol{P}$ 奇异。定理的必要性得证。

接下来用反证法证明充分性。假设 $\boldsymbol{P}$ 奇异,则存在非零向量 $\boldsymbol{r}$ 使得 $\boldsymbol{Pr}=\boldsymbol{0}$,由此可知

$$\begin{bmatrix}\boldsymbol{c}\\ \mathscr{C}_4\boldsymbol{\Lambda}\mathscr{O}\end{bmatrix}\boldsymbol{r}=\begin{bmatrix}\boldsymbol{cr}\\ \mathscr{C}_4\boldsymbol{\Lambda}\mathscr{O}\boldsymbol{r}\end{bmatrix}=\boldsymbol{0} \tag{8.49}$$

定义 $\boldsymbol{a}:=\boldsymbol{\Lambda}\mathscr{O}\boldsymbol{r}=\begin{bmatrix}a_1 & a_2 & a_3 & a_4\end{bmatrix}'=:\begin{bmatrix}\bar{\boldsymbol{a}} & a_4\end{bmatrix}'$,其中 $\bar{\boldsymbol{a}}$ 表示 $\boldsymbol{a}$ 的前3个元素,将其显式展开可得

$$\begin{bmatrix} a_1 \\ a_2 \\ a_3 \\ a_4 \end{bmatrix} = \begin{bmatrix} \alpha_3 & \alpha_2 & \alpha_1 & 1 \\ \alpha_2 & \alpha_1 & 1 & 0 \\ \alpha_1 & 1 & 0 & 0 \\ 1 & 0 & 0 & 0 \end{bmatrix} \begin{bmatrix} \boldsymbol{cr} \\ \boldsymbol{cAr} \\ \boldsymbol{cA}^2\boldsymbol{r} \\ \boldsymbol{cA}^3\boldsymbol{r} \end{bmatrix} = \begin{bmatrix} x \\ x \\ x \\ \boldsymbol{cr} \end{bmatrix}$$

其中 x 表示后续讨论中不需要的元素。因此有 $a_4=\boldsymbol{cr}$。显然，由式(8.49)可知 $a_4=\boldsymbol{cr}=0$。将 $a_4=0$ 代入式(8.49)的下半部分可得

$$\mathscr{C}_4\boldsymbol{\Lambda}\mathscr{O}\boldsymbol{r}=\mathscr{C}_4\boldsymbol{a}=\mathscr{C}\bar{\boldsymbol{a}}=\boldsymbol{0} \tag{8.50}$$

其中 $\mathscr{C}$ 为 3×3 的矩阵，且为($\boldsymbol{F}$,$\boldsymbol{I}$)的能控性矩阵，$\bar{\boldsymbol{a}}$ 为 $\boldsymbol{a}$ 的前 3 个元素。若($\boldsymbol{F}$,$\boldsymbol{I}$)能控，则由 $\mathscr{C}\bar{\boldsymbol{a}}=\boldsymbol{0}$ 可知 $\bar{\boldsymbol{a}}=\boldsymbol{0}$。总之，由式(8.49)和($\boldsymbol{F}$,$\boldsymbol{I}$)的能控性可知 $\boldsymbol{a}=\boldsymbol{0}$。

考虑 $\boldsymbol{\Lambda}\mathscr{O}\boldsymbol{r}=\boldsymbol{a}=\boldsymbol{0}$，矩阵 $\boldsymbol{\Lambda}$ 总非奇异，若($\boldsymbol{A}$,$\boldsymbol{c}$)能观，则 $\mathscr{O}$ 非奇异，并且由 $\boldsymbol{\Lambda}\mathscr{O}\boldsymbol{r}=\boldsymbol{0}$ 可知 $\boldsymbol{r}=\boldsymbol{0}$。这与 $\boldsymbol{r}$ 非零的假设矛盾。因此，若($\boldsymbol{A}$,$\boldsymbol{c}$)能观，且($\boldsymbol{F}$,$\boldsymbol{I}$)能控，则 $\boldsymbol{P}$ 非奇异。定理 8.6 得证。证毕。

由于可以采用相同的处理流程来设计全维估计器和降维估计器，所以通过求解 Lyapunov 方程设计状态估计器是方便和实用的。这将在后面小节中看到，也可以采用相同的处理流程来设计 MIMO 系统的估计器。

8.5 基于估计器的状态反馈

考虑通过 n 维状态空间方程

$$\left.\begin{aligned} \dot{\boldsymbol{x}}(t)&=\boldsymbol{Ax}(t)+\boldsymbol{b}u(t) \\ y(t)&=\boldsymbol{cx}(t) \end{aligned}\right\} \tag{8.51}$$

描述的被控对象，若($\boldsymbol{A}$,$\boldsymbol{b}$)能控，则状态反馈 $u=r-\boldsymbol{kx}$ 可以将 $\boldsymbol{A}-\boldsymbol{bk}$ 的特征值配置在任意的期望位置。若用于反馈的状态变量未知，则可以设计状态估计器。若($\boldsymbol{A}$,$\boldsymbol{c}$)能观，则可以构造具有任意特征值的全维或降维估计器。这里只讨论全维估计器。考虑 n 维状态估计器

$$\dot{\hat{\boldsymbol{x}}}(t)=(\boldsymbol{A}-\boldsymbol{Ic})\hat{\boldsymbol{x}}(t)+\boldsymbol{b}u(t)+\boldsymbol{I}y(t) \tag{8.52}$$

方程(8.52)估计的状态可以通过选择矢量 $\boldsymbol{I}$ 以任意的速率逼近方程(8.51)的实际状态。

设计状态反馈是针对方程(8.51)的状态，若 $\boldsymbol{x}$ 未知，则将反馈增益应用到估计的状态是很自然的，此时执行信号表示为

$$u(t)=r(t)-\boldsymbol{k}\hat{\boldsymbol{x}}(t) \tag{8.53}$$

如图 8.8 所示，称该连接为“控制器-估计器”结构。该连接中可能会出现 3 个问题：① 根据 $u=r-\boldsymbol{kx}$ 得出 $\boldsymbol{A}-\boldsymbol{bk}$ 的特征值，若使用 $u=r-\boldsymbol{k}\hat{\boldsymbol{x}}$ 时，是否仍能得到相同的一组特征值？② 估计器 $\boldsymbol{F}$ 的特征值是否受该连接的影响？③ 估计器对从 r 到 y 的传递函数的影响是什么？为了回答这些问题，必须导出图 8.8 中整体系统的状态空

间方程描述。

将式(8.53)代入方程(8.51)和方程(8.52)可得

$$\dot{\boldsymbol{x}}(t)=\boldsymbol{A}\boldsymbol{x}(t)-\boldsymbol{b}\boldsymbol{k}\hat{\boldsymbol{x}}(t)+\boldsymbol{b}r(t)$$

$$\dot{\hat{\boldsymbol{x}}}(t)=(\boldsymbol{A}-\boldsymbol{l}\boldsymbol{c})\hat{\boldsymbol{x}}(t)+\boldsymbol{b}(r(t)-\boldsymbol{k}\hat{\boldsymbol{x}}(t))+\boldsymbol{l}\boldsymbol{c}\boldsymbol{x}(t)$$

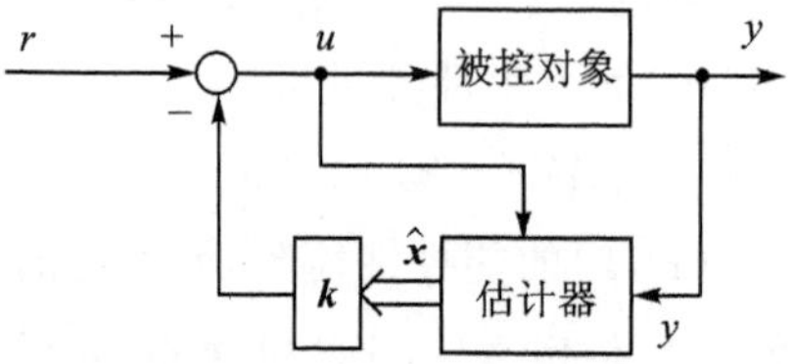

图 8.8　控制器-估计器结构

可以将其合并为

$$\begin{bmatrix}\dot{\boldsymbol{x}}(t)\\ \dot{\hat{\boldsymbol{x}}}(t)\end{bmatrix}=\begin{bmatrix}\boldsymbol{A} & -\boldsymbol{b}\boldsymbol{k}\\ \boldsymbol{l}\boldsymbol{c} & \boldsymbol{A}-\boldsymbol{l}\boldsymbol{c}-\boldsymbol{b}\boldsymbol{k}\end{bmatrix}\begin{bmatrix}\boldsymbol{x}(t)\\ \hat{\boldsymbol{x}}(t)\end{bmatrix}+\begin{bmatrix}\boldsymbol{b}\\ \boldsymbol{b}\end{bmatrix}r(t)$$

$$y(t)=[\boldsymbol{c}\quad \boldsymbol{0}]\begin{bmatrix}\boldsymbol{x}(t)\\ \hat{\boldsymbol{x}}(t)\end{bmatrix}\tag{8.54}$$

该 $2n$ 维状态空间方程描述了图 8.8 中的反馈系统。根据该方程回答提出的这些问题并非易事,故引入以下等价变换:

$$\begin{bmatrix}\boldsymbol{x}(t)\\ \boldsymbol{e}(t)\end{bmatrix}=\begin{bmatrix}\boldsymbol{x}(t)\\ \boldsymbol{x}(t)-\hat{\boldsymbol{x}}(t)\end{bmatrix}=\begin{bmatrix}\boldsymbol{I} & 0\\ \boldsymbol{I} & -\boldsymbol{I}\end{bmatrix}\begin{bmatrix}\boldsymbol{x}(t)\\ \hat{\boldsymbol{x}}(t)\end{bmatrix}=:\boldsymbol{P}\begin{bmatrix}\boldsymbol{x}(t)\\ \hat{\boldsymbol{x}}(t)\end{bmatrix}$$

求出 $\boldsymbol{P}^{-1}$,它恰好等于 $\boldsymbol{P}$,然后借助式(4.26),可以得出以下等价状态空间方程

$$\left.\begin{aligned}\begin{bmatrix}\dot{\boldsymbol{x}}(t)\\ \dot{\boldsymbol{e}}(t)\end{bmatrix}&=\begin{bmatrix}\boldsymbol{A}-\boldsymbol{b}\boldsymbol{k} & \boldsymbol{b}\boldsymbol{k}\\ \boldsymbol{0} & \boldsymbol{A}-\boldsymbol{l}\boldsymbol{c}\end{bmatrix}\begin{bmatrix}\boldsymbol{x}(t)\\ \boldsymbol{e}(t)\end{bmatrix}+\begin{bmatrix}\boldsymbol{b}\\ \boldsymbol{0}\end{bmatrix}r(t)\\ y(t)&=[\boldsymbol{c}\quad \boldsymbol{0}]\begin{bmatrix}\boldsymbol{x}(t)\\ \boldsymbol{e}(t)\end{bmatrix}\end{aligned}\right\}\tag{8.55}$$

方程(8.55)中的 A -矩阵为分块三角阵,因而,其特征值是($\boldsymbol{A}-\boldsymbol{b}\boldsymbol{k}$)的特征值和($\boldsymbol{A}-\boldsymbol{l}\boldsymbol{c}$)的特征值的合并。这样,插入状态估计器不影响原始状态反馈的特征值,该连接也不影响状态估计器的特征值。因此,可以分别进行状态反馈的设计和状态估计器的设计,称之为“分离特性”。

式(8.55)的状态空间方程具有方程(6.40)所示形式,因此,方程(8.55)不能控,并且方程(8.55)的传递函数等于降维方程

$$\dot{\boldsymbol{x}}(t)=(\boldsymbol{A}-\boldsymbol{b}\boldsymbol{k})\boldsymbol{x}(t)+\boldsymbol{b}r(t),\quad y(t)=\boldsymbol{c}\boldsymbol{x}(t)$$

的传递函数,或

$$\hat{g}_f(s)=\boldsymbol{c}(s\boldsymbol{I}-\boldsymbol{A}+\boldsymbol{b}\boldsymbol{k})^{-1}\boldsymbol{b}$$

(定理 6.6)。该传递函数为不使用状态估计器的原始状态反馈系统的传递函数。因

此，从 r 到 y 的传递函数中完全消除了估计器。这有一个简单解释，在计算传递函数时，假定所有初始状态均为零，于是有 $\boldsymbol{x}(0)=\hat{\boldsymbol{x}}(0)=\boldsymbol{0}$，由此可知，对所有 t 均有 $\boldsymbol{x}(t)=\hat{\boldsymbol{x}}(t)$。因此，就 r 到 y 的传递函数而言，是否使用状态估计器并无区别。

8.6　状态反馈——MIMO 情形

本节将状态反馈推广到 MIMO 系统。考虑通过 p 个输入的 n 维状态空间方程

$$\left.\begin{aligned}\dot{\boldsymbol{x}}(t)&=\boldsymbol{A}\boldsymbol{x}(t)+\boldsymbol{B}\boldsymbol{u}(t)\\ y(t)&=\boldsymbol{C}\boldsymbol{x}(t)\end{aligned}\right\}\tag{8.56}$$

描述的被控对象，在状态反馈中，输入 $\boldsymbol{u}$ 由

$$\boldsymbol{u}(t)=\boldsymbol{r}(t)-\boldsymbol{K}\boldsymbol{x}(t)\tag{8.57}$$

给出，其中 $\boldsymbol{K}$ 为 $p\times n$ 的实值常数矩阵，$\boldsymbol{r}$ 为参考信号。将式(8.57)代入方程(8.56)可得

$$\left.\begin{aligned}\dot{\boldsymbol{x}}(t)&=(\boldsymbol{A}-\boldsymbol{B}\boldsymbol{K})\boldsymbol{x}(t)+\boldsymbol{B}\boldsymbol{r}(t)\\ \boldsymbol{y}(t)&=\boldsymbol{C}\boldsymbol{x}(t)\end{aligned}\right\}\tag{8.58}$$

定理 8.M1

对任意 $p\times n$ 的实值常数矩阵 $\boldsymbol{K}$，矩阵对$(\boldsymbol{A}-\boldsymbol{B}\boldsymbol{K},\boldsymbol{B})$能控，当且仅当$(\boldsymbol{A},\boldsymbol{B})$能控。

该定理的证明紧扣定理 8.1 的证明，区别仅在于必须将式(8.4)修正为

$$\mathscr{C}_f=\mathscr{C}\begin{bmatrix}\boldsymbol{I}_p & -\boldsymbol{K}\boldsymbol{B} & -\boldsymbol{K}(\boldsymbol{A}-\boldsymbol{B}\boldsymbol{K})\boldsymbol{B} & -\boldsymbol{K}(\boldsymbol{A}-\boldsymbol{B}\boldsymbol{K})^2\boldsymbol{B}\\ \boldsymbol{0} & \boldsymbol{I}_p & -\boldsymbol{K}\boldsymbol{B} & -\boldsymbol{K}(\boldsymbol{A}-\boldsymbol{B}\boldsymbol{K})\boldsymbol{B}\\ \boldsymbol{0} & \boldsymbol{0} & \boldsymbol{I}_p & -\boldsymbol{K}\boldsymbol{B}\\ \boldsymbol{0} & \boldsymbol{0} & \boldsymbol{0} & \boldsymbol{I}_p\end{bmatrix}$$

其中 $\mathscr{C}_f$ 和 $\mathscr{C}$ 为 $n\times np$ 的能控性矩阵，这里 $n=4$，$\boldsymbol{I}_p$ 为 p 阶单位阵。由于最右边$(4p\times 4p)$的矩阵非奇异，所以当且仅当 $\mathscr{C}$ 的秩为 n 时 $\mathscr{C}_f$ 的秩为 n。因此，任意状态反馈中能控性性质得以保留。但是，正如 SISO 情形，能观性可能不再保留。接下来将定理 8.3 推广到矩阵情形。

定理 8.M3

通过选择实值常数矩阵 $\boldsymbol{K}$ 可以任意配置$(\boldsymbol{A}-\boldsymbol{B}\boldsymbol{K})$的所有特征值(只要复共轭特征值成对配置)，当且仅当$(\boldsymbol{A},\boldsymbol{B})$能控。

若$(\boldsymbol{A},\boldsymbol{B})$不能控，则可以将$(\boldsymbol{A},\boldsymbol{B})$变换为方程(8.36)所示形式，并且任意状态反馈不影响 $\bar{\boldsymbol{A}}_{\bar{c}}$ 的特征值，该定理的必要性得证。充分性将在以下 3 小节中构造性地证实。

8.6.1 循环设计

本设计中,将多输入问题转化为单输入问题,然后再用定理 8.3。若矩阵 $\boldsymbol{A}$ 的特征多项式等于最小多项式,则称矩阵 $\boldsymbol{A}$ 为“循环矩阵”。根据第 3.6 节的讨论,可以得出结论,矩阵 $\boldsymbol{A}$ 为循环矩阵,当且仅当 $\boldsymbol{A}$ 的约当型中相应于每个互异特征值的约当块有且仅有一个。

定理 8.7

若 p 个输入的 n 维矩阵对($\boldsymbol{A}$,$\boldsymbol{B}$)能控,且若 $\boldsymbol{A}$ 为循环矩阵,则对于几乎任意的 $p\times 1$ 向量 $\boldsymbol{v}$,单输入矩阵对($\boldsymbol{A}$,$\boldsymbol{Bv}$)能控。

直观地论证该定理的正确性。由于任意等价变换不改变能控性,因此可以假定 $\boldsymbol{A}$ 为约当型。为了领会其基本思想,举例如下:

$$\boldsymbol{A}=\begin{bmatrix}2&1&0&0&0\\0&2&1&0&0\\0&0&2&0&0\\0&0&0&-1&1\\0&0&0&0&-1\end{bmatrix},\quad \boldsymbol{B}=\begin{bmatrix}0&1\\0&0\\1&2\\4&3\\1&0\end{bmatrix},\quad \boldsymbol{Bv}=\boldsymbol{B}\begin{bmatrix}v_1\\v_2\end{bmatrix}=\begin{bmatrix}x\\x\\\alpha\\x\\\beta\end{bmatrix}\tag{8.59}$$

相应于每个互异特征值的约当块仅有一个,因此,$\boldsymbol{A}$ 为循环矩阵。($\boldsymbol{A}$,$\boldsymbol{B}$)能控的条件是 $\boldsymbol{B}$ 的第 3 行和最后 1 行非零(定理 6.8)

($\boldsymbol{A}$,$\boldsymbol{Bv}$)能控的充要条件是式(8.59)中 $\alpha\neq 0$ 且 $\beta\neq 0$。由于 $\alpha=v_1+2v_2$ 且 $\beta=v_1$,所以当且仅当$\dfrac{v_1}{v_2}=-\dfrac{2}{1}$或 $v_1=0$ 时,α 或β 之一为零。因此,除了 $v_1=0$ 和 $v_1=-2v_2$ 之外的任何 $\boldsymbol{v}$ 都将使($\boldsymbol{A}$,$\boldsymbol{Bv}$)能控。可以假设向量 $\boldsymbol{v}$ 为图 8.9 所示二维实空间中的任意值。条件 $v_1=0$ 和 $v_1=-2v_2$ 构成图中所示的两条直线,任意选好的 $\boldsymbol{v}$ 位于这两条直线之一上的概率为零。定理 8.6 成立。该定理中的循环性假设必不可少,例如,矩阵对

$$\boldsymbol{A}=\begin{bmatrix}2&1&0\\0&2&0\\0&0&2\end{bmatrix},\quad \boldsymbol{B}=\begin{bmatrix}2&1\\0&2\\1&0\end{bmatrix}$$

能控(定理 6.8)。但是,不存在 $\boldsymbol{v}$ 使得($\boldsymbol{A}$,$\boldsymbol{Bv}$)能控(推论 6.8)。

若 $\boldsymbol{A}$ 的所有特征值互异,则相应于每个特征值仅有一个约当块。因此,$\boldsymbol{A}$ 为循环矩阵的一个充分条件是 $\boldsymbol{A}$ 的所有特征值互异。

定理 8.8

若($\boldsymbol{A}$,$\boldsymbol{B}$)能控,则对几乎任意的 $p\times n$ 实值常数矩阵 $\boldsymbol{K}$,矩阵($\boldsymbol{A}-\boldsymbol{BK}$)仅有互异特征值,因此为循环矩阵。

针对 $n=4$ 的情况直观上证明该定理。设 $\boldsymbol{A}-\boldsymbol{BK}$ 的特征多项式为

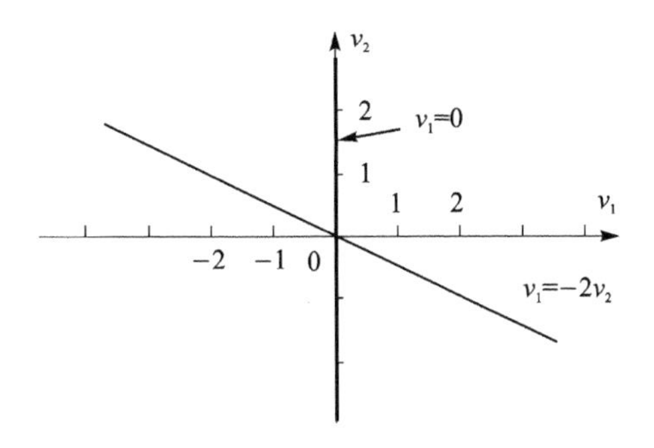

图 8.9　二维实空间

$$\Delta_f(s)=s^4+a_1s^3+a_2s^2+a_3s+a_4$$

其中 a_i 为矩阵 $\boldsymbol{K}$ 中元素的函数，$\Delta_f(s)$关于 s 求导可得

$$\Delta'_f(s)=4s^3+3a_1s^2+2a_2s+a_3$$

若 $\Delta_f(s)$有重根，则 $\Delta_f(s)$和 $\Delta'_f(s)$不互质。二者不互质的充要条件是其 Sylvester 结式奇异，或

$$\det\begin{bmatrix} a_4 & a_3 & 0 & 0 & 0 & 0 & 0 & 0 \\ a_3 & 2a_2 & a_4 & a_3 & 0 & 0 & 0 & 0 \\ a_2 & 3a_1 & a_3 & 2a_2 & a_4 & a_3 & 0 & 0 \\ a_1 & 4 & a_2 & 3a_1 & a_3 & 2a_2 & a_4 & a_3 \\ 1 & 0 & a_1 & 4 & a_2 & 3a_1 & a_3 & 2a_2 \\ 0 & 0 & 1 & 0 & a_1 & 4 & a_2 & 3a_1 \\ 0 & 0 & 0 & 0 & 1 & 0 & a_1 & 4 \\ 0 & 0 & 0 & 0 & 0 & 0 & 1 & 0 \end{bmatrix}=b(k_{ij})=0$$

参见式(7.28)，显然，$b(k_{ij})=0$ 的所有可能解构成所有实值 k_{ij} 的一个很小的子集。因此，若选择任意 $\boldsymbol{K}$，则其元素满足 $b(k_{ij})=0$ 的概率为 0。因此，$\boldsymbol{A}-\boldsymbol{BK}$ 的所有特征值互异。定理得证。

有了这两个定理，现在就可以找出某个 $\boldsymbol{K}$ 将($\boldsymbol{A}-\boldsymbol{BK}$)的所有特征值配置在任意期望位置。若 $\boldsymbol{A}$ 非循环，则引入如图 8.10 所示的 $\boldsymbol{u}=\boldsymbol{w}-\boldsymbol{K}_1\boldsymbol{x}$，使得方程

$$\dot{\boldsymbol{x}}(t)=(\boldsymbol{A}-\boldsymbol{BK}_1)\boldsymbol{x}(t)+\boldsymbol{Bw}(t)=\bar{\boldsymbol{A}}\boldsymbol{x}(t)+\boldsymbol{Bw}(t) \tag{8.60}$$

中的 $\bar{\boldsymbol{A}}:=\boldsymbol{A}-\boldsymbol{BK}_1$ 为循环矩阵。由于($\boldsymbol{A},\boldsymbol{B}$)能控，所以($\bar{\boldsymbol{A}},\boldsymbol{B}$)也能控。因此，存在 $p\times1$ 的实向量 $\boldsymbol{v}$ 使得($\bar{\boldsymbol{A}},\boldsymbol{Bv}$)能控[②]。接下来引入另一个状态反馈 $\boldsymbol{w}=\boldsymbol{r}-\boldsymbol{K}_2\boldsymbol{x}$，其中 $\boldsymbol{K}_2=\boldsymbol{vk}$，而 $\boldsymbol{k}$ 为 $1\times n$ 的实向量，则方程(8.60)变为

$$\dot{\boldsymbol{x}}(t)=(\bar{\boldsymbol{A}}-\boldsymbol{BK}_2)\boldsymbol{x}(t)+\boldsymbol{Br}(t)=(\bar{\boldsymbol{A}}-\boldsymbol{Bvk})\boldsymbol{x}(t)+\boldsymbol{Br}(t)$$

---

② $\boldsymbol{K}_1$ 和 $\boldsymbol{v}$ 的选择不唯一，可以任意选择，其满足要求的概率为 1。在参考文献 6 的定理 7.5 中，给出了一种确切地选择 $\boldsymbol{K}_1$ 和 $\boldsymbol{v}$ 的处理流程，但计算很复杂。

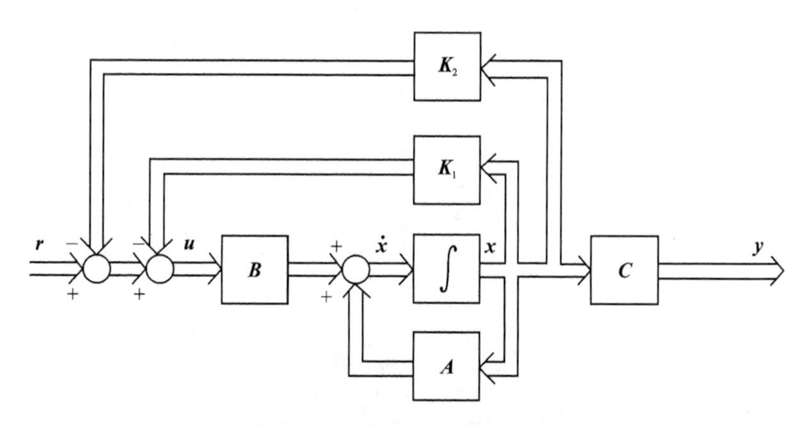

图 8.10 循环设计的状态反馈

由于单输入矩阵对$(\bar{\boldsymbol{A}},\boldsymbol{B}\boldsymbol{v})$能控,则通过选择 $\boldsymbol{k}$ 可以任意配置$(\bar{\boldsymbol{A}}-\boldsymbol{B}\boldsymbol{v}\boldsymbol{k})$的特征值(定理 8.3)。将两个状态反馈 $\boldsymbol{u}=\boldsymbol{w}-\boldsymbol{K}_1\boldsymbol{x}$ 和 $\boldsymbol{w}=\boldsymbol{r}-\boldsymbol{K}_2\boldsymbol{x}$ 合并为

$$\boldsymbol{u}(t)=\boldsymbol{r}(t)-(\boldsymbol{K}_1+\boldsymbol{K}_2)\boldsymbol{x}(t)=: \boldsymbol{r}(t)-\boldsymbol{K}\boldsymbol{x}(t)$$

得出实现任意特征值配置的 $\boldsymbol{K}:=\boldsymbol{K}_1+\boldsymbol{K}_2$。定理 8. M3 得证。

8.6.2 Lyapunov 方程法

本节将第 8.2 节中计算反馈增益的处理流程推广到 MIMO 情形。考虑 p 个输入的 n 维矩阵对$(\boldsymbol{A},\boldsymbol{B})$,找出 $p\times n$ 的实值常数矩阵 $\boldsymbol{K}$,使得 $\boldsymbol{A}-\boldsymbol{B}\boldsymbol{K}$ 具有任意一组期望的特征值,只要该组特征值不包含 $\boldsymbol{A}$ 的任意特征值。

处理流程 8. M1

① 选择具有一组期望特征值的 $n\times n$ 的矩阵 $\boldsymbol{F}$,该组特征值中不包含 $\boldsymbol{A}$ 的特征值。

② 选择任意 $p\times n$ 的矩阵 $\bar{\boldsymbol{K}}$ 使得$(\boldsymbol{F},\bar{\boldsymbol{K}})$能观。

③ 求 Lyapunov 方程 $\boldsymbol{A}\boldsymbol{T}-\boldsymbol{T}\boldsymbol{F}=\boldsymbol{B}\bar{\boldsymbol{K}}$ 的唯一解 $\boldsymbol{T}$。

④ 若 $\boldsymbol{T}$ 奇异,选择其他 $\bar{\boldsymbol{K}}$ 并重复该过程。若 $\boldsymbol{T}$ 非奇异,则计算 $\boldsymbol{K}=\bar{\boldsymbol{K}}\boldsymbol{T}^{-1}$,并且$(\boldsymbol{A}-\boldsymbol{B}\boldsymbol{K})$具有该组期望的特征值。

若 $\boldsymbol{T}$ 非奇异,则由 Lyapunov 方程和 $\boldsymbol{K}\boldsymbol{T}=\bar{\boldsymbol{K}}$ 可知

$$(\boldsymbol{A}-\boldsymbol{B}\boldsymbol{K})\boldsymbol{T}=\boldsymbol{T}\boldsymbol{F} \quad 或 \quad \boldsymbol{A}-\boldsymbol{B}\boldsymbol{K}=\boldsymbol{T}\boldsymbol{F}\boldsymbol{T}^{-1}$$

因此 $\boldsymbol{A}-\boldsymbol{B}\boldsymbol{K}$ 和 $\boldsymbol{F}$ 相似,并且具有共同的一组特征值。与 SISO 情形中 $\boldsymbol{T}$ 总非奇异不同,即便$(\boldsymbol{A},\boldsymbol{B})$能控且$(\boldsymbol{F},\bar{\boldsymbol{K}})$能观,这里的 $\boldsymbol{T}$ 也有可能不是非奇异的。换言之,这两个条件对于 $\boldsymbol{T}$ 为非奇异是必要条件而非充分条件。

定理 8. M4

若 $\boldsymbol{A}$ 和 $\boldsymbol{F}$ 不存在共同的特征值,则仅当$(\boldsymbol{A},\boldsymbol{B})$能控且$(\boldsymbol{F},\bar{\boldsymbol{K}})$能观时,方程 $\boldsymbol{A}\boldsymbol{T}-\boldsymbol{T}\boldsymbol{F}=\boldsymbol{B}\bar{\boldsymbol{K}}$ 的唯一解 $\boldsymbol{T}$ 非奇异。

定理 8.4 的证明在这里仍适用，只是针对 $n=4$ 的情况，须将式(8.22)修正为

$$-\boldsymbol{T}\Delta(\boldsymbol{F})=[\boldsymbol{B}\quad \boldsymbol{AB}\quad \boldsymbol{A}^2\boldsymbol{B}\quad \boldsymbol{A}^3\boldsymbol{B}]\begin{bmatrix}\alpha_3\boldsymbol{I} & \alpha_2\boldsymbol{I} & \alpha_1\boldsymbol{I} & \boldsymbol{I}\\ \alpha_2\boldsymbol{I} & \alpha_1\boldsymbol{I} & \boldsymbol{I} & 0\\ \alpha_1\boldsymbol{I} & \boldsymbol{I} & 0 & 0\\ \boldsymbol{I} & 0 & 0 & 0\end{bmatrix}\begin{bmatrix}\bar{\boldsymbol{K}}\\ \bar{\boldsymbol{K}}\boldsymbol{F}\\ \bar{\boldsymbol{K}}\boldsymbol{F}^2\\ \bar{\boldsymbol{K}}\boldsymbol{F}^3\end{bmatrix}$$

或

$$-\boldsymbol{T}\Delta(\boldsymbol{F})=\mathscr{C}\boldsymbol{\Sigma}\mathscr{O} \tag{8.61}$$

其中 $\Delta(\boldsymbol{F})$非奇异，$\mathscr{C}$、$\boldsymbol{\Sigma}$ 和 $\mathscr{O}$分别为 $n\times np$、$np\times np$ 和 $np\times n$ 的矩阵。若 $\mathscr{C}$ 或 $\mathscr{O}$ 的秩小于 n，则根据式(3.61)$\boldsymbol{T}$ 奇异。但是，$\mathscr{C}$ 和 $\mathscr{O}$ 秩为 n 的条件并不意味着 $\boldsymbol{T}$ 非奇异，因此$(\boldsymbol{A},\boldsymbol{B})$的能控性和$(\boldsymbol{F},\bar{\boldsymbol{K}})$的能观性只是 $\boldsymbol{T}$ 非奇异的必要条件。定理 8.M3 得证。

给定能控的矩阵对$(\boldsymbol{A},\boldsymbol{B})$，有可能构造出能观的$(\boldsymbol{F},\bar{\boldsymbol{K}})$，使得定理 8.M4 中的 $\boldsymbol{T}$ 奇异。但是，在选好 $\boldsymbol{F}$ 之后，若随机选择 $\bar{\boldsymbol{K}}$，并且若$(\boldsymbol{F},\bar{\boldsymbol{K}})$能观，则认为 $\boldsymbol{T}$ 非奇异的概率为 1。因而，求解 Lyapunov 方程是计算反馈增益矩阵以实现任意特征值配置的一种可行方法。与 SISO 情形类似，可以选择 $\boldsymbol{F}$ 为伴随型或如式(8.23)所示的模态型。若选择 $\boldsymbol{F}$ 为式(8.23)的形式，则可以选择 $\bar{\boldsymbol{K}}$ 为

$$\bar{\boldsymbol{K}}=\begin{bmatrix}1 & 1 & 0 & 0 & 0\\ 0 & 0 & 0 & 1 & 0\end{bmatrix}\quad 或\quad \bar{\boldsymbol{K}}=\begin{bmatrix}0 & 0 & 1 & 0 & 0\\ 1 & 0 & 0 & 1 & 0\end{bmatrix}$$

(参见习题 6.16)。一旦选定 $\boldsymbol{F}$ 和 $\bar{\boldsymbol{K}}$，就可以使用 MATLAB 函数 `lyap` 来求解 Lyapunov 方程。因此很容易实现该处理流程。

8.6.3 能控型法

在前面小节引入了两种计算反馈增益矩阵以实现任意特征值配置的方法。这两种方法相对简单，但是，它们并没有揭示出最终反馈系统的结构。本小节讨论另一种设计方法，它可以揭示状态反馈对传递矩阵的影响。同时还给出状态反馈的传递矩阵解释。

本设计中须将$(\boldsymbol{A},\boldsymbol{B})$变换为能控型，它是定理 8.2 到 MIMO 情形的推广。虽然基本思想相同，但处理流程可以变得异常复杂难懂。因而，跳过细节只呈现最终结果。为了简化讨论，假设方程(8.56)的维数为 6，包含两个输入和两个输出。首先从左到右依次搜索 $\mathscr{C}=[\boldsymbol{B}\quad \boldsymbol{AB}\quad \cdots\quad \boldsymbol{A}^5\boldsymbol{B}]$的线性无关列。假设其能控性指数集为 $\mu_1=4$ 和 $\mu_2=2$，则存在非奇异矩阵 $\boldsymbol{P}$ 以及 $\bar{\boldsymbol{x}}=\boldsymbol{Px}$ 将方程(8.56)变换为能控型

$$\left.\begin{aligned}\dot{\bar{x}}(t) &= \begin{bmatrix} -\alpha_{111} & -\alpha_{112} & -\alpha_{113} & -\alpha_{114} & \vdots & -\alpha_{121} & -\alpha_{122} \\ 1 & 0 & 0 & 0 & \vdots & 0 & 0 \\ 0 & 1 & 0 & 0 & \vdots & 0 & 0 \\ 0 & 0 & 1 & 0 & \vdots & 0 & 0 \\ \cdots & \cdots & \cdots & \cdots & \cdots & \cdots & \cdots \\ -\alpha_{211} & -\alpha_{212} & -\alpha_{213} & -\alpha_{214} & \vdots & -\alpha_{221} & -\alpha_{222} \\ 0 & 0 & 0 & 0 & \vdots & 1 & 0 \end{bmatrix}\bar{x}(t) + \begin{bmatrix} 1 & b_{12} \\ 0 & 0 \\ 0 & 0 \\ 0 & 0 \\ \cdots & \cdots \\ 0 & 1 \\ 0 & 0 \end{bmatrix}\boldsymbol{u}(t) \\ \boldsymbol{y}(t) &= \begin{bmatrix} \beta_{111} & \beta_{112} & \beta_{113} & \beta_{114} & \beta_{121} & \beta_{122} \\ \beta_{211} & \beta_{212} & \beta_{213} & \beta_{214} & \beta_{221} & \beta_{222} \end{bmatrix}\bar{x}(t)\end{aligned}\right\} \tag{8.62}$$

需要注意的是,该能控型与式(7.104)中的形式相同。

现在讨论如何找出反馈增益矩阵来实现任意特征值配置。根据一组给定的6个期望特征值,可以构造

$$\Delta_f(s) = (s^4 + \bar{\alpha}_{111}s^3 + \bar{\alpha}_{112}s^2 + \bar{\alpha}_{113}s + \bar{\alpha}_{114})(s^2 + \bar{\alpha}_{221}s + \bar{\alpha}_{222}) \tag{8.63}$$

选择 $\bar{\boldsymbol{K}}$ 为

$$\bar{\boldsymbol{K}} = \begin{bmatrix} 1 & b_{12} \\ 0 & 1 \end{bmatrix}^{-1} \times \begin{bmatrix} \bar{\alpha}_{111} - \alpha_{111} & \bar{\alpha}_{112} - \alpha_{112} & \bar{\alpha}_{113} - \alpha_{113} & \bar{\alpha}_{114} - \alpha_{114} & -\alpha_{121} & -\alpha_{122} \\ \bar{\alpha}_{211} - \alpha_{211} & \bar{\alpha}_{212} - \alpha_{212} & \bar{\alpha}_{213} - \alpha_{213} & \bar{\alpha}_{214} - \alpha_{214} & \bar{\alpha}_{221} - \alpha_{221} & \bar{\alpha}_{222} - \alpha_{222} \end{bmatrix} \tag{8.64}$$

则直接验证下式

$$\bar{\boldsymbol{A}} - \bar{\boldsymbol{B}}\bar{\boldsymbol{K}} = \begin{bmatrix} -\bar{\alpha}_{111} & -\bar{\alpha}_{112} & -\bar{\alpha}_{113} & -\bar{\alpha}_{114} & \vdots & 0 & 0 \\ 1 & 0 & 0 & 0 & \vdots & 0 & 0 \\ 0 & 1 & 0 & 0 & \vdots & 0 & 0 \\ 0 & 0 & 1 & 0 & \vdots & 0 & 0 \\ \cdots & \cdots & \cdots & \cdots & \cdots & \cdots & \cdots \\ -\bar{\alpha}_{211} & -\bar{\alpha}_{212} & -\bar{\alpha}_{213} & -\bar{\alpha}_{214} & \vdots & -\bar{\alpha}_{221} & -\bar{\alpha}_{222} \\ 0 & 0 & 0 & 0 & \vdots & 1 & 0 \end{bmatrix} \tag{8.65}$$

由于对任意 $\bar{\alpha}_{21i}$,$i=1,2,3,4$,$(\bar{\boldsymbol{A}}-\bar{\boldsymbol{B}}\bar{\boldsymbol{K}})$均为分块三角阵,所以其特征多项式等于两个4阶和2阶分块对角矩阵的特征多项式的乘积。由于分块对角矩阵为伴随型,因而得出的结论是$(\bar{\boldsymbol{A}}-\bar{\boldsymbol{B}}\bar{\boldsymbol{K}})$的特征多项式等于式(8.63)。若 $\boldsymbol{K}=\bar{\boldsymbol{K}}\boldsymbol{P}$,则$(\bar{\boldsymbol{A}}-\bar{\boldsymbol{B}}\bar{\boldsymbol{K}})=\boldsymbol{P}(\boldsymbol{A}-\boldsymbol{B}\boldsymbol{K})\boldsymbol{P}^{-1}$。因此,反馈增益 $\boldsymbol{K}=\bar{\boldsymbol{K}}\boldsymbol{P}$ 可以将$(\boldsymbol{A}-\boldsymbol{B}\boldsymbol{K})$的特征值配置在期望的位置。定理8.M3再次得证。

与反馈增益唯一的单输入情况不同,多输入情况下的反馈增益矩阵不唯一。例如,由式(8.64)中的 $\bar{\boldsymbol{K}}$ 可得$(\bar{\boldsymbol{A}}-\bar{\boldsymbol{B}}\bar{\boldsymbol{K}})$中的下分块三角阵,而选择另一个 $\bar{\boldsymbol{K}}$ 来得出上

分块三角阵或分块对角阵也是可能的。此外，对式(8.63)的不同的分组也将得出不同的 $\bar{\boldsymbol{K}}$。

8.6.4 对传递矩阵的影响[③]

在 SISO 情况下，状态反馈可以将被控对象传递函数 $\hat{g}(s)$ 的极点移动到任意位置，但不影响零点。或等价地描述为，状态反馈可以将除首项系数 1 之外的分母系数修改为任意值，但不影响分子系数。虽然可以根据式(8.62)和式(8.65)为 MIMO 情形证实类似的结果，但是借助第 7.9 节的结论进行证实是有借鉴及指导意义的。按照第 7.9 节的符号，将 $\hat{\boldsymbol{G}}(s)=\boldsymbol{C}(s\boldsymbol{I}-\boldsymbol{A})^{-1}\boldsymbol{B}$ 表示为

$$\hat{\boldsymbol{G}}(s)=\boldsymbol{N}(s)\boldsymbol{D}^{-1}(s) \tag{8.66}$$

或

$$\hat{\boldsymbol{y}}(s)=\boldsymbol{N}(s)\boldsymbol{D}^{-1}(s)\hat{\boldsymbol{u}}(s) \tag{8.67}$$

其中 $\boldsymbol{N}(s)$ 和 $\boldsymbol{D}(s)$ 右互质，$\boldsymbol{D}(s)$ 为列既约。如式(7.93)，定义

$$\boldsymbol{D}(s)\hat{\boldsymbol{v}}(s)=\hat{\boldsymbol{u}}(s) \tag{8.68}$$

则有

$$\hat{\boldsymbol{y}}(s)=\boldsymbol{N}(s)\hat{\boldsymbol{v}}(s) \tag{8.69}$$

设 $\boldsymbol{H}(s)$ 和 $\boldsymbol{L}(s)$ 如式(7.91)和式(7.92)定义，则方程(8.62)中的状态向量为

$$\hat{\boldsymbol{x}}(s)=\boldsymbol{L}(s)\hat{\boldsymbol{v}}(s)$$

因此，在拉普拉斯变换域状态反馈变为

$$\hat{\boldsymbol{u}}(s)=\hat{\boldsymbol{r}}(s)-\boldsymbol{K}\hat{\boldsymbol{x}}(s)=\hat{\boldsymbol{r}}(s)-\boldsymbol{K}\boldsymbol{L}(s)\hat{\boldsymbol{v}}(s) \tag{8.70}$$

并可以表示为图 8.11 所示的结果。

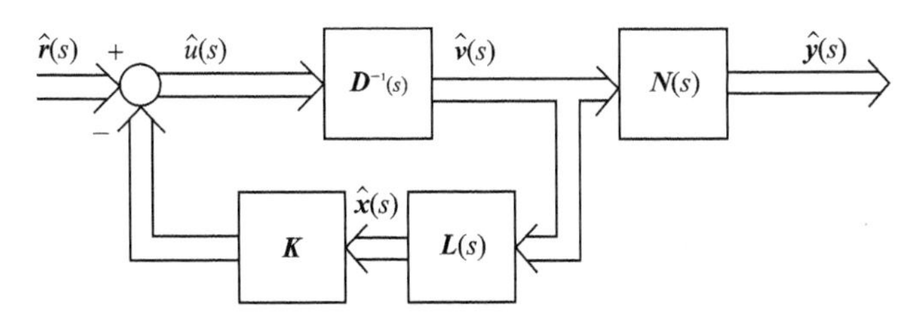

图 8.11　状态反馈的传递矩阵解释

将 $\boldsymbol{D}(s)$ 表示为

$$\boldsymbol{D}(s)=\boldsymbol{D}_{hc}\boldsymbol{H}(s)+\boldsymbol{D}_{lc}\boldsymbol{L}(s) \tag{8.71}$$

将式(8.71)和式(8.70)代入(8.68)可得

$$[\boldsymbol{D}_{hc}\boldsymbol{H}(s)+\boldsymbol{D}_{lc}\boldsymbol{L}(s)]\hat{\boldsymbol{v}}(s)=\hat{\boldsymbol{r}}(s)-\boldsymbol{K}\boldsymbol{L}(s)\hat{\boldsymbol{v}}(s)$$

由此可知

---

③　可跳过本小节不影响连续性。为研究本小节需要学习第 7.9 节中的内容。

$$[\boldsymbol{D}_{hc}\boldsymbol{H}(s)+(\boldsymbol{D}_{lc}+\boldsymbol{K})\boldsymbol{L}(s)]\hat{\boldsymbol{v}}(s)=\hat{\boldsymbol{r}}(s)$$

将该式代入式(8.69)可得

$$\hat{\boldsymbol{y}}(s)=\boldsymbol{N}(s)[\boldsymbol{D}_{hc}\boldsymbol{H}(s)+(\boldsymbol{D}_{lc}+\boldsymbol{K})\boldsymbol{L}(s)]^{-1}\hat{\boldsymbol{r}}(s)$$

因此,从 $\boldsymbol{r}$ 到 $\boldsymbol{y}$ 的传递矩阵为

$$\hat{\boldsymbol{G}}_f(s)=\boldsymbol{N}(s)[\boldsymbol{D}_{hc}\boldsymbol{H}(s)+(\boldsymbol{D}_{lc}+\boldsymbol{K})\boldsymbol{L}(s)]^{-1} \tag{8.72}$$

状态反馈将被控对象传递矩阵 $\boldsymbol{N}(s)\boldsymbol{D}^{-1}(s)$修改为式(8.72)中的传递矩阵。可见,状态反馈不影响分子矩阵 $\boldsymbol{N}(s)$,也不影响列次数矩阵 $\boldsymbol{H}(s)$和列次数系数矩阵 $\boldsymbol{D}_{hc}$。但是通过选择 $\boldsymbol{K}$ 可以任意配置所有与 $\boldsymbol{L}(s)$相关联的系数,该结论与 SISO 情形类似。

将第8.3节中讨论的鲁棒跟踪和扰动抑制推广到 MIMO 情形是有可能的,但是借助互质分式推广则更为简便,因而,这里对此并不讨论。

8.7 状态估计器——MIMO 情形

对 SISO 情形下状态估计器的所有讨论均适用于 MIMO 情形,因而,关于这部分内容仅做简要讨论。考虑 p 个输入 q 个输出的 n 维状态空间方程

$$\left.\begin{aligned}\dot{\boldsymbol{x}}(t)&=\boldsymbol{A}\boldsymbol{x}(t)+\boldsymbol{B}\boldsymbol{u}(t)\\ y(t)&=\boldsymbol{C}\boldsymbol{x}(t)\end{aligned}\right\} \tag{8.73}$$

关注的问题是,使用已知的输入 $\boldsymbol{u}$ 和输出 $\boldsymbol{y}$ 来驱动某系统,该系统的输出给出状态 $\boldsymbol{x}$ 的估计。将方程(8.40)推广到 MIMO 情形为

$$\dot{\hat{\boldsymbol{x}}}(t)=(\boldsymbol{A}-\boldsymbol{L}\boldsymbol{C})\hat{\boldsymbol{x}}(t)+\boldsymbol{B}\boldsymbol{u}(t)+\boldsymbol{L}\boldsymbol{y}(t) \tag{8.74}$$

该方程为全维状态估计器,定义偏差向量为

$$\boldsymbol{e}(t):=\boldsymbol{x}(t)-\hat{\boldsymbol{x}}(t) \tag{8.75}$$

则与式(8.41)类似,有

$$\dot{\boldsymbol{e}}(t)=(\boldsymbol{A}-\boldsymbol{L}\boldsymbol{C})\boldsymbol{e}(t) \tag{8.76}$$

若$(\boldsymbol{A},\boldsymbol{C})$能观,则通过选择 $\boldsymbol{L}$ 可以任意配置 $\boldsymbol{A}-\boldsymbol{L}\boldsymbol{C}$ 的所有特征值。因此,估计的状态 $\hat{\boldsymbol{x}}$ 逼近实际状态 $\boldsymbol{x}$ 的收敛速度可以达到期望的任意快。与 SISO 情形类似,这里可以使用计算状态反馈增益 $\boldsymbol{K}$ 的三种方法来求 $\boldsymbol{L}$。

接下来讨论降维状态估计器,以下处理流程是流程 8.R1 到 MIMO 情形的推广。

处理流程 8.MR1

考虑 q 个输出的 n 维能观矩阵对$(\boldsymbol{A},\boldsymbol{C})$,假定 $\boldsymbol{C}$ 的秩为 q。

① 选择任意$(n-q)\times(n-q)$的稳定矩阵 $\boldsymbol{F}$,其与 $\boldsymbol{A}$ 不存在共同的特征值。

② 选择任意$(n-q)\times q$ 的矩阵 $\boldsymbol{L}$ 使得$(\boldsymbol{F},\boldsymbol{L})$能控。

③ 求 Lyapunov 方程 $\boldsymbol{TA}-\boldsymbol{FT}=\boldsymbol{LC}$ 的唯一解 $\boldsymbol{T}$，其中 $\boldsymbol{T}$ 为 $(n-q)\times n$ 的矩阵。

④ 若 n 阶方阵

$$\boldsymbol{P}=\begin{bmatrix}\boldsymbol{C}\\\boldsymbol{T}\end{bmatrix}\tag{8.77}$$

奇异，则返回步骤②，并重复该过程。若 $\boldsymbol{P}$ 非奇异，则 $n-q$ 维状态空间方程

$$\dot{\boldsymbol{z}}(t)=\boldsymbol{Fz}(t)+\boldsymbol{TBu}(t)+\boldsymbol{Ly}(t)\tag{8.78}$$

$$\hat{\boldsymbol{x}}(t)=\begin{bmatrix}\boldsymbol{C}\\\boldsymbol{T}\end{bmatrix}^{-1}\begin{bmatrix}\boldsymbol{y}(t)\\\boldsymbol{z}(t)\end{bmatrix}\tag{8.79}$$

产生 $\boldsymbol{x}(t)$ 的估计。

首先验证该处理流程的正确性。将式(8.79)写为

$$\begin{bmatrix}\boldsymbol{y}(t)\\\boldsymbol{z}(t)\end{bmatrix}=\begin{bmatrix}\boldsymbol{C}\\\boldsymbol{T}\end{bmatrix}\hat{\boldsymbol{x}}(t)$$

由此可知 $\boldsymbol{y}=\boldsymbol{C}\hat{\boldsymbol{x}}$ 以及 $\boldsymbol{z}=\boldsymbol{T}\hat{\boldsymbol{x}}$。显然，$\boldsymbol{y}$ 是 $\boldsymbol{Cx}$ 的估计，现在证明 $\boldsymbol{z}$ 是 $\boldsymbol{Tx}$ 的估计，定义

$$\boldsymbol{e}(t):=\boldsymbol{z}(t)-\boldsymbol{Tx}(t)$$

则有

$$\begin{aligned}\dot{\boldsymbol{e}}(t)=\dot{\boldsymbol{z}}(t)-\boldsymbol{T}\dot{\boldsymbol{x}}(t)=\boldsymbol{Fz}(t)+\boldsymbol{TBu}(t)+\boldsymbol{LCx}(t)-\boldsymbol{TAx}(t)-\boldsymbol{TBu}(t)=\\\boldsymbol{Fz}(t)+(\boldsymbol{LC}-\boldsymbol{TA})\boldsymbol{x}(t)=\boldsymbol{F}(\boldsymbol{z}(t)-\boldsymbol{Tx}(t))=\boldsymbol{Fe}(t)\end{aligned}$$

若 $\boldsymbol{F}$ 稳定，则随着 $t\to\infty$，$\boldsymbol{e}(t)\to\boldsymbol{0}$，因此 $\boldsymbol{z}(t)$ 是 $\boldsymbol{Tx}(t)$ 的估计。

定理 8. M6

若 $\boldsymbol{A}$ 与 $\boldsymbol{F}$ 不存在共同的特征值，则仅当 $(\boldsymbol{A},\boldsymbol{C})$ 能观且 $(\boldsymbol{F},\boldsymbol{L})$ 能控时，方阵

$$\boldsymbol{P}:=\begin{bmatrix}\boldsymbol{C}\\\boldsymbol{T}\end{bmatrix}$$

非奇异，其中 $\boldsymbol{T}$ 为方程 $\boldsymbol{TA}-\boldsymbol{FT}=\boldsymbol{LC}$ 的唯一解。

可以结合定理 8. M4 和定理 8. 6 的证明来证明该定理。与定理 8. 6 不同，那里针对 $\boldsymbol{P}$ 非奇异的条件为必要且充分的，而这里的条件仅为必要条件。给定 $(\boldsymbol{A},\boldsymbol{C})$，构造出能控对 $(\boldsymbol{F},\boldsymbol{L})$ 使 $\boldsymbol{P}$ 奇异是可能的。但是选好 $\boldsymbol{F}$ 之后，若随机选择 $\boldsymbol{L}$ 且若 $(\boldsymbol{F},\boldsymbol{L})$ 能控，则认为 $\boldsymbol{P}$ 非奇异的概率为 1。

8.8 基于估计器的状态反馈——MIMO 情形

本节将第 8.5 节讨论的分离特性推广到 MIMO 情形。这里使用降维状态估计器，因而推导起来更为复杂。

考虑 n 维状态空间方程

$$\left.\begin{aligned}\dot{\boldsymbol{x}}(t)&=\boldsymbol{Ax}(t)+\boldsymbol{Bu}(t)\\\boldsymbol{y}(t)&=\boldsymbol{Cx}(t)\end{aligned}\right\}\tag{8.80}$$

以及方程(8.78)和方程(8.79)中的$(n-q)$维状态估计器。先求式(8.77)中$\boldsymbol{P}$的逆，再将其分块为$[\boldsymbol{Q}_1 \quad \boldsymbol{Q}_2]$，其中$\boldsymbol{Q}_1$为$n\times q$的矩阵，$\boldsymbol{Q}_2$为$n\times(n-q)$的矩阵，即

$$[\boldsymbol{Q}_1 \quad \boldsymbol{Q}_2]\begin{bmatrix}\boldsymbol{C}\\ \boldsymbol{T}\end{bmatrix}=\boldsymbol{Q}_1\boldsymbol{C}+\boldsymbol{Q}_2\boldsymbol{T}=\boldsymbol{I} \tag{8.81}$$

则可以将方程(8.78)和方程(8.79)中的$(n-q)$维状态估计器写为

$$\dot{\boldsymbol{z}}(t)=\boldsymbol{F}\boldsymbol{z}(t)+\boldsymbol{T}\boldsymbol{B}\boldsymbol{u}(t)+\boldsymbol{L}\boldsymbol{y}(t) \tag{8.82}$$

$$\hat{\boldsymbol{x}}(t)=\boldsymbol{Q}_1\boldsymbol{y}(t)+\boldsymbol{Q}_2\boldsymbol{z}(t) \tag{8.83}$$

若用于状态反馈的原始状态未知，则将反馈增益矩阵应用于$\hat{\boldsymbol{x}}$可得

$$\boldsymbol{u}(t)=\boldsymbol{r}(t)-\boldsymbol{K}\hat{\boldsymbol{x}}(t)=\boldsymbol{r}(t)-\boldsymbol{K}\boldsymbol{Q}_1\boldsymbol{y}(t)-\boldsymbol{K}\boldsymbol{Q}_2\boldsymbol{z}(t) \tag{8.84}$$

将该式代入方程(8.80)和方程(8.82)可得

$$\begin{aligned}\dot{\boldsymbol{x}}(t)&=\boldsymbol{A}\boldsymbol{x}(t)+\boldsymbol{B}[\boldsymbol{r}(t)-\boldsymbol{K}\boldsymbol{Q}_1\boldsymbol{C}\boldsymbol{x}(t)-\boldsymbol{K}\boldsymbol{Q}_2\boldsymbol{z}(t)]=\\&(\boldsymbol{A}-\boldsymbol{B}\boldsymbol{K}\boldsymbol{Q}_1\boldsymbol{C})\boldsymbol{x}(t)-\boldsymbol{B}\boldsymbol{K}\boldsymbol{Q}_2\boldsymbol{z}(t)+\boldsymbol{B}\boldsymbol{r}(t)\end{aligned} \tag{8.85}$$

$$\begin{aligned}\dot{\boldsymbol{z}}(t)&=\boldsymbol{F}\boldsymbol{z}(t)+\boldsymbol{T}\boldsymbol{B}(\boldsymbol{r}(t)-\boldsymbol{K}\boldsymbol{Q}_1\boldsymbol{C}\boldsymbol{x}(t)-\boldsymbol{K}\boldsymbol{Q}_2\boldsymbol{z}(t))+\boldsymbol{L}\boldsymbol{C}\boldsymbol{x}(t)=\\&(\boldsymbol{L}\boldsymbol{C}-\boldsymbol{T}\boldsymbol{B}\boldsymbol{Q}_1\boldsymbol{C})\boldsymbol{x}(t)+(\boldsymbol{F}-\boldsymbol{T}\boldsymbol{B}\boldsymbol{K}\boldsymbol{Q}_2)\boldsymbol{z}(t)+\boldsymbol{T}\boldsymbol{B}\boldsymbol{r}(t)\end{aligned} \tag{8.86}$$

可以将其合并为

$$\begin{gathered}\begin{bmatrix}\dot{\boldsymbol{x}}(t)\\ \dot{\boldsymbol{z}}(t)\end{bmatrix}=\begin{bmatrix}\boldsymbol{A}-\boldsymbol{B}\boldsymbol{K}\boldsymbol{Q}_1\boldsymbol{C} & -\boldsymbol{B}\boldsymbol{K}\boldsymbol{Q}_2\\ \boldsymbol{L}\boldsymbol{C}-\boldsymbol{T}\boldsymbol{B}\boldsymbol{K}\boldsymbol{Q}_1\boldsymbol{C} & \boldsymbol{F}-\boldsymbol{T}\boldsymbol{B}\boldsymbol{K}\boldsymbol{Q}_2\end{bmatrix}\begin{bmatrix}\boldsymbol{x}(t)\\ \boldsymbol{z}(t)\end{bmatrix}+\begin{bmatrix}\boldsymbol{B}\\ \boldsymbol{T}\boldsymbol{B}\end{bmatrix}\boldsymbol{r}(t)\\ \boldsymbol{y}(t)=[\boldsymbol{C} \quad \boldsymbol{0}]\begin{bmatrix}\boldsymbol{x}(t)\\ \boldsymbol{z}(t)\end{bmatrix}\end{gathered} \tag{8.87}$$

此$2n-q$维状态空间方程描述了图8.8中的反馈系统。与SISO情形类似，现进行以下等价变换

$$\begin{bmatrix}\boldsymbol{x}(t)\\ \boldsymbol{e}(t)\end{bmatrix}=\begin{bmatrix}\boldsymbol{x}(t)\\ \boldsymbol{z}(t)-\boldsymbol{T}\boldsymbol{x}(t)\end{bmatrix}=\begin{bmatrix}\boldsymbol{I}_n & 0\\ -\boldsymbol{T} & \boldsymbol{I}_{n-q}\end{bmatrix}\begin{bmatrix}\boldsymbol{x}(t)\\ \boldsymbol{z}(t)\end{bmatrix}$$

经过某些运算并借助$\boldsymbol{T}\boldsymbol{A}-\boldsymbol{F}\boldsymbol{T}=\boldsymbol{L}\boldsymbol{C}$和式(8.81)，可以最终得出以下等价状态空间方程

$$\left.\begin{gathered}\begin{bmatrix}\dot{\boldsymbol{x}}(t)\\ \dot{\boldsymbol{e}}(t)\end{bmatrix}=\begin{bmatrix}\boldsymbol{A}-\boldsymbol{B}\boldsymbol{K} & -\boldsymbol{B}\boldsymbol{K}\boldsymbol{Q}_2\\ \boldsymbol{0} & \boldsymbol{F}\end{bmatrix}\begin{bmatrix}\boldsymbol{x}(t)\\ \boldsymbol{e}(t)\end{bmatrix}+\begin{bmatrix}\boldsymbol{B}\\ \boldsymbol{0}\end{bmatrix}\boldsymbol{r}(t)\\ \boldsymbol{y}(t)=[\boldsymbol{C} \quad \boldsymbol{0}]\begin{bmatrix}\boldsymbol{x}(t)\\ \boldsymbol{e}(t)\end{bmatrix}\end{gathered}\right\} \tag{8.88}$$

该方程与SISO情形的方程(8.55)类似。因而，那里的所有讨论无需任何修改均适用于MIMO情形。换言之，可以分别进行状态反馈的设计和状态估计器的设计，此即“分离特性”。此外，不能通过$\boldsymbol{r}$来控制$\boldsymbol{F}$的所有特征值，且从$\boldsymbol{r}$到$\boldsymbol{y}$的传递矩阵等于

$$\hat{\boldsymbol{G}}_f(s)=\boldsymbol{C}(s\boldsymbol{I}-\boldsymbol{A}+\boldsymbol{B}\boldsymbol{K})^{-1}\boldsymbol{B}$$

习　题

8.1　给定

$$\dot{\boldsymbol{x}}(t)=\begin{bmatrix}2 & 1\\ -1 & 1\end{bmatrix}\boldsymbol{x}(t)+\begin{bmatrix}1\\ 2\end{bmatrix}u(t),\quad y(t)=\begin{bmatrix}1 & 1\end{bmatrix}\boldsymbol{x}(t)$$

试找出状态反馈增益 $\boldsymbol{k}$，使得状态反馈系统具有特征值-1和-2。不使用任意等价变换直接求 $\boldsymbol{k}$。

8.2　试借助式(8.13)重解习题 8.1。

8.3　试通过求解 Lyapunov 方程重解习题 8.1。

8.4　试找出状态方程

$$\dot{\boldsymbol{x}}(t)=\begin{bmatrix}1 & 1 & -2\\ 0 & 1 & 1\\ 0 & 0 & 1\end{bmatrix}\boldsymbol{x}(t)+\begin{bmatrix}1\\ 0\\ 1\end{bmatrix}u(t)$$

的状态反馈增益，使最终得出的系统具有特征值-2和$-1\pm \mathrm{j}1$。用你认为最简单的方法手算完成设计。

8.5　考虑传递函数为

$$\hat{g}(s)=\frac{(s-1)(s+2)}{(s+1)(s-2)(s+3)}$$

的系统，试问能否通过状态反馈将其传递函数修改如下？

$$\hat{g}_f(s)=\frac{(s-1)}{(s+2)(s+3)}$$

最终得到的系统是否 BIBO 稳定？是否渐近稳定？

8.6　考虑传递函数为

$$\hat{g}(s)=\frac{(s-1)(s+2)}{(s+1)(s-2)(s+3)}$$

的系统，试问能否通过状态反馈将其传递函数修改如下：

$$\hat{g}_f(s)=\frac{1}{s+3}$$

最终得到的系统是否 BIBO 稳定？是否渐近稳定？

8.7　考虑连续时间状态空间方程

$$\dot{\boldsymbol{x}}(t)=\begin{bmatrix}1 & 1 & -2\\ 0 & 1 & 1\\ 0 & 0 & 1\end{bmatrix}\boldsymbol{x}(t)+\begin{bmatrix}1\\ 0\\ 1\end{bmatrix}u(t)$$

$$y(t)=\begin{bmatrix}2 & 0 & 0\end{bmatrix}\boldsymbol{x}(t)$$

设 $u(t)=pr(t)-\boldsymbol{k}\boldsymbol{x}(t)$，试找出前馈增益 p 及状态反馈增益 $\boldsymbol{k}$，使最终得出的系统具有特征值-2和$-1\pm \mathrm{j}1$且可以渐近跟踪任意阶跃参考输入。

8.8 考虑离散时间状态空间方程

$$\boldsymbol{x}[k+1]=\begin{bmatrix}1 & 1 & -2\\0 & 1 & 1\\0 & 0 & 1\end{bmatrix}\boldsymbol{x}[k]+\begin{bmatrix}1\\0\\1\end{bmatrix}u[k]$$

$$y[k]=[2\quad 0\quad 0]\,\boldsymbol{x}[k]$$

试找出状态反馈增益,使最终得出的系统所有特征值均在 $z=0$ 处。试证明,对于任意初始状态,反馈系统的零输入响应在 $k\geqslant 3$ 时变得恒为零。

8.9 考虑习题 8.8 中的离散时间状态空间方程。设 $u[k]=pr[k]-\boldsymbol{kx}[k]$,其中 p 为前馈增益。针对习题 8.8 中的 $\boldsymbol{k}$,试找出增益 p,使输出能够跟踪任意阶跃参考输入。同时证明在 $k\geqslant 3$ 时 $y[k]=r[k]$。因此,在有限个采样周期内实现了精确跟踪,而非渐近跟踪。若将最终得出系统的所有极点均配置在 $z=0$ 处才有可能。称之为“无差拍”设计。

8.10 考虑不能控状态方程

$$\dot{\boldsymbol{x}}(t)=\begin{bmatrix}2 & 1 & 0 & 0\\0 & 2 & 0 & 0\\0 & 0 & -1 & 0\\0 & 0 & 0 & -1\end{bmatrix}\boldsymbol{x}(t)+\begin{bmatrix}0\\1\\1\\1\end{bmatrix}u(t)$$

试问能否找出增益 $\boldsymbol{k}$,使得含状态反馈 $u=r-\boldsymbol{kx}$ 的方程具有特征值 $-2,-2,-1,-1$? 能否具有特征值 $-2,-2,-2,-1$? 换做 $-2,-2,-2,-2$ 又如何? 该方程是否可镇定?

8.11 试为习题 8.1 中的状态空间方程设计全维状态估计器和和降维状态估计器,从 $\{-3,-2\pm \mathrm{j}2\}$ 中选择估计器的特征值。

8.12 考虑习题 8.1 中的状态空间方程。试求状态反馈系统从 r 到 y 的传递函数。若将反馈增益应用于习题 8.11 中设计的全维估计器的估计状态,试求从 r 到 y 的传递函数。若将反馈增益应用于同样是习题 8.11 中设计的降维状态估计器的估计状态,试求从 r 到 y 的传递函数。这三个整体传递函数是否相同?

8.13 设

$$\boldsymbol{A}=\begin{bmatrix}0 & 1 & 0 & 0\\0 & 0 & 1 & 0\\-3 & 1 & 2 & 3\\2 & 1 & 0 & 0\end{bmatrix},\quad \boldsymbol{B}=\begin{bmatrix}0 & 0\\0 & 0\\1 & 2\\0 & 2\end{bmatrix}$$

试找出两个不同的常数矩阵 $\boldsymbol{K}$,使得$(\boldsymbol{A}-\boldsymbol{BK})$具有特征值 $-4\pm 3\mathrm{j}$ 和 $-5\pm 4\mathrm{j}$。

第 9 章 极点配置和模型匹配

9.1 引 言

首先解释引入本章的原因。第 6 章介绍状态空间分析(能控性和能观性),第 8 章介绍(基于状态反馈和状态估计器的)设计方法。在第 7 章介绍互质分式。因而,本章自然而然要讨论互质分式在设计中的应用。

正如第 8.1 节所述,可以按照图 8.1 所示来规划大多数控制系统,即,给定具有输入 u 和输出 y 以及参考信号 r 的被控对象,设计整体系统,使得输出 y 尽可能准确跟踪参考信号 r。也称被控对象的输入 u 为执行信号,被控对象的输出 y 为被控信号。若执行信号 u 仅依赖于参考信号 r,如图 9.1(a)所示,则称系统为开环控制。若 u 既依赖于 r 又依赖于 y,则称系统为闭环控制或反馈控制。反馈的结构存在多种可能,最简单的是图 9.1(b)所示的单位反馈结构,其中需要设计的是常值增益 p 和传递函数为 $C(s)$ 的补偿器。显然有

$$\hat{u}(s)=C(s)[p\hat{r}(s)-\hat{y}(s)] \tag{9.1}$$

由于 p 为常值,所以参考信号 r 和被控对象输出 y 本质上驱动同一补偿器以产生执行信号。因此,称该结构具有单自由度。显然,开环结构也具有单自由度。

可以将图 8.8 中状态反馈和状态估计器的连接重新绘制于图 9.1(c)。经简单运算可得

$$\hat{u}(s)=\frac{1}{1+C_1(s)}\hat{r}(s)-\frac{C_2(s)}{1+C_1(s)}\hat{y}(s)$$

可见,r 和 y 驱动两个独立的补偿器来产生 u,因此,称此类结构具有两个自由度。

通过修改式(9.1)可以得出一种更自然的二自由度结构

$$\hat{u}(s)=C_1(s)\hat{r}(s)-C_2(s)\hat{y}(s) \tag{9.2}$$

并将其绘制于图 9.1(d)中。由于 r 和 y 各自驱动在设计补偿器时的自由度,所以这

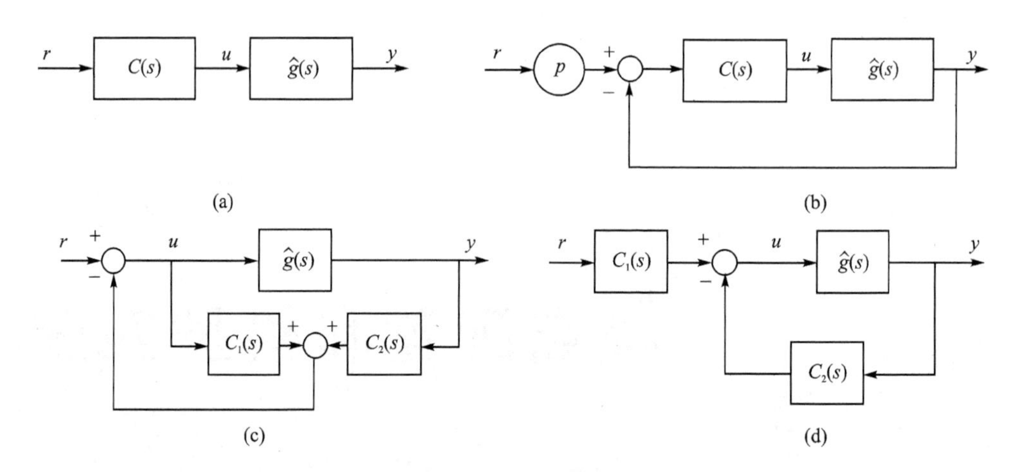

图 9.1 控制结构

种结构中包含了最常见的控制信号。因此,不存在三自由度结构。有多种可能的二自由度结构,可参见参考文献[15]。将图 9.1(d)中的结构称为“双参数结构”,将图 9.1(c)中的结构称为“控制器-估计器结构”或“被控对象-输入-输出-反馈结构”。由于双参数结构似乎更符合逻辑、更适合实际应用,本章只研究这种结构。对于借助被控对象-输入-输出-反馈结构的设计,可参见参考文献[6]。

本章引入的设计基于互质多项式分式,需要第 7.3 节中针对 SISO 系统的结论,并且需要第 7.6 节～第 7.8.2 节针对 MIMO 系统的结论,而不需要第 7 章的其余部分和整个第 8 章的内容。本章将设计问题转化为线性代数方程组的求解问题。因此,称该方法为参考文献[7]中的“线性代数”方法。

方便起见,首先引入一些术语。假定任一传递函数 $\hat{g}(s)=\dfrac{N(s)}{D(s)}$ 均为互质分式,则 $D(s)$的每个根均为 $\hat{g}(s)$的极点,$N(s)$的每个根均为 $\hat{g}(s)$的零点。若某极点具有负实部,则称之为 CT 稳定极点,若某极点具有零实部或正实部,则称之为 CT 不稳定极点。若某多项式的所有根均具有负实部,则称该多项式为“CT 稳定多项式”。还有以下定义:

- 最小相位零点:具有负实部的零点。
- 非最小相位零点:具有零实部或正实部的零点。

尽管某些教材称这些零点为稳定零点和不稳定零点,但它们其实与稳定性无关。在所有具有相同幅度响应的传递函数中,只含最小相位零点的传递函数具有最小的相位响应,关于这一点可参见参考文献[7]第 284～285 页。因此,借用了上述术语。

9.2 预备知识——系数匹配

本节举一个简单的例子来讨论设计中要用到的基本思想。在进一步研究之前,先讨论反馈对极点和零点的影响。考虑图9.1(b)的单位反馈系统，设 $p=1$，$\hat{g}(s)=\dfrac{N(s)}{D(s)}$ 以及 $C(s)=\dfrac{B(s)}{A(s)}$，则从 r 到 y 的整体传递函数 $\hat{g}_o(s)$ 为

$$\hat{g}_o(s)=\frac{C(s)\hat{g}(s)}{1+C(s)\hat{g}(s)}=\frac{\dfrac{B(s)}{A(s)}\cdot\dfrac{N(s)}{D(s)}}{1+\dfrac{B(s)}{A(s)}\cdot\dfrac{N(s)}{D(s)}}=$$

$$\frac{B(s)N(s)}{A(s)D(s)+B(s)N(s)} \tag{9.3}$$

可见，被控对象的零点仍然是反馈系统的零点。换言之，反馈对零点没有影响。反馈系统的极点或 $A(s)D(s)+B(s)N(s)$ 的根则与被控对象的极点或 $D(s)$ 的根不同，即，将被控对象的极点移动到了新的位置。总之，反馈影响极点，但不影响零点。这种情况与方程(8.17)中讨论的状态反馈相同。

对极点的影响显然取决于补偿器的次数。举例说明若补偿器的次数足够大，则可以任意配置反馈系统的所有极点。考虑被控对象传递函数

$$\hat{g}(s)=\frac{s-2}{s^2-1}=\frac{s-2}{(s+1)(s-1)}=:\frac{N(s)}{D(s)}$$

首先考虑0次补偿器或 $C(s)=k$，其中 k 为实值常数，则式(9.3)变为

$$\hat{g}_o(s)=\frac{C(s)\hat{g}(s)}{1+C(s)\hat{g}(s)}=\frac{k\cdot\dfrac{s-2}{s^2-1}}{1+k\cdot\dfrac{s-2}{s^2-1}}=\frac{k(s-2)}{s^2-1+k(s-2)}=$$

$$\frac{k(s-2)}{s^2+ks-(2k+1)}$$

可见，对任意实数 k，$\hat{g}_o(s)$ 的零点始终为2，但极点发生变化。例如，若 $k=4$，则将 $\hat{g}(s)$ 的极点从 ±1 移动到 s^2+4s-9 的根或 -1.6 和 5.6 处。由于在5.6的位置存在CT不稳定的极点，所以该反馈系统不稳定。事实上，对任意实值常数 k，$\hat{g}_o(s)$ 始终不稳定。因此，使用0次补偿器无法设计出BIBO稳定系统。

接下来考虑1次正则补偿器，为便于后续推导，关于补偿器形式，不使用 $C(s)=\dfrac{bs+c}{s+a}$，而选择

$$C(s)=\frac{B_1s+B_0}{A_1s+A_0}=:\frac{B(s)}{A(s)}$$

其中 B_i 和 A_i 为实值常数，且 $A_1\neq0$。若 $A_1=0$，则该补偿器非正则。有了该补偿器，借助式(9.3)，有

$$\hat{g}_o(s)=\frac{B(s)N(s)}{A(s)D(s)+B(s)N(s)}=\frac{(B_1s+B_0)(s-2)}{(A_1s+A_0)(s^2-1)+(B_1s+B_0)(s-2)}=$$

$$\frac{(B_1 s + B_0)(s-2)}{A_1 s^3 + (A_0 + B_1)s^2 + (B_0 - A_1 - 2B_1)s + (-A_0 - 2B_0)}$$

同样,$\hat{g}(s)$在2处的零点不受反馈的影响,仍然是$\hat{g}_o(s)$的零点。正因为反馈,补偿器的4个参数出现在$\hat{g}_o(s)$分母的每个系数中。

$$F(s) := A_1 s^3 + (A_0 + B_1)s^2 + (B_0 - A_1 - 2B_1)s + (-A_0 - 2B_0)$$

因此,将极点配置在任意位置似乎可行。例如,若选择三个极点为$-2,-1\pm j1$,则$\hat{g}_o(s)$应当把

$$F(s) = (s+2)(s+1-j1)(s+1+j1) = (s+2)(s^2+2s+2) = s^3+4s^2+6s+4$$

作为其分母,同幂次系数相匹配可得

$$\begin{aligned} A_1 &= 1 \\ A_0 + B_1 &= 4 \\ B_0 - A_1 - 2B_1 &= 6 \\ -A_0 - 2B_0 &= 4 \end{aligned}$$

将第1个等式代入第3个等式,第2个等式和第4个等式求和分别可得

$$\begin{aligned} B_0 - 2B_1 &= 7 \\ -2B_0 + B_1 &= 8 \end{aligned}$$

第1等式乘以2再加上第2等式可得$-3B_1=22$或$B_1=-\frac{22}{3}$,于是有$B_0=7+2B_1=-\frac{23}{3}$以及$A_0=4-B_1=\frac{34}{3}$,因此有

$$A(s) = A_1 s + A_0 = s + \frac{34}{3} \quad \text{以及} \quad B(s) = B_1 s + B_0 = -\frac{22}{3}s - \frac{23}{3}$$

该补偿器为

$$C(s) = \frac{B_1 s + B_0}{A_1 s + A_0} = \frac{-\frac{22s}{3} + \left(-\frac{23}{3}\right)}{1 \cdot s + \frac{34}{3}} = \frac{-22s - 23}{3s + 34}$$

对于给定的$\hat{g}(s)=\frac{N(s)}{D(s)}$以及上述补偿器$C(s)=\frac{B(s)}{A(s)}$,式(9.3)变为

$$\hat{g}_o(s) = \frac{B(s)N(s)}{A(s)D(s)+B(s)N(s)} = \frac{B(s)N(s)}{F(s)} = \frac{\left[-\frac{22}{3}s - \frac{23}{3}\right](s-2)}{s^3+4s^2+6s+4}$$

该传递函数在$-2,-1\pm j1$处有极点。称这种方法为"极点配置"设计。

可见,这种设计方法仅涉及多项式方程$A(s)D(s)+B(s)N(s)=F(s)$的系数匹配,因此,处理流程非常简便。本章的其余部分将对该设计流程规范化,然后将其

推广到模型匹配设计。

补偿器方程——经典法

极点配置问题涉及到多项式方程

$$A(s)D(s)+B(s)N(s)=F(s) \tag{9.4}$$

的求解，其中 $D(s)$、$N(s)$ 和 $F(s)$ 为给定的多项式，而 $A(s)$ 和 $B(s)$ 为未知待求的多项式。从数学意义上讲，该问题等价于给定整数 D、N 和 F，从方程 $AD+BN=F$ 中找到整数解 A 和 B 的问题。这是一个非常古老的数学问题，与 Diophantus、Bezout、Aryabhatta 等数学家联系在一起①。为避免争议，这里遵循参考文献 4 的称谓，称之为“补偿器方程”。

首先讨论该方程解的存在条件和方程的通解。但是讨论的内容在后面各节并非必需，所以读者可以粗略浏览本小节。

定理 9.1

给定多项式 $D(s)$ 和 $N(s)$，对任意多项式 $F(s)$，方程(9.4)存在多项式解 $A(s)$ 和 $B(s)$ 当且仅当 $D(s)$ 和 $N(s)$ 互质。

假设 $D(s)$ 和 $N(s)$ 不互质，且包含共同的根 a 或相同因子 $s-a$，则因子 $s-a$ 会在 $F(s)$ 中出现，因此，若 $F(s)$ 不包含该因子，则方程(9.4)无解。定理的必要性得证。

若 $D(s)$ 和 $N(s)$ 互质，则存在多项式 $\bar{A}(s)$ 和 $\bar{B}(s)$ 使得

$$\bar{A}(s)D(s)+\bar{B}(s)N(s)=1 \tag{9.5}$$

参考文献 16 中将该方程的矩阵形式称为“Bezout 定理”。可以通过欧几里德算法得到多项式 $\bar{A}(s)$ 和 $\bar{B}(s)$，这里对此不予讨论，可参见参考文献[6]第 578 页～580 页。例如，若 $D(s)=s^2-1$ 以及 $N(s)=s-2$，则 $\bar{A}(s)=\dfrac{1}{3}$ 和 $\bar{B}(s)=\dfrac{-(s+2)}{3}$ 满足方程(9.5)，对任意多项式 $F(s)$，由方程(9.5)可知

$$F(s)\bar{A}(s)D(s)+F(s)\bar{B}(s)N(s)=F(s) \tag{9.6}$$

因此 $A(s)=F(s)\bar{A}(s)$ 和 $B(s)=F(s)\bar{B}(s)$ 为方程的解。定理的充分性得证。

接下来讨论方程的通解，对于任意 $D(s)$ 和 $N(s)$，均存在两个多项式 $\hat{A}(s)$ 和 $B(s)$ 使得

$$\hat{A}(s)D(s)+\hat{B}(s)N(s)=0 \tag{9.7}$$

显然 $\hat{A}(s)=-N(s)$ 和 $\hat{B}(s)=D(s)$ 是满足方程的解，则对任意多项式 $Q(s)$，式

$$A(s)=\bar{A}(s)F(s)+Q(s)\hat{A}(s),\quad B(s)=\bar{B}(s)F(s)+Q(s)\hat{B}(s) \tag{9.8}$$

为方程(9.4)的通解。通过将式(9.8)代入方程(9.4)并借助式(9.5)和式(9.7)很容

① 参见参考文献 23，前言的最后一页。

易验证通解的正确性。

【例9.1】 考虑$D(s)=s^2-1$和$N(s)=s-2$,二者互质并且有$\bar{A}(s)=\frac{1}{3}$和$\bar{B}(s)=\frac{-(s+2)}{3}$满足方程(9.5)。若$F(s)=s^3+4s^2+6s+4$,则对任意多项式$Q(s)$

$$\left.\begin{aligned}A(s)&=\frac{1}{3}(s^3+4s^2+6s+4)+Q(s)(-s+2)\\B(s)&=-\frac{1}{3}(s+2)(s^3+4s^2+6s+4)+Q(s)(s^2-1)\end{aligned}\right\}\tag{9.9}$$

为方程(9.4)的解。

尽管经典法可以得出方程的通解,但在设计中使用通解未必方便。例如,人们可能感兴趣的是求解满足方程(9.4)的次数最小的$A(s)$和$B(s)$。这种情况下,经过一番运算,人们发现若$Q(s)=\frac{s^2+6s+15}{3}$,则式(9.9)归结为

$$\left.\begin{aligned}A(s)&=s+\frac{34}{3},\\B(s)&=\frac{-22s-23}{3}\end{aligned}\right\}\tag{9.10}$$

它们是前一节中通过系数匹配得到的结果。本章不像上文讨论的那样直接求解补偿器方程,而是类似于第7.3节,将其转换为一组线性代数方程的求解。通过如此转换,可以绕过某些多项式定理。

9.3 单位反馈结构——极点配置

考虑图9.1(b)所示的单位反馈系统,假设被控对象传递函数$\hat{g}(s)$严格正则且次数为n。若$\hat{g}(s)$上下双正则,则须对这里的讨论稍加修正,关于这一点可参见参考文献6。关注的问题是设计具有最小可能次数m的正则补偿器$C(s)$,使得最终的整体系统具有任意一组$n+m$个期望的极点。由于要求所有传递函数均具有实系数,所以复共轭极点必须成对配置,该假设贯穿整个章节。

设$\hat{g}(s)=\frac{N(s)}{D(s)}$以及$C(s)=\frac{B(s)}{A(s)}$,则正如当$p=1$时式(9.3)导出的,图9.1(b)中从$r$到$y$的整体传递函数为

$$\hat{g}_o(s)=\frac{pB(s)N(s)}{A(s)D(s)+B(s)N(s)}\tag{9.11}$$

在极点配置中人们感兴趣的是配置$\hat{g}_o(s)$的所有极点,或等价地描述为$A(s)D(s)+B(s)N(s)$的所有根,极点配置的设计中未提及$\hat{g}_o(s)$的零点。根据式(9.11)我们可以看到,该设计不仅对被控对象的零点($N(s)$的根)无影响,而且还给整体传递函数

引入新的零点($B(s)$的根)。另一方面,被控对象和补偿器的极点从$D(s)$和$A(s)$的根移动到$A(s)D(s)+B(s)N(s)$的根。

给定一组期望的极点,可以很容易构造出将这些期望的极点作为其根的多项式$F(s)$。则极点配置问题变为多项式方程

$$A(s)D(s)+B(s)N(s)=F(s) \tag{9.12}$$

的求解问题。并非直接求解方程(9.12),而是将其转化为一组线性代数方程的求解问题。设$\deg N(s)<\deg D(s)=n$以及$\deg B(s)\leqslant \deg A(s)=m$,则方程(9.12)中$F(s)$的次数最多为$n+m$,写出

$$D(s)=D_0+D_1s+D_2s^2+\cdots+D_ns^n, D_n\neq 0$$

$$N(s)=N_0+N_1s+N_2s^2+\cdots+N_ns^n$$

$$A(s)=A_0+A_1s+A_2s^2+\cdots+A_ms^m$$

$$B(s)=B_0+B_1s+B_2s^2+\cdots+B_ms^m$$

$$F(s)=F_0+F_1s+F_2s^2+\cdots+F_{n+m}s^{n+m}$$

其中所有系数均为实值常数,未必非零。需要注意的是,系数的下标与s的幂次相等。将这些关系式代入方程(9.12)并匹配s的同幂次系数可得

$$A_0D_0+B_0N_0=F_0$$

$$A_0D_1+B_0N_1+A_1D_0+B_1N_0=F_1$$

$$\vdots$$

$$A_mD_n+B_mN_n=F_{n+m}$$

总共有$(n+m+1)$个方程,可以将其排列为矩阵形式

$$[A_0\quad B_0\quad A_1\quad B_1\quad \cdots\quad A_m\quad B_m]\boldsymbol{S}_m=[F_0\quad F_1\quad F_2\quad \cdots\quad F_{n+m}] \tag{9.13}$$

其中

$$\boldsymbol{S}_m := \begin{bmatrix} D_0 & D_1 & \cdots & D_n & 0 & \cdots & 0 \\ N_0 & N_1 & \cdots & N_n & 0 & \cdots & 0 \\ \cdots & \cdots & \cdots & \cdots & \cdots & \cdots & \cdots \\ 0 & D_0 & \cdots & D_{n-1} & D_n & \cdots & 0 \\ 0 & N_0 & \cdots & N_{n-1} & N_n & \cdots & 0 \\ \cdots & \cdots & \cdots & \cdots & \cdots & \cdots & \cdots \\ \vdots & \vdots & & \vdots & \vdots & & \vdots \\ \cdots & \cdots & \cdots & \cdots & \cdots & \cdots & \cdots \\ 0 & 0 & \cdots & 0 & D_0 & \cdots & D_n \\ 0 & 0 & \cdots & 0 & N_0 & \cdots & N_n \end{bmatrix} \tag{9.14}$$

若取式(9.13)的转置,则方程变为定理3.1和定理3.2中研究的标准形式。使用方程(9.13)的形式,原因在于可以将其直接推广到矩阵情形。矩阵$\boldsymbol{S}_m$包含$2(m+1)$行和$(n+m+1)$列,由$D(s)$和$N(s)$的系数构成。前两行即为$D(s)$和$N(s)$的系数

按 s 的升幂次排列，再往下两行是前两行右移一个位置，重复该处理过程，直到有 $(m+1)$ 组这样的系数。方程(9.13)左侧行向量由待求的补偿器 $C(s)$ 的系数组成。若 $C(s)$ 为 m 次，则该行向量有 $2(m+1)$ 个元素。方程(9.13)右侧向量由 $F(s)$ 的系数组成。现求解式(9.12)的补偿器方程就转化成为求解式(9.13)的线性代数方程。

应用推论3.2，得出结论，当且仅当 $\boldsymbol{S}_m$ 列满秩时，对任意 $F(s)$ 方程(9.13)均有解。$\boldsymbol{S}_m$ 列满秩的必要条件是 $\boldsymbol{S}_m$ 为方阵或其行数多于列数，即

$$2(m+1) \geqslant n+m+1 \quad 或 \quad m \geqslant n-1$$

若 $m<n-1$，则 $\boldsymbol{S}_m$ 并非列满秩，方程的解可能对某些 $F(s)$ 存在，但并非对任一 $F(s)$ 都存在。因此，若补偿器的次数小于 $n-1$，则无法实现任意极点配置。

若 $m=n-1$，则 $\boldsymbol{S}_{n-1}$ 变为 $2n$ 阶方阵，并称之为 Sylvester 结式。正如第7.3节所讨论的，$\boldsymbol{S}_{n-1}$ 非奇异，当且仅当 $D(s)$ 和 $N(s)$ 互质。因此，若 $D(s)$ 和 $N(s)$ 互质，则 $\boldsymbol{S}_{n-1}$ 秩为 $2n$(列满秩)。现若 m 增加1，则列数增加了1，而行数增加了2。由于 $D_n \neq 0$，则新的 D 行与其前面的行线性无关。因此，$2(n+1)\times(2n+1)$ 的矩阵 $\boldsymbol{S}_n$ 的秩为 $2n+1$(列满秩)。重复该论证，得出结论：若 $D(s)$ 和 $N(s)$ 互质，且若 $m \geqslant n-1$，则式(9.14)中的矩阵 $\boldsymbol{S}_m$ 列满秩。

定理 9.2

考虑图9.2(b)所示的单位反馈系统，严格正则传递函数 $\hat{g}(s)=\dfrac{N(s)}{D(s)}$ 描述了该被控对象，其中 $N(s)$ 和 $D(s)$ 互质，且 $\deg N(s)<\deg D(s)=n$，设 $m \geqslant n-1$，则对任意 $n+m$ 次多项式 $F(s)$，存在 m 次正则补偿器 $C(s)=\dfrac{B(s)}{A(s)}$ 使得整体传递函数

$$\hat{g}_o(s)=\frac{pN(s)B(s)}{A(s)D(s)+B(s)N(s)}=\frac{pN(s)B(s)}{F(s)}$$

此外，可以通过求解式(9.13)中的线性代数方程来得出该补偿器。

正如前面所讨论的，$m \geqslant n-1$ 时，矩阵 $\boldsymbol{S}_m$ 列满秩，因而，对于任意 $n+m$ 个期望的极点，或等价地描述为，对于任意 $n+m$ 次 $F(s)$，方程(9.13)的解总存在。接下来证明 $\dfrac{B(s)}{A(s)}$ 正则，或 $A_m \neq 0$。若 $\dfrac{N(s)}{D(s)}$ 严格正则，则 $N_n=0$，且方程(9.13)的最后一个方程归结为

$$A_m D_n + B_m N_n = D_n A_m = F_{n+m}$$

由于 $F(s)$ 为 $n+m$ 次，所以有 $F_{n+m} \neq 0$，即 $A_m \neq 0$。定理得证。若 $m=n-1$，则补偿器唯一，若 $m>n-1$，则补偿器不唯一，并且可以使用无约束参数来实现其他设计目标，稍后就此展开讨论。

9.3.1 调节器问题和跟踪问题

可以采用极点配置解决第8.3节讨论的调节器问题和跟踪问题。调节器问题中

$r=0$,关注的问题是,设计补偿器 $C(s)$ 使得由任意非零初始状态引起的响应均以期望的速率衰减为零。针对此问题,若选择 $\hat{g}_o(s)$ 的所有极点均具有负实部,则对任意增益 p,尤其 $p=1$(无需前馈增益),整体系统即可实现调节。

接下来讨论跟踪问题。设参考信号是幅度为 a 的阶跃函数,则 $\hat{r}(s)=\dfrac{a}{s}$,输出

$$\hat{y}(s)=\hat{g}_o(s)\hat{r}(s)=\hat{g}_o(s)\frac{a}{s}$$

若 $\hat{g}_o(s)$BIBO 稳定,则输出趋于常数 $\hat{g}_o(0)a$(定理 5.2)。借助拉普拉斯变换的终值定理也能得出同样的结果为

$$\lim_{t\to\infty}y(t)=\lim_{s\to 0}s\hat{y}(s)=\hat{g}_o(0)a$$

因此,为了渐近跟踪任意阶跃参考输入,$\hat{g}_o(s)$ 必须 BIBO 稳定且 $\hat{g}_o(0)=1$。图 9.1(b)中从 r 到 y 的传递函数为 $\hat{g}_o(s)=\dfrac{pN(s)B(s)}{F(s)}$,则有

$$\hat{g}_o(0)=p\frac{N(0)B(0)}{F(0)}=p\frac{B_0N_0}{F_0}$$

由此可知

$$p=\frac{F_0}{B_0N_0} \tag{9.15}$$

因此,为了跟踪任意阶跃参考输入,要求 $B_0\neq 0$ 且 $N_0\neq 0$,常数 B_0 为补偿器的系数,可以将其设计为非零值,系数 N_0 为被控对象分子的常数项。因此,若被控对象传递函数在 $s=0$ 处有零点,则 $N_0=0$,无法设计被控对象来跟踪任意阶跃参考输入,这与第 8.3 节讨论的结果一致。

若参考信号为斜坡函数或对所有 $t\geqslant 0$ 以及某些常数 a,$r(t)=at$,则同理可以证明整体传递函数 $\hat{g}_o(s)$ 必须 BIBO 稳定,且有性质 $\hat{g}_o(0)=1$ 和 $\hat{g}'_o(0)=0$(习题 9.13 和习题 9.14)。可以将其总结如下。

- 调节⇔$\hat{g}_o(s)$BIBO 稳定。
- 跟踪任意阶跃参考输入⇔$\hat{g}_o(s)$BIBO 稳定且 $\hat{g}_o(0)=1$。
- 跟踪任意斜坡参考输入⇔$\hat{g}_o(s)$BIBO 稳定,$\hat{g}_o(0)=1$ 且 $\hat{g}'_o(0)=0$。

【例 9.2】 给定传递函数为 $\hat{g}(s)=\dfrac{s-2}{s^2-1}$ 的被控对象。找出图 9.1(b)中单位反馈结构的正则补偿器 $C(s)$ 以及增益 p,使得输出 y 可以渐近跟踪任意阶跃参考输入。

被控对象传递函数的次数为 $n=2$,因此,若选择 $m=1$,则可以任意配置整体系统的所有 3 个极点。设任意选择 3 个极点为 -2,$-1\pm\mathrm{j}1$,则有

$$F(s)=(s+2)(s+1+j1)(s+1-j1)=(s+2)(s^2+2s+2)=s^3+4s^2+6s+4$$

借助 $D(s)=-1+0\cdot s+1\cdot s^2$ 和 $N(s)=-2+1\cdot s+0\cdot s^2$ 的系数构造

式(9.13)为

$$[A_0 \quad B_0 \quad A_1 \quad B_1]\begin{bmatrix} -1 & 0 & 1 & 0 \\ -2 & 1 & 0 & 0 \\ \cdots & \cdots & \cdots & \cdots \\ 0 & -1 & 0 & 1 \\ 0 & -2 & 1 & 0 \end{bmatrix} = [4 \quad 6 \quad 4 \quad 1]$$

该方程实际上由以下4个方程组成:$A_0 \cdot (-1) + B_0 \cdot (-2) + A_1 \cdot 0 + B_0 \cdot 0 = 4$ 或 $-A_0 - 2B_0 = 4$,$B_0 - A_1 - 2B_1 = 6$,$A_0 + B_1 = 4$ 以及 $A_1 = 1$。这些方程是第9.2节导出的4个方程,通过消去变量法得出方程的解为

$$A_1 = 1, \quad A_0 = \frac{34}{3}, \quad B_1 = \frac{-22}{3}, \quad B_0 = \frac{-23}{3}$$

值得指出的是,借助MATLAB也可以得出这些解

```
S=[-1 0 1 0;-2 1 0 0;0 -1 0 1;0 -2 1 0];F=[4 6 4 1];
F/S
```

可得

$$[A_0 \quad B_0 \quad A_1 \quad B_1] = [11.333 \quad -7.6667 \quad 1.0000 \quad -7.3333]$$

结果基本上与手算出来的结果相同。因此有

$$A(s) = s + \frac{34}{3}, \quad B(s) = \frac{-22}{3}s - \frac{23}{3}$$

且补偿器

$$C(s) = \frac{B(s)}{A(s)} = \frac{\left(\frac{-22}{3}\right)s - \frac{23}{3}}{s + \frac{34}{3}} \tag{9.16}$$

导致 $\hat{g}_o(s)$ 为

$$\hat{g}_o(s) = \frac{p\left(\frac{-22}{3}s - \frac{23}{3}\right)(s-2)}{s^3 + 4s^2 + 6s + 4}$$

其3个极点在-2和$-1 \pm j1$处。若设计系统是为了实现调节,则设 $p=1$(无需前馈增益),即可完成设计。

为了跟踪任意阶跃参考输入,要求 $\hat{g}_o(0) = 1$ 或 $\dfrac{p\left(\frac{-22}{3}\right)(-2)}{4} = 1$

由此可知

$$p = \frac{4}{\left(\frac{-22}{3}\right)(-2)} = \frac{6}{23} \tag{9.17}$$

因此,以下从 r 到 y 的整体传递函数

$$\hat{g}_o(s)=\frac{\frac{6}{3}\left[\frac{-22}{3}s-\frac{23}{3}\right](s-2)}{s^3+4s^2+6s+4}=\frac{-2(22s+23)(s-2)}{23(s^3+4s^2+6s+4)} \tag{9.18}$$

可以跟踪任意阶跃参考输入。

9.3.2　鲁棒跟踪和扰动抑制②

考虑例 9.2 中的设计问题。假设设计完成之后,由于负载波动导致被控对象的传递函数由 $\hat{g}(s)$ 变为 $\hat{\bar{g}}(s)=\frac{s-2.1}{s^2-0.95}$,则整体传递函数变为

$$\hat{\bar{g}}_o(s)=\frac{pC(s)\hat{\bar{g}}(s)}{1+C(s)\hat{\bar{g}}(s)}=\frac{6}{23}\frac{\frac{-22s-23}{3s+34}\frac{s-2.1}{s^2-0.95}}{1+\frac{-22s-23}{3s+34}\frac{s-2.1}{s^2-0.95}}=$$

$$\frac{-6(22s+23)(s-2.1)}{23(s^3+12s^2+20.35s+16)} \tag{9.19}$$

该 $\hat{\bar{g}}_o(s)$依旧 BIBO 稳定,但是 $\hat{\bar{g}}_o(0)=\frac{6\times 23\times 2.1}{23\times 16}=0.787\ 5\neq 1$,若参考输入为单位阶跃函数,则随着 $t\to\infty$,输出将趋于 0.7875。跟踪误差超过 20%。因此,在被控对象参数波动之后,整体系统不再可以跟踪任意阶跃参考输入,称这种设计非鲁棒。

本小节讨论一种可以实现鲁棒跟踪和扰动抑制的设计方法。考虑图 9.2 所示的系统,其中扰动按图示方式进入被控对象输入。关注的问题是设计整体系统,使得即便在存在扰动和被控对象参数波动的情况下,被控对象的输出 y 仍然可以渐近跟踪一类参考信号 r,称之为"鲁棒跟踪和扰动抑制"。

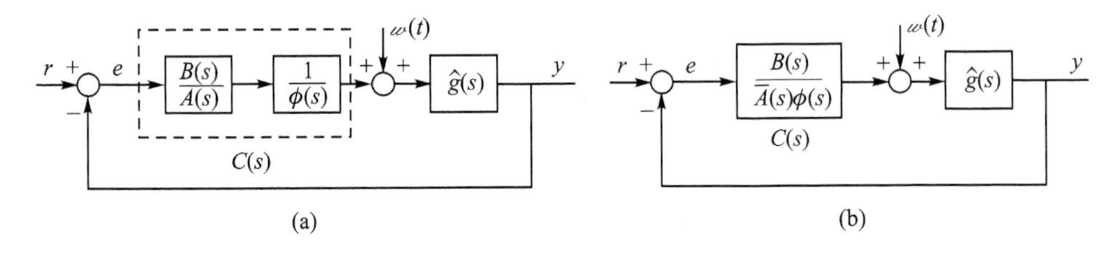

图 9.2　鲁棒跟踪和扰动抑制

在进一步研究之前,先讨论参考信号 $r(t)$和扰动 $w(t)$的本质属性。若 $r(t)$和 $w(t)$随着 $t\to\infty$均趋于零,则设计出的图 9.2 中的整体系统 BIBO 稳定,自动达成设计目标。为了排除这一微不足道的情形,假定 $r(t)$和 $w(t)$随着 $t\to\infty$不趋于零。若

② 可以跳过本小节和下一小节而不失连续性。建议首次阅读时可跳过。

对 $r(t)$ 和 $w(t)$ 的属性一无所知,就不可能实现渐近跟踪和扰动抑制。因而,在进行设计之前,需要 $r(t)$ 和 $w(t)$ 的某些信息,假设 $r(t)$ 和 $w(t)$ 的拉普拉斯变换由

$$\left.\begin{aligned}\hat{r}(s)=\mathcal{L}[r(t)]=\frac{N_r(s)}{D_r(s)}\\ \hat{w}(s)=\mathcal{L}[w(t)]=\frac{N_w(s)}{D_w(s)}\end{aligned}\right\} \tag{9.20}$$

给出,其中 $D_r(s)$ 和 $D_w(s)$ 为已知的多项式,而 $N_r(s)$ 和 $N_w(s)$ 均为未知。例如,若 $r(t)$ 为幅度 a 未知的阶跃函数,则 $\hat{r}(s)=\frac{a}{s}$。假设扰动为 $w(t)=b+c\sin(\omega_0 t+d)$,它由幅度 b 未知的常值偏置和频率 ω_0 已知但幅度 c 和相位 d 未知的正弦函数组成。则有 $\hat{w}(s)=\frac{N_w(s)}{s(s^2+\omega_0^2)}$。设 $\phi(s)$ 为 $\hat{r}(s)$ 和 $\hat{w}(s)$ 不稳定极点的最小公分母,这里排除了稳定极点是因为稳定极点不影响 $t\to\infty$ 时的 y。因此,$\phi(s)$ 的所有根都具有零实部或正实部。对于刚刚讨论的例子,便有 $\phi(s)=s(s^2+\omega_0^2)$。

定理 9.3

考虑图 9.2(a)所示的单位反馈系统,其中严格正则被控对象的传递函数为 $\hat{g}(s)=\frac{N(s)}{D(s)}$,假设 $N(s)$ 和 $D(s)$ 互质。将参考信号 $r(t)$ 和扰动 $w(t)$ 建模为 $\hat{r}(s)=\frac{N_r(s)}{D_r(s)}$ 和 $\hat{w}(s)=\frac{N_w(s)}{D_w(s)}$,设 $\phi(s)$ 为 $\hat{r}(s)$ 和 $\hat{w}(s)$ 不稳定极点的最小公分母。若 $\phi(s)$ 的根都不是 $\hat{g}(s)$ 的零点,则存在正则补偿器,使得整体系统可以既渐近又鲁棒地跟踪 $r(t)$ 并且抑制 $w(t)$。

证明: 若 $\phi(s)$ 的根都不是 $\hat{g}(s)=\frac{N(s)}{D(s)}$ 的零点,则 $D(s)\phi(s)$ 和 $N(s)$ 互质,因此,存在正则补偿器 $\frac{B(s)}{A(s)}$ 使得

$$A(s)D(s)\phi(s)+B(s)N(s)=F(s)$$

中的多项式 $F(s)$ 具有任意期望的根,尤其是,期望所有根位于图 8.3 所示的扇形区域内。可以肯定,如图 9.2(a)所示的补偿器

$$C(s)=\frac{B(s)}{A(s)\phi(s)}$$

可以达成此设计目标。求出从 w 到 y 的传递函数

$$\hat{g}_{yw}(s)=\frac{\dfrac{N(s)}{D(s)}}{1+\left[\dfrac{B(s)}{A(s)\phi(s)}\right]\left[\dfrac{N(s)}{D(s)}\right]}=$$

$$\frac{N(s)A(s)\phi(s)}{A(s)D(s)\phi(s)+B(s)N(s)}=\frac{N(s)A(s)\phi(s)}{F(s)}$$

因此，由 $w(t)$ 引起的输出等于

$$\hat{y}_w(s)=\hat{g}_{yw}(s)\hat{w}(s)=\frac{N(s)A(s)\phi(s)}{F(s)}\frac{N_w(s)}{D_w(s)} \tag{9.21}$$

由于 $\phi(s)$ 对消掉 $D_w(s)$ 的所有不稳定根，所以 $\hat{y}_w(s)$ 的所有极点均具有负实部，因此，随着 $t\to\infty$，$y_w(t)\to 0$，并且在输出端渐近抑制了由 $w(t)$ 引起的响应。

接下来求由 $\hat{r}(s)$ 引起的输出 $\hat{y}_r(s)$

$$\hat{y}_r(s)=\hat{g}_{yr}(s)\hat{r}(s)=\frac{B(s)N(s)}{A(s)D(s)\phi(s)+B(s)N(s)}\hat{r}(s) \tag{9.22}$$

因此有

$$\hat{e}(s):=\hat{r}(s)-\hat{y}_r(s)=(1-\hat{g}_{yr}(s))\hat{r}(s)=\frac{A(s)D(s)\phi(s)}{F(s)}\frac{N_r(s)}{D_r(s)} \tag{9.23}$$

式(9.23)中 $\phi(s)$ 又对消掉 $D_r(s)$ 的所有不稳定根，因此，得出结论，随着 $t\to\infty$，$r(t)-y_r(t)\to 0$。根据线性性质，有 $y(t)=y_w(t)+y_r(t)$，所以随着 $t\to\infty$，$r(t)-y(t)\to 0$，从而渐近跟踪和扰动抑制得证。根据式(9.21)～式(9.23)看到，即便 $D(s)$、$N(s)$、$A(s)$ 和 $B(s)$ 的参数发生变化，只要整体系统保持 BIBO 稳定并且 $\phi(s)$ 对消掉 $D_r(s)$ 和 $D_w(s)$ 的不稳定根，系统仍然可以实现跟踪和抑制，因此，该设计鲁棒。证毕。

该鲁棒设计包括两个步骤：首先找到参考信号和扰动的模型 $\frac{1}{\phi(s)}$，然后进行极点配置设计。称将该模型植入环路内的原理为“内模原理”。若模型 $\frac{1}{\phi(s)}$ 不在从 w 到 y 以及从 r 到 e 的前向通路的位置中，则 $\phi(s)$ 会出现在 $\hat{g}_{yw}(s)$ 和 $\hat{g}_{er}(s)$ 的分子中(参见习题 9.7)，并对消掉 $\hat{w}(s)$ 和 $\hat{r}(s)$ 的不稳定极点，如式(9.21)和式(9.22)所示。因此，通过 $\phi(s)$ 的不稳定零极点对消达成设计目标。值得一提的是，在极点配置设计中并没有不稳定零极点对消，并且最终得到的单位反馈系统整体稳定，关于整体稳定性将在第 9.3 节中给出。因此，在实际设计中可以使用内模原理。

在经典控制系统设计中，若被控对象传递函数或补偿器传递函数为 1 型(在 $s=0$ 处有单个极点)，并且若设计的单位反馈系统为 BIBO 稳定，则整体系统可以既渐近又鲁棒地跟踪任意阶跃参考输入。由于被控对象或补偿器包含了任意阶跃参考输入的模型，所以这是内模原理的一种特殊情况。

【例 9.3】 考虑例 9.2 中的被控对象 $\hat{g}(s)=\frac{s-2}{s^2-1}$。设计具有一组期望极点的单位反馈系统，使其可以鲁棒跟踪任意阶跃参考输入。

首先引入内模 $\phi(s)=\frac{1}{s}$,则可以从方程

$$A(s)D(s)\phi(s)+B(s)N(s)=F(s)$$

解出图9.2(a)中的$\frac{B(s)}{A(s)}$,由于 $\widetilde{D}(s):=D(s)\phi(s)$的次数为3,所以可以选择 $A(s)$ 和 $B(s)$的次数为2,则 $F(s)$的次数为5。若选择5个期望极点为-2,$-2\pm j1$ 和 $-1\pm j2$,则有

$$F(s)=(s+2)(s^2+4s+5)(s^2+2s+5)=\\ s^5+8s^4+30s^3+66s^2+85s+50$$

借助 $\widetilde{D}(s)=(s^2-1)s=0-s+0\cdot s^2+s^3$ 和 $N(s)=-2+s+0\cdot s^2+0\cdot s^3$ 的系数构造出

$$[A_0\quad B_0\quad A_1\quad B_1\quad A_2\quad B_2]\begin{bmatrix}0&-1&0&1&0&0\\-2&1&0&0&0&0\\ \cdots&\cdots&\cdots&\cdots&\cdots&\cdots\\0&0&-1&0&1&0\\0&-2&1&0&0&0\\ \cdots&\cdots&\cdots&\cdots&\cdots&\cdots\\0&0&0&-1&0&1\\0&0&-2&1&0&0\end{bmatrix}=$$

$$[50\quad 85\quad 66\quad 30\quad 8\quad 1]$$

方程的解为$[127.3\quad -25\quad 8\quad -118.7\quad 1\quad -96.3]$,因此有

$$\frac{B(s)}{A(s)}=\frac{-96.3s^2-118.7s-25}{s^2+8s+127.3}$$

并且该补偿器为

$$C(s)=\frac{B(s)}{A(s)\phi(s)}=\frac{-96.3s^2-118.7s-25}{(s^2+8s+127.3)s}$$

利用该3次补偿器,图9.2(a)中的单位反馈系统可以鲁棒跟踪任意阶跃参考输入并具有一组期望的极点。

9.3.3 植入内模[③]

上一小节中,通过首先引入内模$\frac{1}{\phi(s)}$,然后设计正则分式$\frac{B(s)}{A(s)}$完成设计,因此补偿器$\frac{B(s)}{A(s)\phi(s)}$总为严格正则。本小节讨论一种上下双正则补偿器的设计方法,其分母将内模作为一个因子包含进来,如图9.2(b)所示。通过这种方法,可以降

③ 可跳过本小节而不失连续性。

低补偿器的次数。

考虑

$$A(s)D(s)+B(s)N(s)=F(s)$$

若 $\deg D(s)=n$，且若 $\deg A(s)=n-1$，则方程的解 $A(s)$ 和 $B(s)$ 唯一。若给 $A(s)$ 的次数加 1，则方程的解不唯一，且存在一个可以选择的无约束参数，借助该无约束参数，有可能将内模包含在补偿器中，正如以下示例所示。

【例 9.4】 再次考虑例 9.3 中的设计问题。$D(s)$ 的次数为 2，若 $A(s)$ 的次数为 1，则方程的解唯一。设选择 $A(s)$ 的次数为 2，则 $F(s)$ 的次数必为 4，可以将其选为

$$F(s)=(s^2+4s+5)(s^2+2s+5)=s^4+6s^3+18s^2+30s+25$$

构造

$$[A_0\quad B_0\quad A_1\quad B_1\quad A_2\quad B_2]\begin{bmatrix} -1 & 0 & 1 & 0 & 0 \\ -2 & 1 & 0 & 0 & 0 \\ \cdots & \cdots & \cdots & \cdots & \cdots \\ 0 & -1 & 0 & 1 & 0 \\ 0 & -2 & 1 & 0 & 0 \\ \cdots & \cdots & \cdots & \cdots & \cdots \\ 0 & 0 & -1 & 0 & 1 \\ 0 & 0 & -2 & 1 & 0 \end{bmatrix}=[25\quad 30\quad 18\quad 6\quad 1]$$

借助推论 3.2，可以将其表示为通解形式

$$[A_0\quad B_0\quad A_1\quad B_1\quad A_2\quad B_2]=$$

$$[1\quad -13\quad 34.3\quad -38.7\quad 1\quad -28.3]+\alpha[2\quad -1\quad -1\quad 0\quad 0\quad 1]$$

其中有一无约束参数 α。为了使正则补偿器

$$C(s)=\frac{B_0+B_1s+B_2s^2}{A_0+A_1s+A_2s^2}$$

包含因子 $\frac{1}{s}$，要求 $A_0=0$，这可以通过选择 $\alpha=-0.5$ 来实现，则方程的解为

$$[A_0\quad B_0\quad A_1\quad B_1\quad A_2\quad B_2]=[0\quad -12.5\quad 34.8\quad -38.7\quad 1\quad -28.8]$$

且补偿器为

$$C(s)=\frac{B(s)}{A(s)}=\frac{-28.8s^2-38.7s-12.5}{s^2+34.8s}$$

该上下双正则补偿器可以实现鲁棒跟踪，补偿器的次数为 2，比例 9.3 中得出的补偿器低一次。因此，相比之下设计更优。

这里再举一个例子，并讨论在补偿器中植入 $\phi(s)$ 的另一种方法。

【例 9.5】 考虑图 9.2(b)中的单位反馈系统，其中 $\hat{g}(s)=\frac{1}{s}$。设计正则补偿器 $C(s)=\frac{B(s)}{A(s)}$ 使得系统可以渐近跟踪任意阶跃参考输入并且抑制 a 和 θ 未知的扰动

$w(t)=a\sin(2t+\theta)$。

为了达成该设计目标,多项式 $A(s)$ 须包含扰动模型 (s^2+4)。需要注意的是,由于被控对象已包含因子 s,所以这里无需参考模型 s。考虑

$$A(s)D(s)+B(s)N(s)=F(s)$$

针对该方程,有 $\deg D(s)=n=1$,若 $m=n-1=0$,则方程的解唯一,并且无法不加约束地配置 $A(s)$。若 $m=2$,则有两个无约束参数可以用来配置 $A(s)$。设

$$A(s)=\tilde{A}_0(s^2+4)\ ,\quad B(s)=B_0+B_1s+B_2s^2$$

定义

$$\tilde{D}(s):=D(s)(s^2+4)=\tilde{D}_0+\tilde{D}_1s+\tilde{D}_2s^2+\tilde{D}_3s^3=0+4s+0\cdot s^2+s^3$$

将 $A(s)D(s)+B(s)N(s)=F(s)$ 写为

$$\tilde{A}_0\tilde{D}(s)+B(s)N(s)=F(s)$$

令其对应系数相等,得出

$$\begin{bmatrix}\tilde{A}_0 & B_0 & B_1 & B_2\end{bmatrix}\begin{bmatrix}\tilde{D}_0 & \tilde{D}_1 & \tilde{D}_2 & \tilde{D}_3\\ N_0 & N_1 & 0 & 0\\ 0 & N_0 & N_1 & 0\\ 0 & 0 & N_0 & N_1\end{bmatrix}=\begin{bmatrix}F_0 & F_1 & F_2 & F_3\end{bmatrix}$$

针对该例,若选择

$$F(s)=(s+2)(s^2+2s+2)=s^3+4s^2+6s+4$$

则方程变为

$$\begin{bmatrix}\tilde{A}_0 & B_0 & B_1 & B_2\end{bmatrix}\begin{bmatrix}0 & 4 & 0 & 1\\ 1 & 0 & 0 & 0\\ 0 & 1 & 0 & 0\\ 0 & 0 & 1 & 0\end{bmatrix}=\begin{bmatrix}4 & 6 & 4 & 1\end{bmatrix}$$

方程的解为 $[1\quad 4\quad 2\quad 4]$,因此,补偿器为

$$C(s)=\frac{B(s)}{A(s)}=\frac{4s^2+2s+4}{1\times(s^2+4)}=\frac{4s^2+2s+4}{s^2+4}$$

该上下双正则补偿器将单位反馈系统的极点配置于指定位置,可以既渐近又鲁棒地跟踪任意阶跃参考输入,并且抑制扰动 $a\sin(2t+\theta)$。

9.4 可实施的传递函数

再次考虑图8.1中提出的设计问题,其中被控对象传递函数 $\hat{g}(s)$ 已知。现在关注的问题是:给定期望的整体传递函数 $\hat{g}_o(s)$,找出反馈结构和补偿器,使得从 r 到 y 的传递函数等于 $\hat{g}_o(s)$,称该问题为"模型匹配"问题。模型匹配问题明显有别于极点配置问题,在极点配置中,只需指定极点,极点配置的设计会引入某些零点,但无法

控制零点。在模型匹配中既指定极点又指定零点，因此，可以将模型匹配视为极点和零点配置，理应得出更好的设计结果，相关内容可参见参考文献 7。

给定正则被控对象传递函数 $\hat{g}(s)$，可以肯定 $\hat{g}_o(s)=1$ 是能够设计出的可能最优的整体传递函数。事实上，若 $\hat{g}_o(s)=1$，则对所有 $t\geqslant 0$ 以及对任意 $r(t)$ 均有 $y(t)=r(t)$。因此，无论 $r(t)$ 有多么难以预测，整体系统都可以立即（而非渐近地）跟踪任意参考输入。需要注意的是，尽管 $y(t)=r(t)$，但参考输入和被控对象输出的能级可能不同。例如，参考信号可能通过手动旋钮来提供，而被控对象输出可能是重量超过数吨的天线的角位置。

尽管 $\hat{g}_o(s)=1$ 是最优的整体传递函数，但可能无法将其与给定的被控对象相匹配。原因在于，在匹配或实施过程中存在许多物理上的约束，而每个整体系统都应当满足这些约束条件，以下列出了这些约束条件：

① 采用的所有补偿器都具有正则有理传递函数。

② 选择的结构"不存在被控对象泄漏"，即从某种意义上讲，从 r 到 y 的所有前向通路都通过被控对象。

③ 任一可能的输入输出对的闭环传递函数均正则且 BIBO 稳定。

可以借助图 4.2 所示的运放电路元件来实施任一具有正则有理传递函数的补偿器。若补偿器的传递函数非正则，则补偿器的实施需要使用纯微分器，这势必会放大高频噪声。因此，实际情况下，通常只使用具有正则传递函数的补偿器。第 2 个约束条件要求所有的能量通过被控对象，没有引入与被控对象并联的补偿器，图 9.1 中的所有结构均满足此约束条件。实际情况下，任一组件中都可能存在着噪声和扰动，例如，由于电刷跳跃和导线不规则，在使用电位器的过程中可能产生噪声，天线的负载可能因阵风或空气湍流而发生变化，可以将这些噪声和扰动建模为进入每个方框的输入端和输出端的外源性输入，如图 9.3 所示。显然不能忽视这些外源性输入对系统的影响，尽管被控对象的输出是想要控制的信号，但是也应该关注系统内部的所有变量。例如，假设从 r 到 u 的闭环传递函数并非 BIBO 稳定，则任意 r 都会引起无界的 u，系统要么饱和要么烧毁。若从 n_1 到 u 的闭环传递函数非正则，且若 n_1 包含高频噪声，则该噪声在 u 处势必极度放大，使系统无法使用。因此，整体系统的任一可能的输入输出对的闭环传递函数都应该正则且 BIBO 稳定。若任一可能的输入输出对的闭环传递函数均正则，则称整体系统"适定"，若任一可能的输入输出对的闭环传递函数均 BIBO 稳定，则称"整体稳定"。

在设计过程中容易满足整体稳定性。若从 r 到 y 的整体传递函数 BIBO 稳定，且若系统中不存在不稳定的零极点对消，则整体系统为整体稳定。例如，考虑图 9.3(a)所示的系统，从 r 到 y 的整体传递函数为

$$\hat{g}_{yr}(s)=\frac{C(s)\hat{g}(s)}{1+C(s)\hat{g}(s)}=\frac{\dfrac{s-2}{s}\cdot\dfrac{1}{s-2}}{1+\dfrac{s-2}{s}\cdot\dfrac{1}{s-2}}=\frac{\dfrac{1}{s}}{1+\dfrac{1}{s}}=\frac{1}{s+1}$$

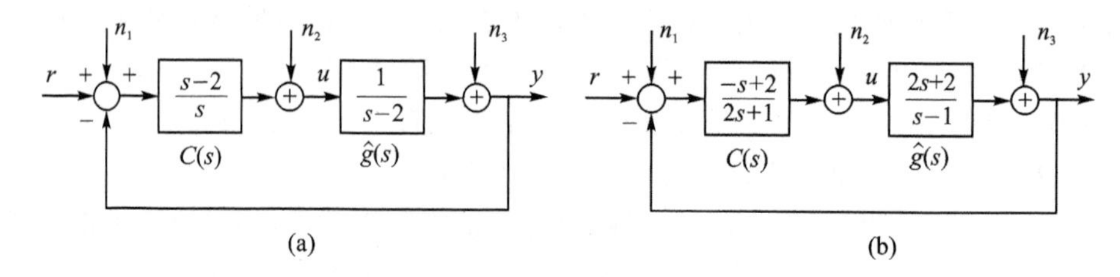

图 9.3 反馈系统

该传递函数 BIBO 稳定,然而,由于涉及到$(s-2)$这个不稳定的零极点对消,所以该系统并非整体稳定。可以求出从 n_2 到 y 的闭环传递函数为$\frac{s}{(s-2)(s+1)}$,它并非 BIBO 稳定,因此,若即便很小的噪声 n_2 进入系统,输出也将无限增大。因此,不仅要求 $\hat{g}_o(s)$BIBO 稳定,而且要求任一可能的闭环传递函数也 BIBO 稳定。需要注意的是,$\hat{g}(s)$和 $C(s)$是否 BIBO 稳定无关紧要。

图 9.3 中的单位反馈结构适定的条件是 $C(\infty)\hat{g}(\infty)\neq -1$(习题 9.9)。可以借助梅森公式对其证实,相关内容可参见参考文献 7 第 200 页～ 201 页。例如,对于图 9.3(b)中的单位反馈系统,有 $C(\infty)\hat{g}(\infty)=(-1/2)\times 2=-1$,则系统并非适定。事实上,从 r 到 y 的闭环传递函数为

$$\hat{g}_{yr}(s)=\frac{C(s)\hat{g}(s)}{1+C(s)\hat{g}(s)}=\frac{\frac{-s+2}{2s+1}\cdot\frac{2s+2}{s-1}}{1+\frac{-s+2}{2s+1}\cdot\frac{2s+2}{s-1}}=$$

$$\frac{(-s+2)(2s+2)}{(2s+1)(s-1)+(-s+2)(2s+2)}=$$

$$\frac{(-s+2)(2s+2)}{2s^2-s-1-2s^2+2s+4}=\frac{(-s+2)(2s+2)}{s+3}$$

该传递函数非正则。图 9.1(d)中双参数结构的适定条件为 $\hat{g}(\infty)C_2(\infty)\neq -1$。在单位反馈结构和双参数结构中,若 $\hat{g}(s)$严格正则或 $\hat{g}(\infty)=0$,则对任意正则 $C(s)$都有 $\hat{g}(\infty)C(\infty)=0\neq 1$,整体系统将自动适定。总之,在设计过程中可以很容易满足整体稳定性和适定性,但是它们确实也对 $\hat{g}_o(s)$施加了某些约束。

定义 9.1 给定具有正则传递函数 $\hat{g}(s)$的被控对象,若存在无被控对象泄露的结构以及正则补偿器使得图 8.1 中从 r 到 y 的传递函数等于 $\hat{g}_o(s)$,且整体系统适定并整体稳定,则称整体传递函数 $\hat{g}_o(s)$"可实施"。

若整体传递函数不可实施,则无论采取何种结构对其实施,设计过程中至少会违反上述约束条件中的一条。因而,在模型匹配中,必须选择可实施的 $\hat{g}_o(s)$,否则无法在实践中实施。

定理 9.4

考虑正则传递函数为 $\hat{g}(s)$ 的被控对象，$\hat{g}_o(s)$ 可实施，当且仅当 $\hat{g}_o(s)$ 和

$$\hat{t}(s) := \frac{\hat{g}_o(s)}{\hat{g}(s)} \tag{9.24}$$

正则且 BIBO 稳定。

证明定理 9.4 的必要性。对无被控对象泄露的任意结构，若从 r 到 y 的闭环传递函数为 $\hat{g}_o(s)$，则有

$$\hat{y}(s) = \hat{g}_o(s)\hat{r}(s) = \hat{g}(s)\hat{u}(s)$$

由此可知

$$\hat{u}(s) = \frac{\hat{g}_o(s)}{\hat{g}(s)}\hat{r}(s) = \hat{t}(s)\hat{r}(s)$$

因此，从 r 到 u 的闭环传递函数为 $\hat{t}(s)$。整体稳定性要求任一闭环传递函数均 BIBO 稳定，因此，$\hat{g}_o(s)$ 和 $\hat{t}(s)$ 必 BIBO 稳定。适定性要求任一闭环传递函数均正则，因此，$\hat{g}_o(s)$ 和 $\hat{t}(s)$ 必须正则。定理的必要性得证。充分性将在下一小节中构造性地证实。

举一简单例子，对于被控对象传递函数 $\hat{g}(s) = \frac{1}{s-1}$，$\hat{g}_o(s) = 1$ 是否可实施？尽管 $\hat{g}_o(s) = 1$ 正则且 BIBO 稳定，但是传递函数

$$\hat{t}(s) = \frac{\hat{g}_o(s)}{\hat{g}(s)} = \frac{1}{\dfrac{1}{s-1}} = \frac{s-1}{1}$$

非正则，因此 $\hat{g}_o(s) = 1$ 不可实施。换而言之，对于被控对象 $\hat{g}(s) = \frac{1}{s-1}$，在不违背上述物理条件约束的情况下，无法设计整体系统使得其传递函数为 $\hat{g}_o(s) = 1$。

推论 9.4

考虑具有正则传递函数 $\hat{g}(s) = \frac{N(s)}{D(s)}$ 的被控对象，则 $\hat{g}_o(s) = \frac{E(s)}{F(s)}$ 可实施，当且仅当以下命题成立：

① $F(s)$ 的所有根均具有负实部（$F(s)$ 为 CT 稳定多项式）。

② $\deg F(s) - \deg E(s) \geqslant \deg D(s) - \deg N(s)$（极零点超量不等式）。

③ $N(s)$ 中所有具有零实部或正实部的零点均保留在 $E(s)$ 中（非最小相位零点的保留）。

需要注意的是，假定 $N(s)$ 和 $D(s)$ 互质，则 $E(s)$ 和 $F(s)$ 也互质。首先根据定理 9.4 推导推论 9.4。若 $\hat{g}_o(s) = \frac{E(s)}{F(s)}$ BIBO 稳定，则 $F(s)$ 的所有根均具有负实部，条件 1 成立。将式(9.24)写为

$$\hat{t}(s)=\frac{\hat{g}_o(s)}{\hat{g}(s)}=\frac{E(s)D(s)}{F(s)N(s)}$$

要求 $\hat{t}(s)$正则的条件是

$$\deg F(s)+\deg N(s)\geqslant \deg E(s)+\deg D(s)$$

由此可知条件②成立。为了使 $\hat{t}(s)$BIBO 稳定,必须用 $E(s)$的根对消 $N(s)$中所有具有零实部或正实部的根,因此,$E(s)$必须包含 $N(s)$的非最小相位零点,条件③成立。因此,直接根据定理 9.4 得出推论 9.4。

举一例子。考虑 $\hat{g}(s)=\frac{(s+2)(s-1)}{s(s-2)(s+3)}$,该传递函数的极点比零点多一个,并且有非最小相位零点项 $s-1$,因此,可实施的传递函数必须有一个或多个额外的极点,并且包含$(s-1)$作为其零点项。显然,有以下陈述成立:

① 由于违反条件②和条件③,所以 $\hat{g}_o(s)=1$ 不能实施。

② 由于违反条件③,所以 $\hat{g}_o(s)=\frac{1}{s+1}$不能实施。需要注意的是,它满足条件①和条件②。

③ 由于违反条件③,所以 $\hat{g}_o(s)=\frac{s+2}{(s+1)(s+4)}$不能实施。需要注意的是,它满足条件①和条件②.

④ 对任意非零实值常数 k,$\hat{g}_o(s)=\frac{k(s-1)}{(s+1)(s+4)}$可实施,若 $k=-4$,则 $\hat{g}_o(0)=1$,且 $\hat{g}_o(s)$可以无偏差地跟踪任意阶跃参考输入。

⑤ 由于违反条件②,所以 $\hat{g}_o(s)=\frac{k(s+\alpha)(s-1)}{(s+1)(s+4)}$不能实施。

⑥ 对于任意实数 $k\neq 0$ 及 α,$\hat{g}_o(s)=\frac{k(s+\alpha)(s-1)}{(s+1)(s+4)(s+5)}$可实施。将 $\hat{g}_o(s)$展开为

$$\hat{g}_o(s)=\frac{ks^2+k(\alpha-1)s-k\alpha}{s^3+10s^2+29s+20}$$

若选择 $k(\alpha-1)=29$ 及 $-k\alpha=20$ 或 $k=-49$ 及 $\alpha=\frac{20}{49}$,则 $\hat{g}_o(0)=1$、$\hat{g}'_o(0)=0$,且 $\hat{g}_o(s)$可以无偏差地跟踪任意阶跃和斜坡参考输入。

在极点配置中,设计过程总会引入无法控制的某些零点。在模型匹配中,除了保留非最小相位零点和满足极零点超量不等式之外,在选择极点和零点方面完全无约束:可以选择 s 左半平面内的任意极点以及整个 s 平面的任意零点。因此,可以将模型匹配视作极点和零点配置,并且应当得出比极点配置设计更优的整体系统。

给定被控对象传递函数 $\hat{g}(s)$,如何选择可实施的模型 $\hat{g}_o(s)$并非易事,对该问题的讨论可参见参考文献[7]第 9 章。

9.4.1　模型匹配——双参数结构

本节讨论实施问题，考虑正则的 $\hat{g}(s)$ 和可实施的 $\hat{g}_o(s)$。若采用图9.1(a)的开环结构实施 $\hat{g}_o(s)$，则有 $\hat{g}(s)C(s)=\hat{g}_o(s)$，由此可知

$$C(s)=\hat{g}_o(s)/\hat{g}(s)=\hat{t}(s)$$

其中 $\hat{t}(s)$ 在式(9.24)中定义，该补偿器正则且开环系统适定。但是，若 $\hat{g}(s)$ 包含CT不稳定极点，则实施过程要涉及不稳定零极点对消，这种情况下，该系统并非整体稳定，这种设计是无法接受的。若 $\hat{g}(s)$ BIBO稳定，则该实施整体稳定，即便如此，开环结构对被控对象参数波动非常敏感，因此，通常不希望采用开环结构。可以采用图9.1(b)的单位反馈结构来实现任一极点配置，但是正如以下例子所示，不能采用单位反馈结构实现任一模型匹配。

【例9.6】　考虑传递函数为 $\hat{g}(s)=\dfrac{s-2}{s^2-1}$ 的被控对象，很容易验证

$$\hat{g}_o(s)=\frac{-(s-2)}{s^2+2s+2} \tag{9.25}$$

可实施。由于 $\hat{g}_o(0)=1$，所以被控对象输出可以渐近跟踪任意阶跃参考输入。假设采用图9.1(b)中 $p=1$ 的单位反馈结构来实施 $\hat{g}_o(s)$，则根据

$$\hat{g}_o(s)=\frac{C(s)\hat{g}(s)}{1+C(s)\hat{g}(s)}$$

可以求出补偿器为

$$C(s)=\frac{\hat{g}_o(s)}{\hat{g}(s)[1-\hat{g}_o(s)]}=\frac{-(s^2-1)}{s(s+3)}$$

该补偿器正则，但是 $C(s)$ 和 $\hat{g}(s)$ 的级联连接涉及 $(s^2-1)=(s+1)(s-1)$ 的零极点对消，稳定极点项 $s+1$ 的对消不会引起整体系统中的任何严重问题，但是，不稳定极点项 $s-1$ 的对消使得整体系统并非整体稳定。因此，不能接受这类实施。

模型匹配通常涉及某些零极点对消，在状态反馈状态估计器设计中也出现了同样的情况，不能通过参考输入来控制估计器的所有特征值，并且在整体传递函数中对消掉了这些特征值。但是，由于在选择估计器的特征值时完全无约束，若选择恰当，则对消就不会在设计过程中造成任何问题。正如在上一例子中看到的，在模型匹配中采用单位反馈结构时，由被控对象传递函数指定了对消的极点。因此，若被控对象传递函数包含不稳定极点，则在模型匹配中不能采用单位反馈结构。

图9.1(a)和图9.1(b)中的开环结构和单位反馈结构的自由度均为一，均不能用于实现任一模型匹配。图9.1(c)和图9.1(d)中的结构均为二自由度，在使用这两种结构的任意一种时，完全可以无约束地指定对消的极点，因而，这两种结构都可以用来实现任一模型匹配。由于图9.1(d)中的双参数结构似乎更合乎情理，也更适合实

际实施,所以这里只讨论这种结构。对于采用图9.1(c)结构进行模型匹配的有关内容,可参见参考文献6。

考虑图9.1(d)中的双参数结构,设

$$C_1(s)=\frac{L(s)}{A_1(s)},\quad C_2(s)=\frac{M(s)}{A_2(s)}$$

其中 $L(s)$、$M(s)$、$A_1(s)$ 和 $A_2(s)$ 为多项式,$C_1(s)$ 称为"前馈补偿器",$C_2(s)$ 称为"反馈补偿器"。通常,$A_1(s)$ 和 $A_2(s)$ 无需相同,事实证明,即便选择二者相同,仍然可以采用该结构来实现任一模型匹配。再加上,二者相同可以导出简便的设计流程,因而,假定 $A_1(s)=A_2(s)=A(s)$,相应的补偿器变为

$$\left.\begin{aligned}C_1(s)=\frac{L(s)}{A(s)}\\C_2(s)=\frac{M(s)}{A(s)}\end{aligned}\right\}\tag{9.26}$$

这样,图9.1(d)中从 r 到 y 的传递函数变为

$$\hat{g}_o(s)=C_1(s)\frac{\hat{g}(s)}{1+\hat{g}(s)C_2(s)}=\frac{L(s)}{A(s)}\frac{\frac{N(s)}{D(s)}}{1+\frac{N(s)}{D(s)}\frac{M(s)}{A(s)}}=$$

$$\frac{L(s)N(s)}{A(s)D(s)+M(s)N(s)}\tag{9.27}$$

因此,在模型匹配中,需要找出满足

$$\hat{g}_o(s)=\frac{E(s)}{F(s)}=\frac{L(s)N(s)}{A(s)D(s)+M(s)N(s)}\tag{9.28}$$

的正则传递函数$\frac{L(s)}{A(s)}$和$\frac{M(s)}{A(s)}$。应当注意的是,双参数结构不存在被控对象泄漏。若被控对象传递函数 $\hat{g}(s)$ 严格正则,且若 $C_2(s)=\frac{M(s)}{A(s)}$ 正则,则整体系统自动为适定。关于整体稳定性的问题将在下一小节讨论。需要注意的是,若 $\hat{g}(s)$ 上下双正则,则必须对这里的讨论稍加修正,相关内容可参见参考文献6。

问　题

给定 $\hat{g}(s)=\frac{N(s)}{D(s)}$,其中 $N(s)$ 和 $D(s)$ 互质,且 $\deg N(s)<\deg D(s)=n$,并给定可实施的 $\hat{g}_o(s)=\frac{E(s)}{F(s)}$,找出正则$\frac{L(s)}{A(s)}$和$\frac{M(s)}{A(s)}$使之满足式(9.28)。

处理流程 9.1

① 计算

$$\frac{\hat{g}_o(s)}{N(s)}=\frac{E(s)}{F(s)N(s)}=:\frac{\bar{E}(s)}{\bar{F}(s)}\tag{9.29}$$

其中 $\bar{E}(s)$ 和 $\bar{F}(s)$ 互质，既然缺省假定 $E(s)$ 和 $F(s)$ 互质，所以公因子只可能在 $E(s)$ 和 $N(s)$ 间存在，将二者的所有公因子对消，并将余式记为 $\bar{E}(s)$ 和 $\bar{F}(s)$。需要注意的是，若 $E(s)=N(s)$，则 $\bar{F}(s)=F(s)$ 且 $\bar{E}(s)=1$。借助式(9.29)，可以将式(9.28)重写为

$$\hat{g}_o(s)=\frac{\bar{E}(s)N(s)}{\bar{F}(s)}=\frac{L(s)N(s)}{A(s)D(s)+M(s)N(s)} \tag{9.30}$$

根据该式，可能禁不住想设 $L(s)=\bar{E}(s)$，再从 $\bar{F}(s)=A(s)D(s)+M(s)N(s)$ 中求解 $A(s)$ 和 $M(s)$，但是据此求出的 $C_2(s)=\dfrac{M(s)}{A(s)}$ 可能非正则，这就违反了要求所有补偿器均为正则的条件。因此，需要某些额外的运算。

② 引入任意 CT 稳定多项式 $\hat{F}(s)$ 使得 $\bar{F}(s)\hat{F}(s)$ 的次数为 $2n-1$ 或更高。换言之，若 $\deg\bar{F}(s)=p$，则 $\deg\hat{F}(s)\geqslant 2n-1-p$。由于在设计过程中要消掉多项式 $\hat{F}(s)$，所以应当选择其根落在图 8.3 所示的扇形区域内。

③ 将式(9.30)重写为

$$\hat{g}_o(s)=\frac{\bar{E}(s)\hat{F}(s)N(s)}{\bar{F}(s)\hat{F}(s)}=\frac{L(s)N(s)}{A(s)D(s)+M(s)N(s)} \tag{9.31}$$

现在设

$$L(s)=\bar{E}(s)\hat{F}(s) \tag{9.32}$$

并根据

$$A(s)D(s)+M(s)N(s)=\hat{F}(s)\bar{F}(s) \tag{9.33}$$

求解 $A(s)$ 和 $M(s)$，若写出

$$A(s)=A_0+A_1s+A_2s^2+\cdots+A_ms^m$$

$$M(s)=M_0+M_1s+M_2s^2+\cdots+M_ms^m$$

$$\bar{F}(s)\hat{F}(s)=F_0+F_1s+F_2s^2+\cdots+F_{n+m}s^{n+m}$$

其中 $m\geqslant n-1$，则通过求解方程

$$[A_0\quad M_0\quad A_1\quad M_1\quad \cdots\quad A_m\quad M_m]\boldsymbol{S}_m=[F_0\quad F_1\quad F_2\quad \cdots\quad F_{n+m}] \tag{9.34}$$

可得 $A(s)$ 和 $M(s)$，其中

$$\boldsymbol{S}_m := \begin{bmatrix} D_0 & D_1 & \cdots & D_n & 0 & \cdots & 0 \\ N_0 & N_1 & \cdots & N_n & 0 & \cdots & 0 \\ \cdots & \cdots & \cdots & \cdots & \cdots & \cdots & \cdots \\ 0 & D_0 & \cdots & D_{n-1} & D_n & \cdots & 0 \\ 0 & N_0 & \cdots & N_{n-1} & N_n & \cdots & 0 \\ \cdots & \cdots & \cdots & \cdots & \cdots & \cdots & \cdots \\ \vdots & \vdots & \ddots & \vdots & \vdots & \ddots & \vdots \\ \cdots & \cdots & \cdots & \cdots & \cdots & \cdots & \cdots \\ 0 & 0 & \cdots & 0 & D_0 & \cdots & D_n \\ 0 & 0 & \cdots & 0 & N_0 & \cdots & N_n \end{bmatrix}$$

如此求出的补偿器$\dfrac{L(s)}{A(s)}$和$\dfrac{M(s)}{A(s)}$均正则。

验证该处理流程。引入$\hat{F}(s)$,$\bar{F}(s)\hat{F}(s)$的次数为$2n-1$或更高,根据定理9.2,对任意$\bar{F}(s)\hat{F}(s)$,当$\deg M(s)\leqslant \deg A(s)=m$且$m\geqslant n-1$时,方程(9.34)的解$A(s)$和$M(s)$存在。因此,补偿器$\dfrac{M(s)}{A(s)}$正则。需要注意的是,若不引入$\hat{F}(s)$,则方程(9.34)中的正则补偿器$\dfrac{M(s)}{A(s)}$可能不存在。

接下来证明$\deg L(s)\leqslant \deg A(s)$。将极零点超量不等式应用于式(9.31)并借助式(9.32)可得

$$\deg[\bar{F}(s)\hat{F}(s)] - \deg N(s) - \deg L(s) \geqslant \deg D(s) - \deg N(s)$$

由此可知

$$\deg L(s) \leqslant \deg[\bar{F}(s)\hat{F}(s)] - \deg D(s) = \deg A(s)$$

因此,补偿器$\dfrac{L(s)}{A(s)}$正则。

【例 9.7】 考虑例 9.6 中研究的模型匹配问题,即,给定$\hat{g}(s)=\dfrac{s-2}{s^2-1}$,匹配$\hat{g}_o(s)=\dfrac{-(s-2)}{s^2+2s+2}$。采用图 9.1(d)所示的双参数结构对其实施,首先求出

$$\frac{\hat{g}_o(s)}{N(s)} = \frac{-(s-2)}{(s^2+2s+2)(s-2)} = \frac{-1}{s^2+2s+2} =: \frac{\bar{E}(s)}{\bar{F}(s)}$$

其中$\bar{E}(s)=-1$和$\bar{F}(s)=s^2+2s+2$互质。由于$\bar{F}(s)$的次数为2,所以任选$\hat{F}(s)=s+4$,使得$\bar{F}(s)\hat{F}(s)$的次数为$3=2n-1$,因此有

$$L(s) = \bar{E}(s)\hat{F}(s) = -(s+4) \tag{9.35}$$

并且可以从方程

$$A(s)D(s)+M(s)N(s)=\hat{F}(s)\bar{F}(s)=(s^2+2s+2)(s+4)=$$
$$s^3+6s^2+10s+8$$

或

$$[A_0\quad M_0\quad A_1\quad M_1]\begin{bmatrix}-1 & 0 & 1 & 0\\ -2 & 1 & 0 & 0\\ \cdots & \cdots & \cdots & \cdots\\ 0 & -1 & 0 & 1\\ 0 & -2 & 1 & 0\end{bmatrix}=[8\quad 10\quad 6\quad 1]$$

中解出 $A(s)$ 和 $M(s)$，该方程的解为 $A_0=18$，$A_1=1$，$M_0=-13$ 和 $M_1=-12$。因此有 $A(s)=18+s$ 和 $M(s)=-13-12s$，并且补偿器为

$$C_1(s)=\frac{L(s)}{A(s)}=\frac{-(s+4)}{s+18},\quad C_2(s)=\frac{M(s)}{A(s)}=\frac{-(12s+13)}{s+18}$$

即完成设计。需要注意的是，由于 $\hat{g}_o(0)=1$，所以反馈系统的输出可以跟踪任意阶跃参考输入。

也可以借助状态空间方程完成该例的设计。先找出被控对象的二维能控型实现，然后可以很容易得到其状态反馈增益，接着通过求解 Lyapunov 方程设计一维状态估计器。最后将该反馈增益应用于被控对象和估计器的输出，并引入前馈增益 $p=-1$，可以完成设计。但是设计过程过于复杂。更糟糕的是，对于下一个例子中的设计问题，如何借助状态空间方程来解决并不明显。

【例 9.8】 给定 $\hat{g}(s)=\dfrac{s-2}{s^2-1}$，匹配

$$\hat{g}_o(s)=\frac{-(s-2)(4s+2)}{(s^2+2s+2)(s+2)}=\frac{-4s^2+6s+4}{s^3+4s^2+6s+4}$$

该 $\hat{g}_o(s)$BIBO 稳定，并且有特性 $\hat{g}_o(0)=1$、$\hat{g}'_o(0)=0$，因此，整体系统不仅可以渐近跟踪任意阶跃参考输入，而且可以渐近跟踪任意斜坡输入，相关内容可参见习题9.13 和习题 9.14。该 $\hat{g}_o(s)$满足推论 9.4 中的所有 3 个条件，因此可实施。采用双参数结构，首先求出

$$\frac{\hat{g}_o(s)}{N(s)}=\frac{-(s-2)(4s+2)}{(s^2+2s+2)(s+2)(s-2)}=\frac{-(4s+2)}{s^3+4s^2+6s+4}=:\frac{\bar{E}(s)}{\bar{F}(s)}$$

由于 $\bar{F}(s)$的次数为 3，次数等于 $2n-1=3$，没必要引入 $\hat{F}(s)$，设 $\hat{F}(s)=1$，因此有

$$L(s)=\hat{F}(s)\bar{E}(s)=-(4s+2)$$

并且根据方程

$$[A_0 \quad M_0 \quad A_1 \quad M_1]\begin{bmatrix} -1 & 0 & 1 & 0 \\ -2 & 1 & 0 & 0 \\ \cdots & \cdots & \cdots & \cdots \\ 0 & -1 & 0 & 1 \\ 0 & -2 & 1 & 0 \end{bmatrix} = [4 \quad 6 \quad 4 \quad 1]$$

可以解出 $A(s)$ 和 $M(s)$,由于 $A_1=1, A_0=\frac{34}{3}=11.33, M_0=\frac{-23}{3}=-7.67$ 和 $M_1=\frac{-22}{3}=-7.33$,因此补偿器为

$$C_1(s)=\frac{-(4s+2)}{s+11.33}, \quad C_2(s)=\frac{-7.33s-7.67}{s+11.33}$$

即完成设计。需要注意的是,由于 $\hat{F}(s)=1$,所以设计过程不涉及任意零极点对消。

9.4.2 双参数补偿器的实施

给定传递函数为 $\hat{g}(s)$ 的被控对象和可实施的模型 $\hat{g}_o(s)$,可以采用图 9.1(d)所示的双参数结构实施该模型,并将该结构重绘于图 9.4(a)。借助处理流程 9.1 可以得出补偿器 $C_1(s)=\frac{L(s)}{A(s)}$ 和 $C_2(s)=\frac{M(s)}{A(s)}$。为完成设计,须搭建或实施补偿器,本小节就此展开讨论。

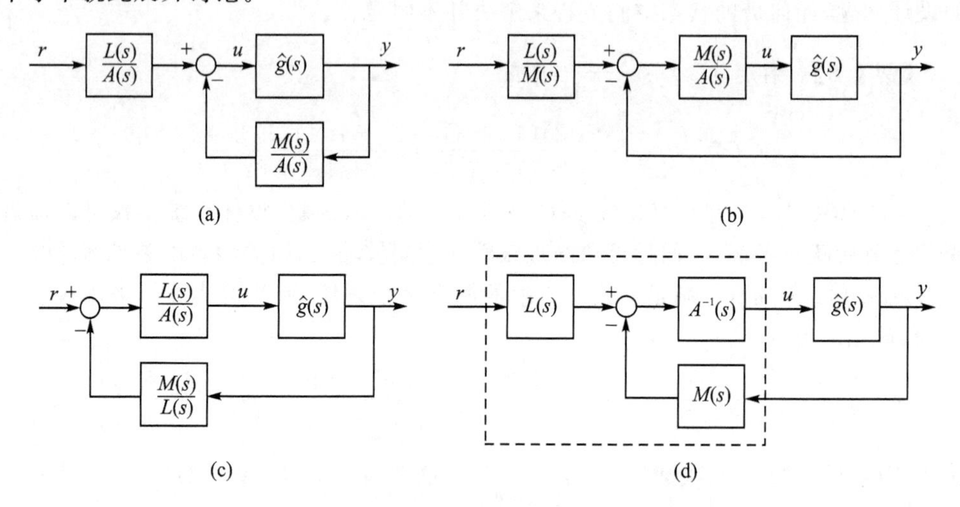

图 9.4 双自由度结构

考虑图 9.4(a)的结构,通过求解式(9.33)的补偿器方程得出 $C_1(s)$ 的分母 $A(s)$,$A(s)$ 可能是 CT 稳定多项式,也可能不是,相关内容可参见习题 9.12。若 $A(s)$ 并非 CT 稳定多项式,且若按图 9.4(a)所示方式实施 $C_1(s)$,则 $C_1(s)$ 的输出将无限增大,整体系统并非整体稳定。因而,通常不应当采用图 9.4(a)所示的结构实

施这两个补偿器。若如图 9.4(b)所示将 $C_2(s)$移出环路之外，则设计过程会涉及 $M(s)$的消除。由于 $M(s)$也是通过求解方程(9.33)得到，所以无法直接控制 $M(s)$。因此，通常不能接受这种设计方法。若将 $C_1(s)$移入环路之内，则变为如图 9.4(c)所示的结构，可以看到，这种连接涉及 $L(s)=\hat{F}(s)\bar{E}(s)$的零极点对消，可以无约束地选择 $\hat{F}(s)$，而多项式 $\bar{E}(s)$是 $E(s)$的一部分，除 $N(s)$的非最小相位零点以外，也可以无约束选择。但是，$\bar{E}(s)$中会完全对消掉非最小相位零点。因此，可以做到 $L(s)$ CT 稳定④，并且可以做到图 9.4(c)中的实施整体稳定，故可以接受这种设计方法。但是由于两个补偿器$\dfrac{L(s)}{A(s)}$和$\dfrac{M(s)}{L(s)}$的分母不同，对其实施总共需要 $2m$ 个积分器。接下来讨论一种更优的实施方法，该方法仅需 m 个积分器，并且只涉及 $\hat{F}(s)$的对消。

考虑

$$\hat{u}(s)=C_1(s)\hat{r}(s)-C_2(s)\hat{y}(s)=\frac{L(s)}{A(s)}\hat{r}(s)-\frac{M(s)}{A(s)}\hat{y}(s)=$$

$$A^{-1}(s)\,[L(s)\quad -M(s)]\begin{bmatrix}\hat{r}(s)\\ \hat{y}(s)\end{bmatrix}$$

可以将其绘制于图 9.4(d)。因此，可以将两个补偿器视作包含两个输入 r 和 y 及一个输出 u 的单个补偿器，其传递函数为

$$\boldsymbol{C}(s)=[C_1(s)\quad -C_2(s)]=\boldsymbol{A}^{-1}(s)\,[L(s)\quad -M(s)] \tag{9.36}$$

若找出式(9.36)的最小实现，则其维数为 m，且仅使用 m 个积分器就可以实施这两个补偿器。根据式(9.31)可知，该设计过程只涉及 $\hat{F}(s)$的对消。因此，图 9.4(d)的实施优于图 9.4(c)的实施。总之，图 9.4 的四种结构均具有两个自由度，并且在数学意义上等价，但是在实际实施时有所区别。

【例 9.9】 使用运放电路实施例 9.8 中的补偿器。现写出

$$\hat{u}(s)=C_1(s)\hat{r}(s)-C_2(s)\hat{y}(s)=\begin{bmatrix}\dfrac{-(4s+2)}{s+11.33} & \dfrac{7.33s+7.67}{s+11.33}\end{bmatrix}\begin{bmatrix}\hat{r}(s)\\ \hat{y}(s)\end{bmatrix}=$$

$$\left([-4\quad 7.33]+\frac{1}{s+11.33}[43.33\quad -75.38]\right)\begin{bmatrix}\hat{r}(s)\\ \hat{y}(s)\end{bmatrix}$$

借助习题 4.10 的公式，其状态空间实现为

$$\dot{x}=-11.33x+[43.33\quad -75.38]\begin{bmatrix}r\\ y\end{bmatrix}$$

④　MIMO 情形未必正确。

$$u = x + [-4 \quad 7.33]\begin{bmatrix} r \\ y \end{bmatrix}$$

(参见习题4.14)。可以使用如图9.5所示的运放电路来实施该方程。需要注意的是,图9.5中不再能看出图9.4(d)中具有正负符号的加法器,也不再能看出前馈补偿器和反馈补偿器。

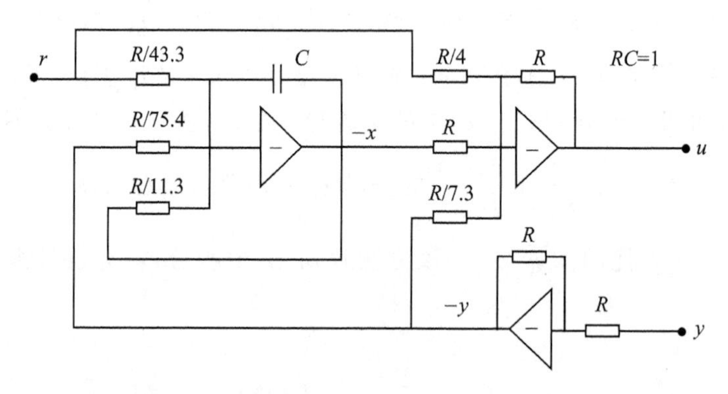

图9.5 运放电路实施

9.5 MIMO单位反馈系统

本节将第9.3节中讨论的极点配置推广到MIMO情形。考虑图9.6所示的单位反馈系统,被控对象有p个输入和q个输出,通过$q\times p$的严格正则有理矩阵$\hat{\boldsymbol{G}}(s)$来描述。假定$\hat{\boldsymbol{G}}(s)$在行列式非零的$q\times q$或$p\times p$子矩阵意义上满秩,若$\hat{\boldsymbol{G}}(s)$为方阵,则其行列式非零或其逆存在。可将其等价地描述为以下假设,若($\boldsymbol{A},\boldsymbol{B},\boldsymbol{C}$)为传递矩阵的最小实现,则$\boldsymbol{B}$列满秩且$\boldsymbol{C}$行满秩。

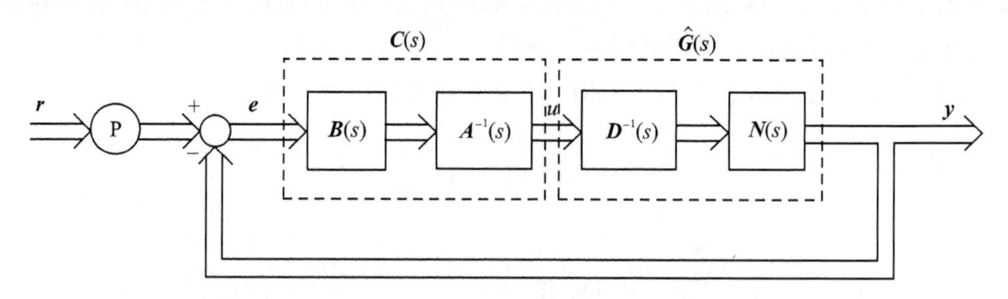

图9.6 $\boldsymbol{P}=\boldsymbol{I}_q$的MIMO单位反馈系统

设计问题就是找出可以实现极点配置的补偿器,为了使连接可行,要设计的补偿器$\boldsymbol{C}(s)$须包含q个输入和p个输出,因此,要求$\boldsymbol{C}(s)$为$p\times q$的正则有理矩阵,矩阵$\boldsymbol{P}$为$q\times q$的常值增益矩阵。暂时假定$\boldsymbol{P}=\boldsymbol{I}_q$,令从$\boldsymbol{r}$到$\boldsymbol{y}$的传递矩阵记为$q\times q$的矩阵$\hat{\boldsymbol{G}}_o(s)$,则有

$$\hat{\boldsymbol{G}}_o(s)=[\boldsymbol{I}_q+\hat{\boldsymbol{G}}(s)\boldsymbol{C}(s)]^{-1}\hat{\boldsymbol{G}}(s)\boldsymbol{C}(s)=$$
$$\hat{\boldsymbol{G}}(s)\boldsymbol{C}(s)[\boldsymbol{I}_q+\hat{\boldsymbol{G}}(s)\boldsymbol{C}(s)]^{-1}=$$
$$\hat{\boldsymbol{G}}(s)[\boldsymbol{I}_p+\boldsymbol{C}(s)\hat{\boldsymbol{G}}(s)]^{-1}\boldsymbol{C}(s) \tag{9.37}$$

根据 $\hat{\boldsymbol{y}}(s)=\hat{\boldsymbol{G}}(s)\boldsymbol{C}(s)[\hat{\boldsymbol{r}}(s)-\hat{\boldsymbol{y}}(s)]$得出第 1 个等式,根据 $\hat{\boldsymbol{e}}(s)=\hat{\boldsymbol{r}}(s)-\hat{\boldsymbol{G}}(s)\boldsymbol{C}(s)\hat{\boldsymbol{e}}(s)$得出第 2 个等式,根据 $\hat{\boldsymbol{u}}(s)=\boldsymbol{C}(s)[\hat{\boldsymbol{r}}(s)-\hat{\boldsymbol{G}}(s)\hat{\boldsymbol{u}}(s)]$得出第 3 个等式。也可以直接验证这些等式。例如,前两个等式左乘和右乘$[\boldsymbol{I}_q+\hat{\boldsymbol{G}}(s)\boldsymbol{C}(s)]$可得

$$\hat{\boldsymbol{G}}(s)\boldsymbol{C}(s)[\boldsymbol{I}_q+\hat{\boldsymbol{G}}(s)\boldsymbol{C}(s)]=[\boldsymbol{I}_q+\hat{\boldsymbol{G}}(s)\boldsymbol{C}(s)]\hat{\boldsymbol{G}}(s)\boldsymbol{C}(s)$$

此式为恒等式。从而第 2 个等式成立。同理可证实第 3 个等式。

设 $\hat{\boldsymbol{G}}(s)=\boldsymbol{N}(s)\boldsymbol{D}^{-1}(s)$为右互质分式,且 $\boldsymbol{C}(s)=\boldsymbol{A}^{-1}(s)\boldsymbol{B}(s)$为待设计的左分式,则由式(9.37)可知

$$\hat{\boldsymbol{G}}_o(s)=\boldsymbol{N}(s)\boldsymbol{D}^{-1}(s)[\boldsymbol{I}+\boldsymbol{A}^{-1}(s)\boldsymbol{B}(s)\boldsymbol{N}(s)\boldsymbol{D}^{-1}(s)]^{-1}\boldsymbol{A}^{-1}(s)\boldsymbol{B}(s)=$$
$$\boldsymbol{N}(s)\boldsymbol{D}^{-1}(s)\{\boldsymbol{A}^{-1}(s)[\boldsymbol{A}(s)\boldsymbol{D}(s)+$$
$$\boldsymbol{B}(s)\boldsymbol{N}(s)]\boldsymbol{D}^{-1}(s)\}^{-1}\boldsymbol{A}^{-1}(s)\boldsymbol{B}(s)=$$
$$\boldsymbol{N}(s)[\boldsymbol{A}(s)\boldsymbol{D}(s)+\boldsymbol{B}(s)\boldsymbol{N}(s)]^{-1}\boldsymbol{B}(s)=$$
$$\boldsymbol{N}(s)\boldsymbol{F}^{-1}(s)\boldsymbol{B}(s) \tag{9.38}$$

其中

$$\boldsymbol{A}(s)\boldsymbol{D}(s)+\boldsymbol{B}(s)\boldsymbol{N}(s)=\boldsymbol{F}(s) \tag{9.39}$$

该式为多项式矩阵方程。因此,该设计问题变为:给定 $p\times p$ 的矩阵$\boldsymbol{D}(s)$、$q\times p$ 的矩阵$\boldsymbol{N}(s)$以及任意 $p\times p$ 的矩阵 $\boldsymbol{F}(s)$,找出 $p\times p$ 的矩阵$\boldsymbol{A}(s)$和 $p\times q$ 的矩阵$\boldsymbol{B}(s)$,使其满足方程(9.39)。该式为式(9.12)中多项式补偿器方程的矩阵形式。

定理 9.M1

给定多项式矩阵 $\boldsymbol{D}(s)$和 $\boldsymbol{N}(s)$,对任意多项式矩阵 $\boldsymbol{F}(s)$,方程(9.39)存在多项式矩阵解 $\boldsymbol{A}(s)$和 $\boldsymbol{B}(s)$当且仅当 $\boldsymbol{D}(s)$和 $\boldsymbol{N}(s)$右互质。

假设 $\boldsymbol{D}(s)$和 $\boldsymbol{N}(s)$并非右互质,则存在非单模多项式矩阵 $\boldsymbol{R}(s)$,使得 $\boldsymbol{D}(s)=\hat{\boldsymbol{D}}(s)\boldsymbol{R}(s)$和 $\boldsymbol{N}(s)=\hat{\boldsymbol{N}}(s)\boldsymbol{R}(s)$。这样方程(9.39)中的 $\boldsymbol{F}(s)$必然具有 $\hat{\boldsymbol{F}}(s)\boldsymbol{R}(s)$这种形式,其中 $\hat{\boldsymbol{F}}(s)$为某些多项式矩阵。因此,若不能将 $\boldsymbol{F}(s)$表示为这种形式,则方程(9.39)无解。定理的必要性得证。若 $\boldsymbol{D}(s)$和 $\boldsymbol{N}(s)$右互质,则存在多项式矩阵 $\bar{\boldsymbol{A}}(s)$和 $\bar{\boldsymbol{B}}(s)$使得

$$\bar{\boldsymbol{A}}(s)\boldsymbol{D}(s)+\bar{\boldsymbol{B}}(s)\boldsymbol{N}(s)=\boldsymbol{I}$$

可以通过一系列初等变换得出多项式矩阵 $\bar{\boldsymbol{A}}(s)$和 $\bar{\boldsymbol{B}}(s)$,相关内容可参见参考文献 6 第 587 页～第 595 页。因此对任意 $\boldsymbol{F}(s)$,$\boldsymbol{A}(s)=\boldsymbol{F}(s)\bar{\boldsymbol{A}}(s)$和 $\boldsymbol{B}(s)=\boldsymbol{F}(s)\bar{\boldsymbol{B}}(s)$为方程(9.39)的解。定理 9.M1 得证。与标量情形类似,可以为方程(9.39)推导出通

解形式。但是,通解在设计中使用起来并不方便,因此这里不予讨论。

接下来将方程(9.39)的求解转换为一组线性代数方程的求解。考虑 $\hat{\boldsymbol{G}}(s)=\boldsymbol{N}(s)\boldsymbol{D}^{-1}(s)$,其中 $\boldsymbol{D}(s)$ 和 $\boldsymbol{N}(s)$ 右互质,且 $\boldsymbol{D}(s)$ 为列既约。设 μ_i 为 $\boldsymbol{D}(s)$ 第 i 列的次数,则正如第7.8.2节讨论的,有

$$\deg\hat{\boldsymbol{G}}(s)=\deg\det\boldsymbol{D}(s)=\mu_1+\mu_2+\cdots+\mu_p=:n \tag{9.40}$$

设 $\mu:=\max(\mu_1,\mu_2,\cdots,\mu_p)$,则可以将 $\boldsymbol{D}(s)$ 和 $\boldsymbol{N}(s)$ 表示为

$$\boldsymbol{D}(s)=\boldsymbol{D}_0+\boldsymbol{D}_1s+\boldsymbol{D}_2s^2+\cdots+\boldsymbol{D}_\mu s^\mu,\quad \boldsymbol{D}_\mu\neq 0$$

$$\boldsymbol{N}(s)=\boldsymbol{N}_0+\boldsymbol{N}_1s+\boldsymbol{N}_2s^2+\cdots+\boldsymbol{N}_\mu s^\mu$$

需要注意的是,除非 $\mu_1=\mu_2=\cdots=\mu_p$,否则 $\boldsymbol{D}_\mu$ 为奇异阵。同时也要注意,根据 $\hat{\boldsymbol{G}}(s)$ 的严格正则假设 $\boldsymbol{N}_\mu=\boldsymbol{0}$。同样将 $\boldsymbol{A}(s)$、$\boldsymbol{B}(s)$ 和 $\boldsymbol{F}(s)$ 表示为

$$\boldsymbol{A}(s)=\boldsymbol{A}_0+\boldsymbol{A}_1s+\boldsymbol{A}_2s^2+\cdots+\boldsymbol{A}_m s^m$$

$$\boldsymbol{B}(s)=\boldsymbol{B}_0+\boldsymbol{B}_1s+\boldsymbol{B}_2s^2+\cdots+\boldsymbol{B}_m s^m$$

$$\boldsymbol{F}(s)=\boldsymbol{F}_0+\boldsymbol{F}_1s+\boldsymbol{F}_2s^2+\cdots+\boldsymbol{F}_{\mu+m} s^{\mu+m}$$

将这些关系式代入方程(9.39),并匹配 s 的同幂次系数可得

$$[\boldsymbol{A}_0\quad \boldsymbol{B}_0\quad \boldsymbol{A}_1\quad \boldsymbol{B}_1\quad \cdots\quad \boldsymbol{A}_m\quad \boldsymbol{B}_m]\boldsymbol{S}_m=[\boldsymbol{F}_0\quad \boldsymbol{F}_1\quad \cdots\quad \boldsymbol{F}_{\mu+m}]=:\bar{\boldsymbol{F}} \tag{9.41}$$

其中

$$\boldsymbol{S}_m:=\left[\begin{array}{cccccccc}
\boldsymbol{D}_0 & \boldsymbol{D}_1 & \cdots & \boldsymbol{D}_\mu & \boldsymbol{0} & \boldsymbol{0} & \cdots & \boldsymbol{0}\\
\cdots & \cdots & \cdots & \cdots & \cdots & \cdots & \cdots & \cdots\\
\boldsymbol{N}_0 & \boldsymbol{N}_1 & \cdots & \boldsymbol{N}_\mu & \boldsymbol{0} & \boldsymbol{0} & \cdots & \boldsymbol{0}\\
\hline
\boldsymbol{0} & \boldsymbol{D}_0 & \cdots & \boldsymbol{D}_{\mu-1} & \boldsymbol{D}_\mu & \boldsymbol{0} & \cdots & \boldsymbol{0}\\
\cdots & \cdots & \cdots & \cdots & \cdots & \cdots & \cdots & \cdots\\
\boldsymbol{0} & \boldsymbol{N}_0 & \cdots & \boldsymbol{N}_{\mu-1} & \boldsymbol{N}_\mu & \boldsymbol{0} & \cdots & \boldsymbol{0}\\
\hline
 & \vdots & \vdots & \vdots & \vdots & \vdots & \vdots & \\
\hline
\boldsymbol{0} & \boldsymbol{0} & \cdots & \boldsymbol{0} & \boldsymbol{D}_0 & \boldsymbol{D}_1 & \cdots & \boldsymbol{D}_\mu\\
\cdots & \cdots & \cdots & \cdots & \cdots & \cdots & \cdots & \cdots\\
\boldsymbol{0} & \boldsymbol{0} & \cdots & \boldsymbol{0} & \boldsymbol{N}_0 & \boldsymbol{N}_1 & \cdots & \boldsymbol{N}_\mu
\end{array}\right] \tag{9.42}$$

矩阵 $\boldsymbol{S}_m$ 包含 $m+1$ 个分块的行,每个分块行包括 p 个 D-行和 q 个 N-行。因此,$\boldsymbol{S}_m$ 共有 $(m+1)(p+q)$ 个行。从上到下依次搜索 $\boldsymbol{S}_m$ 的线性无关行,结果表明,若 $\boldsymbol{N}(s)\boldsymbol{D}^{-1}(s)$ 正则,则所有 D-行与其前面的行均线性无关。N-行可以与其前面的行线性无关,但是若某 N-行变得线性相关,则由于 $\boldsymbol{S}_m$ 结构的特殊性,所以后续分块行中相同的 N-行也将线性相关。设 v_i 为第 i 个 N-行线性无关的数目,并设

$$v:=\max\{v_1,v_2,\cdots,v_q\}$$

v 称为 $\hat{\boldsymbol{G}}(s)$ 的"行指数"。则 $\boldsymbol{S}_v$ 中最后分块行中所有 q 个 N-行都与其前面的行线

性相关。因此，$\boldsymbol{S}_{v-1}$ 中包含了所有线性无关的 N -行，并且正如第7.8.2节讨论的，其总数等于 $\hat{\boldsymbol{G}}(s)$ 的次数，即

$$v_1 + v_2 + \cdots + v_q = n \tag{9.43}$$

由于所有 D -行都线性无关，且在 $\boldsymbol{S}_{v-1}$ 中总共有 pv 个 D -行，就此得出结论，$\boldsymbol{S}_{v-1}$ 有 $n+pv$ 个线性无关行，或其秩为 $n+pv$。

考虑

$$\boldsymbol{S}_0 = \begin{bmatrix} \boldsymbol{D}_0 & \boldsymbol{D}_1 & \cdots & \boldsymbol{D}_{\mu-1} & \boldsymbol{D}_\mu \\ \boldsymbol{N}_0 & \boldsymbol{N}_1 & \cdots & \boldsymbol{N}_{\mu-1} & \boldsymbol{N}_\mu \end{bmatrix}$$

该矩阵有 $p(\mu+1)$ 个列，但是至少有 $\Sigma_{i=1}^{p}(\mu-\mu_i)$ 个零元素列。在矩阵 $\boldsymbol{S}_1$ 中，一些新的零元素列将出现在最右边的分块列中。但是，$\boldsymbol{S}_0$ 中的某些零元素列在 $\boldsymbol{S}_1$ 中不再是零元素列。因此，$\boldsymbol{S}_1$ 中零元素列数仍然是

$$\alpha := \sum_{i=1}^{p}(\mu-\mu_i) = p\mu - (\mu_1+\mu_2+\cdots+\mu_p) = p\mu - n \tag{9.44}$$

事实上，α 是 $\boldsymbol{S}_m, m=2,3,\cdots$. 中的零元素列数。设 $\tilde{\boldsymbol{S}}_{\mu-1}$ 为矩阵 $\boldsymbol{S}_{\mu-1}$ 删除这些零元素列后的矩阵，由于 $\boldsymbol{S}_m$ 中的列数为 $p(\mu+1+m)$，所以 $\tilde{\boldsymbol{S}}_{\mu-1}$ 中的列数为

$$\beta := p(\mu+1+v-1) - (p\mu - n) = p\mu + n \tag{9.45}$$

$\tilde{\boldsymbol{S}}_{\mu-1}$ 的秩显然等于 $\boldsymbol{S}_{\mu-1}$ 的秩，或为 $p\mu+n$。因此，$\tilde{\boldsymbol{S}}_{\mu-1}$ 列满秩。现若 m 加1，则 $\tilde{\boldsymbol{S}}_\mu$ 的秩和列数均增加 p（由于 p 个新的 D -行都与其前面的行线性无关），因此，$\tilde{\boldsymbol{S}}_\mu$ 仍然列满秩。以此类推，得出结论，对 $m \geqslant \mu-1$，$\tilde{\boldsymbol{S}}_m$ 列满秩。

定义

$$\boldsymbol{H}_c(s) := \mathrm{diag}(s^{\mu_1}, s^{\mu_2}, \cdots, s^{\mu_p}) \tag{9.46}$$

和

$$\boldsymbol{H}_r(s) := \mathrm{diag}(s^{m_1}, s^{m_2}, \cdots, s^{m_p}) \tag{9.47}$$

则有定理9.2的矩阵形式。

定理9.M2

考虑图9.6所示的单位反馈系统，$q \times p$ 的严格正则有理矩阵 $\hat{\boldsymbol{G}}(s)$ 描述了被控对象，设 $\hat{\boldsymbol{G}}(s)$ 可分解为 $\hat{\boldsymbol{G}}(s)=\boldsymbol{N}(s)\boldsymbol{D}^{-1}(s)$，其中 $\boldsymbol{D}(s)$ 和 $\boldsymbol{N}(s)$ 右互质，且 $\boldsymbol{D}(s)$ 列既约，列次数为 $\mu_i, i=1,2,\cdots,p$。设 v 为 $\hat{\boldsymbol{G}}(s)$ 的行指数，且 $m_i \geqslant v-1, i=1,2,\cdots,p$。对任意 $p\times p$ 的多项式矩阵 $\boldsymbol{F}(s)$，使得

$$\lim_{s\to\infty}\boldsymbol{H}_r^{-1}(s)\boldsymbol{F}(s)\boldsymbol{H}_c^{-1}(s) = \boldsymbol{F}_h \tag{9.48}$$

为非奇异常数矩阵，存在 $p\times q$ 的正则补偿器 $\boldsymbol{A}^{-1}(s)\boldsymbol{B}(s)$，其中 $\boldsymbol{A}(s)$ 行既约，行次数为 m_i，使得从 $\boldsymbol{r}$ 到 $\boldsymbol{y}$ 的传递矩阵等于

$$\hat{\boldsymbol{G}}_o(s) = \boldsymbol{N}(s)\boldsymbol{F}^{-1}(s)\boldsymbol{B}(s)$$

此外,可以通过求解式(9.41)的线性代数方程组来得出该补偿器。

证明:设 $m=\max(m_1,m_2,\cdots,m_p)$,考虑常数矩阵

$$\bar{\boldsymbol{F}}:=[\boldsymbol{F}_0\quad \boldsymbol{F}_1\quad \boldsymbol{F}_2\quad \cdots\quad \boldsymbol{F}_{m+\mu}]$$

该矩阵由 $\boldsymbol{F}(s)$ 的系数矩阵构成,且阶数为 $p\times(m+\mu+1)$。显然,$\boldsymbol{F}(s)$ 的列次数最多为 $m+\mu_i$,因此 $\bar{\boldsymbol{F}}$ 至少有 α 个零元素列,其中 α 由式(9.44)给出。此外,这些零元素列的位置与 $\boldsymbol{S}_m$ 中的一致。设 $\tilde{\boldsymbol{F}}$ 为 $\bar{\boldsymbol{F}}$ 删除这些零元素列后的常数矩阵。现考虑

$$[\boldsymbol{A}_0\quad \boldsymbol{B}_0\quad \boldsymbol{A}_1\quad \boldsymbol{B}_1\quad \cdots\quad \boldsymbol{A}_m\quad \boldsymbol{B}_m]\tilde{\boldsymbol{S}}_m=\tilde{\boldsymbol{F}} \tag{9.49}$$

该方程根据方程(9.41)通过删除 $\boldsymbol{S}_m$ 中 α 个零元素列及 $\bar{\boldsymbol{F}}$ 中相应的零元素列得出。若 $m\geqslant v-1$ 则 $\tilde{\boldsymbol{S}}_m$ 列满秩,所以得出结论,对列次数最多为 $m+\mu_i$ 的任意 $\boldsymbol{F}(s)$,方程(9.49)的解 $\boldsymbol{A}_i$ 和 $\boldsymbol{B}_i$ 总存在,或等价地描述为,方程(9.49)存在行次数为 m 或更小的多项式矩阵 $\boldsymbol{A}(s)$ 和 $\boldsymbol{B}(s)$。需要注意的是,通常 $\tilde{\boldsymbol{S}}_m$ 的行数多于列数,因而,方程(9.49)的解不唯一。

接下来证明 $\boldsymbol{A}^{-1}(s)\boldsymbol{B}(s)$ 正则,需要注意的是,通常 $\boldsymbol{D}_\mu$ 为奇异矩阵,并且这里不能采用定理9.2的证明方法。借助 $\boldsymbol{H}_{\mathrm{r}}(s)$ 和 $\boldsymbol{H}_{\mathrm{c}}(s)$,与式(7.80)类似,可以写出

$$\begin{aligned}
\boldsymbol{D}(s)&=[\boldsymbol{D}_{\mathrm{hc}}+\boldsymbol{D}_{\mathrm{lc}}(s)\boldsymbol{H}_{\mathrm{c}}^{-1}(s)]\boldsymbol{H}_{\mathrm{c}}(s)\\
\boldsymbol{N}(s)&=[\boldsymbol{N}_{\mathrm{hc}}+\boldsymbol{N}_{\mathrm{lc}}(s)\boldsymbol{H}_{\mathrm{c}}^{-1}(s)]\boldsymbol{H}_{\mathrm{c}}(s)\\
\boldsymbol{A}(s)&=\boldsymbol{H}_{\mathrm{r}}(s)[\boldsymbol{A}_{\mathrm{hr}}+\boldsymbol{H}_{\mathrm{r}}^{-1}(s)\boldsymbol{A}_{\mathrm{lr}}(s)]\\
\boldsymbol{B}(s)&=\boldsymbol{H}_{\mathrm{r}}(s)[\boldsymbol{B}_{\mathrm{hr}}+\boldsymbol{H}_{\mathrm{r}}^{-1}(s)\boldsymbol{B}_{\mathrm{lr}}(s)]\\
\boldsymbol{F}(s)&=\boldsymbol{H}_{\mathrm{r}}(s)[\boldsymbol{F}_{\mathrm{h}}+\boldsymbol{H}_{\mathrm{r}}^{-1}(s)\boldsymbol{F}_{\mathrm{l}}(s)\boldsymbol{H}_{\mathrm{c}}^{-1}(s)]\boldsymbol{H}_{\mathrm{c}}(s)
\end{aligned}$$

其中 $\boldsymbol{D}_{\mathrm{lc}}(s)\boldsymbol{H}_{\mathrm{c}}^{-1}(s)$、$\boldsymbol{N}_{\mathrm{lc}}(s)\boldsymbol{H}_{\mathrm{c}}^{-1}(s)$、$\boldsymbol{H}_{\mathrm{r}}^{-1}(s)\boldsymbol{A}_{\mathrm{lr}}(s)$、$\boldsymbol{H}_{\mathrm{r}}^{-1}(s)\boldsymbol{B}_{\mathrm{lr}}(s)$ 和 $\boldsymbol{H}_{\mathrm{r}}^{-1}(s)\boldsymbol{F}_{\mathrm{l}}(s)\boldsymbol{H}_{\mathrm{c}}^{-1}(s)$ 均为严格正则有理函数,将上述关系式代入方程(9.39)可得,当 $s=\infty$ 时

$$\boldsymbol{A}_{\mathrm{hr}}\boldsymbol{D}_{\mathrm{hc}}+\boldsymbol{B}_{hr}\boldsymbol{N}_{\mathrm{hc}}=\boldsymbol{F}_{\mathrm{h}}$$

根据 $\hat{\boldsymbol{G}}(s)$ 的严格正则性 $\boldsymbol{N}_{\mathrm{hc}}=\boldsymbol{0}$,所以上式归结为

$$\boldsymbol{A}_{\mathrm{hr}}\boldsymbol{D}_{\mathrm{hc}}=\boldsymbol{F}_{\mathrm{h}}$$

由于 $\boldsymbol{D}(s)$ 列既约,所以 $\boldsymbol{D}_{\mathrm{hc}}$ 非奇异,据假设常数矩阵 $\boldsymbol{F}_{\mathrm{h}}$ 非奇异,因此,$\boldsymbol{A}_{\mathrm{hr}}=\boldsymbol{F}_{\mathrm{h}}\boldsymbol{D}_{\mathrm{hc}}^{-1}$ 非奇异,且 $\boldsymbol{A}(s)$ 行既约,因而 $\boldsymbol{A}^{-1}(s)\boldsymbol{B}(s)$ 正则(推论7.8)。定理得证。证毕。

称满足式(9.48)的多项式矩阵 $\boldsymbol{F}(s)$ 为行次数 m_i、列次数 μ_i 的"行列既约"矩阵。若 $m_1=m_2=\cdots=m_p=m$,则行列既约性与列次数为 $m+\mu_i$ 的列既约性一致。在实际应用中,可以选择 $\boldsymbol{F}(s)$ 为对角阵或三角阵,以期望的根对应的多项式作为其对角线元素,则 $\boldsymbol{F}^{-1}(s)$ 以及据此得出的 $\hat{\boldsymbol{G}}_{\mathrm{o}}(s)$ 将这些期望的根作为其极点。

重新考虑 $\boldsymbol{S}_{v-1}$,其阶数为 $(p+q)v\times(\mu+v)p$,有 $\alpha=p\mu-n$ 个零元素向量,因此,矩阵 $\tilde{\boldsymbol{S}}_{v-1}$ 的阶数为 $(p+q)v\times[(\mu+v)p-(p\mu-n)]$ 或 $(p+q)v\times(vp+n)$,矩阵 $\tilde{\boldsymbol{S}}_{v-1}$ 包含 pv 个线性无关 D -行,但仅包含 $v_1+v_2+\cdots+v_q=n$ 个线性无关 N -

行，因此 $\tilde{\boldsymbol{S}}_{v-1}$ 包含

$$\gamma := (p+q)v - pv - n = qv - n$$

个线性相关 N -行。令 $\breve{\boldsymbol{S}}_{v-1}$ 为矩阵 $\tilde{\boldsymbol{S}}_{v-1}$ 删除这些线性相关 N -行后的矩阵，则矩阵 $\breve{\boldsymbol{S}}_{v-1}$ 的阶数为

$$[(p+q)v-(qv-n)]\times(vp+n)=(vp+n)\times(vp+n)$$

因此，$\breve{\boldsymbol{S}}_{v-1}$ 为方阵且非奇异。

考虑方程(9.49)，其中 $m=v-1$，则

$$\boldsymbol{K}\tilde{\boldsymbol{S}}_{v-1} := [\boldsymbol{A}_0 \quad \boldsymbol{B}_0 \quad \boldsymbol{A}_1 \quad \boldsymbol{B}_1 \quad \cdots \quad \boldsymbol{A}_{v-1} \quad \boldsymbol{B}_{v-1}]\tilde{\boldsymbol{S}}_{v-1} = \tilde{\boldsymbol{F}}$$

该方程实际包含以下 p 组线性代数方程

$$\boldsymbol{k}_i\tilde{\boldsymbol{S}}_{v-1} = \tilde{\boldsymbol{f}}_i, \quad i=1,2,\cdots,p \tag{9.50}$$

其中，$\boldsymbol{k}_i$ 和 $\tilde{\boldsymbol{f}}_i$ 为 $\boldsymbol{K}$ 和 $\tilde{\boldsymbol{F}}$ 的第 i 行。由于 $\tilde{\boldsymbol{S}}_{v-1}$ 列满秩，对任意 $\tilde{\boldsymbol{f}}_i$，方程(9.50)的解 $\boldsymbol{k}_i$ 总存在。由于 $\tilde{\boldsymbol{S}}_{v-1}$ 中的行数比列数多 γ，所以方程(9.50)的通解包含 γ 个无约束参数(推论 3.2)。若 $\boldsymbol{S}_m$ 中的 m 从 $v-1$ 加 1 到 v，则 $\tilde{\boldsymbol{S}}_v$ 的行数增加 $(p+q)$ 行，而 $\tilde{\boldsymbol{S}}_v$ 的秩仅增加 p，在这种情况下，无约束参数的数目由 γ 增加到 $\gamma+q$。因此，MIMO 情形完成设计任务时，有许多自由度。

现讨论方程(9.50)的一种特殊情况，矩阵 $\tilde{\boldsymbol{S}}_{v-1}$ 有 γ 个线性相关 N -行，若从 $\tilde{\boldsymbol{S}}_{v-1}$ 中删除这些线性相关 N -行，并将 $\boldsymbol{B}_i$ 中相应的列置为零，则方程(9.50)变为

$$[\boldsymbol{A}_0 \quad \bar{\boldsymbol{B}}_0 \quad \cdots \quad \boldsymbol{A}_{v-1} \quad \bar{\boldsymbol{B}}_{v-1}]\breve{\boldsymbol{S}}_{v-1} = \tilde{\boldsymbol{F}}$$

其中，正如前文所讨论的，$\breve{\boldsymbol{S}}_{v-1}$ 为方阵且非奇异。因此，方程的解唯一，这将在下一个例子中说明。

【例 9.10】 考虑具有严格正则传递矩阵

$$\hat{\boldsymbol{G}}(s) = \begin{bmatrix} \dfrac{1}{s^2} & \dfrac{1}{s} \\ 0 & \dfrac{1}{s} \end{bmatrix} = \begin{bmatrix} 1 & 1 \\ 0 & 1 \end{bmatrix}\begin{bmatrix} s^2 & 0 \\ 0 & s \end{bmatrix}^{-1} =: \boldsymbol{N}(s)\boldsymbol{D}^{-1}(s) \tag{9.51}$$

的被控对象。该分式为右互质分式，且 $\boldsymbol{D}(s)$ 列既约，列次数为 $\mu_1=2$ 和 $\mu_2=1$。写出

$$\boldsymbol{D}(s) = \begin{bmatrix} 0 & 0 \\ 0 & 0 \end{bmatrix} + \begin{bmatrix} 0 & 0 \\ 0 & 1 \end{bmatrix}s + \begin{bmatrix} 1 & 0 \\ 0 & 0 \end{bmatrix}s^2$$

和

$$\boldsymbol{N}(s) = \begin{bmatrix} 1 & 1 \\ 0 & 1 \end{bmatrix} + \begin{bmatrix} 0 & 0 \\ 0 & 0 \end{bmatrix}s + \begin{bmatrix} 0 & 0 \\ 0 & 0 \end{bmatrix}s^2$$

借助 MATLAB 求出行指数。第 7.3 节讨论的 qr 分解可以从左到右显示矩阵的线性无关列，而这里需要 $\boldsymbol{S}_m$ 从上到下的线性无关行，因而，将 qr 分解应用到 $\boldsymbol{S}_m$ 的转

置。键入

```
d1 = [0 0 0 0 1 0];d2 = [0 0 0 1 0 0];
n1 = [1 1 0 0 0 0];n2 = [0 1 0 0 0 0];
s1 = [d1 0 0;d2 0 0;n1 0 0;n2 0 0;…
0 0 d1;0 0 d2;0 0 n1;0 0 n2];
[q,r] = qr(s1')
```

与例 7.7 类似,可得结果

$$r=\begin{bmatrix} d1 & 0 & 0 & 0 & 0 & 0 & 0 & 0\\ 0 & d2 & 0 & 0 & 0 & 0 & x & x\\ 0 & 0 & n1 & x & 0 & 0 & 0 & 0\\ 0 & 0 & 0 & n2 & 0 & 0 & 0 & 0\\ 0 & 0 & 0 & 0 & d1 & 0 & 0 & 0\\ 0 & 0 & 0 & 0 & 0 & d2 & 0 & 0\\ 0 & 0 & 0 & 0 & 0 & 0 & n1 & 0\\ 0 & 0 & 0 & 0 & 0 & 0 & 0 & 0 \end{bmatrix}$$

这里不需要矩阵 q,所以不显示 q 的结果。在矩阵 r 中,用 x、di 和 ni 表示非零元素。根据 r 的非零对角线元素得出 $\boldsymbol{S}_1'$ 的线性无关列,或等价地,$\boldsymbol{S}_1$ 的线性无关行。可见,存在 2 个线性无关 $N1$-行和 1 个线性无关 $N2$-行。$\hat{\boldsymbol{G}}(s)$ 为 3 次传递矩阵,并且已找到 3 个线性无关 N-行,因而,无需进一步搜索,且有 $v_1=2$ 和 $v_2=1$。因此,行指数为 $v=2$。选择 $m_1=m_2=m=v-1=1$,因此,对列次数为 $m+\mu_1=3$ 和 $m+\mu_2=2$ 的任意列既约矩阵 $\boldsymbol{F}(s)$,可以找出正则补偿器使得最终得到的单位反馈系统以 $\boldsymbol{F}(s)$作为其分母矩阵。任选

$$\boldsymbol{F}(s)=\begin{bmatrix}(s^2+4s+5)(s+3) & 0\\ 0 & s^2+2s+5\end{bmatrix}=$$

$$\begin{bmatrix}15+17s+7s^2+s^3 & 0\\ 0 & 5+2s+s^2\end{bmatrix} \tag{9.52}$$

当 $m=v-1=1$ 时构造方程(9.41):

$$[\boldsymbol{A}_0 \quad \boldsymbol{B}_0 \quad \boldsymbol{A}_1 \quad \boldsymbol{B}_1]\left[\begin{array}{cccccccc} 0 & 0 & 0 & 0 & 1 & 0 & 0 & 0\\ 0 & 0 & 0 & 1 & 0 & 0 & 0 & 0\\ \cdots & \cdots & \cdots & \cdots & \cdots & \cdots & \cdots & \cdots\\ 1 & 1 & 0 & 0 & 0 & 0 & 0 & 0\\ 0 & 1 & 0 & 0 & 0 & 0 & 0 & 0\\ \hline 0 & 0 & 0 & 0 & 0 & 0 & 1 & 0\\ 0 & 0 & 0 & 0 & 0 & 1 & 0 & 0\\ \cdots & \cdots & \cdots & \cdots & \cdots & \cdots & \cdots & \cdots\\ 0 & 0 & 1 & 1 & 0 & 0 & 0 & 0\\ 0 & 0 & 0 & 1 & 0 & 0 & 0 & 0 \end{array}\right]=$$

$$\begin{bmatrix} 15 & 0 & 17 & 0 & 7 & 0 & 1 & 0 \\ 0 & 5 & 0 & 2 & 0 & 1 & 0 & 0 \end{bmatrix} = \bar{\boldsymbol{F}} \tag{9.53}$$

式(9.44)中针对该问题的 α 为 1。因此，正如能从方程(9.53)看到的，$\boldsymbol{S}_1$ 和 $\bar{\boldsymbol{F}}$ 都有 1 个零元素列。删除该零元素列之后，剩下的 $\tilde{\boldsymbol{S}}_1$ 对任意 $\tilde{\boldsymbol{F}}$ 均列满秩，方程(9.53)有解，矩阵 $\tilde{\boldsymbol{S}}_1$ 为 8×7 阶，方程的解不唯一。在搜索行指数时，已知 $\tilde{\boldsymbol{S}}_1$ 的最后一行为线性相关行。若删除该行，则须将 $\boldsymbol{B}_1$ 的第 2 列指定为 $\boldsymbol{0}$，且方程的解唯一。键入

```
d1 = [0 0 0 0 1 0];d2 = [0 0 0 1 0 0];
n1 = [1 1 0 0 0 0];n2 = [0 1 0 0 0 0];
d1t = [0 0 0 0 1];d2t = [0 0 0 1 0];n1t = [1 1 0 0 0];
s1t = [d1 0;d2 0;n1 0;n2 0;0 0 d1t;0 0 d2t;0 0 n1t];
f1t = [15 0 17 0 7 0 1];
f1t/s1t
```

得结果 $[7\quad -17\quad 15\quad -15\quad 1\quad 0\quad 17]$，针对 $\bar{\boldsymbol{F}}$ 的第 2 行再求一次，最终可以得出

$$[\boldsymbol{A}_0\quad \boldsymbol{B}_0\quad \boldsymbol{A}_1\quad \boldsymbol{B}_1] = \begin{bmatrix} 7 & -17 & 15 & -15 & 1 & 0 & 17 & 0 \\ 0 & 2 & 0 & 5 & 0 & 1 & 0 & 0 \end{bmatrix}$$

需要注意的是，MATLAB 得出前 7 列，最后一列的 $\boldsymbol{0}$ 由我们指定(由于删除了 $\tilde{\boldsymbol{S}}_1$ 的最后一行)，因此有

$$\boldsymbol{A}(s) = \begin{bmatrix} 7+s & -17 \\ 0 & 2+s \end{bmatrix}, \quad \boldsymbol{B}(s) = \begin{bmatrix} 15+17s & -15 \\ 0 & 5 \end{bmatrix}$$

补偿器为

$$\boldsymbol{C}(s) = \begin{bmatrix} s+7 & -17 \\ 0 & s+2 \end{bmatrix}^{-1} \begin{bmatrix} 17s+15 & -15 \\ 0 & 5 \end{bmatrix}$$

由此可得整体传递矩阵

$$\hat{\boldsymbol{G}}_o(s) = \begin{bmatrix} 1 & 1 \\ 0 & 1 \end{bmatrix} \begin{bmatrix} (s^2+4s+5)(s+3) & 0 \\ 0 & s^2+2s+5 \end{bmatrix}^{-1} \times \begin{bmatrix} 17s+15 & -15 \\ 0 & 5 \end{bmatrix} \tag{9.54}$$

该传递矩阵具有那些期望的极点，即完成设计。

这里借助 $\hat{\boldsymbol{G}}(s)$ 的右互质分式完成定理 9.M2 中的设计，接下来指出借助 $\hat{\boldsymbol{G}}(s)$ 左互质分式的设计结论。

推论 9.M2

考虑图 9.7 所示的单位反馈系统，$q\times p$ 的严格正则有理矩阵 $\hat{\boldsymbol{G}}(s)$ 描述了被控对象，设 $\hat{\boldsymbol{G}}(s)$ 可分解为 $\hat{\boldsymbol{G}}(s)=\bar{\boldsymbol{D}}^{-1}(s)\bar{\boldsymbol{N}}(s)$，其中 $\bar{\boldsymbol{D}}(s)$ 和 $\bar{\boldsymbol{N}}(s)$ 左互质，且 $\bar{\boldsymbol{D}}(s)$ 行既约，行次数为 $v_i, i=1,2,\cdots,q$。设 μ 为 $\hat{\boldsymbol{G}}(s)$ 的列指数，且 $m_i\geqslant\mu-1$。对任意 $q\times$

q 的行列既约多项式矩阵 $\bar{\boldsymbol{F}}(s)$,使得

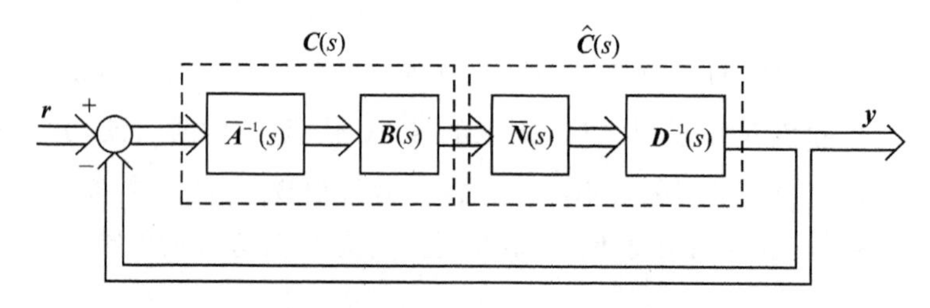

图 9.7 $\hat{\boldsymbol{G}}(s)=\bar{\boldsymbol{D}}^{-1}(s)\bar{\boldsymbol{N}}(s)$的单位反馈

$$\lim_{s\to\infty}\operatorname{diag}(s^{-v_1},s^{-v_2},\cdots,s^{-v_q})\bar{\boldsymbol{F}}(s)\operatorname{diag}(s^{-m_1},s^{-m_2},\cdots,s^{-m_q})=\bar{\boldsymbol{F}}_{\mathrm{h}}$$

为非奇异常数矩阵,存在 $p\times q$ 的正则补偿器 $\boldsymbol{C}(s)=\bar{\boldsymbol{B}}(s)\bar{\boldsymbol{A}}^{-1}(s)$,其中 $\bar{\boldsymbol{A}}(s)$列既约,列次数为 m_i,满足

$$\bar{\boldsymbol{D}}(s)\bar{\boldsymbol{A}}(s)+\bar{\boldsymbol{N}}(s)\bar{\boldsymbol{B}}(s)=\bar{\boldsymbol{F}}(s) \tag{9.55}$$

且从 $\boldsymbol{r}$ 到 $\boldsymbol{y}$ 的传递矩阵等于

$$\hat{\boldsymbol{G}}_{\mathrm{o}}(s)=\boldsymbol{I}-\bar{\boldsymbol{A}}(s)\bar{\boldsymbol{F}}^{-1}(s)\bar{\boldsymbol{D}}(s) \tag{9.56}$$

将 $\hat{\boldsymbol{G}}(s)=\bar{\boldsymbol{D}}^{-1}(s)\bar{\boldsymbol{N}}(s)$和 $\boldsymbol{C}(s)=\bar{\boldsymbol{B}}(s)\bar{\boldsymbol{A}}^{-1}(s)$代入式(9.37)的第一个方程可得

$$\hat{\boldsymbol{G}}_{\mathrm{o}}(s)=[\boldsymbol{I}+\bar{\boldsymbol{D}}^{-1}(s)\bar{\boldsymbol{N}}(s)\bar{\boldsymbol{B}}(s)\bar{\boldsymbol{A}}^{-1}(s)]^{-1}\bar{\boldsymbol{D}}^{-1}(s)\bar{\boldsymbol{N}}(s)\bar{\boldsymbol{B}}(s)\bar{\boldsymbol{A}}^{-1}(s)=$$

$$\bar{\boldsymbol{A}}(s)[\bar{\boldsymbol{D}}(s)\bar{\boldsymbol{A}}(s)+\bar{\boldsymbol{N}}(s)\bar{\boldsymbol{B}}(s)]^{-1}\bar{\boldsymbol{N}}(s)\bar{\boldsymbol{B}}(s)\bar{\boldsymbol{A}}^{-1}(s)$$

代入方程(9.55)之后,上式变为

$$\hat{\boldsymbol{G}}_{\mathrm{o}}(s)=\bar{\boldsymbol{A}}(s)\bar{\boldsymbol{F}}^{-1}(s)[\bar{\boldsymbol{F}}(s)-\bar{\boldsymbol{D}}(s)\bar{\boldsymbol{A}}(s)]\bar{\boldsymbol{A}}^{-1}(s)=$$

$$\boldsymbol{I}-\bar{\boldsymbol{A}}(s)\bar{\boldsymbol{F}}^{-1}(s)\bar{\boldsymbol{D}}(s)$$

这就证明了定理中从 $\boldsymbol{r}$ 到 $\boldsymbol{y}$ 的传递矩阵成立。推论 9.M2 中的设计有赖于方程(9.55)的求解。需要注意的是,方程(9.55)的转置即为方程(9.39),左互质和行既约变为右互质和列既约,因此,可以采用式(9.41)的线性代数方程来求解方程(9.55)的转置。也可以通过构造

$$\boldsymbol{T}_m\begin{bmatrix}\bar{\boldsymbol{B}}_0\\ \bar{\boldsymbol{A}}_0\\ \bar{\boldsymbol{B}}_1\\ \bar{\boldsymbol{A}}_1\\ \vdots\\ \bar{\boldsymbol{B}}_m\\ \bar{\boldsymbol{A}}_m\end{bmatrix}=\begin{bmatrix}\bar{\boldsymbol{D}}_0 & \bar{\boldsymbol{N}}_0 & \vdots & \boldsymbol{0} & \boldsymbol{0} & \vdots & \cdots & \vdots & \boldsymbol{0} & \boldsymbol{0}\\ \bar{\boldsymbol{D}}_1 & \bar{\boldsymbol{N}}_1 & \vdots & \bar{\boldsymbol{D}}_0 & \bar{\boldsymbol{N}}_0 & \vdots & \cdots & \vdots & \boldsymbol{0} & \boldsymbol{0}\\ \vdots & \vdots & \vdots & \vdots & \vdots & \vdots & & \vdots & \vdots & \vdots\\ \bar{\boldsymbol{D}}_n & \bar{\boldsymbol{N}}_n & \vdots & \bar{\boldsymbol{D}}_{n-1} & \bar{\boldsymbol{N}}_{n-1} & \vdots & \cdots & \vdots & \boldsymbol{0} & \boldsymbol{0}\\ \boldsymbol{0} & \boldsymbol{0} & \vdots & \bar{\boldsymbol{D}}_n & \bar{\boldsymbol{N}}_n & \vdots & \cdots & \vdots & \bar{\boldsymbol{D}}_0 & \bar{\boldsymbol{N}}_0\\ \vdots & \vdots & \vdots & \vdots & \vdots & \vdots & & \vdots & \vdots & \vdots\\ \boldsymbol{0} & \boldsymbol{0} & \vdots & \boldsymbol{0} & \boldsymbol{0} & \vdots & \cdots & \vdots & \bar{\boldsymbol{D}}_n & \bar{\boldsymbol{N}}_n\end{bmatrix}\times$$

$$\begin{bmatrix} \bar{\boldsymbol{B}}_0 \\ \bar{\boldsymbol{A}}_0 \\ \bar{\boldsymbol{B}}_1 \\ \bar{\boldsymbol{A}}_1 \\ \vdots \\ \bar{\boldsymbol{B}}_m \\ \bar{\boldsymbol{A}}_m \end{bmatrix} = \begin{bmatrix} \bar{\boldsymbol{F}}_0 \\ \bar{\boldsymbol{F}}_1 \\ \bar{\boldsymbol{F}}_2 \\ \vdots \\ \bar{\boldsymbol{F}}_{n+m} \end{bmatrix} \tag{9.57}$$

直接求解方程(9.55)。从左到右依次搜索 $\boldsymbol{T}_m$ 中的线性无关列,设 μ 为 $\hat{\boldsymbol{G}}(s)$的列指数或使 $\boldsymbol{T}_{\mu-1}$ 包含 n 个线性无关 $\bar{N}$ -列的最小整数,则可以从当 $m=\mu-1$ 时的方程(9.57)中解出补偿器。

9.5.1 调节器问题和跟踪问题

与 SISO 情形类似,也可以采用极点配置实现 MIMO 系统中的调节和跟踪。在调节器问题中 $\boldsymbol{r}\equiv\boldsymbol{0}$,若将整体系统的所有极点都配置为具有负实部,则由任意非零初始状态引起的响应随着 $t\to\infty$都将衰减为零。此外,极点的位置可以控制衰减速率,负实部越大,衰减的越快。

接下来讨论任意阶跃参考输入的跟踪问题。在这类设计问题中,通常需要前馈常值增益矩阵 $\boldsymbol{P}$。假设借助定理 9.M2 已设计出图 9.6 中的补偿器,则

$$\hat{\boldsymbol{G}}_o(s)=\boldsymbol{N}(s)\boldsymbol{F}^{-1}(s)\boldsymbol{B}(s)\boldsymbol{P} \tag{9.58}$$

给出了从 $\boldsymbol{r}$ 到 $\boldsymbol{y}$ 的 $q\times q$ 的传递矩阵。若$\hat{\boldsymbol{G}}_o(s)$BIBO 稳定,则借助拉普拉斯变换的终值定理可以求出由 $\boldsymbol{r}(t)=\boldsymbol{d}, t\geqslant 0$ 或 $\hat{\boldsymbol{r}}(s)=\boldsymbol{d}s^{-1}$(其中 $\boldsymbol{d}$ 为任意 $q\times 1$ 的常数向量)引起的稳态响应为

$$\lim_{t\to\infty}\boldsymbol{y}(t)=\lim_{s\to 0} s\hat{\boldsymbol{G}}_o(s)\boldsymbol{d}s^{-1}=\hat{\boldsymbol{G}}_o(0)\boldsymbol{d}$$

因此,得出结论,为了使 $\boldsymbol{y}(t)$可以渐近跟踪任意阶跃参考输入,除了要求 BIBO 稳定之外,还要求

$$\hat{\boldsymbol{G}}_o(0)=\boldsymbol{N}(0)\boldsymbol{F}^{-1}(0)\boldsymbol{B}(0)\boldsymbol{P}=\boldsymbol{I}_q \tag{9.59}$$

在讨论满足式(9.59)的条件之前,需要传输零点的概念。

传输零点

考虑 $q\times p$ 的矩阵$\hat{\boldsymbol{G}}(s)=\boldsymbol{N}(s)\boldsymbol{D}^{-1}(s)$,其中 $\boldsymbol{N}(s)$和 $\boldsymbol{D}(s)$右互质。若 $\boldsymbol{N}(\lambda)$的秩小于 $\min(p,q)$,则称可取实值或复值的数 λ 为 $\hat{\boldsymbol{G}}(s)$的“传输零点”。

【例 9.11】 考虑

$$\hat{\boldsymbol{G}}_1(s)=\begin{bmatrix}\dfrac{s}{s+2} & 0\\ 0 & \dfrac{s+1}{s^2}\\ \dfrac{s+1}{s+2} & \dfrac{1}{s}\end{bmatrix}=\begin{bmatrix}s & 0\\ 0 & s+1\\ s+1 & s\end{bmatrix}\begin{bmatrix}s+2 & 0\\ 0 & s^2\end{bmatrix}^{-1}$$

该式中 $\boldsymbol{N}(s)$在任一 s 处的秩均为 2,因此,$\hat{\boldsymbol{G}}_1(s)$无传输零点。考虑

$$\hat{\boldsymbol{G}}_2(s)=\begin{bmatrix}\dfrac{s}{s+2} & 0\\ 0 & \dfrac{s+2}{s}\end{bmatrix}=\begin{bmatrix}s & 0\\ 0 & s+2\end{bmatrix}\begin{bmatrix}s+2 & 0\\ 0 & s^2\end{bmatrix}^{-1}$$

该式中的 $\boldsymbol{N}(s)$在 $s=0$ 和 $s=-2$ 处的秩为 1,因此,$\hat{\boldsymbol{G}}_2(s)$在 0 和 -2 处有两个传输零点。需要注意的是,$\hat{\boldsymbol{G}}_2(s)$也在 0 和 -2 处有极点。

根据此例看到,不能直接从 $\hat{\boldsymbol{G}}(s)$定义传输零点,而须根据其互质分式来定义。既可以使用右互质分式也可以使用左互质分式,它们均产生相同的一组传输零点。需要注意的是,若 $\hat{\boldsymbol{G}}(s)$为方阵,且若 $\hat{\boldsymbol{G}}(s)=\boldsymbol{N}(s)\boldsymbol{D}^{-1}(s)=\bar{\boldsymbol{D}}^{-1}(s)\bar{\boldsymbol{N}}(s)$,其中 $\boldsymbol{N}(s)$和 $\boldsymbol{D}(s)$右互质,且 $\bar{\boldsymbol{D}}(s)$和 $\bar{\boldsymbol{N}}(s)$左互质,则 $\hat{\boldsymbol{G}}(s)$的传输零点是 $\det\boldsymbol{N}(s)$的根或 $\det\bar{\boldsymbol{N}}(s)$的根。还可以根据 $\hat{\boldsymbol{G}}(s)$的最小实现定义传输零点。设$(\boldsymbol{A},\boldsymbol{B},\boldsymbol{C},\boldsymbol{D})$为 $q\times p$ 正则有理矩阵 $\hat{\boldsymbol{G}}(s)$的任意 n 维最小实现,则传输零点为使得

$$\operatorname{rank}\begin{bmatrix}\lambda\boldsymbol{I}-\boldsymbol{A} & \boldsymbol{B}\\ -\boldsymbol{C} & \boldsymbol{D}\end{bmatrix}<n+\min(p,q)$$

成立的那些 λ。MATLAB 函数 tzero 就是使用该关系式来求传输零点的。更详细的关于传输零点的讨论可参见参考文献 6 第 623 页～第 635 页。

现在便可以讨论实现跟踪或满足方程(9.59)的条件。需要注意的是,$\boldsymbol{N}(s)$、$\boldsymbol{F}(s)$和 $\boldsymbol{B}(s)$为 $q\times p$、$p\times p$ 和 $p\times q$ 的矩阵,由于 $\boldsymbol{I}_q$ 的秩为 q,所以方程(9.59)成立的一个必要条件是 $q\times p$ 的矩阵 $\boldsymbol{N}(0)$秩为 q。$\rho(\boldsymbol{N}(0))=q$ 的必要条件为 $p\geqslant q$ 且 $\hat{\boldsymbol{G}}(s)$在 $s=0$ 处无传输零点。因此得出结论,为了使图 9.6 中的单位反馈结构实现渐近跟踪,被控对象须具有以下两个属性:

- 被控对象的输入个数大于或等于输出个数。
- 被控对象传递函数在 $s=0$ 处无传输零点。

在这些条件下,$\boldsymbol{N}(0)$的秩为 q,由于在选择 $\boldsymbol{F}(s)$时无约束,所以可以选择 $\boldsymbol{F}(s)$使得 $\boldsymbol{B}(0)$的秩为 q,并且 $q\times q$ 的常数矩阵 $\boldsymbol{N}(0)\boldsymbol{F}^{-1}(0)\boldsymbol{B}(0)$非奇异。在这些条件下,可以求出常值增益矩阵 $\boldsymbol{P}$ 为

$$\boldsymbol{P}=[\boldsymbol{N}(0)\boldsymbol{F}^{-1}(0)\boldsymbol{B}(0)]^{-1}\tag{9.60}$$

则有$\hat{\boldsymbol{G}}_o(0)=\boldsymbol{I}_q$，且图 9.6 中具有式(9.60)的 $\boldsymbol{P}$ 矩阵的单位反馈系统可以渐近跟踪任意阶跃参考输入。

9.5.2 鲁棒跟踪和扰动抑制

与 SISO 情形类似，前一节的渐近跟踪设计非鲁棒。本节讨论另外一种设计方法。为简化讨论，这里仅研究输入端个数和输出端个数相同，或 $p=q$ 的被控对象。考虑图 9.8 所示的单位反馈系统，$p\times p$ 的严格正则传递矩阵 $\hat{\boldsymbol{G}}(s)$ 描述了被控对象，将该传递矩阵分解为左互质分式 $\hat{\boldsymbol{G}}(s)=\bar{\boldsymbol{D}}^{-1}(s)\bar{\boldsymbol{N}}(s)$。假设 $p\times 1$ 的扰动 $\boldsymbol{w}(t)$ 按图示方式进入被控对象。关注的问题是，设计补偿器使得即便存在扰动 $\boldsymbol{w}(t)$ 和被控对象的参数波动，输出 $\boldsymbol{y}(t)$ 仍然可以渐近跟踪一类 $p\times 1$ 的参考信号 $\boldsymbol{r}(t)$，称之为"鲁棒跟踪和扰动抑制"。

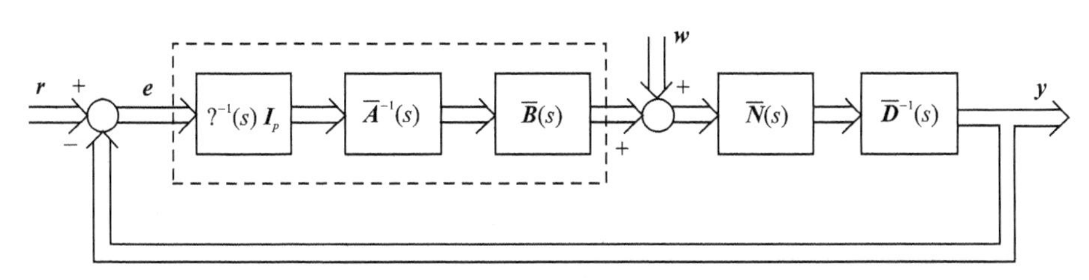

图 9.8　鲁棒跟踪和扰动抑制

与 SISO 情形类似，在进行设计之前，需要 $\boldsymbol{r}(t)$ 和 $\boldsymbol{w}(t)$ 的某些信息。假设 $\boldsymbol{r}(t)$ 和 $\boldsymbol{w}(t)$ 的拉普拉斯变换由

$$\left.\begin{aligned}\hat{\boldsymbol{r}}(s)&=\mathcal{L}[\boldsymbol{r}(t)]=\boldsymbol{N}_r(s)D_r^{-1}(s)\\ \hat{\boldsymbol{w}}(s)&=\mathcal{L}[\boldsymbol{w}(t)]=\boldsymbol{N}_w(s)D_w^{-1}(s)\end{aligned}\right\}\tag{9.61}$$

给出，其中 $D_r(s)$ 和 $D_w(s)$ 为已知的多项式，而 $\boldsymbol{N}_r(s)$ 和 $\boldsymbol{N}_w(s)$ 为未知。设 $\phi(s)$ 为 $\hat{\boldsymbol{r}}(s)$ 和 $\hat{\boldsymbol{w}}(s)$ 不稳定极点的最小公分母，排除稳定极点是因为其不影响 $t\to\infty$ 时的 $\boldsymbol{y}(t)$。引入如图 9.8 所示的内模 $\phi^{-1}(s)\boldsymbol{I}_p$，若 $\bar{\boldsymbol{D}}(s)$ 和 $\bar{\boldsymbol{N}}(s)$ 左互质，且若 $\phi(s)$ 的根都不是 $\hat{\boldsymbol{G}}(s)$ 的传输零点，或等价地描述为，$\phi(s)$ 和 $\det\bar{\boldsymbol{N}}(s)$ 互质，则可以证明 $\bar{\boldsymbol{D}}(s)\phi(s)$ 和 $\bar{\boldsymbol{N}}(s)$ 左互质，相关内容可参见参考文献[6]第 443 页。根据推论 9.M2 可知，存在正则补偿器 $\boldsymbol{C}(s)=\bar{\boldsymbol{B}}(s)\bar{\boldsymbol{A}}^{-1}(s)$ 使得对任意满足推论 9.M2 中条件的 $\bar{\boldsymbol{F}}(s)$，均有

$$\phi(s)\bar{\boldsymbol{D}}(s)\bar{\boldsymbol{A}}(s)+\bar{\boldsymbol{N}}(s)\bar{\boldsymbol{B}}(s)=\bar{\boldsymbol{F}}(s)\tag{9.62}$$

显然，可以选择 $\bar{\boldsymbol{F}}(s)$ 为对角型矩阵，其对角线元素的根落在图 8.3 所示的扇形区域内。如此设计的图 9.8 中的单位反馈系统可以既渐近又鲁棒地跟踪参考信号 $\boldsymbol{r}(t)$ 并抑制扰动 $\boldsymbol{w}(t)$。这里将其表述为定理。

定理 9.M3

考虑图 9.8 所示的单位反馈系统，其中被控对象有 $p\times p$ 的严格正则传递矩阵

$\hat{\boldsymbol{G}}(s)=\bar{\boldsymbol{D}}^{-1}(s)\bar{\boldsymbol{N}}(s)$。假设 $\bar{\boldsymbol{D}}(s)$ 和 $\bar{\boldsymbol{N}}(s)$ 左互质,且 $\bar{\boldsymbol{D}}(s)$ 行既约,行次数为 $v_i, i=1,2,\cdots,p$。将参考信号 $\boldsymbol{r}(t)$ 和扰动 $\boldsymbol{w}(t)$ 建模为 $\hat{\boldsymbol{r}}(s)=\boldsymbol{N}_r(s)D_r^{-1}(s)$ 和 $\hat{\boldsymbol{w}}(s)=\boldsymbol{N}_w(s)D_w^{-1}(s)$,设 $\phi(s)$ 为 $\hat{\boldsymbol{r}}(s)$ 和 $\hat{\boldsymbol{w}}(s)$ 不稳定极点的最小公分母,若 $\phi(s)$ 的根都不是 $\hat{\boldsymbol{G}}(s)$ 的传输零点,则存在正则补偿器 $\boldsymbol{C}(s)=\bar{\boldsymbol{B}}(s)[\bar{\boldsymbol{A}}(s)\phi(s)]^{-1}$ 使得整体系统可以既鲁棒又渐近地跟踪参考信号 $\boldsymbol{r}(t)$ 并抑制扰动 $\boldsymbol{w}(t)$。

证明:首先证明,系统能够在输出端抑制扰动。假设 $\boldsymbol{r}=0$,并求出由 $\hat{\boldsymbol{w}}(s)$ 引起的输出 $\hat{\boldsymbol{y}}_w(s)$,显然有

$$\hat{\boldsymbol{y}}_w(s)=\bar{\boldsymbol{D}}^{-1}(s)\bar{\boldsymbol{N}}(s)[\hat{\boldsymbol{w}}(s)-\bar{\boldsymbol{B}}(s)\bar{\boldsymbol{A}}^{-1}(s)\phi^{-1}(s)\hat{\boldsymbol{y}}_w(s)]$$

由此可知

$$\begin{aligned}\hat{\boldsymbol{y}}_w(s)=&[\boldsymbol{I}+\bar{\boldsymbol{D}}^{-1}(s)\bar{\boldsymbol{N}}(s)\bar{\boldsymbol{B}}(s)\bar{\boldsymbol{A}}^{-1}(s)\phi^{-1}(s)]^{-1}\bar{\boldsymbol{D}}^{-1}(s)\bar{\boldsymbol{N}}(s)\hat{\boldsymbol{w}}(s)=\\&[\bar{\boldsymbol{D}}^{-1}(s)[\bar{\boldsymbol{D}}(s)\phi(s)\bar{\boldsymbol{A}}(s)+\bar{\boldsymbol{N}}(s)\bar{\boldsymbol{B}}(s)]\bar{\boldsymbol{A}}^{-1}(s)\phi^{-1}(s)]^{-1}\times\\&\bar{\boldsymbol{D}}^{-1}(s)\bar{\boldsymbol{N}}(s)\hat{\boldsymbol{w}}(s)=\\&\phi(s)\bar{\boldsymbol{A}}(s)[\bar{\boldsymbol{D}}(s)\phi(s)\bar{\boldsymbol{A}}(s)+\bar{\boldsymbol{N}}(s)\bar{\boldsymbol{B}}(s)]^{-1}\bar{\boldsymbol{N}}(s)\hat{\boldsymbol{w}}(s)\end{aligned}$$

因此,借助式(9.61)和方程(9.62),有

$$\hat{\boldsymbol{y}}_w(s)=\bar{\boldsymbol{A}}(s)\bar{\boldsymbol{F}}^{-1}(s)\bar{\boldsymbol{N}}(s)\phi(s)\boldsymbol{N}_w(s)D_w^{-1}(s) \tag{9.63}$$

由于 $\phi(s)$ 对消掉 $D_w(s)$ 的所有不稳定根,所以 $\hat{\boldsymbol{y}}_w(s)$ 的所有极点均具有负实部,因此随着 $t\to\infty$,$\boldsymbol{y}_w(t)\to 0$,在输出端渐近抑制了由 $\boldsymbol{w}(t)$ 引起的响应。

接下来计算由参考信号 $\hat{\boldsymbol{r}}(s)$ 引起的误差 $\hat{\boldsymbol{e}}_r(s)$:

$$\hat{\boldsymbol{e}}_r(s)=\hat{\boldsymbol{r}}(s)-\bar{\boldsymbol{D}}^{-1}(s)\bar{\boldsymbol{N}}(s)\bar{\boldsymbol{B}}(s)\bar{\boldsymbol{A}}^{-1}(s)\phi^{-1}(s)\hat{\boldsymbol{e}}_r(s)$$

由此可知

$$\begin{aligned}\hat{\boldsymbol{e}}_r(s)=&[\boldsymbol{I}+\bar{\boldsymbol{D}}^{-1}(s)\bar{\boldsymbol{N}}(s)\bar{\boldsymbol{B}}(s)\bar{\boldsymbol{A}}^{-1}(s)\phi^{-1}(s)]^{-1}\hat{\boldsymbol{r}}(s)=\\&\phi(s)\bar{\boldsymbol{A}}(s)[\bar{\boldsymbol{D}}(s)\phi(s)\bar{\boldsymbol{A}}(s)+\bar{\boldsymbol{N}}(s)\bar{\boldsymbol{B}}(s)]^{-1}\bar{\boldsymbol{D}}(s)\hat{\boldsymbol{r}}(s)=\\&\bar{\boldsymbol{A}}(s)\bar{\boldsymbol{F}}^{-1}(s)\bar{\boldsymbol{D}}(s)\phi(s)\boldsymbol{N}_r(s)D_r^{-1}(s)\end{aligned} \tag{9.64}$$

由于 $\phi(s)$ 对消掉 $D_r(s)$ 的所有不稳定根,所以误差向量 $\hat{\boldsymbol{e}}_r(s)$ 仅包含稳定极点,因此,其时域响应随着 $t\to\infty$ 而趋于零。其结果是,输出 $\boldsymbol{y}(t)$ 可以渐近跟踪参考信号 $\boldsymbol{r}(t)$。通过植入内模 $\phi^{-1}(s)\boldsymbol{I}_p$ 实现跟踪和扰动抑制。若内模无摄动,则只要单位反馈系统保持 BIBO 稳定,对被控对象和补偿器的任意参数摄动,即便是大的参数摄动,跟踪特性仍然能够保持。因此,该设计鲁棒。定理得证。证毕。

在鲁棒设计中,由于内模的存在,使得 $\phi(s)$ 变为从 $\boldsymbol{w}$ 到 $\boldsymbol{y}$ 和从 $\boldsymbol{r}$ 到 $\boldsymbol{e}$ 的传递矩阵的任一非零元素的零点,称这类零点为“阻塞零点”。这些阻塞零点对消了 $\hat{\boldsymbol{w}}(s)$ 和 $\hat{\boldsymbol{r}}(s)$ 的所有不稳定极点,因此,输出端完全阻塞了由这些不稳定极点引起的响应。显然,任一阻塞零点均为传输零点,反之则不然。本节的最后,有必要提示的是,若使用 $\hat{\boldsymbol{G}}(s)$ 的右互质分式,植入内模并镇定,笔者只能验证扰动抑制能力。由于矩阵的不

可交换性，所以笔者无法证实鲁棒跟踪能力。但是，认为该系统仍然可以实现鲁棒跟踪。也可以将第 9.3.3 节讨论的设计方法推广到 MIMO 情形，但设计过程复杂了许多，这里不予讨论。

9.6 MIMO 模型匹配——双参数结构

本节将 SISO 的模型匹配推广到 MIMO 情形，这里只研究传递矩阵为方阵且非奇异严格正则的被控对象。与 SISO 情形类似，给定被控对象传递矩阵 $\hat{\boldsymbol{G}}(s)$，若存在无被控对象泄露的结构以及正则补偿器使得最终得到的系统具有整体传递矩阵 $\hat{\boldsymbol{G}}_o(s)$，且整体系统整体稳定和适定，则称模型 $\hat{\boldsymbol{G}}_o(s)$"可实施"。以下定理将定理 9.4 推广到矩阵情形。

定理 9.M4

考虑具有 $p\times p$ 的严格正则传递矩阵 $\hat{\boldsymbol{G}}(s)$ 的被控对象，$p\times p$ 的传递矩阵 $\hat{\boldsymbol{G}}_o(s)$ 可实施，当且仅当 $\hat{\boldsymbol{G}}_o(s)$ 和

$$\hat{\boldsymbol{T}}(s):=\hat{\boldsymbol{G}}^{-1}(s)\hat{\boldsymbol{G}}_o(s) \tag{9.65}$$

正则且 BIBO 稳定[⑤]。

若对无被控对象泄露的任意结构，从 $\boldsymbol{r}$ 到 $\boldsymbol{u}$ 的闭环传递矩阵为 $\hat{\boldsymbol{T}}(s)$，则适定性和整体稳定性要求 $\hat{\boldsymbol{G}}_o(s)$ 和 $\hat{\boldsymbol{T}}(s)$ 正则且 BIBO 稳定，定理 9.M4 的必要性得证。将式(9.65)写为

$$\hat{\boldsymbol{G}}_o(s)=\hat{\boldsymbol{G}}(s)\hat{\boldsymbol{T}}(s) \tag{9.66}$$

则可以按照图 9.1(a)的开环结构实施方程(9.66)，其中 $\boldsymbol{C}(s)=\hat{\boldsymbol{T}}(s)$。但是，无论是由于其并非整体稳定还是由于其对被控对象参数波动异常敏感，均无法接受这种设计方法；若采用单位反馈结构对其实施，则无法无约束地配置对消极点，因此，也许仍不能接受采用这种结构的设计方法。在单位反馈结构中，有

$$\hat{\boldsymbol{u}}(s)=\boldsymbol{C}(s)[\hat{\boldsymbol{r}}(s)-\hat{\boldsymbol{y}}(s)]$$

现将其推广为

$$\hat{\boldsymbol{u}}(s)=\boldsymbol{C}_1(s)\hat{\boldsymbol{r}}(s)-\boldsymbol{C}_2(s)\hat{\boldsymbol{y}}(s) \tag{9.67}$$

此为二自由度结构，与 SISO 情形类似，可以选择具有相同分母矩阵的 $\boldsymbol{C}_1(s)$ 和 $\boldsymbol{C}_2(s)$ 为

$$\left.\begin{aligned}\boldsymbol{C}_1(s)&=\boldsymbol{A}^{-1}(s)\boldsymbol{L}(s)\\ \boldsymbol{C}_2(s)&=\boldsymbol{A}^{-1}(s)\boldsymbol{M}(s)\end{aligned}\right\} \tag{9.68}$$

---

⑤ 若 $\hat{\boldsymbol{G}}(s)$ 非方阵，则 $\hat{\boldsymbol{G}}_o(s)$ 可实施，当且仅当 $\hat{\boldsymbol{G}}_o(s)$ 正则、BIBO 稳定，且可以表示为 $\hat{\boldsymbol{G}}_o(s)=\hat{\boldsymbol{G}}(s)\hat{\boldsymbol{T}}(s)$ 时，其中 $\hat{\boldsymbol{T}}(s)$ 正则且 BIBO 稳定，相关内容可参见参考文献 6 第 517 页～第 523 页。

可以绘制出如图 9.9 所示的双参数结构,根据该结构图,有

$$\hat{\boldsymbol{u}}(s)=\boldsymbol{A}^{-1}(s)[\boldsymbol{L}(s)\hat{\boldsymbol{r}}(s)-\boldsymbol{M}(s)\boldsymbol{N}(s)\boldsymbol{D}^{-1}(s)\hat{\boldsymbol{u}}(s)]$$

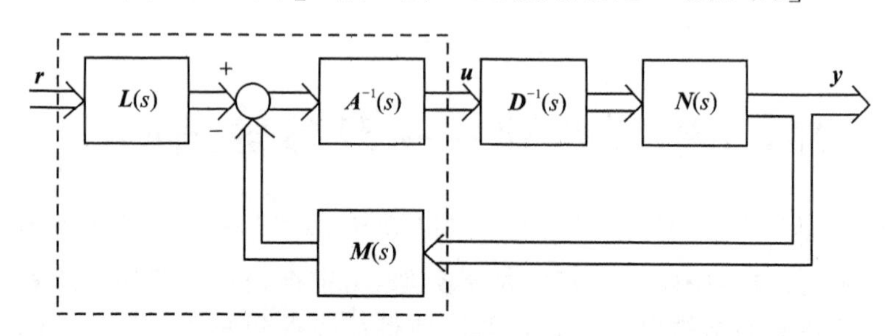

图 9.9 双参数结构

由此可知

$$\hat{\boldsymbol{u}}(s)=[\boldsymbol{I}+\boldsymbol{A}^{-1}(s)\boldsymbol{M}(s)\boldsymbol{N}(s)\boldsymbol{D}^{-1}(s)]^{-1}\boldsymbol{A}^{-1}(s)\boldsymbol{L}(s)\hat{\boldsymbol{r}}(s)=$$
$$\boldsymbol{D}(s)[\boldsymbol{A}(s)\boldsymbol{D}(s)+\boldsymbol{M}(s)\boldsymbol{N}(s)]^{-1}\boldsymbol{L}(s)\hat{\boldsymbol{r}}(s)$$

因此有

$$\hat{\boldsymbol{y}}(s)=\boldsymbol{N}(s)\boldsymbol{D}^{-1}(s)\hat{\boldsymbol{u}}(s)=\boldsymbol{N}(s)[\boldsymbol{A}(s)\boldsymbol{D}(s)+\boldsymbol{M}(s)\boldsymbol{N}(s)]^{-1}\boldsymbol{L}(s)\hat{\boldsymbol{r}}(s)$$

并且从 $\boldsymbol{r}$ 到 $\boldsymbol{y}$ 的传递矩阵为

$$\hat{\boldsymbol{G}}_o(s)=\boldsymbol{N}(s)[\boldsymbol{A}(s)\boldsymbol{D}(s)+\boldsymbol{M}(s)\boldsymbol{N}(s)]^{-1}\boldsymbol{L}(s) \tag{9.69}$$

因此,模型匹配问题变为从方程(9.69)中求解 $\boldsymbol{A}(s)$、$\boldsymbol{M}(s)$和 $\boldsymbol{L}(s)$的问题。

问 题

给定 $p\times p$ 的严格正则 $\hat{\boldsymbol{G}}(s)=\boldsymbol{N}(s)\boldsymbol{D}^{-1}(s)$,其中 $\boldsymbol{N}(s)$和 $\boldsymbol{D}(s)$右互质,且$\boldsymbol{D}(s)$列既约,列次数为 $\mu_i,i=1,2,\cdots,p$,给定任意可实施的$\hat{\boldsymbol{G}}_o(s)$,找出图 9.9 中的正则补偿器 $\boldsymbol{A}^{-1}(s)\boldsymbol{L}(s)$和 $\boldsymbol{A}^{-1}(s)\boldsymbol{M}(s)$来实施$\hat{\boldsymbol{G}}_o(s)$。

处理流程 9.M1

① 计算

$$\boldsymbol{N}^{-1}(s)\hat{\boldsymbol{G}}_o(s)=\bar{\boldsymbol{F}}^{-1}(s)\bar{\boldsymbol{E}}(s) \tag{9.70}$$

其中 $\bar{\boldsymbol{F}}(s)$和 $\bar{\boldsymbol{E}}(s)$左互质,$\bar{\boldsymbol{F}}(s)$行既约。

② 计算 $\hat{\boldsymbol{G}}(s)=\boldsymbol{N}(s)\boldsymbol{D}^{-1}(s)$的行指数 v,可以借助 qr 分解来求。

③ 选择

$$\hat{\boldsymbol{F}}(s)=\mathrm{diag}(\alpha_1(s),\alpha_2(s),\cdots,\alpha_p(s)) \tag{9.71}$$

其中 $\alpha_i(s)$为使得 $\hat{\boldsymbol{F}}(s)\bar{\boldsymbol{F}}(s)$为行列既约的任意 CT 稳定多项式,$\hat{\boldsymbol{F}}(s)\bar{\boldsymbol{F}}(s)$的列次数 μ_i 和行次数 m_i 满足

$$m_i\geqslant v-1,\quad i=1,2,\cdots,p \tag{9.72}$$

④ 设

$$\boldsymbol{L}(s)=\hat{\boldsymbol{F}}(s)\bar{\boldsymbol{E}}(s) \tag{9.73}$$

并且根据方程

$$\boldsymbol{A}(s)\boldsymbol{D}(s)+\boldsymbol{M}(s)\boldsymbol{N}(s)=\hat{\boldsymbol{F}}(s)\bar{\boldsymbol{F}}(s)=:\boldsymbol{F}(s) \tag{9.74}$$

解出 $\boldsymbol{A}(s)$ 和 $\boldsymbol{M}(s)$，则可以得出实现模型匹配的正则补偿器 $\boldsymbol{A}^{-1}(s)\boldsymbol{L}(s)$ 以及 $\boldsymbol{A}^{-1}(s)\boldsymbol{M}(s)$。

若 $\hat{\boldsymbol{G}}(s)$ 为标量，则该处理流程归结为处理流程 9.1。首先验证该流程的正确性。将式(9.73)和方程(9.74)代入式(9.69)可得

$$\hat{\boldsymbol{G}}_o(s)=\boldsymbol{N}(s)[\hat{\boldsymbol{F}}(s)\bar{\boldsymbol{F}}(s)]^{-1}\hat{\boldsymbol{F}}(s)\bar{\boldsymbol{E}}(s)=\boldsymbol{N}(s)\bar{\boldsymbol{F}}^{-1}(s)\bar{\boldsymbol{E}}(s)$$

此即为式(9.70)，因此这些补偿器可以实施$\hat{\boldsymbol{G}}_o(s)$，定义

$$\boldsymbol{H}_c(s):=\mathrm{diag}(s^{\mu_1},s^{\mu_2},\cdots,s^{\mu_p}),\quad \boldsymbol{H}_r(s):=\mathrm{diag}(s^{m_1},s^{m_2},\cdots,s^{m_p})$$

根据假设，矩阵

$$\lim_{s\to\infty}\boldsymbol{H}_r^{-1}(s)\boldsymbol{F}(s)\boldsymbol{H}_c^{-1}(s)=:\boldsymbol{F}_h$$

为非奇异常数矩阵。因此，方程(9.74)的解 $\boldsymbol{A}(s)$ 和 $\boldsymbol{M}(s)$ 存在（定理 9. M2），其中解 $\boldsymbol{A}(s)$ 的行次数为 m_i 且行既约，解 $\boldsymbol{M}(s)$ 的行次数为 m_i 或更小，因此，$\boldsymbol{A}^{-1}(s)\boldsymbol{M}(s)$ 正则。为了证明 $\boldsymbol{A}^{-1}(s)\boldsymbol{L}(s)$ 正则，考虑

$$\begin{aligned}\hat{\boldsymbol{T}}(s)=&\hat{\boldsymbol{G}}^{-1}(s)\hat{\boldsymbol{G}}_o(s)=\boldsymbol{D}(s)\boldsymbol{N}^{-1}(s)\hat{\boldsymbol{G}}_o(s)=\\&\boldsymbol{D}(s)\bar{\boldsymbol{F}}^{-1}(s)\bar{\boldsymbol{E}}(s)=\boldsymbol{D}(s)[\hat{\boldsymbol{F}}(s)\bar{\boldsymbol{F}}(s)]^{-1}\hat{\boldsymbol{F}}(s)\hat{\boldsymbol{E}}(s)=\\&\boldsymbol{D}(s)[\boldsymbol{A}(s)\boldsymbol{D}(s)+\boldsymbol{M}(s)\boldsymbol{N}(s)]^{-1}\boldsymbol{L}(s)=\\&\boldsymbol{D}(s)\{\boldsymbol{A}(s)[\boldsymbol{I}+\boldsymbol{A}^{-1}(s)\boldsymbol{M}(s)\boldsymbol{N}(s)\boldsymbol{D}^{-1}(s)]\boldsymbol{D}(s)\}^{-1}\boldsymbol{L}(s)=\\&[\boldsymbol{I}+\boldsymbol{A}^{-1}(s)\boldsymbol{M}(s)\hat{\boldsymbol{G}}(s)]^{-1}\boldsymbol{A}^{-1}(s)\boldsymbol{L}(s)\end{aligned}$$

由此可知，由于 $\hat{\boldsymbol{G}}(s)=\boldsymbol{N}(s)\boldsymbol{D}^{-1}(s)$ 严格正则，且 $\boldsymbol{A}^{-1}(s)\boldsymbol{M}(s)$ 正则，所以

$$\lim_{s\to\infty}\hat{\boldsymbol{T}}(s)=\lim_{s\to\infty}\boldsymbol{A}^{-1}(s)\boldsymbol{L}(s)$$

由于根据假设 $\boldsymbol{T}(\infty)$ 取有限值，所以得出结论 $\boldsymbol{A}^{-1}(s)\boldsymbol{L}(s)$ 正则。若 $\hat{\boldsymbol{G}}(s)$ 严格正则，且若所有补偿器正则，则双参数结构自动为适定。设计过程涉及到 $\hat{\boldsymbol{F}}(s)$ 的零极点对消，可以选择 $\hat{\boldsymbol{F}}(s)$。若选择 $\hat{\boldsymbol{F}}(s)$ 为其元素是 CT 稳定多项式的对角型矩阵，则零极点对消只涉及稳定极点，系统为整体稳定，此即完成该设计流程的论证。

【例 9.12】 考虑传递矩阵为

$$\hat{\boldsymbol{G}}(s)=\begin{bmatrix}\dfrac{1}{s^2} & \dfrac{1}{s}\\ 0 & \dfrac{1}{s}\end{bmatrix}=\begin{bmatrix}1 & 1\\0 & 1\end{bmatrix}\begin{bmatrix}s^2 & 0\\0 & s\end{bmatrix}^{-1} \tag{9.75}$$

的被控对象，其列次数为 $\mu_1=2$ 和 $\mu_2=1$。选择整体模型为

$$\hat{\boldsymbol{G}}_o(s)=\begin{bmatrix}\dfrac{2}{s^2+2s+2} & 0\\ 0 & \dfrac{2}{s^2+2s+2}\end{bmatrix} \tag{9.76}$$

该传递矩阵正则且 BIBO 稳定。为检验$\hat{\boldsymbol{G}}_o(s)$是否可实施,求出

$$\hat{\boldsymbol{T}}(s):=\hat{\boldsymbol{G}}^{-1}(s)\hat{\boldsymbol{G}}_o(s)=\begin{bmatrix}s^2 & -s^2\\ 0 & s\end{bmatrix}\hat{\boldsymbol{G}}_o(s)=\begin{bmatrix}\dfrac{2s^2}{s^2+2s+2} & \dfrac{-2s^2}{s^2+2s+2}\\ 0 & \dfrac{2s}{s^2+2s+2}\end{bmatrix}$$

其为正则且 BIBO 稳定。因此,$\hat{\boldsymbol{G}}_o(s)$可实施,求出

$$\boldsymbol{N}^{-1}(s)\hat{\boldsymbol{G}}_o(s)=\begin{bmatrix}1 & -1\\ 0 & 1\end{bmatrix}\begin{bmatrix}\dfrac{2}{s^2+2s+2} & 0\\ 0 & \dfrac{2}{s^2+2s+2}\end{bmatrix}=$$

$$\begin{bmatrix}\dfrac{2}{s^2+2s+2} & \dfrac{-2}{s^2+2s+2}\\ 0 & \dfrac{2}{s^2+2s+2}\end{bmatrix}=$$

$$\begin{bmatrix}s^2+2s+2 & 0\\ 0 & s^2+2s+2\end{bmatrix}^{-1}\begin{bmatrix}2 & -2\\ 0 & 2\end{bmatrix}=:$$

$$\bar{\boldsymbol{F}}^{-1}(s)\bar{\boldsymbol{E}}(s)$$

针对该例,可以很容易求出$\boldsymbol{N}^{-1}(s)\hat{\boldsymbol{G}}_o(s)$的次数为 4,$\bar{\boldsymbol{F}}(s)$的行列式为 4 次,因此矩阵对$\bar{\boldsymbol{F}}(s)$和$\bar{\boldsymbol{E}}(s)$左互质。显然,$\bar{\boldsymbol{F}}(s)$行既约,行次数为$r_1=r_2=2$。例 9.10 已求出了 $\hat{\boldsymbol{G}}(s)$的行指数为 $v=2$。选择

$$\hat{\boldsymbol{F}}(s)=\mathrm{diag}[(s+2),1]$$

则有

$$\hat{\boldsymbol{F}}(s)\bar{\boldsymbol{F}}(s)=\begin{bmatrix}(s^2+2s+2)(s+2) & 0\\ 0 & s^2+2s+2\end{bmatrix}=$$

$$\begin{bmatrix}4+6s+4s^2+s^3 & 0\\ 0 & 2+2s+s^2\end{bmatrix} \tag{9.77}$$

该式为行列既约,行次数为$\{m_1=m_2=1=v-1\}$,列次数为$\{\mu_1=2,\mu_2=1\}$。需要注意的是,若不引入 $\hat{\boldsymbol{F}}(s)$,则正则补偿器有可能不存在,设

$$\boldsymbol{L}(s)=\hat{\boldsymbol{F}}(s)\bar{\boldsymbol{E}}(s)=\begin{bmatrix}s+2 & 0\\ 0 & 1\end{bmatrix}\begin{bmatrix}2 & -2\\ 0 & 2\end{bmatrix}=\begin{bmatrix}2(s+2) & -2(s+2)\\ 0 & 2\end{bmatrix} \tag{9.78}$$

并根据方程

$$\boldsymbol{A}(s)\boldsymbol{D}(s)+\boldsymbol{M}(s)\boldsymbol{N}(s)=\hat{\boldsymbol{F}}(s)\bar{\boldsymbol{F}}(s)=:\boldsymbol{F}(s) \tag{9.79}$$

求解 $\boldsymbol{A}(s)$ 和 $\boldsymbol{M}(s)$，根据 $\boldsymbol{D}(s)$ 和 $\boldsymbol{N}(s)$ 的系数矩阵以及式(9.77)的系数矩阵，即可构造

$$[\boldsymbol{A}_0\quad \boldsymbol{M}_0\quad \boldsymbol{A}_1\quad \boldsymbol{M}_1]\left[\begin{array}{cccccccc} 0&0&0&0&1&0&0&0\\ 0&0&0&1&0&0&0&0\\ \cdots&\cdots&\cdots&\cdots&\cdots&\cdots&\cdots&\cdots\\ 1&1&0&0&0&0&0&0\\ 0&1&0&0&0&0&0&0\\ \hline 0&0&0&0&0&0&1&0\\ 0&0&0&0&1&0&0&0\\ \cdots&\cdots&\cdots&\cdots&\cdots&\cdots&\cdots&\cdots\\ 0&0&1&1&0&0&0&0\\ 0&0&0&1&0&0&0&0 \end{array}\right]=$$

$$\begin{bmatrix} 4&0&6&0&4&0&1&0\\ 0&2&0&2&0&1&0&0 \end{bmatrix} \tag{9.80}$$

正如例 9.10 中讨论的，若删除 $\boldsymbol{S}_1$ 的最后一列，则删除最后的零元素列之后，剩下的 $\tilde{\boldsymbol{S}}_1$ 对任意 $\boldsymbol{F}(s)$ 均列满秩，方程(9.80)有解。现若删除 $\tilde{\boldsymbol{S}}_1$ 的最后 N -行，则该 N -行与其前面的行线性相关，方程的这组解唯一，且可以借助 MATLAB 求出解为

$$[\boldsymbol{A}_0\quad \boldsymbol{M}_0\quad \boldsymbol{A}_1\quad \boldsymbol{M}_1]=\begin{bmatrix} 4&-6&4&-4&1&0&6&0\\ 0&2&0&2&0&1&0&0 \end{bmatrix} \tag{9.81}$$

需要注意的是，由于删除了 $\tilde{\boldsymbol{S}}_1$ 中的最后 N -行，所以最后的零元素列为指派给出，因此有

$$\left.\begin{aligned} \boldsymbol{A}(s)&=\begin{bmatrix} 4+s & -6\\ 0 & 2+s \end{bmatrix}\\ \boldsymbol{M}(s)&=\begin{bmatrix} 4+6s & -4\\ 0 & 2 \end{bmatrix} \end{aligned}\right\} \tag{9.82}$$

两个补偿器 $\boldsymbol{A}^{-1}(s)\boldsymbol{M}(s)$ 和 $\boldsymbol{A}^{-1}(s)\boldsymbol{L}(s)$ 显然均正则，即完成设计。为了对结果核实，求出

$$\hat{\boldsymbol{G}}_o(s)=\boldsymbol{N}(s)\boldsymbol{F}^{-1}(s)\boldsymbol{L}(s)=\begin{bmatrix} \dfrac{2(s+2)}{s^3+4s^2+6s+4} & 0\\ 0 & \dfrac{2}{s^2+2s+2} \end{bmatrix}=$$

$$\begin{bmatrix} \dfrac{2}{s^2+2s+2} & 0\\ 0 & \dfrac{2}{s^2+2s+2} \end{bmatrix}$$

此即期望的模型。需要注意的是,设计过程涉及$(s+2)$的对消,而这是可以选择的。因此,这种设计符合要求。

这里讨论模型匹配的一种特殊情况。给定$\hat{\boldsymbol{G}}(s)=\boldsymbol{N}(s)\boldsymbol{D}^{-1}(s)$,选择$\hat{\boldsymbol{T}}(s)=\boldsymbol{D}(s)\boldsymbol{D}_f^{-1}(s)$,其中$\boldsymbol{D}_f(s)$与$\boldsymbol{D}(s)$具有相同的列次数及列次数系数矩阵,则$\hat{\boldsymbol{T}}(s)$正则,且$\hat{\boldsymbol{G}}_o(s)=\hat{\boldsymbol{G}}(s)\hat{\boldsymbol{T}}(s)=\boldsymbol{N}(s)\boldsymbol{D}_f^{-1}(s)$,此即式(8.72)讨论的反馈传递矩阵。因此,也可以借助处理流程9.M1完成第8章讨论的状态反馈设计。

解　耦

考虑$p\times p$的矩阵$\hat{\boldsymbol{G}}(s)=\boldsymbol{N}(s)\boldsymbol{D}^{-1}(s)$,由于已假定$\hat{\boldsymbol{G}}(s)$非奇异,因此$\hat{\boldsymbol{G}}^{-1}(s)=\boldsymbol{D}(s)\boldsymbol{N}^{-1}(s)$有定义,但通常非正则。选择$\hat{\boldsymbol{T}}(s)$为

$$\hat{\boldsymbol{T}}(s)=\hat{\boldsymbol{G}}^{-1}(s)\mathrm{diag}[d_1^{-1}(s),d_2^{-1}(s),\cdots,d_p^{-1}(s)] \tag{9.83}$$

其中$d_i(s)$为使$\hat{\boldsymbol{T}}(s)$正则的次数最低的CT稳定多项式,定义

$$\Sigma(s)=\mathrm{diag}[d_1(s),d_2(s),\cdots,d_p(s)] \tag{9.84}$$

则可以将$\hat{\boldsymbol{T}}(s)$写为

$$\hat{\boldsymbol{T}}(s)=\boldsymbol{D}(s)\boldsymbol{N}^{-1}(s)\Sigma^{-1}(s)=\boldsymbol{D}(s)[\Sigma(s)\boldsymbol{N}(s)]^{-1} \tag{9.85}$$

若$\hat{\boldsymbol{G}}(s)$的所有传输零点,或等价地描述为,$\det\boldsymbol{N}(s)$的所有根均具有负实部,则$\hat{\boldsymbol{T}}(s)$正则且BIBO稳定,因此整体传递函数

$$\begin{aligned}\hat{\boldsymbol{G}}_o(s)&=\hat{\boldsymbol{G}}(s)\hat{\boldsymbol{T}}(s)=\boldsymbol{N}(s)\boldsymbol{D}^{-1}(s)\boldsymbol{D}(s)[\Sigma(s)\boldsymbol{N}(s)]^{-1}=\\&\boldsymbol{N}(s)[\Sigma(s)\boldsymbol{N}(s)]^{-1}=\Sigma^{-1}(s)\end{aligned} \tag{9.86}$$

可实施,此整体传递矩阵为对角矩阵,并称之为"解耦"矩阵。例9.12的设计实际上就是这种解耦设计。

若$\hat{\boldsymbol{G}}(s)$有非最小相位传输零点或传输零点具有零实部或正实部,则不能采用前面的设计方法,但是,经过某些修改仍有可能设计出解耦的整体系统。考虑$p\times p$的矩阵$\hat{\boldsymbol{G}}(s)=\boldsymbol{N}(s)\boldsymbol{D}^{-1}(s)$,将$\boldsymbol{N}(s)$分解为

$$\boldsymbol{N}(s)=\boldsymbol{N}_1(s)\boldsymbol{N}_2(s)$$

这里

$$\boldsymbol{N}_1(s)=\mathrm{diag}[\beta_{11}(s),\beta_{12}(s),\cdots,\beta_{1p}(s)]$$

其中$\beta_{1i}(s)$为$\boldsymbol{N}(s)$中第i行的最大公因子。求出$\boldsymbol{N}_2^{-1}(s)$,并设$\beta_{2i}(s)$为$\boldsymbol{N}_2^{-1}(s)$中第i列的"不稳定"极点的最小公分母,定义

$$\boldsymbol{N}_{2d}(s):=\mathrm{diag}[\beta_{21}(s),\beta_{22}(s),\cdots,\beta_{2p}(s)]$$

则矩阵

$$\bar{\boldsymbol{N}}_2(s):=\boldsymbol{N}_2^{-1}(s)\boldsymbol{N}_{2d}(s)$$

不包含不稳定极点。现在选择 $\hat{\boldsymbol{T}}(s)$ 为

$$\hat{\boldsymbol{T}}(s)=\boldsymbol{D}(s)\bar{\boldsymbol{N}}_2(s)\Sigma^{-1}(s) \tag{9.87}$$

这里

$$\Sigma(s)=\text{diag}[d_1(s),d_2(s),\cdots,d_p(s)]$$

其中 $d_i(s)$ 为使 $\hat{\boldsymbol{T}}(s)$ 正则的次数最低的 CT 稳定多项式。由于 $\bar{\boldsymbol{N}}_2(s)$ 仅有稳定极点，且 $d_i(s)$ 为 CT 稳定，所以 $\hat{\boldsymbol{T}}(s)$ BIBO 稳定，考虑

$$\begin{aligned}\hat{\boldsymbol{G}}_o(s)=\hat{\boldsymbol{G}}(s)\hat{\boldsymbol{T}}(s)=\boldsymbol{N}_1(s)\boldsymbol{N}_2(s)\boldsymbol{D}^{-1}(s)\boldsymbol{D}(s)\bar{\boldsymbol{N}}_2(s)\Sigma^{-1}(s)=\\ \boldsymbol{N}_1(s)\boldsymbol{N}_{2d}(s)\Sigma^{-1}(s)=\\ \text{diag}\left[\frac{\beta_1(s)}{d_1(s)},\frac{\beta_2(s)}{d_2(s)},\cdots,\frac{\beta_p(s)}{d_p(s)}\right]\end{aligned} \tag{9.88}$$

其中 $\beta_i(s)=\beta_{1i}(s)\beta_{2i}(s)$。由于 $\hat{\boldsymbol{T}}(s)$ 和 $\hat{\boldsymbol{G}}(s)$ 均正则，所以 $\hat{\boldsymbol{G}}_o(s)$ 正则，显然 $\hat{\boldsymbol{G}}_o(s)$ BIBO 稳定，因此，$\hat{\boldsymbol{G}}_o(s)$ 可实施且为解耦系统。

【例 9.13】 考虑

$$\hat{\boldsymbol{G}}(s)=\boldsymbol{N}(s)\boldsymbol{D}^{-1}(s)=\begin{bmatrix}s & 1\\ s-1 & s-1\end{bmatrix}\begin{bmatrix}s^3+1 & 1\\ 0 & s^2\end{bmatrix}^{-1}$$

求出 $\det\boldsymbol{N}(s)=(s-1)(s-1)=(s-1)^2$。该被控对象包含两个非最小相位传输零点，将 $\boldsymbol{N}(s)$ 分解为

$$\boldsymbol{N}(s)=\boldsymbol{N}_1(s)\boldsymbol{N}_2(s)=\begin{bmatrix}1 & 0\\ 0 & s-1\end{bmatrix}\begin{bmatrix}s & 1\\ 1 & 1\end{bmatrix}$$

其中 $\boldsymbol{N}_1(s)=\text{diag}[1,(s-1)]$，并求出

$$\boldsymbol{N}_2^{-1}(s)=\frac{1}{(s-1)}\begin{bmatrix}1 & -1\\ -1 & s\end{bmatrix}$$

若选择

$$\boldsymbol{N}_{2d}(s)=\text{diag}[(s-1),(s-1)] \tag{9.89}$$

则有理矩阵

$$\bar{\boldsymbol{N}}_2(s)=\boldsymbol{N}_2^{-1}(s)\boldsymbol{N}_{2d}(s)=\begin{bmatrix}1 & -1\\ -1 & s\end{bmatrix}$$

不包含不稳定极点。求出

$$\boldsymbol{D}(s)\bar{\boldsymbol{N}}_2(s)=\begin{bmatrix}s^3+1 & 1\\ 0 & s^2\end{bmatrix}\begin{bmatrix}1 & -1\\ -1 & s\end{bmatrix}=\begin{bmatrix}s^3 & -s^3+s-1\\ -s^2 & s^3\end{bmatrix}$$

若选择

$$\Sigma(s)=\text{diag}[(s^2+2s+2)(s+2),(s^2+2s+2)(s+2)]$$

则

$$\hat{\boldsymbol{T}}(s)=\boldsymbol{D}(s)\bar{\boldsymbol{N}}_2(s)\Sigma^{-1}(s)$$

正则。因此,整体传递矩阵

$$\hat{\boldsymbol{G}}_o(s)=\hat{\boldsymbol{G}}(s)\hat{\boldsymbol{T}}(s)=\mathrm{diag}\left[\frac{s-1}{(s^2+2s+2)(s+2)},\frac{(s-1)^2}{(s^2+2s+2)(s+2)}\right]$$

可实施。该系统为解耦系统,该解耦系统不能跟踪任意阶跃参考输入,因此,将其修正为

$$\hat{\boldsymbol{G}}_o(s)=\mathrm{diag}\left[\frac{-4(s-1)}{(s^2+2s+2)(s+2)},\frac{4(s-1)^2}{(s^2+2s+2)(s+2)}\right] \tag{9.90}$$

该式有性质$\hat{\boldsymbol{G}}_o(0)=\boldsymbol{I}$,且可以跟踪任意阶跃参考输入。

接下来采用双参数结构实施式(9.90),依照流程9.M1来处理。为节省空间,定义$d(s):=(s^2+2s+2)(s+2)$,首先求出

$$\boldsymbol{N}^{-1}(s)\hat{\boldsymbol{G}}_o(s)=\begin{bmatrix}s & -1\\ s-1 & s-1\end{bmatrix}^{-1}\begin{bmatrix}\frac{-4(s-1)}{d(s)} & 0\\ 0 & \frac{4(s-1)^2}{d(s)}\end{bmatrix}=$$

$$\frac{1}{(s-1)^2}\begin{bmatrix}s-1 & -1\\ 1-s & s\end{bmatrix}\begin{bmatrix}\frac{-4(s-1)}{d(s)} & 0\\ 0 & \frac{4(s-1)^2}{d(s)}\end{bmatrix}=$$

$$\begin{bmatrix}\frac{-4}{d(s)} & \frac{-4}{d(s)}\\ \frac{4}{d(s)} & \frac{4s}{d(s)}\end{bmatrix}=\begin{bmatrix}d(s) & 0\\ 0 & d(s)\end{bmatrix}^{-1}\begin{bmatrix}-4 & -4\\ 4 & 4s\end{bmatrix}=:$$

$$\bar{\boldsymbol{F}}^{-1}(s)\bar{\boldsymbol{E}}(s)$$

该式为左互质分式。

根据被控对象传递矩阵,有

$$\boldsymbol{D}(s)=\begin{bmatrix}1 & 1\\ 0 & 0\end{bmatrix}+\begin{bmatrix}0 & 0\\ 0 & 0\end{bmatrix}s+\begin{bmatrix}0 & 0\\ 0 & 1\end{bmatrix}s^2+\begin{bmatrix}1 & 0\\ 0 & 0\end{bmatrix}s^3$$

和

$$\boldsymbol{N}(s)=\begin{bmatrix}0 & 1\\ -1 & -1\end{bmatrix}+\begin{bmatrix}1 & 0\\ 1 & 1\end{bmatrix}s+\begin{bmatrix}0 & 0\\ 0 & 0\end{bmatrix}s^2+\begin{bmatrix}0 & 0\\ 0 & 0\end{bmatrix}s^3$$

采用 qr 分解来求$\hat{\boldsymbol{G}}(s)$的行指数,键入

```
d1=[1 1 0 0 0 0 1 0];d2=[0 0 0 0 0 1 0 0];
n1=[0 1 1 0 0 0 0 0];n2=[-1 -1 1 1 0 0 0 0];
s2=[d1 0 0 0 0;d2 0 0 0 0;n1 0 0 0 0;n2 0 0 0 0;…
```

```
0 0 d1 0 0;0 0 d2 0 0;0 0 n1 0 0;0 0 n2 0 0;…
0 0 0 0 d1;0 0 0 0 d2;0 0 0 0 n1;0 0 0 0 n2];
[q,r] = qr(s2')
```

根据(未示出的)矩阵 r 可以看到,存在 3 个线性无关的 $N1$ -行和 2 个线性无关的 $N2$ -行,因此有 $v_1=3$ 和 $v_2=2$ 且行指数等于 $v=3$,若选择

$$\hat{\boldsymbol{F}}(s)=\text{diag}\left[(s+3)^2,(s+3)\right]$$

则 $\hat{\boldsymbol{F}}(s)\bar{\boldsymbol{F}}(s)$行列既约,其行次数为{2,2},列次数为{3,2}。设

$$\boldsymbol{L}(s)=\hat{\boldsymbol{F}}(s)\bar{\boldsymbol{E}}(s)=\begin{bmatrix}-4(s+3)^2 & -4(s+3)^2\\ 4(s+3) & 4s(s+3)\end{bmatrix} \tag{9.91}$$

并根据方程

$$\boldsymbol{A}(s)\boldsymbol{D}(s)+\boldsymbol{M}(s)\boldsymbol{N}(s)=\hat{\boldsymbol{F}}(s)\bar{\boldsymbol{F}}(s)=:\boldsymbol{F}(s)$$

求解 $\boldsymbol{A}(s)$和 $\boldsymbol{M}(s)$。借助 MATLAB 可以求出解为

$$\boldsymbol{A}(s)=\begin{bmatrix}s^2+10s+329 & 100\\ -46 & s^2+7s+6\end{bmatrix} \tag{9.92}$$

和

$$\boldsymbol{M}(s)=\begin{bmatrix}-290s^2-114s-36 & 189s+293\\ 46s^2+34s+12 & -34s-46\end{bmatrix} \tag{9.93}$$

补偿器 $\boldsymbol{A}^{-1}(s)\boldsymbol{M}(s)$和 $\boldsymbol{A}^{-1}(s)\boldsymbol{L}(s)$显然正则,此即完成设计。

可以通过多种方式对这里讨论的模型匹配进行修正。例如,若 $\det\boldsymbol{N}_2(s)$的稳定根不在图 8.3 所示的扇形区域内,则可以在 β_{2i} 中将其涵盖。随后在$\hat{\boldsymbol{G}}_o(s)$中仍将保留,而不会在设计过程中将其对消。并非对被控对象的每对输入和输出进行解耦,也可以以组为单位对输入和输出解耦,在这种情况下,最终得到的整体传递矩阵为分块对角阵。这些修正均直截了当,因此这里不予讨论。

9.7 小　结

本章使用互质分式进行系统设计以实现极点配置或模型匹配。针对极点配置,可以采用图 9.1(a)所示的单位反馈结构,一种单自由度结构。若被控对象的次数为 n,则借助 $n-1$ 次或更高次补偿器,可以实现任意极点配置。若补偿器的次数高于最低要求,则可以使用多余的次数来实现鲁棒跟踪、扰动抑制或其他设计目标。

模型匹配通常涉及零极点对消。这里不能采用单自由度结构,原因在于不能无约束地选择对消极点。另一方面,由于在选择对消极点时无约束,所以可以采用任意双自由度结构。本教材仅讨论图 9.4 所示的双参数结构。

本章的所有设计均通过求解线性代数方程组来实现,SISO 系统和 MIMO 系统的基本思想和处理流程均相同。本章的所有讨论均无需任何修正就可以应用于离散

时间系统,区别仅在于必须用其所有根都在 z 平面单位圆内的 DT 稳定多项式来代替 CT 稳定多项式。

本章只研究严格正则 $\hat{\boldsymbol{G}}(s)$。若 $\hat{\boldsymbol{G}}(s)$ 上下双正则,则基本思想和处理流程仍然适用,但必须增加补偿器的次数,以确保补偿器的正则性和整体系统的适定性,相关内容可参见参考文献[6]。也可以将第 9.6 节的模型匹配推广到被控对象传递矩阵为非方阵的情形,亦可参见参考文献[6]。

也可以借助多项式分式进行第 8 章中控制器估计器的设计,相关内容可参见参考文献[6](第 506 页~第 514 页)和参考文献[7](第 461 页~第 465 页)。相反,由于既能控又能观的状态空间方程和互质分式的等价性,所以应当能够使用状态空间方程完成本章的所有设计。但是,通过对第 8.3.1 小节和第 9.3.2 小节中设计方法的比较,人们相信,状态空间的设计方法更复杂且更不透明。

状态空间法最早出现于 20 世纪 60 年代,截至 20 世纪 80 年代,能控性和能观性的概念以及控制器—估计器的设计被整合到大多数本科生的控制教材中。20 世纪 70 年代发展起来传递函数中的多项式分式法,其互质性的基本概念则较为久远。尽管互质分式法的概念和设计过程与状态空间法一样简单,也可能不如状态空间法简单,但该方法似乎不太为人所知。期望本章体现出其简便性和实用性,并有助于其推广。

虽然使用传递函数可以更加方便地完成线性时不变集总系统的设计,但是对于计算机计算和仿真、实时处理和运放电路的实施而言,状态空间方程必不可少。此外,在建立系统的数学方程描述时,推导一阶微分方程组(未必线性时不变)通常更为简单。在线性化和近似之后,就可以得到(LTI 集总)状态空间方程,只有这样,才能求出其有理传递函数⑥。因此,传递函数和状态空间方程在系统研究中都很重要。

习　　题

9.1　在求解式(9.4)的补偿器方程时,通常要求 $\deg B(s) \leqslant \deg A(s)$ 来保证补偿器 $C(s)=\dfrac{B(s)}{A(s)}$ 的正则性。对于例 9.1 中的 $D(s)$ 和 $N(s)$,若 $F(s)=s^2+3s+4$,能否找出满足次数不等式的 $B(s)$ 和 $A(s)$? 试验证若 $F(s)$ 为 3 次多项式,则满足要求的解总存在。

9.2　给定传递函数为 $\hat{g}(s)=\dfrac{s-1}{s^2-4}$ 的被控对象,试找出单位反馈结构的补偿器,使得整体系统在 -2 和 $-1\pm \mathrm{j}1$ 处有期望的极点。同时找出前馈增益使得最终得

⑥　通过测量某些物理系统的频率响应也可以直接获得传递函数,相关内容可参见参考文献 7。然而,对于诸如图 2.14~图 2.16 中的系统不能采用这种方法。

到的系统可以渐近跟踪任意阶跃参考输入。

9.3　假设设计完之后，习题 9.2 中被控对象的传递函数变为 $\hat{\bar{g}}(s)=\frac{s-0.9}{s^2-4.1}$，试问整体系统能否渐近跟踪任意阶跃参考输入？若不能，试给出可以既渐近又鲁棒地跟踪任意阶跃参考输入的其他两种设计方法，一种方法采用 3 次补偿器，另一种方法为 2 次补偿器。是否需要附加期望的极点？若需要，将其配置在 -3 的位置。

9.4　针对传递函数为 $\hat{g}(s)=\frac{s-1}{s(s-2)}$ 的被控对象，试重做习题 9.2。是否需要前馈增益来实现对任意阶跃参考输入的跟踪？请解释原因。

9.5　假设设计完之后，习题 9.4 中被控对象的传递函数变为 $\hat{\bar{g}}(s)=\frac{s-0.9}{s(s-2.1)}$，试问整体系统能否跟踪任意阶跃参考输入？该设计是否鲁棒？

9.6　考虑传递函数为 $\hat{g}(s)=\frac{1}{s-1}$ 的被控对象，假设扰动的形式为幅度 a 和相位 θ 未知的 $w(t)=a\sin(2t+\theta)$，该扰动按图 9.2 所示方式进入被控对象。试设计反馈系统中的 3 次上下双正则补偿器，使得输出可以渐近跟踪任意阶跃参考输入并抑制该扰动。将期望极点配置在 $-1\pm j2$ 和 $-2\pm j1$ 处。

9.7　考虑图 9.10 所示的单位反馈系统，被控对象传递函数为 $\hat{g}(s)=\frac{2}{s(s+1)}$。试问输出能否鲁棒跟踪任意阶跃参考输入？输出能否抑制任意阶跃扰动 $w(t)=a$？试解释原因。

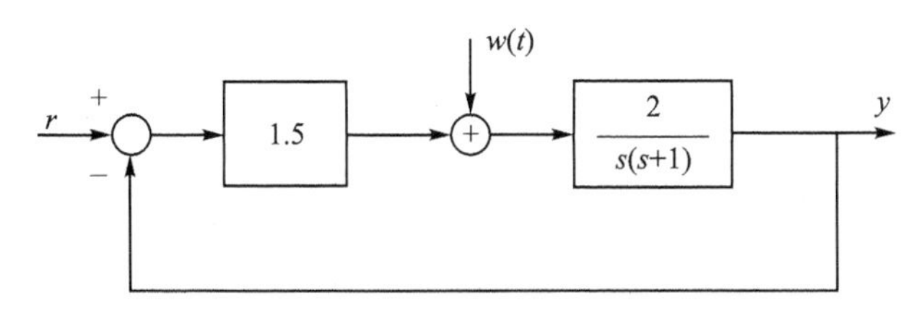

图 9.10

9.8　考虑图 9.11(a)所示的单位反馈系统，试问从 r 到 y 的传递函数是否 BIBO 稳定？系统是否整体稳定？若不是，能否找出其闭环传递函数 BIBO 稳定的某输入输出对？

9.9　考虑图 9.11(b)所示的单位反馈系统。①试证明任一可能的输入输出对的闭环传递函数均包含因子 $[1+C(s)\hat{g}(s)]^{-1}$。②试证明 $[1+C(s)\hat{g}(s)]^{-1}$ 正则，当且仅当

$$1+C(\infty)\hat{g}(\infty)\neq 0$$

③ 试证明若 $C(s)$ 和 $\hat{g}(s)$ 正则，且若 $C(\infty)\hat{g}(\infty)\neq -1$，则系统适定。

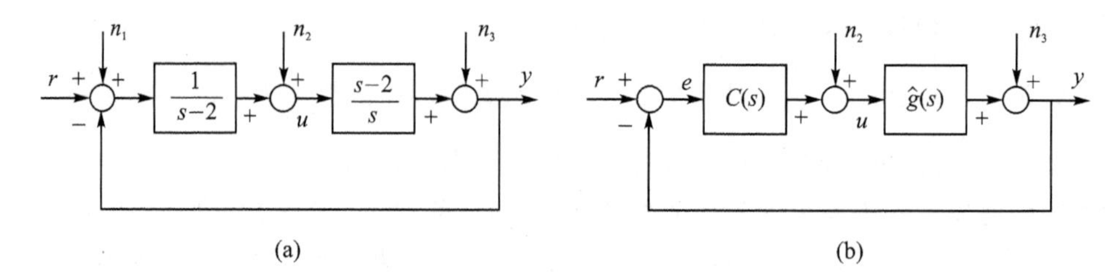

图 9.11

9.10 给定 $\hat{g}(s)=\dfrac{s^2-1}{s^3+a_1s^2+a_2s+a_3}$，对任意 a_i 和 b_i，试问以下 $\hat{g}_o(s)$

$$\frac{s-1}{(s+1)^2},\quad \frac{s+1}{(s+2)(s+3)},\quad \frac{s^2-1}{(s-2)^3}$$

$$\frac{(s^2-1)}{(s+2)^2},\quad \frac{(s-1)(b_0s+b_1)}{(s+2)^2(s^2+2s+2)},\quad \frac{1}{1}$$

中哪些可实施？

9.11 给定 $\hat{g}(s)=\dfrac{s-1}{s(s-2)}$，试采用开环结构和单位反馈结构实施模型 $\hat{g}_o(s)=\dfrac{-2(s-1)}{s^2+2s+2}$。二者是否整体稳定？实际情况中能否使用这些实施方法？

9.12 试采用双参数结构实施习题 9.11，选择要对消的极点在 $s=-3$ 处。$A(s)$ 是否为CT稳定多项式？能否实施图 9.4(a)所示的两个补偿器？采用图 9.4(d)的结构实施这两个补偿器并绘制其运放电路图。

9.13 给定 BIBO 稳定的 $\hat{g}_o(s)$，试证明由斜坡参考输入 $r(t)=at, t\geqslant 0$ 引起的稳态响应 $y_{ss}(t):=\lim\limits_{t\to\infty}y(t)$ 由

$$y_{ss}(t)=\hat{g}_o(0)at+\hat{g}'_o(0)a$$

给出。因此，若使输出渐近跟踪斜坡参考输入，则要求 $\hat{g}_o(0)=1$ 以及 $\hat{g}'_o(0)=0$。

9.14 给定 BIBO 稳定的

$$\hat{g}_o(s)=\frac{b_0+b_1s+\cdots+b_ms^m}{a_0+a_1s+\cdots+a_ns^n}$$

其中 $n\geqslant m$，试证明，$\hat{g}_o(0)=1$ 以及 $\hat{g}'_o(0)=0$，当且仅当 $a_0=b_0$ 以及 $a_1=b_1$ 时。

9.15 给定传递函数为 $\hat{g}(s)=\dfrac{(s+3)(s-2)}{s^3+2s-1}$ 的被控对象，①试找出 b_1、b_0 和 a 满足的条件，使得

$$\hat{g}_o(s)=\frac{b_1s+b_0}{s^2+2s+a}$$

可实施。②试判断

$$\hat{g}_o(s)=\frac{(s-2)(b_1 s+b_0)}{(s+2)(s^2+2s+2)}$$

是否可实施？找出 b_1 和 b_2 满足的条件，使得整体传递函数可以跟踪任意斜坡参考输入。

9.16　考虑传递矩阵为

$$\hat{\boldsymbol{G}}(s)=\begin{bmatrix}\dfrac{s+1}{s(s-1)}\\[2mm] \dfrac{1}{s^2-1}\end{bmatrix}$$

的被控对象。试找出采用单位反馈结构的补偿器，使得整体系统的极点位于 -2、$-1\pm \mathrm{j}1$ 处并且其余极点位于 $s=-3$ 处。能否找出前馈增益使得整体系统可以渐近跟踪任意阶跃参考输入？

9.17　对传递矩阵为

$$\hat{\boldsymbol{G}}(s)=\begin{bmatrix}\dfrac{s+1}{s(s-1)} & \dfrac{1}{s^2-1}\end{bmatrix}$$

的被控对象，试重做习题 9.16。

9.18　对传递矩阵为

$$\hat{\boldsymbol{G}}(s)=\begin{bmatrix}\dfrac{s-2}{s^2-1} & \dfrac{1}{s-1}\\[2mm] \dfrac{1}{s} & \dfrac{2}{s-1}\end{bmatrix}$$

的被控对象，试重做习题 9.16。

9.19　被控对象的传递矩阵由习题 9.18 给出，试判断

$$\hat{\boldsymbol{G}}_o(s)=\begin{bmatrix}\dfrac{4(s^2-4s+1)}{(s^2+2s+2)(s+2)} & 0\\[2mm] 0 & \dfrac{4(s^2-4s+1)}{(s^2+2s+2)(s+2)}\end{bmatrix}$$

是否可实施？若回答是，请给出实施方法。

9.20　试将传递矩阵为

$$\hat{\boldsymbol{G}}(s)=\begin{bmatrix}1 & s\\ 1 & 1\end{bmatrix}\begin{bmatrix}1 & s^2+1\\ s & 0\end{bmatrix}^{-1}$$

的被控对象对角化，设最终得到的整体系统每个对角元上的分母均为 s^2+2s+2。

参考文献

[1] Anderson B D O，Moore J B. Optimal Control—Linear Quadratic Methods，Englewood Cliffs，NJ：Prentice Hall，1990.

[2] Antsaklis A J，Michel A N. Linear Systems，New York：McGraw-Hill，1997.

[3] Callier F M，Desoer C A. Multivariable Feedback Systems，New York：Springer-Verlag，1982.

[4] Callier F M，Desoer C A. Linear System Theory. New York：Springer-Verlag，1991.

[5] Chen C T. Introduction to Linear System Theory. New York：Holt，Rinehart & Winston，1970.

[6] Chen C T. Linear System Theory and Design. New York：Oxford University Press，1984.

[7] Chen C T. Analog and Digital Control System Design：Transfer Function，State-Space，and Algebraic Methods. New York：Oxford University Press，1993.

[8] Chen C T. Digital Signal Processing：Spectral Computation and Filter Design. New York：Oxford University Press，2001.

[9] Chen C T. Signals and Systems，3rd ed. New York：Oxford University Press，2004.

[10] Chen C T. Signals and Systems：A Fresh Look，Create Space. an amazon. com company，2011.

[11] Chen C T，Liu C S. Design of Control Systems：A Comparative Study. IEEE Control System Magazine，1994，14(5)：47-51.

[12] Doyle J C，Francis B A，Tannenbaum A R. Feedback Control Theory. New

York: Macmillan, 1992.

[13] Gantmacher F R. The Theory of Matrices, vols. 1 and 2. New York: Chelsea, 1959.

[14] Golub G H, van Loan C F. Matrix Computations, 3rd ed. Baltimore: Johns Hopkins University Press, 1996.

[15] Howze J W, Bhattacharyya S P. Robust tracking, error feedback, and two-degree-of-freedom controllers, IEEE Trans. on Automatic Control, 1997,42: 980-983.

[16] Kailath T, Linear Systems, Englewood Cliffs. NJ: Prentice Hall, 1980.

[17] Körner T W. Fourier Analysis, Cambridge. UK: Cambridge University Press, 1988.

[18] Kurcera V. Analysis amd Design of Discrete Linear Control Systems. London: Prentice-Hall, 1991.

[19] Rugh W. Linear System Theory, 2nd ed. Upper Saddle River, NJ: Prentice Hall, 1996.

[20] Strang G. Linear Algebra and Its Application, 3rd ed. San Diego: Harcourt, Brace, Janovich, 1988.

[21] Tongue B H. Principles of Vibration. New York: Oxford University Press, 1996.

[22] Vardulakis A I G. Linear Multivariable Control. Chichester: John Wiley, 1991.

[23] Vidyasagar M. Control System Synthesis: A Factorization Approach. Cambridge, MA: MIT Press, 1985.

[24] Wolovich W Q. Linear Multivariable Systems. New York: Springer-Verlag, 1974.

[25] Zhou K, Doyle J C, Glover K. Robust and Optimal Control. Upper Saddle River, NJ: Prentice Hall, 1995.

精选习题答案

第2章

2.1 (a)线性,(b)和(c)非线性,若将(b)中工作点移至$(0,y_o)$,则$(u,\bar{y})$为线性,其中$\bar{y}=y-y_o$。

2.3 线性、时变、因果。

2.5 若$\boldsymbol{x}(0)\neq\mathbf{0}$,错,对,错。若$\boldsymbol{x}(0)=\mathbf{0}$,对,对,对。原因在于叠加性也必须适用于初始状态。

2.8

$$\dot{\boldsymbol{x}}=\begin{bmatrix}0&0&1/C_1\\0&0&1/C_2\\-1/L_1&-1/L_1&-(R_1+R_2)/L_1\end{bmatrix}\boldsymbol{x}+\begin{bmatrix}0&-1/C_1\\0&0\\1/L_1&R_1/L_1\end{bmatrix}\begin{bmatrix}u_1\\u_2\end{bmatrix}$$

$$y=[-1\quad -1\quad -R_1]\,\boldsymbol{x}+[1\quad R_1]\,\boldsymbol{u}$$

$$\hat{g}_1(s)=\frac{\hat{y}(s)}{\hat{u}_1(s)}=\frac{s^2+(R_2/L_1)s}{s^2+\left(\frac{R_1+R_2}{L_1}\right)s+\left(\frac{1}{C_1}+\frac{1}{C_2}\right)\frac{1}{L_1}}$$

$$\hat{g}_2(s)=\frac{\hat{y}(s)}{\hat{u}_2(s)}=\frac{(R_1s+(1/C_1))(s+(R_2/L_1))}{s^2+\left(\frac{R_1+R_2}{L_1}\right)s+\left(\frac{1}{C_1}+\frac{1}{C_2}\right)\frac{1}{L_1}}$$

$$\hat{y}(s)=\hat{g}_1(s)\hat{u}_1(s)+\hat{g}_2(s)\hat{u}_2(s)=\left[\hat{g}_1(s)\quad \hat{g}_2(s)\right]\begin{bmatrix}\hat{u}_1(s)\\\hat{u}_2(s)\end{bmatrix}$$

2.10

$$\dot{\boldsymbol{x}}=\begin{bmatrix}-1/RC_1&0&-1/C_1\\0&0&1/C_2\\-1/L&-1/L&0\end{bmatrix}\boldsymbol{x}+\begin{bmatrix}1/RC_1\\0\\0\end{bmatrix}u$$

$$y=[1\quad -1\quad 0]\,\boldsymbol{x}$$

$$\hat{g}(s)=\frac{LC_2 s}{RCC_1C_2s^3+LC_2s^2+R(C_1+C_2)s+1}$$

2.12

$$\dot{\boldsymbol{x}}=\begin{bmatrix}-1/3 & 1/3 & 0\\ 1/2 & 0 & 0\\ -1/3 & -1/2 & 0\end{bmatrix}\boldsymbol{x}+\begin{bmatrix}1/3\\ 0\\ 1/3\end{bmatrix}u$$

$$y=[0\quad 1\quad 0]\,\boldsymbol{x}$$

$$\hat{g}(s)=\frac{1}{6s^2+2s+1}$$

2.14 $\hat{g}(s)=1/(s+3)$， $g(t)=\mathrm{e}^{-3t}$， $t\geqslant 0$。

2.16

$$\hat{\boldsymbol{G}}(s)=\begin{bmatrix}D_{11}(s) & D_{12}(s)\\ D_{21}(s) & D_{22}(s)\end{bmatrix}^{-1}\begin{bmatrix}N_{11}(s) & N_{12}(s)\\ N_{21}(s) & N_{22}(s)\end{bmatrix}$$

2.18 (a)定义 $x_1=\theta$ 和 $x_2=\dot{\theta}$，则 $\dot{x}_1=x_2$，$\dot{x}_2=-(g/l)\sin x_1-(u/ml)\cos x_1$，若 θ 很小，则

$$\dot{\boldsymbol{x}}=\begin{bmatrix}0 & 1\\ -g/l & 0\end{bmatrix}\boldsymbol{x}+\begin{bmatrix}0\\ -1/mg\end{bmatrix}u$$

该式为线性状态方程。

2.19 定义 $x_1=h$，$x_2=\dot{h}$，$x_3=\theta$ 和 $x_4=\dot{\theta}$，则

$$\dot{\boldsymbol{x}}=\begin{bmatrix}0 & 1 & 0 & 0\\ 0 & 0 & k_1/m & 0\\ 0 & 0 & 0 & 1\\ 0 & 0 & -l_1k_1/I & -b/I\end{bmatrix}\boldsymbol{x}+\begin{bmatrix}0\\ -k_2/m\\ 0\\ (l_1+l_2)k_2\end{bmatrix}u$$

$$y=[1\quad 0\quad 0\quad 0]\,\boldsymbol{x}$$

若 $I=0$，则

$$\hat{g}(s)=\frac{k_1k_2l_2-k_2bs}{ms^2(bs+k_1l_1)}$$

2.21 $\hat{g}_1(s)=\hat{y}_1(s)/\hat{u}(s)=1/(A_1R_1s+1)$，$\hat{g}_2(s)=\hat{y}(s)/\hat{y}_1(s)=1/(A_2R_2s+1)$，是，$\hat{y}(s)/\hat{u}(s)=\hat{g}_1(s)\hat{g}_2(s)$。

第 3 章

3.1 $[1/3\quad 8/3]'$， $[-2\quad 1.5]'$。

3.3

$$q_1 = \frac{1}{3.74}\begin{bmatrix} 2 \\ -3 \\ -1 \end{bmatrix}, \quad q_2 = \frac{1}{1.732}\begin{bmatrix} 1 \\ 1 \\ -1 \end{bmatrix}$$

3.5 $\rho(A_1)=2$,零化度$(A_1)=1$;3,0;3,1。

3.7 $x=[-1 \quad -1]$是方程的解,唯一,若 $y=[1 \quad 1 \quad 1]'$,则无解。

3.9 $\alpha_1=\frac{4}{11}$,$\alpha_2=\frac{16}{11}$,方程的解 $x=\begin{bmatrix}\frac{4}{11} & \frac{-8}{11} & \frac{-4}{11} & \frac{-16}{11}\end{bmatrix}'$具有最小 2 范数。

3.12 矩阵 A 关于基$\{b_i \quad Ab_i \quad A^2b_i \quad A^3b_i\}$,$i=1,2$ 上的表示都等于

$$\bar{A} = \begin{bmatrix} 0 & 0 & 0 & -8 \\ 1 & 0 & 0 & 20 \\ 0 & 1 & 0 & -18 \\ 0 & 0 & 1 & 7 \end{bmatrix}$$

3.13

$$Q_3 = \begin{bmatrix} 1 & 0 & -1 \\ 0 & 1 & 0 \\ 0 & 0 & 1 \end{bmatrix}, \quad \hat{A}_3 = \begin{bmatrix} 1 & 0 & 0 \\ 0 & 1 & 0 \\ 0 & 0 & 2 \end{bmatrix}$$

$$Q_4 = \begin{bmatrix} 5 & 4 & 0 \\ 0 & 20 & 1 \\ 0 & -25 & 0 \end{bmatrix}, \quad \hat{A}_4 = \begin{bmatrix} 0 & 1 & 0 \\ 0 & 0 & 1 \\ 0 & 0 & 0 \end{bmatrix}$$

3.18

$$\Delta_1(\lambda)=(\lambda-\lambda_1)^3(\lambda-\lambda_2), \quad \psi_1(\lambda)=\Delta_1(\lambda)$$

$$\Delta_2(\lambda)=(\lambda-\lambda_1)^4, \quad \psi_2(\lambda)=(\lambda-\lambda_1)^3$$

$$\Delta_3(\lambda)=(\lambda-\lambda_1)^4, \quad \psi_3(\lambda)=(\lambda-\lambda_1)^2$$

$$\Delta_4(\lambda)=(\lambda-\lambda_1)^4, \quad \psi_4(\lambda)=(\lambda-\lambda_1)$$

3.21

$$A^{10} = \begin{bmatrix} 1 & 1 & 9 \\ 0 & 0 & 1 \\ 0 & 0 & 1 \end{bmatrix}, \quad A^{103} = \begin{bmatrix} 1 & 1 & 102 \\ 0 & 0 & 1 \\ 0 & 0 & 1 \end{bmatrix}$$

$$e^{At} = \begin{bmatrix} e^t & e^t-1 & te^t-e^t+1 \\ 0 & 1 & e^t-1 \\ 0 & 0 & e^t \end{bmatrix}$$

3.22

$$e^{A_4 t} = \begin{bmatrix} 1 & 4t+2.5t^2 & 3t+2t^2 \\ 0 & 1+20t & 16t \\ 0 & -25t & 1-20t \end{bmatrix}$$

3.24

$$\boldsymbol{B} = \begin{bmatrix} \ln\lambda_1 & 0 & 0 \\ 0 & \ln\lambda_2 & 0 \\ 0 & 0 & \ln\lambda_3 \end{bmatrix}$$

$$\boldsymbol{B} = \begin{bmatrix} \ln\lambda & 1/\lambda & 0 \\ 0 & \ln\lambda & 0 \\ 0 & 0 & \ln\lambda \end{bmatrix}$$

3.32 特征值为 0,0。对 $\boldsymbol{C}_1$ 无解。对任意 m_1，$[m_1 \quad 3-m_1]'$ 均为 $\boldsymbol{C}_2$ 情况下的解。

3.34 $\sqrt{6}$,1.4,7,1.7。

第 4 章

4.2 $y(t)=5e^{-t}\sin t, \quad t\geqslant 0$

4.3 $T=\pi$ 时

$$\boldsymbol{x}[k+1] = \begin{bmatrix} -0.0432 & 0 \\ 0 & -0.0432 \end{bmatrix} \boldsymbol{x}[k] + \begin{bmatrix} 1.5648 \\ -1.0432 \end{bmatrix} u[k]$$

$$y[k] = [2 \quad 3]\,\boldsymbol{x}[k]$$

4.5 对单位阶跃输入，MATLAB 得出 $|y|_{\max}=0.55$，$|x_1|_{\max}=0.5$，$|x_2|_{\max}=1.05$ 和 $|x_3|_{\max}=0.52$，定义 $\bar{x}_1=x_1$，$\bar{x}_2=0.5x_2$ 和 $\bar{x}_3=x_3$，则

$$\dot{\bar{\boldsymbol{x}}} = \begin{bmatrix} -2 & 0 & 0 \\ 0.5 & 0 & 0.5 \\ 0 & -4 & -2 \end{bmatrix} \bar{\boldsymbol{x}} + \begin{bmatrix} 1 \\ 0 \\ 1 \end{bmatrix} u, \quad y = [1 \quad -2 \quad 0]\,\bar{\boldsymbol{x}}$$

最大允许 a 为 10/0.55=18.2。

4.8 两组状态空间方程并非等价，但零状态等价。

4.11 利用(4.34)，有

$$\dot{\boldsymbol{x}} = \begin{bmatrix} -3 & 0 & -2 & 0 \\ 0 & -3 & 0 & -2 \\ 1 & 0 & 0 & 0 \\ 0 & 1 & 0 & 0 \end{bmatrix} \boldsymbol{x} + \begin{bmatrix} 1 & 0 \\ 0 & 1 \\ 0 & 0 \\ 0 & 0 \end{bmatrix} \boldsymbol{u}$$

$$\boldsymbol{y} = \begin{bmatrix} 2 & 2 & 4 & -3 \\ -3 & -2 & -6 & -2 \end{bmatrix} \boldsymbol{x} + \begin{bmatrix} 0 & 0 \\ 1 & 1 \end{bmatrix} \boldsymbol{u}$$

4.13

$$\dot{\boldsymbol{x}}=\begin{bmatrix}-3&1&0&0\\-2&0&0&0\\0&0&-3&1\\0&0&-2&0\end{bmatrix}\boldsymbol{x}+\begin{bmatrix}2&2\\4&-3\\-3&-2\\-6&-2\end{bmatrix}\boldsymbol{u}$$

$$\boldsymbol{y}=\begin{bmatrix}1&0&0&0\\0&0&1&0\end{bmatrix}\boldsymbol{x}+\begin{bmatrix}0&0\\1&1\end{bmatrix}\boldsymbol{u}$$

两个方程实现的维数均为 4。

4.16

$$\boldsymbol{X}(t)=\begin{bmatrix}1&\int_0^t \mathrm{e}^{0.5\tau^2}\mathrm{d}\tau\\0&\mathrm{e}^{0.5t^2}\end{bmatrix}$$

$$\boldsymbol{\Phi}(t,t_0)=\begin{bmatrix}1&-\mathrm{e}^{0.5t^2}\int_{t_0}^t \mathrm{e}^{0.5\tau^2}\mathrm{d}\tau\\0&\mathrm{e}^{0.5(t^2-t_0^2)}\end{bmatrix}$$

$$\boldsymbol{X}(t)=\begin{bmatrix}\mathrm{e}^{-t}&\mathrm{e}^{t}\\0&2\mathrm{e}^{-t}\end{bmatrix}$$

$$\boldsymbol{\Phi}(t,t_0)=\begin{bmatrix}\mathrm{e}^{-(t-t_0)}&0.5(\mathrm{e}^{t}\mathrm{e}^{t_0}-\mathrm{e}^{-t}\mathrm{e}^{t_0})\\0&\mathrm{e}^{-(t-t_0)}\end{bmatrix}$$

4.20

$$\boldsymbol{\Phi}(t,t_0)=\begin{bmatrix}\mathrm{e}^{\cos t-\cos t_0}&0\\0&\mathrm{e}^{-\sin t+\sin t_0}\end{bmatrix}$$

4.23 设 $\bar{\boldsymbol{x}}=\boldsymbol{P}(t)\boldsymbol{x}(t)$,其中

$$\boldsymbol{P}(t)=\begin{bmatrix}\mathrm{e}^{-\cos t}&0\\0&\mathrm{e}^{\sin t}\end{bmatrix}$$

则$\dot{\bar{\boldsymbol{x}}}(t)=\boldsymbol{0}\cdot\bar{\boldsymbol{x}}=\boldsymbol{0}$。

4.25

$$\dot{\boldsymbol{x}}=\boldsymbol{0}\cdot\boldsymbol{x}+\begin{bmatrix}t^2\mathrm{e}^{-\lambda t}\\-2t\mathrm{e}^{-\lambda t}\\\mathrm{e}^{-\lambda t}\end{bmatrix}\boldsymbol{u},\quad y=\begin{bmatrix}\mathrm{e}^{\lambda t}&t\mathrm{e}^{\lambda t}&t^2\mathrm{e}^{\lambda t}\end{bmatrix}\boldsymbol{x}$$

$$\dot{\boldsymbol{x}}=\begin{bmatrix}3\lambda&-3\lambda^2&\lambda^3\\1&0&0\\0&1&0\end{bmatrix}\boldsymbol{x}+\begin{bmatrix}1\\0\\0\end{bmatrix}\boldsymbol{u},\quad y=\begin{bmatrix}0&0&2\end{bmatrix}\boldsymbol{x}$$

第 5 章

5.1 有界输入 $u(t)=\sin t$ 引起无界的 $y(t)=0.5t\sin t$,因此系统并非 BIBO

稳定。

5.3 否，是。

5.6 若 $u(t)=3$，则 $y(t)\to -6$。若 $u(t)=\sin 2t$，则 $y(t)\to 1.26\sin(2t+1.25)$。

5.9 其传递函数为 $\hat{g}(s)=-4/(s+1)$，BIBO 稳定。

5.10 是。

5.12 非渐近稳定，可以根据其约当型找出其最小多项式为 $\psi(\lambda)=\lambda(\lambda+1)$，由于 $\lambda=0$ 为单特征值，因此该方程临界稳定。

5.15 非渐近稳定，可以根据其约当型找出其最小多项式为 $\psi(\lambda)=(\lambda-1)^2(\lambda+1)$，由于 $\lambda=1$ 为重特征值，因此该方程非临界稳定。

5.17 若 $\boldsymbol{N}=\boldsymbol{I}$，则

$$\boldsymbol{M}=\begin{bmatrix}1\ 075 & 1\\ 1 & 1.5\end{bmatrix}$$

由于该矩阵正定，因此，特征值均具有负实部。

5.18 若 $\boldsymbol{N}=\boldsymbol{I}$，则

$$\boldsymbol{M}=\begin{bmatrix}2.2 & 1.6\\ 1.6 & 4.8\end{bmatrix}$$

由于该矩阵正定，因此，特征值的幅度均小于 1。

5.20 由于 $\boldsymbol{x}'\boldsymbol{M}\boldsymbol{x}=\boldsymbol{x}'[0.5(\boldsymbol{M}+\boldsymbol{M}')]\boldsymbol{x}$，因此，检验非对称阵 $\boldsymbol{M}$ 正定性的唯一方法是检验对称阵 $0.5(\boldsymbol{M}+\boldsymbol{M}')$ 的正定性。

5.23 二者均为 BIBO 稳定。

5.25 BIBO 稳定、临界稳定、非渐近稳定。$P(t)$ 并非 Lyapunov 变换。

第 6 章

6.2 能控，能观。

6.5

$$\dot{\boldsymbol{x}}=\begin{bmatrix}-1 & 0\\ 0 & -1\end{bmatrix}\boldsymbol{x}+\begin{bmatrix}1\\ 0\end{bmatrix}\boldsymbol{u},\quad y=[0\quad -1]\,\boldsymbol{x}+2u$$

不能控，不能观。

6.7 对所有 i 均有 $\mu_i=1$，且 $\mu=1$。

6.9 $y=2u$。

6.14 能控，不能观。

6.17 利用 x_1 和 x_2 可得

$$\dot{\boldsymbol{x}}=\begin{bmatrix}-\dfrac{2}{11} & 0\\ \dfrac{3}{22} & 0\end{bmatrix}\boldsymbol{x}+\begin{bmatrix}-\dfrac{2}{11}\\ \dfrac{3}{22}\end{bmatrix}\boldsymbol{u},\quad y=[-1\quad -1]\,\boldsymbol{x}$$

该 2 维方程不能控但能观。

利用 x_1、x_2 和 x_3 可得

$$\dot{\boldsymbol{x}}=\begin{bmatrix}-\frac{2}{11} & 0 & 0\\ \frac{3}{22} & 0 & 0\\ \frac{1}{22} & 0 & 0\end{bmatrix}\boldsymbol{x}+\begin{bmatrix}-\frac{2}{11}\\ \frac{3}{22}\\ \frac{1}{22}\end{bmatrix}u,\quad y=\begin{bmatrix}0 & 0 & 1\end{bmatrix}\boldsymbol{x}$$

该三维方程既不能控又不能观。

6.19 $T=\pi$ 时,既不能控又不能观。

6.21 对任意 t 均不能控,每一 t 均能观。

第 7 章

7.1

$$\dot{\boldsymbol{x}}=\begin{bmatrix}-2 & 1 & 2\\ 1 & 0 & 0\\ 0 & 1 & 0\end{bmatrix}\boldsymbol{x}+\begin{bmatrix}1\\0\\0\end{bmatrix}u,\quad y=\begin{bmatrix}0 & 1 & 2\end{bmatrix}\boldsymbol{x}$$

不能观。

7.3

$$\dot{\boldsymbol{x}}=\begin{bmatrix}-2 & 1 & 2 & a_1\\ 1 & 0 & 0 & a_2\\ 0 & 1 & 0 & a_3\\ 0 & 0 & 0 & a_4\end{bmatrix}\boldsymbol{x}+\begin{bmatrix}1\\0\\0\\0\end{bmatrix}u,\quad y=\begin{bmatrix}0 & 1 & -1 & c_4\end{bmatrix}\boldsymbol{x}$$

对任意 a_i 和 c_4,该方程为既不能控又不能观的实现。

$$\dot{\boldsymbol{x}}=\begin{bmatrix}0 & 1\\ 1 & 0\end{bmatrix}\boldsymbol{x}+\begin{bmatrix}1\\0\end{bmatrix}u,\quad y=\begin{bmatrix}0 & 1\end{bmatrix}\boldsymbol{x}$$

为既能控又能观的实现。

7.8 求解出

$$\begin{bmatrix}-1 & -1 & 0 & 0\\ 0 & 2 & -1 & -1\\ 4 & 0 & 0 & 2\\ 0 & 0 & 4 & 0\end{bmatrix}\begin{bmatrix}-N_0\\ D_0\\ -N_1\\ D_1\end{bmatrix}=\mathbf{0}$$

的首一零向量为 $[-0.5\quad 0.5\quad 0\quad 1]'$,因此 $0.5/(0.5+s)=\dfrac{1}{2s+1}$。

7.13

$$\dot{\boldsymbol{x}}=\begin{bmatrix}0 & 1\\ -2 & -1\end{bmatrix}\boldsymbol{x}+\begin{bmatrix}0\\1\end{bmatrix}u,\quad y=\begin{bmatrix}1 & 0\end{bmatrix}\boldsymbol{x}$$

7.16

$$\Delta_1(s)=s(s+1)(s+3),\quad \deg=3$$

$$\Delta_2(s)=(s+1)^3(s+2)^2,\quad \deg=5$$

$$\Delta_3(s)=(s+1)^2(s+3)^2(s+2)(s+4)(s+5)s,\quad \deg=8$$

7.20 可以根据任意左分式求出右互质分式

$$\hat{\boldsymbol{G}}(s)=\begin{bmatrix}2.5 & s+0.5\\ 2.5 & s+2.5\end{bmatrix}\begin{bmatrix}0.5s & s^2+0.5s\\ s-0.5 & -0.5\end{bmatrix}^{-1}$$

或，通过互换其两列

$$\hat{\boldsymbol{G}}(s)=\begin{bmatrix}s+0.5 & 2.5\\ s+2.5 & 2.5\end{bmatrix}\begin{bmatrix}s^2+0.5s & 0.5s\\ -0.5 & s-0.5\end{bmatrix}^{-1}$$

利用后者，可以得出

$$\dot{\boldsymbol{x}}=\begin{bmatrix}-0.5 & -0.25 & -0.25\\ 1 & 0 & 0\\ 0 & 0.5 & 0.5\end{bmatrix}\boldsymbol{x}+\begin{bmatrix}1 & -0.5\\ 0 & 0\\ 0 & 1\end{bmatrix}\boldsymbol{u}$$

$$y=\begin{bmatrix}1 & 0.5 & 2.5\\ 1 & 2.5 & 2.5\end{bmatrix}\boldsymbol{x}$$

第 8 章

8.1 $\boldsymbol{k}=[4\quad 1]$。

8.3 对

$$\boldsymbol{F}=\begin{bmatrix}-1 & 0\\ 0 & -2\end{bmatrix},\quad \bar{\boldsymbol{k}}=[1\quad 1]$$

有

$$\boldsymbol{T}=\begin{bmatrix}0 & \frac{1}{13}\\ 1 & \frac{9}{13}\end{bmatrix},\quad \boldsymbol{k}=\bar{\boldsymbol{k}}\boldsymbol{T}^{-1}=[4\quad 1]$$

8.5 可以，是，是。

8.7 $u=pr-\boldsymbol{kx}$，其中 $\boldsymbol{k}=[15\quad 47\quad -8]$，且 $p=0.5$。

8.9 $u[k]=pr[k]-\boldsymbol{kx}[k]$，其中 $\boldsymbol{k}=[1\quad 5\quad 2]$，且 $p=0.5$。整体传递函数为

$$\hat{g}_f(z)=\frac{0.5(2z^2-8z+8)}{z^3}$$

由 $r[k]=a$ 引起的输出为，$y[0]=0, y[1]=a, y[2]=-3a$ 且当 $k\geqslant 3$ 时，$y[k]=a$。

8.11 二维估计器：

$$\dot{\boldsymbol{z}}=\begin{bmatrix}-2 & 2\\ -2 & -2\end{bmatrix}\boldsymbol{z}+\begin{bmatrix}0.6282\\ -0.3105\end{bmatrix}u+\begin{bmatrix}1\\ 0\end{bmatrix}y$$

$$\hat{\boldsymbol{x}}=\begin{bmatrix}-12 & -27.5\\ 19 & 32\end{bmatrix}\boldsymbol{z}$$

一维估计器：

$$\dot{z}=-3z+\left(\frac{13}{21}\right)u+y$$

$$\hat{\boldsymbol{x}}=\begin{bmatrix}-4 & 21\\ 5 & -21\end{bmatrix}\begin{bmatrix}y\\ z\end{bmatrix}$$

8.13 选择

$$\boldsymbol{F}=\begin{bmatrix}-4 & 3 & 0 & 0\\ -3 & 4 & 0 & 0\\ 0 & 0 & -5 & 4\\ 0 & 0 & -4 & -5\end{bmatrix}$$

若 $\bar{\boldsymbol{K}}=\begin{bmatrix}1 & 0 & 1 & 0\\ 0 & 0 & 0 & 0\end{bmatrix}$，则 $\boldsymbol{K}=\begin{bmatrix}62.5 & 147 & 20 & 515.5\\ 0 & 0 & 0 & 0\end{bmatrix}$

若 $\bar{\boldsymbol{K}}=\begin{bmatrix}1 & 0 & 0 & 0\\ 0 & 0 & 1 & 0\end{bmatrix}$，则 $\boldsymbol{K}=\begin{bmatrix}-606.2 & -168 & -14.2 & -2\\ 371.7 & 119.2 & 14.9 & 2.2\end{bmatrix}$

第9章

9.2 $C(s)=\dfrac{10s+20}{s-6}$，$p=-0.2$。

9.4 $C(s)=\dfrac{22s-4}{s-16}$，$p=1$。由于 $\hat{g}(s)$ 包含了 $\dfrac{1}{s}$，所以无需前馈增益。

9.6 $C(s)=\dfrac{7s^3+14s^2+34s+25}{s(s^2+4)}$。

9.8 是，否，从 r 到 u 的传递函数为 $\hat{g}_{ur}(s)=\dfrac{s}{(s+1)(s-2)}$，它非 BIBO 稳定。

9.10 可以，不能，不能，不能，可以，不能(按行排列)。

9.12 $C_1(s)=\dfrac{-2(s+3)}{s-21}$，$C_2(s)=\dfrac{28s-6}{s-21}$。$A(s)=s-21$ 并非 CT 稳定。其按图 9.4(a)所示的实施并非整体稳定。$[C_1(s)\quad -C_2(s)]$ 的最小实现为

$$\dot{x}=21x+\begin{bmatrix}-48 & -582\end{bmatrix}\begin{bmatrix}r\\ y\end{bmatrix},\quad y=x+\begin{bmatrix}-2 & -28\end{bmatrix}\begin{bmatrix}r\\ y\end{bmatrix}$$

可以从中绘制其运放电路图。

9.15 ①$a>0$ 且 $b_0=-2b_1$；②可以，$b_0=-2$，$b_1=-4$。

9.16 1×2 的补偿器

$$\boldsymbol{C}(s)=\frac{1}{s+3.5}\begin{bmatrix}3.5s+12 & -2\end{bmatrix}$$

能够将闭环极点配置在−2、−1±j1 处。不能。

9.18 若选择

$$\boldsymbol{F}(s)=\mathrm{diag}[(s+2)(s^2+2s+2)(s+3),(s^2+2s+2)]$$

则无法找出实现跟踪的前馈增益。若

$$\boldsymbol{F}(s)=\begin{bmatrix}(s+2)(s^2+2s+2)(s+3) & 0\\ 1 & s^2+2s+2\end{bmatrix}$$

则补偿器

$$\boldsymbol{C}(s)=\boldsymbol{A}^{-1}(s)\boldsymbol{B}(s)=\begin{bmatrix}s-4.7 & -53.7\\ -3.3 & s-4.3\end{bmatrix}^{-1}\begin{bmatrix}-30.3s-29.7 & 4.2s-12\\ -0.7s-0.3 & 4s-1\end{bmatrix}$$

且前馈增益矩阵

$$\boldsymbol{P}=\begin{bmatrix}0.92 & 0\\ -4.28 & 1\end{bmatrix}$$

能够实现设计目标。

9.20 对角型传递矩阵

$$\hat{\boldsymbol{G}}_{o}(s)=\begin{bmatrix}\dfrac{-2(s-1)}{s^2+2s+2} & 0\\ 0 & \dfrac{-2(s-1)}{s^2+2s+2}\end{bmatrix}$$

可实施。双参数结构中的正则补偿器 $\boldsymbol{A}^{-1}(s)\boldsymbol{L}(s)$ 和 $\boldsymbol{A}^{-1}(s)\boldsymbol{M}(s)$ 能够实现该设计目标，其中

$$\boldsymbol{A}(s)=\begin{bmatrix}s+5 & -14\\ 0 & s+4\end{bmatrix},\quad \boldsymbol{L}(s)=\begin{bmatrix}-2(s+3) & 2(s+3)\\ 2 & -2s\end{bmatrix}$$

$$\boldsymbol{M}(s)=\begin{bmatrix}-6 & 13s+1\\ 2 & -2s\end{bmatrix}$$